U0158101

作者简介

秦正红

1980 年毕业于苏州医学院临床医学系，1985 年获得苏州医学院药理学硕士学位，1994 年获美国宾州医学院药理学博士学位。1994～1999 年在美国国家卫生研究院（NIH）从事博士后工作，1999～2003 年在哈佛大学任讲师、助理研究员。2003 年被引进苏州大学任药理学特聘教授，博士生导师。现任苏州高博软件职业技术学院健康科技研究所所长，苏州市衰老与神经疾病重点实验室主任，中国老年学和老年医学学会抗衰老分会副主任。曾任苏州大学药学院副院长，苏州中药研究所有限公司所长，*Neurochemistry International* 副主编。

秦正红从事药理学教学和研究 40 多年，主讲留学生和本科英文班药理学总论，共培养博士后 9 名，博士研究生 24 名，硕士研究生 64 名。研究方向包括：蛇毒神经毒素的纯化、免疫调节作用及其在自身免疫病、神经系统疾病（如帕金森病）中的应用；辅酶 Ⅱ (NADPH) 的抗氧化和抗炎作用及其在心脑血管疾病中的应用，以及其与嘌呤受体的相互作用；运动抗衰老研究等。主持国家自然科学基金重点项目 2 项和面上项目 4 项；主持国家科学技术部 "863" 计划项目 1 项，国家重点基础研究发展计划（973 计划）子课题 1 项。共发表 SCI 论文约 250 余篇，获得中国发明专利 24 项。主编《自噬——生物学与疾病》（第 1、2、3 版）[科学出版社（中文版），Springer 出版社（英文版）]；编写《眼镜蛇神经毒素：基础与临床》（科学出版社）；参编本科生和研究生药理学教科书 10 余部。2015～2022 年连续 8 年入选 "中国高被引学者"，2020 被列入全球前 2 ％最具影响力的科学家，中国药学 100 名最具影响力的科学家；2022 年被列为世界前 10 万名科学家之一。

烟酰胺辅酶：从基础到临床

Nicotinamide Co-enzymes：
from Basic Research to Clinical Applications

秦正红　主编

科学出版社

北　京

内 容 简 介

本书分为四个部分：第一部分介绍了烟酰胺辅酶的基本概念、烟酰胺辅酶的合成、细胞内分布、主要功能概述和检测方法，使读者能够快速了解烟酰胺辅酶的概况；第二部分介绍了烟酰胺辅酶参与细胞内信号转导和在细胞生理、生化过程中的作用，尽量细化到烟酰胺辅酶在其中究竟是怎么发挥作用的，使读者能够深入了解烟酰胺辅酶发挥重要功能的机制；第三部分介绍了烟酰胺辅酶在疾病病理生理过程中的作用，尽量说明它与疾病发生联系的具体机制，并指出今后在转化医学研究方面的潜在价值；第四部分介绍了烟酰胺辅酶及其前体的生产技术、工业化生产的工艺，烟酰胺辅酶及前体在健康产业、医药、生命科学研究中的应用。

本书可作为生命科学、基础和临床医学等领域科研人员、临床医生的参考书或教材。

图书在版编目(CIP)数据

烟酰胺辅酶：从基础到临床 / 秦正红主编. —北京：科学出版社，2024.1
 ISBN 978 - 7 - 03 - 076645 - 8

Ⅰ．①烟…　Ⅱ．①秦…　Ⅲ．①辅酶—基本知识　Ⅳ．①Q552

中国国家版本馆 CIP 数据核字(2023)第 194121 号

责任编辑：周　倩 / 责任校对：谭宏宇
责任印制：黄晓鸣 / 封面设计：殷　靓

科　学　出　版　社　出版
北京东黄城根北街 16 号
邮政编码：100717
http://www.sciencep.com

南京展望文化发展有限公司排版
苏州市越洋印刷有限公司印刷
科学出版社发行　各地新华书店经销

2024 年 1 月第　一　版　开本：(787×1092)　1/16
2024 年 1 月第一次印刷　印张：30 3/4　插页：1
字数：673 000

定价：220.00 元
(如有印装质量问题，我社负责调换)

《烟酰胺辅酶：从基础到临床》
编委会

主　编　秦正红

副主编　盛　瑞

编　委（按姓氏笔画排序）

王　燕　苏州大学药学院

邬珺超　苏州大学药学院

刘　建　湖南酶时代生物科技有限公司

孙　玮　苏州人本药业有限公司

孙美玲　南京医科大学基础医学院

李　梅　苏州大学附属儿童医院

李佳松　南京诺云生物科技有限公司

吴新明　湖南朗德金沅生物科技有限公司

张顶梅　遵义医科大学附属医院

张忠玲　哈尔滨医科大学

陆　挺　苏州大学基础医学与生物科学学院

林　芳　苏州大学药学院

罗　丽　苏州大学体育学院

竺　伟　尚科生物医药(上海)有限公司

郑翔铭　山东蓝康生物科技有限公司

秦正红　苏州大学药学院/苏州高博软件职业技术学院

顾锦华　南通大学附属妇幼保健院

徐海东　苏州大学药学院

盛　瑞　苏州大学药学院

前言

　　生命是由细胞内一系列不间断的生物化学反应来维持的,这些反应如果没有酶的催化,大多将无法进行或速度很慢,无法满足机体的需求。酶是活细胞产生的具有催化作用的有机物,按本质来说,绝大多数酶是蛋白质,少数是核糖核酸(ribonucleic acid, RNA)。机体细胞中的酶,按其所参与的酶促反应性质,大致可分为六类:① 氧化还原酶类;② 转移酶类;③ 水解酶类;④ 裂合酶类;⑤ 异构酶类;⑥ 合成酶类。

　　机体内的酶根据化学组成又可以分为单纯酶和结合酶两类。单纯酶只含蛋白质,不含其他物质,其催化活性仅由蛋白质的结构决定。结合酶则由蛋白质和辅酶两部分组成。辅酶是一类可以将化学基团从一个酶转移到另一个酶或化合物上的有机分子,与酶较松散地结合,其作用是传递电子或特定的化学基团。迄今,已经鉴定的辅酶有十几种,是结合酶催化活性中不可或缺的部分。许多维生素及其衍生物,如烟酰胺腺嘌呤二核苷 (nicotinamide adenine dinucleotide, $NAD^+/NADH$)、烟酰胺腺嘌呤二核苷酸磷酸 (nicotinamide adenine dinucleotide phosphate, $NADP^+/NADPH$)、辅酶 A、叶酸、S-腺苷甲硫氨酸、核黄素和硫胺素等都属于辅酶。这些化合物大多无法由人体合成,必须通过饮食补充。不同辅酶能够携带的化学基团不同,如 NADH 或 NADPH 携带还原性氢,辅酶 A 携带乙酰基,叶酸携带甲酰基,S-腺苷甲硫氨酸携带甲酰基。

　　烟酰胺辅酶包括辅酶Ⅰ(氧化型为 NAD^+,还原型为 NADH)和辅酶Ⅱ(氧化型为 $NADP^+$,还原型为 NADPH)。1904 年,英国生物化学家亚瑟·哈登(Sir Arthur Harden)首次发现并命名了辅酶Ⅰ,即 $NAD^+/NADH$,亚瑟·哈登因此获得了 1929 年诺贝尔化学奖。此后全世界的众多研究学者投入到辅酶Ⅰ的研究中,辅酶Ⅰ相关功能和作用机制也被逐渐发现。在 100 多年的时间里,在与辅酶Ⅰ相关的抗衰老和代谢调控的研究中,一共产生过 6 位诺贝尔奖获得者。尤其是近 20 年的研究表明:烟酰胺辅酶不仅是一个参与酶促化学反应的辅助因子,也是参与细胞内多个重要信号通路的关键分子,这些信号转导机制的发现使得烟酰胺辅酶的功能远远超过现今发现的其他类型的辅酶,推动了烟酰胺辅酶研究的风起云涌般快速发展。尤其是在动物实验中发现:辅酶Ⅰ参与的信号通路与诸多重要的抗衰老学说相关,如端粒学说、DNA 损伤修复学说、炎症免疫学说、自由基学说和线粒体学说等。在多个模式动物中,NAD⁺及其前体被证实有确切的延缓甚至逆转衰老的作用,由于 NAD⁺抗衰老作用的发现,有人乐观地预测 NAD⁺的干预将可能使未来人类的寿命达到自然寿命——125 岁。更有学者认为 NAD⁺的这些发现是生命科学的第三次革命。迄今,在"Pubmed"以"nicotinamide adenine dinucleotide"主题词进行搜索,至 2022 年发表的文章已达到 76 000 多篇,目前还处于逐年增加的趋势中(图 0 - 1)。中国在烟酰胺辅酶研究领域起步较晚,目前还处于弱势,至 2022 年发表的文章约有 5 000 篇,但是追赶的趋势逐年明显。但是我国在辅酶前体原料生产、辅酶药物开发应用方面已经走在世界前列。

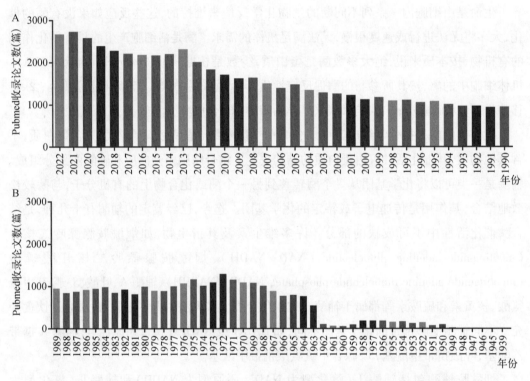

图 0 - 1 于"Web of Science"以"nicotinamide adenine dinucleotide"为主题检索的论文数

A. 1990~2022 年 Pubmed 收录文章量变化;B. 1939~1989 年 Pubmed 收录文章量变化

虽然烟酰胺辅酶的研究已经取得了巨大的进展,但很多基础问题还没有完全阐明。例如,各个细胞器之间各种烟酰胺辅酶水平的调节,烟酰胺辅酶对不同细胞器发挥的不同作用,许多与烟酰胺辅酶相互作用蛋白质的鉴定,烟酰胺辅酶调节的信号通路之间的相互作用,还存在许多空白有待深入研究。另外,当今很多基础研究的发现将会更多地与人类疾病致病机制和治疗相关联,如:烟酰胺辅酶对天然免疫和适应性免疫的调节;对肿瘤发生、发展和转移的影响;对血脂代谢和动脉粥样硬化的影响;对人类健康和寿命的影响。

这些研究正在逐渐揭示烟酰胺辅酶在细胞衰老、自身免疫病、肿瘤、心脑血管疾病和神经系统疾病中的重要作用,因此有必要开展烟酰胺辅酶临床转化方面的研究。在应用方面,烟酰胺核糖(nicotinamide riboside,NR)、烟酰胺单核苷酸(nicotinamide nononucleotide,NMN)已经在化妆品、保健食品中广泛应用,市场反应比较正面。NADH 也已经用作保健食品,注射用辅酶 I 在中国是一个临床上正在使用的药品。因此,我们有理由相信今后烟酰胺辅酶前体、NAD^+、$NADP^+$ 的衍生物将会被不断开发,部分会进入药物或保健食品开发的轨道,烟酰胺辅酶及其前体在大健康产业中的应用前景广阔。

为了推动国内烟酰胺辅酶的研究,笔者编写了这部著作,比较全面而系统地介绍了烟酰胺辅酶的发现历史、烟酰胺辅酶的合成和调节;烟酰胺辅酶的在细胞和细胞器的分布和转运;烟酰胺辅酶参与的细胞生化反应、细胞信号转导的过程和机制,烟酰胺辅酶的生理功能及其研究方法;烟酰胺辅酶对衰老、各种疾病发生和发展的影响;以及烟酰胺辅酶的生产和应用。目的是使烟酰胺辅酶领域的初学者能够快速地了解辅酶研究发展至今的成果,快速地进入该领域的研究。限于编写人员的知识水平和文字修养,本书的编写若有疏漏、不足甚至错误之处,恳请学者提出批评和建议,以便再版时修正。

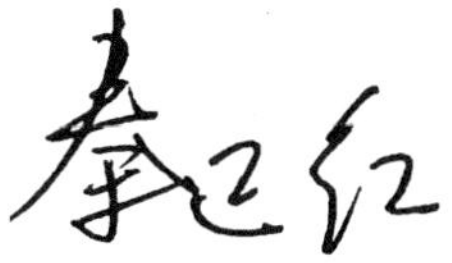

秦卫红

苏州大学/苏州高博软件职业技术学院

2023 年 8 月 20 日

目录

第二篇

烟酰胺辅酶的生理作用与信号转导　　　　　　　　　　　　123

第三篇
烟酰胺辅酶与疾病　　　　　　　　　　　　　　　　　　　　　　**205**

第一篇

烟酰胺辅酶的前世今生和生物学意义

第一章　烟酰胺辅酶概述

至今发现的辅酶有很多种,它们在代谢和细胞功能调节方面发挥着不可或缺的作用。尤其是烟酰胺辅酶参与细胞信号转导机制的发现,为生命科学的研究开辟了新的方向,为研究疾病的发生、发展和防治提供新思路,为延缓人体衰老带来革命性的变化。

1.1　辅酶定义与分类

在生物体中,存在各种各样生物化学变化组成的非常复杂的反应网络,这些反应的发生往往需要一系列特定的酶催化。酶作为生物代谢的催化剂,是生物体活细胞合成的具有催化活性的生物大分子,催化生物体中的各种化学反应。酶作用的物质称为酶的底物,反应后产生的物质叫作产物,而在有些酶催化的生物反应中,除了参加反应的酶和所催化的底物之外,还需要辅助因子(co-factor)的参与,因此辅助因子是这一类酶发挥催化作用必不可少的一部分,在酶催化的化学反应中承担传递电子、原子或功能基团的作用,决定着酶促反应的性质。酶蛋白和辅助因子结合后形成的复合体叫作全酶(holo-enzyme)。通常一种酶蛋白发生催化作用需要和特定的一种辅助因子发生结合,成为一种特异的全酶,酶蛋白决定酶促反应的特异性;但辅助因子不一定是特异性的,一种辅助因子常能与不同的酶蛋白发生结合,构成多种特异性强的全酶。酶的辅助因子往往是一类有机化合物或金属离子,一般根据它们与酶蛋白结合的松紧程度不同,可分为辅酶(co-enzyme)和辅基(prosthetic group)。辅酶是一类可以将化学基团从一个酶转移到另一个酶上的有机小分子,对于特定酶活性的发挥是必要的,辅酶与酶蛋白结合比较松弛,可以通过透析或超滤等物理方法除去;辅基是以共价键与酶蛋白紧密结合,不能通过透析或超滤等物理方法除去,需要经过一定的化学处理才能与酶蛋白分开。一般来说,辅酶和辅基并没有严格的区分,有时候直接用“辅酶”一词泛指非底物的非蛋白质结构。

辅酶对于某些特定酶发生催化作用必不可少,在生物的生长代谢和物质代谢中起重要作用。辅酶可以作为酶促反应的催化剂核心,位于酶的活性中心,是酶催化机制实现的必要条件,是全酶发生催化反应的必需部分,比如乙醇脱氢酶同时需要酶蛋白及位于酶活性中心的辅酶 NAD^+ 参与才能发生催化作用。此外,辅酶往往在某些酶促反应过程中作为电子、原子或功能基团的载体,在生物体内催化一系列基团转移或氧化还原反应。大多数水溶性维生素及其衍生物是辅酶的重要组成成分,或其本身就是辅酶参与体内代谢过程。目前,常见辅酶主要有以下几种(表 1.1)。

表 1.1　常见辅酶及其功能

辅　　酶	功　　能
焦磷酸硫胺素	促进糖类代谢中间产物 α-酮酸的氧化脱羧;催化糖分子中含有酮基的二碳基团转移
黄素辅酶	参与机体内三羧酸循环(tricarboxylic acid cycle, TCA cycle)、脂肪酸 β 氧化和线粒体电子传递链(electron transport chain, ETC)等过程
辅酶 A	参与生物体内有乙酰基生成或转移的反应
磷酸吡哆醛(胺)	参与氨基酸脱羧、转氨基、消旋和反硫化等过程
生物素	作为羧化酶的辅酶,催化一系列羧基转移反应;作为二氧化碳(CO_2)载体进行一碳单位的转移并以碳酸氢盐形式在组织中固定下来
四氢叶酸(tetrahydrofolic acid, THF)	作为许多一碳基团转移酶的辅酶,是甲基、亚甲基、甲酰基和亚胺甲基等一碳基团的中间载体
甲基(腺苷)钴胺素	甲基钴胺素是甲硫氨酸合成酶的辅酶,与四氢叶酸一同参与甲基的转移;腺苷钴胺素是多种变位酶的重要辅酶,催化分子内的重排反应
硫辛酸	作为 α-酮酸氧化脱羧反应中硫辛酸乙酰转移酶和 α-酮戊二酸脱氢酶复合体中二氢硫辛酸琥珀酰基转移酶的辅酶
辅酶 Q	作为递电子体和递氢体参与线粒体氧化磷酸化并具有清除自由基和抗氧化作用
烟酰胺辅酶	作为多种脱氢酶的辅酶,主要参与线粒体能量代谢、自由基代谢、还原性合成和细胞信号转导

1.2　烟酰胺辅酶

烟酰胺辅酶,也称烟酰胺核苷酸辅酶、吡啶核苷酸辅酶,包括辅酶 I (NAD$^+$/NADH) 和辅酶 II (NADP$^+$/NADPH)。本书中还包括了辅酶 I 和辅酶 II 共同的前体——烟酰胺核糖(nicotinamide riboside, NR)和烟酰胺单核苷酸(nicotinamide mononucleotide, NMN)(均为维生素 B_3 衍生物)。

1.2.1　辅酶 I

辅酶 I ,又称烟酰胺腺嘌呤二核苷酸,包括还原型烟酰胺腺嘌呤二核苷酸(NADH)和氧化型烟酰胺腺嘌呤二核苷酸(NAD^+)两种类型,NAD^+和NADH是辅酶Ⅰ的两种存在形式,被称为"氧化还原对"。NAD^+于1906年首次被发现是一种可以提高酵母发酵速率的成分[1],后来发现NAD^+在生物体的氧化还原反应中的氢转移中发挥着重要作用。NAD^+可通过脱氢酶还原为NADH,也可通过烟酰胺腺嘌呤二核苷酸激酶(NAD kinase,NADK)磷酸化为氧化型烟酰胺腺嘌呤二核苷酸磷酸(nicotinamide adenine dinucleotide phosphate,$NADP^+$)。NAD^+是糖酵解和TCA循环的主要氢受体,生成的NADH通过电子传递链(electron transport chain,ETC,又称呼吸链)被O_2氧化,在线粒体内膜上偶联氧化磷酸化过程,为ATP的产生提供电子,再生为NAD^+,与NADH配合主要参与物质氧化的能量代谢和生物合成的过程。NADH是线粒体中能量产生链的一个重要控制标志物,因此NAD^+/NADH氧化还原对被称为细胞能量代谢的调节剂,即糖酵解和线粒体氧化磷酸化的调节剂,是影响线粒体功能的关键因素,如ATP的合成、细胞内活性氧(reactive oxygen species,ROS)的水平及线粒体形态动力学等。此外,NAD^+不仅是氧化还原酶的辅酶,而且还是三类非氧化还原NAD^+依赖酶的底物:沉默信息调节因子(silence information regulator,Sirtuin)家族脱乙酰酶、多腺苷二磷酸核糖聚合酶[poly(ADP-ribose)polymerase,PARP]和环状腺苷二磷酸核糖(cyclic adenosine diphosphate ribose,cADPR)合酶[2]。NAD^+/NADH是细胞内的重要辅酶,参与了细胞内多种不同的氧化还原反应,在糖酵解、TCA循环、脂肪酸β氧化、酒精的分解代谢等许多生物反应中起着至关重要的作用,其所涉及的能量代谢在生物体中处于中心地位,它作为关键的代谢成分整合到调节生物体健康和生理信号通路的过程中并参与多种生物反应,包括线粒体能量代谢和自由基代谢稳态、钙稳态、遗传稳态、生物钟调节、免疫调节、细胞生长衰老和死亡等[2-4]。

1.2.2　辅酶Ⅱ

辅酶Ⅱ,又称烟酰胺腺嘌呤二核苷酸磷酸,包括还原型烟酰胺腺嘌呤二核苷酸磷酸(NADPH)和氧化型烟酰胺腺嘌呤二核苷酸磷酸($NADP^+$)两种类型,$NADP^+$和NADPH是辅酶Ⅱ的两种存在形式,被称为"氧化还原对"。$NADP^+$与NAD^+在结构上类似,不过$NADP^+$是在NAD^+的腺苷核糖部分的2-碳位上多了一个磷酸基团,$NADP^+$可以由NADK催化生成$NADP^+$,后者再由脱氢酶催化生成NADPH。

$NADP^+$是细胞内多种生物过程的氢受体,如磷酸戊糖途径(pentose phosphate pathway,PPP)和叶酸代谢过程等,也可以被葡萄糖-6-磷酸脱氢酶(glucose-6-phosphate dehydrogenase,G6PD)、异柠檬酸脱氢酶(isocitrate dehydrogenase,IDH)、苹果酸酶(malic enzyme,ME)和谷氨酸脱氢酶(glutamate dehydrogenase,GDH)等分别催化还原最终生成NADPH,用于生物合成和抗氧化,并且能再生为$NADP^+$[5]。NADPH作为生物体不可或缺的电子供体,在生物体中扮演着非常重要的角色,是细胞中一个关键的抗氧化的还原当量,也是胞内多种酶促反应的驱动力。$NADP^+$和NADPH的相互转化的过程往往包括$NADP^+$合成与降解及NADPH、$NADP^+$氧化与还原。一方面,NADPH通过能够在细胞核内促进氧化还原信号转导而充当基因表达的核调控剂,为脂肪酸、类固醇、核苷酸、氨基酸等还原性生物合成过程提供还原当量；另一方面，作为谷胱甘肽还原酶（glutathione reductas, GR）的辅酶能够重新激活硫氧还蛋白还原酶（thioredoxin reductases, TrxR）和过氧化氢酶（catalase, CAT），是谷胱甘肽（glutathione, GSH）、硫氧还蛋白（thioredoxins, Trx）和过氧化氢（hydrogen peroxide, H_2O_2）等抗氧化系统的重要组成部分，因此，NADPH 在维持 GSH 还原型和抗活性氧（reactive oxygen species, ROS）损伤方面起着重要作用[6]。相反，NADPH 也可以通过还原型烟酰胺腺嘌呤二核苷酸磷酸氧化酶（reduced nicotinamide adenine dinucleotide phosphate oxidase, NOX）-免疫应答产生 ROS，同时也可以作为一氧化氮合酶（nitric oxide synthase, NOS）生成活性氮（reactive nitrogen species, RNS）的关键电子供体[7]。近年来，秦正红实验室发现 NADPH 可能是一个内源性的 ATP 受体拮抗剂，有抑制胶质细胞激活和神经炎症的作用。目前关于辅酶 $NADP^+$/NADPH 如何调节细胞中关键的生物过程引起人们广泛兴趣，已经发现了它在调节机体氧化还原稳态、能量代谢、还原性生物合成、肝脏生物转化和药物代谢，信号转导等生物过程中发挥不可替代的作用[5, 8]。

总结与展望

　　综上所述，烟酰胺辅酶不仅发挥辅酶的作用，更涉及调节细胞重要生理功能的信号通路，具有更广泛的生物学功能。它们可能是各种生物过程的共同基本介导者，包括物质与能量代谢、线粒体功能、钙稳态、抗氧化/氧化应激的产生、信号转导与基因调控、免疫功能、衰老和细胞死亡。烟酰胺辅酶与肠道疾病、肾脏疾病、心血管疾病、癌症、神经系统疾病及糖尿病等许多人类重要疾病关系密切，是生物体内细胞生理生化过程中起非常关键作用的一种辅酶和细胞信号调节因子[9]。而且 NAD^+/NADH 和 $NADP^+$/NADPH 在生物体的含量处于一种动态变化之中。NADH 和 NADPH 代谢网络受 NAD^+ 和 $NADP^+$ 的调节，NAD^+ 在 NADK 的作用下磷酸化生成 $NADP^+$，$NADP^+$ 的代谢同时又受 NAD^+ 的调控，因此 NAD^+ 作为其中的关键分子是 NADH、$NADP^+$ 和 NADPH 的合成必不可少的成分，而 NAD^+ 的生物合成或降解直接影响 NADH、$NADP^+$ 和 NADPH 的代谢[10]。NAD^+/NADH 和 $NADP^+$/NADPH 之间并不是各自独立，而是相互交换、相互联系的，它们之间存在一个相对的稳态，而这种稳态是一个十分复杂且具有实时性和空间性的稳态。烟酰胺辅酶在细胞内的水平受合成和消耗速率的调节，许多研究者认为，烟酰胺辅酶不足在衰老和很多疾病的发生发展中起关键作用。鉴于 NAD^+/NADH 和 $NADP^+$/NADPH 在调节细胞氧化还原状态、能量代谢、线粒体功能、基因表达和信号通路中的关键作用，说明它们对于维持生命体内许多生物过程至关重要。氧化还原稳态的丧失会与多种病理状况有关，如心血管疾病、神经退行性疾病、癌症和衰老等。深入研究 NAD^+/NADH 和 $NADP^+$/NADPH 这两个氧化还原对如何在机体内协同调节细胞内氧化还原状态、生物信号转导和各种代谢反应，这可能有助于有效解决一系列生理和病理问题。

苏州大学(周荧)

苏州大学/苏州高博软件职业技术学院(秦正红)

第二章

烟酸缺乏症和烟酰胺辅酶前体——维生素 B₃ 的发现

对烟酰胺辅酶重要性的认识来源于历史上一种奇怪的疾病——糙皮病。该病是曾一度流行于欧洲和北美地区的一种不明原因的致死性疾病。经过漫长的研究才发现该病是由于烟酰胺辅酶前体[如烟酸(nicotinic acid, NA)、烟酰胺(nicotinamide, NAM)、色氨酸(tryptophan, Trp)等]摄入、吸收减少或代谢障碍导致的,也叫烟酸缺乏症。由于这一重大发现使得这种疾病变得可防可治,现在已几乎绝迹。

2.1 可怕的怪病

19 世纪的欧洲阿尔卑斯山区,流行着一种可怕的怪病。患这种病的患者首先是身体的裸露部位(如手、脚)出现淡红色斑点,像被火烧伤似的灼痛。不久便起水泡,流出黄水。几周后,流黄水的皮肤出现鱼鳞般疙瘩,全身疼痛。接着,患者的皮肤由淡红色变成灰黑色,像犀牛皮似的粗糙,并伴有舌通红、咽喉红肿,进食下咽十分困难。经常腹泻,大便像糨糊似的,恶臭难闻,常并发中枢神经系统紊乱,如痴呆、精神失常、时笑时哭。最后,全身内脏器官变形坏死,人便迅速死去。这种怪病就是后来人们所说的糙皮病(pellagra),其主要临床症状也被概括为"4D",即 dermatitis(皮炎)、diarrhea(腹泻)、dementia(精神失常)和 death(死亡)[1, 2]。

最初糙皮病主要发生在欧洲,直至 19 世纪末成为广泛的流行病,到 19 世纪 80 年代,糙皮病在意大利影响了超过 10 万人。在 20 世纪初,糙皮病在美国南部达到流行程度[3, 4]。1906~1940 年间,超过 300 万美国人受到糙皮病的影响,超过 10 万人死亡[5]。

2.2 关于糙皮病病因的探索

关于糙皮病的病因,历史上经历了一段非常漫长的探索过程。1735 年,Gaspar Casal 在西班牙首次描述了糙皮病的皮肤病学。Gaspar Casal 阐释这种疾病会引起暴露皮肤区域的皮炎,如手、足和颈部,并且疾病的病因是饮食不良和环境的影响[6]。1762 年,Gaspar Casal 的成果由他的朋友 Juan Sevillano 出版,书名为 *Natural and Medical History of the Principality of Asturias*,糙皮病因此在当时被称为"阿斯图里亚斯麻风病",这也第一次用现代病理来描述糙皮病[7]。

在美国,首例病例于 1915 年被描述。成立于 1914 年的南卡罗来纳州斯巴丹堡的斯巴丹堡糙皮病医院是美国第一所致力于研究糙皮病病因的机构。1915 年,该机构的 Joseph Goldberger 通过观察孤儿院和精神病院中糙皮病的暴发,表明糙皮病可能与饮食有关。Goldberger 指出,6~12 岁的儿童和精神病院的患者似乎是最易患糙皮病的人群,他认为缺乏肉、奶、蛋和豆类使这些特殊人群易患糙皮病。通过改变这些机构提供的饮食(如增加新鲜肉类和豆类食物),Goldberger 证明包含这些食物或少量啤酒酵母的饮食是可以预防糙皮病的[8, 9]。

基于这个发现,1926 年 Goldberger 对 11 名囚犯进行了一个不人道的实验。实验前,囚犯都吃监狱农场所提供的食物。开始实验后,Goldberger 限制他们的饮食,包括谷物、糖浆、蘑菇、饼干、卷心菜、甘薯、大米、羽衣甘蓝、咖啡与糖(不含牛奶)。在这种以谷物为基础饮食的 5 个月内,受试者出现轻度但典型的认知和胃肠道症状,11 例受试者中的 6 例出现了明确诊断为糙皮病所必需的皮肤病变,因此证明该疾病是由营养缺乏引起的。但遗憾的是,由于囚犯在确诊糙皮病后不久被释放,Goldberger 没有机会通过实验逆转饮食诱导的糙皮病[10-12]。但 Goldberger 将糙皮病与农村地区以玉米为基础的饮食联系起来,认为南方农民患糙皮病的根本原因是贫穷导致的饮食缺陷,社会和土地改革将治愈流行性糙皮病[12]。虽然他的改革没有实现,但随着美国南部的作物多样化及饮食改善,大大降低了糙皮病的风险[13]。他能够用狗制作该疾病的动物模型,并发现酵母菌补充剂可以有效地抑制这种情况,这也被证实对糙皮病患者同样有效。Goldberger 因此被认为是"美国临床流行病学的无名英雄"[14]。尽管他发现缺乏营养元素是导致糙皮病的原因,但没有发现具体是何种元素。

2.3 糙皮病与维生素 B₃

Goldberger 的研究小组积极致力于分离影响酵母发酵效率的因子并鉴定其活性,直到 1935 年,其他人才将其鉴定为大家已经很熟悉的化学物质——烟酸(NA)。1937 年,威斯康星大学麦迪逊分校生物化学教授 Conrad Elvehjem 证明从肝脏提取液中分离的简单的吡啶衍生物 NA 和 NAM 可治愈狗的黑舌病(类似于人的糙皮病),糙皮病令人费解的原因才终于得到揭示[15]。后来 Tom Spie、Marion Blankenhorn 和 Clark Cooper 等人的研究进一步确定,NA 能治愈人类的糙皮病,为此 *Time* 杂志将他们称为 1938 年综合科学年度男性[16]。

这一发现也可以解释为什么糙皮病在以玉米为主要饮食成分的地区暴发。玉米中 NAM 和 Trp(人类不能合成的必需氨基酸之一,被机体用来合成 NA)的含量天然较低,而

NA 的结合形式很难水解,除非在研磨前在碱中预浸泡方可改善 NA 在玉米中的生物利用度,但该步骤在除南美和中美洲外的其他地区很少使用[17]。而且,玉米和高粱等谷物含有高水平的亮氨酸,可抑制 Trp 转化为 NA(喹啉酸转化为烟酸),也可引起 NA 缺乏[18, 19]。因此,除了食用未经处理的玉米外,其他导致 Trp 代谢障碍的原因也可能导致 NA 缺乏进而引起糙皮病,如常染色体隐性遗传病哈特纳普病(Hartnup disease)或长期使用某些可能减少 Trp 生成或抑制 Trp 转化为 NA 的药物[20-22]。

此后不久,人类糙皮病的有效治疗在美国的公共卫生史中确立了一个里程碑。糙皮病患者缺乏的两种维生素分别命名为 NA 和 NAM,为避免公众对 NA 这一名称的担忧,它们统称为维生素 B_3。在发现维生素 B_3 的同时,德国生理学家 Otto Warburg 和 Hans von Euler 实验室的研究发现 NAD^+ 是维生素 B_3 的主要生物活性形式,并作为氢离子供体或受体参与能量代谢的细胞氧化还原反应[23],因此他获得了 1931 的诺贝尔生理学或医学奖。事实上,维生素 B_3 是一种水溶性维生素,容易转化为 NAD^+ 及 $NADP^+$,NAD^+ 参与糖酵解、蛋白质和酒精的分解代谢,而 $NADP^+$ 作为 ETC 中的氢受体,在胆固醇和脂肪酸合成中起作用。这两种嘧啶化合物对于氧化磷酸化和 DNA 调节至关重要[24],从此开启了辅酶 NAD^+ 在生命科学研究中的辉煌历程。最近的研究表明,NA 缺乏可能与阿尔茨海默病、帕金森病、亨廷顿病、认知障碍或精神分裂症有关[25, 26]。随着研究的深入,辅酶 NAD^+ 可能在更多的领域发挥重要作用,至今已经成为生命科学研究最为活跃的领域之一。

总结与展望

现在的研究表明,烟酰胺辅酶不仅作为辅酶发挥作用,还参与细胞内信号转导,因此在衰老、免疫调节、代谢性疾病、心血管疾病、肿瘤发生和发展中有重要作用。缺乏维生素 B_3 导致 NAD^+ 缺乏,从而产生了致死性的疾病,这明确显示了烟酰胺辅酶的重要性,因此烟酰胺辅酶的研究和应用正在如火如荼地进行,新近的大量研究成果已经使烟酰胺辅酶与人体更多的生理生化过程及疾病的发生和发展联系起来,将为人类许多慢性疾病、衰老的防治带来新希望。

苏州大学(周静思)

苏州大学/苏州高博软件职业技术学院(秦正红)

哈尔滨医科大学(张忠玲)

第三章

辅酶Ⅰ的鉴定、来源和细胞内分布

辅酶Ⅰ（coenzyme Ⅰ），又称烟酰胺腺嘌呤二核苷酸（nicotinamide adenine dinucleotide），是细胞内能量代谢的关键辅酶。NAD^+是NADH的氧化形式，具有氧化还原作用和信号转导功能[1]。

3.1 辅酶Ⅰ分子鉴定的探索

1920年后，德国、瑞典化学家汉斯·冯·奥伊勒-切尔平（Hans von Euler - Chelpin）发现在发酵早期有辅酶的参与，并将此辅酶命名为辅酶Ⅰ。他通过冗长的分离过程，从酵母中提取了NAD^+。经过分析，发现NAD^+中含有1个糖基、1个腺嘌呤基和1个磷酸基，类似于核苷酸分子，最终确定其化学成分是NAD^+，完成了对NAD^+的化学属性的研究，也为加速NAD^+研究进展奠定了基础。由于汉斯·冯·奥伊勒-切尔平和阿瑟·哈登（Arthur Harden）在糖类的发酵及发酵酶的研究领域中的杰出贡献，他们获得了1929年的诺贝尔化学奖[2]。

1930年后，德国生理学家和医生奥托·海因里希·瓦尔堡（Otto Heinrich Warburg）发现并从大量马红细胞中分离出的现在被称为$NADP^+$的辅酶。此外，他还发现了NAD^+与$NADP^+$在氢离子转移上的关系明显，在氧化还原反应中具有重要作用，因此他被授予1931年的诺贝尔生理学或医学奖[3, 4]。此后，瓦尔堡实验室和其他化学家们合作，合成了许多模型化合物，通过他们性质的相似性和数据分析，发现NAD^+内部结构有腺嘌呤，已糖和NA的酰胺之间有糖苷键作用。但可惜的是，来自马红细胞的NAD^+产量很少且有杂质，无法进行详细的结构研究，瓦尔堡团队未能提出NAD^+的完整结构式[5]。1936年，斯德哥尔摩研究小组基于元素分析、一元酸滴定，提出NAD^+的水解和分离结构单元。其后，托德（Todd）等人通过合成实验证明了烟酰胺辅酶的结构特点。1955年，Chance和Williams在一系列研究中证明了体外分离的线粒体ETC活性与辅酶氧化还原相关[6-9]，即在TCA循环中生成的质子（H^+）以NAD^+和黄素腺嘌呤二核苷酸（flavin adenine dinucleotide，FAD）为递氢体，通过ETC传递电子[10]。从此NAD^+生理功能研究正式拉开序幕,随后几十年,大量研究揭示了 NAD⁺ 及其代谢物的重要性,已经从中间代谢的关键元素扩展到多细胞信号通路的关键调控因子,并在如癌症、衰老和年龄相关疾病中发挥重要作用[11-15]。我国在烟酰胺辅酶领域的研究起步较晚,但是追赶趋势明显。在 Pubmed 数据库用"nicotinamide adenine dinucleotide"作为关键词检索,至 2022 年,中国已发表 5 400 多篇相关研究论文(图 3.1)。

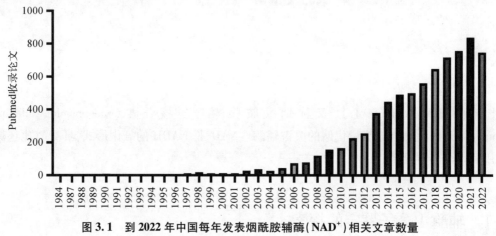

图 3.1　到 2022 年中国每年发表烟酰胺辅酶(NAD⁺)相关文章数量

3.2　辅酶 I 的 3 种来源

在细胞外环境中,来自饮食中的 4 种前体,即色氨酸(tryptophan, Trp)、烟酸(nicotinic acid, NA)、烟酰胺(nicotinamide, NAM)和烟酰胺核糖(nicotinamide riboside, NR),可以通过不同的转运体跨细胞膜,如转运 Trp 和 NA 的溶质载体(solute carrier, SLC),以及转运 NAM 和 NR 的核苷转运蛋白(nucleoside transporter, ENT),进入细胞质中[16-18]。一旦进入细胞质,这些前体将通过从头合成途径、Preiss–Handler 合成途径和补救合成途径 3 种途径生成 NAD⁺。在从头合成途径中,Trp 经过一系列步骤转化为喹啉酸(quinolinic acid, QA),QA 进一步转化为烟酸单核苷酸(nicotinic acid mononucleotide, NAMN)、烟酸腺嘌呤二核苷酸(nicotinic acid adenine dinucleotide, NAAD),最终转化为 NAD⁺。在 Preiss–Handler 合成途径中,NA 通过烟酸磷酸核糖转移酶(nicotinate phosphoribosyltransferase, NAPRT)转化为 NAMN,NAMN 通过烟酰胺单核苷酸腺苷酸转移酶(nicotinamide mononucleotide adenylyltransferase, NMNAT)转化为 NAAD,NAAD 通过 ATP 依赖的烟酰胺腺嘌呤二核苷酸合成酶(nicotinamide adenine dinucleotide synthetase, NADS)转化为 NAD⁺。而在补救合成途径中,NR 和 NAM 分别通过烟酰胺核苷激酶(nicotinamide riboside kinase, NRK)和烟酰胺磷酸核糖转移酶(nicotinamide phosphoribosyltransferase, NAMPT)生成 β-烟酰胺单核苷酸(β-nicotinamide mononucleotide),最终转化为 NAD⁺[11, 19-21]。NAD⁺ 的合成是一个耗能的过程,

从 Trp 开始的从头合成途径需要消耗 3 个 ATP 分子,从 NR 和 NMN 开始的补救合成途径分别需要消耗 3 个和 2 个 ATP 分子。

3.3　辅酶 I 在细胞内不均匀分布

由于大多数生物能量代谢和 NAD^+ 依赖性信号通路发生在不同的亚细胞结构中,这些代谢过程需要就近获取 NAD^+,因此许多参与 NAD^+ 生物合成或消耗的酶,在亚细胞水平上是不均匀分布的[12, 22, 23]。目前,利用生物合成酶、基因编码荧光生物传感器等工具,使细胞内 NAD^+ 池可视化,人们能更清晰地了解 NAD^+ 的亚细胞分布情况[24, 25]。如在体外培养的 HEK293 细胞中,细胞总 NAD^+ 约为 365 μmol/L,其中线粒体 NAD^+ 池约为 246 μmol/L,提示细胞内大部分 NAD^+ 位于线粒体中[26]。已有研究报道,NAD^+ 池在细胞核和几乎所有细胞器中存在,包括线粒体、过氧化物酶体、内质网和高尔基体等[27-29]。

NAD^+ 的亚细胞定位高度集中在细胞质、线粒体和细胞核,其平衡受各亚细胞特异性 NAD^+ 消耗酶、亚细胞转运蛋白和氧化还原反应的调控。每个细胞器中的 NAD^+ 可依赖多种形式的 NMNAT(如细胞核 NMNAT1、细胞质 NMNAT2 和线粒体 NMNAT3)将 NAD^+ 从 NAM 循环中回收以维持平衡[30]。在细胞质中,NAM 通过细胞内 NAMPT 转化为 NMN,然后 NMN 被 NMNAT2 转化为 NAD^+。NAD^+ 在糖酵解过程中被利用,产生 NADH,细胞质中的 NADH 通过苹果酸−天冬氨酸穿梭转移到线粒体基质中,最终将电子转移到 ETC 中[31-33]。线粒体中 NAD^+ 的回收途径尚未完全解决,有研究者提出一种特异的 NMNAT 亚型 NMNAT3 的作用[11],即在线粒体中,NAD^+ 由 NMN 经 NMNAT3 合成,可被 SIRT3 ~ SIRT5 及 PARP1 消耗,生成 NAM。提示 NAM 可通过胞内 NAMPT 在线粒体室转化为 NMN。在细胞核中,NAD^+ 可被 SIRT1、SIRT2、SIRT6、SIRT7 及 PARP 消耗,生成 NAM,随后 NAM 被 NMNAT1 转化为 $NAD^{+[11, 19, 34]}$。核 NAD^+ 池可能通过核孔扩散与胞质 NAD^+ 池相平衡,但更完整、更明确的动态平衡仍有待探索。

总结与展望

随着人们对辅酶 I 这种代谢物的调控过程和治疗潜力的认识不断深入,对辅酶 I 生物学的研究重新焕发了活力。尽管该领域的研究越来越多,但是关于辅酶 I 代谢仍然有许多尚未解决的问题。研究人员才初步了解了辅酶 I 复杂的细胞和亚细胞分布,以及调节辅酶 I 稳态的途径之间的相互作用,还需要进一步了解辅酶 I 前体和辅酶 I 代谢产物的通量调控。尽管许多研究已经将有益的生理效应与特定的辅酶 I 依赖蛋白(如 Sirtuin)联系了起来,但在许多情况下,辅酶 I 和其他特定下游通路之间的动态关系仍然不清楚。临床前模型的研究结果真正转化应用到人体治疗也是一个至关重要的研究领域。

苏州大学（刘娜、黄巧、芮奕、王燕）

辅酶 I（NAD⁺/NADH）和辅酶 II（NADP⁺/NADPH）一般被认为是参与无数氧化还原反应的辅助因子（作为辅酶的功能），包括参与线粒体中的电子传递。然而，NAD⁺途径的代谢物还有许多其他的重要功能，包括参与细胞信号转导、蛋白质翻译后修饰、表观遗传调节及通过对 RNA 的 NAD⁺封闭修饰调节 RNA 的稳定性和功能。非氧化反应最终导致这些核苷酸的分解代谢，这表明 NAD⁺代谢是一个极其动态的过程。NAD⁺及其前体作为维持细胞基本生理、生化过程的关键调节因子，使细胞能适应多种环境变化，包括营养摄取异常、基因毒性因子、生理功能紊乱、微生物感染、炎症和外源性物质生物转化。已有文章指出 NAD⁺途径代谢物在多种疾病状态（如癌症、神经退行性疾病和衰老）下的机体代谢、物质转运等过程中起着重要作用。因此，NAD⁺不仅仅是一个辅酶，它在细胞信号通路中的重要作用使它成为人体健康和疾病的枢纽。

4.1　维持线粒体能量和自由基代谢平衡

细胞在持续不断地产生氧化剂和抗氧化剂。氧化剂的形成和抗氧化能力之间的不平衡便会引起氧化应激。生理水平氧化应激（低水平）是调节生物过程和生理功能的关键，包括细胞周期和增殖、昼夜节律、先天免疫、干细胞的自我更新和神经生成[1-3]。然而，营养干扰、基因毒性应激、感染、污染物和外来生物等多种刺激触发产生过度的 ROS，从而导致氧化应激损伤。氧化应激对大分子造成的损伤，包括细胞水平的蛋白质、脂质、RNA 和 DNA 损伤，这些损伤会造成基因突变、炎症和细胞死亡[4, 5]。氧化应激与无数的病理相关，通过引发快速、无障碍和非选择性的氧化反应，对细胞和系统组织造成严重伤害。值得注意的是，NAD⁺缺乏会引起多种疾病中氧化应激的发生或加剧，而增加 NAD⁺可增加 GSH 水平和抗氧化酶活性，以增强抗氧化能力[6]。细胞可以通过增加还原型产物的含量如 NADPH 等从而抵消氧化剂的有害作用[7]。此外，消耗 NAD⁺的酶，如 SIRT3，也可以通过调节产生 ROS 的酶活性和清除 ROS 的抗氧化因子活性来控制细胞的氧化还原状态[8-10]。因此，NAD⁺/NADH、NADP⁺/NADPH 的比例可以表示促氧化—抗氧化的平衡状态和决定氧化还原生物学的开关枢纽。

NAD$^+$作为一个主要的代谢中间产物,影响着线粒体的压力应激反应。NAD$^+$是糖酵解和氧化磷酸化过程中线粒体最大氧化能力的限制因素,NAD$^+$稳态受损将会影响细胞代谢功能及氧化还原平衡,这主要与线粒体功能障碍有关。细胞在糖酵解和TCA循环过程中产生NADH而导致还原性应激,需要通过线粒体将NADH再氧化生成NAD$^+$来维持细胞中NAD$^+$/NADH比值稳定,这对于葡萄糖的持续氧化、ATP的产生和正常细胞功能必不可少。线粒体功能障碍导致氧化呼吸链缺陷和糖酵解增加,产生过量NADH,不能被氧化为NAD$^+$,破坏NAD$^+$/NADH稳态,导致细胞产生还原应激状态,而低水平的NAD$^+$影响线粒体ATP合成并又会增加ROS产生,过量产生的ROS引起线粒体DNA(mitochondrial DNA,mtDNA)突变,可导致呼吸链缺陷和刺激糖酵解。呼吸链缺陷则又会产生更多ROS,加重对线粒体的损伤,最终形成恶性循环。线粒体功能持续恶化将影响细胞内的代谢和氧化还原平衡,导致细胞功能障碍,甚至凋亡。

研究发现,在特定条件下,细胞内的NADH能够通过线粒体细胞色素c和细胞色素氧化酶直接转化为线粒体膜的电子化学势[11]。NADH通过线粒体膜上NADH-细胞色素b5还原酶复合体将其高电势能转移到细胞色素c上,细胞色素c再将电子转移到线粒体复合体Ⅳ上。随着电化学膜电位的产生,分子氧被还原,同时产生ATP。在线粒体受损时,大量的细胞色素c释放到胞质中,从而进一步促使细胞凋亡的发生,这一过程可能发生在细胞凋亡的早期阶段[12]。此外,这一过程也可能发生在生理条件下,因为细胞色素c能够从线粒体释放到细胞质,这不仅能够去除过多的胞质NADH,而且在3种呼吸复合体受损时能够促进细胞存活。因此,对细胞内NAD$^+$水平稳态的调控可以改善线粒体功能,从而对细胞产生保护作用。

4.2　维持基因稳定性

对于持续不断的内源性ROS/RNS的产生和外源性损伤,如辐射、化学诱变剂和致癌物,这使得DNA损伤成为细胞面临的一种常见的压力。值得注意的是,DNA损伤和随后的基因组的不稳定性通过驱动基因突变从而导致衰老和肿瘤的发生。为了维持基因组的稳定性,细胞进化出了一种复杂的微调机制,这便是DNA损伤反应(DNA damage reaction,DDR)。DDR一般用来检测和修复DNA损伤[13-16]。作为多种DNA修复途径的关键调控因子,PARP和Sirtuin使用NAD$^+$作为共同底物调控DNA损伤后的修复过程。与其保持一致的是,NAD$^+$缺乏导致DDR失调从而导致基因组不稳定性增加,这显示了基因组稳定性与NAD$^+$代谢之间的相互作用[16-18]。

4.3　延缓衰老

2017年10月2日,人类抗衰老探索取得重大突破。三位科学家杰弗理·霍尔

(Jeffrey C. Hall)、迈克尔·罗斯巴什(Michael Rosbash)和迈克尔·杨(Michael Young)因发现基因时钟的节律机制获得诺贝尔生理学或医学奖,长寿基因钟的秘密也浮出水面。科学家们发现,每个人的基因中都有一个节律时钟,它参与了每个生理过程的调节,控制着人体的年轻和衰老。目前已知的人类衰老的重要原因,如线粒体 NAD^+ 不足、端粒酶长度减少、细胞衰老、细胞凋亡与基因节律时钟紊乱。NAD^+ 是线粒体能量转化的关键分子,线粒体 NAD^+ 浓度水平是人体衰老的重要原因。

NAD^+ 可以直接或间接影响细胞的许多关键功能,包括代谢途径、DNA 修复、染色质重塑、细胞衰老和免疫功能。这些细胞过程和功能对于维持组织和代谢稳态及健康衰老至关重要。衰老伴随着多种模式生物(包括啮齿动物和人类)中组织和细胞 NAD^+ 水平的逐渐下降。NAD^+ 水平的下降与衰老相关的疾病有因果关系,包括认知能力下降、癌症、代谢性疾病、肌肉减少症和虚弱。许多这些与衰老相关的疾病可以通过恢复 NAD^+ 水平来减缓甚至逆转。因此,靶向提高 NAD^+ 代谢水平已成为改善衰老相关疾病并延长人类健康和寿命的潜在治疗方法。

4.3.1　Sirtuin 家族与衰老

最近的证据表明,细胞核 SIRT1、SITRT6 和 SIRT7 是 DNA 修复和基因组稳定性的关键调节因子,线粒体 SIRT3、SIRT4 和 SIRT5 及细胞核 SIRT1 调节线粒体稳态和代谢[19]。SIRT1 通过脱乙酰化过氧化物酶体增殖物激活受体 γ 共激活因子 1α(peroxisome proliferator-activated receptor gamma coactivator 1α, PGC1α)促进线粒体的生物发生[20-22],SIRT1 也与线粒体自噬缺陷导致线粒体的周转障碍相关[23, 24]。因此,SIRT1 似乎是维持线粒体质量的关键因素。总体而言,NAD^+ 水平能够对细胞的衰老过程产生影响,Sirtuin 是这些衰老细胞稳态的关键参与者。

4.3.2　PARP 家族与衰老

除了 Sirtuin 家族外,PARP 能够介导 NAD^+ 裂解产生 NAM 和 ADPR,其中腺苷二磷酸核糖(adenosine diphosphate ribose, ADPR)作为单一或共价连接的聚合物添加到 PARP 本身和其他受体蛋白中,该过程称为"ADPR 基化"。在所有 PARP 中,只有 PARP1、PARP2 和 PARP3 定位于细胞核以响应早期 DNA 损伤,并在 DNA 损伤修复中发挥关键作用[25-27]。DNA 中 PARP1 在激活时,PARP1 PARy 与组蛋白和其他蛋白质一起沉积,其中蛋白质作为支架,将其他 DNA 修复酶和修复蛋白招募至病变部位以启动 DNA 修复[28]。PARP1 作为 NAD^+ 相应信号分子的作用,与衰老过程广泛相关。使用 PARP1 抑制剂或 NAD^+ 补充剂治疗患有科凯恩综合征(Cockayne syndrome)的小鼠,可使小鼠寿命延长并改善 PARP1 过度激活引起的严重表型。证据表明,NAD^+ 体内平衡失调会介导 PARP1 引起广泛的 DNA 损伤和遗传毒性应激,从而导致激活下游的负面后果[29]。最近的多项研究表明,NAD^+ 补充剂(NR 和 NMN)可以恢复与衰老相关的低 NAD^+ 水平,恢复基因的稳态性,在啮齿动物模型中也可以防止肥胖[30-32]。

4.3.3　端粒与衰老

端粒缩短与干细胞衰退、纤维化疾病和过早衰老相关。发现端粒酶敲除小鼠肝脏中的端粒缩短导致所有 7 种 Sirtuin 的肿瘤蛋白 p53（tumor protein p53，Tp53）依赖性抑制。Tp53 在转录后通过 microRNA（miR－34a、miR－26a 和 miR－145）调控非线粒体 Sirtuin（SIRT1、SIRT2、SIRT6 和 SIRT7），而线粒体 Sirtuin（SIRT3、SIRT4 和 SIRT5）在转录水平上以 PGC1α/β 依赖的方式调控。给予 NAD^+ 前体 NMN 维持端粒长度，抑制 DNA 损伤反应和 Tp53 表达，改善线粒体功能，并在功能上以部分依赖 SIRT1 的方式补救肝纤维化。这些研究将 Sirtuin 确定为功能失调端粒的下游靶点，并表明单独或与其他 Sirtuin 联合提高 SIRT1 活性可以稳定端粒并缓解端粒依赖性疾病。

4.4　免疫调节

NAD^+ 与柠檬酸和琥珀酸一起，是一类具有信号传递能力的新型代谢物，将 NAD^+ 代谢与免疫反应联系起来[33]。在高脂饮食（high fat diet，HFD）的小鼠体内，在肝脏中通过从头合成恢复 NAD^+ 水平，可以减轻炎症，防止肝脏脂肪堆积。同样地，静息状态下，衰老的或受到免疫挑战的巨噬细胞，通过从头合成途径产生更多的 NAD^+ 可恢复氧化磷酸化和免疫稳态反应。然而，抑制 NAD^+ 从头合成可诱导炎症相关的 TCA 循环代谢产物琥珀酸的增加，线粒体产生的 ROS 升高，从而导致先天免疫功能障碍引起的衰老和年龄相关的疾病增多[34]。线粒体复合体Ⅲ在受到刺激后立即产生 ROS，这在炎症巨噬细胞激活过程中具有重要作用。然而，线粒体 ROS 也会使 PARP 大量消耗 NAD^+，从而致使 DNA 损伤。因此，在脂多糖（lipopolysaccharide，LPS）诱导的炎症激活过程中，NAD^+ 的含量及 NAD^+/NADH 的比值也会显著下降[35]。为了维持细胞内的 NAD^+ 水平，NAD^+ 合成酶 NAMPT 被 LPS 激活，并促进 NAMPT 的表达从而维持 NAD^+ 的含量，以驱动糖酵解，从而促进了炎性巨噬细胞的激活。而在线粒体呼吸 ETC 受损的细胞中，NAD^+ 可以通过改善溶酶体功能来减轻炎症反应。线粒体受损的细胞中加入烟酰胺辅酶的前体 NAM 可以恢复溶酶体功能并且减少促炎因子的释放[36]。此外，对内毒素剂量依赖的 NAD^+ 生物合成从 NAMPT 依赖的补救合成途径转变为 IDO1 依赖性的新生生物合成，这一转变维持了核中 NAD^+ 库，促进了 SIRT1 导向的免疫耐受的表观遗传调控[37, 38]。

NAMPT 是 NAD^+ 补救合成途径中的限速酶，其在先天免疫细胞［包括巨噬细胞和树突状细胞（dendritic cell，DC）］中的表达升高进一步显示了细胞内 NAD^+ 水平与炎症之间的联系[39-41]。NAMPT 的特异性竞争性抑制剂可以改善免疫或炎症性疾病。NAMPT 抑制可以通过降低炎症细胞内 NAD^+ 水平减少外周循环炎症因子量，包括 IL－1β、TNF－α、和 IL－6，从而改善葡聚糖硫酸钠（dextran sulfate sodium，DSS）诱导的结肠炎、关节炎等疾病[42-44]。

NAMPT 调节的细胞内 NAD^+ 水平也会影响 NAD^+ 依赖的相关酶,如 Sirtuin。Sirtuin 可以调节 TNF 的最佳转录水平[45]。SIRT1 升高的 NAD^+ 水平可以将内毒素耐受脓毒症血白细胞中的 TNF-α 表达从依赖 NF-κB 的转录转变为依赖 ReIB 的转录。此外,SIRT6 可以通过调节 TNF mRNA 的翻译效率来调节 TNF 的产生[46]。在胰腺细胞系中,SIRT6 可以通过诱导 IL-8 和 TNF 等细胞因子的产生,促进细胞迁移[47]。Sirtuin 可以直接通过调控炎症转录因子控制免疫反应,包括脱乙酰化 FOXP3 抑制 Treg 反应,脱乙酰化 RORγt 促进 Th17 反应,通过抑制 NF-κB 减轻免疫反应[48]。

4.5　维持 Ca^{2+} 稳态

NAD^+ 是氧化还原酶的重要辅助因子,但与其他代谢产物一样,NAD^+ 也是离子通道的调节因子。NAD^+ 可以通过促进 P2X7R ADPR 基化,从而增加受体开放,增加 Ca^{2+} 内流;Ca^{2+} 稳态在癌细胞中是失调的,并且影响肿瘤发生、肿瘤进展及转移、血管生成等过程[49]。瞬时受体电位阳离子通道亚家族 M 成员 2(transient receptor potential cation channel subfamily M member 2, TRPM2)是一种可渗透 Ca^{2+} 的非选择性阳离子通道,在多种生理过程中起重要作用。NAD^+ 生成的分子糖水解酶 ADPR 或 PARP 糖水解酶[poly(ADP-ribose) glycohydrolase, PARG],可以激活 TRPM2 受体,导致 Ca^{2+} 内流。Sir2 家族蛋白可以产生 O-2 乙酰化-ADPR 基从而直接与细胞质中 TRPM2 通道的功能域直接结合,TRPM2 通道开放后导致 Ca^{2+} 内流[50]。

NADH 同样也能直接调节 Ca^{2+} 稳态。Purkinje 细胞和神经生长因子刺激分化下的 PC12 细胞在低氧状态下,NADH 可以直接增加内质网膜上 IP_3 控制的 Ca^{2+} 通道打开,从而导致 Ca^{2+} 的释放。与 IP_3 控制的 Ca^{2+} 通道相关的磷酸甘油醛脱氢酶可以生成 NADH 从而促进 Ca^{2+} 通道的打开。雷诺丁受体(ryanodine receptor, RyR)是在肌浆网膜上存在另一种配体门控 Ca^{2+} 通道受体,NADH 也可以抑制心肌细胞上的 RyR 受体,而这种现象在骨骼肌上却没有表现。

4.6　蛋白质核糖基修饰

蛋白核糖基修饰(protein MARylation and PARylation;mono or poly-riboxylation)是一种比较古老而有效的改变蛋白质功能的方式。根据修饰基团是 ADPR 单体(MAR)及其聚合物(PAR),又可分为单 ADP 核糖化(mono ADP ribosylation, MARylation)和聚 ADP 核糖化(poly ADP-ribosylation, PARylation)两类。ADPR 基化(PARylation)是由起源于 NAD^+ 的 ADPR 对蛋白质进行翻译后修饰。细胞中产生 PAR 的中心酶和 DNA 损伤过程中聚核糖化的主要目标是 PARP1。通过使用不可水解的 NAD^+ 类似物苯甲酰胺腺嘌呤二核苷酸，发现其折叠状态下的螺旋结构域完全阻断了 NAD$^+$ 与酶活性位点的结合。然而，在没有 DNA 的情况下，螺旋结构域可以暂时采用与 NAD$^+$ 结合兼容的构象，提供低的 PARP1 基础活性[51]。

4.7 调节生物钟和代谢节律

生物机体已经形成了内部固有的时钟，生物钟与外部环境、内源性因子共同协作调控生物进程。NAD$^+$ 的代谢驱动着昼夜节律因子的转录，从而将环境刺激产生的信号转导形成机体昼夜节律时钟。NAD$^+$/NADH、NADP$^+$/NADPH 调节蛋白质与 DNA 的结合活性，如 CLOCK:BMAL1 和 NPAS2:BMAL1 异质二聚体，首次证明 NAD$^+$ 代谢与生物钟的联系。生物钟对细胞内 NAD$^+$ 水平的昼夜节律调控与 BAMPT 的波动表达有关，NAMPT 是一种 24 h 节律上调 NAD$^+$ 的限速酶[52-54]。*NAMPT* 基因启动子中的 e-box 可以通过 CLOCK:BMAL1 染色质复合体直接调控转录[55]。此外，NAD$^+$ 生成途径中的相关酶在野生型和肝脏-Cre 小鼠中具有昼夜节律波动的表达，这些酶包括 NMRK1、NAMPT 和 NADK[56]。相反，NAD$^+$ 的波动表达通过生物钟协调转录和行为。老年小鼠中 NAD$^+$ 的减少抑制了昼夜节律的转录，而 NAD$^+$ 的补充可使其恢复到年轻的 NR 水平[57]。NAD$^+$ 通过改变 Sirtuin 和 RARP 的活性对昼夜节律重编程产生调节作用，而 Sirtuin 和 PARP 的活性决定了转录核心振荡器的活性。SIRT1/6 被招募到核心时钟 CLOCK:BMAL1 复合体上，使 BMAL1 和周期性 H3K9/14Ac 在其靶基因的昼夜节律启动子上发生节律性乙酰化[53, 58]。此外，SIRT1 的振荡激活也可通过核心时钟抑制因子 PER2K680 和混合谱系白血病 1（MLL1）的脱乙酰化调节昼夜节律动力学，从而控制节律性染色质性状及 BMAL1:CLOCK 复合体的活性[53, 57, 59-61]。与 Sirtuin 相似，PARP 的活性也受生物钟的调节。PARP1 波动激活与多聚多聚酸酯（ADPR）时钟相互作用，从而抑制了 CLOCK:BMAL1 与 DNA 的结合，改变了昼夜节律基因的表达[62]。此外，PARP1 与 CTCF 的互相作用也具有昼夜节律性，调节与层膜相关的染色质和昼夜节律的转录[63]。这些研究显示，依赖 NAD$^+$ 的表观遗传修饰和核心昼夜节律回路之间的关系。

氧化还原水平的波动进一步证明了 NAD$^+$/NADP$^+$ 代谢和生物钟之间的互相作用，其中 ROS 水平显示出不同于其他组织的肝脏模式，这是由于独特的 NAD$^+$ 波动对应着自主的肝脏时钟。Beta-Bmal1$^{(-/-)}$ 小鼠和节律紊乱的 Clock$^{\Delta 19}$ 小鼠中核因子红细胞衍生-2 相关因子 2（nuclear factor erythroid-derived 2-like 2, Nrf2）表达显著降低，从而损害了抗氧化防御系统，导致 ROS 积累增加，氧化损伤和线粒体解偶联发生[64, 65]。Prxs 作为 H_2O_2 清除的关键酶，也表现出节律性的氧化循环[66]。生物钟系统还可以通过调节 GSH 生物合成和细胞解毒过程中限速酶的昼夜节律来调节 GSH 的产生和消耗[67]。因此，NAD$^+$ 作为细胞能量状态的重要调节剂，能够产生氧化还原节律性波动和转录波动的代谢信号。

NAD$^+$的水平和区域分布决定了正常生理和生物学反应的能量状态。NAD$^+$可以调节氧化还原稳态、基因组稳定性、基因表达、生物钟、代谢、细胞生物能学稳态、线粒体内稳态和适应性应激反应。健康的生活方式和锻炼是通过提高NAD$^+$水平来增强身体素质和延长健康寿命的非药学策略。提高NAD$^+$水平可应用于广泛的NAD$^+$缺乏相关的病理,如感染、癌症、代谢性疾病、急性损伤、衰老和衰老相关的神经退行性疾病。这可以通过增加NAD$^+$的产生和减少NAD$^+$的消耗来提高NAD$^+$来实现。尽管关于NAD$^+$的研究在生物学方面取得了巨大进展,但仍有许多悬而未决的问题需要解决。如NAD$^+$及其代谢产物对病理和寿命有益作用的精确机制仍然难以阐释清楚。通过研究NAD$^+$在疾病中的作用,并在不同时间点识别每种NAD$^+$前体的特定效应分子,为开发针对各种生理学的有效干预提供关键手段。NAD$^+$的系统性代谢组学在很大程度上尚未被探索。是否存在上调NAD$^+$的特异性组织,不同的NAD$^+$前体在不同的组织内表达量是否不一样? 器官之间的NAD$^+$是怎么进行沟通的? 每个组织中不同的NAD$^+$代谢组学是什么? 尽管越来越多的人对使用NAD$^+$前体用于促进健康、延缓衰老感兴趣,但对其体内药代动力学仍然知之甚少。针对人体不同疾病,应优化NAD$^+$的剂型、治疗剂量和给药途径。充分评估长期使用NAD$^+$的不可预见的副作用也是必要的。不仅如此,还需要开发出新技术,以实现对患者和健康个体中NAD$^+$及其代谢产物水平的动态监测。

参考文献

苏州大学(曹丽娟)

苏州大学/苏州高博软件职业技术学院(秦正红)

第五章

辅酶 I 的合成和分解代谢与提高辅酶 I 的方法

辅酶 I 是多种代谢途径和细胞过程的关键代谢物和辅酶,在代谢、衰老、细胞死亡、DNA 修复和基因表达等多种生物学过程中起着至关重要的作用。值得注意的是,NAD^+ 在细胞和全身水平上都处于生物合成、消耗、再循环和降解的稳态,以维持细胞内的 NAD^+ 水平。在哺乳动物细胞中,有 3 种不同的 NAD^+ 生物合成途径。NAD^+ 稳态对人类健康和长寿至关重要,而 NAD^+ 水平的下降与衰老相关疾病的发生和进展密切相关。因此,在这里,我们总结了 NAD^+ 合成代谢和分解代谢的最新研究进展,强调了 NAD^+ 在协调能量代谢和维持细胞生理功能方面的作用,并重点讨论 NAD^+ 与衰老之间的关系,对于更精确地了解和治疗与年龄相关的病理过程至关重要。

NAD^+ 是在真核细胞中发现的最重要的辅酶[1, 2]。首先,NAD^+ 从前体通过 3 条途径不断生成,作为氧化还原反应的重要辅酶,参与包括酒精代谢、糖酵解、氧化磷酸化、脂肪酸 β 氧化、TCA 循环等过程,是维持能量代谢稳定的核心。再者,NAD^+ 也是非氧化还原 NAD^+ 依赖性酶的必需辅助因子,包括脱乙酰酶 Sirtuin,胞外核苷酶分化群 38(cluster of differentiation 38, CD38)、CD157,蛋白质核苷修饰酶如 PARP,NAD^+ 不断地被这些酶消耗和降解,参与细胞信号转导。另外,NAD^+ 的第三个功能首次是在细菌中发现的,即 NAD^+ 可以与 RNA 的 5′ 端连接从而保护 RNA 不被降解,还可以作为非经典的从头转录起始因子,调节基因表达[3]。NAD^+ 通过这些酶直接或(和)间接影响许多关键的细胞功能,包括细胞代谢途径、DNA 修复、染色质重塑、细胞衰老和免疫细胞功能等,从而响应各种细胞应激和生理刺激。这些细胞代谢过程和功能对于维持细胞和组织稳态及机体健康至关重要。传统的观念将烟酰胺核苷酸代谢描述为一种非常静态的过程,主要强调 NAD^+ 和 $NADP^+$ 氧化型与还原型之间的相互转化。然而,过去几十年的研究,尤其是最近的研究清楚地表明 NAD^+ 的代谢、运输和功能是动态且复杂的。并且,在衰老的过程中,NAD^+ 合成代谢和分解代谢之间的平衡会发生变化。此外,NAD^+ 缺乏会导致一系列疾病,包括代谢性疾病、衰老、神经退行性疾病和癌症[4]。在这方面,用 NAD^+ 前体 NR 和 NMN 恢复 NAD^+ 水平已成为一种重要的治疗衰老相关性疾病的方法,而且已经有证据表明在啮齿动物模型中能够产生有益的效果。

5.1　辅酶 I 的合成

NAD⁺ 合成涉及的主要前体和中间体有：Trp、NAM、NA、NR 和 NMN。细胞内合成 NAD⁺ 的方式主要有 3 种：① Trp 为底物的从头合成途径（de novo pathway），起始于 Trp，主要在胞质中进行；② NAM 和 NR 为底物的补救合成途径（salvage pathway），通过一些前体分子来合成，即自然存在的维生素，如 NAM、NA、NR 等；③ NA 为底物的 Prssiss‐Handler 合成途径，始于 NA，然后在不同酶的作用下及 ATP 的支持下，通过 3 步最终生成 NAD⁺（图 5.1）。

5.1.1　从头合成途径

从头合成途径是指哺乳动物细胞通过犬尿氨酸途径（kynurenine pathways, KP）从 Trp 生成 NAD⁺，包括 8 个步骤。Trp 通过转运蛋白溶质载体家族 7 成员 5（solute carrier family 7 member 5, SLC7A5）和溶质载体家族 36 成员 4（solute carrier family 36 member 4, SLC36A4）进入细胞，在细胞内 Trp 经酶促反应转化为 N‐甲酰基犬尿氨酸，该反应被认为是该途径的一个限速步骤。在哺乳动物中此步反应可通过两种酶催化，即色氨酸 2,3‐双加氧酶（tryptophan 2,3‐dioxygenase, TDO）和吲哚胺 2,3‐双加氧酶（indoleamine 2,3‐dioxygenase, IDO），N‐甲酰基犬尿氨酸经一系反应生成 α‐氨基‐β‐羧基黏康酸‐ε‐半醛（alpha-amino-beta-carboxy-muconate-epsilon-semialdehyde, ACMS）。ACMS 可以自然环化形成喹啉酸（quinolinic acid, QA），然后由喹啉酸磷酸核糖转移酶（quinolinate phosphoribosyl transferase, QPRT）转化为烟酸单核苷酸（nicotinate mononucleotide, NAMN），烟酸单核苷酸经烟酰胺单核苷酸腺苷转移酶（nicotinamide mononucleotide adenylyl transferase, NMNAT）转化为烟酸腺嘌呤二核苷酸（nicotinic acid adenine dinucleotide, NAAD），最后通过烟酰胺腺嘌呤二核苷酸合成酶（nicotinamide adenine dinucleotide synthetase, NADS）酰胺化生成 NAD⁺。NMNAT 是哺乳动物 NAD⁺ 合成的关键酶，同时参与 NAD⁺ 的从头合成途径和补救合成途径。

需要注意的是，从头合成对体内 NAD⁺ 水平的贡献大小并未完全阐明，因为主要是肝脏中的细胞利用从头合成途径合成 NAD⁺。在肝脏之外，大部分细胞并不表达通过从头合成途径合成 NAD⁺ 所需的所有的酶。因此，大多数 Trp 在肝脏中代谢为 NAM，释放入血，被其他细胞吸收并通过 NAM 补救合成途径转化为 NAD⁺。因此，除了肝脏之外，从头合成途径似乎是一种间接机制用以维持体内 NAD⁺ 水平，而大多数 NAD⁺ 则是来自 NAM 补救合成途径。

5.1.2　Preiss‐Handler 合成途径

细胞可以通过 Preiss‐Handler 合成途径从 NA 等维生素前体从头合成 NAD⁺。Preiss‐Handler 合成途径的第一步是 NA 通过转运蛋白溶质载体家族 5 成员 8（solute carrier

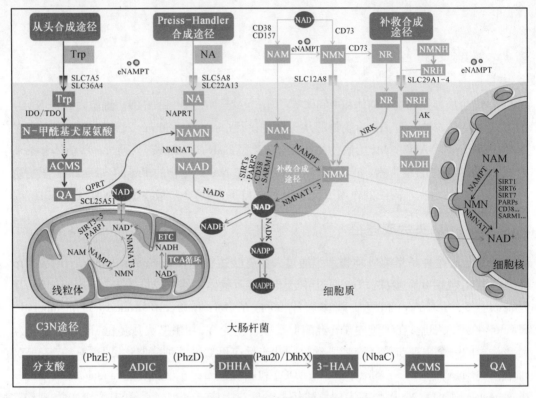

图 5.1　NAD$^+$的合成[5]

色氨酸：tryptophan，Trp；吲哚胺 2,3 -双加氧酶：indoleamine 2,3 -dioxygenase，IDO；色氨酸 2,3 -双加氧：tryptophan 2, 3 -dioxygenase，TDO；α -氨基-β -羧基黏康酸-ε -半醛：alpha-amino-beta-carboxy-muconate-epsilon-semialdehyde，ACMS；腺苷激酶：adenosine kinase，AK；电子传递链：electron transport chain，ETC；烟酸：nicotinic acid，NA；烟酸腺嘌呤二核苷酸：nicotinic acid adenine dinucleotide，NAAD；氧化型烟酰胺腺嘌呤二核苷酸：nicotinamide adenine dinucleotide，NAD$^+$；还原型烟酰胺腺嘌呤二核苷酸：reduced nicotinamide adenine dinucleotide，NADH；氧化型烟酰胺腺嘌呤二核苷酸磷酸：nicotinamide adenine dinucleotide phosphate，NADP$^+$；还原型烟酰胺腺嘌呤二核苷酸磷酸：reduced nicotinamide adenine dinucleotide phosphate，NADPH；NAD 激酶：nicotinamide adenine dinucleotide kinase，NADK；烟酰胺腺嘌呤二核苷酸合成酶：nicotinamide adenine dinucleotide synthetase，NADS；烟酰胺：nicotinamide，NAM；烟酸单核苷酸：nicotinate mononucleotide，NAMN；烟酰胺磷酸核糖转移酶：nicotinamide phosphoribosyl transferase，NAMPT；细胞外烟酰胺磷酸核糖转移酶：extracellular nicotinamide phosphoribosyl transferase，eNAMPT；烟酸磷酸核糖转移酶：nicotinic acid phosphoribosyl transferase，NAPRT；烟酰胺单核苷酸腺苷转移酶：nicotinamide mononucleotide adenylyl transferase，NMNAT；烟酰胺单核苷酸：nicotinamide mononucleotide，NMN；还原型 NMN：reduced nicotinamide mononucleotide，NMNH；烟酰胺核苷：nicotinamide riboside，NR；还原型烟酰胺核苷：reduced nicotinamide riboside，NRH；烟酰胺核苷激酶：nicotinamide riboside kinase，NRK；喹啉酸：quinolinic acid，QA；喹啉酸磷酸核糖转移酶：quinolinate phosphoribosyl transferase，QPRT；三羧酸循环：tricarboxylic acid cycle，TCA cycle；2 -氨基-2 -脱氧异绒毛膜酯：2 - amino - 2 - deoxyisochorismate，ADIC；2,3 -二氢-3 -羟基邻氨基苯甲酸：2,3 - dihydro - 3 - hydroxyanthranilic acid，DHHA；3 -羟基邻氨基苯甲酸：3 - hydroxyanthranilic acid，3 - HAA

family 5 member 8，SLC5A8）或溶质载体家族 22 成员 13（solute carrier family 22 member 13，SLC22A13）进入细胞，经烟酸磷酸核糖转移酶（nicotinic acid phosphoribosyltransferase，NAPRT）"脱酰胺"途径转化为 NAMN，然后与从头合成途径相融合以产生 NAD$^+$。其中，这个途径中最重要的酶是 NMNAT。据文献报道，NMNAT 有 3 种亚型，具有不同的组织和亚细胞分布：NMNAT1 是一种核酶，在骨骼肌、心脏、肾脏、肝脏和胰腺中含量最高，但在大脑中几乎检测不到,其缺失会导致胚胎死亡;NMNAT2 位于细胞质和高尔基体中,在中枢和周围神经系统中大量表达;而 NMNAT3 定位于细胞质和线粒体中,在红细胞中高度表达,在骨骼肌和心脏中中度表达。由于 NMNAT 分布的特异性,NAD$^+$ 的稳态是不同亚细胞结构中的合成、消耗和再循环的结果,每个细胞器的 NAD$^+$ 池通过 NAM 再循环生成 NAD$^+$,独立维持稳态。在 NA 丰富的条件下,如在大多数酵母生长的培养基中,此途径是首选的 NAD$^+$ 生物合成途径。最近的研究表明,肠道中的微生物有助于 NAM 转化为 NA。

5.1.3　补救合成途径

细胞内大多数 NAD$^+$ 不是从头合成的,而是通过 NAM 的补救合成途径合成,是体内产生和维持细胞内 NAD$^+$ 中最重要途径:NAM 和 NR 都通过"酰胺化"途径产生 NAD$^+$。NAM 可以从 NAD$^+$ 分解反应中循环重利用,分解 NAD$^+$ 的酶分为 3 类:① PARP;② 脱乙酰酶 Sirtuin;③ 环腺苷二磷酸核糖合成酶,即 CD38 和 CD157。在细胞内,NAM 合成 NAD$^+$ 先由细胞内烟酰胺磷酸核糖转移酶(nicotinamide phosphoribosyl transferase,NAMPT) 转化成 NMN[6]。NMN 还可以由烟酰胺核苷激酶(nicotinamide riboside kinase,NRK) 对 NR 进行磷酸化生成,最终 NAM 和 NMN 都被 NMNAT 化生成 NAD$^+$。其中,NAMPT 不仅是代谢循环 NAM 的关键,也是通过 NAD$^+$ 补救合成途径回收细胞内 NAM 的关键。NAMPT 在哺乳动物体内是高度动态变化的,其数量决定了 NAD$^+$ 的合成速度。

由于 NAD$^+$ 不具有细胞通透性(但当前研究发现有 NAD$^+$ 转运体的存在),因此认为除 NMN 外,所有的膳食前体,包括 NA、NAM、NR 和 Trp,都是直接进入细胞中用于 NAD$^+$ 的生物合成。在细胞外,NAM 是胞外酶 CD38 和 CD157 催化反应的副产物,可被细胞外烟酰胺磷酸核糖转移酶(extracellular nicotinamide phosphoribosyl transferase, eNAMPT) 转化为 NMN,经胞外酶 5′-核苷酸酶 CD73 去磷酸化生成 NR。NR 可通过平衡核苷转运蛋白溶质载体家族 29 成员 1~4(solute carrier family 29 member 1~4,SLC29A1~4) 转运到细胞中,直接进入补救合成途径。在细胞内,NR 通过 NRK 磷酸化产生 NMN,最终 NMN 被 NMNAT 腺苷酸化,产生 NAD$^+$。然而,目前仍然不清楚 NMN 是如何进入细胞。Grozio 等人发现转运蛋白 SLC12A8 在小肠中高表达,可特异性转运 NMN,但不转运 NR,此研究表明 NMN 可直接进入 NAD$^+$ 生物合成途径。但仍需要进一步的研究来确定这个转运蛋白与疾病的生理相关性,NMN 和其他 NAD$^+$ 前体摄取的动力学和机制,以及它们在哺乳动物的不同组织和(或)细胞中的选择性表达和作用。有趣的是,最近有研究发现,在酵母中 NR 通过其他未知的机制生成 NAD。总之,关于细胞从细胞外空间摄取 NAD$^+$ 前体的机制,仍是一个值得探讨的科学问题。

最新的研究又扩展了两个新的分子作为 NAD$^+$ 前体,包括 NMN 的还原型(NMNH)和 NR 的还原型(NRH)。细胞外的 NMNH 被 CD73 转化为 NRH,然后同 NR 一样被核苷转运蛋白 SLC29A1~4 转运到细胞中。在细胞内,NRH 可以被腺苷酸激酶(adenylate kinase,

AK）磷酸化为 NMNH，然后被 NMNAT 转化为 NADH，最终转化为 NAD⁺。

鉴于补救合成途径是 NAD⁺生物合成的主要途径和最有效途径，因此补充 NAD⁺前体 NMN 或 NR 已成为提高 NAD⁺水平而尚未见副作用的首选。当前，越来越多的关于 NMN 和 NR 的临床试验已经被批准，并将其用于各种疾病的治疗，进一步表明 NMN 和 NR 是一种适用于人类的安全药物。

5.1.4　其他途径

除了上述 3 种途径，中国科学院微生物研究所研究员陈义华课题组在链霉菌次级代谢产物保罗霉素生物合成的启发下，设计创建了从分支酸到 NAD⁺的人工合成途径——C3N 途径（C3N pathway）[7]。在 C3N 途径中，利用参与吩嗪类化合物（PhzE、PhzD）和保罗霉素（Pau20）生物合成的酶与芳香族化合物降解酶（NbaC）完成了从分支酸到喹啉酸的转化；进一步利用 NAD⁺合成途径中的后三步反应，实现了 NAD⁺的合成。为验证这一途径，研究人员将 C3N 途径构建到 NAD⁺从头合成缺陷的大肠杆菌中，证明 C3N 途径可以独立地高效合成 NAD⁺，保障大肠杆菌的正常生长（图 5.1）。

5.2　辅酶 I 的分解代谢

NAD⁺是多种代谢途径和细胞过程的关键代谢物和辅酶。首先，NAD⁺是维持细胞能量平衡和氧化还原状态所必需的。其次，NAD⁺作为重要的底物可被 NAD⁺消耗酶切割生成 NAM 和 ADPR，3 类分解 NAD⁺的酶分别是：糖苷水解酶［也被称为环腺苷二磷酸核糖合成酶如 CD38、CD157、无菌 α 和 Toll/白介素受体基序蛋白 1（sterile alpha and Toll/interleukin receptor motif-containing 1, SARM1）］、脱乙酰酶 Sirtuin 和 PARP，它们具有各种重要的细胞功能。NAD⁺消耗酶利用 NAD⁺作为底物或辅助因子并生成 NAM 作为副产物。为了维持 NAD⁺水平，NAM 可以通过 NAM 回收途径循环重新生成 NAD⁺，而在肝脏中，细胞可以从头合成 NAD⁺。因此，NAD⁺在细胞内不断合成、分解代谢和循环，以维持细胞内 NAD⁺水平的稳定[8]。

Sirtuin 蛋白家族是一类进化上高度保守的脱乙酰酶，它们能够通过结合并消耗 NAD⁺，对细胞的氧化代谢和应激做出反应，改变细胞功能。PARP 是促使细胞对异常刺激做出反应的关键酶，严重的外界侵袭将会触发 PARP 的持续性激活，从而造成 NAD⁺耗竭，引发细胞死亡。CD38 则需要通过消耗 NAD⁺来生产 ADPR、2dADPR（2′- deoxy - ADPR）、烟酸腺嘌呤二核苷酸磷酸（nicotinic acid adenine dinucleotide phosphate, NAADP）和 cADPR 等二级信使，介导一系列生理活动。CD38 目前被认为是衰老过程中 NAD⁺水平下降的主要原因。越来越多的证据表明，生理条件下 CD38 可能是调控 NAD⁺水平的主要介质，而 PARP1 似乎是发生 DNA 损伤时调节细胞内 NAD⁺水平的关键介质。此外，在神经细胞中，SARM1 也是一种重要的 NAD⁺消耗酶[9]（图 5.2）。

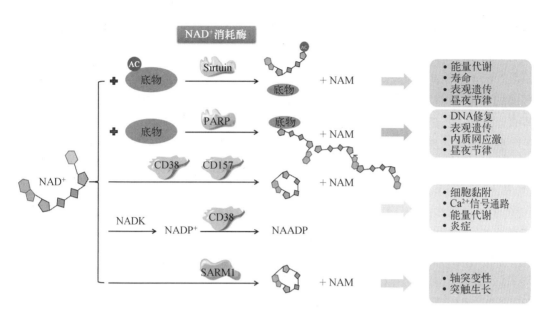

图 5.2　NAD⁺ 的消耗[10]

5.2.1　Sirtuin 家族

1999 年,Frye 发现哺乳动物的 Sirtuin 参与细胞内 NAD⁺ 的代谢。此后,蛋白脱乙酰酶 Sirtuin 被证明具有许多代谢调节靶点,几乎在所有细胞功能中发挥着重要调节作用,包括 DNA 转录和损伤修复、炎症、细胞生长、能量代谢、昼夜节律、神经元功能、衰老、癌症、肥胖、胰岛素抵抗和应激反应等生物过程。NAD⁺ 的生物学作用在很大程度上取决于 Sirtuin。在哺乳动物中,Sirtuin 家族有 7 个成员(SIRT1～SIRT7),由 275 个氨基酸组成,具有不同的酶活性、表达模式、细胞定位和生物学功能。其中,SIRT1 定位于细胞质和细胞核,SRIT2 定位于细胞质,SIRT3 和 SIRT4 定位于线粒体,SIRT5 定位于细胞质和线粒体,SIRT6 定位于细胞核,SIRT7 定位于核仁,分别调控不同的下游信号。这些酶的亚细胞定位也表明了细胞内 NAD⁺ 的局部波动,NAD⁺ 选择性地响应脱乙酰酶的调节,从而影响细胞器特异性的脱乙酰酶活性和细胞代谢。Sirtuin 使用 NAD⁺ 作为共底物从组蛋白和蛋白质上的赖氨酸残基中去除乙酰基,生成 NAM 和 O-乙酰-ADPR 和底物。Sirtuin 激活靶向多种转录因子,如 PGC1α 和 O1 型叉头蛋白(forkhead box O1,FOXO1)[11]。SIRT1、SIRT6 和 SIRT7 主要调控 DNA 修复和基因组稳定性,SIRT3、SIRT4 和 SIRT5 调节线粒体稳态及代谢。总体而言,脱乙酰酶是代谢调节剂,调节细胞以适应能量状态的变化,而且是抗衰老治疗的关键靶标。Sirtuin 家族成员活性中心区域的结构相似,包含一大一小两个结构域。大结构域为罗斯曼折叠(Rossmann fold)模式区域,是 NAD⁺ 的结合区域,在不同的种属间具有高度保守性。小结构域为不同的、多变的锌指结构,以及具有 3～4 个螺旋结构的螺旋形模块。Sirtuin 通过 NAD⁺ 和乙酰化赖氨酸底物的结合、糖苷键的剪切、乙酰化基团的转换、NAM 和脱乙酰化赖氨酸的形成发挥其催化作用。SIRT1、SIRT2 和 SIRT3 具有较强的脱乙酰酶活性，SIRT4、SIRT5 和 SIRT6 则相对较弱。在基础条件下，SIRT1 和 SIRT2 大约占了 NAD^+ 总消耗量的 1/3。脱乙酰化作用并不是 Sirtuin 仅有的功能，如 SIRT4 可以充当脂肪酰胺酶，SIRT4 和 SIRT6 具有单 ADPR 转移酶的功能，SIRT5 还具有去琥珀酰酶的功能等。因此，脱乙酰酶对细胞调控的作用机制不仅限于蛋白乙酰化的调控，还需要进一步研究。

脱乙酰酶在细胞中处于持续活跃的状态。大多数 Sirtuin 在能量不足时被激活，从而触发脱乙酰酶的活性。SIRT1 和 SIRT6 通过对 NAMPT 的脱乙酰化作用增强 NAMPT 的活性，从而直接调节 NAD^+ 生物合成，其中 NAMPT 是 NAD^+ 补救合成途径中的限速酶。值得注意的是，脱乙酰酶的活性与生物钟是耦合的，SIRT1 和 SIRT6 调控核心时钟转录因子和下游昼夜节律相关的转录组的活性。SIRT1 还可以通过 CLOCK - BMAL1（circadian locomotor output cycles kaput-brain and muscle arnt-like protein 1）复合体负向调节 NAMPT 的表达，这是 NAD^+ 水平昼夜节律调控的重要机制。

Sirtuin 的活性高度依赖于 NAD^+ 水平，由于其酶动力学，Sirtuin 的激活并不会导致细胞内 NAD^+ 的耗竭。Sirtuin 的活性由 NAD^+ 反应的米氏常数（K_m）定义，该常数表示 NAD^+ 过量时反应速率为最大值的一半时的 NAD^+ 的浓度。研究表明，NAD^+ 的 K_m 在 Sirtuin 之间可能存在显著差异。据报道，SIRT1、SIRT2、SIRT3、SIRT4、SIRT5 和 SIRT6 的 NAD^+ K_m 分别为 94~96 μmol/L、83 μmol/L、880 μmol/L、35 μmol/L、980 μmol/L 和 26 μmol/L。其中，SIRT2、SIRT4 和 SIRT6，它们的活性不太可能受到 NAD^+ 水平的限制，因为它们的 K_m 值远低于生理 NAD^+ 的水平变化范围。体内 NAD^+ 水平紊乱可导致 SIRT1、SIRT3、SIRT5 活性异常，与年龄相关的疾病密切相关，如神经退行性疾病和心血管疾病。然而，Sirtuin 活性不仅受 NAD^+ 水平的调节，NAM 还可抑制 Sirtuin 活性。此外，NADH 也可以作为 SIRT1 的抑制剂。总体而言，脱乙酰酶在 NAD^+ 影响衰老的各种细胞过程中扮演着关键角色，提高其活性是抗衰老治疗的关键焦点。

5.2.2　PARP 家族

一直以来，多腺苷二磷酸核糖聚合酶[poly（ADP - ribose）polymerase，PARP] 在 DNA 修复、炎症和细胞死亡信号转导等过程中具有重要作用。PARP 是促使细胞对异常刺激做出反应的关键酶，严重的外界侵袭将会触发 PARP 的持续性激活，从而造成 NAD^+ 耗竭，引发细胞死亡。此外，PARP 还能够影响昼夜节律、内质网应激。PARP 超家族是一组包含高度保守的 PARP 结构域的蛋白质，由 17 种结构相关蛋白质组成，其中 6 种拥有明显催化活性，包括 PARP1、PARP2、PARP3、PARP4、端锚聚合酶 TNKS1（tankyrase，也被称为 PARP5A）及 TNKS2（也被称为 PARP5B）[12]。PARP 将 ADPR 从 NAD^+ 转移到靶蛋白，导致各种蛋白酶及其自身发生多聚 ADPR 基化，这些蛋白质大多参与 DNA 损伤修复及线粒体信号转导，蛋白质多聚核糖基化是一种可逆的蛋白质翻译后修饰。这种无处不在的翻译后修饰调控着各种关键的生物学和病理过程，包括 DNA 修复、细胞分化、基因转录、信号转导途径、能量代谢和表观遗传学。迄今，关于 PARP1 和 PARP2 的研究最多，几乎介导了所有 PARP 活性,因此其被认为是细胞内 NAD$^+$ 的主要消费者,PARP 过度激活可导致细胞内 NAD$^+$ 的快速耗竭。PARP1 和 PARP2 是普遍存在的核蛋白,PARP1 的 K_m 值(约 50 μmol/L)远低于生理状态下 NAD$^+$ 的水平,表明 PARP 的激活可能不太依赖于 NAD$^+$ 水平。在 *PARP1* 敲除小鼠的组织中观察到 NAD$^+$ 水平增加 2 倍。而 PARP2 对 NAD$^+$ 亲和力较低,仅占响应 DNA 损伤的 PARP 总活性的 5%~10%。有趣的是,由于对 SIRT1 启动子的直接负调节作用,PARP2 缺失会增加 SIRT1 的表达。PARP 可以和 SIRT1 竞争 NAD$^+$,相互调节以调控新陈代谢和衰老。

PARP 在 DNA 修复中起到了重要作用。在 DNA 损伤时,PARP1 承担约 90% 的 PARP 活性。PARP1 和 PARP2 能修复 DNA 单链断裂(single strand break,SSB),此外,PARP1 还能修复 DNA 双链断裂(double strand broken,DSB)和复制叉损伤。PARP1 作为 DNA 断裂的感受器,在 DNA 损伤后被激活,识别并结合到 DNA 断裂部位,减少重组发生并避免受损 DNA 受到核酸外切酶的作用[13]。PARP1 与 DNA 缺口结合后,通过自身的糖基化来催化 NAD$^+$ 分解为 NAM 和 ADPR,再以 ADPR 为底物,使受体蛋白及 PARP1 自身发生"PAR 化",形成 PARP ADPR 支链。此过程不仅可以抑制附近的 DNA 分子与损伤的 DNA 进行重组,还能够招募并激活 DNA 修复蛋白结合并降低 PARP1 与 DNA 的亲和性,促进 DNA 修复蛋白与 DNA 缺口结合并对损伤部位进行修复。同时,PARP1 的"PAR 化"会被其他酶清除,使得 PARP1 活性恢复,寻找下一个 DNA 断裂点。PARP1 和 PARP2 的功能虽有重叠,但是对底物的选择性并不相同。由于 PARP1 活性较高,与 DNA 损伤和大量 NAD$^+$ 消耗有关。PARP1 作为一种 NAD$^+$ 响应信号分子,与衰老过程密切相关。研究表明,PARP1 是 NAD$^+$ 的主要消耗者之一,这不仅发生在急性 DNA 损伤的细胞中,在正常和其他病理生理条件下也是如此。

PARP2 在结构上与 PARP1 相似,具有类似的细胞过程所需的催化结构域,包括 DNA 修复和转录调控。PARP2 活性也可能影响 NAD$^+$ 的生物利用度。研究发现,如果敲除 *PARP1* 和 *PARP2* 中的一个,小鼠还能成活,但两个同时敲除却是致命的,细胞的基因组变得很不稳定。目前临床上使用的 PARP 抑制剂,能同时抑制 PARP1 和 PARP2,表明药理学的活性抑制与基因手段的蛋白质缺失所造成的效果并不相同。PARP3 在 DNA 修复中也很重要[14],PARP1、PARP2 和 PARP3 存在相似的功能。其他 PARP 在细胞或器官内 NAD$^+$ 稳态和整体代谢中的功能尚未完全确定,但它们在调节细胞内 NAD$^+$ 水平方面的作用被认为不那么重要。总体而言,靶向 PARP,特别是 PARP1,在衰老领域是一种很有前途的治疗策略。然而,未来需要更多的研究来充分了解 PARP 对年龄相关 NAD$^+$ 水平下降的影响。

5.2.3　糖水解酶家族

CD38 和 CD157 是同时具有糖水解酶和 ADPR 基环化酶活性的多功能外切酶,也称淋巴细胞抗原。NAD$^+$ 的糖水解是主要的催化反应,CD38 水解 NAD$^+$ 和 CD157 水解 NR 以产生第二信使 cADPR 或 ADPR,从而影响细胞内钙信号通路、细胞周期活性、胰岛素信号转导和免疫反应。CD38 是一个跨膜糖蛋白，在其 N 末端具有单个跨膜结构域，具有 Ⅱ 型和 Ⅲ 型取向。CD38 广泛分布于胰腺、大脑、肺脏及心脏等非造血组织，CD38 催化生成的 cADPR、NAADP 和 ADPR 都是关键的动员 Ca^{2+} 的第二信使，介导许多细胞过程（如免疫细胞激活、生存与代谢），奠定了 CD38 在激活钙信号过程中的关键作用[15]。在酸性条件下，CD38 通过碱基交换，促使 $NADP^+$ 和 NA 生成 NAM，并产生 NAADP。cADPR 可激活雷诺丁受体（Ryanodine receptor, RyR）并触发 Ca^{2+} 从内质网释放到细胞质中。NAADP 是迄今最有效的 Ca^{2+} 信使，可触发 Ca^{2+} 从内体/溶酶体中释放。最新的研究发现，位于内体/溶酶体上的双孔通道（two pore segment channel, TPC1 和 TPC2）是 NAADP 介导的 Ca^{2+} 释放的通道。与 PARP1 类似，CD38 对 NAD^+ 反应的 K_m 值（16～26 $\mu mol/L$）远低于细胞内 NAD^+ 水平，因此 CD38 的激活可以迅速消耗细胞内的 NAD^+。在衰老和炎症中，NAD^+ 水平的下降和 *CD38* 基因表达上调有关。目前认为 CD38 是衰老过程中 NAD^+ 水平下降的主要原因。研究发现，CD38 缺陷小鼠的肝脏、肌肉、大脑和心脏等组织中 NAD^+ 水平显著升高，高达 30 倍，而禁食后 NAD^+ 水平的增加通常不会超过 2 倍，表明 CD38 对 NAD^+ 的水平有着巨大影响。CD38 缺乏导致 NAD^+ 水平增加，并伴有相应的 SIRT1 激活，进一步证明 CD38 是哺乳动物内 NAD^+ 关键调节因子。值得注意的是，除了 NAD^+ 和 $NADP^+$ 外，NMN 正在成为 CD38 的替代底物，而 NR 成为了 CD157 的替代底物[16]。

CD157 虽然和 CD38 属于同一个酶家族，但它们的结构、定位及在疾病中的作用却是不同的。CD157 是一种靶向糖磷脂酰肌醇的蛋白，最初是在造血系统的骨髓室中被鉴定出，随后在祖 B 细胞、胰腺和肾脏的内皮细胞等细胞中也发现有表达。除酶活性以外，CD38 和 CD157 还扮演着细胞受体的角色。例如，CD38 是一种与 CD31 相互作用的黏附受体，通过内皮介导免疫细胞运输和外渗。此外，激活 CD157 可促进中性粒细胞和单核细胞的转运。CD157 还可与整合素相互作用，从而促进间充质干细胞的自我更新、迁移和成骨分化。但是，目前并不清楚 CD38 和 CD157 的受体功能是否与 NAD^+ 代谢有关，这仍是一个值得探索的方向。

Chini 及其同事发现，在诱导炎症中起关键作用的 M1 型巨噬细胞在衰老组织中显示出较高 CD38 活性，指出 M1 型巨噬细胞上的 CD38 是预防与年龄相关的 NAD^+ 下降的潜在治疗靶标。与 CD38 类似地，CD157 在衰老组织中表达也上调。因此，用小分子抑制剂靶向 CD38 和 CD157 从而促进 NAD^+ 前体代谢物可更有效地恢复衰老机体内的 NAD^+ 水平。目前的研究尽管观察到抑制 CD38 可增强 NAD^+ 水平，但进一步的工作应阐明其在各种组织中的细胞位置和特定作用，以使其成为可行的治疗靶点。

5.2.4　SARM1

最近，在神经元中发现的无菌 α 和 Toll 白介素受体基序蛋白 1（sterile alpha and Toll/interleukin receptor motif-containing 1, SARM1）具有切割 NAD^+ 的活性，因此被认为是一个新的 NAD^+ 消耗酶家族[9, 17]。最新的研究将 SARM1 与 CD38 和 CD157 一起归为 NAD^+ 糖水解酶和环化酶家族。SARM1 依赖 Toll/IL 受体（Toll/interleukin - 1 receptor, TIR）结构

域发挥其酶活性,在过去的报道中该结构域通常参与蛋白质-蛋白质相互作用。冷冻电子显微镜解析了 SARM1 的结构,发现 SARM1 蛋白自身以环状的八聚体形式存在,ARM 结构域和 TIR 结构域相互作用抑制了 SARM1 的 TIR 结构域水解 NAD^+ 的活性。因此,生理状态下 SARM1 蛋白保持活性抑制状态。高浓度的 NAD^+ 可以结合并稳定 ARM 结构,促进其与 TIR 结构域相互作用进而抑制 SARM1 的活性。此外,NAD^+ 还通过 SARM1 上的 NAD^+ 别构调节位点负性调控 SARM1 蛋白水解酶活性。SARM1 主要在神经元中表达,促进神经元形态发生。当神经元损伤时,SARM1 被激活,催化 NAD^+ 水解为 ADPR/cADPR 和 NAM,导致细胞骨架降解和轴突破坏。但是,当 NAD^+ 生物合成途径中的酶过度表达或 NR 可抑制 SARM1 诱导的轴突破坏。SARM1 也可在免疫细胞(巨噬细胞和 T 细胞等)中表达,从而调节免疫细胞的功能,但是其具体调控作用仍存在争议[18]。尽管如此,SARM1 在轴突变性中发挥着至关重要的作用,其正成为预防或改善神经退行性疾病及脑创伤的治疗靶点。

5.3　NAD^+ 水平的稳态调节

NAD^+ 作为人体最重要的代谢物之一,长期处于一种由生物生成、消耗、循环和降解构成的稳态中[8]。细胞内 NAD^+ 稳态不仅取决于其合成和消耗的平衡,还取决于其分布和定位。辅酶 I 在胞质中主要以氧化型的 NAD^+ 为主,NAD^+ 和 NADH 可以通过氧化还原系统相互转换,如 TCA 循环、ETC 复合体 I 和苹果酸-天冬氨酸穿梭。在细胞质中,每个葡萄糖分子通过糖酵解合成丙酮酸需要有两个 NAD^+ 分子,进一步通过丙酮酸氧化合成乙酰辅酶 A(acetyl CoA)。乙酰辅酶 A 也可以通过脂肪酸 β 氧化产生,从而将 NAD^+ 还原为具有一个氢原子的 NADH。随后,乙酰辅酶 A 进入线粒体基质中的 TCA 循环,还原 NAD^+ 分子以产生多个 NADH 分子。NADH 被位于线粒体膜的 ETC 的复合体 I 氧化,最终生成 NAD^+ 和 ATP。在生理状态下,NAD^+ 主要受细胞能量状态的调节,如能量限制、禁食、低糖饮食或运动,均能升高 NAD^+ 的水平。有研究表明,生物周期节律也可以调控 NAD^+ 的水平,主要归因于 NAMPT 表达受生物钟通路(CLOCK - BAML1)调控[19]。哺乳动物中 NAMPT 以两种形式存在,即细胞内 NAMPT(intracellular NAMPT, iNAMPT)和细胞外 NAMPT(extracellular NAMPT, eNAMPT)。NAMPT 是 NAD^+ 补救合成途径中的限速酶,NAMPT 缺失会导致小鼠胚胎致死。Yoshida 等发现 eNAMPT 在细胞外主要以囊泡的形式存在,通过旁分泌促进邻近组织中的 NAD^+ 合成,甚至通过循环作用于远端组织。

一般来说,细胞内的 NAD^+ 水平维持在 $0.2 \sim 0.5$ mmol/L 之间,具体取决于细胞或组织类型。不同细胞器对 NAD^+ 具有不同的膜通透性,并含有不同的 NAD^+ 合成酶和消耗酶,这就导致了 NAD^+ 水平和 NAD^+ 依赖的细胞功能的高度亚细胞区室化。NAD^+ 内稳态的一个关键因素就是 NAD^+ 的亚细胞分布和代谢。NAD^+ 的亚细胞定位高度集中在细胞质、线粒体和细胞核,这些细胞器中 NAD^+ 是独立调控的。需要注意的是,NAD^+ 在细胞内分布不均,线粒体中 NAD^+ 含量大于 $250\mu mol/L$,而细胞核内 NAD^+ 含量要低得多,约 $70\ \mu mol/L$。NMNAT 亚细胞分布的特异性表明亚细胞区室中的 NAD^+ 池完全有能力独立调控。最新的研究发现,NAD^+ 在胞质和细胞核之间是可以相互交换的。关于线粒体中 NAD^+ 的来源一直存在争论,线粒体中游离 NAD^+ 耗竭的速率较慢表明线粒体 NAD^+ 池与胞质池和核池是分离的。但是,同位素示踪剂方法分析表明,哺乳动物线粒体能够吸收完整的 NAD^+ 及其前体,如 NMN 和 NR。而且外源性 NAD^+ 处理后,线粒体内 NAD^+ 水平的提高比细胞质内更高,也提示 NAD^+ 前体或中间体能够穿过线粒体膜。转运蛋白 MCART1/SLC25A51 是第一个发现的哺乳动物线粒体 NAD^+ 转运蛋白,证明 NAD^+ 可以直接转运到线粒体中。总体而言,线粒体内的 NAD^+ 和核-胞质中的 NAD^+ 并未完全分离,而 NMN 和 NAM 都可以作为调节细胞器间 NAD^+ 水平的主要形式。

NAD^+ 内稳态的另一个关键因素是 NAD^+ 生物合成酶和消耗酶的不同的亚细胞器表达模式。NAD^+ 从头合成途径所有的酶均存在于细胞质,因此 NAD^+ 从头合成主要在细胞质进行。敲低细胞核型 *NMNAT1* 和细胞质型 *NMNAT2* 可降低细胞核和细胞质中的 NAD^+ 水平,而线粒体型 *NMNAT3* 的敲低则能降低线粒体中的 NAD^+ 水平。此外,不同 NAD^+ 生物合成酶的组织特异性表达分布及对 NAD^+ 前体的选择特异性,NAD^+ 内稳态也存在器官特异性的差异。由 Trp 开始的 NAD^+ 的从头生物合成主要发生在肝脏中,并且在较小程度上发生在肾脏中,主要归因于这些组织特异性表达参与 NAD^+ 从头合成的所有酶。因此,饮食中 Trp 的浓度主要影响肝脏 NAD^+ 水平。NAM,95% 由肝脏释放,是身体其余部分的 NAD^+ 主要来源。NA 是第三种 NAD 前体,在哺乳动物血浆中浓度>0.1 mmol/L,只能用于脾脏、小肠、胰腺、肾脏和肝脏。未来的工作需要充分说明 NAD^+ 代谢的亚细胞调节,有助于改善基于 NAD^+ 稳态的预防和治疗策略。

NAD^+ 水平下降有两种可能性造成,过度消耗和合成不足。目前提升的策略主要分为两类,一是利用 NAD^+ 前体对 NAD^+ 进行补充,二是通过抑制 PARP 和 CD38 等关键的 NAD^+ 消耗酶来减少 NAD^+ 的消耗。如膳食中有维生素 B_3 活性的 NAD^+ 合成的前体和中间化合物包括 NA、NAM、NR 和 NMN,它们均能被人体吸收、相互转化并生成 NAD^+。摄入这些化合物可以调节体内 NAD^+ 的平衡,从而有效预防并治疗糙皮病等饮食缺乏性疾病。另外,运动、禁食、葡萄糖限制和热量限制等方式,都能有效增强生物体内关键 NAD^+ 合成酶的表达和活性,从而提升机体的 NAD^+ 水平。有趣的是,最新的研究发现肠道微生物群有助于哺乳动物宿主 NAD^+ 的生物合成,特别是口服摄入 NAD^+ 前体之后。抑制 NAD^+ 消耗的化合物,如 PARP 抑制剂、CD38 抑制剂目前也正在研究中。

5.4　NAD^+ 水平的降低与纠正

NAD^+ 是一种必需代谢物,对人体健康发挥着重要作用,研究人员认为 NAD^+ 水平不足是一些年龄相关性疾病发生的主要原因。在衰老过程中,NAD^+ 水平的下降与衰老相关疾病的发生和进展有关,包括动脉粥样硬化、关节炎、高血压、认知能力下降、糖尿病和癌症[20]。影响衰老或受衰老影响的主要细胞过程包括能量代谢、DNA 修复和基因组稳定性、炎症、细胞衰老和神经退行性病变,而 NAD+ 水平在调节这些细胞过程中均起重要作用[4, 21]。一般来说,根据组织类型的不同,细胞内的 NAD+ 水平会在 0.2~0.5 mmol/L 之间波动。但是任何生理刺激或细胞压力都会大幅度影响 NAD+ 的稳态,造成代谢异常。NAD+ 合成和降解之间的平衡决定着机体中 NAD+ 水平。但是随着年龄的增长,人体内 NAD+ 的含量显著而稳定地降低,并伴随 DNA 损伤的增加及抗氧化能力的下降,同时,NAD+ 消耗酶的活性也相应增加,进而使老年人更容易受到各种感染及与年龄相关的疾病的影响。同时,线粒体和细胞核之间的交流受损,NAD+ 的减少会损害细胞产生能量的能力,从而导致衰老和年龄相关性疾病。NAD+ 水平的下降,还会进一步影响 Sirtuin 的活性并促进与衰老相关的代谢紊乱[11, 22]。

　　近些年来,人们对了解 NAD+ 代谢如何影响与衰老相关的疾病产生了浓厚的兴趣。尽管目前大多数关于 NAD+ 消耗在衰老中的作用的研究集中在动物模型,如蠕虫和啮齿动物,但是越来越多的证据表明,这些发现同样适用于人类。事实上,NAD+ 水平在老年组织中也下降,包括皮肤、肝脏和大脑。而且,NAD+ 及其代谢物 NADP+ 和 NAAD 的血浆水平在衰老过程中也显著下降。总体而言,NAD+ 水平下降是衰老的标志。肌肉祖细胞 NAD+ 含量的减少会促进 SIRT1 介导的代谢转换,从而诱导过早分化和再生能力丧失,这是衰老肌肉的典型表型。NAD+ 水平的降低会影响 PARP 和 Sirtuin 的活性,并促进与衰老相关的代谢紊乱,包括 DNA 修复和能量代谢。此外,低 NAD+ 水平会抑制 NAD+ 依赖性酶在氧化磷酸化、TCA 循环和糖酵解中的活性,从而导致 ATP 水平降低。

　　然而,衰老过程中 NAD+ 水平下降的原因并不完全清楚,可能是消耗增加或生物合成减少[20]。一方面,随着年龄的增长,NAD+ 消耗酶的活性增加,尤其是 PARP1 和 CD38,从而导致 NAD+ 在人体内的含量降低。与 PARP1 水平不变相比,CD38 的蛋白质水平和酶活性在衰老过程中均显著增强,导致哺乳动物中 NAD+ 下降。CD38 还通过调节 SIRT3 活性导致线粒体功能障碍。另一方面,NAD+ 的生物合成途径受损,主要是由于在衰老组织中 NMAPT 活性降低,从而介导 NAD+ 再循环减少。此外,人体骨骼肌中的 NAMPT 蛋白丰度随着年龄的增长而降低。Yoshida 等还发现 eNAMPT 仅在细胞外囊泡中,并且它的水平在小鼠和人血浆中也随着年龄的增长而下降。

　　考虑到 NAD+ 在健康衰老和长寿中的重要性已得到认可,在过去几十年中,提高 NAD+ 水平以缓解衰老相关疾病的策略已引起了众多关注。在不同动物模型(如秀丽隐杆线虫、黑线虫、啮齿动物和人类原代细胞)中进行的临床前研究已明确表示,NAD+ 含量随年龄增长而下降,其下降幅度为 10%~65%,具体取决于不同的器官和年龄。提高细胞内 NAD+ 水平可以缓解身体恶化、慢性炎症、代谢失调、ROS 过度产生和 DNA 损伤,从而多方面延缓衰老[23]。可以通过饮食和改变生活方式来调节 NAD+ 的水平,如运动,其对健康的益处已经引起了越来越多的关注。研究发现,运动员骨骼肌中的 NAMPT 蛋白水平远高于 2 型糖尿病患者或肥胖者。此外,也可以通过药理学方式进行调节,迄今,已经探索出了 3 种增加 NAD^+ 水平的主要方法：膳食中补充 NAD^+ 前体,通过 NAD^+ 的补救合成途径增加 NAD^+ 水平;通过调节 NAD^+ 生物合成酶以增加 NAD^+ 的水平,特别是限速酶(ACMSD 和 NAMPT);抑制参与 NAD^+ 降解的酶以减少 NAD^+ 的降解,如 PARP 和 CD38[24]。

(1) 靶向 NAD^+ 增强疗法具有很强的临床转化潜力。不同 NAD^+ 前体对酵母和秀丽隐杆线虫的寿命和健康的影响已经得到了广泛研究。补充 NAD^+ 可显著改善与年龄相关的生物学功能并延长蠕虫和小鼠的寿命。但存在争议的是,有人认为 NAD^+ 是无法透过细胞膜的,且直接给予 NAD^+ 并不能增加 NAD^+ 的水平。使用 NAD^+ 前体 NR 和 NMN 增加 NAD^+ 水平,已成为治疗年龄相关疾病的重要治疗方法,并且似乎在体内具有有益效果,至少在啮齿动物中是这样[25, 26]。补充 NAD^+ 前体可以通过增强内皮松弛、降低动脉僵硬度和增加肌肉毛细血管密度来预防血管老化。NMN 治疗在共济失调毛细血管扩张症小鼠模型中也显著提高了 NAD^+ 水平和最大寿命。在肌肉营养不良的小鼠模型中,NR 的治疗还能通过调节线粒体代谢来改善肌肉干细胞的功能。可惜的是,进一步研究发现 NR 给药后全血 NAD^+ 含量增加,但却未能增加其他组织中的 NAD^+ 含量,如肌肉。临床研究中,NMN 和 NR 在提高人体内 NAD^+ 水平时有一些令人鼓舞的结果,但也有失望的结果,可能是由于研究的持续时间不足以观察到有益效果,或者由于实验选取对象主要集中在健康受试者。

(2) 靶向 NAD^+ 的补救合成和从头合成途径也是提高体内 NAD^+ 水平的有效手段。NAMPT 作为 NAD^+ 合成中的限速酶,激活 NAMPT 可以提高组织 NAD^+ 水平。最新的研究发现,小分子 SBI－797812 可作为 NAMPT 激动剂,能够增加细胞内的 NAD^+ 水平,其活性在纳摩尔范围内[27]。而 TES－991 和 TES－102524 则通过抑制 ACMSD 活性增强了 NAD^+ 合成和 SIRT1 活性,最终增强了小鼠肝、肾和脑中线粒体的功能[28]。

(3) 靶向 NAD^+ 降解酶和降解途径是最近备受关注的研究领域。特别是,针对 PARP 和 NAD^+ 消耗酶,包括 CD38、CD157 和 SARM,在治疗与 NAD^+ 水平下降相关的年龄相关疾病中展示着巨大潜力。PARP1 抑制剂,包括奥拉帕尼(olaparib)和芦卡帕尼(rucaparib),已被美国 FDA 批准用于治疗癌症,成功上市[29]。CD38 的抑制剂包括已经存在或正在开发中,其中一些会增强体内 NAD^+ 的水平。例如,芹菜素可以下调 CD38 的表达,并增加糖尿病大鼠肾脏中细胞内 $NAD^+/NADH$ 的比例及 SIRT3 介导的线粒体抗氧化酶的活性。

总结与展望

综上所述,NAD^+ 作为人体最重要的代谢物之一,长期处于一种由生物合成、消耗、循环和降解构成的稳态中。细胞内合成 NAD^+ 的方式主要有 3 种：从头合成途径、补救合成途径和 Prssiss－Handler 合成途径。NAD^+ 作为重要的底物可被 NAD^+ 消耗酶、Sirtuin 和 PARP 降解生成 NAM 和 ADPR。动态 NAD^+ 及其代谢物水平响应于各种细胞应激和生理刺激,从而影响能量代谢、DNA 修复、表观遗传修饰、炎症和昼夜节律等细胞内过程。在多种不同的动物模型中 NAD$^+$ 耗竭均是衰老和许多年龄相关疾病(包括神经退行性疾病和代谢性疾病)的标志。因此,提高 NAD$^+$ 水平为增强对衰老或疾病的抵抗力提供了一个有希望的选择,从而延长了寿命。使用 NAD$^+$ 前体(如 NMN 和 NR),以及促进 NAD$^+$ 生物合成或抑制 NAD$^+$ 消耗的小分子,或通过运动,可以升高 NAD$^+$ 水平,为治疗与衰老相关的疾病和增加人类健康水平提供了潜在的治疗方法。

南京医科大学(孙美玲)

苏州大学(徐海东)

苏州大学/苏州高博软件职业技术学院(秦正红)

第六章

烟酰胺磷酸核糖转移酶在辅酶 I 合成中的作用

辅酶 I 是维持细胞内基本活动所必需的辅助因子,也是酵母和哺乳动物中 Sir2 蛋白发挥其脱乙酰化活性所必需的关键因素,因此辅酶 I 的合成及其调控备受研究人员重视。哺乳动物除了以 Trp 为起点从头合成辅酶 I,在一定程度上满足机体辅酶 I 的需要以外,主要利用 NAM 进行辅酶 I 的合成。烟酰胺磷酸核糖转移酶(nicotinamide phosphoribosyl transferase, NAMPT)作为催化辅酶 I 合成的限速酶,是哺乳动物中连接辅酶 I 生物合成和 SIRT1 活性的关键节点,正逐渐成为生命科学领域中的研究热点之一。目前已有报道,NAMPT 与衰老、神经退行性疾病、动脉粥样硬化及肿瘤等威胁人类生命健康的疾病密切相关。

6.1　NMAPT 的发现

NAMPT 是存在于脊椎动物体内的一种具有多种生物活性的功能蛋白,也被称为内脏脂肪素(visfatin)或前 B 细胞克隆增强因子(pre－B－cell colony-enhancing factor, PBEF),其酶活性最初报道于 1957 年[1]。NAMPT 是辅酶 I 补救合成途径的关键限速酶。编码人 *NAMPT* 基因最初在 1994 年由 Samal 首次从人外周血淋巴细胞的 cDNA 文库中分离,因其能协同 IL－7 和干细胞因子(stem cell factor, SCF)刺激前 B 细胞克隆的形成而命名为 PBEF[2]。2001 年 Martin 等[3]在杜克雷嗜血杆菌(*Haemophilus ducreyi*)中首次鉴定出与 *PBEF* 基因序列相似的 *nadV* 基因,这揭示了 PBEF 在辅酶 I 生物合成中可能的潜在作用。2002 年 Rongvaux 等[4]认为 PBEF 是一种具有酶学特性的蛋白质,能催化 NMN 的合成,因此 PBEF 被重新命名为 NAMPT。2005 年,Fukuhara 等[5]研究报道 NAMPT/PBEF 是一种仅由内脏脂肪分泌的蛋白质,因此它被称为脂肪素,意为内脏脂肪特异脂肪因子。虽然这三个名称(NAMPT、PBEF 和 visfatin)均可以使用,但 NAMPT 是该蛋白质和该基因的官方名称,并得到了人类基因命名委员会(Human Genome organisation, HUGO)和小鼠基因组命名委员会的批准。因此本文使用 NAMPT 进行阐述。

NAMPT 在体内广泛存在,主要分布于脂肪组织、肝脏、骨骼肌、心肌组织、脑等组织中[6],NAMPT的广泛分布提示其可能是一个多功能蛋白,参与机体多种生理过程的调控。目前的研究显示NAMPT通过调节NAD^+水平及通过其他非酶机制等途径影响代谢、炎症反应、细胞增殖、分化和凋亡,特别是衰老等诸多病理生理过程。

目前认为NAMPT主要有3种功能:一是具酶活性的NAMPT功能,催化NAM和5-磷酸核糖-1-焦磷酸(5 - phosphoribosyl-alpha - 1 - pyrophosphate, PRPP)转变为NMN和焦磷酸[7],随后NMN在烟酰胺单核苷酸腺苷转移酶(NMNAT)的作用下合成NAD^+。哺乳动物细胞中80%的NAD^+由该途径合成,其中NAMPT是限速酶;二是作为PBEF,由淋巴细胞分泌,协同IL-7和SCF,刺激前B细胞的形成[6];三是作为脂肪细胞分泌的脂肪素[5],参与多种生物学功能。

NAMPT在哺乳动物体内有两种分布形式:细胞内NAMPT(intracellular NAMPT, iNAMPT)和细胞外NAMPT(extracellular NAMPT, eNAMPT),iNAMPT存在于细胞质、细胞核和线粒体中,主要参与NAD^+的生物合成,调控细胞增殖、分化、迁移和基因表达[8, 9]。目前的研究表明,eNAMPT具有细胞因子样活性,其水平异常与各种代谢紊乱有关[10]。

6.2　细胞内NAMPT

细胞内NAMPT(iNAMPT)主要分布于胞质、胞核和线粒体,以ATP为激活物,作为NAD^+补救合成途径的限速酶而发挥其生物学功能,参与能量代谢、还原性生物合成、抗氧化反应、细胞存活及死亡。表6.1总结了iNAMPT的功能角色。

表6.1　iNAMPT的功能作用[11]

依赖NAD^+的细胞信号	功　　能
Sirtuin	细胞分裂/增殖
	细胞分化
	细胞凋亡
	炎症
	细胞代谢
	细胞增殖
	DNA修复/DNA完整性
	细胞对环境/氧化应激的反应
PARP/MART	正确的基因表达
	转录和翻译后调节
CD38/CD157	Ca^{2+}信号

NAD^+生物合成已被证明是细胞基本功能的关键因素。NAD^+生物合成有 3 个主要途径：① 以 Trp 为原料的从头合成途径；② 以 NAM 或 NMN 为原料的补救合成途径；③ 以 NA 为原料的 Preiss – Handler 合成途径[12]。在哺乳动物细胞中补救合成途径占主导地位，是哺乳动物细胞中 NAD^+ 的主要来源。

iNAMPT 参与补救合成途径，NAM 经 NAMPT 催化生成 NMN，然后 NMN 经 NMNAT 的催化作用生成 NAD^+ [13]，NAMPT 是 NAD^+ 补救合成途径中的限速步骤，其表达水平随细胞状态如 DNA 损伤、饥饿等呈现高度动态变化。越来越多的证据表明，NAD^+ 生物合成速率的增加可能对衰老和应激有不同的保护作用[14, 15]，这表明 NAMPT 在调节这些过程中的潜在作用。

iNAMPT 调节 NAD^+ 合成的能力使其成为 Sirtuin、CD38/CD157 和 PARP 几种细胞组分的重要调节因子[11]。Sirtuin 是一组具有 NAD^+ 依赖性蛋白脱乙酰酶活性的酶，能够调节主要的代谢过程并干扰寿命[16]。哺乳动物中有 7 种 Sirtuin，即 SIRT 1～SIRT7，在细胞内有不同的定位和活性[17]。SIRT1 存在于细胞核和细胞质基质中，而 SIRT2 仅存在于细胞质基质，SIRT6 仅存在于细胞核内；SIRT 3～SIRT 5 存在于线粒体中，SIRT 7 存在于核仁[17]。Sirtuin 在细胞内参与不同的活动，如脱乙酰化（SIRT 1～SIRT3）和 ADP –核苷酸化（SIRT 4、SIRT 6）。Sirtuin 还参与调解代谢过程，如葡萄糖和脂质代谢[16]。此外，Sirtuin 与一些其他过程如细胞凋亡、炎症、能量消耗、胰岛素敏感性和许多其他过程有关[18-20]。

NAMPT 和 SIRT1 之间的相互作用错综复杂可以控制如昼夜节律等一些细胞活动和生理过程。iNAMPT 是调节昼夜节律基因表达所必需的[20]。这一过程涉及 SIRT1，它通过影响 NAMPT 启动子来改变 NAMPT 的表达，以维持其自身辅助因子 NAD^+ 的可用性[20]。iNAMPT 和 SIRT1 之间的关系可能使人们深入了解细胞代谢如何影响如昼夜节律、衰老等生理过程。

PARP 是一个酶家族，通过引入 ADPR 分子参与靶蛋白的翻译后修饰[21]。它们可以作为 PARP 或 MART 存在，这取决于它们是否产生 PAR 或 MAR[22]。PARP 的功能作用包括细胞分裂、转录和翻译后调节[23, 24]。除了调节细胞死亡和生存外，PARP 还与细胞对环境和代谢损伤（氧化）的反应有关，如 DNA 修复和热休克蛋白表达[25]。此外，PARP 是真核生物生理学的关键调节器[26]。PARP 在维持细胞增殖、DNA 完整性、适当的基因表达、细胞活力等方面起着关键作用，因此对细胞活力至关重要[25, 26]。

鉴于 PARP 利用 NAD^+ 作为底物来催化其反应，因此不难得出结论，iNAMPT 是 PARP 效应的关键角色，任何 NAMPT 的失调都有可能影响 NAD^+ 水平，从而影响 PARP 的调节作用[21, 22, 25]。从机制上来讲，抑制 NAMPT 后 NAD^+ 水平的下降是由 PARP 而非 SIRT1 调节的[27]。此外，已经发现 iNAMPT 通过 PARP1 的激活来维持细胞活力[28]，基于其参与细胞内合成 NAD 的能力，iNAMPT 被认为具有细胞保护作用[28]。这提示我们 PARP 和 iNAMPT 之间存在着复杂的联系。另外，抑制 NAMPT 会下调许多蛋白，包括抗氧化剂、CAT 及最重要的 PARP1[29]，导致细胞存活率下降并减轻细胞对压力的反应。因此，抑制

iNAMPT 会增加对氧化损伤的敏感性,破坏细胞生长[29]。

　　CD38 是一种具有多酶功能的膜结合蛋白[30],在哺乳动物组织中普遍表达[31]。其主要功能是水解 NAD+,因此它是哺乳动物的主要 NAD+ 消耗酶[32]。其催化功能与两种不同的 Ca2+ 动员信使的代谢有关:cADPR 和 NAADP。CD38 可以通过调节 NAD+ 水平来调节主要的代谢和细胞过程[32]。研究人员认为它在维持细胞核 Ca2+ 和 NAD+ 水平方面有调节作用[33]。

　　NAMPT 和 CD38 对 NAD+ 的利用产生相反的影响。事实上,目前已经发现 NAMPT 的抑制与 CD38 的表达有类似的代谢结果[34]。例如,与年龄相关的 NAD+ 水平下降与 CD38 水平升高有关[35, 36]。因此,CD38 抑制剂和 NAMPT 激活剂构成了一个有希望随着衰老而保持高水平的 NAD+ 的领域。

　　CD157(BST-1),被称为骨髓基质细胞抗原-1,是另一种具有与 CD38 相似的 ADPR 环化酶和 cADPR 水解酶活性的表面抗原,与 CD38 类似[37]。CD38 及其同源物 CD157 被认为是两种主要的哺乳动物 NAD+ 水解酶[36]。它们调节 NAD+ 水平的能力与 iNAMPT 可能存在关系,这需要在未来的研究中更多地发现。

　　iNAMPT 是 NAD+ 生物合成的主要调节因子,使得任何依赖于 NAD+ 或 NADPH 的蛋白质或酶都容易受到 iNAMPT 失调的影响。这不仅限于 Sirtuin 和 PARP,还可能包括如 CAT、抗氧化剂、DNA 修复蛋白和代谢酶等。NAMPT 的调节作用超出了细胞的边界,这是一种细胞外形式的 NAMPT——eNAMPT[11]。

6.3　细胞外 NAMPT

　　据报道,细胞外 NAMPT(eNAMPT)/PBEF 最初被鉴定为是一种免疫调节细胞因子,能够与 IL-7 和干细胞因子(stem cell factor, SCF)协同作用以促进前 B 细胞集落形成[6]。随后的研究表明,eNAMPT 在脂肪组织中高度表达[38]并促进胰岛素分泌[39]。从此,eNAMPT 被确定为是一种脂肪素(称为 visfatin),并与代谢紊乱有关,如超重/肥胖、2 型糖尿病、代谢综合征和心血管疾病[40]。eNAMPT 已被发现存在于肝脏、心肌细胞、骨骼肌和脑细胞中[41]。

　　eNAMPT 具有多种生物学功能:① 是炎症程序的重要介质,eNAMPT 的表达可由炎症信号迅速诱导,特别是病原体来源的 LPS 和宿主来源的炎症刺激(TNF、IL-1β、IL-6 等)[42]。② 充当调节免疫反应的细胞因子,在激活多个免疫细胞时(包括 T 细胞[42]、嗜中性粒细胞[43]、单核细胞[44]和巨噬细胞),其表达上调。③ eNAMPT 对免疫细胞具有抗凋亡作用,如它在诱导内质网(ER)应力触发 IL-6 分泌和 STAT3 磷酸化后促进巨噬细胞存活[42]。④ eNAMPT 也被报道为脂肪素,在胰腺 β 细胞中调节葡萄糖刺激的胰岛素分泌中起关键作用[45]。与胰岛素类似,eNAMPT 发挥了降糖作用,并增强了葡萄糖转运和脂肪生成[5],此外,它还增加了糖尿病小鼠的胰岛素敏感性。⑤ eNAMPT 也可以作为促血管生成因子,在人脐静脉内皮细胞(human umbilical venous endothelial cell, hUVEC)中以浓度依赖性的方式促进细胞增殖、迁移和毛细管形成[46]。

因此,eNAMPT 显然不同于 iNAMPT,其潜在的生理作用仍有待阐明。在表 6.2[11] 总结了 eNAMPT 的功能角色。

表 6.2 **eNAMPT 的功能作用**[11]

功能作用	潜在作用
PBEF	增强小鼠前 B 细胞集落形成
	上调 SCF 和 IL-7
细胞因子	炎症通路:促进 NF-κB、MAPK、PI$_3$ 激活
	血管重构:上调 MCP-1、MMP、VGEF、FGF-2 水平
类胰岛素	结合胰岛素受体
	增加胰岛素敏感性和降血糖作用
	促进葡萄糖吸收运输
	脂肪生成

6.4 NAMPT 和辅酶Ⅰ代谢与生物钟

大量证据表明,辅酶Ⅰ生物合成及其在细胞代谢中调节的重要性,辅酶Ⅰ水平的系统性下降已经形成一种共识,即辅酶Ⅰ水平的系统性下降推动了衰老的病理生理学,并决定了健康寿命和潜在的寿命。NAMPT 的表达由核心时钟机制和辅酶Ⅰ依赖性 Sirtuin 以昼夜节律方式调节(图 6.1)[47],产生辅酶Ⅰ的昼夜节律振荡,证明了循环生物节律与细胞中能量代谢之间的直接联系。SIRT1 与 BMAL1/CLOCK 异源二聚体时钟激活剂的转录活性相关联并调节其转录活性[20, 48],这表明酶反馈回路的重要性,其中 SIRT1/BMAL1/CLOCK 通过引导辅酶Ⅰ振荡来控制自己的活动。在这方面,SIRT1 位于一个关键点,*NAMPT* 基因的转录调节环通过辅酶Ⅰ作为代谢振荡器连接到许多生物过程[49]。这些发现建立了 NAMPT

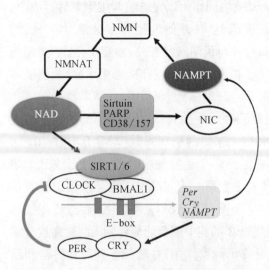

图 6.1 **NAMPT 和辅酶Ⅰ调节昼夜节律振荡**

介导的辅酶Ⅰ生物合成与SIRT1活性在昼夜节律调节中的密切联系。下丘脑在代谢过程的神经内分泌调节和自主神经系统的稳态控制中起着关键作用。下丘脑包含几个称为细胞核的小分区域，每个细胞核都有特定的功能，包括调节体温、能量摄入、体液稳态、睡眠、繁殖和昼夜节律[50-52]。随着年龄的增长，全身性辅酶Ⅰ生物合成的功能障碍会影响下丘脑神经元的功能，导致与年龄相关的代谢病理生理发生，包括肥胖和年龄相关的疾病[47]。

根据最近关于辅酶Ⅰ生物合成的研究，下丘脑辅酶Ⅰ生物合成似乎受到从外周组织分泌的循环辅酶Ⅰ中间体和（或）eNAMPT的调节（图6.2）[47]。Myeong等[53]证明了eNAMPT的分泌受脂肪组织中SIRT1介导的脱乙酰化调节，并且脂肪组织分泌的eNAMPT在维持下丘脑辅酶Ⅰ产生及其在体内的功能中起重要作用。有趣的是，脂肪组织NAMPT特异性敲除（ANKO）小鼠血液循环中的eNAMPT水平降低，导致下丘脑辅酶Ⅰ和SIRT1活性的减少[53]。此外，给予NAMPT中和抗体可抑制体内下丘脑的NAD^+生物合成，而eNAMPT可增强下丘脑辅酶Ⅰ生物合成，SIRT1活性和离体神经活性[53]。这些发现表明，脂肪组织以NAD^+/SIRT1依赖性方式调节eNAMPT的分泌和酶活性，这为脂肪组织作为辅酶Ⅰ生物合成在整个身体的空间和时间协调的关键决定因素的观点提供了强有力的支持。NAD^+生物合成的这种系统协调可能在协调多个组织中的代谢反应和维持代谢稳态以对抗营养和环境扰动方面发挥重要作用。在这个高度协调的全身网络中，脂肪组织通过对eNAMPT的分泌调节远程组织（如下丘脑）的功能（图6.2）。

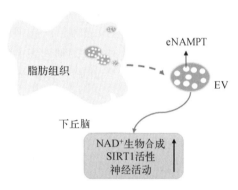

图6.2　脂肪组织中SIRT1介导eNAMPT分泌

EV, extracellular vesicle（细胞外囊泡）

6.5　NAMPT与衰老

衰老与组织稳态和功能丧失导致的恶化有关，最终会导致年龄相关疾病的发生，如年龄相关性黄斑变性[54]、阿尔茨海默病[55]、动脉粥样硬化[56]及癌症[57]等。在过去的几十年中，人们一直在为了解衰老的遗传和分子基础而努力，并提出了一套衰老的"标志"，以便更好地描述衰老过程及其潜在机制。这些标志特征包括营养感知失调、基因组不稳定、端粒损耗、细胞衰老、表观遗传改变、线粒体功能障碍、干细胞衰竭、蛋白质稳态丧失及细胞间通信改变[58]。

目前的研究表明，NAMPT介导的辅酶Ⅰ生物合成在多个器官和组织中下降可能是各种病理生理学变化的重要触发因素，这些变化通过SIRT1和其他Sirtuin活性的降低促进衰老[59]。Shin-ichiro Imai发表的一篇综述提出哺乳动物衰老的系统性调节网络的新概念,称为"NAD$^+$ World"[60]。该假说侧重于辅酶Ⅰ在连接能量代谢和衰老中的核心作用,该作用由两个关键参与者介导:① NAMPT 作为"驱动因素",通过辅酶Ⅰ生物合成控制细胞代谢的速度;② SIRT1 作为"介质",激活与生存和衰老相关的途径以响应全身辅酶Ⅰ的可用性。"NAD$^+$ World"概念进一步假设,驱动和介质之间的通信依赖于来自不同组织和器官(包括下丘脑、胰腺、脂肪组织和骨骼肌)的强大反馈回路信号[61]。因此,逐渐无法维持全身 NAD$^+$ 的最佳水平可能会抑制维持适当代谢功能所需的反馈回路信号的稳健性[61]。

目前已经证明,辅酶Ⅰ在小鼠和大鼠的各种组织中随着年龄的增长而降低[59, 62-65],有报道称,小鼠中枢神经元和胰岛是维持全身 NAD$^+$ 稳态的脆弱点,因为这些组织类型具有非常低的 iNAMPT 水平,并且严重依赖循环的 eNAMPT 进行辅酶Ⅰ生物合成[8, 61]。在人体内,辅酶Ⅰ水平已经被证明在衰老的活组织中下降[66],血浆中的辅酶Ⅰ含量也存在与年龄有关的改变[67],而在衰老但健康的大脑中[68]及年龄相关性血管功能障碍的人类内皮细胞中显示出辅酶Ⅰ水平的显著降低[69]。此外,在体外培养的衰老的细胞中[如原代人平滑肌细胞[70]、人主动脉内皮细胞[71]、小鼠胚胎成纤维细胞(MEF)[72]和大鼠间充质干细胞(MSC)[73]]也观察到辅酶Ⅰ水平降低。

在哺乳动物中,与年龄相关的辅酶Ⅰ水平下降似乎是由两个主要事件引起的:辅酶Ⅰ生物合成减少[14, 61]和辅酶Ⅰ消耗增加[14]。前者可能是由慢性炎症引起的,氧化应激增强和(或)炎症细胞因子增加,而后者可能是由 DNA 损伤增加引起的。因此,辅酶Ⅰ水平随着年龄的增长而降低,包括脂肪组织、骨骼肌、肝脏、胰腺、皮肤、神经感觉视网膜和大脑[74-77]。这种全身性辅酶Ⅰ下降作为年龄相关病理生理学的基本事件的实现现在已经为使用关键辅酶Ⅰ中间体(如 NMN 和 NR)开发有效的抗衰老干预措施提供了强有力的证据[76, 77]。

当全身辅酶Ⅰ生物合成开始下降时,低 iNAMPT 水平的器官和组织(如胰岛和大脑-中枢神经元[8])将首先对变化做出反应,并且由于 NAD$^+$ 生物合成不足而开始出现功能缺陷,从而降低 Sirtuin 活性。因此人们提出了假设,即衰老是生物稳健性逐渐降低并最终根据由全身 NAD$^+$ 生物合成易感性确定的功能层次结构打乱的过程[78-80]。辅酶Ⅰ合成途径的遗传操作为提高细胞内 NAD$^+$ 水平提供了一种途径。NAMPT 是一个受欢迎的操作靶点,它是辅酶Ⅰ补救合成途径中的限速步骤。与辅酶Ⅰ随着年龄的增长而耗竭一致,大鼠和小鼠衰老组织中的 NAMPT 水平也有所下降[63, 81]。有报道显示,NAMPT 过表达可以通过防止衰老的发生来改善小鼠内皮祖细胞增殖[82],减弱体外连续传代的老年大鼠间充质干细胞(mesenchymal stem cell, MSC)的衰老[73]。在人主动脉内皮细胞[70, 71]和人平滑肌细胞[70]中,NAMPT 的过表达还会增加细胞内辅酶Ⅰ水平并延长它们的复制寿命。值得注意的是,由于辅酶Ⅰ是由 NMNAT 从 NMN 生产的,因此靶向 NMNAT 是提高辅酶Ⅰ产量的一种简单的手段。然而,NAMPT 的过表达(而不是 NMNAT)能够增加小鼠成纤维细胞中的辅酶Ⅰ水平[83],这表明 NAMPT 是增加辅酶Ⅰ合成的靶点。人们观察到与野生型小鼠胚胎成纤维细胞(mouse embryonic fibroblast, MEF)相比,过表达人类 *NAMPT* 基因

（*NAMPT*-Tg）的转基因小鼠品系的 MEF 中的 NAD 水平增加了约 2 倍,且这些 *NAMPT*-Tg MEF 对衰老具有更高的抵抗力[72]。这种保护作用很可能是通过 SIRT1 激活增加抗氧化剂基因[如超氧化物歧化酶 2(superoxide dismutase 2, SOD2)和 CAT]的表达而引起的。因此 Khaidizar 等[84]提出 NAMPT/NAD$^+$轴可以防止细胞衰老,激活 NAMPT 而不是直接增加 NAD$^+$是延缓或改善衰老/衰老过程的替代策略。

Yoshida 等[85]的研究发现 eNAMPT 的循环水平随着小鼠和人类的年龄增长而显著下降。通过脂肪组织特异性过表达 NAMPT 来增加老年小鼠的循环 eNAMPT 水平会增加多个组织中的 NAD 水平,从而增强其功能并延长雌性小鼠的健康寿命[53, 85]。值得注意的是,在人类和小鼠中,eNAMPT 仅包含在血液循环中的细胞外囊泡(extracellular vesicle, EV)中。原代下丘脑神经元可以摄取含 EV 的 eNAMPT,但不能单独摄取 eNAMPT,含有 eNAMPT 的 EV 被内化到细胞中并增强 NAD 的生物合成[53]。与这一发现一致,注射从年轻小鼠或培养的脂肪细胞中纯化的含有 eNAMPT 的 EV 可提高小鼠转轮运动积极性并延长老年小鼠的寿命。由于从 *NAMPT* 敲低脂肪细胞中纯化的 EV 无法提高小鼠转轮运动能力,因此推测 eNAMPT 负责这种抗衰老效应[85]。这种 EV 介导的 eNAMPT 递送包括下丘脑和脂肪组织之间新的组织间通信,对于维持全身 NAD$^+$生物合成和抵消与年龄相关的生理衰退至关重要。这些研究发现证明了一种由 EV 介导的 eNAMPT 递送驱动的新型组织间通信机制[85],该机制在维持全身 NAD$^+$生物合成和抵消与年龄相关的生理衰退方面起着关键作用,这表明了含有 eNAMPT 的 EV 是人类抗衰老干预的潜在途径。

总结与展望

综上所述,迄今 NAMPT 参与的各种研究已取得许多重要进展。我们了解到 NAMPT 可以以 iNAMPT 和 eNAMPT 形式存在,发挥不同作用。iNAMPT 作为辅酶Ⅰ补救合成途径的限速酶而发挥其生物学功能,参与能量代谢、还原性生物合成、抗氧化反应、细胞存活及死亡;eNAMPT 水平异常与代谢紊乱和癌症进程相关。但仍有许多问题暂未得到解答,如除乙酰化差异外,iNAMPT 和 eNAMPT 在分子上还有什么差异? 在代谢性疾病中,NAMPT 的表达和功能是否取决于疾病的进展和严重程度? 不同细胞类型中 NAMPT 的分泌是如何调节的? 分泌的细胞类型是否影响 eNAMPT 功能? 在什么条件下,eNAMPT 在体内具有酶活性? 为什么在体外肿瘤细胞和动物模型中使用 NAMPT 抑制剂会导致肿瘤细胞死亡,而在临床试验中没有? 这些疑问催促着我们进一步开展对 iNAMPT 和 eNAMPT 的不同功能研究,对 iNAMPT 和 eNAMPT 产生不同效应机制的研究(包括相关下游信号通路研究、蛋白质结构变化的研究等);寻找可能存在的 NAMPT 受体,筛选以 NAMPT 为作用靶点的小分子化合物等相关研究,为 NAMPT 成为治疗相关疾病的一个新靶点提供更充分的证据。

南通大学附属妇幼保健院(时芮芮、顾锦华)

第七章

辅酶 I 的检测方法

细胞内辅酶 I 代谢对人类健康和疾病具有关键作用,因此产生了许多包括 NAD$^+$ 生物合成途径,不同模式生物中 NAD$^+$ 依赖性调控蛋白及 NAD$^+$/NADH 池的研究。细胞或特定细胞器(如线粒体)中 NAD$^+$/NADH 调节下游信号转导和关键生物反应过程,这使得简易并精确地测量生物样品中的 NAD$^+$ 动态浓度变得迫切。传统的辅酶 I 检测方法不仅无法获知体内外代谢物的时空信息,也不能定量区分 NADH 和 NADPH,无法精准检测体内外辅酶 I 代谢水平。而基因编码荧光传感器可以快速、灵敏、特异性地实时跟踪和定量亚细胞辅酶 I 水平。在本章中,我们总结了 NAD$^+$/NADH 氧化还原对的传统检测方法,并介绍了迄今开发的所有遗传编码氧化还原指示剂。

7.1 自发荧光

细胞自发荧光是一种很普遍的现象,最大的来源就是 NADH。20 世纪 50~60 年代 Britton Chance 及其同事发现,当用近紫外波长的光照射活体组织时,产生的很大一部分自发荧光源自 NADH,并且自发荧光强度的改变还可反映出代谢状态的变化[1]。NAD$^+$ 和 NADH 在 260 nm 左右都显示出强烈的紫外线吸收,但是只有 NADH 在 350~365nm 区域有明显吸收,并在 440~470 nm 处发出的荧光达到峰值[2]。NAD$^+$ 自身没有荧光,这阻碍了其在活细胞和体内的直接成像。多年来,NADH 的荧光一直被用作活细胞和组织中代谢活性变化的有效无害内源性标志物[3-5],只要将紫外线照射引起的光漂白和组织损伤降至最低,光电倍增管设备或 CCD 相机检测自发荧光通常是很稳定可靠的[6]。

NADH 的自发荧光已经应用于各种实验样品及分离线粒体、完整细胞、组织切片和动物器官中[3, 7]。最近,NADH 荧光强度、结合型和游离型 NADH 的荧光寿命已被用于区分干细胞与其分化的子代细胞[8, 9],并根据 NADH 自发荧光的性质建立了一种分选胶质瘤干细胞(glioma stem cell, GSC)的方法,用于分离 GSC 的灵敏标志物,甚至用于其他癌症干细胞(cancer stem cell, CSC)的分选,如乳腺癌干细胞和结肠癌干细胞[10]。类似地,NADH 荧光还可用于检测 α-突触核蛋白聚集。据报道,体内外 α-突触核蛋白聚集时,结合型 NADH 分数相比游离型 NADH 增加，并且 NADH 最大发射波长向短波长移动[11]。50 多年来的研究发现，NADH 自发荧光信号可以用于有效地监测体外培养的神经元、脑切片和完整大脑中的神经元激活。这些自发荧光方法相关的历史和应用已被广泛报道[1, 3, 12, 13]。Dolgikh 等提出，与脑皮层相比，中脑细胞中的线粒体 NADH 池和 NADH 产生速率显著更高。因此，间脑细胞生物能学中重要分子的丰度和产量参数变化的研究结果可为治疗神经退行性疾病提供新策略。

由于分子的构象及其结合如苹果酸脱氢酶(malate dehydrogenase，MDH)和乳酸脱氢酶(lactate dehydrogenase，LDH)等酶的数量的不同，导致组织中 NADH 的自发荧光的复杂化[14-16]。早期一系列组织的研究发现，细胞 NADH 荧光的强度是不均匀的，在线粒体中有着较强的荧光，而细胞质中荧光猝灭。分离线粒体组分发现，NADH 荧光寿命在线粒体中大大增强，这似乎与复合体 I 结合相关[17]。线粒体中 NADH 荧光的大幅增加，可能是线粒体信号在许多反应中起主导作用的原因之一。然而，这种检测方法信号弱，灵敏度低，特异性差，紫外线照射诱导自发荧光信号的同时引起细胞损伤，最主要的是难以检测到 NAD^+[18]。

7.2 酶循环

酶循环是一种无限扩增灵敏度的分析方法。在 NAD^+ 的循环系统中，吡啶核苷酸被一种酶交替氧化，然后以循环方式再次被另一种酶还原回来。经过一定量的循环后，得到的产物就可以进行检测[19]。酶循环测定是一种用于估量氧化还原比的方便、快速和可靠的方法。不需要复杂的设备，在 96 孔微孔板中就可以进行，以吸光度或荧光读数值就能定量。NAD^+ 依赖的脱氢酶(如醇脱氢酶)将 NAD^+ 还原为 NADH，还原的吡啶核苷酸在吩嗪乙硫酸盐(phenazine ethosulfate，PES)偶联反应中向 3 -(4,5 -二甲基噻唑- 2 -基)- 2,5 -二苯基四唑溴化盐[3 -(4, 5 - dimethylthiazol - 2 - yl)- 2, 5 - diphenyltetrazolium bromide，MTT]供给电子，生成在 570 nm 波长有吸收的紫色的甲䐶产物[MTT(H)](图 7.1)。整个过程中吡啶核苷酸在氧化和还原形式之间循环，最终将电子从乙醇传递到氧化还原指示剂染料中，因此称作"循环测定"，或者更确切地说，反应物回收测定。研究发现，使用噻唑基蓝(MTT)作为末端电子受体的新型循环 NAD^+ 测定法相比采用 2,6 -二氯苯酚吲哚酚的程序更具优势[20]。使用酶循环测定法可以对细胞或线粒体中的 NAD^+ 及 NADH 含量进行测量[21-28]。酶循环测定的灵敏度在皮摩尔范围内。NAD^+ 的浓度表示为 NAD^+ pmol/10^6 细胞或 NAD^+ pmol/mg 线粒体蛋白[29]。

采用常用的吡啶核苷酸酶回收法测定果蝇体内 NAD^+/NADH 氧化还原比，结果发现饥饿期间氧化还原比大幅降低[30]。循环测定法测定小鼠组织中 NAD^+ 和 NADH 水平时的结果证实 NAD^+ 和 NADH 水平随着衰老下降[31]。同样，另一项循环测定的研究表明，NAD^+ 的减少是引发年龄相关代谢下降的关键因素，体内 NAD^+ 水平升高导致促长寿和健

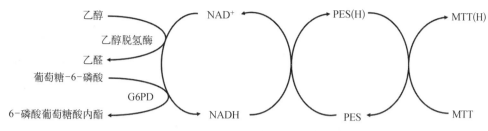

图 7.1　酶循环法用于检测样品中 NAD⁺、NADH 水平

酶循环法也适用 NADP⁺、NADPH 的检测。G6PD，葡萄糖-6-磷酸脱氢酶

康寿命相关因子激活[32]。该方法的优点是它可以使吡啶核苷酸酶降解最小，同时测定 NAD⁺和 NADH，并且还实现了更高的灵敏度。但是没有额外的实验操作，无法区分 NAD⁺、NADP⁺及其简化的对应物。此外，整个过程需要裂解细胞，因此难以获得单个活细胞和体内 NAD⁺功能的时空信息[33]。

7.3　同位素稀释法

确定细胞或线粒体中 NAD⁺浓度的另一种方法是同位素稀释方法。该方法需要合成同位素标记的 NAD⁺，用作测量生物样品中 NAD⁺的内标。3-氰基吡啶合成内部参照物 NAD⁺¹⁸O-NAM，经重组 NAD⁺糖水解酶 CD38 促转化为¹⁸O-NAD⁺[34, 35]。样品需要用含有¹⁸O-NAD⁺的全氯酸匀浆后经高效液相色谱（high performance liquid chromatography，HPLC）分离，含有 NAD⁺的馏分通过电喷雾电离（electrospray ionization，ESI）或基质辅助激光解吸电离（matrix assisted laser desorption/ionization，MALDI）质谱（mass spectrometry，MS）进行分离、洗脱、收集、干燥和分析。样品 NAD⁺含量通过标记的标准品与未标记的代谢物的比率（¹⁶O-和¹⁸O-NAD⁺峰比）获得。即使样品不稳定，或质谱测量中出现干扰因素也不影响精准测量 NAD⁺的含量[34]。HPLC/MALDI/MS 技术的主要优点是提取物中加入同位素标记的 NAD⁺内部参照物，因此纯化过程中 NAD⁺的损失不会影响最终测量结果[35]。

¹³C 示踪和相关代谢通量分析（metabolic flux analysis，MFA）研究极大提高了我们对高等生物体代谢的理解，包括吡啶核苷酸的从头合成。最近的几项研究报告利用²H 示踪剂来量化 NADH 再生和周转[36]。由于氧化还原反应中的电子转移伴随着氢化物离子（H⁻）转移，因此²H（氘）示踪剂可用于追踪与 NADH 依赖性反应相关的电子流。由于 NADPH 在脂肪酸中掺入同位素标记，4-²H-葡萄糖产生更复杂的结果。然而，它可以在糖酵解过程中通过甘油醛 3-磷酸脱氢酶（glyceraldehyde 3-phosphate dehydrogenase，GAPDH）转移重氢原子至 NAD⁺，实现有效地追踪 NADH 代谢[37]。细胞通过再生胞质 NAD⁺维持糖酵解，这主要通过 LDH、MDH 和甘油-3-磷酸脱氢酶（glycerol-3-phosphate dehydrogenase，Gly3PDH）来完成。因此，减少的胞质脱氢酶产物（如乳酸、甘油-3-磷酸

盐和苹果酸盐)上可检测到[4 –²H]葡萄糖标记[36, 38]。Liu 等发明了同位素示踪剂方法，并应用于 NAD⁺合成–分解通量的定量分析，包括体内、外的 NAD⁺合成和消耗通量[39]。此外，利用 NA 和 Trp 开发了一种通过细胞培养中必需营养素(stable isotope labeling by essential nutrients in cell culture, SILEC)方法进行稳定同位素标记，用于有效标记细胞内 NAD⁺、NADH 和 NADP⁺、NADP 池。采用含[¹³C3¹⁵N1] – NAM 和[¹³C11] – Trp 的双标记体系，分别测定了基础水平下酿酒酵母和 HepG2 人肝细胞癌细胞中补救合成途径和从头合成途径 NAD⁺生成的相对贡献。SILEC 在研究 NAD⁺、NADH 和 NADP⁺、NADP 代谢中的应用改善并推进了癌症、糖尿病、代谢功能障碍、感染发生过程中及微生物核心代谢物的定量[40]。

7.4　核磁共振

^{13}C 和 ^{31}P NMR 可以用来研究乳球菌 NAD⁺, NADH 调控糖酵解的作用[41]。Unkefer 等使用非侵入性的体内 ^{13}C NMR 来检测大肠杆菌和酵母细胞中吡啶核苷酸细胞内氧化还原状态和代谢转化[42]。此外，通过利用高/超高磁场强度，开发一种称为磷磁共振波谱 (phosphorus magnetic resonance spectroscopy, ^{31}P – MRS)的新方法，在研究人体骨骼肌[43]、肝脏[43]、成年人的大脑[44-46]及发育过程中动物大脑[47, 48]的细胞内 NAD⁺浓度，氧化还原状态和代谢水平方面做出了重要贡献。并且还提示了健康人脑胞内 NADH 呈年龄依赖性增加，而 NAD⁺、总 NAD⁺含量和 NAD⁺/NADH 氧化还原能力呈年龄依赖性降低[46]，以及还可以检测精神分裂症不同发病阶段大脑中的氧化还原失衡。与健康对照组相比，慢性精神分裂症(schizophrenic, SZ)疾病患者的 NAD⁺/NADH 比值显著降低，并且首次发作精神分裂患者的 NAD⁺/NADH 比值相比第一发作的双相情感障碍患者组和健康对照组也显著降低[49]。此外，通过将 ^{1}H 解耦技术与体内 ^{31}P NAD⁺测定相结合，提高了在 4 T 低场下评估人脑 NAD⁺代谢和氧化还原状态的可行性，为临床研究人脑细胞内 NAD⁺代谢和氧化还原状态提供了新的方法[44]。

7.5　色谱

除了保留不良的问题外，核苷酸还容易产生碎片、等压干扰物。此外，氧化还原对(即 NAD⁺/NADH 和 NADP⁺/NADPH)仅差一个质量单位，呈现相似的碎片分布。因此，稳定可靠的色谱分离能有效规避关键代谢物的鉴定出错和不精确定量。

HPLC 测定 NAD⁺具有准确性、可靠性和可重复性等特点，并且能够分析体内外各种病理生理状态下 NAD⁺水平[50]。正相液相色谱串联质谱(LC – MS/MS)或稳定同位素标记的内标能进一步提高这些测量结果的质量和精度[51, 52]。近十年来，盛行使用不同的 LC –

MS/MS 模式,如反相离子配对质谱法[53],反相离子配对高效液相色谱-电喷雾串联质谱(HPLC - ESI - MS/MS)[54] 和亲水相互作用色谱(hydrophilic interaction chromatography)串联电喷雾质谱[55-57] 检测 NAD^+ 和相关代谢物[56, 58, 59]。高特异性串联 LC - MS/MS 可以精确地定量不同生物样品[53],如胶质细胞和卵母细胞提取物[56]、小鼠组织[59]、多种生物基质(包括培养细胞)、人红细胞(red blood cell, RBC)、脑脊液(cerebrospinal fluid, CSF)和灵长类动物骨骼肌[60]、细胞模型、啮齿动物组织和生物体液,以及人类生物体液(尿液、血浆、血清、全血)[57] 中甚至痕量水平的 NAD^+[61]。Evans 等[62] 通过离子阱 LC - MS/MS 测量人肝肿瘤细胞 SK - HEP 和外周血巨噬细胞中的 NAD^+ 水平。离子阱 LC - MS 用于先分离的化合物,因此 MS 不必同时测量它们[62]。为了阐明衰老后 NAD^+ 代谢的途径和动力学,Yaku 等开发了基于 LC - MS/MS 系统的靶向代谢组学,观察到肝脏和骨骼肌中的 NAD^+ 水平随着年龄的增长而降低[59]。同样,HPLC - MS 法也观察到 20~87 岁年龄范围内的健康受试者血浆样本中 NAD^+ 代谢组的量变。据报道,年龄相关的损伤与细胞外血浆 NAD^+ 代谢组的变化有关[63]。然而,由于运行时间过长,样品制备复杂,或缺乏内标导致这种方法的灵敏度较低[53, 56, 59]。

7.6　毛细管电泳

基于酶循环反应的毛细管电泳(capillary electrophoresis, CE)法,可用于单次检测单个细胞中的 NAD^+ 和 NADH 含量。这种方法已投入使用测定大鼠成肌细胞的胞内 NAD^+ 和 NADH 水平[64]。

7.7　荧光寿命成像

荧光寿命成像显微术(fluorescence lifetime imaging microscopy, FLIM)是一种高效的功能成像技术,可以独立于荧光强度定量荧光团的激发态寿命。荧光团微环境可以改变激发态寿命,包括局部 pH、温度、黏度和氧浓度等因素[65]。FLIM 可用于 NADH 的非侵入式成像[66],区分游离型和蛋白结合型的 NADH(游离型 NADH 的衰变周期相对较短,为400 ps;蛋白质结合型的 NADH 的寿命在 1.0~4.0 ns)[67],并区分 NADH 和 NADPH(在胞内酶结合的 NADPH 比酶结合的 NADH 有着更长的荧光寿命)[2]。Lakowicz 等于 1992 年关于游离型和结合型 NADH 的 FLIM 研究中报道了游离的 NADH(游离在溶液中)和 MDH 结合的 NADH 的寿命值,提示了它们之间激发态寿命的差异[40]。

NADH 是一种可在活体组织中检测到的内源性细胞荧光团,已被证明是食管异型增生的定量生物标志物。通过 FLIM 可以检测到人正常食管细胞(HET - 1)和巴雷特腺癌细胞(SEG - 1)中有着较高的胞内氧浓度和 NADH 水平及恶性肿瘤细胞代谢途径的改变[68]，以及缺氧时不损伤胰腺 β 细胞，诱导代谢变化。NADH 寿命 $\tau1$ 和 $\tau2$ 作为缺氧诱导早期适应性反应的指标，位于出现缺氧诱导因子- 1 α（hypoxia-inducible factor－1，HIF－1α）或 caspase 3 主峰之前[69]。此外，FLIM 还可测量白色脂肪褐变过程中的药理学诱导的代谢变化，有望成为肥胖和相关疾病治疗策略[70]。

同样，多光子 FLIM 用于研究正常和发育不良组织中蛋白结合型 NADH 的寿命及游离型和蛋白结合型 NADH 的相对丰度，发现与正常组织相比，轻度癌前病变（轻度至中度异型增生）和重度癌前病变（严重异型增生和癌）的蛋白结合型 NADH 寿命降低，轻度癌前病变蛋白结合型 NADH 相对于游离型 NADH 的丰度降低[65]。此外，通过双光子荧光寿命成像显微技术（two-photon fluorescence lifetime imaging microscopy, 2P－FLIM）检测线粒体本身的 NADH，对几种培养细胞系、多细胞肿瘤球体和 Corti 完整小鼠器官的代谢状态进行量化[71]，以及对健康和患病的大脑生理特性和代谢的改变进行评估[72, 73]。同样，利用 2P－FLIM 方法通过测量荧光寿命及游离型和蛋白结合型 NADH 的比率，推导出胞内还原氧化比（NADH/NAD$^+$）[74]。然而，FLIM 作为一种先进的方法，需要专业的仪器和数据处理[2]，这限制了其在大多数实验室的使用。

7.8　基因探针

在过去的几年中，基因编码的荧光传感器不断被发明改进以检测这些氧化还原分子[75-81]，而今已完全满足了细胞代谢和氧化还原生物学研究领域的巨大需求（表 7.1）。所有 NAD$^+$/NADH 传感器都是基于 Rex 家族蛋白质的不同成员。在细菌中，Rex 家族抑制剂感知 NAD$^+$ 池的氧化还原状态[82]。Rex 作为同源二聚体存在，每个亚基由 N 末端 DNA 结合结构域和具有罗斯曼折叠的 C 末端核苷酸结合结构域组成[83]。相比 NAD$^+$，Rex 对 NADH 有着更高的亲和力。如果 NADH/NAD$^+$ 比率降低，则蛋白质与 DNA 结合并与一分子 NAD$^+$ 结合，抑制某些酶的表达[82, 84]。在增加的 NADH/NAD$^+$ 比率下，Rex 结合两个 NADH 分子（二聚体的每个 C 末端结构域中的一个），导致其开放形式转变为封闭形式，随后 Rex 与 DNA 的解离，最终导致靶蛋白表达[82, 83, 85]。

7.8.1　LigA－cpVenus

Cambronne 等报道遗传编码荧光传感器 NAD$^+$ 测量法[76]，基于细菌 NAD$^+$ 结合 DNA 连接酶（LigA）和圆形排列的 Venus（circularly permuted Venus, cpVenus）荧光蛋白的融合[76]，能可逆地、高选择性地响应 NAD$^+$，对其他核苷酸或 NAD$^+$ 前体无明显反应。NAD$^+$ 结合时，LigA－cpVenus 488 nm 波长处激发的荧光值降低 50%，而在 405 nm 处激发的荧光保持不变，从而阐明 NAD$^+$ 动力学特性。LigA－cpVenus 可以检测出 HEK293T 细胞的胞质、细胞核和非线粒体 NAD$^+$ 含量分别约为 106 μmol/L、109 μmol/L 和 230 μmol/L，表明了线粒体 NAD$^+$ 具有多种来源，并且细胞质 NAD$^+$ 可能被转运到线粒体中[76]。

　　LigA - cpVenus 代表了活细胞 NAD⁺ 成像向前迈出的重要一步,但其动态反应和特异性似乎有限。LigA - cpVenus 传感器对生理 pH 通量(pH 6.0~8.0)很敏感[76]。最近,一种半合成的 NAD⁺ 指示剂,称为 NAD - Snifit,被证明在体外具明显的动态反应[86]。NAD - Snifit 本身没有荧光,需要外源性染料进行标记。因此,多余的染料必须通过多次洗涤程序和漫长的孵育来去除,整个过程不仅耗时而且还可能使分析结果受到伪影的干扰。但另一种半合成生物发光传感器,用于快速定量生物样品如细胞培养物、组织培养物和血液样品中的 NAD⁺ 水平,可用于实验室或医疗点。与 NAD⁺ 结合时,生物传感器发射光的蓝色会转变为红色。因此,根据 NAD⁺ 依赖的颜色变化,生物传感器可以通过数码相机或读板器测定发射光的颜色对基于纸张测定实验中的 NAD⁺ 进行量化[87]。

7.8.2　FiNaD

　　FiNad(NAD⁺/AXP 比率的荧光指示剂),其中 AXP 是 ATP 和 ADP 的总池,是一种快速、灵敏、特异性、高比例和高响应的遗传编码荧光指示剂,用于监测活细胞和动物(包括细菌、细胞系、小鼠、斑马鱼和人源干细胞)中的 NAD⁺ 动态变化过程。FiNad 传感器由短多肽 GlyGly - Thr - Gly 连接子在 T - Rex 单体 189 和 190 位残基之间插入圆形排列的黄色荧光蛋白(circularly permuted yellow fluorescent protein, cpYFP)构成,有着广泛的动态变化范围。即 NAD⁺ 存在时,485 nm 激发荧光增加 7 倍。作为基因编码的传感器,FiNad 可以通过转染、感染或电穿孔进入细胞、细胞器或感兴趣的生物体中。FiNad 传感器检测生理状态的 NAD⁺ 浓度,并灵敏地响应 NAD⁺ 的增加和减少。此外,NAD⁺ 合成增加调控活化的巨噬细胞形态功能变化,原位成像衰老期间 NAD⁺ 水平的下降。FiNad 传感器的广泛运用扩大 NAD⁺ 相关生理和病理过程的机制理解,并促进筛选影响这一重要辅助因子的摄取、外排和代谢的药物或基因靶点[88]。mCherry - FiNad,一种红色荧光蛋白(mCherry - FiNad 传感器)对 NAD⁺ 的反应与 FiNad 非常相似,这表明 mCherry 融合不会干扰 FiNad 的 NAD⁺ 传感功能。FiNad 作为 NAD⁺/AXP 比率传感器,并不直接提供有关细胞中 NAD⁺ 总浓度的定量信息。由于其还与 NADH 结合,因此无法准确测量亚细胞区室中 NADH 的浓度。由于会受到高浓度游离型 NADH 的干扰,FiNad 也很难追踪线粒体中的 NAD⁺ 动力学特性[88]。

7.8.3　Frex

　　荧光生物传感器 Frex 最近被引入作为量化活细胞中 NADH 浓度的灵敏工具[89]。由融合枯草芽孢杆菌 Rex 和 cpYFP 组成。基于 cpYFP, Frex 在 420 nm 和 500 nm 处有两个激发峰,在 518 nm 处有发射[79]。Frex 传感器的荧光是成比例的,在专门检测变化范围广,不同亲和力的 NADH 水平的能力远超于其他传感器,实时跟踪代谢状态的细微差异并实现高通量筛选[90]。

　　不同 Frex 探针特性不同。例如,当结合 NADH 时,Frex 500 nm 处激发荧光强度增加 9 倍,而 420 nm 激发的荧光几乎保持不变[79]。而 FrexH 则呈现相反的趋势,相同峰值的荧光最大降低 80%。Frex 探针对 NADH 也表现出不同的亲和力。pH 7.4 时结合 NADH 常数 K_d 约为 3.7 μmol/L，pH 8.0 时略微增加至 11 μmol/L，可用于细胞质、细胞核和线粒体等隔室检测[91]。更灵敏的 FrexH 约可达到 40 nmol/L，更适合用于细胞质检测[92]。而生物传感器 C3L194K 突变体对 NADH 的亲和力非常低，亲和常数约为 50 μmol/L，更适合用于具有高浓度 NADH 的线粒体[79]。Frex 和 FrexH 灵敏度高，特异性强，更适合实时跟踪细胞内 NADH 水平[93]。

实验室中常见的各种仪器包括荧光酶标仪、流式细胞仪、宽视场荧光显微镜和单光子共聚焦显微镜，均可检测活细胞中的 Frex 信号[90]。然而，Frex 对 NADH 的荧光响应易受到生理 pH、温度的变化[79, 89]、不良的折叠特性及难转染的细胞（即原代细胞）影响，荧光信号通常比 cpYFP 低 10 倍。这可能是由于 Frex 传感器的 NADH 结合域源自嗜温性 B-Rex 蛋白，融合和突变的构建过程降低了其稳定性[91]。不同的 Frex 生物传感器的突变体在对 NADH 的亲和力存在差异，因此应根据细胞室中不同的 NADH 浓度，恰当地选择相应的生物传感突变体。由于细胞质和线粒体基质 NADH 浓度不同，因此该传感器在比较这些隔室 NADH 的参数方面有限[93]。值得注意的是，Frex 对 NADH 的响应不受游离型 NAD⁺ 的生理浓度的影响，因此是真正的 NADH 传感器，而不是 NAD⁺/NADH 比率传感器[93]。

7.8.4 Peredox

Peredox 是由圆形排列的绿色荧光蛋白（circularly permuted green fluorescent protein，cpGFP）T-Sapphire 插入到水生嗜热菌（T-Rex）的 Rex 二聚体中，亚基之间由短肽连接子连接[90]。该传感器的蛋白质大小约为 73 kDa。Peredox 是一种内向指示剂，在 400 nm 处有单个激发峰，510 nm 处有发射峰。Peredox 融合了其中一类探针的红色荧光蛋白 mCherry（激发最大波长 587 nm，发射最大波长 610 nm）[78, 94] 与另一探针的黄色荧光蛋白 mCitrine[95, 96]，因此具有比例读数功能。Peredox-mCherry 变化范围提高了 2.5 倍，对 NADH 更灵敏，NADH 的结合引起指示剂结构重组并增加荧光强度，提示 NAD⁺/NADH 比值。NADH 对 Peredox 具有更高的亲和力，比 NAD⁺ 高出约 8 000 倍，但 NAD⁺ 浓度高，通过竞争结合 Peredox 传感器指示 NAD⁺/NADH 比值。此外，Peredox 的荧光信号取决于 NAD⁺ 和 NADH 的总池[78]。当比较不同系统之间的 NAD⁺/NADH 比值时，总 NAD 池可能随细胞类型和生理病理状态而变化。此外，由于 Peredox 对 NADH 的高亲和力，导致很可能达到饱和，以至于正常生理条件下也无法检测到氧化还原波动。因此，Peredox 不适合检测细胞线粒体基质中的 NADH/NAD⁺ 比值，其中 NAD 池比细胞质低[78, 81, 91, 97]，细菌也一样[98]。

Peredox 传感器使用 pH 抵抗的圆形排列 T-sapphire 荧光蛋白及具有从蛋白库中筛选的能够在 pH 波动下检测 NAD⁺/NADH 氧化还原变化的 Tyr98 各种突变体，因此 pH 敏感可以忽略不计。然而，Peredox 传感器的荧光动态范围远小于 Frex 传感器（NADH 结合时为 150%：800%）[78]。小鼠海马脑切片成像显示，基础条件下，星形胶质细胞通常比神经元减少更多（具有更高的 NADH/NAD⁺ 比值），这与星形胶质细胞比神经元更具糖酵解性的假设一致[99]。

7.8.5 RexYFP

RexYFP 是第一个基于 Rex 蛋白单个亚基的 $NAD^+/NADH$ 比值的指示剂,基因大小小于 Peredox 和 Frex[78, 79]。传感器分子的小尺寸对于靶向亚细胞结构及其在嵌合蛋白中的性能可能很重要。当蛋白质作为单体被运输到线粒体基质中时,小尺寸的单体可能更易靶向到线粒体和其他隔室中[82, 85]。在该指示剂中,荧光蛋白 cpYFP 插入 T - Rex 亚基的核苷酸结合和 DNA 结合结构域之间的圆环中。在 T - Rex 残基 79 和 80 的中间经多肽组成的小接头整合完成[75, 82]。因此,T - Rex 一个亚基分子内重组即改变 RexYFP 的光谱特性。它的蛋白质大小约为 50 kDa,动态范围为 50%,NADH 的解离常数为 180 nmol/L。该 K_d 值最适合在生理范围内记录细胞质中的 $NAD^+/NADH$ 比值。此外,该指示剂适用于检测线粒体基质 $NAD^+/NADH$ 动力学参数,对于比较不同细胞区室的参数也适用[75]。RexYFP 是一种内压指示剂,490 nm 处有单个激发峰,516 nm 处有发射峰。NADH 的结合诱导荧光降低 75%。基于 cpYFP,RexYFP 存在 pH 敏感度的问题,需要在实验期间严格监测细胞参数。对于 pH 控制,建议在平行实验中将指示剂 SypHer[100, 101] 与 RexYFP 联合使用。RexYFL 生物传感器与 SypHer 联合使用已有效用于哺乳动物细胞系[75]。但它的缺点是 NADPH 敏感性问题。哺乳动物细胞中,RexYFP 对 NADPH 的亲和力相比 NADH 较低(K_d 分别为 6.2 μmol/L 和 180 nmol/L),$NADP^+$ 池的浓度低于 NAD^+ 池,但是也不能排除在某些情况下,NADPH 对 RexYFP 荧光信号的可能产生影响[75]。

7.8.6 SoNar

Frex、Peredox 和 RexYFP 都有各自的缺点,如荧光信号弱、动态范围有限或 pH 敏感问题。但是更重要的是,它们都没有明显的针对 NAD^+ 的荧光反应。SoNar 是另一种在 T - Rex189 和 190 残基之间的核苷酸结合结构域中,使用短多肽连接子 Ser - Ala - Gly 和 Gly 引入 cpYFP 融合而成的新型指示剂[81, 102]。cpYFP 插入到核苷酸结合结构域的表面环中,DNA 结合结构域被截断。因此,该指示剂的大小小于 RexYFP[92]。SoNar 是一种理想的传感器,具有 42 kDa 的极小蛋白,具有感光性好、比率数可读、高灵敏度、荧光强烈和动态范围宽泛(1 500%)的特点,这使其具有高响应性[81]。SoNar 具有大多数以 cpYFP 为基础的指示器的典型光谱特性,在 420 nm 和 500 nm 处具有两个激发峰,在 518 nm 处具有单个发射峰,与 NADH 和 NAD^+ 结合时,唯一一个荧光信号发生变化的指示器。在 NADH 出现时,420 nm 激发峰的强度增加与 500 nm 峰的降低成比例变化。相反,NAD^+ 的结合增加 500 nm 处激发峰的强度,而 420 nm 处激发的荧光保持不变。对于 NAD^+,SoNar 的 K_d 值约为 5 μmol/L;对于 NADH,K_d 值约为 200 nmol/L。但是 SonNar 只检测 $NAD^+/NADH$ 比值,无法单独定量 NADH 和 NAD^+ 含量,其信号不受总 NAD^+、NADH 池的影响[6]。

SoNar 是一种用于检测 $NADH/NAD^+$ 比值的高响应性和高灵敏性的传感器,这种特性可用于体内、外的研究[81, 91, 103]。就像其他 cpYFP 传感器一样,pH 波动仍然是影响灵敏度的缺点[81]。SoNar 可以不受 NAD^+ 或 NADH 的总浓度的影响,精准地响应 $NAD^+/NADH$

比例变化,在生理相关研究中可以放心使用。

　　遗传编码改进的 SoNar 可以靶向到线粒体,线粒体靶向(mt - SoNar)或细胞质基质靶向(ct - SoNar)的 SoNar NAD⁺/NADH 原位荧光信号呈线性响应。急性代谢紊乱时,胞质基质 NAD⁺/NADH 比值相对线粒体反应更迅速,有着不同的 NAD⁺ 浓度。表明亚细胞 NAD⁺ 氧化还原型是通过苹果酸-天冬氨酸穿梭的通信维持稳态[104]。

表 7.1　NAD⁺/NADH 遗传编码氧化还原传感器的特性

	LigA - cpVenus	FiNaD	Frex	Peredox	RexYFP	SoNar
参考文献	[76, 86, 87]	[88]	[79, 89 - 93]	[78, 81, 90, 91, 94 - 99]	[75, 78, 79, 82, 85, 100, 101]	[6, 81, 91, 92, 102 - 104]
传感器来源	细菌 DNA 连接酶	T - Rex	B - Rex	T - Rex	T - Rex	T - Rex
荧光蛋白	cpVenus	cpYFP	cpYFP	cpT - Sapphire	cpYFP	cpYFP
激发/发射(nm)	405;488	485	420/518;500/518	400/510	490/516	420/518;500/518
氧化还原种类	NAD⁺	NAD⁺	NADH	NAD⁺/NADH	NAD⁺/NADH	NAD⁺/NADH
底物常数 K_d			Frex: K_{NADH} 约 3.7 μmol/L(pH 7.4)或 约 11 μmol/L(pH 8.0) FrexH: K_{NADH}: 约 40 nmol/L C3L194K: K_{NADH} 约 50 μmol/L(pH 8.0)		K_{NADH} 约 0.18 μmol/L	K_{NAD^+}: 5 μmol/L; K_{NADH}: 0.2 μmol/L
动态范围(%)	100	800	Frex - 1000 FrexH - 400	187.5%	50	1 500
pH 敏感度	敏感	不敏感	敏感	不敏感	敏感	敏感
检测模式	荧光强度	荧光强度	荧光强度	荧光强度	荧光强度	荧光强度
传感器类型	比率计	比率计	比率计	比率计	重显法	比率计
强度	适中	不确定	微弱	适中	不确定	强烈
有效应用	细胞质/细胞核/线粒体	细胞质/细胞核	细胞质/细胞核/线粒体	细胞质/细胞核	细胞质/线粒体	细胞质

续　表

	LigA-cpVenus	FiNaD	Frex	Peredox	RexYFP	SoNar
优点	可逆并高选择性地响应 NAD$^+$	较宽的动态范围,可检测细微变化;快速,灵敏度高,特异性强,实时定量不同生物体的 NAD$^+$ 含量	可随实验要求的灵敏度而变化	灵敏度高,特异性强	可以获取并比较线粒体基质和细胞质的信号	蛋白质分子量只有 42 kDa,亮度高,比值大,灵敏度高,荧光强,动态范围广,响应快
缺点	对生理状态下的 pH(pH 6.0~8.0)敏感;能充分饱和生理状态下 NAD$^+$ 水平	由于可能受到高浓度游离型 NADH 的干扰,很难追踪线粒体 NAD$^+$ 的信号	生理状态下 pH 敏感;不同情况下使用的不同生物传感器所获得的 NAD$^+$ 含量结果不能进行比较	质量大;由于具有 NADH 高亲和力特性,因此在像线粒体基质中具有高浓度的 NADH 情况下无法进行检测	生理状态下 pH 敏感,因此需要使用 SypHer 作为对照;信号易受到 NADPH 的影响(NADPH 的亲和常数为 6.2 μmol/L)	pH 敏感

总结与展望

　　具有高时空分辨率的基因编码荧光传感器为监测活细胞或体内代谢物动力学提供有力的工具,是传统的生物化学方法的优良替代。隔室特异性生物传感器及多参数成像传感器的组合应用推动了不同实验室中定量辅酶Ⅰ的研究,克服了与活细胞中亚细胞 NAD$^+$/NADH 氧化还原信号转导相关困难。总之,辅酶Ⅰ代谢在健康和疾病中起着至关重要的作用,开发可以监测生物系统中任何复杂程度的辅酶Ⅰ和 NAD$^+$/NADH 变化的生物传感器,有利于推动细胞代谢和氧化还原生物学的研究。随着 NADP$^+$/NADPH 在位检测技术的进展,更多、更灵敏的检测方法将会诞生。今后这些检测技术将更多地与烟酰胺辅酶信号转导、功能研究相结合,解析烟酰胺辅酶在各细胞器的动态变化、与疾病发生发展的关系,为精确调控烟酰胺辅酶达到防治疾病提供有力的支撑。

参考文献

苏州大学(Nirmala Koju、唐婕、盛瑞)

　　真核细胞代谢的一个显著特征是不同细胞器反应的区室化。烟酰胺(吡啶)二核苷酸(NAD⁺、NADP⁺、NADH 和 NADPH)在 100 多年前就被发现,它是酵母提取物发酵的必要辅助因子(图 8.1)。至今烟酰胺辅酶研究已经渗透到各个领域,这些分子被认为可以在各种细胞生理活动中担任基本角色,而这些细胞生理活动包括生物合成、氧化还原稳态、信号转导和 ATP 产生。NADPH 由不同的酶介导通过多种途径产生。NADPH 的水平和细胞定位可能决定其生物学效应。在过去的几年里,随着用于测量和控制 NAD⁺、NADH 与 NADP⁺、NADPH 区室化和代谢的遗传工具的发展,这些研究有了更好的进展。本章我们介绍了控制 NADPH 生成路径的基本原理及其亚细胞分布。

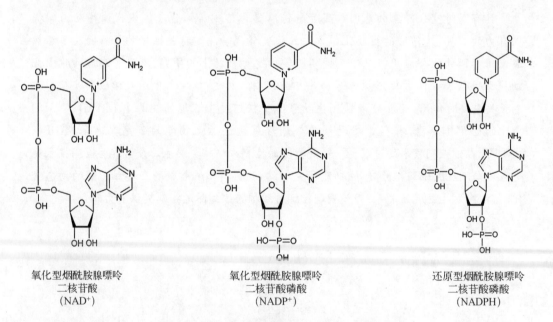

氧化型烟酰胺腺嘌呤　　　　氧化型烟酰胺腺嘌呤　　　　还原型烟酰胺腺嘌呤
二核苷酸　　　　　　　　　二核苷酸磷酸　　　　　　　二核苷酸磷酸
(NAD⁺)　　　　　　　　　　(NADP⁺)　　　　　　　　　(NADPH)

图 8.1　NAD⁺、NADP⁺和 NADPH 的化学结构

辅酶 I(NAD⁺和 NADH)和辅酶 II(NADP⁺和 NADPH),这些核苷糖磷酸盐分子在发酵过程中的氢化物转移反应中发挥关键作用

8.1　辅酶Ⅱ的作用

　　辅酶Ⅰ（NAD$^+$/NADH）和辅酶Ⅱ（NADP$^+$/NADPH）氧化还原偶联是细胞氧化还原平衡的主要决定因素。NADP$^+$与NAD$^+$的不同之处在于，在核糖环的2′位置上有一个附加的磷酸基，携带腺嘌呤部分。这个额外的磷酸通过NADK加入，通过NADP$^+$磷酸酶去除。NAD$^+$及NADP$^+$在所有生物的代谢中发挥着重要作用。目前研究的几乎所有生物都能从NAD$^+$合成NADP$^+$，而利用宿主细胞代谢的细胞内寄生生物除外。此外，催化这种转化的酶（NADK）缺失，即使在低等原核生物中也是致命的[1]。因此，NADP$^+$的合成很大程度依赖于NAD$^+$的可获得性，可以被视为另一个重要的NAD$^+$消耗过程。NADP$^+$的一个主要作用是在细胞电子转移反应中充当辅酶。NADP$^+$也具有信号转导功能，在钙的信号转导过程中转化为第二信使，可能对关键的细胞过程产生重要影响。

　　NADPH是NADP$^+$的还原形式。NADPH主要参与合成代谢和抗氧化反应。它是一种辅酶[2]，可以提供还原当量，对正常的细胞功能至关重要[3]。NADPH被证实的主要功能是参与生物转化（通过CYP450还原酶的还原）、还原性生物合成（核酸、脂肪酸酰基链、胆固醇和类固醇激素的生物合成）、细胞信号转导（通过目标分子的共价修饰或通过Ca^{2+}相关途径）、宿主免疫防御（作为巨噬细胞NOX类的底物）、基因表达和DNA修复[4-7]、保护细胞不受氧化应激影响［通过Trx/TrxR及GSH/GR系统，NADPH为抗氧化蛋白及谷胱甘肽过氧化物酶（glutathione peroxidase，GPX）的减少提供必要的等价物，同时，它还能保护CAT和SOD免受H$_2$O$_2$诱导的失活］[8, 9]，并调节昼夜时钟[10, 11]。当NADH/NADPH代谢紊乱时，细胞功能会发生退化，导致心血管疾病、神经退行性变、炎症、癌症、衰老、糖尿病等。因此，实时监测NAD$^+$/NADH和NADP$^+$/NADPH的代谢，以充分了解这些氧化还原对在细胞生物学中的重要作用是非常重要的[12]。

8.2　辅酶Ⅱ发现的历史

　　维生素B$_3$是NADP$^+$和NAD$^+$前体烟酸（NA）（也称为尼克酸）和烟酰胺（NAM）及它们相应的核苷的统称。18世纪欧洲暴发严重糙皮病后，NA和NAM被发现是必需营养素。20世纪初，北美暴发了大规模的糙皮病。事实上，当Arthur Harden和William John Young发现NAD是促进酵母酒精发酵的热稳定因子时，NAD$^+$已经成为第一个被发现的有机辅助因子。1904年，Sir Arthur Harden将布赫纳酵母分成了高分子和低分子两部分。这两种馏分都不能单独进行发酵。然而，两种馏分的重组使发酵得以发生。因此，Harden推断存在一种高分子发酵物（酶）和一种低分子协同的发酵物或存在"辅酶"。在随后的几年里，辅酶被确定为一个几乎普遍存在的因素参与各种生物的发酵、呼吸和糖酵解。不幸的是,由于其浓度低,在近 30 年的时间里,分离的困难使科学家们感到沮丧。最终,Hans von Euler-Chelpin 在 20 世纪 20 年代末成功地从酵母提取物中分离出了辅酶,此后"von Euler 辅酶"成为格言。他确定了它的化学组成为一种糖、一种腺嘌呤和一种磷酸盐,后来还描述了 NAD$^+$ 的二核苷酸特征,以及这两种单核苷酸的组合,包括 AMP 和 NMN,而后者含有类吡啶的 NAM[13]。

随后,1936 年,另一位诺贝尔生理学或医学奖得主 Otto Warburg 证实 NAD$^+$ 参与了氧化还原反应。基于他对酒精发酵的研究,Warburg 发现了 NAD$^+$ 将氢从一个分子转移到另一个分子的能力。他还将这种电子转移归因于 NAD$^+$ 的吡啶部分,并发现了另一种辅酶,即我们现在称为 NADP$^+$ 的"cozyase Ⅱ",具有类似的性质。此后,人们越来越清楚地认识到,这些被称为吡啶核苷酸的小分子参与了多种细胞功能,包括能量产生、代谢、氧化还原反应、细胞存活和死亡、转录调控和蛋白质修饰。1950 年,Arthur Kornberg 是第一个用酵母提取物部分纯化的 NADK 使 NAD$^+$ 直接生成 NADP$^+$ 的人。1954 年,通过检测酵母提取物中的酶活性,他发现了 NAD$^+$ 合成的关键步骤。酵母提取物催化 ATP 与 NMN 的缩合形成 NAD$^+$。又过了 55 年,烟酰胺单核苷酸腺苷转移酶(NMNAT)一级结构被确定[13, 14]。在接下来的几年里,NAD$^+$、NADP$^+$ 作为能量传递在分解代谢和合成代谢中的重要性被充分认识。几十年后,NAD$^+$、NADP$^+$ 在多种信号通路中的关键作用被揭示。NAD$^+$ 和 NADP$^+$ 都在信号转导反应中被降解,或在蛋白质修饰中被降解(如 ADPR 基化和脱乙酰化),抑或形成参与钙信号转导的信使分子[15]。辅酶 Ⅰ 的结构在 1957 年由 Todd 和他的同事通过化学合成得到了证实。

这些研究人员获得了诺贝尔奖,说明了辅酶在生物化学中的重要性。Von Euler 和 Harden 共同获得 1929 年的诺贝尔化学奖,1931 年 Warburg 获诺贝尔生理学或医学奖,1957 年 Todd 获诺贝尔化学奖,1959 年 Kornberg 获诺贝尔生理学或医学奖。

Lowry 等[16]第一次测量了组织中 DPN$^+$(NAD$^+$)、TPN$^+$(NADP$^+$)、DPNH(NADH)和 TPNH(NADPH)的浓度。具体来说,他们采用荧光法,以 G6PD 和醇脱氢酶(alcohol dehydrogenase,ADH)作为辅助酶,测量了大脑和肝脏中吡啶核苷酸的浓度。Lowry 和 Passonneau 发表了一篇关于测量核苷酸吡啶的至关重要的论文,从而为摸索影响氧化和还原形态的温度与 pH 条件提供了指导[17]。

8.3 辅酶 Ⅱ 的来源

NADP$^+$ 是 NAD$^+$ 的一种结构类似物,它是通过将一个磷酸基从 ATP 转移到 NAD$^+$ 的腺苷核糖部分的 2 个羟基上合成的。该反应由 NADK 催化,NADK 是原核生物如大肠杆菌、结核分枝杆菌、枯草芽孢杆菌、肠道沙门菌、酿酒酵母[18]和真核细胞中负责 NADP$^+$ 从头合成的唯一酶。NADK 是 2~8 个亚基的同源寡聚物。多年来,在哺乳动物细胞中,只有一种人类 NADK 被确认,它定位于细胞质。线粒体 NADP$^+$ 的来源仍不清楚。Ohashi 等发现了未被鉴定的人类基因 *C5ORF33*,命名为 *MNADK*,它是编码一种新的线粒体定位的 NADK,该激酶可以催化 NAD$^+$ 和 ATP 形成 NADP$^{+[19,20]}$。MNADK 促进脂肪酸氧化,防止氧化应激,调节线粒体脱乙酰酶活性,保护代谢应激诱导的小鼠非酒精性脂肪肝[21]。在 HEK293 细胞中,用 shRNA 沉默胞质 NADK 后,NADPH 降低了 75%,而过表达则使 NADPH 增加了 4~5 倍[22]。MNADK 的鉴定提出了一个模型,其中 NADK 和 MNADK 分别对细胞质和线粒体中 NADP$^+$ 的合成起重要作用。这为哺乳动物细胞线粒体 NADP$^+$ 和 NADPH 的产生及维持氧化还原平衡的机制提供了关键线索[20,23]。

NAD$^+$、NADP$^+$ 和 NADH、NADPH 的相互转化是由参与糖酵解、磷酸戊糖途径（pentose phosphate pathway, PPP）、TCA 循环和线粒体氧化磷酸化的代谢酶介导的。糖酵解和 TCA 循环分别是胞质和线粒体中 NAD$^+$、NADH 的两个主要来源。PPP 的氧化阶段一直被认为是胞质 NADPH 生成的主要途径。然而,NADPH 是通过多种途径由不同的酶产生的,包括 PPP 中的 G6PD 和 6 -磷酸葡萄糖酸脱氢酶（6 - phosphogluconate dehydrogenase, 6PGD）、胞质和线粒体 NADP$^+$ 依赖的 IDH（IDH1 和 IDH2）[24]、胞质和线粒体 NADP$^+$ 依赖的苹果酸酶（ME1 和 ME3）、质子易位烟酰胺核苷酸转氢酶（nicotinamide nucleotide transhydrogenase, NNT）[8,25]、GDH[26]、亚甲基四氢叶酸脱氢酶 1/2（methylenetetrahydrofolate dehydrogenase 1/2,MTHFD1/2）和 10 -甲酰基四氢叶酸脱氢酶（10 - formyltetrahydrofolate dehydrogenase, FDH）[又称醛脱氢酶 1 家族成员 L1/2（aldehyde dehydrogenase 1 family member L1/2,ALDH1L1/2）][27-29]（图 8.2）。

总之,胞质 NADPH 主要由 G6PD 和 6PGD 通过 PPP 产生。G6PD 将葡萄糖-6 -磷酸（glucose - 6 - phosphate, G6P）转化为 6 -磷酸葡萄糖酸盐（6PG）,6PGD 进一步代谢为 5 -磷酸核酮糖。这两个反应都与 NADP$^+$ 还原为 NADPH 有关。值得注意的是,5 -磷酸核酮糖及其衍生物磷酸核糖（R5P）可通过醛缩转酶/酮醇转酶,经一系列非氧化反应转化为果糖-6 -磷酸（F6P）和 G3P,进而转入糖酵解。此外,其他酶也参与胞质 NADPH 库的维持,如 IDH、ME、FTHFDH/ALDH,所有这些酶都具有胞质和线粒体同工酶。其中,胞质 IDH1 催化异柠檬酸氧化为 α -酮戊二酸（α - ketoglutarate, α - KG）并催化 NADP$^+$ 还原为 NADPH。胞质 ME1 将苹果酸脱羧为丙酮酸,并将 NADP$^+$ 还原为 NADPH。此外,叶酸代谢中的两种酶也产生 NADPH;胞质 MTHFD（MTHFD1）催化 5,10 -亚甲基四氢叶酸成为 5,10 -甲酰四氢叶酸;胞质 ALDH1L1 催化 10 -甲酰基四氢叶酸循环生成四氢叶酸。线粒体 NADPH 可以由线粒体 IDH2、ME3、MTHFD2 和 ALDH1L2 通过与它们相应的胞质同工酶相同的反应产生。NADP$^+$ 依赖的 GDH 也可以通过谷氨酸转化为 α -酮戊二酸来生成 NADPH。值得注意的是,线粒体 NADPH 的另一个重要来源是 NNT。NNT 位于线粒体内膜,利用穿过线粒体内膜的质子梯度作为驱动力,从 NADH 获得电子,将 NADP$^+$ 还原为 NADPH。据估计,C57BL/6N 小鼠心脏组织线粒体 NADPH 生成中,IDH2、NNT 和 ME3 分别贡献了 70%、22% 和 8%[30-32]。

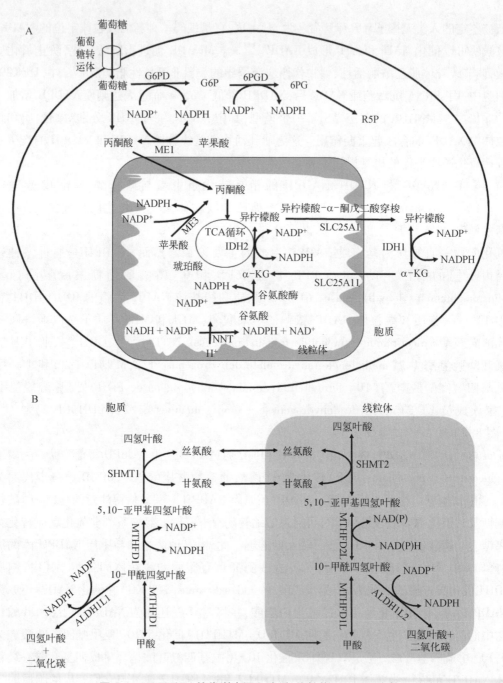

图 8.2　NADP(H) 的代谢来源和胞质-线粒体 NADPH 穿梭

（A）在胞质中，NADPH 主要由 PPP 中的 G6PD 和 6PGD 产生。ME1 也有助于胞质 NADPH 的产生。线粒体 NADPH 由依赖 NADP⁺的 IDH2、GDH、NNT 和 ME3 生成。胞质和线粒体 NADPH 通过异柠檬酸-α-酮戊二酸穿梭交换，胞质 IDH1 和线粒体 IDH2 催化异柠檬酸和 α-KG 的相互转化，以及 NADP⁺和 NADPH 的相互转化。柠檬酸盐载体蛋白（由 *SLC25A1* 基因编码）及 α-酮戊二酸/苹果酸逆向转运蛋白（由 *SLC25A11* 基因编码）分别介导细胞溶胶和线粒体之间异柠檬酸盐和 α-酮戊二酸的转运。（B）在 NADPH 产生中的叶酸代谢。G6P，葡萄糖-6-磷酸；G6PD，葡萄糖-6-磷酸脱氢酶；R5P，5-磷酸核糖；NNT，烟酰胺核苷酸转氢酶；SCL25A1，溶质载体家族 25 成员 1；THF，四氢叶酸；MTHFD1，胞质亚甲基四氢叶酸脱氢酶；MTHFD2，线粒体亚甲基四氢叶酸脱氢酶；ALDH1L1，胞质醛脱氢酶；ALDH1L2，线粒体醛脱氢酶；SHMT1，胞质丝氨酸羟甲基转移酶；SHMT2，线粒体丝氨酸羟甲基转移酶

8.4 辅酶Ⅱ的细胞内分布

真核细胞代谢最重要的特征之一是细胞器内代谢反应的区室化。NAD^+、NADH 和 $NADP^+$、NADPH 在细胞内的分布由于其生物合成酶的特异性定位和膜的通透性而被高度划分。除 NMNAT3、MNADK 和 NNT 外,几乎所有的 NAD^+、$NADP^+$ 生物合成酶都定位于细胞质或细胞核。例如,线粒体烟酰胺单核苷酸腺苷基转移酶(NMNAT3)和 MNADK 分别支持 NAD^+ 和 $NADP^+$ 的合成。虽然 NAD^+、$NADP^+$ 可以自由通过核膜,但这些二核苷酸都不能通过线粒体内膜扩散。值得注意的是,不同的区室 NAD^+、NADH 和 $NADP^+$、NADPH 对外源性刺激的反应不同。如上所述,在存在高需求的核苷酸合成的情况下,NADPH 产生的主要来源是 PPP 的氧化分支。胞质 NADPH 的其他潜在来源包括 IDH、ME、ALDH 和 MTHFD 催化的反应。然而,这些酶的亚型参与线粒体反应,这可能解释了还原等价物在细胞质和线粒体之间的转移。尽管细胞质、核和线粒体中的 NAD^+、NADH、$NADP^+$、NADPH 库通常在各自的室中发挥作用,但这些室中的二核苷酸库也通过穿梭机制进行交换,以维持整体的细胞氧化还原环境和氧化还原依赖的功能。

胞质 NADH 可通过多孔的线粒体外膜自由扩散。然而,它不能通过线粒体内膜。为了克服这一限制,细胞产生了两种 NADH 穿梭:苹果酸-天冬氨酸穿梭和甘油-3-磷酸穿梭。与 NADH 一样,$NADP^+$、NADPH 不能通过线粒体内膜扩散。多步穿梭被用来在不同的细胞间传递 NADPH 还原能力,以确保正确的细胞器代谢过程。因此,胞质和线粒体 $NADP^+$、NADPH 池的交换是由异柠檬酸-α-酮戊二酸穿梭于 IDH1 和 IDH2 同工酶中进行的[33]。胞质 IDH1 和线粒体 IDH2 催化了异柠檬酸和 α-酮戊二酸之间的可逆相互转化,以及 $NADP^+$ 和 NADPH 的相互转化。α-酮戊二酸可以直接进入线粒体或与丙氨酸或天冬氨酸发生转胺作用生成谷氨酸,而谷氨酸很容易进入线粒体代谢或参与苹果酸-天冬氨酸穿梭[34]。在这步穿梭中,依赖于 $NADP^+$ 的 IDH2 通过将线粒体基质中的 NADPH 氧化为 $NADP^+$,将 α-酮戊二酸转化为异柠檬酸。然后通过柠檬酸载体蛋白(由 *SLC25A1* 基因编码)强制将异柠檬酸盐运入胞质以交换苹果酸盐。在胞质中,IDH1 通过将异柠檬酸转化为 α-酮戊二酸,$NADP^+$ 转化为 NADPH 来催化逆反应。随后,α-酮戊二酸作为苹果酸-天冬氨酸穿梭体的载体,通过 α-酮戊二酸/苹果酸逆向转运体转移到线粒体基质中[33]。当还原等价物通过穿梭运输进入线粒体基质时,基质中的 $NADP^+$ 被还原成 NADPH,触发 GR,降低 GSSG/GSH,并刺激 TrxR 降低 Trx。当线粒体 GSSG/GSH 和 Trx 库显著减少时,线粒体 GR 和 TrxR 会产生 O_2^- 和 H_2O_2,因为这两种酶中的黄素会在 GSSG 和氧化的 Trx 底物缺失的情况下产生 ROS[35]。这 3 种亚型(1、2 和 3)具有明显的区室性(ME1 位于胞质,而 ME2 和 ME3 位于线粒体),因此有助于形成不同的 NADPH 池。因此,异柠檬酸-α-酮戊二酸穿梭在维持细胞 NADPH 水平中起着关键作用。综上所述,这些穿梭机制使细胞能够在各种生理病理条件下维持氧化还原和能量稳态(图 8.2)。

　　细胞内 NAD^+、NADH 和 $NADP^+$、NADPH 含量在不同组织和细胞类型间有显著差异。在大鼠肝脏中，总 NAD^+（游离型和结合型）和总 $NADP^+$、NADPH 干重分别为 3 166 nmol/g 和 1 788 nmol/g[36]。健康成人红细胞中 NAD^+、NADH、$NADP^+$ 和 NADPH 的浓度分别为 48 μmol/L、1.4 μmol/L、26 μmol/L 和 16 μmol/L[37]。各种分析方法已被开发用于测量 NAD^+、$NADP^+$、NADH、NADPH 的绝对浓度，以及 NAD^+/NADH 和 $NADP^+$/NADPH 的氧化还原比。此外，还建立了更直接测定吡啶二核苷酸的酶循环方法。这些测定方法利用一系列电子转移反应生成荧光、比色或发光分析的产物，反映样品中吡啶二核苷酸的浓度。其他分析方法，包括紫外或荧光光谱法和与毛细管电泳或高效液相色谱相结合的质谱法，确实需要专门的设备和专业知识，但是提供了在给定样品中真正直接测量 NAD^+、NADH、$NADP^+$、NADPH 的优势。上述技术通常依赖于样品制备过程中的细胞裂解，从而提供全细胞浓度的估计，但没有关于亚细胞定位的信息。利用单光子或双光子光谱技术监测还原性吡啶二核苷酸、NADH 和 NADPH 相对较弱的固有荧光，可以替代生物传感器进行活细胞成像，但这些技术无法区分 NADH 和 NADPH，且缺乏亚细胞定位的空间分辨率。此外，荧光寿命成像可以区分 NADH 和 NADPH 荧光，而且发现在胶质样外柱状支撑细胞中酶结合的 NADPH/NADH 比值较高（2.2∶1），而大鼠耳蜗的外毛细胞中酶结合的 NADPH/NADH 比值显著降低（0.4∶1）[38]。同位素示踪实验的使用为 NADPH 在细胞质和线粒体中的生成提供了新的见解，即 PPP 对细胞质池的贡献和丝氨酸/甘氨酸代谢对线粒体的贡献[39]。Lewis 等[40]最近开发了一种报告系统，可以追踪 NADPH 的分区来源。在这项工作中，他们利用了一个新形态突变体 IDH，该突变体通过 NADPH 的氢化物转移，催化 α-酮戊二酸转化为（D）2-羟基戊二酸（2HG）。2HG 的产生作为最终产物，因为这种代谢物没有进一步代谢。通过向细胞中添加［3-^{2}H］-葡萄糖，并评估 2HG 池中 ^{2}H 的富集，作者能够区分线粒体和胞质 NADPH 的产生。此外，考虑到丝氨酸和甘氨酸相互转化产生 NADPH，Lewis 等试图评价这一代谢途径在 NADPH 区室化中的作用，从而表明丝氨酸代谢能够补充线粒体 NADPH[40]。值得注意的是，最近开发的基因编码荧光生物传感器提供了新的和准确的细胞 NAD^+、NADH 和 $NADP^+$、NADPH 水平及其区室池。iNap 传感器能够定量胞质和线粒体 NADPH 池，这些池是由胞质 NADK 水平控制的，揭示了氧化应激下细胞 NADPH 动态变化，这取决于葡萄糖的可用性。荧光比值（R407/482）图像显示 HeLa 细胞之间、胞质和核信号之间没有明显差异，提示这些细胞具有相似的 NADPH 水平，NADPH 在胞质和细胞核之间容易交换。iNap 传感器可以通过靶向序列选择性地靶向线粒体基质。用 iNap1 和 iNap3 制备的线粒体基质中 NADPH 分别为（3.1±0.3）μmol/L 和（37±2）μmol/L[41]。不同的方法可以获得不同的分子池。例如，总细胞裂解液不能区分线粒体和细胞质池。不同的裂解条件也可能释放出不同数量的蛋白质结合的吡啶二核苷酸。此外，还原型和氧化型的相对稳定性不同。NADH 和 NADPH 在碱性 pH 溶液中稳定，NAD^+ 和 $NADP^+$ 在酸性 pH 溶液中稳定。因此，样品制备过程中的氧化或还原会对这些分子的绝对浓度和相对浓度产生显著影响。

　　正如长期以来被证实的那样，NAD^+、NADH 和 $NADP^+$、NADPH 主要是绑定到胞内蛋白,且通过酸化(NAD$^+$和NADP$^+$)和碱化(NADH和NADPH)使游离浓度的NAD$^+$、NADH、NADP$^+$、NADPH远远低于所确定的无蛋白质组织提取物总浓度。这些结合位点的存在,使任何组织或细胞中NAD$^+$/NADH-氧化还原偶联物和NADP$^+$/NADPH-氧化还原偶联物的真正氧化还原状态的确定变得复杂化[42]。与NAD$^+$相比,细胞中含有较少的NADP$^+$。全细胞NADP$^+$浓度约为80 μmol/L,线粒体浓度约为20 μmol/L[43]。此外,大鼠肝组织裂解液中NADP$^+$/NADPH的比值比同一样本中NAD$^+$/NADH的比值(0.01 NADP$^+$/NADPH *vs* 1 000 NAD$^+$/NADH)低约10万倍(即NADP$^+$池的大部分被减少)[44]。在红细胞中,大约50%的NAD$^+$和10%的NADH未结合,90%的NADP$^+$和NADPH为结合状态[45]。

　　NAD$^+$/NADH和NADP$^+$/NADPH对所有生物都至关重要。它们提供的还原能量驱动了许多合成代谢反应,包括那些主要的生物合成和许多生物技术中产物的合成。然而,这些产物的有效合成受到NADPH再生速率的限制。因此,彻底了解在不同的隔间NADPH生成的路径和监管机制,它们的亚细胞分布及NADPH在各种疾病中发挥作用的方式,这将为人类健康提供创新的见解并且可能会发现NADPH治疗疾病的价值。

参考文献

苏州大学(Nirmala Koju、李琪琪、盛瑞)

辅酶 II 在机体中主要以还原型 NADPH 形式存在。作为细胞内重要的辅助因子及抗氧化因子,NADPH 的主要生物学功能包括:维持细胞抗氧化防御系统;作为谷胱甘肽系统、CAT 和 SOD 等的辅酶;作为电子供体参与脂肪酸、类固醇和 DNA 还原合成;参与能量代谢;维持昼夜节律[1]等。NADPH 也可作为 NOX 家族蛋白(NOX1～NOX7)的底物产生 ROS,在多种生理和病理过程中起关键作用。在炎症通路中,NADPH 作为中性粒细胞和吞噬细胞中 NOX 的底物,通过产生超氧化物来杀死病原体。NADPH 还可以通过 NOS 产生活性氮(reactive nitrogen species, RNS),显著促进蛋白硝基化应激。近来的研究表明,NADPH 可以结合到某些信号分子蛋白,调节其功能。本章主要概述 NADPH 的生理功能。

9.1　维持细胞抗氧化防御系统

9.1.1　自由基概述

细胞氧化还原状态由促氧化剂和抗氧化剂平衡。许多疾病都与氧化还原稳态的破坏有关,特别是与自由基过程的激活有关。细胞促氧化剂包括活性氧(reactive oxygen species, ROS)、RNS[如一氧化氮(nitric oxide, NO)]及其衍生物(如过氧亚硝酸盐)。ROS 是通过氧化还原反应生成的氧自由基,如超氧阴离子(superoxide anion, O_2^-)、羟自由基(hydroxyl radical, OH^-)、过氧化氢(hydrogen peroxide, H_2O_2)等。ROS 及其产物可作为信号转导中间体,参与正常生物过程中的分子反应,如干细胞更新、免疫反应和胰岛素合成[2]。然而,ROS 的不平衡产生可通过脂质过氧化,破坏 DNA 和 RNA、蛋白质和细胞器,从而影响正常生理,甚至可能导致细胞死亡。低水平的 ROS 和 RNS 应激(良性应激,eustress)可促进细胞生长和分化,而超生理浓度的 ROS 和 RNS(氧化应激,oxidative stress)可导致细胞凋亡,更高的 ROS 水平会导致坏死[3]。ROS 能够修饰所有重要的生物大分子(核酸、蛋白质、脂质),从而破坏其结构和功能,最终导致细胞死亡;ROS 与 NO 发生反应形成 RNS,诱导亚硝基压力,从而导致细胞损伤[3]。ROS 过量产生所致的氧化应激影响干细胞分化[4]、胚胎发育[5]、认知功能障碍[6]、急性淋巴细胞白血病[7]、心脏肥厚和心力衰竭功能[8]、缺血性脑中风[9],以及癌症、肺动脉高压、视网膜损伤和哮喘等疾病[10-13]。因此,维持氧化还原平衡对细胞存活、更新等至关重要。

9.1.2　氧化应激清除方式

ROS 主要由酶产生,如 NOX 和非偶联的 NOS,或由线粒体 ETC 作为功能副产物产生[14]。如在哺乳动物细胞中,细胞内 ROS 产生的主要来源是 NOX 家族[NOX1~NOX5、双氧化酶 1(dual oxidase 1, DUOX1)和双氧化酶 2(dual oxidase 1, DUOX2)][15]和线粒体 ETC(复合体Ⅰ~复合体Ⅳ,电子转运体辅酶 Q 和细胞色素 c)[16, 17]。为了对抗这些氧化剂,细胞进化了抗氧化系统,包括抗氧化酶,如 SOD、CAT、GPX、硫氧还蛋白(thioredoxins, Trx)和过氧化物还蛋白(peroxiredoxins, Prx),以及非酶促小分子,如 GSH、α-生育酚和抗坏血酸等。抗氧化剂和酶系统可以消除 ROS 和 RNS 的有害后果。由 ROS 和抗氧化剂失衡调节的氧化还原状态使信号通路敏感,导致细胞命运改变和胚胎缺陷等[18],这是由于包括 GSH 储存和抗氧化酶[19]在内的解毒机制不足。维持氧化还原平衡的除了抗氧化剂外,还有生长因子如 VEGF,转录因子如 Nrf2、NF-κB、AP-1、Nrx/Dvl,转录后调控因子如 microRNA、信号通路如 β-Catenin/Wnt 信号、PPP 等[20]。

9.1.3　NADPH 的抗氧化作用

NADPH 作为 NADPH 依赖的氧化还原酶[包括谷胱甘肽还原酶(glutathione reductase, GR)、硫氧还蛋白还原酶(thioredoxin reductases, TrxR)、醛酮还原酶及 NOX 和 NOS 的辅助因子],通过提供还原力来生成还原形式的抗氧化分子,从而在细胞抗氧化系统中发挥关键作用。NADPH 是 GR 和 TrxR 的重要辅因子。一方面,NADPH 贡献 2 个电子以让 GR 将 GSSG 还原为 GSH;GSH 作为 GPX 的共同底物,可将 H_2O_2 和其他过氧化物还原为 H_2O 或醇以失活 ROS[21-23]。另一方面,NADPH 提供 2 个电子以让 TrxR 将氧化的硫氧还蛋白(Trx-S2)还原生成 Trx-$(SH)_2$,被还原的 Trx-$(SH)_2$ 可作为 Prx 再生的电子源,从而将 H_2O_2 和其他有机过氧化氢物分别还原为水和醇[21, 24]。核糖核苷酸还原酶(ribonucleotide reductase, RNR)是一种参与 DNA 合成和修复的酶,而 Trx 具有降低 RNR 的能力[25]。因此,NADPH 有助于清除 H_2O_2 和避免 RNR 降低所致的 DNA 合成减少[26, 27],此外,在一些细胞类型中,NADPH 还可通过结合 CAT 上的 NADPH 变构结合位点,保持其活性构象,使其在被 H_2O_2 失活时重新激活[28]。因此,NADPH 主要通过在 GR 作用下产生 GSH、在 TrxR 作用下产生 Trx、重新激活 CAT 这 3 条途径发挥抗氧化作用。

NADPH 发挥抗氧化作用主要通过 3 条途径(图 9.1):第一是 NADPH 可作为 GR 的底物,在 GR 作用下将 GSSG 还原为 GSH,这是抗氧化酶 GPX 和谷胱甘肽-S-转移酶(glutathione-S-transferases, GST)活性所必需的,从而提高细胞的抗氧化能力;第二是 NADPH 通过促进 TrxR 介导的 Trx 再生;第三是通过重新激活 H_2O_2 失活的 CAT 来提高抗氧化能力。

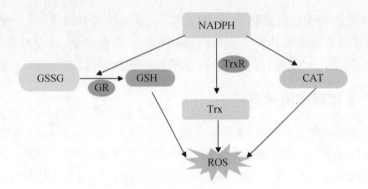

图 9.1　**NADPH** 的抗氧化作用

9.1.4　还原应激调节

　　与应激反应的快速激活同样重要的是，在细胞内稳态恢复后应激反应的及时关闭。持续的还原应激反应将使细胞不能积累信号转导所需量的生理性 ROS，从而影响细胞的分化、更新等功能。而 NADPH 水平的增加和 ROS 的急剧下降，标志着还原应激的发生。还原应激被定义为细胞 GSH/GSSG 和 NADH/NAD$^+$ 比值持续增加[29]。细胞中还原当量的增加或 ROS 有益通量的缺失可以抑制生长因子介导的信号转导，导致线粒体功能障碍，进而促进细胞凋亡并降低细胞存活率。这种氧化还原状态的改变可以激活或灭活核因子，如转录因子激活蛋白-1（activator protein-1，AP-1）和 Nrf2。被激活的 Nrf2 可调节多种抗氧化酶（包括参与 GSH 代谢的酶）的表达，进一步促进还原环境的形成[30]。NADPH 的形成及穿梭蛋白表达和活性的改变，也可影响氧化还原环境。持续性的还原应激会阻碍胰岛素信号转导和葡萄糖稳态，引发心肌病、肥胖或糖尿病，并增加死亡率[31, 32]。因此，还原应激与氧化应激一样重要，体内氧化还原反应的天平偏向任何一方都将造成大分子氧化损伤和细胞功能紊乱。

　　在还原应激下，控制对线粒体还原当量的利用或干扰蛋白质折叠和内质网功能，可使 ROS 产生明显增加[33]。氧化还原对（NADH/NAD$^+$ 和 GSH/GSSG）形式的还原当量对于维持氧化还原稳态和细胞代谢至关重要，并充当 ROS 的酶促或非酶促中和的辅因子或底物，以维持细胞中相对还原的环境。NAD$^+$ 作为氧化还原反应的辅酶，可将从分子底物中提取的电子转运到线粒体 ETC 中，在线粒体 ETC 中其被氧化以将分子氧还原成 H_2O，因此可通过调节 NADH/NAD$^+$ 比值来调控氧化还原的平衡，可保护细胞免受损伤。

9.2　参与还原合成

　　NADPH 参与脂肪酸、氨基酸、核苷酸和类固醇等的合成。NADPH 为脂肪酸合酶提供还原力(reducing equivalents),使乙酰辅酶 A 和丙二酰辅酶 A 合成为脂肪酸[34],为参与非必需氨基酸的生物合成和硫代酸的合成及端粒维护的铁硫(iron-sulfur, Fe/S)蛋白组装等提供电子[35]。二氢叶酸还原为四氢叶酸、胸苷酸、嘌呤、甲硫氨酸和一些氨基酸从头生物合成均需要 NADPH[36]。此外,NADPH 还参与胆固醇和非固醇类异戊二烯合成,以及催化尿嘧啶和胸腺嘧啶分别还原为 5,6 -二氢尿嘧啶和 5,6 -二氢胸腺嘧啶[37, 38]。NADPH 还参与细胞色素 P450 氧化还原酶(cytochrome P450 oxidoreductase,POR)介导的外源性物质代谢等[39]。因此,NADPH 在脂肪酸、氨基酸、胆固醇等的生物合成中发挥重要作用。

9.3　参与肝脏生物转化和药物代谢

药物的代谢又称药物的生物转化,是指外源化合物药物或毒物进入体内后进行的代谢过程。体内催化药物代谢转化的酶主要分布在肝细胞微粒体中,因此药物代谢主要在肝脏中进行。药物在肝内所进行的生物转化过程,可分为两个阶段: ① 氧化、还原和水解反应;② 结合作用。多数药物的第一相反应在肝细胞的光面内质网(微粒体)处进行。此系由一组药酶(又称混合功能氧化酶系)所催化的各种类型的氧化作用,使非极性脂溶性化合物产生带氧的极性基因(如羟基),从而增加其水溶性。有时羟化后形成的不稳定产物还可进一步分解,脱去原来的烷基或氨基等。其反应可概括如下:

$$D+A \rightarrow DA$$

$$NADPH+DA+H^+ \rightarrow DAH2+NADP^-$$

$$DAH2+O^2+HADPH \rightarrow A+DOH+H^2O+NADP^-$$

$$D = 药物;A = CYP450$$

药酶是光面内质网上的一组混合功能氧化酶系,其中最重要的是细胞色素 P450(CYP450)。CYP450,又称混合功能氧化酶和单加氧酶,是一种以血红素为辅基的 b 族细胞色素超家族蛋白酶。该酶在还原状态下与 CO 结合,并在波长 450 nm 处有一最大吸收峰,故取名 CYP450。CYP450 广泛存在于动物、真核有机体、植物、真菌和细菌中,参与各种细胞过程,包括类固醇激素的生物合成、药物和其他外源物的代谢[40, 41],以及许多天然产物的生物合成[42],是必不可少的结构酶。POR(也称为 CPR、CYPOR、OR、NCPR、P450R)是参与药物和类固醇激素代谢的关键酶。POR 含有黄素单核苷酸(flavin mononucleotide,FMN)和 FAD 两个辅助因子,通过 NADPH 提供的电子完成和其他氧化还原物的相互作用,从而参与许多蛋白质和小分子(包括血红素加氧酶、角鲨烯单加氧酶、细胞色素 b5)的反应过程。因此,NADPH 为细胞内所有微粒体 CYP450 提供电子,参与肝脏生物转化和药物代谢[39, 43]。

9.4　钙稳态

　　细胞中的大约 10% 的 NAD$^+$ 可能被 NADK 磷酸化为 NADP$^+$，NADP$^+$ 也可以由 NADP$^+$ 磷酸酶脱磷酸成 NAD$^+$。虽然 NADPH 对电压依赖性钙通道的影响尚未见报道，但最近的研究表明，NAD$^+$ 通过修饰 TRPM2 的活性来调节钙稳态[44]。TRPM2 通道参与溶酶体钙释放[45]，该通道很可能通过直接与 NAD$^+$ 或其代谢物 ADPR 结合，发挥氧化还原传感器的作用[44]。K$^+$ 通道 Slo1 的细胞质结构域可通过位于其亲水端的钙池与钙结合，因此对膜电位和 [Ca^{2+}] 的变化非常敏感[46]。Slo 家族的细胞质结构域存在 NAD$^+$ 结合位点，因此，NAD$^+$ 可通过调控 Slo 来调控细胞钙稳态[46]。此外，钙释放通道蛋白 RyR 含有几个脱氢酶和 NAD$^+$/NADH 氧化还原酶结构域[47]，这表明该通道可能能够与 NADH、NADPH 结合，NADH/NAD$^+$ 的增加（如缺血时）可以抑制自发肌浆网钙释放[48]。除了直接调节离子运输外，NADH、NADPH 还产生专门的代谢物，调节细胞钙通量。这些代谢产物中最有效的是 NAADP，它在低至 5～10 nmol/L 的浓度下刺激不同类型细胞中的钙释放。据报道 NAADP 在 T 细胞中调节 TRPM2 通道[49]。NAADP 是激活细胞内钙储备的重要内源性因子之一[50]。因此，NADPH 在一定程度上参与了细胞内钙稳态的调节。

9.5　调节免疫和炎症

　　免疫系统中自由基的产生来自各种免疫细胞，尤其是单核细胞、巨噬细胞和中性粒细胞。活化的巨噬细胞、中性粒细胞可以释放大量的 ROS 和 RNS。巨噬细胞、中性粒细胞在吞噬异物的瞬间就有摄氧、耗氧明显增加的现象（可达正常的 2～20 倍），代谢增强，即所谓呼吸爆发。目前认为，在这过程中氧自由基主要发生在细胞膜上，由 NOX 参与的反应。首先，NOX 被激活，使 NADPH 变成 NADP$^+$，O$_2$ 转变成 O$_2^-$，反应式为：NADPH + 2O$_2$ $\rightleftharpoons$ NADP$^+$ + 2O$_2^-$ + H$^+$。O$_2^-$ 存在时间短暂，但可自发与 SOD 作用转变成 O$_2$、H$_2$O$_2$、OH$^-$。一般认为酶促反应速度要比自发反应快 10^{10} 倍。当体内大量 NADPH 耗去又可促使葡萄糖氧化的磷酸己糖通路启动，以补充 NADPH。内质网膜和核膜含有 CYP450 和细胞色素 b5。它们可以自动氧化生成 O$_2^-$ 和 H$_2$O$_2$，也可以氧化不饱和脂肪酸生成 RO$^-$、ROO$^-$ 和 ROOH。NADH 和 NADPH 是这一反应的共因子。

　　由于 ROS 在以氧化还原为基础的多种生物功能调控中起着关键作用，因此 NOX 不仅在宿主防御中发挥重要作用，而且在许多生物过程中也发挥重要作用，包括氧化还原信号转导、基因表达和细胞分化调控及蛋白质翻译后修饰。NADPH 可以作为氧化剂，通过为 NOX 提供电子使其从分子氧中产生 O$_2^-$ 或 H$_2$O$_2$。NOX 来源的 ROS 可诱导促炎基因表达,引发机体炎症反应[51]。NOX 家族中有 7 种酶:NOX1~NOX5 和 DUOX 1、DUOX 2。人体中的 NOX 在多种生物功能中发挥着重要作用,不同组织的表达也不同。其中,NOX2 参与调节先天免疫和适应性免疫的许多方面,包括调节 Ⅰ 型 IFN、炎症小体、吞噬、抗原加工和递呈及细胞信号转导。DUOX1 和 DUOX2 在上皮屏障的先天免疫防御中发挥重要作用。NOX 在 1 型糖尿病等自身免疫病中很重要,也与感染 SARS-CoV-2 引起的急性肺损伤有关。直接或通过清除自由基靶向 NOX 可能是治疗自身免疫病和急性肺损伤的有效方法。如前所述,一方面,NADPH 可作为电子供体为 NOX 提供电子,从而促使 ROS 产生;另一方面,NADPH 本身可通过抗氧化作用减少 ROS。我们实验室前期研究表明,TIGAR 可通过 PPP 促进 NADPH 产生,从而减少星形胶质细胞中 ROS 水平,抑制缺血再灌注损伤(ischemia/reperfusion injury)诱导的星形胶质细胞炎症反应,从而对神经元发挥保护作用[52]。提示,NADPH 可能通过减少 ROS 水平对细胞具有间接的抗炎作用,而 NADPH 对炎症的直接调控作用目前尚不清楚,可能与 NADPH 抑制 ATP 受体 P2X7 有关。

能量代谢与氧化还原状态有内在联系。为了产生足够的免疫反应,细胞必须有足够和快速可用的能量资源来迁移到炎症部位,利用 NADPH 作为辅助因子产生 ROS,并吞噬细菌或受损组织[53]。ATP 是一种参与细胞代谢和信号转导等多种过程的核苷酸分子,ATP 可在正常条件下由细胞释放到细胞外环境,也可在细胞应激、感染或细胞死亡时释放。一旦到细胞外,它就被认为是细胞外 ATP(extracellular ATP,eATP)。eATP 因其作为免疫激活“危险信号”的作用而被广泛认知。大量证据表明,eATP 在先天免疫中作为一个强有力的激活剂[54]。eATP 可与单核细胞表面的嘌呤受体 P2Y2R 结合,从而将单核细胞募集到细胞凋亡部位引起炎症反应[55],也可激活 P2X7R,从而活化 NLRP3 炎症小体,导致 IL-1β 释放[54, 56]。NADPH 是否可以调控 ATP-P2X7R 系统而直接调控炎症还有待今后的研究进一步探索。

9.6　介导基因表达

由于 ROS 可以通过调节细胞内氧化还原状态来介导基因表达,因此 NADPH 可能通过其对细胞抗氧化和 ROS 生成的作用来影响基因表达。一项有趣的研究报道,NOX4 位于人脐静脉内皮细胞的细胞核中,似乎通过产生超氧化物来调节基因表达[57]。这一发现为 NADPH 影响基因表达提供了一种新的机制:细胞核中的 NOX 可能通过启动氧化还原信号通路来调节基因表达。研究还发现,内皮 NOX 可被血管生成因子如 VEGF 激活[58]。NOX 生成的 ROS 可激活多种氧化还原信号通路,导致血管生成相关基因表达,在体内实验中可能介导出生后的血管生成。

总结与展望

　　NADPH 在细胞内的还原代谢及氧化还原稳态中扮演着十分重要的角色。NADPH 不能跨过细胞胞内的膜结构，因此细胞内的 $NADP^+$、NADPH 是区隔化的。胞质中的 NADPH 是脂肪酸及 GSH 合成的重要底物，而线粒体内的 NADPH 则参与到很多重要生物合成代谢当中。NADPH 的具体作用可概括为：① 作为脂肪酸和固醇类化合物的生物合成的还原剂；② 使 GSH 保持还原状态，维持细胞膜的完整性；③ 在动物肝脏内质网含以 NADPH 为供氢体的单加氧酶体系，可参与激素、药物等的生物转化（解毒作用）；④ 参与免疫过程，巨噬细胞膜上存在 NOX，能催化 NADPH 的电子转移给 O_2，形成 O_2^- 以杀死入侵的病原微生物；⑤ 间接进入呼吸链，NADPH 在吡啶核苷酸转氢酶催化下，NADPH 将氢转移给 NAD^+，形成 NADH 再进入呼吸链产生 ATP。最近的研究还揭示了线粒体 NADPH 主要生理功能是促进非必需氨基酸脯氨酸的生物合成[59]，NADPH 也可以结合到信号蛋白发挥调节细胞信号通路的作用，这些"颠覆性"的研究发现打破了我们对于细胞内经典代谢过程的认知局限。至于 NADPH 是否具有一些其他未知的生物学功能仍有待进一步探索。

参考文献

苏州大学/苏州高博软件职业技术学院（秦正红）

遵义医科大学附属医院（张顶梅）

第十章

辅酶Ⅱ的合成和消耗

代谢是一个将营养物质转化为能量、还原力和生物合成前体的复杂过程,从而实现机械工作、信号转导和大分子生物合成等细胞功能。辅酶和辅酶因子是酶用来帮助催化反应的分子或离子[1]。NADPH 是细胞中一个主要的生物能和氧化还原当量。NADPH 对于核酸、脂肪酸酰基链、胆固醇和类固醇激素的从头生物合成是必需的。NADPH 也是细胞氧化还原平衡的中心角色,是未结合的自由 GSH 的再生所必需的,因此在控制 ROS 和防御氧化损伤中发挥关键作用;同时它也是通过 NOX 产生 ROS 和通过 NOS 产生 RNS 的关键驱动力。在这些作用中,NADPH 的作用是给电子,因此可以被认为是电子还原电位的稳定存储形式。另外,NADP$^+$ 具有信号功能。NADP$^+$ 转变为钙信号中的第二信使可能在重要的细胞过程中起关键作用。NADPH 的产生和消耗途径具有重要的生理作用,为预防和治疗代谢性疾病提供了希望。NADPH 代谢紊乱导致细胞功能受损,增加疾病相关病理的风险,如炎症、衰老、癌症、糖尿病和神经退化。因此,平衡 NADPH 的分解代谢与合成代谢需求是至关重要的。在本章中,重点阐述 NADPH 合成代谢、分解代谢和消耗的途径。

10.1 NADPH 的合成代谢

NADPH 可以通过以下途径生成(图 10.1)。

10.1.1 磷酸戊糖途径

磷酸戊糖通路(PPP)有两个分支,即氧化分支和非氧化分支。在大多数细胞中,NADPH 的主要来源是 PPP 的氧化部分,也称为己糖单磷酸分流。在这一途径中,糖酵解第一步中由己糖激酶(hexokinase, HK)作用产生的葡萄糖-6-磷酸(glucose-6-phosphate, G6P)被"分流"到 G6PD 上,G6PD 由 NADP$^+$ 产生 NADPH,并产生 6-磷酸葡萄糖-δ-内酯[2-5]。生成的 6-磷酸葡萄糖酸-δ-内酯经葡萄糖内酯酶水合生成 6-磷酸葡萄糖酸酯,再经 6-磷酸葡萄糖酸脱氢酶(6PGD)代谢生成 5-磷酸核酮糖和 NADPH 的第二分子。G6PD 和 6PGD 都能将 NADP$^+$ 还原为 NADPH,因 G6PD 催化的反应是限速反应,

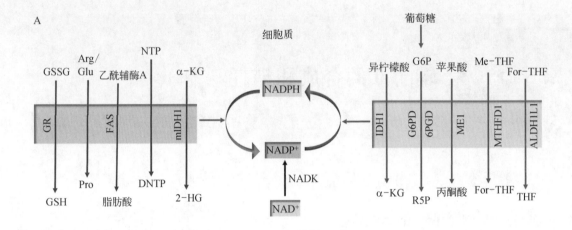

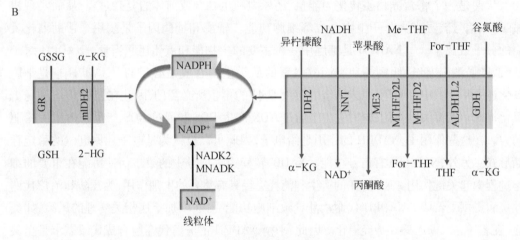

图 10.1　细胞 NADPH 代谢的中心节点

NADPH 的生成主要通过 PPP 和其他由 ME1/3、IDH1/2、MTHFD1/2、ALDH1L1/2 和 NNT 催化的氧化还原反应。NADP$^+$ 可以通过 NADK 的胞质（NADK，A）或线粒体（NADK2/MNADK，B）形式从 NAD$^+$ 产生。GSSG：氧化型谷胱甘肽；CSH：还原型谷胱甘肽；Arg：精氨酸；Glu：谷氨酸；Pro：脯氨酸；NTP：核苷酸三磷酸；dNTP：脱氧核苷三磷酸；α-KG：α-酮戊二酸；2-HG：2-羟戊二酸；G6P：葡萄糖-6-磷酸；R5P：核糖-5-磷酸；THF：四氢叶酸；Me-THF：次甲基/亚甲基四氢叶酸；For-THF：甲酰基四氢叶酸；GR：谷胱甘肽还原酶；FAS：脂肪酸合酶；G6PD：葡萄糖-6-磷酸脱氢酶；6PGD：6-磷酸葡萄糖酸脱氢酶

这对于许多消耗 NADPH 的细胞过程具有独特的意义[2]，如保护细胞免受氧化应激的影响以促进细胞的生长和增殖[6,7]。G6PD 活性减弱会降低 NADPH 水平[3]。通过改变 NADPH 浓度，G6PD 活性也会影响 NADPH 依赖的超氧化物生成[3-5,8,9]。

核酮糖-5-磷酸可以异构化为核糖-5-磷酸，作为核苷酸生物合成的最终产物，也可以被转醛醇酶和转酮醇酶进一步代谢，生成 3-磷酸甘油醛和 6-磷酸果糖，然后"返回"到糖酵解途径。在正常生理条件下，NADP$^+$/NADPH 比值是 G6P 进入 PPP 的主要决定因素[10]。事实上，在肝细胞中，参与快速脂肪酸合成（NADPH-需要的过程），PPP 后期产生的 3-磷酸甘油醛和 6-磷酸果糖被分流回糖异生途径以产生 G6P[11]。这种"再生"的 G6P 可以被输送回 PPP 以进一步生成 NADPH，从而将 G6P 完全氧化为 CO_2。在无法糖

异生的细胞类型中,下游的 PPP 中间体在类似的高 NADPH 需求条件下是通过糖酵解成为丙酮酸,直接产生 ATP,然后通过丙酮酸的进一步氧化代谢产生 ATP。

10.1.2　苹果酸酶

虽然 PPP 是大多数细胞 NADPH 的主要来源,但它肯定不是唯一的来源。依赖于 $NADP^+$ 的苹果酸酶(malic enzyme, ME)从苹果酸生成丙酮酸,导致 NAD^+ 或 $NADP^+$ 生成 NADPH。

$$ME+NADP^+ \rightleftharpoons 丙酮酸+CO_2+NADPH$$

它可以通过 ME1 的作用发生在细胞质中,也可以通过 ME3 的作用发生在线粒体中[12]。通常细胞质亚型表达量最多,而线粒体亚型表达量最低(ME2 是线粒体 NAD^+ 依赖亚型,通常参与 TCA 循环周期)[13]。ME1 生成的 NADPH 用于长链脂肪酸的合成,它也可能为肝脏慢性炎症的解毒过程提供还原性等价物[14]。同样,在牛肾上腺皮质线粒体中,ME 是 NADPH 的主要来源,以满足类固醇生成的需要[15]。

10.1.3　异柠檬酸脱氢酶

异柠檬酸脱氢酶(isocitrate dehydrogenase, IDH)利用异柠檬酸作为电子供体,将 $NADP^+$ 还原为 NADPH[16, 17]。在真核生物中,IDH 的 3 种不同异构体催化异柠檬酸可逆氧化脱羧生成 α-酮戊二酸。

$$异柠檬酸+NADP^+ \rightleftharpoons α-酮戊二酸+NADPH+H^++CO_2$$

NAD^+ 依赖的 IDH 定位于线粒体,而 $NADP^+$ 依赖的 IDH 存在于线粒体(IDH2)和细胞质或过氧化物酶体(IDH1)[18, 19]。然而,这些酶的异构体也可以在细胞质和线粒体之间转换还原当量。例如,IDH2 消耗线粒体 NADPH,介导 α-酮戊二酸还原羧化为异柠檬酸。随后,柠檬酸盐/异柠檬酸盐转运到胞质中,在那里被 IDH1 氧化生成胞质 NADPH[20]。在大鼠肝脏中,与 G6PD 相比,IDH 对 NADPH 生成的贡献高 16~18 倍[21]。其中一项研究认为 IDH2 是线粒体中最重要的 NADPH 因子,有助于防止氧化应激介导的线粒体损伤[22]。

10.1.4　烟酰胺核苷酸转氢酶

烟酰胺核苷酸转氢酶(nicotinamide nucleotide transhydrogenase, NNT)定位于细菌的质膜和真核生物的线粒体膜内。它催化 NADH 和 $NADP^+$ 之间的氢化物转移,并偶联从胞质到线粒体基质的内膜质子转移[23]。

$$NADH+NADP^+ \rightleftharpoons NAD^++NADPH$$

该反应在生理条件下是可逆的,并允许维持适当的细胞 NADH 和 NADPH 氧化还原水平[24]。NNT 在非磷酸化呼吸或电子传输抑制诱导的呼吸衰竭中起主导作用[25]。因此,形成的 NADPH 被用于生物合成、解毒和维持 GSH 池[26]。NNT 维持线粒体 NADPH 水平不仅是为了抗氧化防御,而且它也可能支持类固醇激素的生物合成,这可以从酶的突变导致严重的皮质醇缺乏得到证明(尽管这也可能是继发于氧化损伤导致肾上腺皮质细胞的破坏)[27]。

10.1.5 谷氨酸脱氢酶

谷氨酸脱氢酶(glutamate dehydrogenase，GDH)的线粒体亚型也是 NADPH 的来源,在将谷氨酸转化为 α -酮戊二酸和氨的反应中,$NADP^+$ 作为电子受体。

$$NAD^+/NADP^+ + 谷氨酸 \Longleftrightarrow NADH/NADPH + \alpha -酮戊二酸 + NH_4^+$$

较低等的生命形式,如细菌或酵母,表现出独特的 GDH 同工酶,对 NAD^+ 或 $NADP^+$ 具有严格的特异性[28]。NAD^+ 依赖的 GDH 参与代谢作用,而 $NADP^+$ 特异性酶作用于生物合成[29]。GDH1 是更为普遍的亚型,可以利用 NAD^+ 或 $NADP^+$,表现出对 NAD^+ 的偏好[30-33]。谷氨酰胺衍生的 NADPH 被消耗以支持 α -酮戊二酸被 IDH2 还原羧化。GDH1 或 GDH2 表达的代偿性增加促进 IDH 突变的胶质瘤细胞的生长[34]。在产生类固醇的细胞中,hGDH1 和 hGDH2 介导的谷氨酸通量被认为产生了甾体激素生物合成所需的 NADPH[28, 35]。对于癌症代谢,这是一个主要的酶促途径,因为其产生的氮用于核苷酸和氨基酸的合成;同时为 TCA 循环中间体的供给提供了另一种碳源,作为副产物,NADPH 形成了氧化还原稳态[36]。在 *KRAS* 驱动的胰腺癌细胞和结直肠癌细胞中,一种涉及谷氨酰胺依赖性 NADPH 生成的途径对氧化还原平衡和生长至关重要。在这些细胞中,谷氨酰胺被用来在线粒体中产生天冬氨酸。随后,天冬氨酸被输送到细胞质中,脱氨基生成草酰乙酸和苹果酸。然后苹果酸转化为丙酮酸,显著增加了 NADPH 的含量,从而维持细胞氧化还原稳态[37, 38]。

10.1.6 叶酸代谢

叶酸代谢是非常重要的,因为它有助于启动和转移一碳单位的许多生化过程,包括嘌呤和胸腺嘧啶脱氧核苷酸单磷酸(dTMP)生物合成,线粒体蛋白质翻译和甲硫氨酸再生。这些生化过程反过来支持关键的细胞功能,如细胞增殖、线粒体呼吸和表观遗传调节[39]。叶酸代谢中的两种酶也产生 NADPH。通过胞质 MTHFD1,亚甲基四氢叶酸可产生胞质甲酰基四氢叶酸,同时产生胞质 NADPH。$NADP^+$ 在这个反应中被用作辅助因子,并被还原成 NADPH。线粒体 MTHFD2/MTHFD2L 也利用 $NADP^+$ 作为辅助因子将丝氨酸衍生的亚甲基四氢叶酸转化为甲酰基四氢叶酸,从而导致线粒体 NADPH 的间接产生[40-44]。此外,胞质 ALDH1L1 和线粒体 ALDH1L2 也通过甲酰基四氢叶酸氧化生成 CO_2 和四氢叶酸来促进胞质和线粒体中 NADPH 的产生[41, 44-46]。

10.2 NADPH 的消耗

10.2.1 NADPH 通过参与细胞信号转导被消耗

NADPH 是所有生物体中必不可少的合成代谢还原辅助因子,参与许多合成代谢反应

形成 $NADP^+$。随着氢化物转移最终完成,大部分 NADPH 被 NADPH 依赖性还原酶消耗以形成 $NADP^+$。然而,由于 $NADP^+$ 可被多种酶家族分解代谢形成不同的核苷酸衍生物和包括 ADPR 在内的其他产物,因此细胞内的 $NADP^+$ 水平低于其理论值。直接参与 $NADP^+$ 分解代谢的酶包括 $NADP^+$ 磷酸酶、$NADP^+$ 核苷酸酶和 ADPR 环化酶[47-49]。

　　总之,催化 $NADP^+$ 去除磷酸盐形成 NAD^+ 的 $NADP^+$ 磷酸酶,已经在休眠的燕麦种子[50]和大鼠肝[51]中观察到。同样,另一种已知的 $NADP^+$ 降解酶——$NADP^+$ 核苷酸酶,能将 $NADP^+$ 降解为 ADPR(2′-磷酸)和 NAM[52]。

　　同样,$NADP^+$ 可以通过碱基交换反应转化为 NAADP,它是一种重要的细胞内钙储存调节剂[53]。NAADP 参与多种生物系统的 Ca^{2+} 信号转导,独立于其他释放 Ca^{2+} 的第二信使 cADPR 和肌醇三磷酸(inositol triphosphate, IP_3,又称肌醇 1,4,5-三磷酸)[53]。ADPR 环化酶/环 ADPR 水解酶 1(cADPR 水解酶)是一种多功能酶,催化 $NADP^+$ 环化生成 cADPR(2′-磷酸),同时催化 $NADP^+$ 或 cADPRP 水解生成 ADPRP[54, 55]。这表明 cADPRP 是哺乳动物中的内源性代谢物,尽管其水平低于 cADPR[56](图 10.2)。

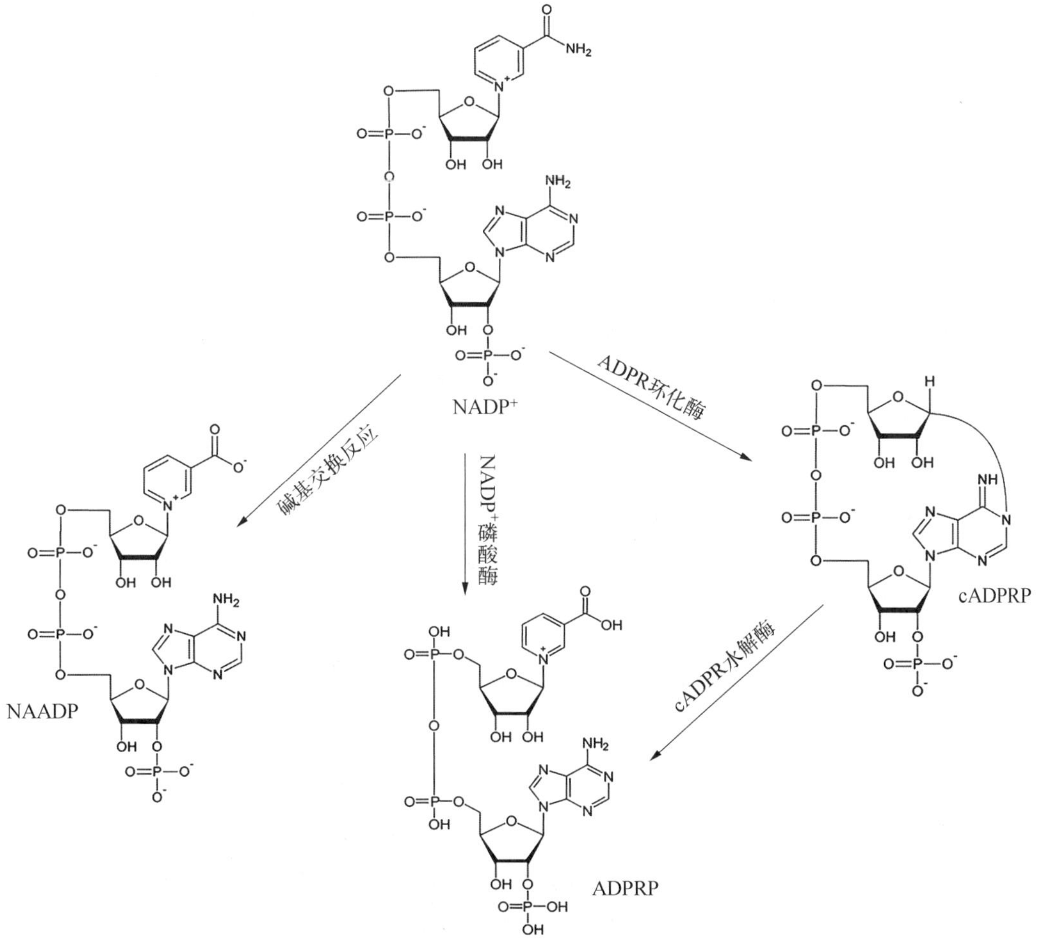

图 10.2　$NADP^+$ 衍生物的信号转导

NADP$^+$可通过碱基交换转化为 NAADP，可以用 NA 代替 NAM[57]。NADP$^+$也可以转化为 cADPRP。CD38 可催化 NADP 环化生成 cADPRP，也可催化 NADP 或 cADPRP 水解生成 ADPRP。NAADP 和 cADPRP 都参与 Ca^{2+}信号转导。

10.2.2　NADPH 通过参与还原性合成被消耗

（1）脂肪酸合成：脂肪酸的生物合成也需要 NADPH 作为电子供体来介导酰基链的延伸。脂肪酸合酶复合体通过乙酰辅酶 A 和丙二酸辅酶 A 的结合催化饱和脂肪酸的产生，在一系列反应中形成棕榈酸酯；这些反应需要 ATP 的消耗和 NADPH 的还原电位的输入[58]。在从头酰链合成中，两个步骤涉及 NADPH 需要的还原反应。第一个是还原乙酰乙酰基-酰基载体蛋白（ACP）中的 β-酮基产生 D-3-羟基丁酰基-ACP。第二个是巴豆酰基-ACP 中反式 $\Delta 2$ 双键的还原饱和形成丁酰基-ACP。化学计量学上，从头生产 1 个棕榈酸分子的反应将消耗 14 个 NADPH 分子，相当于每个丙二酸辅酶 A 分子消耗 2 个 NADPH（丙二酰辅酶 A 由乙酰辅酶 A 合成）。有趣的是，虽然 NADPH 是脂肪酸合成所需还原力的来源，但脂肪酸的氧化分解产生 NADH 和还原黄素部分。

（2）胆固醇合成：胆固醇的生物合成需要 NADPH 作为还原实体在几个步骤中发挥作用[59]。β-羟[基]-β-甲戊二酸单酰辅酶 A（β-hydroxy-β-methylglutaryl-CoA，HMG-CoA）还原酶将 HMG-CoA 转化为甲戊酸需要 2 个 NADPH 分子，HMG-CoA 还原酶是胆固醇生物合成途径中的限速酶，也是他汀类药物的主要分子靶点。HMG-CoA 还原酶催化 HMG 的 CoA 硫酯上的双电子还原以产生甲羟戊酸[60]。然后甲羟戊酸进一步代谢成异戊烯基单元，然后组装成法尼基焦磷酸。在这一步骤中，NADPH 再次成为角鲨烯合成最后一步的还原剂，两个焦磷酸法尼基分子通过角鲨烯合成酶缩合成一个角鲨烯分子。值得注意的是，来自甲羟戊酸/角鲨烯/胆固醇途径的其他生物合成途径也依赖于 NADPH 作为电子供体，包括泛醌（辅酶 Q$_{10}$）、多元醇、血红素、类固醇激素、胆汁酸、维生素 D 等的生物合成途径[61]。血红素向胆红素的分解也需要 NADPH 作为还原剂的参与。

（3）氨基酸合成[62]：NADPH 是三磷酸核糖核苷酸（NDP）合成脱氧核糖核苷酸二磷酸（dNDP）所必需的辅助因子。NAD$^+$的核糖部分上的 2′-羟基的去除及形成 dNDP 是通过一系列相当复杂的氧化还原耦合反应完成的，这些反应最终由核糖核苷酸还原酶催化，依赖于 NADPH 作为主要的（尽管是间接的）电子供体。

10.2.3　NADPH 通过参与肝脏生物转化和抗氧化被消耗

（1）肝脏解毒：解毒是从生物体（包括人体）中生理去除或药物去除有毒物质的过程。外来物质如药物、毒素、致癌物和其他可能的破坏性成分的失活和排泄是由肝脏中的 CYP450 依赖性酶完成的。第一阶段解毒，即 CYP450 催化底物的单氧化反应，产生一个或多个羟基，将不溶性有机化合物转化为亲水化合物，并促进它们的分解及消除各种内源性和外源性化合物。细胞色素在 NADPH 依赖性 CYP450 还原酶的帮助下更新。这些反应通常是通过将电子从 NADPH 转移到 CYP450 还原酶的黄素部分，然后转移到 CYP450

酶活性位点的血红素修饰基中的催化铁。血红素铁、分子氧和卟啉环之间形成一种复杂的相互作用,作为最终的电子受体,通过形成高活性的铁(Ⅳ)氧代中间体,即所谓的CYP450 化合物Ⅰ[63],完成目标底物的羟基化。NADPH 通过 CYP450 还原酶向其 FAD - FMN ETC 提供 1 个电子,然后将其提供给 CYP450 的血红素部分[47, 64]。例如,类固醇激素生物合成所需的大部分羟基化反应是由 CYP450 催化的单加氧反应完成的,NADPH 作为还原酶(如 CYP450 还原酶、细胞色素 b5 还原酶、肾上腺素还原酶)的电子供体,而还原酶可作为 CYP450 单加氧酶的酶搭档。

(2)抗氧化:细胞有着各种抗氧化机制,包括 GSH、Trx、CAT 和 SOD,有助于抑制和消除生理条件下的氧化损伤[65]。NADPH 被 GR 或 TrxR 氧化为 $NADP^+$,电子转移到这些还原酶的黄素修饰基团。对于 GR,黄素基团转移其电子直接还原酶活性位点的二硫键。然后,GR 将电子传递给 GSSG 生成 GSH,而 GSH 又会还原 GSH 活性部位的游离巯基残基。谷氨酸还原酶然后转移电子以减少核糖核苷酸还原酶活性位点的二硫键以恢复其催化活性[65-68]。类似的一系列电子转移步骤通过 Trx 途径发生。首先,NADPH 供给电子,通过 TrxR 中的 FAD 还原分子内硒硫键。然后,第二个 NADPH 分子减少 TrxR 活性位点的分子内二硫键。这使 TrxR 中的活性位点二硫化物通过一个新的硒硫键结合。还原后的 Trx 可以转移电子来还原核糖核苷酸还原酶中的活性位点二硫化物[69-71]。同样,CAT 具有 NADPH 的变构结合位点以维持其活性状态[2]。此外,如果 CAT 或 GSH 不能有效清除自由基,增加的 H_2O_2 水平将阻碍 SOD 的活性。因此,尽管 CAT 和 SOD 不直接利用 NADPH 将 H_2O_2 转化为水,但它们的作用需要 NADPH。总之,NADPH 被认为是降低抗氧化系统功效的唯一来源,所有这些抗氧化剂的储存和强化最终都需要 NADPH[72]。

10.2.4 NADPH 在免疫细胞和通过参与神经递质产生被消耗

有趣的是,除了作为一种重要的抗氧化剂,NADPH 还通过 NOX 产生 ROS[73]。一般来说,ROS 的产生通常涉及将单个电子转移到氧分子,会产生 O_2^- 自由基。分子氧的单电子还原是由 NOX 全酶直接完成的,顾名思义,全酶利用 NADPH 作为电子供体,而分子氧作为电子受体。7 种鉴定的同Ⅰ酶包括 NOX 家族,命名为 NOX1～NOX5 与 DUOX1 和 DUOX2[65]。NOX1～NOX3 主要由催化核心亚基、膜相关稳定亚基 p22phox、胞质组织亚基 p40phox、p47phox 和 NOXO1、胞质激活亚基 p67phox 或 NOXA1 和 Rho 家族 GTP 酶调控成员 RAC1 或 RAC2 组成。NOX4 具有 p22phox 亚基,但似乎与 POLDIP2 的 DNA 聚合酶相互作用亚基相关联。NOX5 具有 EF - hand 结构域而获得了对钙的敏感性。DUOX 家族成员 DUOX1 和 DUOX2 均含有 EF - hand 结构域,这与稳定/激活亚基 DUOXA1 和 DUOXA2 相关。值得关注的是,DUOX 家族成员还具有一个类似过氧化物酶的结构域,这两种全酶通常产生最终产物 H_2O_2[74]。

NOX 以其在宿主防御中的作用而被人熟知。NOX 首先在免疫系统的吞噬细胞中被发现。吞噬细胞中的 NOX 通过产生 ROS 杀死微生物,在先天免疫中起关键作用[75]。免疫反应是机体内部产生的抵御外来病原体(包括病毒、细菌、寄生虫和真菌)的一种反应,这些病原体如果不从宿主体内清除，可能会引起严重的并发症。嗜中性粒细胞和单核细胞/巨噬细胞在先天性免疫系统中首先做出反应。它们与适应性免疫系统的 T 细胞和 B 细胞一起发挥作用，在几分钟内到达炎症部位，以支持对感染诱导的适应性免疫系统的快速、准确反应[76]。这些免疫细胞必须有足够的能量到达感染区域，然后利用 NADPH 作为辅助因子产生 ROS，并最终摧毁病原体和受损组织[77]。巨噬细胞中的许多炎症受体，包括 TLR4，附着于 NOX2。TLR4 识别细菌 LPS 并介导免疫应答反应所必需的促炎细胞因子的产生。TLR4 受体刺激后，由 NADPH 驱动的氧化爆发上升[77]。随着 NOX 的启动，嗜中性粒细胞的氧需求增加了 100 倍。在缺氧的情况下，可用的氧气是有限的，因此这限制了氧化酶的完全激活。随着氧气的快速利用，NADPH 的消耗也会增加。当细胞缺乏足够的 NADPH 供应来满足氧化爆发的需要时，由己糖-单磷酸分流产生的新的 NADPH 则是必需的。耗尽的 NADPH 储存可能会使 NOX2 刺激作用失效。类似的是，G6PD 的不足[78]和全酶复合体各种成分的突变[79]，使细胞不能充分满足氮氧化物的需求。这种情况增强了慢性肉芽肿病的症状，其临床特征是吞噬细胞（主要是中性粒细胞和巨噬细胞）无法杀死摄入的病原体，因为吞噬体不能通过 NOX 产生超氧化物[78, 79]。除了 NOX 与宿主防御的经典联系外，这种产生 ROS 的酶复合体家族在动脉粥样硬化、心血管疾病、神经退行性疾病、癌症和多器官纤维化重塑等多种复杂疾病中也发挥着重要作用。

除了 NOX 控制生成 O_2^- 外，NADPH 还作为一氧化氮合酶（nitric oxide synthase，NOS）生成 NO（一种 RNS）的关键电子供体。在哺乳动物中，神经元型一氧化氮合酶（neuronal nitric oxide synthase，nNOS）、诱导型一氧化氮合酶（inducible nitric oxide synthase，iNOS）和内皮型一氧化氮合酶（endothelial nitric oxide synthase，eNOS）是 NOS 的 3 种亚型，它们有助于 L-精氨酸转化为 L-瓜氨酸和 NO。NO 是由吞噬细胞（单核细胞、巨噬细胞和中性粒细胞）作为自由基分泌的，是人类免疫反应的一部分。它对细菌和细胞内寄生虫有毒性作用，包括利什曼原虫[80]和疟疾[81]。在巨噬细胞中，从 PPP 获得的 NADPH 对于维持氧化还原稳态以合成 NO 至关重要[82]。此外，组织学研究显示，一些神经元高表达 NNT[83]。有趣的是，已经发现产生 NO（nNOS 标记）作为神经递质的神经元定位于 NNT 表达高的区域[83, 84]。NNT 和 nNOS 的双重标记显示，大部分 nNOS 阳性神经元与 NNT 共定位于外侧被盖核、桥基被盖核和外侧丘脑。这些数据表明，NNT 有助于这些区域的 NO 生物合成[83]。同样，NOX 和 iNOS[31]之间的关系有助于炎症诱导的细胞毒性：激活的 iNOS 可以持续产生大量毒性 NO[85]。产生的 NO 可以迅速与 NOX 产生的超氧化物相互作用，导致过氧亚硝酸盐的形成，最终导致 DNA 损伤、线粒体呼吸抑制和 PARP 激活[86]。诸多研究表明，NOX 和 iNOS 可以在诱导细胞死亡方面产生协同效应[87, 88]。紧密耦合的 NOS 每摩尔 NO 消耗约 1.5 mol 的 NADPH[89]。NADPH，可作为 NO 生成的重要电子供体；然而，当 NOS 异构体解耦合时，来自 NADPH 的电子允许单电子还原氧生成 ROS[89]。此外，增加的 NADPH 水平促使其通过 NOX 活性产生 ROS，并进入吞噬机制。近期，NADPH 被发现是 HSCARG（也称为短链脱氢酶/还原酶家族 48A 成员 1，SDR48A1）的变构调节因子。HSCARG 在氧化还原传感中显然具有重要作用。它在正常条件下结合 NADPH，而

NADPH/NADP$^+$比率降低导致 NADPH 的释放及随后的蛋白质结构和亚细胞分布的改变。这些变化促进了 HSCARG 与精氨酸琥珀酸合成酶(argininosuccinic acid synthetase，AS)之间的相互作用,而 AS 是 NO 合成中的限速酶。因此,AS 受到抑制,NO 产生减少[90, 91]。

总结与展望

　　本章总结了烟酰胺核苷酸在生理和病理条件下的动态变化,并讨论了氧化还原变化与几种疾病之间的关系。NADPH 的生成和消耗处于一个动态平衡,需要精确调控 NADPH 的水平以随时满足细胞的生理需要。NAD$^+$是 NADH、NADP$^+$和 NADPH 代谢和生物学功能的中心分子,在这 4 种分子中,NAD$^+$可能是唯一可以从头合成的分子,而其余分子的生成基本上需要 NAD$^+$作为原始前体。细胞 NAD$^+$、NADH 和 NADP$^+$、NADPH 水平的缺乏或失衡干扰了细胞的氧化还原状态和代谢稳态,导致氧化还原应激、能量应激,最终导致疾病状态。因此,维持细胞 NAD$^+$、NADH 和 NADP$^+$、NADPH 平衡对于细胞功能至关重要。这种平衡是动态的,受生物合成、消耗和区室定位控制。NADPH 的合成和维持其还原状态的酶不仅在氧化应激条件下至关重要,而且在抗氧化损伤方面也至关重要。NADPH 生成和消耗的失衡与许多疾病和人体衰老相关。因此,进一步了解 NADPH 产生和代谢的途径及分子调控机制,这将会为应对涉及氧化损伤的许多病理情况提供新的研究途径。

参考文献

苏州大学(Nirmala Koju、李佳颖、盛瑞)

第十一章

增加辅酶Ⅱ的方法

NADPH 水平的变化与许多病理生理过程相关,因此维持 NADPH 的稳态或提高 NADPH 水平有重要意义。增加 NADPH 的方法可以从增加来源,如摄食 NAD^+ 前体,也可以减少其在体内的消耗,来相对增加其在体内的含量。研究表明,细胞 NADPH 主要来源于 PPP、ME、IDH 及叶酸代谢(folate metabolism)4 条路径。通过调节这 4 条途径中涉及的 NADPH 合成酶的活性,也可以达到提高辅酶Ⅱ水平的目的。明确增加 NADPH 的方法,不仅可以为治疗疾病提供新药或新思路,也可以为研究 NADPH 的功能提供理论和实验支撑,具有非常重要的意义。本章将着重介绍 PPP、ME、IDH 及叶酸代谢途径中涉及的 NADPH 合成酶和消耗酶,如 G6PD、IDH1/2、ME1/2、MTHFD1/2 和 ALDH1L1/2 等,阐述这些酶的调控路径、激活方式,并讨论 NADPH 前体 $NADP^+$ 生成所涉及的酶,如 NADK 的激活和 NOX 抑制剂的开发利用。

11.1　通过 TIGAR/G6PD 途径增加辅酶Ⅱ

PPP 产生 NADPH 的过程是:首先利用进入细胞内的葡萄糖为原料,在己糖激酶/葡糖激酶(hexokinase/glucokinase enzyme)的作用下磷酸化成 G6P。G6P 在 G6PD 的作用下生成 6 -磷酸葡糖酸内酯(6 - phosphogluconolactone, 6PG),同时将 $NADP^+$ 转化为 NADPH。6PG 在 6PGD 的作用下生成核糖-5 -磷酸(ribose - 5 - phosphate, R5P),同时将 $NADP^+$ 转化为 $NADPH^{[1]}$。

PPP 是细胞 NADPH 的主要来源[2],G6PD 是 PPP 的限速酶[3]。Tp53 诱导的糖酵解和凋亡调节因子(Tp53 - induced glycolysis and apoptosis regulator, TIGAR)是一种由 p53 调控的果糖-2,6 -双磷酸酶[4],它的作用是抑制糖酵解,有助于 NADPH 的产生。NADPH 作为 GSH/GSSG 电子转移的供体,因而可以提高 GSH 的水平,降低细胞内 $ROS^{[5]}$。有研究报道,TIGAR 能够促进 G6PD 的活性。从而增加 NADPH 生成,下面将具体阐述 TIGAR/G6PD 调节 PPP 产生 NADPH 的过程(图 11.1)。

研究表明,TIGAR 会抑制糖酵解,并生成代谢物核糖-5 -磷酸,将糖代谢转移到 PPP,

进而增加 NADPH,在胃癌细胞中,TIGAR 被证实能够增加 NADPH 的产生[6]。TIGAR 与
6-磷酸果糖激酶 2(6-phosphofructokinase 2, PFK2)/果糖-2,6-双磷酸酶(fructose-2,
6-bisphosphatase, FBP)结构域有相似之处。因此 TIGAR 的过表达与 FBPase-2 结构域
的过表达类似,即通过降低果糖-2,6-双磷酸[6-磷酸果糖激酶(6-phosphofructokinase-
1, PFK1)重要的变构激活因子]来抑制 PFK1 的活性,从而抑制糖酵解[7]。抑制 PFK1 的
结果是导致果糖-6-磷酸(F6P)的积累。然后 F6P 在细胞内异构化为葡糖-6-磷酸
(G6P),随后积累的 G6P 被转入 PPP,从而促进 NADPH 的生成[5]。而在脑缺血/再灌注
中[8],TIGAR 表达迅速上调,并增加 G6PD 的表达,从而促进葡萄糖代谢向 PPP 转化,增
加 NADPH 的生成(图 11.1)。一分子的葡萄糖经 PPP 可产生 2 个分子 NADPH。

　　从间接调控 TIGAR 表达的角度出发,如神经炎症的研究中,在脑缺血/再灌注后,
TIGAR 在神经细胞[9]、星形胶质细胞和小胶质细胞中均显著上调[10]。参与炎症发展的炎
症转录因子 NF-κB 与 TIGAR 之间存在复杂的相互调控。氧敏感脯氨酸羟化酶结构域蛋
白 1(oxygen-sensing prolyl hydroxylase domain protein 1, PHD1)是细胞代谢反应中一个重
要的调节因子。PHD1 缺失能够激活 NF-κB 信号,进而增加神经元 TIGAR 转录,以促进
PPP 通量,增加 NADPH 的产生(图 11.1)[3]。其激活的机制可能通过减少羟基化来减少
IκB 激酶 2(IκB kinase 2, IKK2)的降解。IKK2 在通过磷酸化 IκB-α(NF-κB 抑制剂)
激活 NF-κB 信号通路[11]。另外,一些组蛋白甲基转移酶家族成员,如核受体结合 SET
域蛋白 2(nuclear receptor-binding SET domain protein 2, NSD2),通过组蛋白来协同增加
己糖激酶 2(hexokinase 2, HK2)、TIGAR 和 G6PD 的催化活性,通过增加 PPP 通量,提高
NADPH 的生成(图 11.1)[7]。在有丝分裂剂伴刀豆球蛋白 A(concanavalin A, ConA)刺激
的人淋巴细胞中,由 PI3K/Akt 通路介导的 TIGAR 的表达和蛋白质水平升高,也能够导致
碳通量增加到 PPP[12]。这些研究表明,通过间接增加 TIGAR 表达的方式,可以达到增加
PPP 通量的目的。

　　因此,对 TIGAR 的直接干预,如高表达 TIGAR,以增加 PPP 的底物 G6P 或增加 PPP
的限速酶 G6PD 的表达,均可以增加 PPP 的通量,增加细胞内 NADPH 含量。此外,通过
激活 NF-κB、PI3K/Akt 信号通路及 NSD2 的甲基化修饰来增加 TIGAR 表达或催化活性,
也可以增加 PPP 通量,进而增加细胞内 NADPH 含量。

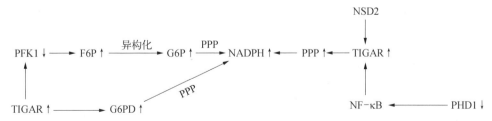

图 11.1　TIGAR/G6PD 途径增加 NADPH 的方法

G6PD:葡萄糖-6-磷酸脱氢酶;PFK1:6-磷酸果糖激酶;TIGAR:Tp53 诱导的糖酵解和凋亡调节因子;F6P:
果糖-6-磷酸;G6P:葡糖-6-磷酸;PPP:磷酸戊糖途径;NF-κB:核因子 κB;PHD1:氧敏感脯氨酸羟化酶
结构域蛋白 1;NSD2:核受体结合 SET 域蛋白 2

11.2　通过异柠檬酸脱氢酶途径增加辅酶 Ⅱ

异柠檬酸脱氢酶(isocitrate dehydrogenase，IDH)催化异柠檬酸氧化脱羧生成 α-酮戊二酸(α-ketoglutarate，α-KG)，将 NAD^+、$NADP^+$ 分别还原为 NADH、NADPH。该过程中异柠檬酸氧化生成草酰琥珀酸，以 NADH、NADPH 为电子受体，然后草酰琥珀酸脱羧生成 α-酮戊二酸[13]。IDH1 和 IDH2 依赖于 $NADP^+$，在人类中同源性达 70%，其中 IDH1 主要在细胞质中发挥作用，而线粒体中则主要经由 IDH2 生成 NADH、NADPH[14]。

从 IDH 途径增加 NADPH 含量，可行方法是增加 IDH 的表达。山楂酸(maslinic acid，MA)，一种天然来源的五环三萜，在改善鱼类的代谢状态时，提高 $NADP^+$-IDH 和 ME 的表达和活性[15]。此外，ME1 与 IDH2 之间存在互相补偿机制。*ME1* 敲除会导致 AMP 活化的蛋白激酶 O1 型叉头蛋白(AMP-activated protein kinase-forkhead box O1，AMPK-FOXO1)激活的线粒体 IDH2 自适应上调，以补充 NADPH 池并减轻胞质 ROS(图 11.2)。机制上是在 IDH2 启动子区域有 FOXO1 响应元件，*ME1* 基因敲除后，会产生高水平的 ROS，进而导致 AMP 活化的蛋白激酶(AMP-activated protein kinase，AMPK)激活。活化的 AMPK 进一步促进 FOXO1 易位到细胞核中以实现 FOXO1 转录活性，以增强 IDH2 的表达(图 11.2)[16]。另外，去酰化酶 SIRT5 通过控制 IDH2 的琥珀酰化来调节 IDH2 的活性。即氧化应激可以增加细胞 SIRT5 的去琥珀酸酶活性，SIRT5 通过去琥珀酸化以激活 IDH2，来维持氧化应激期间细胞 NADPH 稳态，当 IDH2 与 SIRT5 体外共孵育时，IDH2 的活性显著增加。因此，可以通过增强 SIRT5 的表达，增加 IDH2 的活性，进而增加 NADPH 的产生(图 11.2)[17]。此外，IDH2 被鉴定为 SIRT3 的脱乙酰底物，SIRT3 直接脱乙酰化并激活线粒体 IDH2[18]，其乙酰化调控位点被定位在 IDH2 的 Lys-413(lysine)[19]。在 IDH2 的 413 位乙酰化后，IDII2 活性显著下降。而 SIRT3 的脱乙酰化则能够完全恢复 IDH2 的最大活性，并且脱乙酰化后激活的 IDH2 能够增加线粒体中的 NADPH，以保护细胞免受氧化应激的损害，因此过表达 SIRT3 可以增加 NADPH 水平[18]。

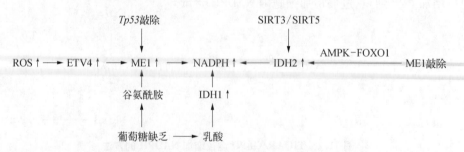

图 11.2　通过 IDH、ME 途径增加 NADPH 的方法

ETV4：ETS 转录因子的成员；ROS：活性氧；SIRT3/5：去酰化酶 3/5；ME1：苹果酸酶 1；IDH1/2：异柠檬酸脱氢酶 1/2

此外,在葡萄糖剥夺的条件下,乳酸可以合成异柠檬酸,异柠檬酸再通过 IDH1 催化将氢化物离子供体给 $NADP^+$ 生成 NADPH(图 11.2)[20]。可以增加 NADPH 水平。

因此,利用山楂酸 MA、ME1 与 IDH2 之间的补偿机制及 SIRT5 的去琥珀酸化 IDH2、SIRT3 的脱乙酰化 IDH2,以直接或间接的方式增强 IDH 的表达或活性,可以增加 NADPH 的产生。另外,通过提高乳酸的含量,利用 IDH1 通路亦能够增加 NADPH 的产生。

11.3　通过苹果酸酶途径增加辅酶Ⅱ

苹果酸酶(malic enzyme,ME),通过氧化苹果酸生成丙酮酸。同时将 $NADP^+$ 转化生成 NADPH。在哺乳动物细胞中,ME 有 3 个同工酶,其中 ME1 位于细胞质中,ME2、ME3 位于线粒体中。研究表明,ME1、ME3 主要依赖于 $NADP^+$。而 ME2 则依赖于 NAD^+ [21],其中 ME1 和 ME2 是主要的亚型[22]。

从 ME 途径增加 NADPH 的方法,除上节提到的山楂酸(MA)在鱼类代谢中增加 ME 酶的活性和表达外[15]。另有研究表明,在葡萄糖剥夺条件下,可以通过谷氨酰胺支持细胞 NADPH 的生成。即谷氨酰胺可以在线粒体中代谢为苹果酸,当葡萄糖和乳酸均耗尽时,苹果酸通过 ME1 穿梭到细胞质中生成 NADPH,以增加细胞内的 NADPH[20]。此外,在胃癌细胞中,ME2 经常与抑癌基因 SMAD4 共缺失,此时其同工酶 ME1 会被上调,以补充细胞内还原当量 NADPH,维持氧化还原稳态。在应激条件下,ETS 转录因子家族 4(ETS translocation variant 4,ETV4)与 ME1 启动子直接结合。过量的 ROS 增加 ETV4 表达,进而增加 ME1 蛋白水平。因此在机制上,ME1 被 ROS 以 ETV4 依赖的方式转录上调[21]。另外,Tp53 – ME 途径存在一个正反馈回路。Tp53 水平越高,ME 表达越少。实验证明,在人骨肉瘤 U2OS 细胞和正常二倍体成纤维细胞 IMR90 细胞中,敲除 Tp53 使 ME1 和 ME2 的 mRNA 水平显著升高,同时 ME1 和 ME2 的蛋白水平与总酶活性升高[22]。

因此,从 ME 途径增加 NADPH,可以从直接增加 ME1 和 ME2 的表达与酶活性入手,如山楂酸在代谢中直接增加 ME 的活性或敲除 Tp53。此外,通过 ME2 删除及过量 ROS 增加 ETV4 表达,能够间接增加 ME1 的表达。最后,通过补充谷氨酰胺,使其代谢生成苹果酸,以增加 ME 的通量等方式来增加细胞内的 NADPH(图 11.2)。

11.4　通过叶酸代谢途径增加辅酶Ⅱ

叶酸代谢生成 NADPH 的过程与上述 3 条路径相比较为复杂。具体如下:在细胞质内主要涉及两条生成路径:① 在丝氨酸羟甲基转移酶 1(serine hydroxymethyl transferase 1,SHMT1)的作用下将一碳单位转移至四氢叶酸,生成 5,10 -亚甲基四氢叶酸,5,10 -亚甲基四氢叶酸在 MTHFD1(一种胞质三功能酶)的作用下将 $NADP^+$ 转化为 NADPH,自身转化为 5,10-次甲基四氢叶酸,随后在 MTHFD1 的作用下,生成 10-甲酰基四氢叶酸。② 10-甲酰基四氢叶酸在 ALDH1L1 的作用下将 $NADP^+$ 转化为 NADPH,自身转化生成四氢叶酸和 CO_2 [23]。

在线粒体中同样涉及两条生成路径:① 在 SHMT2 的作用下将 1-碳单位转移给四氢叶酸,生成 5,10-亚甲基四氢叶酸。不同于胞质路径的是,5,10-亚甲基四氢叶酸于线粒体中有两条转化路径:在亚甲基四氢叶酸脱氢酶 2(methylenetetrahydrofolate dehydrogenase 2/2-like, MTHFD2/2L),一种线粒体双功能酶的作用下将 NAD^+ 转化为 NADH,自身被还原生成 5,10-次甲基四氢叶酸[24]。在 MTHFD2L 的作用下则是将 $NADP^+$ 转化为 NADPH。5,10-次甲基四氢叶酸在 MTHFD2 或 MTHFD2L 的作用下生成 10-甲酰基四氢叶酸。② 在 10-甲酰基四氢叶酸在 ALDH1L2 的作用下将 $NADP^+$ 转化为 NADPH,自身还原生成四氢叶酸和 CO_2 [25]。

在增殖细胞中,胞质 NADPH 的最大贡献者是 PPP。但研究表明,丝氨酸驱动的一碳代谢的贡献几乎可以与之相媲美[26]。其中叶酸代谢涉及的酶如 MTHFD1、MTHFD2、ALDH1L1、ALDH1L2 等,在人类癌症中均存在表达增高的现象[27-29]。例如,在直肠癌中 SHMT2、MTHFD2 和 ALDH1L2 存在联合高表达[30],抑制这几种酶,能够一定程度抑制肿瘤细胞的增殖和迁移。因此,SHMT2、MTHFD1、MTHFD2、ALDH1L1 和 ALDH1L2 在肿瘤研究中也成为潜在的治疗靶点[31]。

肿瘤细胞在对抗氧化应激的过程中,通过上调叶酸代谢相关酶 MTHFD 和 ALDH1L 的表达量来增加 NADPH 的生成,以达到对抗氧化应激的作用。例如,MTHFD1L 常作为肝癌检测的生物学标志。在人肝癌、结直肠癌及膀胱癌中,MTHFD1L 通常会过表达,以赋予癌细胞对抗氧化应激诱导的细胞周期延迟和凋亡的能力[32, 33]。

因此,从叶酸代谢的角度实现增加 NADPH,可以考虑的方法是增加叶酸代谢相关酶的表达。在一项 ALDH1L1 介导的氧化应激在耐力运动中作用的研究中,ALDH1L1 的强表达会提高 NADPH 水平,但是过高的 NADPH 水平又会通过 NOX 的作用导致 ROS 的过度产生,引起线粒体损伤[34]。同时 Derek Lee 等研究发现,叶酸代谢中的一种重要酶类 MTHFD1L,可被 Nrf2 转录激活,Nrf2 是氧化还原稳态的主要调节因子。在 Nrf2 的控制下,MTHFD1L 在人类癌症中经常上调,有助于 NADPH 的产生和积累,达到足以对抗癌细胞氧化应激的水平[23]。此外,叶酸代谢中的另一种重要的酶 SHMT1 能够通过控制 NOX1 的表达来增加 NADPH。SHMT1 在人肝癌细胞株 HCC 中的表达显著降低,过表达 SHMT1 导致 NOX1 mRNA 水平降低,NOX1 是 SHMT1 的下游靶点,二者之间存在负相关。因此,通过过表达 SHMT1 以降低 NOX1 的表达,减少 NADPH 的消耗,则可以相对增加 NADPH 的水平(图 11.3)[35]。

由此证明,通过提高叶酸代谢酶的活性来增加 NADPH 的水平是可行的。目前叶酸代谢生成 NADPH 的研究资料相对较少,现有的研究资料能够证明叶酸代谢途径的重要性,未来有必要深化对叶酸代谢的研究,以丰富经叶酸代谢生成 NADPH 预防和治疗疾病的手段。

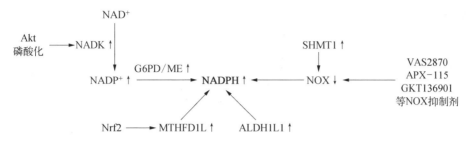

图 11.3 叶酸代谢、其他途径增加 NADPH 的方法

Nrf2：核转录因子红系 2 相关因子 2；SHMT1：丝氨酸羟甲基转移酶；NOX：NADPH 氧化酶；
MTHFD1L：亚甲基四氢叶酸脱氢酶 1 - like；ALDH1L1：醛脱氢酶 1 家族成员 L1；VAS2870、
APX - 115、GKT136901：NOX 抑制剂

11.5 通过其他途径增加辅酶Ⅱ

NADP+ 对 NADPH 的产生至关重要，增加 NADPH 的前体，NADP+ 的生成也可以达到增加 NADPH 的目的。研究表明，NADPH 的总细胞库受 NADK 的活性调控，NADK 是催化 NAD+ 磷酸化为 NADP+ 的酶[36]，NADP+ 是 NADP+、NADPH 生产的限速底物，NADK 因此是 NADPH 生成过程中的限速酶[37]。人类细胞表达两种 NADK，胞质 NADK 和线粒体 NADK2。Akt 是一种丝氨酸/苏氨酸激酶，Akt 是 PI3K/Akt/mTOR 信号通路中的 PI3K 的重要作用因子[38]。Akt 可以磷酸化 NADK，通过解除其氨基端固有的自抑制功能，刺激其活性，从而增加 NADP+ 的产生[39]。乳腺癌和肺癌等癌细胞通过 PI3K/Akt/mTORC 途径磷酸化 NADK，从而增加其活性，将 NAD+ 转化为 NADP+，而 NADP+ 又可以通过 G6PD 和 ME 快速转化为 NADPH[40]。

由此可知，通过增加 NADK 的活性，如 Akt 磷酸化，可以增加 NADP+ 的产生，进而通过 G6PD 和 ME 快速转化为 NADPH。另外，GKT136901、GKT137831、APX - 115 等 NOX 抑制剂能够减少 NADPH 的体内消耗，亦可以达到增加 NADPH 的目的(图 11.3)。

NOX，在人类基因组中存在 7 个同源物：NOX1 ~ NOX5、DUOX1 和 DUOX2[41]。其在人体内通过氧化 NADPH 以产生 ROS，是细胞 ROS 的重要来源[42]。因此，一些 NOX 抑制剂的开发和应用不仅为一些疾病提供治疗靶点，如心血管疾病[43]、糖尿病[44]和骨质疏松[45]，同时也能够通过减少 NADPH 的体内消耗，达到增加 NADPH 的目的。如 GKT136901 和 GKT137831 两种吡唑啉吡啶衍生物被证明是非常有效的 NOX1 和 NOX4 亚型的双抑制剂[46]。2016 年开发的新型 NOX 泛抑制剂 APX - 115 针对 NOX1、NOX2、NOX4 和 NOX5[45]。VAS2870(也称为 NOX 抑制剂Ⅲ)是由 Vasopharm 开发的三氮唑嘧啶衍生物，主要抑制 NOX1、NOX2、NOX4 和 NOX5。在大鼠血管平滑肌细胞中，VAS2870 能强烈抑制 PDGF 诱导的 NOX 活性(图 11.3)[47]。

总结与展望

综上所述，增加辅酶Ⅱ的方法主要集中于直接或间接增强或抑制产生 NADPH 的酶活性，如直接增加 G6PD、ALDH1L1 等关键酶的表达，以增加 NADPH 的产生；以及使用 VAS2870、APX - 115 等 NOX 抑制剂，减少 NADPH 的体内消耗，以相对增加 NADPH。其次，通过调控关键酶的活化机制来提高相关酶的活性和表达等方式，亦可以增加 NADPH。例如，通过激活 NF - κB、PI3K/Akt 信号通路及 NSD2 的甲基化修饰来增加 TIGAR 表达或催化活性；山楂酸（MA）代谢激活 ME1 与 IDH2；SIRT5 脱琥珀酸化和 SIRT3 脱乙酰化来增强 IDH2 催化活性；敲除 *Tp53* 增加 ME1 和 ME2 活性；增加 ETV4 表达来间接增加 ME1 的表达；增强 Nrf2 对 MTHFD1L 的转录激活；Akt 磷酸化增强 NADK 的活性等。另外，通过增加 PPP 底物，增强 TIGAR 表达，增加 PPP 的底物 G6P，进而增加 PPP 的通量。另外，通过补充谷氨酰胺和乳酸，使其代谢生成苹果酸和柠檬酸，以增加 ME 和 IDH 的通量，增加 NADPH 的水平。

NR 和 NMN 是 NAD+ 的天然前体。研究表明，哺乳动物细胞中添加 NR 和 NMN 可提高 NAD+ 水平[48]，但是，其是否能够进一步提高 NADPH 的水平，还有待验证。并且 NADPH 在线粒体含量高，那么增加胞质的 NADPH 是否能增加线粒体的 NADPH？也未见研究。因此，未来的研究中可以以此为切入点，进行验证。

值得注意的是，事物具有两面性。例如，ME1 在许多上皮性癌症中是促癌因子。而苹果酸循环代谢通量的增加能够为癌细胞的增殖和迁移提供必要的支持[49]。IDH1/2 在发生突变之后，会成为人类某些恶性肿瘤的驱动因素。近年来越来越多的研究证据表明，IDH 突变与肿瘤形成有关[50]。因此，在考虑增加 NADPH 方法时，如过度增加或抑制某种酶的表达或活性的同时，应验证其可能带来的不良后果，以最小化不良反应，从而获得最佳的 NADPH 增加方法。

参考文献

苏州大学（谢宇、盛瑞）

TIGAR 的功能和辅酶Ⅱ的合成

Tp53 诱导的糖酵解和凋亡调节因子(Tp53 - induced glycolysis and apoptosis regulator, TIGAR)在 NADPH 生成中有重要作用。*TIGAR* 是 Tp53 的下游靶基因,包含一个类似于 6 -磷酸果糖激酶/果糖- 2,6 -双磷酸酶(PFKFB)的双磷酸酶结构域功能序列。TIGAR 主要位于细胞质中;在应激反应中,TIGAR 被转移到细胞核和细胞器,包括线粒体和内质网,以调节细胞功能。Tp53 家族成员(p53、p63 和 p73)、一些转录因子(Sp1 和 CREB)和非编码 miRNA(miR - 144、miR - 885 - 5p、miR - 101、miR - 146a - 5p 和 miR - 652 - 5p)调节 TIGAR 的转录。TIGAR 主要作为果糖- 2,6 -双磷酸酶,水解果糖- 1,6 -双磷酸和果糖- 2,6 -双磷酸,抑制糖酵解。TIGAR 反过来促进 PPP 通量,产生 NADPH 和核糖,从而促进 DNA 修复,减少细胞内 ROS 水平。因此,TIGAR 维持能量代谢平衡,调节自噬和干细胞分化,并促进细胞存活。同时,TIGAR 还具有非酶功能,可与视网膜母细胞瘤蛋白、Nrf2、NF - κB、己糖激酶 2、ATP5A1 和琥珀酸脱氢酶相互作用,介导细胞周期阻滞、炎症反应和线粒体保护。TIGAR 可能是预防和治疗心血管和神经系统疾病及癌症的潜在目标。

12.1 *TIGAR* 基因与蛋白质结构

葡萄糖代谢是哺乳动物的主要能量来源之一,对维持哺乳动物的正常生理功能至关重要。葡萄糖代谢由许多酶催化的多种生物反应组成。其中,果糖- 2,6 -双磷酸酶是调节糖酵解的关键酶之一,2005 年,Jen 和 Cheung 团队首次发现了新的 Tp53 调节基因 *c12orf5* 对电离辐射的响应[1]。2006 年,Bensad 团队克隆并鉴定了 *c12orf5* 基因,并将其命名为 Tp53 诱导的糖酵解和凋亡调节因子(TIGAR),由 *c12orf5* 基因编码 TIGAR 的蛋白质具有与果糖- 2,6 -双磷酸酶类似的活性,反映了其在维持细胞能量代谢稳态中的重要作用[2]。

TIGAR 基因位于染色体 12p13 - 3 的短臂上,TIGAR 蛋白的序列在从鱼到人的脊椎动物中高度保守[3]。人源的 *TIGAR* 基因由 6 个外显子组成,长度约 38 835 bp[4],编码一个 813 bp 的独特 mRNA 转录物[5]。人源的 TIGAR 蛋白由 270 个氨基酸组成,分子量为

30 kDa。脊椎动物中的 TIGAR 蛋白序列包含磷酸甘油酯变位酶(PGM)家族,这是 RHG 基序(R31、H32 和 G33)的特征[6],即它在催化反应中发生磷酸化,并参与底物的水解和磷酸化[7]。TIGAR 还包含一个类似于组氨酸磷酸酶超家族的催化结构域,具有水解、变位酶和磷酸酶活性,并具有严格保守的催化核心。以该家族成员之一——大肠杆菌 SixA 为例,中心是介导磷酸化和去磷酸化催化活性的组氨酸残基 H8;由两个精氨酸残基 R7 和 R55 及另一个组氨酸 H108 负责将磷酸基团从底物转移到反应中的酶[7]。TIGAR 的功能域非常保守,以 H11 为中心,其磷酸区由 R10、R131 和 H198 组成[2]。TIGAR 的催化底物水解的结构域由两个组氨酸残基 H11 和 H198 及一个谷氨酸 E102 组成[2]。该结构域类似于 6 -磷酸果糖激酶/果糖- 2,6 -双磷酸酶(PFKFB)的双磷酸酯酶结构域[8]。PFKFB 是一种具有激酶和双磷酸酶活性的双功能酶。激酶结构域 6 -磷酸果糖激酶 2 位于酶的 NH_2 末端,而双磷酸酶结构域果糖- 2,6 -双磷酸酶位于 COOH 末端区域[5]。TIGAR 缺乏 PFKFB 的激酶结构域,但 TIGAR 与 PFKFB 的相似之处在于双磷酸酶的高度保守催化结构域。TIGAR 蛋白有两个保守的结构域,可与底物上的磷酸分子结合,介导去磷酸化[2]。根据斑马鱼 TIGAR 的晶体结构分析,一个结构域靠近组氨酸残基的核心,由 His11、His183、Arg10、Arg61 和 Glu89 组成,另一个结构域靠近 C 末端的 Arg10 和 Asn217。这两个结构域都是开放的[8],带正电荷,可以与果糖- 2,6 -双磷酸或果糖- 1,6 -双磷酸结合,水解这些小分子以调节葡萄糖代谢的流量。

TIGAR 蛋白缺失 10RHG12(TIGAR - ΔRHG)或 193PFK210(TIGAR - ΔPFK),抑或 H11A、E102A、H198A 三重突变产生的突变体不能降低 U2OS 细胞凋亡,TIGAR 三重突变体失去了水解果糖- 1, 6 -双磷酸的能力[2]。TIGARΔ258 - 261 缺失 258 - 261 区域仍能降解果糖- 1, 6 -双磷酸,但不能定位于线粒体,不能与 HK 相互作用保护线粒体功能[9]。此外,TIGAR Y92A 突变体通过 TIGAR 的 92 位点酪氨酸的硝化作用干扰 TIGAR 以增加 PPP 依赖性 NADPH 的生成[10]。

12.2　TIGAR 在组织和细胞中的分布

TIGAR 表达在所有组织中,如在肌肉、大脑和心脏中大量表达[11, 12]。TIGAR 也在一些肿瘤中高表达,如白血病、结肠癌、肺癌、乳腺癌和恶性胶质瘤等[13-17]。TIGAR 在胚胎期高表达,并随着发育和年龄增加而降低,在成人大脑中观察到的 TIGAR 水平低于新生儿[18]。TIGAR 在哺乳动物细胞中定位于细胞质和多个细胞器中,如线粒体[9]、内质网和细胞核[19]。TIGAR 存在于细胞质中,主要抑制糖酵解,促进 PPP 通量增加核糖- 5 -磷酸和 NADPH 的产生,有助于 DNA 修复,降低 ROS,维持氧化还原平衡。当 HepG2 细胞被表柔比星或缺氧处理时,更多的 TIGAR 转位到细胞核内,进而调节细胞周期蛋白依赖性激酶(cyclin dependent kinase, CDK)- 5 介导的 ATM 磷酸化,诱导细胞周期阻滞,并以一种不依赖 Tp53 的方式促进 DNA 损伤修复。TIGAR 的核转位促进化疗和缺氧下的细胞存活[19]。缺氧条件下,HIF－1α 的积累促进 TIGAR 转位到线粒体,并与线粒体外膜的己糖激酶 2(hexokinase 2,HK2)结合,导致 HK2 活性增加。TIGAR 通过与 HK2 相互作用减少线粒体 ROS 的产生,维持线粒体功能,减少细胞死亡。TIGAR 的线粒体定位依赖于 HK2 和 HIF－1α。重要的是,TIGAR 的线粒体定位和与 HK2 的结合不依赖于其酶活性,而是依赖于 HIF－1α 和 TIGAR 258－261 结构域[9]。在小鼠缺血再灌注损伤下,TIGAR 向线粒体迁移,减少线粒体 ROS,维持线粒体膜电位[12]。此外,TIGAR 在含 Ⅱ 型纤维的骨骼肌中高度表达。运动时 TIGAR 可以转移到线粒体中与 ATP5A1 相互作用,并通过 SIRT1/PGC1α 轴促进线粒体生成,增加 ATP 生成,从而提高运动耐受性、疲劳和衰老[11]。TIGAR 也定位到内质网,参与调节内质网应激。

12.3　TIGAR 的转录调控

TIGAR 启动子区有两个 Tp53 结合序列[2]。一个位于第一个外显子的上游;另一个位于第一个内含子的内部,是更有效的一个。作为 Tp53 的靶点,Tp53 通过调节 TIGAR 抑制肿瘤细胞生长。Tp53 可以转录调节 TIGAR 并抑制缺氧时的细胞死亡,而在 Tp53 突变体中没有乙酰化 DNA 结合域的情况下,TIGAR 转录和表达受到抑制,进而肿瘤细胞生长受到抑制[20]。p73 和 p63 是 Tp53 家族的成员,具有与 Tp53 相似的结构和功能,可以激活 Tp53 靶基因的启动子,如 p21;因此,p63 和 p73 也可能调节 TIGAR 的表达。人 TIGAR 的表达可由 Tp53、p51A(TAp63)和 p73 蛋白(TAp73)调控。然而,TIGAR 在小鼠和人之间具有不同的调控信号。在人和小鼠中,TIGAR 转录调控区的主要 Tp53 反应元件并不是一贯保守的。人 TIGAR 启动子 hBS2 比小鼠蛋白能更有效地结合 Tp53,而在小鼠中 mBS1 对 Tp53 的反应更敏感。这种差异导致小鼠对 Tp53 调控 TIGAR 的反应低于人。此外,脑缺血再灌注、脑预处理、肠道再生后 TIGAR 的上调与 Tp53 和 p73 蛋白(TAp73)无关[21]。在 TIGAR 启动子之间存在一个 Sp1 结合位点-54 至-4 区域。转录因子与 Sp1 结合位点结合[22]。TIGAR 启动子顺式作用元件中的 4 个 GCCC 核苷酸和 Sp1 参与形成 DNA -蛋白质复合体,以激活 TIGAR 启动子,并以 Tp53 非依赖的方式增加 TIGAR 的表达,在小鼠脑缺血损伤、人类椎间盘退变和肝癌细胞中 Sp1 转录因子可以与 TIGAR 启动子区的 Sp1 结合位点结合,调控 TIGAR 的表达[23]。CREB 作为一个转录因子,在 TIGAR 启动子的-4 至+13 区域存在一个 cAMP 反应元件(CRE)位点,可被 CREB 结合蛋白(CPB)识别并结合,调控 TIGAR 的表达[24]。Nrf2 通过与 TIGAR 启动子上的抗氧化反应元件 ARE 结合增强了人 TIGAR 的转录。此外,在缺氧条件下,HIF－1α 通过结合 TIGAR 启动子中的 HIF 反应元件(HRE)来促进 TIGAR 的表达[25]。而在氧感知脯氨酰羟化酶结构域蛋白 1(PHD1)缺失的情况下,依赖 NF－κB 但不依赖 HIF－1α 的信号增加 TIGAR 转录,通过减少羟化作用降低 IκB 激酶 2(IκB kinase,IKK2)的降解,进而促使 IκBα(NF－κB 抑制剂)的磷酸化和降解,激活 NF－κB 信号,从而增加 TIGAR 的转录[26,27]。

　　除转录因子外,由 20~24 个核苷酸组成的非编码 miRNA 通过与不同结构和组成的 mRNA 核蛋白进行碱基配对,对基因表达产生正调控或负调控作用[28]。miR-144 结合 TIGAR 3′-UTR 降低 TIGAR 的表达,抑制细胞增殖,促进癌细胞凋亡和自噬,miR-144 可能作为肺癌的治疗靶点[29]。TIGAR 启动子区域还包含两个与 miR-885-5p 高度互补的结合位点,分别位于转录起始位点的 1 370 和 1 310 bp。miR-885-5p 直接作用于 TIGAR 5′-UTR 区域的 miR-885-5p 结合位点,增加 TIGAR 染色质构象的亲和力,进而富集 RNA 聚合酶 Ⅱ 启动子的转录活性区域来调节 TIGAR 的表达。miR-885 的前体 pre-miR-885 对 TIGAR 的表达具有相同的作用[30]。此外,核糖核酸酶 Ⅲ 家族的成员 (Dicer)通过特异性识别双链 RNA 将 pre-miR 885 剪接到成熟的 miR-885,从而间接调节 TIGAR 表达。TIGAR 也是 miR-101、miR-146a-5p 和 miR-652-5p 的靶基因。miR-101、miR-146a-5p 和 miR-652-5p 在功能上与 TIGAR 3′-UTR 相互作用,从而下调 TIGAR 的 mRNA 和蛋白质表达[31-33]。

　　此外,组蛋白甲基转移酶家族的一些成员,如表观遗传阅读蛋白转录因子 19(TCF19) 和核受体结合 SET 域蛋白 2(NSD2),通过组蛋白甲基化修饰来调控 TIGAR 基因。TCF19 通过组蛋白乙酰转移酶招募和激活 TIGAR,维持葡萄糖稳态,从而改变肝癌细胞的线粒体能量代谢[34]。NSD2 协同增加 HK2、TIGAR 和 G6PD 的催化活性,通过 PPP 通量提高 NADPH 的生成,并降低细胞内 ROS 水平,导致癌细胞对他莫昔芬治疗产生耐药性[35]。相比之下,DZNep[S-腺苷同型半胱氨酸(adoHcy)水解酶抑制剂]诱导 NSD2 蛋白降解,并降低 TIGAR 表达和 NADPH 产生,从而抑制他莫昔芬耐药癌细胞生长[36]。经典的 Wnt 信号通路可被抗癌药物顺铂激活。该途径中的目的基因 Myc 上调以增加 TIGAR 蛋白的表达,进而抑制氧化应激和凋亡,保护螺旋神经节神经元免受顺铂诱导的损伤[37]。

12.4　TIGAR 的翻译后修饰

　　在结肠癌中,MUC1 异源二聚体蛋白 c 亚基抑制剂(GO-203)可以抑制真核生物起始因子 4A(eukaryotic initiation factor 4A, eIF4A)解旋酶活性,导致 TIGAR 的 eIF4A 帽依赖翻译被阻断。eIF4A 可以解开 TIGAR 的 5′-UTR 端帽结构,使起始前复合体与 mRNA 结合以启动翻译过程。eIF4A 解旋酶活性的抑制会降低翻译效率,从而降低 TIGAR 蛋白表达[38]。TIGAR 的减少会降低 GSH,增加 ROS,降低线粒体跨膜电位,最终导致体内外结肠癌细胞生长受到抑制[39, 40]。在人脑血管内皮细胞中,TIGAR 可以与钙调素相互作用,促进 TIGAR 酪氨酸硝基化。酪氨酸 92 突变干扰了依赖于 TIGAR 的 NADPH 的产生,从而消除了 TIGAR 对血管内皮细胞紧密连接的保护作用[10]。在缺血再灌注损伤中,TRIM 蛋白家族成员 TRIM31 和 TRIM35,作为 E3 泛素连接酶,均可以直接与 TIGAR 相互作用,促进 TIGAR 的泛素化和降解,导致线粒体功能障碍和 ROS 的过度产生,加重了脑[41]和肾脏损伤[42]。

第十二章　TIGAR 的功能和辅酶 II 的合成　091

12.5　TIGAR 的生物学功能

12.5.1　TIGAR 的酶活性及调节 NADPH 生成的作用

哺乳动物细胞中的葡萄糖代谢有 3 种已知途径:有氧代谢、无氧酵解和 PPP。TIGAR 在结构和功能上与 PFKFB2 同工酶的果糖-2,6-双磷酸酶相似,因此 TIGAR 可以将果糖-2,6-双磷酸水解为果糖-6-磷酸。6-磷酸果糖激酶-1(6 - phosphofructokinase - 1, PFK-1)正向调控糖酵解,而果糖-2,6-双磷酸是 PFK-1 重要的变构激动剂,促进糖酵解。TIGAR 通过降低果糖-2,6-双磷酸水平抑制 PFK-1 活性,从而抑制糖酵解[2]。除了 TIGAR,细胞中果糖-2,6-双磷酸的水平也受 PFKFB1~PFKFB4 的调控。因此,TIGAR 影响细胞果糖-2,6-双磷酸水平的程度取决于其自身的活性,以及在不同细胞类型或组织中占主导地位的特定 PFKFB 亚型。例如,假设 PFKFB 亚型占主导地位,且 PFKFB 的激酶/双磷酸酶比值较低,TIGAR 对果糖-2,6-双磷酸水平几乎没有影响。PFKFB3 是一种具有最高的激酶/双磷酸酶比值的亚型(约 700∶1)。然而,PFKFB3 在神经元中表达极低,因此在应激下神经元不能上调糖酵解,倾向于通过 PPP 通量使用葡萄糖来维持其抗氧化状态[43]。基于神经元的这一特性,当神经元在缺血/再灌注损伤反应中上调 TIGAR 时,TIGAR 发挥其糖酵解抑制作用,并通过 PPP 通量增加内源性抗氧化能力,从而保护神经元免受缺血损伤[12]。在脑缺血再灌注时 ROS 升高,而 ROS 被认为是在脑缺血再灌注损伤中上调 TIGAR 的重要调节因子[23]。在巨噬细胞衍生的泡沫细胞和动脉粥样硬化斑块中 TIGAR 表达上调,减少 ROS 的产生,进而促进 27-羟化酶(CYP27A1)活性和 27-羟基胆固醇(27 - HC)的产生,增加肝脏 X 受体(LXR)活性,并上调 ATP 结合盒转运体 A1 和 G1(ABCA1 和 ABCG1)的表达,从而促进胆固醇外流,减少巨噬细胞中的脂质积聚,最终加速胆固醇逆向转运(RCT)并缓解动脉粥样硬化的发展[44]。因此,TIGAR 具有较强的抗氧化作用,显著降低细胞内 ROS 的水平。此外,TIGAR 在肝脏和肌肉中的催化活性明显低于 PFKFB2 同工酶的果糖-2,6-双磷酸酶的催化活性。说明果糖-2,6-双磷酸可能不是 TIGAR 的主要生理底物[45]。另外,TIGAR 还可以催化 2,3-双磷酸甘油(2,3 - bisphosphoglycerate, 2,3 - BPG)生成 3-磷酸甘油,而 TIGAR 对果糖-2,6-双磷酸的催化效率比 2,3 - BPG 低约 400 倍[45]。因此,2,3 - BPG 可能比果糖-2,6-双磷酸更适合作为 TIGAR 的底物。

TIGAR 诱导果糖-6-磷酸产生葡糖-6-磷酸(glucose - 6 - phosphate, G6P),在 G6PD 催化下进入 PPP,进而抑制糖酵解,从而促进葡萄糖代谢到 PPP 通量。同时,TIGAR 也可以增加 PPP 限速酶 G6PD 的表达,促进 G6P 增加 NADPH 和核糖-5-磷酸(R5P)的产生,有利于维持细胞的还原氧化还原能力和还原合成能力[46]。在感染的情况下,淋巴细胞中 TIGAR 和 G6PD 的表达增加有助于提高这些细胞维持 ROS 稳态的能力,同时防止 ROS 诱导的细胞死亡[47]。NADPH 作为氢供体为细胞氧化还原提供能量。NADPH 通过 GR 或

TrxR 产生 GSH 或 Trx(SH)2,这两种酶都能有效地消除 ROS[48, 49]。NADPH 和 R5P 是 DNA 合成和修复的两个关键前体,CDK – 5/ATM 信号通路可能参与了 TIGAR 对 DNA 修复的调控[19]。TIGAR 可以加速还原蛋白(Trx1)的降低[50],从而促进其核易位和受辐射细胞中 Trx1 依赖的 DNA 损伤修复。TIGAR 也可以依赖其酶活性增加乙酰辅酶 A 水平,并特异性调节 H3K9 乙酰化,从而促进线粒体代谢和神经干细胞的分化[51]。因此,TIGAR 有促进核苷酸合成和 DNA 修复的作用。

TIGAR 对含氮物的反应与细胞糖代谢紊乱产生的 ROS 的反应略有不同。高血糖时神经元型一氧化氮合酶(NOS1)表达增加,NO 生成增加,而 TIGAR 和 G6PD 表达下调。过表达 TIGAR 有效提高了 G6PD 的表达,但降低了 NOS1 的表达和 NO 的合成,表明 TIGAR 可能抑制高血糖诱导的亚硝化应激[52]。值得注意的是,在人脑微血管内皮细胞中,严重低血糖诱导的亚硝化应激促进 TIGAR 酪氨酸 92 的硝基化,从而干扰 TIGAR 依赖的 NADPH 的产生。过表达 TIGAR 可以通过维持 PPP 产生 NADPH,进而保护内皮细胞使其紧密连接免受低血糖应激诱导的损伤[10]。因此,当糖代谢受到干扰时,TIGAR 可以通过其酶促活性缓解细胞的亚硝基化应激,但含氮物对 TIGAR 酪氨酸的硝基化损害了 TIGAR 的保护作用,加剧了葡萄糖代谢应激。此外,TIGAR 也通过 PPP 非依赖性方式中和 ROS。在脑缺血的晚期,TIGAR 显著上调,但 TIGAR 未能升高 NADPH 水平,而是通过促进 Nrf2 向细胞核的易位和 Nrf2 的活化来缓解氧化应激。Nrf2 沉默消除了长期缺血 TIGAR 的神经保护作用,因此 TIGAR 通过调节 Nrf2 抑制 ROS 保护长期缺血脑损伤[53]。因此,TIGAR 通过依赖于和独立于 PPP 两种途径而具有抗氧化功能,有助于维持细胞内环境和代谢的稳态。

12.5.2 TIGAR 的非酶活性功能

TIGAR 的磷酸酶活性增强了抗氧化和 DNA 修复功能,但 TIGAR 也具有非酶功能。如 TIGAR 定位于线粒体调节 ATP 和 ROS(HK2、ATP5A1)。在缺氧状态下 TIGAR 被转运到线粒体,并通过一种独立于其 FBPK 活性的机制与 HK2 相互作用。TIGAR 随后增强 HK2 活性,减少线粒体 ROS,维持细胞存活。这种效应可能会促进恶性进展过程中的细胞生存[9]。此外,TIGAR 转到线粒体中可以与 ATP5A1 相互作用,从而促进线粒体功能,增加 ATP,降低氧化应激。TIGAR 可能与琥珀酸脱氢酶发生相互作用,调节线粒体 ROS 和能量代谢。TIGAR 也可以通过 SIRT1/PGC1α 通路促进线粒体生成[11,54]。TIGAR 可以与视网膜母细胞瘤蛋白(RB)相互作用,导致癌细胞的细胞周期阻滞和 DNA 修复受阻。在低水平应激刺激下,TIGAR 抑制细胞 CDK 复合体成员(CDK – 2、CDK – 4、CDK – 6、cyclin D 和 cyclin E)的合成,导致 Rb 去磷酸化。TIGAR 可以稳定 Rb – E2F1 复合体,从而诱导 Tp53 介导的细胞周期阻滞,最终延缓细胞进入 S 期。因此,TIGAR 介导的细胞周期阻滞可与治疗药物联合使用,加速侵袭性肿瘤细胞的凋亡[55]。在治疗耐药肿瘤细胞中 TIGAR 的核积累,并与治疗患者的不良生存率密切相关,核 TIGAR 与 Nrf2 相互作用并促进 Nrf2 易位到核以激活 NSD2 的表达和抗氧化程序,从而赋予癌症治疗抗性[56]。

但是大多数研究者支持 TIGAR 促进肿瘤生存。在恶性胶质瘤进展中,TIGAR 通过与 Akt 相互作用磷酸化并激活 Akt,随后介导 PI3K/Akt/mTOR 信号通路,非依赖抑制糖酵解和 NADPH 的产生途径,促进肿瘤生长和转移,抑制自噬和凋亡[57]。有趣的是,TIGAR 阻止 NF-κB 活化的能力与 TIGAR 的磷酸酶活性无关;相反,TIGAR 与 NF-κB 必需调制器(NEMO)与线性泛素组装复合体(LUBAC)的 HOIP 亚基的结合竞争。TIGAR 随后直接抑制 LUBAC 复合体的 E3 结合连接酶活性,并阻止 NEMO 的线性泛素化,这是激活 IKKβ 和其他下游靶点所必需的[58]。因此,TIGAR 在调节炎症中发挥着重要的生理作用。

因此,除了通过酶活性维持细胞内稳态外,TIGAR 还可以通过非酶作用调节某些信号蛋白,从而影响细胞周期、细胞存活、炎症和线粒体功能。TIGAR 在维持机体稳态和细胞器功能、促进细胞存活方面的作用可能是酶和非酶功能的协同作用。

总结与展望

TIGAR 是 Tp53 的靶基因之一,其编码蛋白的表达与组织类型、发育阶段、病理生理状态有关。*TIGAR* 的表达可通过 Tp53 依赖或不依赖的方式调控。转录因子如 Sp1、CREB 和 HIF-1α 可与 TIGAR 启动子的相应位点相互作用,提高 *TIGAR* 的表达。TIGAR 分布于细胞质、线粒体、内质网和细胞核中。TIGAR 通过酶活性和非酶活性发挥作用。TIGAR 主要发挥酶活性,水解果糖-1,6-双磷酸,促进 PPP,生成 NADPH。TIGAR 与几种信号蛋白相互作用,促进线粒体功能或细胞存活。TIGAR 具有多种重要的生物学功能,通过不同的干预手段,可能成为心血管、神经系统疾病和癌症的潜在治疗靶点。

参考文献

苏州大学附属儿童医院(李梅)
苏州大学/苏州高博软件职业技术学院(秦正红)

第十三章

葡萄糖-6-磷酸脱氢酶的功能和辅酶 Ⅱ 的产生

葡糖-6-磷酸脱氢酶(glucose 6 - phosphate dehydrogenase, G6PD)是一种限速酶,将糖酵解产生的葡萄糖分解代谢导入 PPP。G6PD 的核心作用是通过 PPP 产生核糖和还原当量 NADPH。这两种产物对许多生物组分的合成至关重要,如核酸和脂肪酸。NADPH 是 GR 的辅助因子,在 NOX 和 NOS 生成 ROS 和 RNS 中起着辅助作用。NADPH 在维持抗氧化防御中极其重要。足够的 G6PD 是正常细胞生长和机体存活所必需的。临床上,G6PD 缺乏是世界上最普遍的 X 连锁酶病。G6PD 缺乏的个体往往患有红细胞紊乱,包括黄疸和药物或感染诱导的溶血性贫血。G6PD 缺乏也会引起广泛的病理生理效应,包括感染、炎症、糖尿病、高血压、生长停滞、衰老、细胞死亡和胚胎缺陷。G6PD 的异常激活与快速生长的癌细胞,肿瘤发生、发展和恶化有关。

13.1　G6PD 的转录调控

13.1.1　转录因子调控 G6PD 转录活性

G6PD 由 13 个外显子和 12 个内含子组成,编码 1 545 bp 的产物。启动子区的表征表明:① 鸟嘌呤和胞嘧啶含量高(70%);② 一个 Tata 盒,控制转录起始的准确性和频率,位于 G6PD 转录起始位点上游-202 bp 区域[1]。G6PD 启动子区含有多个转录因子结合位点。转录因子 NeuroD1[2]、HMGA1[3, 4]、YY1[5]、C - myc[6]、p65[7]、TAp73[8]、Nrf2[9-11] 和 pSTAT3[7, 12]可以通过与 G6PD 启动子区结合,直接和单独地调节 G6PD 转录。此外,来自 p65/pSTAT3 复合体的双重转录因子与 pSTAT3 结合位点而不是 G6PD 启动子区的 p65 结合位点结合,以刺激 G6PD 转录[7]。

13.1.2　转录共激活因子或辅抑制因子调控 G6PD 转录

共激活因子和抑制因子是含有 DNA 结合域而不直接与启动子结合的细胞蛋白质,它们与转录因子组装形成转录复合体,分别增强或抑制基因转录。在胰腺导管腺癌细胞中,转录共激活因子 yes 相关蛋白 1(the transcriptional coactivator yes-associated protein 1)与

TEA 结构域转录因子 1(TEA domain transcription factor 1)相互作用调节 G6PD 的表达[13]。此外,组蛋白乙酰转移酶(histone acetyltransferase,HAT)作为共激活因子参与转录调控。由 HAT 调节的组蛋白乙酰化使染色体结构疏松,促进 DNA 与转录因子的结合[14]。组蛋白脱乙酰酶抑制剂(histone deacetylase inhibitor,HDACi)丁酸钠通过招募转录因子 Sp1 来增加 G6PD 的转录[15]。另外,组蛋白脱乙酰酶(histone deacetylase,HDAC)是转录抑制或沉默的核阻遏子。例如,肝激酶 B1(LKB1)-AMPK 轴介导的 HDAC10 磷酸化促进其向细胞核转位以调节 G6PD 的表达[16]。

13.1.3　非编码 RNA(microRNA)调控 G6PD 转录

在 G6PD 的 3′UTR 区存在多个 microRNA 结合位点。miR-206 是骨骼肌特异的 microRNA,是骨骼肌发育的重要调节因子。miR-206 通过直接结合 G6PD 来促进横纹肌肉瘤细胞的分化[17]。此外,miR-206 还可通过靶向 G6PD 抑制骨骼肌细胞增殖[18]。在肾细胞癌中,大规模转录组和代谢分析显示 miR-146a-5p 和 miR-155-5p 参与 PPP 重编程[19]。此外,LINC00242 竞争性结合 miR-1-3p,将 G6PD 从 miR-1-3p 介导的抑制中释放出来,从而促进癌症的进展[20]。

13.1.4　组蛋白的翻译后修饰(PTM)调控 G6PD 转录

组蛋白的乙酰化和甲基化修饰都被认为是 G6PD 表达的调节因子。HDAC 的抑制导致转录因子 Sp1 向 G6PD 启动子区募集[15],提示乙酰化可能参与了 G6PD 的转录调控。最近,在 G6PD 启动子区域促进 HDAC10 驱动的转录中,H3K27AC 水平增加了[16]。组蛋白赖氨酸残基的甲基化修饰也是 G6PD 转录的调节因子。G6PD 启动子上的 H3K9 甲基化显著富集,导致 G6PD 表达受到抑制[21]。但具体的赖氨酸甲基转移酶或去甲基酶在 G6PD 转录中介导组蛋白甲基化尚不清楚。

13.2　G6PD 翻译后修饰调控其酶活性

13.2.1　G6PD 结构

G6PD 是一个 X 连锁基因,定位于 XQ28 区域,其序列在整个进化过程中高度保守。该蛋白由 514 个氨基酸组成,分子量约为 59 kDa。G6PD 以非活性单体和活性二聚体及四聚体形式存在,G6PD 以二聚体或四聚体的形式表达在哺乳动物细胞中,而不是以单体的形式[22]。各种因素,如 pH 和离子强度,影响二聚体和四聚体的形成。高 pH 和离子浓度促进四聚体向二聚体的转化。相反,温和的氧化处理会导致四聚体的积累和二聚体相应的减少。因此,二聚体和四聚体之间存在动态平衡[22]。该酶具有 $NADP^+$ 和 G6P 的结合位点,以及 $NADP^+$ 的变构修饰位点,该位点可以稳定二聚体,从而保持酶的活性构象。NADPH 可将 G6PD 二聚体而不是四聚体转化为单体[23]。G6PD 辅酶 $NADP^+$ 的耗尽会导致 G6PD 二聚体转化为单体；NADP$^+$ 与解离蛋白再配位恢复了 G6PD 二聚体的表达。这表明二聚体和单体可以相互转化[24,25]，受到 NANDP$^+$/NADPH 的调节。

13.2.2　G6PD 翻译后修饰 G6PD 结构

G6PD 分子具有两个 NADP$^+$ 结合位点，包括结构 NADP$^+$ 结合位点和辅酶 NADP$^+$ 结合位点[26]。结构 NADP$^+$ 位点比辅酶 NADP$^+$ 结合位点更接近 G6PD 的二聚体界面，因此结构 NADP$^+$ 结合位点在调节 G6PD 活性和结构完整性方面比辅酶 NADP$^+$ 结合位点更重要[27]。在 G6PD Ⅰ 类突变体中，位于二聚体界面和靠近 NADP$^+$ 结构位点的突变导致了 90% 的功能丧失[28]。提示 NADP$^+$ 结构位点参与了 G6PD 活性的调节。在 G6PD 的二聚体界面上共鉴定出 57 个氨基酸，其中 3 个与二聚体和单体转化有关，其余的位点有待进一步研究。此外，位于二聚体界面的 T406、K403 和 Y401 蛋白的突变促进了 G6PD 二聚体向单体的转化。具体来说，Fyn 和 PLK1 直接磷酸化激活 G6PD 的 K401 和 K406，分别促进二聚体形成和提高酶活性[29,30]。另外，KAT9 介导的 G6PD 乙酰化（K403）抑制 G6PD 二聚体的形成[31]。

13.2.3　磷酸化调控 G6PD 表达

磷酸化修饰主要发生在丝氨酸、酪氨酸和苏氨酸残基上，其中羟基可与磷酸基团脱水形成磷酸酯。Gu M 等用质谱测定 S40 处 NF-κB 诱导激酶磷酸化增强了 G6PD 的酶活性，并促进了 CD8$^+$ T 细胞[32]。大多数报道聚焦在 G6PD 酪氨酸位点的磷酸化[33,34]。G6PD 是非受体酪氨酸激酶家族成员 Src 的底物。Src 可使 G6PD 的几个酪氨酸位点磷酸化，包括 Y112、Y428 和 Y507。其中，Y112 被认为是 Src 最重要的磷酸化位点，该位点的磷酸化提高了 G6PD 的酶活性，促进了 PPP 流量，从而促进肿瘤的发生[33,34]。Src 家族的其他成员也可以直接结合磷酸化的 G6PD。Fyn 是 Src 家族的成员，磷酸化 Y401 使红细胞中 G6PD 的酶活性增加 3 倍以上[30]。此外，盐诱导激酶（Sik3）是一种丝氨酸/苏氨酸激酶，在 Y384 处结合并磷酸化 G6PD，增强其酶活性[35]。蛋白激酶 A（protein kinase A，PKA）抑制 Sik3 的表达[36]，提示 PKA 和 Sik3 在 G6PD 活性调节中可能起相反的作用。这与之前报道的 PKA 抑制 G6PD 酶活性一致[37]。除了酪氨酸和丝氨酸是 G6PD 的潜在磷酸化位点外，G6PD 还被类 polo 激酶 1 在 T406 和 T466 位点磷酸化，增加了其酶活性[29]。

13.2.4　糖基化调控 G6PD 表达

O-连接 β-N-乙酰氨基葡萄糖（O-GlcNAc）是一种可逆的翻译后修饰，发生在丝氨酸或苏氨酸残基。该过程通过分别为 O-GlcNAc 转移酶（OGT）和 O-GlcNAcase（OGA）添加或去除 O-GlcNAc 来调节[38]。G6PD 的丝氨酸 84 位点动态地被 O-GlcNAc 酰化，这极大地提高了 G6PD 的酶活性。同时，G6PD 糖基化增强 PPP 流量，为大分子生物合成提供原料，促进肿瘤细胞的增殖[39]。低氧或 ERK 诱导的 G6PD-O-GlcNAc 酰化水平以

OGT 依赖性方式升高[39, 40]。因此,除了直接靶向 G6PD 的酶活性外,靶向 OGT 也可能是抑制 G6PD 活性的有效策略。

13.2.5 乙酰化调控 G6PD 表达

细胞中某些蛋白质的乙酰化水平取决于 HDAC 和 HAT 之间的平衡,HDAC 和组蛋白乙酰化转移酶分别从赖氨酸残基中添加或去除乙酰基[14]。乙酰转移酶 KAT9/ELP3 介导 G6PD K403 乙酰化,抑制 G6PD 活性[31]。相反,脱乙酰酶 SIRT2 介导的 G6PD 脱乙酰化增强了 G6PD 的活性,抵消了过度的氧化应激[31, 41]。提示 SIRT2 能与 G6PD 结合,调节 G6PD K171 的脱乙酰化,促进肝癌的进展[42]。除了作为一种脱乙酰酶参与调节 G6PD 的酶活性外,SIRT2 还维持 G6PD 的稳定性[43]。临床常见的镇痛解热药物阿司匹林也参与乙酰化的调节。阿司匹林通过诱导 G6PD 乙酰化和相应降低 G6PD 活性以增加氧化应激而抑制肿瘤细胞增殖[44, 45]。

13.2.6 泛素化调控 G6PD 表达

在低氧条件下 G6PD 表达显著降低,并被蛋白酶体抑制剂 MG132 逆转,但具体机制尚不清楚[46]。最近发现泛素连接酶 Von Hippel - Lindau(VHL) E3 参与 G6PD 稳定性的调节。VHL 在 K366 和 K403 处直接结合并普遍存在于 G6PD,这反过来又降解 G6PD[47]。此外,SUMO 化和泛素化协同调节 G6PD 的稳定性。SIRT2 直接与 G6PD 结合,通过增强 SUMO 化和抑制泛素化来提高 G6PD 活性[43]。

13.2.7 其他 PTM 调控 G6PD 表达

在组蛋白赖氨酸残基上发现了几种新的翻译后修饰,包括丙酰化、丁酰化、2 -羟基异丁酰化、琥珀酰化、丙酰化、戊二酰化、巴豆酰化和 β -羟基丁酰化[48]。去酰基酶 SIRT5 对 G6PD 的去戊二酰化提高了 G6PD 活性[49]。此外,H4K82 -羟基异丁酰化的改变可影响细胞内糖代谢[50],但 G6PD 是否能发生 2 -羟基异丁酰化还需要进一步研究。

因此,磷酸化、糖基化、乙酰化和戊二酰化修饰调节 G6PD 活性。泛素化和 SUMO 化协同参与 G6PD 蛋白稳定性的调节。

13.3 G6PD 与 NADPH 生成和氧化还原信号

13.3.1 G6PD 与 NADPH 产生

G6PD 是 PPP 第一个限速酶,G6PD 的核心作用是通过 PPP 产生核糖和还原剂 NADPH,这两种产物对于合成许多生物组成部分(如核酸和脂肪酸)都是至关重要的。辅酶Ⅱ的细胞内分布与辅酶Ⅰ不同,胞质内以 NADPH 为主,主要来源于 PPP,更重要的是, NADPH 是一种还原剂,可从氧化的二硫形态(GSSG)中再生主要的细胞抗氧化剂,即还原型 GSH。因此，G6PD 调节 NADPH 的产生，在维持抗氧化（RNS 和 ROS）防御中发挥极其重要的作用。另外，G6PD 还有很多其他作用，有的是依赖 G6PD 本身的作用发挥的，有的是通过 PPP 调节 NADPH 生成的作用发挥的。

葡萄糖是脑神经元的主要"燃料"，持续的葡萄糖和氧气供应对神经元的存活和功能至关重要[51]。在代谢静息状态下，脑神经元实际上是体内主要的葡萄糖消耗细胞类型。由高亲和力葡萄糖转运蛋白 GLUT1 和 GLUT3 导入[52]，葡萄糖通过糖酵解转化为丙酮酸，碳随后进入 TCA 循环，在有氧呼吸中产生更多的还原量用于 ATP 的合成[53]。在神经元刺激过程中，葡萄糖的直接摄取和神经元糖酵解-TCA 循环，维持脑神经活动对 ATP 的高需求非常重要[54, 55]。然而，当葡萄糖被 HK 转化为 G6P 时，G6P 也可以被引导到 PPP 中[56]，而 G6PD 是 PPP 的关键限速酶。TIGAR 通过减少 2,6-磷酸果糖抑制 PFK-1 的活性，促使葡萄糖流量更多地转向 PPP。同时 TIGAR 又能促进 G6PD 的表达，使 G6P 在 PPP 代谢通畅，产生更多的 NADPH 和核糖。G6PD 在神经元存活中起着重要作用，其中原因之一是在损伤的神经元中，ROS 增加细胞色素 c 的促凋亡活性，导致细胞色素 c 的氧化和活化。在健康神经元中，细胞色素 c 被 PPP 产生的 GSH 还原和灭活[57]。

在产生 ATP 的糖酵解和产生 NADPH 的 PPP 之间的糖代谢分叉依赖于 PFKFB3。后者合成果糖-2,6-双磷酸，其变构激活 PFK-1，该酶催化糖酵解是不可逆的[58]。神经元具有高水平的 E3 泛素连接酶后期促进复合体（APC）及其共激活因子 CDH1（APC/CDH1），其中 PFKFB3 是底物。神经元中的 PFKFB3 通过其蛋白酶体降解而被控制，从而参与糖酵解以产生能量[59]。PFKFB3 活性可导致底物向 PPP 通道的减少，从而导致 NADPH 的减少。因此，神经元可利用葡萄糖代谢来发挥抗氧化功能，而牺牲了其在生物能量学中的作用[60]。在脑缺血损伤过程中，由于谷氨酸释放失控和谷氨酸受体的大量激活，神经元尤其容易发生兴奋性中毒死亡。N-甲基-D-天冬氨酸受体（N-methyl-D-aspartate receptor，NMDAR）的激活可稳定皮质神经元中的 PFKFB3 蛋白水平，这种 NMDAR 介导的 PFKFB3 蛋白水平的升高可提高糖酵解，减少 PPP 产生的 NADPH，从而导致 GSH 水平的相应下降，从而增强氧化应激和凋亡神经元死亡，这种影响可被 G6PD 过表达抵消[61, 62]。在氧糖剥夺再复氧糖（OGD/R）条件下，大鼠原代皮层神经元 APC/CDH1 水平降低，糖酵解增强，PFKFB3 表达升高，并伴随 G6PD 降低[63]，这些改变使神经元糖代谢从 PPP 转变为有氧糖酵解，从而导致 ROS 产生和凋亡增加。

13.3.2　G6PD 与其他氧化还原信号

（1）NO：细胞因子和 NO 供体可刺激 NO 产生[64, 65]。NO 影响细胞存活、免疫反应、胰岛素信号转导和应激障碍[66-73]。NO 的产生依赖于 G6PD 状态[74]。在遭受压力和焦虑的难民的唾液中发现 NO 和 G6PD 水平增加[69]。在 LPS 或 12-肉豆蔻酸 13-醋酸酯（PMA）刺激下，人粒细胞产生亚硝酸盐（来源于 NO）。在 LPS 或 PMA 存在下，缺乏 G6PD 的人粒细胞无法产生 NO[66]。细胞因子 IL-1β 促进胰岛细胞 iNOS 的表达和 NO 的产生，导致细胞死亡和胰岛素分泌中断。IL-1β 上调 G6PD 活性并降低 cAMP 水平。cAMP 依赖性蛋白激酶激活剂(8-溴cAMP)可增加G6PD活性,而PKA抑制剂可降低G6PD活性[68]。

NO供体硝普钠在正常的成纤维细胞中促进细胞生长,但是在G6PD缺乏的成纤维细胞中诱导细胞凋亡。抗氧化剂Trolox治疗或G6PD异位表达逆转NO诱导的G6PD缺陷成纤维细胞凋亡[70]。在牛主动脉内皮细胞(BAEC)中,过表达G6PD可减少H_2O_2、TNF-α或黄嘌呤氧化酶暴露后ROS的积累。在BAEC中G6PD的上调维持了GSH的还原形式[67]。内皮细胞中G6PD活性降低与ROS升高和NO生物利用度降低有关[71]。G6PD缺陷的内皮细胞显示eNOS、NO和GSH水平较低。用高浓度葡萄糖处理G6PD缺陷的内皮细胞,可上调细胞间黏附分子-1(intercelluar adhesion molecule-1, ICAM-1)和血管细胞黏附分子-1(vascular cell adhesion molecule-1, VCAM-1)及氧化标志物ROS、NOX4和iNOS。相反,L-半胱氨酸(一种GSH前体)减弱了这些氧化标志物,这表明G6PD和GSH在与NO可用性相关的内皮细胞保护中发挥作用[75]。LPS可增加培养的大鼠星形胶质细胞中G6PD的mRNA表达和独立于iNOS的PPP的葡萄糖利用,而抑制NF-κB可阻断G6PD和iNOS的表达[72]。G6PD抑制剂脱氢表雄酮(dehydroepiandrosterone, DHEA)抑制大鼠星形胶质细胞G6PD表达,可抑制PPP活性,降低NADPH和GSH/GSSG比值。iNOS抑制剂AMT可以逆转DHEA引起的GSH/GSSG比值的变化,表明G6PD保护星形胶质细胞免受NO介导的细胞损伤,这些表明G6PD具有促生存作用。

过氧亚硝酸盐是一种NO衍生神经毒素[76, 77]。它能迅速提高原代培养中神经元和星形胶质细胞中PPP的活性,导致NADPH升高[73]。NO引起神经元GSH氧化、NADPH消耗和凋亡,而星形胶质细胞则没有。过亚硝酸盐可抵消NO对神经元内的影响。内源性和外源性过亚硝酸盐均能诱导PC12细胞G6PD活性。G6PD的过度表达可抑制对NO介导的细胞凋亡产生,而G6PD的下调则会加剧细胞损伤。总之,G6PD和NO之间的相互作用对细胞保护至关重要。

(2)H_2S:是一种内源性气体递质,参与多种生物学功能,包括神经元调节[77]、平滑肌舒张[78]、血管舒张和血压调节[79]、炎症[80, 81]、细胞死亡信号转导[82]、代谢[83-85]等。异丙肾上腺素对肥厚心肌细胞β受体的过度刺激可迅速降低内源性H_2S水平。用H_2S激动剂(NAHS或去甲肾上腺素)增加H_2S的产生可抑制β受体刺激的心肌细胞肥大[86]。与正常大鼠相比,横主动脉狭窄大鼠的H_2S水平约为一半[86]。NAHS治疗可增强G6PD活性,而G6PD抑制剂6-氨基烟酰胺(6-AN)或DHEA降低了心肌细胞的肥厚反应。β受体上调大鼠G6PD的表达和酶活性[86]。β受体降低心脏Tp53,通过阻止G6PD二聚化负向调节G6PD[87]。G6PD抑制剂(6-AN或DHEA)逆转β受体对心肌肥厚大鼠的作用。直接增强G6PD活性或通过p53抑制G6PD活性,说明G6PD在H_2S调控的心功能调节中起关键作用。全转录组分析表明,H_2S调节一个整合的代谢网络,调节细胞氧化还原稳态,而G6PD是调节H_2S下游代谢过程效应的关键节点[86]。

(3)CO:也是人体产生的气体信号分子。CO的主要作用是调节心血管系统,抑制血小板聚集和黏附，以及神经元发育[88]。与 NO 和 H_2S 一样，CO 具有抗凋亡、抗炎和血管舒张功能。它还促进血管生长[89-91]。CO 代谢异常与心力衰竭、高血压、炎症和神经退行性变等疾病有关[92, 93]。由于 CO 是由血红素加氧酶-1（heme oxygenase-1，HO-1）和 HO-2 从血红蛋白中产生的，因此可作为血红素分解代谢的指标[94]。G6PD 缺陷伴高胆红素血症新生儿内源性 CO 升高。CO 可能具有促进神经元分化的作用，因为 CO 释放分子（CORM-A1）在神经母细胞瘤中可促进神经元分化[95]。神经母细胞瘤中的 PPP 通路被 CO 上调，包括来自 PPP 氧化分支的 6PGD 和来自 PPP 非氧化分支的转醛醇酶（transaldolase，TKT），G6PD 的浓度和活性也有所增加。敲除 G6PD 可逆转 CO 诱导的神经元分化效应[95]。这表明 G6PD 在 CO 诱导的神经元发育的调节中具有保护作用。

（4）PPP：此外，研究发现信号通路的改变可以影响 PPP 的代谢产物。而 G6PD 介导的 PPP 的代谢产物也可以调节信号分子。G6PD 的催化产物 G6PD 可直接与 SRC 结合，增强蛋白磷酸酶 2A 的募集，抑制 AMPK 的活化[96]。PPP 的主要代谢产物核糖-5-磷酸通过抑制 LKB1 的形成而灭活 AMPK[97]。

（5）其他：但近年来研究表明，G6PD 衍生的 NADPH 也作为一种促氧化剂，如产生 ROS 和 RNS，其可作为促进细胞生长等细胞过程的信号分子。NOX 产生超氧化物，NOS 产生 NO 是 NADPH 依赖性的。人类 G6PD 缺陷的粒细胞表现出 H_2O_2 和超氧化物产生障碍[66]。与细胞中的发现相似，G6PD 缺陷小鼠与 ApoE 缺失半合子小鼠杂交后，也观察到超氧化物释放降低、动脉粥样硬化病变减少[98]。在起搏诱导的心力衰竭犬模型中，G6PD 衍生的 NADPH 负责超氧化物的产生[99]。心室组织匀浆显示 NADPH、超氧化物和 G6PD 活性增加。用 NOX 抑制剂 GP91（DS-TAT）或 G6PD 抑制剂 6-AN 治疗，可显著减少衰竭心脏匀浆中超氧化物的生成。

还有研究表明，心肌 G6PD 的上调提供了充足的 NADPH，并为超氧化物产生酶提供了燃料，这表明 G6PD 在心脏病的发病机制中具有氧化还原作用[99]。在肝细胞中，G6PD 和 NOX4 共定位于细胞核中，G6PD 通过与 NOX4 协同调节核内超氧化物的产生[100]。在黑素瘤细胞中，G6PD 和 NOX4 之间的密切关系维持 ROS 稳态，促进下游氧化还原信号通路，包括 STAT3、c-SRC 和 SHP2[101]。

总结与展望

G6PD 是 PPP 的限速酶。G6PD 介导的代谢产物核糖-5-磷酸和 NADPH 作为生物合成底物。组蛋白、转录因子和其上游多重信号的翻译后修饰参与了 G6PD 的表达调控。G6PD 的糖基化和磷酸化修饰促进二聚体的形成和提高酶活性。相反，乙酰化修饰促进二聚体向单体的转化并抑制酶活性。G6PD 的主要功能是提供足够的还原力来支持细胞生长和维持氧化还原稳态。关于 G6PD 缺乏的研究主要集中在红细胞疾病上。G6PD 还可以通过氧化还原信号参与多种细胞过程。G6PD 衍生的 NADPH 与反应物有密切关系。特别是，NOX 和 NOS 是两种主要的 NADPH 依赖酶，它们产生参与细胞信号转导的反应物质。G6PD 缺乏细胞氧化还原稳态的改变导致抗氧化防御和细胞信号转导的受损。G6PD 缺乏与许多病理事件和疾病有关。G6PD 不仅在肿瘤发生中起作用,而且在非肿瘤疾病(如病毒感染、脑损伤及其他非神经疾病等)中也起作用。

苏州大学/苏州高博软件职业技术学院(秦正红)

苏州大学附属儿童医院(李梅)

　　NADPH 对于生物合成反应和抗氧化功能至关重要，了解 NADPH 细胞内的水平，尤其在各亚细胞器的动态变化非常必要，然而在生物细胞中检测 NADPH 代谢仍然具有挑战性。将 NADPH 的弱内在荧光作为生物组织代谢状态的指标已有超过 50 年的历史。尽管人们已经详尽了解利用辅酶的特定酶和途径，但对 NADH 和 NADPH 依赖性途径的调节和区室化的理解仍不全面，这部分是由于缺乏研究活细胞中上述过程的工具。虽然已经开发了很多检测 NADPH 的工具，然而，这些检测工具往往存在一些问题，如灵敏度低，易受环境干扰和预处理耗时的影响，因此难以准确且快速地定量 NADPH 或其衍生物。本章将介绍常用的 NAPDH 检测方法。

14.1　自发荧光

　　自发荧光成像能够测定代谢性辅酶的荧光，从而实现对细胞代谢的无侵入性动态成像。研究中的关键自发荧光分子是 NADH、NAPDH 和 FAD。特别是 NADH 和 NADPH，虽然是独特的生化分子，但它们在自发荧光特征上光谱相同，通常称为 NADH、NADPH 荧光[1]。对活细胞和组织的研究表明，无论是利用荧光寿命还是荧光强度，这些酶的自身荧光成像在识别肿瘤和代谢方面都起着至关重要的作用。

　　NADH、NADPH 经紫外激发弱荧光［激发波长/发射波长（E_x/E_m），350 nm/460 nm］，而其氧化型 NAD$^+$ 和 NADP$^+$ 则无此荧光[2]。NADH、NADPH 是细胞中许多酶促反应和大多数代谢需求的辅因子，因此还原/氧化代谢物的平衡或 NADH、NADPH 游离型与结合型的任何变化将改变细胞的自发荧光信号。

　　在 20 世纪 30~40 年代，Warburg 等人首先描述 NADH、NADPH 的吸收和发射性能。20 世纪 50 年代开始，Chance 等开创性地使用 NADH、NADPH 荧光来报告活样本中的氧化还原状态[3]。在接下来的几年中，在分离的线粒体[4]、离体细胞[5]和在体器官中验证了 NADH、NADPH 荧光光谱。20 世纪 70 年代，激光扫描共聚焦显微镜的应用增加了 NADH、NADPH 荧光测定的空间分辨率[6]，允许评价复杂组织中亚细胞器或不同细胞类型间氧化还原状态的差异[7]。在20世纪90年代，首次将时间分辨荧光用于测定NADH、NADPH，允许测定响应于氧化还原状态变化的自发荧光寿命[8]。

最初，NADH、NADPH的自发荧光特性被广泛地研究，以探究癌症[9, 10]、阿尔茨海默病[11]、心血管疾病[12]等多种病理条件的代谢机制。此后，这些方法在组织工程、神经科学和再生医学中表现出巨大的研究潜力。癌症表现出细胞代谢的改变，这会影响代谢性辅酶NADH、NADPH和FAD的自发荧光，因此NADH、NADPH和FAD自发荧光成像的改变可用来诊断癌症，并在细胞水平上解析抗癌疗法的效应，并表征细胞的异质性[10, 13]。类似地，通过NADH、NADPH和FAD成像对癌细胞的代谢监测有助于确认肿瘤细胞的瓦尔堡效应：即使在足够氧气存在下，肿瘤细胞倾向于糖酵解途径[14]。该领域开发了最前沿的临床诊断设备以持续观察健康和肿瘤组织中NADH、NADPH荧光寿命特征的差异[15-18]。Heaster等则利用NADH、NADPH和FAD自荧光成像，以评估在体正常皮肤和肿瘤微环境中巨噬细胞的功能[19]。类似地，采用紫外线刺激后突触后NADH、NADPH自发荧光信号发现：在肌萎缩侧索硬化（amyotrophic lateral sclerosis，ALS）小鼠模型中线粒体功能异常[20]。光学代谢成像（optical metabolic imaging，OMI）能够测定NADH、NADPH和FAD的自发荧光强度和寿命。OMI对于研究肿瘤异质性具有重大潜力，因为OMI具有非侵入性，不使用外源标记，可以监测体内肿瘤[9, 21, 22]的动态变化[10, 13]，分辨率达到细胞水平，并对细胞代谢敏感[7]。OMI对细胞的恶性程度和癌症进展敏感，并提供了肿瘤细胞药物反应的早期示踪手段[9, 21, 22]。

尽管NADH、NADPH自发荧光已被广泛应用，但其受到低灵敏度和紫外辐射引起细胞损伤的限制。另外，由于大多数内在NADH、NADPH荧光源自线粒体，难以检测胞质信号以区分于明亮的线粒体信号。更糟糕的是，由于类似的荧光发射光谱，也难以区分NADH和NADPH。NADH、NADPH通过与各种脱氢酶结合以传递电子，该分子的游离型或蛋白质结合型将影响其荧光量子产率（发射的光子数量/吸收的光子数量）。通常，结合型NADH、NADPH比游离型NADH、NADPH具有更高的量子产率，且发射强度更高[23, 24]。然而，这种无标记方法的应用具有局限性，包括信号模糊、穿透性有限和难以监测来自深部组织或器官的自发荧光信号[25]。

14.2 荧光寿命显微成像

荧光寿命显微成像（fluorescence lifetime imaging，FLIM）提供了一种功能性非侵入性成像技术，能够检测荧光信号寿命的差异。荧光寿命是一个与信号强度无关的量。因此，荧光寿命与荧光团浓度无关。然而，荧光寿命对分子微环境中的各种变化很敏感，如pH、温度和黏度。由于NADH和NADPH表现出相同的激发和发射光谱，因此可采用FLIM将两者分开[26]。这对NADH、NADPH很重要，NADPH可以作为游离分子存在于细胞中，也可以作为辅助因子与酶结合[27]，通过FLIM能够测量游离型NADH、NADPH与蛋白质结合型NADH、NADPH的比率。Blacker等报道，FLIM可用于定量区分NADPH和NADH，这可能是因为结合型 NADH 和结合型 NADPH 在细胞内表现出不同的荧光寿命[23, 26]。游离型 NADH、NADPH 的荧光寿命为 0.4~0.5 ns,结合型 NADH、NADPH 的荧光寿命为 2~2.5 ns[8, 28-30]。

由于 NADH、NADPH 和 FAD 是细胞能量代谢中重要的辅酶,且可以发出荧光,因此 FLIM 可以监测异常代谢。例如,平滑肌瘤、子宫腺肌病等良性肿瘤虽然发生在子宫内,但健康宫颈组织邻近部位的细胞代谢状态可能会受到影响,可通过 FLIM 监测。在感染了天然线虫 *Heligmosomoides polygyrus* 的移植小鼠十二指肠,采用 NADPH – FLIM 确定了急性感染期间寄生虫和宿主组织中一般代谢和特定酶活性之间的联系[31]。

基于自发荧光的荧光寿命显微成像(autofluorescence fluorescence lifetime microscopic imaging, AF – FLIM)技术在过去十年中呈上升趋势,显著扩展了其应用领域,包括解释细胞代谢的能力,监测活细胞和组织的细胞内氧化还原状态及内源性酶水平[32]。将多光子显微镜(multiphoton microscopy, MPM)结合 FLIM 对 NADH 和 NADPH 进行分析,以评估能量代谢和脂肪生成在代谢变化中的贡献,并区分健康肝脏和纤维化肝脏。MPM – FLIM 显示脂肪变性中 NADPH 增加,伴有或不伴有缺血再灌注损伤。MPM – FLIM 可以获取和检测早期肝损伤时荧光素向荧光素单糖苷的代谢变化,而在缺血再灌注损伤的脂肪变性中该代谢过程受损。

同样,双光子荧光寿命显微成像(two-photon fluorescence lifetime microscopic imaging, 2P – FLIM)结合双光子磷光荧光寿命成像(two-photon phosphorescence fluorescence lifetime imaging, 2P – PLIM)通过 GFP 蛋白评估了成骨细胞的细胞代谢及颅骨不同位置的骨组织氧[33]。从 20 世纪 90 年代的早期到现在,已经发表了许多荧光寿命成像研究,描述了在不同条件下活细胞 NADH、NADPH 荧光寿命特征的变化,包括细胞凋亡[34, 35]、皮肤坏死性恶化[36]、伤口愈合[37]和干细胞分化[38]、血糖感应[39]和帕金森病中 α –突触核蛋白的聚集[40]。由于癌细胞易发生糖酵解,而正常细胞易发生氧化磷酸化,FLIM 可以揭示这些代谢途径,已被证明可以区分肿瘤细胞和健康细胞[41]。然而,FLIM 作为一种先进的方法,需专业的仪器和数据处理技术[26],一定程度上限制了其广泛应用[42]。

14.3　酶循环法

虽然可以通过多种方式直接测定吡啶核苷酸的数量或浓度,但酶循环法具有独特的优势。由于 NAD$^+$、NADP$^+$ 在氧化还原指示染料反应和脱氢酶反应之间循环,每个分子可以产生许多还原染料分子(图 7.1),因此信号被极大地放大而实现高灵敏度。此外,酶测定具有高度的通用性和特异性。由于反应依赖于脱氢酶,因此可以通过选择仅对 NAD$^+$ 或 NADP$^+$ 特异的脱氢酶来获得特异性,而应避免哺乳动物葡萄糖脱氢酶等酶,因为它们能够同时采用 NAD$^+$ 和 NADP$^+$ 作为底物[43]。酶循环法(现在由几个不同的供应商销售,如 NADP/NADPH – Glo 测定)是一种测定 NADPH、NADP$^+$、NADPH/NADP$^+$ 水平的常用方法[44-47],如多种癌症包括淋巴瘤[48]、髓母细胞瘤[49]、卵巢癌和乳腺癌[50]、前列腺癌[51]、胰腺癌[52]、*KRAS* 突变非小细胞肺癌[53]、心肌肥厚[54]、男性散发性帕金森病患者的皮肤成纤维细胞[55]等。通过测量 NADPH 水平,该法表征了 NADPH 在维持快速分裂癌细胞生物合成的 PPP 通量中的作用[46]、NADPH 依赖性能量代谢、葡萄糖代谢和氧化应激[56]、谷氨酰胺代谢[52]、表征 NNT 活性和线粒体氧化还原平衡[57]等。据报道,与正常细胞群相比,癌细胞中的 NAD^+/NADH 和 $NADP^+$/NADPH 氧化还原比分别高出 5 倍和 10 倍[58]。通过测量由 $NADP^+$ 产生的 NADPH 荧光,开发了一种非放射性同位素的酶学测定法以检测细胞/组织中积累的 2 -脱氧葡萄糖- 6 -磷酸(2 - deoxyglucose - 6 - phosphate,2DG6P)。然而,因为 NADPH 的荧光相当弱,该法需要培养许多细胞并制备细胞提取物[59],且该法如无其他实验操作不能区分 NAD^+、$NADP^+$ 及其还原对应物。此外,该法需要细胞裂解,因此难以获得有关单活细胞和体内 NADH、NADPH 功能的时空信息[60]。

14.4　同位素示踪

在哺乳动物中,有 6 种产生 NADPH 的途径。PPP 生成胞质 NADPH;转氢酶和葡萄糖脱氢酶生成线粒体 NADPH;ME、IDH 和叶酸代谢可以在任一区室中产生 NADPH,取决于所涉及的同工酶。了解这些途径活力的经典方法是应用 ^{13}C 或 ^{14}C 示踪剂[61, 62]。例如,PPP 释放葡萄糖 C1 为 CO_2,因此可以通过供给[1 -^{14}C]-葡萄糖并跟踪 $^{14}CO_2$ 释放来监测其流量[63]。虽然 ^{13}C 追踪和相关代谢流分析(MFA)研究极大地提高了对高等生物代谢的理解[61, 64, 65],如吡啶核苷酸的从头合成[66],但这种方法有局限性,因为转氢酶不涉及任何碳转化,而 ME、IDH 和叶酸酶的不同同工酶可以进行相同的碳转化,生成 NADH 或 NADPH。为了解决这些局限性,最近的几项研究利用 ^{2}H 示踪剂来量化 NADH、NADPH 的再生和周转[63, 67, 68]。由于在氧化还原反应中电子传递伴随着氢化物(H)的离子转移,因此,^{2}H(氘)示踪剂可用于跟踪与 NADH、NADPH 依赖性反应相关的电子流[69]。2014 年,Fan 等和 Lewis 等引入了氘(^{2}H)示踪法,以更直接地追踪 NADPH 的氧化还原活性氢化物的来源[63, 67]。NADPH 代谢可以用[1 -^{2}H]葡萄糖或[3 -^{2}H]葡萄糖来示踪。通过 G6PD 和 6 -磷酸葡萄糖酸脱氢酶(6 - phosphogluconate dehydrogenase,6PGD)将氘同位素从葡萄糖转移到 NADPH,并通过液相色谱/质谱(LC/MS)测定得到标记的 $NADP^+$ 和 NADPH[63]。例如,在培养的几种转化细胞系中,^{2}H([1 -^{2}H]葡萄糖或[3 -^{2}H]葡萄糖,优选[3 -^{2}H]葡萄糖)标记显示 30%~50% 的胞质 NADPH 由 PPP 产生[63, 67],而其他途径仅产生少量胞质 NADPH,表明存在一种或多种重要的未知 NADPH 产生途径。此外,将[2, 3, 3, 4, 4 -^{2}H]谷氨酰胺、[2, 3, 3 -^{2}H]丝氨酸和[2, 3, 3 -^{2}H]天冬氨酸被用于直接观察细胞 NADPH 的其他产生途径[63, 70]。谷氨酰胺的下游产物可能通过葡萄糖脱氢酶或 ME 将 ^{2}H 转移到 NADPH,而天冬氨酸的下游产物可能通过 IDH 进行。同样,MTHFD1/2 氧化 ^{2}H 标记的 1C -叶酸可以标记线粒体和胞质中的 NADH、NADPH 代谢[70, 71]。ME 和 IDH 由苹果酸和异柠檬酸生成 NADPH,可通过[2,2,3,3 -^{2}H]二甲基琥珀酸和[4 -^{2}H]葡萄糖间接追踪[72]。最近,已经开发了一种化学成像策略——将氢化物追踪到脂滴(tracking hydrides to lipid droplets, THILD)以监测细胞 NADPH 的产生途径,该方法利用氘(^{2}H)标记的葡萄糖示踪剂,通过特定途径将氘化物转移到 NADPH。氘标记的 NADPH(NADP^{2}H)进一步将氘化物转移到脂质中,导致 C—^{2}H 键在脂滴中积累,这可以通过生物正交受激拉曼散射(stimulated Raman scattering, SRS)显微镜观察。此外,在分化脂肪细胞中通过[4-^{2}H]葡萄糖来成像经 ME1“开启”的 NADPH 生成。最后,通过比较[3-^{2}H]葡萄糖和[4-^{2}H]葡萄糖,脂肪细胞的 THILD 成像显示缺氧抑制 ME1 介导的 NADPH 生成,PPP 产生的 NADPH 成为主要来源。

然而,定量分析显示 NADPH 大量“缺失”^{2}H 标记,即使考虑了氘动力学同位素效应也是如此。例如,在几种培养的转化细胞系中,^{2}H 标记显示 30%~50% 的胞质 NADPH 由 PPP 产生,只有少量由其他途径产生,这表明存在一种或多种未知 NADPH 产生途径。Zhang 等认为 NADPH 标记缺失的一种可能性是氢—氘交换(H-D 交换),H—D 交换是共价键氢原子被氘原子取代或相反取代的化学反应,即 NADPH 低标记并不是由于提供氢化物的途径缺失,而是由于氧化还原活性氢的 H-D 交换。采用乙腈:水作为色谱溶剂,通过 LC/MS 测量了标记的程度。易于交换的氢,如在 NADPH 的氨基和羟基上的氢,应该在 D$_2$O 中转变为氘,但在注入 LC 后恢复为氢。此外,未观察到 NADPH 的标记,这可能反映了在氧化还原活性氢中缺乏 H—D 交换或在 LC/MS 分析过程中能够通过快速交换以恢复。他们推测某种酶可能通过 NADPH 和另一种辅助因子之间的可逆氢化物转移催化这种交换,该辅助因子将氢化物保持在 N—H 或 O—H 键中。最终的研究结论是:NADPH 氧化还原活性氢在黄素酶的催化下进行水交换,黄素即为将氢化物保持在 N—H 键中的氧化还原辅助因子。为了确定 PPP 和其他 NADP$^+$ 还原途径对 NADPH 生成的定量贡献,需要了解 NADPH 进行交换的比例[73]。值得注意的是,由于黄素酶催化的 H—D 交换反应,NADPH 上的标记经常被低估。

14.5　色谱法

通过高效液相色谱法(high performance liquid chromatography, HPLC)确定了氧化还原缓冲液对神经元存活的重要性。脑 *NNT* 或 *NAMPT* 基因表达与 NADPH 水平之间的年龄相关性表明,这些基因下调导致了与年龄相关的 NADH、NADPH 下降,且 NADH、NADPH 氧化还原控件位于 GSH 的上游,并且氧化还原状态的氧化型转变促进神经退行性变[74]。同样,HPLC 分析结果表明生理水平 NADPH 的消耗能够抑制 NOX2 的活性,从而显著调节过氧亚硝酸盐和其他氧化剂的生成。此外,一种快速灵敏的荧光衍生 HPLC 用于测量生物样品中的氧化吡啶二核苷酸(NAD$^+$、NADP$^+$),该研究讨论了在不同 *L*-精氨酸浓度下 nNOS 对 NADPH 的消耗,并提供了 nNOS 脱偶联氧化 NADPH 的信息,表明在非饱和底物水平下 ROS/RNS 的产生[75]。在另一项研究中,内皮微囊泡(endothelial microvesicle, eMV),尤其是来自衰老细胞的微囊泡,可以合成 NADH、NADPH,为抗氧化机制提供底物,并作为不同血浆代谢物的前体,采用 HPLC 系统三重四极杆质谱仪检测 NADH、NADPH[76]。不同色谱模式的 HPLC 用来定量测定细胞内辅酶,包括 NAD+、NADH、NADP+、NADPH,如在新鲜人红细胞中采用离子对反相 HPLC[77]、在细菌细胞中采用两性离子 HILIC 柱[78]、在酿酒酵母[79]中采用离子对反相超高效液相色谱串联质谱(IP－RP－UHPLC－MS/MS)。此外,还开发了另一种检测 NADPH 的方法,该方法将离子色谱(ion chromatography,IC)分离和 IC 抑制器的连续在线脱盐与高分辨率精确质量(high-resolution accurate mass,HR/AM)光谱法相结合。离子交换色谱法是分离 NADH 和 NADPH 等离子化合物的理想方法。HR/AM 光谱法通过提供高分辨率来识别质量/电荷在 0.000 1% 内的特定分子[80]。

在过去十年中,液相色谱法串联质谱法(liquid chromatography-tandem mass spectrometry,LC－MS/MS)已成为核苷酸代谢物分析的首选。LC－MS/MS 相较于紫外检测的 HPLC、毛细管电泳、核磁共振(nuclear magnetic resonance,NMR)和酶促法等,具有高灵敏度和特异性[81]。吡啶核苷酸 NAD+、NADH、NADP+ 和 NADPH 在许多不同的生物过程中发挥着至关重要的作用。在多种生物标本[68, 82]、哺乳动物细胞[83]和组织[83, 84]中,包括 JJN－3 细胞系和大肠杆菌的全细胞裂解液[81]、与 HIV－1 病毒复制相关的 CD4+ T 细胞和巨噬细胞[85]等,这些代谢物可以被 LC－MS/MS 准确检测[67, 81, 82, 84, 85]。采用同位素标记的内标和优化的样品处理方案提高了该测定方法的质量和精度[82]。同样,从知情同意的健康人类受试者(20~87 岁)收集的血浆样本中,采用 LC－MS/MS 定量 NAD+ 代谢组的变化,结果发现,尽管 NADP+ 水平随着年龄的增长而下降,NADPH 水平则随着年龄的增长而升高[86]。但是秦正红实验室的初步观察发现,血清蛋白对 NADPH 的 HPLC 检测有干扰,可能是血清蛋白结合 NADPH 造成的。

14.6　基因探针

基因编码氧化还原传感器的特性见表 14.1。

表 14.1　基因编码氧化还原传感器的特性

	iNap 传感器 iNap1 iNap2 iNap3 iNap4	NLuc 传感器	NAD(P)－Snifit 传感器	Apollo NADP+ 传感器
参考文献	[85－87]	[97, 98]	[92]	[93, 94, 99, 100]
传感器来源	T－Rex	大肠杆菌二氢叶酸还原酶(eDHFR)	Snifit	G6PD

	iNap 传感器 iNap1 iNap2 iNap3 iNap4	NLuc 传感器	NAD(P)-Snifit 传感器	Apollo NADP⁺ 传感器
荧光蛋白	cpYFP	cpNLuc	ªFP	FP
激发波长/发射波长(nm)	420/485	460/560	540/577;540/667	波长光谱可变
氧化还原类型	NADPH	NADPH	NAD⁺;NADP⁺/(H)	NADP⁺
底物 K_d	约 2 PDP 约 6.4 P7 约 25 P7 约 120 P7	—	—	K_{NADP^+} 0.1 P7;5
动态变化(%)	900 1 000 900 500	150	—	1 500
检测方式	荧光强度	荧光强度	荧光强度	荧光各向异性
传感器类型	比率测定	比率测定	比率测定	比率测定
pH 敏感性	不敏感	敏感	敏感	不敏感
细胞亮度	强	强	强	未知
应用	胞质/线粒体	胞质/线粒体	胞质/细胞核/线粒体	胞质
优点	强荧光、快速响应、pH 不敏感、大动态范围、靶向亚细胞器、活细胞和体内的比率成像和动态测量	灵敏度高、稳定性高、体积小	具有大动态范围,可以在长波长下被激发,对 pH 不敏感,具有可调的响应范围并且可以定位在不同细胞器	在 pH 7.25~8 范围内具有特异性、可逆性,对 pH 不敏感,对 NADP⁺ 反应迅速
缺点	—	对于体内研究发射不理想	—	动态范围小,稳态荧光各向异性成像依赖于复杂仪器,在大多数实验室中不易获得

Venus 标记的 Apollo-NADP⁺ 传感器在胞质 pH 7.25~8,具有 pH 抗性,但在 pH 低于 7.25 时显示出逐渐减小的动态范围。

Snifits 包含一个分析物结合蛋白和两个自标记蛋白标签。

aFusion 蛋白(ªFP)由 sepiaterin 还原酶(SPR)、SNAP 和 Halo-tags 组成。

14.6.1　iNap 传感器

iNap 传感器是通过基因工程 SoNar 设计的,SoNar 是一种来自水生栖热菌(*Thermus aquaticus*, T-Rex)的 cpYFP,具有 NADH 结合位点[87],可将配体选择性从 NADH 转移到

NADPH[88]。iNap传感器继承了SoNar的大部分有利特性,包括强荧光、快速响应、pH不敏感、大动态(测量)范围、靶向亚细胞器、活细胞和体内的比率成像和动态测量[89]。这些特性使它们成为目前可用的最有效的基因编码传感器之一。设计突变来转移电荷,使2'-羟基周围的环具有弹性,并增加腺嘌呤结合袋的极性。选择了4个解离常数约为2.0 μmol/L、6.0 μmol/L、25 μmol/L和120 μmol/L的突变体,并分别标记为iNap1~iNap4。对于哺乳动物细胞,建议采用iNap1检测低丰度的胞质NADPH,而采用iNap3测量高浓度的线粒体NADPH。iNap1在420 nm和485 nm附近有两个激发峰,在515 nm附近有一个发射峰。与NADPH结合后,iNap1在420 nm和485 nm处激发的荧光分别增加3.5倍和减少了60%,导致900%的荧光比率变化,基本上不受20~42℃之间温度波动的影响[88]。iNap1对NADPH具有高度选择性,420 nm的荧光对pH不敏感。在对照传感器iNapc的基础上,受pH影响的485 nm激发可以归一化[88]。在连续添加氧化还原循环反应剂后,iNap1表现出高灵敏度和大动态范围。尽管在基于cpYFP的pH敏感传感器的其他研究中,pH的影响并不明显,非结合的对照传感器iNapc可用于识别细胞NADPH水平的波动,并在发生pH波动时纠正iNap的荧光[90, 91]。对于pH波动期间的定量成像,iNap荧光可以仅在耐pH的420 nm激发波长下来测定,但会降低动态范围和非比率模式[88]。将iNap1和红色荧光蛋白mCherry融合并测定绿色/红色荧光比,可以测定荧光比率测定和耐pH测定。在485 nm处激发的iNap1荧光依赖于pH,但其K_d不受pH变化的影响[88]。此外,当iNap与NADP$^+$传感器联合使用时,由于光谱可调,因此可多色成像,能同时研究NADPH和NADP$^+$的动力学[88]。NADPH传感器iNap 1~iNap 4具有不同的亲和力,K_d分别为2.0 μmol/L、6.0 μmol/L、25 μmol/L和120 μmol/L,进一步扩展了它们在不同细胞和亚细胞器中的应用。值得注意的是,iNap传感器对不同NADPH浓度的响应基本上不受游离NADP$^+$生理浓度的影响,这表明NADPH与iNap的结合不受NADP$^+$竞争。因此,iNap只能用作NADPH的可靠探针。iNap传感器能够量化受胞质NADK水平控制的胞质和线粒体NADPH池,并根据葡萄糖的可用性揭示氧化应激下的细胞NADPH动力学[88]。

14.6.2　NLuc传感器

这种NADPH传感器是采用大肠杆菌二氢叶酸还原酶(E. coli dihydrofolate reductase, eDHFR)作为受体蛋白开发的,因为eDHFR对其配体甲氧苄啶(trimethoprim, TMP)具有高亲和力[25]。受体蛋白eDHFR通过SNAP-tag与荧光配体连接[26]。NLuc(cpNLuc)的圆形重排变体被插入eDHFR的相同位点环中。当eDHFR与cpNLuc结合时,生物发光共振能量转移(bioluminescence resonance energy transfer, BRET)会增加。该传感器对NADPH的选择性比其他氧化还原状态高出8 000倍。点突变后,NADPH测量范围为5~6 μmol/L[21]。

14.6.3　NAD(P)-Snifit传感器

NAD(P)-Snifit传感器采用人类墨蝶呤还原酶(sepiapterin reductase, SPR)作为

NADP$^+$结合蛋白来设计。NAD(P)-Snifit 传感器是一种以 CP-TMR-SMX 分子标记的 SNAP-tag，其中含有磺胺甲噁唑作为配体和四甲基罗丹明(tetramethylrhodamine，TMR)衍生物作为荧光团与 Halo-tag 融合，该 Halo-tag 含有作为 FRET 受体的硅罗丹明(silosaurine rhodamine，SiR)。TMR 和 SiR 的发射峰分别为 577 nm 和 667 nm，两种荧光团的荧光在 645 nm 处变为等吸收。NAD(P)-Snifit 是一种用于研究 NAD$^+$、NADP$^+$在健康和疾病细胞代谢和信号转导中作用的新颖而强大的工具[92]。

14.6.4　Apollo-NADP$^+$传感器

Apollo-NADP$^+$传感器的原理是基于 NADP$^+$诱导的 G6PD 同型二聚化。在 G6PD 活性状态下，存在 NADP$^+$时，G6PD 形成同型二聚体，而在不存在 NADP$^+$时，G6PD 为非活性单体。该传感器基于 G6PD，以完全不同的原理发生作用。事实上，在使用该传感器时，重要的是测量稳态荧光各向异性而不是荧光强度。稳态荧光各向异性检测平行和垂直的发射强度与偏振光激发的比率。荧光蛋白的发射是各向异性的[93,94]。Apollo-NADP$^+$指示剂的功能是基于同源荧光蛋白之间的 FRET 现象称为 homoFRET[94]。homoFRET 降低稳态荧光各向异性。因此，同一荧光蛋白的单体和串联二聚体形式的稳态荧光各向异性不同，而它们的荧光强度无法区分。因此，人类 G6PD 被该传感器的一个变体标记为荧光蛋白 Venus，而被另一个变体标记为 Cerulean。Venus 标记的指示剂显示对 NADP$^+$的特异性、可逆性和快速反应。它对 NADP$^+$的敏感性与野生型 G6PD 相似(K_d 为 0.1~20 μmol/L)。

Cameron 等采用 Apollo-NADP$^+$研究 β 细胞对氧化应激的反应，通过同时使用 H$_2$O$_2$传感器 HyPer 和 Apollo-NADP$^+$进行成像，证明 NADPH 在 H$_2$O$_2$ 积累之前显著耗尽[94]。值得注意的是，传感器在 7.25~8.00 的 pH 范围内对 pH 不敏感。Apollo-NADP$^+$传感器的缺点是动态范围小(15%~20%)；Apollo-NADP$^+$传感器与内源性 G6PD 的异源寡聚化可进一步降低其动态范围。UnaG 是最近鉴定的一种鳗鱼荧光蛋白，可能增强 homoFRET 效应，通过采用更小的荧光蛋白 UnaG (16.5 kDa)来代替绿色荧光蛋白(GFP，27 kDa)，Apollo-NADP$^+$传感器的动态响应可能得到改善[95]。在实践中，活细胞中 Apollo-NADP$^+$传感器在氧化应激时的荧光响应可能为 5%或更低，这使得这些传感器在技术上难以测定生理条件下的细微变化。此外，采用 Apollo-NADP$^+$进行细胞成像需要特殊设备，大多数实验室不易获得。

14.6.5　NADPsor

另一种基因编码的 NADP$^+$传感器(NADPsor)的构建方法是在青色荧光蛋白(cyan fluorescent protein，CFP)和黄色荧光蛋白(yellow fluorescent protein，YFP)间插入 NADP$^+$结合的酮泛解酸还原酶[96]。这种基于 FRET 的传感器响应于 NADP$^+$，但对其他衍生物没有反应，但是其动态范围只有约 30%。为了提高亲和力，通过计算蛋白质设计在 KPR 的结合口袋中对 NADPsor 进行了优化，然而该传感器对 NADP$^+$的响应仍然不敏感，其 K_d 为

2 mmol/L,在生理条件下几乎不能用于测量 NADP$^+$[89, 96]。

　　如上所述,用于分析氧化还原状态的传统生化方法包括测定内在自发荧光、色谱法、质谱法、酶循环法和同位素标记技术等,但是这些方法是侵入性的,不能捕获与完整单细胞中的代谢激活或功能障碍相关的瞬时亚细胞氧化还原变化。总之,更多 NADP$^+$/NADPH 基因编码生物传感器的开发将极大地推动细胞代谢和氧化还原生物学的研究。

苏州大学(Nirmala Koju、盛瑞)

第十五章

辅酶Ⅰ与辅酶Ⅱ的相互转化、跨细胞器转运及其意义

在细胞内,NAD$^+$/NADH 较高(比值可达 700),而 NADP$^+$/NADPH 较低(正常比值 0.005)。在胞质中辅酶Ⅰ的存在以 NAD$^+$ 为主,在线粒体辅酶Ⅱ的存在以 NADPH 为主,这与它们发挥的作用是相对应的。较多的 NAD$^+$ 作为氧化剂用于分解代谢,较多的 NADPH 作为还原剂用于合成代谢;磷酸基团的存在使得 NADPH 与 NADH 在空间构象上有所不同,从而可以与不同的酶结合,因此细胞可以独立地调节电子供应用于这两种代谢。NAD$^+$ 和 NADH 氧化还原对是多种依赖于电子交换的生化反应的关键因素,特别是氧化还原酶介导的氢化物转移的氧化还原反应。在这些反应中,NAD$^+$ 是电子受体,而 NADH 是电子供体。许多以 NAD$^+$、NADH 作为辅酶的反应都与分解代谢和获取代谢能量有关,包括酒精代谢、糖酵解、丙酮酸氧化脱羧生成乙酰辅酶 A、脂肪酸 β 氧化、TCA 循环等,大多数这些氧化还原反应发生于线粒体。辅酶Ⅰ和辅酶Ⅱ是如何进入线粒体参与这些反应?辅酶Ⅰ和辅酶Ⅱ又是如何转化以维持氧化还原稳态?本章介绍了辅酶Ⅰ与辅酶Ⅱ的相互转化及参与其转化过程的关键酶,并阐述了辅酶Ⅰ、辅酶Ⅱ的跨细胞器转运途径。

15.1 辅酶Ⅰ与辅酶Ⅱ的互相转化

NAD$^+$ 通过 NADK 将磷酸基团从 ATP 转移到 NAD$^+$ 的腺苷核糖部分的 2′-羟基[1],从而磷酸化 NAD$^+$ 为 NADP$^+$,并在 G6PD、6GDH、胞质和线粒体 NADP$^+$ 依赖性 IDH[2]、醛脱氢酶(aldehyde dehydrogenase,ALDH)、胞质和线粒休 NADP$^+$ 依赖休苹果酸酶(malic enzyme,ME)、NNT、GDH[3]、MTHFD 的作用下转化为 NADPH,用于抵抗氧化应激和参与需要还原力的合成代谢,如脂肪酸、甾体类激素合成等[4]。此外,NAD$^+$ 还能通过 TCA 循环、糖酵解及 β-氧化形成 NADH,并通过线粒体 NADK(MNADK)转化成 NADPH。NNT 催化氢离子在 NADH 和 NADP$^+$/NAD$^+$ 之间转移。NADH 在 ETC 和 NNT 的作用下生成 NAD$^+$(图 15.1)。

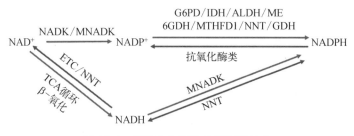

图 15.1　辅酶Ⅰ与辅酶Ⅱ的互相转化

NAD$^+$：NAD$^+$激酶；MNADK：线粒体 NAD$^+$激酶；G6PD：葡萄糖-6-磷酸脱氢酶；6GDH：6-磷酸葡萄糖酸脱氢酶；ALDH：醛脱氢酶；ME：苹果酸酶；NNT：烟酰胺核苷酸转氢酶；GDH：谷氨酸脱氢酶；ETC：电子传递链；TCA 循环：三羧酸循环

15.1.1　烟酰胺腺嘌呤二核苷酸激酶

烟酰胺腺嘌呤二核苷酸激酶（NADK）是 2~8 个亚基的同源低聚物，在原核生物如大肠杆菌、结核分枝杆菌、枯草芽孢杆菌、肠道沙门菌和酒酿酵母中广泛存在[5]。在目前的研究中，NADP$^+$ 通常被认为不可透过生物膜，因此在真核生物中，需要特异性 NADK 向不同细胞器提供吡啶核苷酸以合成 NADP$^+$。在酵母[6, 7]和植物[8-12]中，科学家确定了 3 种 NADK。2001 年，人类样本中首次鉴定出了定位于胞质的 NADK[1]。在随后的研究中，不少学者从酵母、小鼠和人类研究等各方面揭示了人类线粒体 NADK 的存在[13, 14]。

（1）酒酿酵母中的 NADK：酒酿酵母有 3 种 NADK，*Utr*1 和 *Yef*1 分别编码的 NADK1 和 NADK2 定位于胞质[15, 16]，*Pos*5 编码的 NADK3 定位于线粒体基质[17]。NADK1 和 NADK2 具有底物特异性，尤其偏好于以 NAD$^+$ 为底物[14]，而 NADK3 更倾向于将 NADH 作为底物[12]。NADK 活性对于酵母细胞的存活至关重要：缺失 *Utr*1 或 *Yef*1，不会对氧化应激产生超敏反应[17]；相比之下，*Pos*5 突变体对氧化应激高度敏感[17-19]，Pos5p 可以使用 ATP 作为磷酸盐供体磷酸化 NADH。与线粒体 NADPH 的抗氧化作用一致，在铁稳态和精氨酸生物合成这两个需要线粒体 NADPH 的过程中，*Pos*5 突变体难以发挥作用[17]。在另一项研究中，*Pos*5 突变体表现出增加线粒体 DNA 的移码突变和增加线粒体蛋白的氧化损伤，这表明 *Pos5p* 在维持线粒体 DNA 稳定性和抗氧化损伤方面的关键作用[19]。

（2）植物中的 NADK：有文献报道在胞质、线粒体和叶绿体[9, 20]中检测到 NADK 活性。拟南芥有 3 种 NADK[10, 12, 21]：atNADK1、atNADK2 和 atNADK3，分别定位于胞质、叶绿体和过氧化物酶体[11, 14]。暴露于电离辐射或用 H$_2$O$_2$ 处理后，atNADK1 的表达增加，该蛋白质对 NAD$^+$ 和 NADH 具有双重酶活性。atNADK1 缺陷的植物表现出对 γ 射线辐照和百草枯诱导的氧化应激高敏[10]。atNADK2 的缺失会抑制拟南芥生长，叶绿素合成受到抑制。同时，atNADK2 缺失的植物也表现出对氧化应激的超敏反应，这表明叶绿体 NADK 在叶绿素合成和防止氧化损伤中起着至关重要的作用[11]。atNADK3 是

NADH 激酶[12]，胞质 NADPH 主要由拟南芥中 atNADK3 提供，atNADK3 缺失在种子萌发和幼苗生长中表现出对氧化应激的超敏反应，对脱落酸、盐和甘露醇的敏感性增加[22]。

（3）人类的 NADK：人类拥有两种 NADK，一种是定位于胞质的 NNADK，另一种为定位于线粒体的 MNADK。人类 NNADK 四聚体磷酸化 NAD$^+$ 而不是 NADH，并且更倾向于以 ATP 作为磷酸盐供体[1]。在 HEK 293 细胞中，shRNA 介导的 NNADK 敲低降低了 NNADK 的表达和活性，进而导致 NADPH 浓度降低。NNADK 敲低细胞对 H_2O_2 表现出更高的敏感性[23]。相反，NNADK 的过表达导致 NADPH 增加 4~5 倍，但 NADP$^+$ 浓度没有增加，这说明 NADP$^+$ 的净增加不是由于氧化防御系统 NADPH 的再生，而主要是通过 NADP$^+$ 依赖的脱氢酶减少 NADPH 来维持的。2020 年，一项发布在 Science 的研究报告称，通过 PI3K/Akt 途径的生长因子信号诱导 NADP$^+$ 和 NADPH 的急性合成。Akt 在氨基末端结构域内的 3 个丝氨酸残基（Ser44、Ser46 和 Ser48）上磷酸化 NNADK，这种磷酸化可以直接刺激 NNADK 活性，从而增加 NADP$^+$ 的产生。因此，Akt 介导的 NNADK 磷酸化通过减轻其氨基末端固有的自身抑制功能来刺激 NNADK 产生 NNADP$^+$ 的活性[24]。有学者通过使用 atNADK3 进行蛋白质 BLASTP 比对，将 C5ORF33 鉴定为候选 NADK，并且未表征的基因 C5ORF33 被意外检测为人类基因组中的同源物[13]。在酵母中，表达 C5ORF33 基因可以逆转缺乏 Utr1、Yef1 和 Pos5 的致死作用，证明了 C5ORF33 具有 NNADK 或 NNADHK 活性。在体外，重组 C5ORF33 蛋白表现出 NADK 活性，它利用 ATP 作为磷酸盐供体，K_m（NAD$^+$）为 0.022 mol/L。C5ORF33 定位于人类 HEK293A 细胞的线粒体中。定量 PCR 分析表明，在几乎所有检测的组织中，C5ORF33 mRNA 比其他人类 NADK 更丰富。siRNA 介导的 C5ORF33 敲低导致线粒体组分的 NADK 活性降低，并且这些细胞在甲萘醌治疗后 ROS 产生增加[13]。C5ORF33 基因在小鼠体内广泛表达，但它在富含线粒体的组织器官如肝脏、棕色脂肪、心脏、肾脏、肌肉和大脑中表达最多，而 24 h 禁食和 HFD 抑制脂肪中的 C5ORF33 mRNA 的表达[14]。同样，随着 NNADK 的过表达，观察到胞质和线粒体 NADPH 显著增加[25, 26]。一名 MNADK 缺乏症患者表现出线粒体疾病特征性症状[14]；MNADK 突变患者的成纤维细胞 2,4-二烯酰辅酶 A 还原酶（2,4-dienoyl-CoA reductase, DECR）活性降低，线粒体 NADPH 水平降低，而胞质的 NADP$^+$、NADPH 水平没有变化。然而，过表达 MNADK 可以恢复患者成纤维细胞的 DECR 活性，表明 MNADK 可能是 DECR 缺乏伴高赖氨酸血症的一个有潜力的治疗靶点[27]。总之，NNADK 和 MNADK 分别参与胞质和线粒体中的 NADP$^+$ 和 NADPH 的产生，是维持哺乳动物细胞氧化还原平衡的关键机制。

15.1.2　葡萄糖-6-磷酸脱氢酶

PPP 曾经被认为是细胞内 NADPH 的主要来源。葡萄糖-6-磷酸脱氢酶（G6PD）催化葡萄糖-6-磷酸转化成 6-磷酸葡萄糖酸内酯，并使 NADP$^+$ 还原形成 NADPH[28-31]。G6PD 和 6PGD 都将 NADP$^+$ 还原为 NADPH，但 G6PD 催化的反应在生理条件下属于限速反应,因此 G6PD 对于消耗 NADPH 的大量细胞过程具有重要调节功能[28],如防止细胞过度生长和增殖的氧化应激[32, 33]。另据报道,G6PD 缺乏会降低心肌抗氧化能力,从而加剧缺血后灌注损伤[34]。人们普遍认为 NADPH/NADP+ 比值调节 G6PD 的活性:随着比值的降低,G6PD 活性增加,以增加 NADPH 的水平。

15.1.3　异柠檬酸脱氢酶

当异柠檬酸盐作为电子供体时,异柠檬酸脱氢酶(isocitrate dehydrogenase, IDH)将 NADP+ 还原为 NADPH[2, 32]。在真核生物中,IDH 的 3 种不同异构体催化异柠檬酸盐氧化脱羧为 α-酮戊二酸。NADP+ 依赖性 IDH 存在于胞质或过氧化物酶体(IDH1)和线粒体(IDH2),而 NAD+ 依赖性 IDH 位于线粒体中(IDH3)[35, 36]。IDH1 和 IDH2 主要在心脏和肝脏中表达[2, 37],但不同组织之间 IDH1 和 IDH2 的表达差异很大。在大鼠肝脏中,与 G6PD 相比,IDH 对 NADPH 产量的贡献高出 16~18 倍[38]。一项研究认为,IDH1 是线粒体中最重要的 NADPH 来源,有助于细胞防御氧化应激介导的线粒体损伤[39]。然而,IDH 的同工酶也可以在胞质和线粒体之间切换减少当量。例如,IDH2 消耗线粒体 NADPH 来介导 α-酮戊二酸还原为异柠檬酸盐的羧化。随后将柠檬酸盐/异柠檬酸盐转运到胞质,在那里被 IDH1 氧化以产生胞质 NADPH[40]。

15.1.4　苹果酸酶

哺乳动物组织中已经鉴定出了两种 NADP+ 依赖性 ME 亚型(胞质和线粒体)。其中胞质 ME(ME1/MEc)催化 L-苹果酸的氧化脱羧,产生丙酮酸和 CO_2,将 NAD+ 或 NADP+ 还原为 NADPH[41]。从 MEc 产生的 NADPH 用于长链脂肪酸的合成。在牛肾上腺皮质中,线粒体 ME(ME2/MEm)是 NADPH 的主要来源,以满足类固醇生成的要求。

15.1.5　烟酰胺核苷酸转氢酶

烟酰胺核苷酸转氢酶(nicotinamide nucleotide transhydrogenase, NNT)定位于细菌的质膜和真核生物的线粒体内膜(mitochondrial inner membrane, IMM)。它催化 NAD+ 和 NADH、NADP+ 和 NADPH 之间的氢化物转移,并将质子从胞质穿过内膜的转移耦合到线粒体基质[42]。IMM 中保持的电化学质子梯度(Δp)驱动正向 NNT 反应,以建立比基质中至少高 500 倍的 NADPH/NADP+ 比[43-45]。该反应在生理条件下是可逆的,并允许维持适当的细胞 NADH 和 NADPH 氧化还原水平。NADH 对于线粒体中的 ATP 合成、脂肪酸合成至关重要。有文献报道,在一种名为 *Euglena gracilis* 的含叶绿体的原生生物中存在线粒体定位的转氢酶 EgNNT1。EgNNT1 与脊椎动物位于线粒体内膜的 NNT,表现出高度同源性[46]。沉默 EgNNT1 大大降低了厌氧条件下 ATP 的合成和细胞存活。厌氧条件下产生的 NADPH 会被 NADP+ 氧化还原酶和 ME1 通过 NNT1 转化为 NADH,NADH 被用于线粒体复合体 I 和脂肪酸合成。

15.1.6　谷氨酸脱氢酶

谷氨酸脱氢酶(glutamate dehydrogenase, GDH)可以催化谷氨酸氧化脱氨为 α-酮戊二酸,同时将 $NAD^+/NADP^+$ 还原为 NADH/NADPH[47-50]。在低等生物如细菌或酵母中存在不同的 GDH 同工酶,对 NAD^+ 或 $NADP^+$ 表现出严格的特异性[51]。NAD^+ 依赖性 GDH 参与分解代谢,而 NADP 依赖性 GDH 则参与合成代谢[52]。相比之下,哺乳动物 GDH1(如 hGDH1)显示出双重辅酶特异性,分别利用 NAD^+ 和 $NADP^+$ 参与分解代谢和合成代谢[51]。hGDH2 与 hGDH1 在人脑、肾脏、睾丸和类固醇器官中同源[49,53]。在产生类固醇的细胞中,hGDH1 和 hGDH2 介导的谷氨酸氧化脱羧产生的 NADPH 被认为是合成类固醇激素所必需的[51,54]。与对照组细胞相比,*hGDH1* 敲低细胞的 NADPH 水平和 GSH/GSSG 比值显著降低,而线粒体 ROS 和细胞内 H_2O_2 水平升高[3]。GDH 衍生的 NADPH 用于支持 IDH2 对 α-酮戊二酸的还原羧化。GDH1 或 GDH2 表达的代偿性增加促进 IDH 突变胶质瘤细胞的生长[55]。在 *KRAS* 驱动的胰腺癌细胞和结直肠癌细胞中,谷氨酰胺依赖性 NADPH 产生的途径对于氧化还原平衡和生长至关重要。在这些细胞中,谷氨酰胺用于在线粒体中产生天冬氨酸,然后将这种天冬氨酸盐运输到胞质中,脱氨以产生草酰乙酸,进而产生苹果酸盐,苹果酸盐再转化为丙酮酸盐,增加了 NADPH,从而潜在地维持细胞的氧化还原状态[56,57]。

15.2　辅酶 I 和辅酶 II 的跨细胞器转运

15.2.1　还原当量的线粒体-胞质穿梭

一般认为 NADH 和 NADPH 不能通过细胞内膜运输[58,59],而是利用氧化还原过程的间接地、多步骤地穿梭以在线粒体和胞质之间转移电子[60-62]。胞质 NADH 的还原当量可以穿梭进入线粒体,主要包括苹果酸-天冬氨酸穿梭(malate-aspartate shuttle)系统和甘油-3-磷酸穿梭(glycerol-3-phosphate shuttle)系统[63]。苹果酸-天冬氨酸穿梭系统的主要成分包括胞质 MDH(位于线粒体基质和膜间隙)、天冬氨酸氨基转移酶(位于线粒体基质和膜间隙)、线粒体天冬氨酸-谷氨酸反向转运体(位于线粒体内膜)和线粒体苹果酸-α-酮戊二酸反向转运体(位于线粒体内膜)。甘油-3-磷酸穿梭由胞质甘油-3-磷酸脱氢酶和位于线粒体内膜的甘油-3-磷酸脱氢酶复合体组成。胞质 NADH 的水平不仅可以由苹果酸-天冬氨酸穿梭和甘油-3-磷酸穿梭调节,还可以由 LDH 催化的丙酮酸-乳酸转化和其他脱氢酶催化的反应调节如苹果酸-丙酮酸穿梭和异柠檬酸-α 酮戊二酸穿梭等[63],这些穿梭系统可能会由于其对胞质 NADH 的影响,从而在细胞能量代谢和其他生物功能中起关键作用。

(1)苹果酸-天冬氨酸穿梭(malate-aspartate shuttle, MAS):苹果酸-天冬氨酸穿梭包括天冬氨酸氨基转移酶对天冬氨酸和谷氨酸进行胞质和线粒体联合转氨,以及通过 MDH

对苹果酸盐和草酰乙酸进行转化[64]。苹果酸-天冬氨酸穿梭与 TCA 循环和 ETC 共享酶中间体，证实了穿梭活性与线粒体呼吸之间存在密切关系。苹果酸-天冬氨酸穿梭代谢物通过两种反转运蛋白穿过线粒体内膜，即可逆的 α-酮戊二酸/苹果酸盐载体和能量依赖性天冬氨酸/谷氨酸载体(aspartate/glutamate carrier, AGC)，促进天冬氨酸的外排，以达到由膜电位驱动的线粒体谷氨酸释放。AGC 引导还原通量通过苹果酸-天冬氨酸穿梭，并有助于胞质和线粒体之间不均匀的 NADH 供应[65]。电子载体苹果酸盐通过 α-酮戊二酸/苹果酸反转运蛋白(由 *SLC25A11* 基因编码)从胞质引入线粒体基质，同时将 α-酮戊二酸输出到胞质中；进入线粒体基质的苹果酸盐被 MDH 氧化成草酰乙酸(OAA)，将电子转移到 NAD^+，形成 NADH。然后线粒体谷氨酸-草酰乙酸转氨酶(GOT2)将氨基从谷氨酸输送到草酰乙酸，产生天冬氨酸和 α-酮戊二酸。随后，天冬氨酸-谷氨酸反转运蛋白(由 *SLC25A13* 基因编码)将天冬氨酸输出到胞质基质中，其中胞质谷氨酸-草酰乙酸转氨酶(GOT1)将氨基从天冬氨酸转移到 α-酮戊二酸以产生谷氨酸和草酰乙酸以完成循环，而谷氨酸又通过胞质 MDH 将 NADH 氧化成 NAD^+。因此，苹果酸-天冬氨酸穿梭是可逆的，需要多种酶的参与[61, 66]。在该循环中，NADH 在胞质中被氧化为 NAD^+，而 NAD^+ 在线粒体中被还原为 NADH。NAD^+ 在糖酵解过程中用作电子受体，而 NADH 则由线粒体复合体 Ⅰ 用于驱动线粒体 ETC[66](图 15.2)。

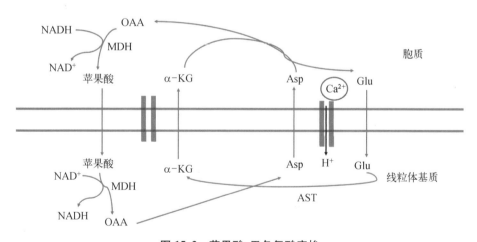

图 15.2　苹果酸-天冬氨酸穿梭

OAA：oxaloacetic acid，草酰乙酸；MDH：malate dehydrogenase，苹果酸脱氢酶；α-KG：α-ketoglutarate，α-酮戊二酸；Asp：aspartate 天冬氨酸；Glu：glutamate，谷氨酸

苹果酸-天冬氨酸穿梭被认为是主要的氧化还原穿梭系统，苹果酸-天冬氨酸穿梭介导的 NAD^+/NADH 从胞质到线粒体穿梭在神经元细胞中对葡萄糖的氧化代谢至关重要[62]。苹果酸-天冬氨酸穿梭亦是心肌细胞胞质和线粒体钙稳态的必要的调节剂。在离体的大鼠心脏中，转氨酶抑制剂氨基氧乙酸抑制苹果酸-天冬氨酸穿梭可拯救心肌梗死，恢复血流动力学反应并改善葡萄糖代谢，在经典缺血预处理中也能观察到类似的效果[65]。同样，苹果酸-天冬氨酸穿梭活性对于双细胞胚胎中的乳酸代谢至关重要，由于苹

果酸-天冬氨酸穿梭活性不足,小鼠受精卵不能利用乳酸作为能量来源[67]。

（2）苹果酸-丙酮酸穿梭：线粒体 ME 是牛肾上腺皮质线粒体中 NADPH 的主要来源。由胞质 ME 催化的反应在动力学上是可逆的,而在线粒体中,反应是不可逆的。在此基础上,提出了"苹果酸盐穿梭"的概念。丙酮酸和 CO_2 通过胞质 ME 产生苹果酸盐,影响 NADPH 还原当量到线粒体中的净转移。在该穿梭中,丙酮酸脱羧酶消耗 1 分子 ATP 和 ME 消耗 1 分子 NADH 从而产生 1 分子 NADPH。ME 存在 3 种同工酶：线粒体形式、胞质形式和过氧化物酶体形式。苹果酸-丙酮酸穿梭被认为比 PPP 在胞质中产生 NADPH 更有效：因为 PPP 只能在氧化阶段快速产生 NADPH；相比之下,苹果酸-丙酮酸穿梭不受氧化还原控制,可以迅速产生 NADPH。据报道,在胰岛中,只有不到 3% 的葡萄糖通过 PPP 氧化。另外,丙酮酸进入大鼠线粒体后会形成苹果酸盐和柠檬酸盐,且这些代谢物的 98% 在线粒体外回收,而苹果酸-丙酮酸穿梭过程中,来自线粒体中丙酮酸盐的苹果酸盐可以通过 ME 在胞质中产生 NADPH（图 15.3）[68]。

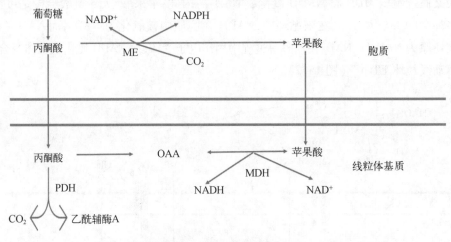

图 15.3　苹果酸-丙酮酸穿梭

PDH：pyruvate dehydrogenase,丙酮酸脱氢酶；OAA：oxaloacetate,草酰乙酸；ME：malic enzyme,苹果酸酶；MDH：malate dehydrogenase,苹果酸脱氢酶

（3）异柠檬酸-α-酮戊二酸穿梭：一般认为,线粒体内膜对 NADPH 是不可渗透的。因此,胞质和线粒体 NADPH 池之间的流通由异柠檬酸-α-酮戊二酸穿梭机制进行[69]。在该穿梭机制中,$NADP^+$ 依赖性 IDH2 通过把线粒体基质中的 NADPH 氧化为 $NADP^+$,将 α-酮戊二酸转化为异柠檬酸盐。异柠檬酸盐被柠檬酸盐载体蛋白（由 *SLC25A1* 基因编码）载入胞质,在胞质中,异柠檬酸盐被 IDH1 转化为 α-酮戊二酸并伴随着 $NADP^+$ 到 NADPH 的转化。α-酮戊二酸通过 α-酮戊二酸-苹果酸反转运蛋白（由 *SLC25A11* 基因编码）作为载体转移到线粒体基质中,参与 IDH2 的下一轮反应[60]。α-酮戊二酸不仅可以直接进入线粒体,亦可通过丙氨酸、天冬氨酸的转氨酰胺酶产生谷氨酸盐,谷氨酸可能很容易进入线粒体被代谢或参与苹果酸-天冬氨酸穿梭[70]。当该穿梭将还原当量输送到线粒体基质中时被还原的 $NADP^+$/NADPH 触发 GR 降低 GSSG/GSH,并刺激 TrxR 降低 Trx。

线粒体 GSSG/GSH 和 Trx 池一旦显著减少就会产生 O^{2-} 和 H_2O_2,继而产生 ROS,损害 DNA、蛋白质和脂质[25]。因此,异柠檬酸盐-α-酮戊二酸穿梭在保持细胞 NADPH 水平方面起着重要作用(图 15.4)。

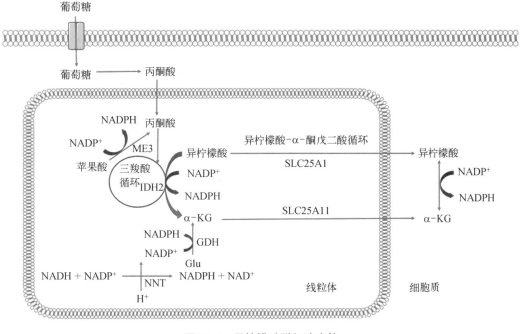

图 15.4　异柠檬酸脱氢酶穿梭

GDH:谷氨酸脱氢酶;NNT:烟酰胺核苷酸转氢酶;α-KG:alpha-ketoglutarate α-酮戊二酸;ME3:malic enzyme 3,苹果酸酶3;Glu:谷氨酸

(4)甘油-3-磷酸穿梭(glycerol-3-phosphate shuttle):在酵母和哺乳动物线粒体中,存在着甘油-3-磷酸穿梭,其将细胞质还原当量转移到线粒体,亦是甘油代谢所必需的[71]。甘油-3-磷酸穿梭是由两种甘油醛-3-磷酸脱氢酶(glyceraldehyde-3-phosphate dehydrogenase,GPDH)形成的,一种是可溶性的、依赖 NADH 的胞质 c-GPDH(E.C. 1.1.1.8),另一种是位于线粒体内膜外表面、依赖 FAD 的 m-GPDH(E.C.1.1.5.3)。胞质 c-GPDH 使用 NADH 作为还原当量将磷酸二羟基丙酮(DHAP)还原为甘油-3-磷酸。结合于线粒体内膜的 m-GPDH 催化甘油-3-磷酸向 DHAP 的转化并形成还原型 $FADH_2$。此穿梭需要两种酶的协调作用,没有膜载体的参与,两种还原当量从甘油-3-磷酸转移到泛醌。这种穿梭的主要代谢作用是糖酵解产生的胞质 NADH 的再氧化。这一机制还导致还原性等价物(氢)从胞质运输到线粒体,在线粒体中它们可用于线粒体 ATP 的产生。甘油-3-磷酸穿梭被认为不具有普遍的重要性,因为穿梭的功能活性需要穿梭的两个组成部分——线粒体和胞质 GPDH 的等摩尔比例,而且在大多数组织中,m-GPDH 的含量相对于 c-GPDH 较低,因此,甘油-3-磷酸穿梭发挥的作用次于苹果酸-天冬氨酸穿梭(图 15.5)。

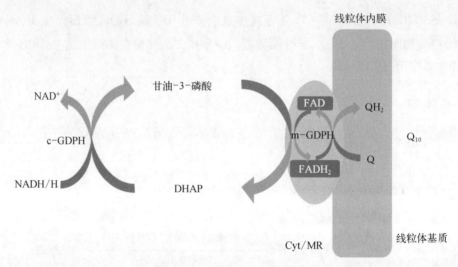

图 15.5　甘油－3－磷酸穿梭

c－GDPH：cytol-glyceraldehyde－3－phosphate dehydrogenase，胞质甘油醛－3－磷酸脱氢酶；m－GDH：mito-glyceraldehyde－3－phosphate dehydrogenase，线粒体甘油醛－3－磷酸脱氢酶；DHAP：dihydroxyacetone phosphate，磷酸二羟基丙酮；FAD：flavin adenine dinucleotide，黄素腺嘌呤二核苷酸；FADH2：还原型黄素腺嘌呤二核苷酸；Cyt/MR：细胞质/线粒体膜间隙；Q：辅酶 Q；QH2：接受两个氢离子的辅酶 Q；Q_{10}：辅酶 Q_{10}

15.2.2　辅酶Ⅰ和辅酶Ⅱ的跨细胞器转运

如前所述，人们通常认为辅酶Ⅰ和辅酶Ⅱ不能通过任何类型细胞的质膜运输。在哺乳动物细胞中，NAM、NA、NR 和 NR 的还原形式（NRH）可以通过特定的转运体从细胞外转运到细胞内，而 CD38 和 CD73 将细胞外的 NAD+ 和 NMN 转化为游离的 NAM 或 NR。*SLC12A8* 编码特定的 NMN 转运蛋白，可以特异性转运 NMN 进入细胞，但此转运蛋白仍然存在争议[72]，NR 可能通过平衡核苷转运蛋白（equilibrative nucleoside transporter，ENT）进入细胞[73]，然后 NR 在 NRK1 和 NRK2 的作用下转化成 NMN，并通过 NMNAT（NMNAT1、NMNAT2 和 NMNAT3）转化成细胞内 NAD+。

近年来，随着研究的深入，越来越多的研究证据显示辅酶Ⅰ能够通过质膜上的特异转运体实现跨细胞器的转运，有学者发现在小鼠 3T3 成纤维细胞中[74]和星形胶质细胞[75, 76]中，连接蛋白43 半通道可以介导 Ca2+ 调节的 NAD+ 通过细胞膜，并介导星形胶质细胞释放 ATP 和谷氨酸[77]。另外，有研究表明，外源性的 NADH 可以通过 P2X7R 介导的机制转运到星形胶质细胞内，增加细胞内 NADH 和 NAD+ 水平，使用 P2XR 搭抗剂 PPADS或沉默 *P2X7R* 基因均能阻断 NADH 转运进细胞[78]。

Ndt1p 和 Ndt2p 是两种酿酒酵母的线粒体 NAD+ 转运体，能将 NAD+ 转导至酿酒酵母的线粒体[79]。植物完整的线粒体可以摄取细胞内的 NAD+，其摄取方式与浓度和温度有关[80, 81]。在人 B 淋巴母细胞系培养过程中，洋地黄素透化细胞后完整的细胞呼吸和NAD+ 相关底物氧化减少，并伴随线粒体 NAD+ 水平的降低[82]。2020 年 9 月 9 日，美国宾夕法尼亚大学(University of Pennsylvania)的 Joseph A. Baur 团队在 *Nature* 上在线发表文章"SLC25A51 is A mammalian Mitochondrial NAD Transporter",首次发现哺乳动物细胞中负责线粒体中 NAD^+ 转运的转运蛋白——SLC25A51,SLC25A51 及其同源物 SLC25A52 可以介导哺乳动物线粒体对 NAD^+ 的摄取,并且 SLC25A51 是维持人类细胞中正常线粒体 NAD^+ 水平所必需的。后来的多项研究亦证实,MCART1/SLC25A51 为哺乳动物线粒体 NAD^+ 转运蛋白[83-85]。SLC25A51 缺失会降低线粒体而不是全细胞的 NAD^+ 含量,抑制线粒体呼吸,并阻断 NAD^+ 进入到分离的线粒体中。相反,SLC25A51 或 SLC25A52 的过表达可以增加线粒体 NAD^+ 水平,并恢复缺乏内源性 NAD^+ 转运蛋白的酵母线粒体对 NAD^+ 的摄取(图 15.6)。

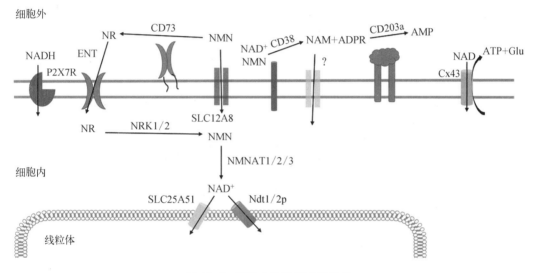

图 15.6　辅酶 I 的跨细胞器转运

通过 ENT 进入细胞的 NR 通过 NRK1/NRK2 转化成 NMN,NMN 亦可由 SLC12A8 转运进入细胞,再通过 NMNAT 转化成 NAD^+。NADH 通过 P2X7R 转运进入细胞内,Ca^{2+} 调节的 NAD^+ 还可以由连接蛋白 43 半通道进入细胞内。NAD^+ 能通过 Ndt1/2p 转运进线粒体。
NAM:烟酰胺;ADPR:二磷酸腺苷核糖;Cx43:连接蛋白 43 半通道;Glu:谷氨酸;NRK1/2:烟酰胺核苷激酶 1/2;ENT:equilibrative nucleoside transporter,平衡核苷转运蛋白

　　上述研究证明辅酶 I 能够通透质膜进行跨细胞器的转运,那么辅酶 II 是否也能够通透细胞膜呢?苏州市衰老与神经退行性疾病重点实验室秦正红教授课题组在脑缺血再灌注损伤模型,心肌缺血再灌注损伤模型和帕金森病模型均发现,给予外源性 NADPH 能够增加组织及细胞内的 NADPH 水平[86-89]。实验室的初步研究证据表明:外源性 NADPH 能够进入细胞,抑制 P2X7R 的活性或表达能够取消外源性 NADPH 进入细胞,但 NOX 抑制剂或连接蛋白 43 半通道阻滞剂不能取消 NADPH 的跨细胞转运,表明外源性 NADPH 可能通过 P2X7R 转运至细胞,NADPH 的转运与 NOX 或连接蛋白 43 半通道无关。未来有必要深入研究 NADPH 跨细胞膜或细胞器转运的机制。

NAD$^+$/NADH 和 NADP$^+$/NADPH 的含量和比率在维持生物体能量代谢中起着重要的调控作用,它们之间相互转换的途径和关键酶对于维持细胞正常生理活动具有重要意义。本部分阐述了 NAD$^+$/NADH 和 NADP$^+$/NADPH 相互转化的途径,以及参与这些转化过程的关键酶,如 NADK、MNADK、NNT 等。同时从两个方面介绍了 NAD$^+$/NADH 和 NADP$^+$/NADPH 的跨细胞器转运。首先,通过还原当量进入线粒体,包括两种主要形式的线粒体穿梭:苹果酸-天冬氨酸穿梭和甘油-3-磷酸穿梭。其次,NAD$^+$/NADH 亦可以转化成其前体再通过特定转运体进入线粒体;且已发现在哺乳动物细胞内存在特异的线粒体 NAD$^+$ 转运体,能将外源 NAD$^+$ 转运通过细胞膜甚至进入线粒体。迄今,对于 NAD$^+$/NADH 和 NADP$^+$/NADPH,尤其是 NADP$^+$/NADPH 能否进入细胞及如何进入细胞仍然是研究者致力研究的重要方向。我们期待在不远的将来,对于 NADP$^+$/NADPH 能否跨细胞参与代谢反应,学术界能够给出完美的阐释。

参考文献

苏州大学(毛光慧、盛瑞)

苏州大学/苏州高博软件职业技术学院(秦正红)

第二篇

烟酰胺辅酶的生理作用与信号转导

第十六章　辅酶 I 在细胞代谢中的生理作用

辅酶 I（NAD⁺）是氧化还原反应的关键辅酶和 NAD⁺ 依赖性酶的共底物,NAD⁺ 及其代谢物作为调节中心,可以直接或间接影响许多关键的体内能量代谢过程,包括糖酵解、TCA 循环及酒精代谢等。这些进程对于维持组织和代谢稳态至关重要。值得注意的是,许多疾病伴随着 NAD⁺ 水平的变化及生理过程的改变,靶向 NAD⁺ 是否通过干预体内能量代谢的生理过程从而影响疾病还需要深入探索。本章主要总结和讨论 NAD⁺ 参与体内重要生理过程的机制。

16.1　辅酶 I 与能量代谢

一切生物都需要靠消耗能量来维持生存,而所需能量主要来自生物体内糖、脂肪、蛋白质等营养物质氧化分解时产生的能量。这些营养物质在体内发生生物氧化后,分解为 CO_2 和水,并释放出能量,其中一部分能量以 ATP 的形式储存,以满足生命活动所需。生物氧化中物质的氧化方式遵循氧化还原的一般规律,即加氧、脱氢、失电子。在生物氧化体系中,递氢体和电子传递体按一定的顺序排列在线粒体内膜上,组成电子传递链,该体系的一系列连锁反应与细胞摄取氧的过程密切相关,因而又称呼吸链。研究者发现,呼吸链主要由 4 种递氢体和电子传递体组成:① 复合体 I,NADH –泛醌还原酶;② 复合体 II,琥珀酸泛醌还原酶;③ 复合体 III,泛醌–细胞素 C 还原酶;④ 复合体 IV,细胞色素 c 氧化酶。而烟酰胺腺嘌呤二核苷酸,也称辅酶 I 是呼吸链中的主要成分,与细胞能量代谢和生物氧化过程有着密切的联系。

NAD⁺ 最初发现是因其在酵母提取物中起到调节代谢速率的作用,后来又被证明是氧化还原反应中主要的氢化物受体。NAD⁺ 是氧化还原反应的重要辅酶,也是能量代谢的中心。对于脱乙酰酶（Sirtuin）和多腺苷二磷酸核糖聚合酶［poly（ADP – ribose）polymerase,PARP］等非氧化还原的 NAD⁺ 依赖酶,NAD⁺ 也是必不可少的辅助因子。NAD⁺ 和 NADH 的相互转化的过程,是细胞呼吸中产生 ATP 的重要反应,所摄取的物质通过糖酵解、TCA 循环和 ETC 产生能量。NAD⁺ 接受氢化物离子并形成 NADH 的能力对于所有生命形式的代谢反应是至关重要的，NAD^+的主要功能是接受从代谢物上脱下的 2 分子氢，并调节参与多种分解代谢途径的脱氢酶的活性，包括糖酵解、谷氨酰胺酵解和脂肪酸氧化。在真核生物中，这些反应中所接受的电子随后被传送至电子传递链，以形成 ATP。而 NAD^+也可以作为氢化物受体形成 NADPH，参与抗氧化应激和需要还原剂的合成代谢途径，如脂肪酸和激素合成[1]。通常，NAD^+是糖酵解及核苷酸和氨基酸生物合成所必需的；NAD^+接受氢离子成为 NADH，NADH 为线粒体氧化磷酸化和ATP 生产提供电子。$NADP^+$支持 PPP 产生 NADPH，NADPH 对于核苷酸、氨基酸和脂质的还原性生物合成是必不可少的。如辅酶 II 的代谢来源和胞质/线粒体穿梭部分所述，许多代谢酶催化辅酶 I 和辅酶 II 的相互转化。因此，辅酶 I 和辅酶 II 水平的变化会影响细胞代谢[2]。

$NAD^+/NADH$ 的相互转换对能量代谢至关重要。NAD^+可通过脱氢酶还原为 NADH，也可通过 NADK 磷酸化为 $NADP^+$。$NAD^+/NADH$ 氧化还原对被称为细胞能量代谢的调节剂，即糖酵解和线粒体氧化磷酸化的调节剂。相比之下，$NADP^+$连同其还原形式 NADPH，参与维持氧化还原平衡并支持脂肪酸、激素和核酸的生物合成[3]。在细胞能量代谢途径中，如糖酵解、PPP、TCA 循环和线粒体氧化磷酸化的过程中，存在着 $NAD^+/NADH$ 的相互转化。在线粒体与胞质中，辅酶 I 直接或间接参与了能量代谢的过程。

16.1.1 辅酶 I 与胞质能量代谢

在胞质中，NADH 可以作为糖酵解的副产物产生。这发生在糖酵解的第六步，其中两个甘油醛-3-磷酸（glyceraldehyde-3-phosphate，G-3-P）分子被氧化为两个 1,3-二磷酸甘油酸分子，同时通过甘油醛-3-磷酸脱氢酶（glyceraldehyde-3-phosphate dehydrogenase，GPDH）将 NAD^+还原为 NADH[2]。胞质中 NADH 也可以由 LDH 产生，该酶催化乳酸和丙酮酸之间的可逆转化，乳酸是由丙酮酸无氧糖酵解产生的，并被NAD^+依赖的 LDH 代谢为丙酮酸，丙酮酸随后在线粒体中被氧化为 CO_2 和水。通常，乳酸与丙酮酸盐的比例是 10∶1，$NADH/NAD^+$ 的比值决定了乳酸与丙酮酸的平衡。因此在胞质中，辅酶 I 可以通过充当糖酵解酶 GPDH 的辅助因子来介导糖酵解，NAD^+还能调节胞质中其他重要的能量代谢相关反应，如 LDH 催化的乳酸-丙酮酸转化。

16.1.2 辅酶 I 与线粒体能量代谢

由于 NADH 从胞质穿梭到线粒体，胞质 NADH 也可以影响线粒体氧化磷酸化，NAD^+可以通过多种机制介导线粒体能量代谢。在线粒体中，NAD^+是 TCA 循环中 3 种限速酶的辅酶，TCA 循环可以在充分氧化的条件下使每分子葡萄糖产生 8 个 NADH 分子[3]。一旦糖酵解终产物丙酮酸被转运到线粒体中，丙酮酸脱氢酶（pyruvate dehydrogenase，PDH）复合体将其脱羧成乙酰辅酶 A，同时将 NAD^+还原为 NADH[2]。然后乙酰辅酶 A 进入 TCA 循环，其中 NAD^+被 NAD^+依赖性 IDH3、α-酮戊二酸脱氢酶（α-ketoglutarate dehydrogenase，

KGDH）和 ME2 还原为 NADH。此外，NAD[+] 连接的 ME2 可以通过将苹果酸转化为丙酮酸来产生 NADH。GDH1、GDH2 也可以使用 NAD[+] 作为辅助因子将谷氨酸代谢成 TCA 循环中间体 α-酮戊二酸以产生 NADH。

胞质 NAD[+] 水平不能直接改变线粒体 NAD[+]/NADH 比值，因为 NAD[+] 不能渗透线粒体膜。因此，胞质 NAD[+] 池的变化不会急剧改变线粒体 NAD[+] 水平，因此线粒体内 NAD[+]/NADH 由 NADH 的跨膜运输来调控。一般来说，线粒体外膜呈多孔状，使 NADH 能够自由扩散到膜间隙。然而，线粒体内膜对 NADH 是不可渗透的。在跨越线粒体内膜这个障碍面前，有研究表明，苹果酸-天冬氨酸穿梭和甘油-3-磷酸穿梭起到将还原当量 NADH 在胞质与线粒体间穿梭的作用，可以将 NADH 转运到线粒体基质中。在第一次穿梭中，电子载体苹果酸通过 α-酮戊二酸-苹果酸反转运蛋白（由 *SLC25A11* 基因编码）从胞质中传入线粒体基质，同时将 α-酮戊二酸输出到胞质中。进入线粒体基质后，苹果酸被 MDH2 氧化成草酰乙酸（oxaloacetic acid，OAA），将电子转移到 NAD[+] 形成 NADH。然后 OAA 被线粒体谷氨酸草酰乙酸转氨酶（aspartate aminotransferase，AST）转氨成天冬氨酸。随后，天冬氨酸-谷氨酸反转运蛋白（由 *SLC25A13* 基因编码）将天冬氨酸输出到胞质中，胞质 AST1 将天冬氨酸转化回 OAA，进而还原为苹果酸，同时通过胞质 MDH1 将 NADH 氧化为 NAD[+]。因此，苹果酸-天冬氨酸穿梭是可逆的，但需要多种酶。在这种穿梭中，NADH 在胞质中被氧化为 NAD[+]，而 NAD[+] 在线粒体中被还原为 NADH。

NAD[+] 在糖酵解过程中用作电子受体，而线粒体复合体 I 使用 NADH 来驱动线粒体 ETC[4]。在线粒体中，TCA 循环还原 NAD[+] 分子以产生多个 NADH 分子。从糖酵解或 TCA 循环中获得的线粒体 NADH 被 ETC 的复合体 I（NADH：泛醌氧化还原酶）氧化。随后由复合体 I 获得的 2 个电子沿泛醌（辅酶 Q10）、复合体 III（辅酶 Q-细胞色素 c 氧化还原酶）、细胞色素 c 和复合体 IV（细胞色素 c 氧化酶）传递。当 NADH 被 ETC 氧化为 NAD[+] 时，线粒体 TCA 循环的底物琥珀酸与复合体 I 平行向泛醌提供额外的电子。最终，由 NADH 和琥珀酸生成的电子流沿着 ETC，通过复合体 I、III 和 IV 将质子从线粒体基质泵入膜间空间，形成质子梯度。然后，质子梯度提供了化学渗透梯度，通过 F0F1-ATP 合酶将质子通量耦合回基质，使 ADP 氧化磷酸化为 ATP[5]。总体而言，ETC 将 O_2 还原为水，将 NADH 氧化为 NAD[+]，从而产生 ATP。因此，在小鼠骨骼肌中，线粒体 NAD[+] 水平比细胞其他部分高 2 倍，在小鼠心肌细胞中则高 4 倍。

由于细胞内的 NAD[+] 水平可能是有限的，胞质中的糖酵解和线粒体中的 TCA 循环都可以通过改变胞质/细胞核的 NAD[+] 和 NADH 水平来影响代谢稳态。此外，在 DNA 损伤后，尽管有过量的可用葡萄糖，NAD[+] 水平可能会下降到足够低的水平，从而阻止糖酵解和底物流向线粒体，导致细胞死亡。这一发现强调有必要了解亚细胞 NAD[+] 池的相互作用机制，因为它们的稳态和相互作用对保持细胞活力和 ATP 水平至关重要。因此，NAD[+] 和代谢中的氧化还原反应虽然不同，胞质/细胞核和线粒体 NAD[+] 池通过一组错综复杂的细胞氧化还原过程相互连接，其主要能量代谢过程如图 16.1 所示。这些 NAD[+] 池可以调节区室特异性能量代谢途径的活性,在细胞中,NAD⁺ 和 NADH 的相互转化由糖酵解酶 GPDH 和 LDH 介导。在线粒体基质中,PDH、ME2、GDH 和 TCA 循环酶(如 IDH3、KGDH 和 MDH2)有助于 NAD⁺/NADH 的产生。

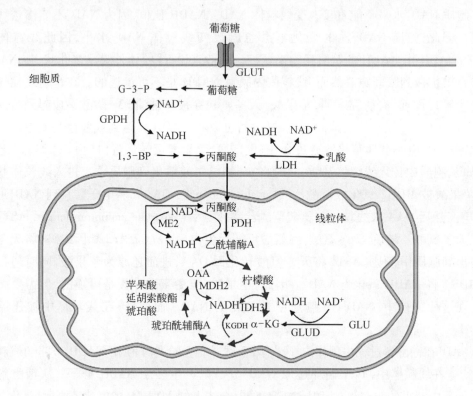

图 16.1　NAD(H)的细胞内能量代谢

α - KG: α -ketoglutaric acid, α -酮戊二酸;G - 3 - P: glyceraldehyde 3 -phosphate,甘油醛-3 -磷酸;1, 3 - BP: 1, 3 - bisphosphoglycerate, 1, 3 -二磷酸甘油酸;GPDH: glyceraldehyde - 3 - phosphate dehydrogenase,甘油醛-3 -磷酸脱氢酶;Glu: 谷氨酸;GDH: glutamate dehydrogenase,谷氨酸脱氢酶; GLUT: glucose transporters,葡萄糖转运蛋白;IDH: isocitrate dehydrogenase,异柠檬酸脱氢酶;KGDH: α - ketoglutarate dehydrogenase,α -酮戊二酸脱氢酶;LDH: lactate dehydrogenase,乳酸脱氢酶;MDH: malate dehydrogenase,苹果酸脱氢酶;ME: malic enzyme,苹果酸酶;OAA: oxaloacetic acid,草酰乙酸; PDH: pyruvate dehydrogenase,丙酮酸脱氢酶。图片使用 https://biorender.com/绘制

16.2　辅酶 I 与糖酵解

糖酵解是生物有氧氧化和无氧氧化的共同途径,是细胞产能代谢的重要方式,NAD⁺ 作为氧化还原反应的重要辅酶,参与细胞多个生理过程,在葡萄糖进行糖酵解生成丙酮酸 的阶段,NAD⁺ 作为辅酶接受氢和电子。NAD⁺ 和 NADH 的比例反映了细胞的状态,NAD⁺/ NADH 的失衡通常预示着机体的非正常状态。TIGAR 是一种 Tp53 靶蛋白,TIGAR 和 PFK - 2/FBP - 2 具有相似的双磷酸酶结构域,TIGAR 的双磷酸酶催化结构域将 F - 2,6 -

BP 水解为果糖-6-磷酸(fructose-6-phosphate, F-6-P)和Pi,促进 G-6-P 进行 PPP 途径,促进 NADPH 的生成,同时抑制糖酵解。NADPH 能够抑制白血病、髓性白血病、神经胶质瘤、癌症等疾病中产生的 ROS,减轻细胞凋亡,但在某些疾病状态下,TIGAR 应激增加会导致 ROS 的产生,促进细胞凋亡。

16.2.1　糖酵解

糖酵解是指一分子葡萄糖在胞质中裂解为 2 分子丙酮酸的过程,它是葡萄糖无氧氧化和有氧氧化的共同起始途径。在葡萄糖进行糖酵解生成丙酮酸的阶段,在 GPDH 的作用下,NAD^+作为辅酶接受氢和电子。在不能利用氧或氧供应不足时,某些微生物和人体组织将糖酵解作用生成的丙酮酸进一步在 LDH 的作用下还原生成乳酸,称为乳酸发酵(糖的无氧氧化)。在某些植物、无脊椎动物和微生物中,糖酵解产生的丙酮酸可转变为乙醇和 CO_2,称为乙醇产能途径发酵,在 LDH 作用下 $NADH+H^+$重新转变为 NAD^+,糖酵解才能重复进行。在氧供应充足时组织通常进行有氧氧化,发生有氧氧化时,丙酮酸主要进入线粒体中彻底氧化为 CO_2 和 H_2O,NAD^+在丙酮酸进入线粒体氧化脱羧生成乙酰辅酶 A 和 TCA 循环中作为辅酶接受氢和电子,在氧化磷酸化中,前三阶段(糖酵解、氧化脱羧、TCA 循环)产生的 NADH 在 ETC 中传递氢生成 ATP。通常将丙酮酸生成乳酸的过程称为糖酵解,在有氧条件下生成乳酸的过程称为有氧糖酵解,缺氧条件下则称为无氧糖酵解。氧化磷酸化是有氧氧化产能的关键步骤,所以通常将糖的有氧氧化称为氧化磷酸化。

机体对能量的需求变动很大,在有氧条件下,大多数细胞将糖的有氧氧化作为主要产能途径。对于存在线粒体的细胞,利用葡萄糖分解产能时选择有氧氧化还是无氧氧化,主要取决于不同类型组织器官的代谢特点。巴斯德效应(Pasteur effect)和瓦尔堡效应(Warburg effect)是常见的葡萄糖代谢效应,巴斯德效应是指肌组织在有氧条件下,糖的有氧氧化活跃,无氧氧化则受到抑制,这是因为在糖酵解中,NAD^+作为辅酶接受氢和电子后生成 NADH 和 H^+,胞质中糖酵解产生的 NADH 的去路,决定了酵解产物丙酮酸的代谢方向。有氧时,胞质中 NADH 一旦产生,会立刻进入线粒体内氧化,而缺氧时,NADH 留在细胞质,以丙酮酸为受氢体,使之还原为乳酸。

16.2.2　辅酶Ⅰ参与糖酵解调节生理病理进程

(1)癌症:在广泛的认知中,有氧糖酵解是癌症的标志,不同的癌症增加有氧糖酵解的方式不同,通常是通过引发线粒体功能障碍,使葡萄糖代谢从氧化磷酸化到有氧糖酵解的转化。在肝细胞癌(hepatocellular carcinoma, HCC)中,线粒体转录因子 B2(mitochondrial transcription factor B2, TFB2)主要通过 NAD^+/SIRT3/HIF-1α 信号转导调节糖酵解基因的上调和线粒体调节基因 *PGC1α* 的下调[6]。除了 SIRT3,SIRT6 的缺失也会增强 HIF-1α,HIF-1α 的激活会促进葡萄糖的分解,促进有氧糖酵解的进行,抑制氧化磷酸化进程[7]。

　　癌细胞增殖过程中进行有氧糖酵解,产生大量乳酸,过多的乳酸通过单羧酸转运体1(monocarboxylate transporter 1, MCT1)和MCT4排出细胞防止胞内酸化,MCT4受HIF－1α正向调节,线粒体复合体Ⅰ(一种NADH脱氢酶)和LDH是再生糖酵解所需NAD$^+$的主要细胞来源,昔洛舍平(syrosingopine)和二甲双胍分别是MCT1、MCT4和线粒体复合体Ⅰ抑制剂,两者合用能够抑制癌细胞增殖与生长。这主要是因为阻断MCT1和MCT4会导致细胞内积累过多的乳酸,胞内乳酸通过抑制LDH减少了NAD$^+$的合成,二甲双胍抑制了线粒体复合体Ⅰ产生NAD$^+$,NAD$^+$参与糖酵解过程生成ATP,抑制细胞内NAD$^+$来源会影响糖酵解ATP生成,影响癌细胞生存和增殖[8]。NAD$^+$/NADH比值是细胞健康的关键指标,癌细胞中药物治疗后该比值的下降与细胞增殖降低相关[9]。

　　(2) T细胞:除了癌细胞,肿瘤浸润淋巴细胞(tumor infiltrating lymphocyte, TIL)也受到糖酵解的深刻影响。NAMPT是NAD$^+$补救合成途径的关键基因,Tubby(TUB)是NAMPT的转录因子,促进TUB生成能够促进NAD$^+$的合成。糖酵解与NAD$^+$密切相关,NAD$^+$的含量降低会导致糖酵解受到抑制、线粒体功能和ATP合成受损,而补充NAD$^+$能够增强T细胞的肿瘤杀伤功效。活化的T细胞也和糖酵解息息相关,CD4$^+$CD8$^+$T细胞受刺激后分化为效应T细胞(Teff)和调节性T细胞(Treg)亚群,Teff与有氧糖酵解密切相关,Treg和新分离的、未受刺激的CD4$^+$CD25$^-$T细胞较少依赖糖酵解并通过氧化磷酸化(OXPHOS)来产生能量。

　　T细胞的增殖和活化依靠OXPHOS和有氧糖酵解,当其中一种方式受到抑制时,另外一种供能方式能够起到补充作用,虽然效果不如正常生理条件下两种供能方式同时发挥。活化后的T细胞除了增殖,还会产生细胞因子,发挥其重要的免疫功能。有氧糖酵解在活化T细胞生成细胞因子,发挥细胞效应方面不可或缺,实验中发现活化的T细胞在半乳糖中培养,相较于葡萄糖培养条件下,在半乳糖中培养的细胞产生的细胞因子IFN－γ和IL-2存在严重缺陷,而抑制OXPHOS则不受影响。活化T细胞的有氧糖酵解产生细胞因子是通过GPDH发挥作用的[10]。

　　免疫优先组织是指能够限制免疫反应的组织,如肿瘤组织,葡萄糖产生的丝氨酸能够使Teff产生生理免疫功能,并且对Teff的增殖意义重大[11]。T细胞的糖酵解和增殖与辅酶Ⅰ的氧化还原代谢密切相关,在肿瘤中通常进行有氧糖酵解,产生的高浓度乳酸使NAD$^+$在LDH作用下还原为NADH,打破了正常生理条件下T细胞内NAD$^+$和NADH的平衡,使得NADH/NAD$^+$升高,作为辅酶的NAD$^+$含量下降影响了GPDH和3－磷酸甘油酸脱氢酶(3－phosphoglycerate dehydrogenase, PGDH)的酶促反应,这会影响T细胞有氧糖酵解过程和3－磷酸甘油酸衍生物丝氨酸的产生,而且肿瘤细胞的代谢过程也需要消耗丝氨酸,影响T细胞的增殖,导致抗肿瘤免疫功能的降低。在糖酵解依赖性Teff中,通过前体增加NAD$^+$,或者增加丝氨酸含量都能够恢复T细胞的增殖[12, 13]。

　　(3) 其他生理病理进程:有氧糖酵解和氧化磷酸化存在一定的竞争关系,但在某些病理条件下,也会起着代偿作用。心力衰竭的疾病状态,线粒体氧化磷酸化能力下降,此时是通过糖酵解产生ATP来补偿供能。NAD$^+$介导的糖酵解能够对缺血再灌注损伤的心脏有保护作用。葡萄糖供能途径的改变是由于参与这些代谢途径的关键酶的转录变化，以及 NAD$^+$/NADH 氧化还原离子对的改变[14]。

通过影响线粒体复合体而影响氧化磷酸化，NAD$^+$/NADH 水平发生变化，导致有氧糖酵解和氧化磷酸化的占比发生变化。可溶性腺苷酸环化酶(soluble adenylyl cyclase, sAC)是一种进化上保守的腺苷酸环化酶，它是一种生理 ATP 传感器。sAC 介导 cAMP 的信号转导，通过控制 cAMP1 直接激活的交换蛋白，控制复杂的线粒体复合体 I 来调节多种细胞中的胞质 NADH/NAD$^+$ 氧化还原状态和有氧糖酵解。

NAD$^+$ 对于糖酵解及核苷酸和氨基酸的生物合成是必需的。有文献指出，高脂引起的 2 型糖尿病中肝脏和白色脂肪中 NAMPT 的表达受到抑制，从而导致 NAD$^+$ 水平降低，而 NMN 的补充则可以逆转这些表征[15]。NMN 是 NAMPT 的酶底物。

NAD$^+$ 在糖酵解中作为辅酶存在，在神经退行性疾病、细胞衰老等疾病中 NAD$^+$ 水平下降，除了补充传统的 NAD$^+$ 前体 NR、NMN，新合成的 NMNH、NRH 等 NAD$^+$ 前体也能够增加体内外 NAD$^+$ 水平，且效果更好。NAD$^+$ 水平的提高能够改善细胞衰老和神经退行性疾病，改善效果则看具体疾病及使用方式。但有文献表明，通过补充前体增加 NAD$^+$ 水平后，会增强慢性炎症和促进癌症发展，癌症发展或许是因为 NAD$^+$ 水平增加促进有氧糖酵解。

一般认为糖酵解会促进细胞衰老，从而会影响细胞寿命，在对果蝇的研究中，发现随着年龄的增加，骨骼肌中 LDH 含量上升，NAD$^+$ 含量下降，NAD$^+$/NADH 下降，秀丽隐杆线虫中，过量葡萄糖存在条件下会缩短其寿命。也有文献研究显示糖酵解的上调对肌萎缩侧索硬化(amyotrophic lateral sclerosis, ALS)有一定的代偿性神经保护作用，糖酵解对衰老和年龄相关的神经退行性疾病有复杂的影响，这取决于不同的背景和病程。

NAD$^+$ 作为辅酶参与糖酵解过程，细胞中 NAD$^+$ 和 ATP 之间的平衡，NAD$^+$ 与 NADH 之间的平衡，决定糖酵解的方式，而糖酵解的方式也影响了细胞的生理状态，机体的疾病状态。总体而言，NAD$^+$ 的比例升高有利于机体的健康，这给人们治疗疾病有较大启示，同时对于研究一些生理病理情况的产生方式有一定的启发。

16.3　辅酶 I 与三羧酸循环

TCA 循环构成了细胞代谢的中心，因为多种底物可以加入其中。TCA 循环始于将脂肪酸、氨基酸或丙酮酸氧化产生的双碳乙酰辅酶 A 与四碳草酰乙酸(OAA)结合生成六碳分子柠檬酸的反应。在第二步中，柠檬酸被转化为其异构体——异柠檬酸。该循环继续进行 2 次氧化脱羧，其中异柠檬酸转化为五碳 α-酮戊二酸，随后转化为四碳琥珀酰辅酶 A，释放 2 分子 CO_2，生成 2 分子 NADH。接下来，琥珀酰辅酶 A 转化为琥珀酸，并将其结合生成 GTP，GTP 可以转化为 ATP。琥珀酸被氧化生成延胡索酸。在这个反应中，2 个氢原子被转移到 FAD 上，产生 $FADH_2$。执行这一步骤的酶，琥珀酸脱氢酶，也是 ETC 的一部分。接下来,延胡索酸转化为苹果酸,并进一步转化为草酰乙酸,与另一个乙酰辅酶A 分子结合,继续 TCA 循环(图 16.2)。

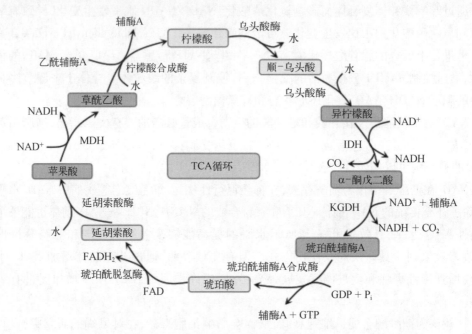

图 16.2　三羧酸循环

CO_2:二氧化碳;GDP:鸟嘌呤核苷二磷酸;GTP:鸟嘌呤核苷三磷酸;NAD^+:氧化型烟酰胺腺嘌呤二核苷酸;NADH:还原型烟酰胺腺嘌呤二核苷酸;FAD:氧化型黄素腺嘌呤二核苷酸;$FADH_2$:还原型黄素腺嘌呤二核苷酸;Pi:磷酸;蓝色方形框,代表 TCA 循环中生成 NADH 的步骤(彩图见二维码)

TCA 循环是所有氧化生物体中的一个重要代谢网络,原核生物中发生于细胞质,真核生物中发生在线粒体,其为合成代谢过程和驱动能量生成的还原因子(NADH 和 FADH)提供前体。

在需氧生物体中,有氧呼吸的全过程,可以分为 3 个阶段:第一个阶段(称为糖酵解),一分子的葡萄糖分解成两分子的丙酮酸,在分解的过程中产生少量的氢,同时释放出少量的能量。这个阶段是在胞质中进行的;第二个阶段(称为 TCA 循环或柠檬酸循环),丙酮酸经过一系列的反应,分解成 CO_2 和氢,同时释放出少量的能量。这个阶段是在线粒体基质中进行的;第三个阶段(ETC),前两个阶段产生的氢,经过一系列的反应,与氧结合而形成水,同时释放出大量的能量。这个阶段是在线粒体内膜中进行的。

TCA 循环中有 3 个位点产生 NADH,分别是异柠檬酸在 IDH 的作用下产生 NADH 和 α-酮戊二酸;α-酮戊二酸在 KGDH 的作用下产生 NADH 和琥珀酰辅酶 A;苹果酸在 MDH 的作用下产生 NADH 和草酰乙酸。并且在 TCA 循环中,产生的 NADH 可以反作用于酶,能竞争性地抑制 NAD^+ 依赖的 IDH (NAD^+-IDH)、KGDH 和 PDH 的活性。

而 NAD^+ 依赖的 ME(NAD^+-ME)催化 NAD^+ 介导的苹果酸氧化脱羧生成丙酮酸。在植物中,其只定位于线粒体。NAD^+-ME 活性由 Mn^{2+} 或 Mg^{2+} 介导,主要发生在苹果酸脱羧方向(正方向),反向反应的速率较低。NAD^+-ME 的主要生理功能与正向反应有关,NAD^+-ME 在 C4 植物(又称四碳植物,如玉米、甘蔗、高粱、苋菜等)中 Rubisco 的 CO_2 供应已被广泛研究。四碳植物生长过程中吸收 CO_2 作为合成的最初产物,即含四碳化合物苹果酸或天冬氨酸的植物。NAD^+-ME 在 C3 植物(也称三碳植物,如小麦、水稻、大豆、棉花等大多数作物)中的研究较少。三碳植物是光合作用中利用 CO_2 合成的含三碳化合物甘油酸 $-3-$ 磷酸的植物。研究发现,NAD^+-ME 参与的 TCA 循环使用苹果酸或草酰乙酸和参与氧化光合形成的苹果酸作为碳源参与轻度暗呼吸(LEDR)。NAD^+-ME 和 NAD^+ 依赖的 MDH(NAD^+-MDH)一起参与合成不同的代谢过程中的柠檬酸,而不完全转为 TCA 循环。尽管 NAD^+-ME 对自生发育不是至关重要的,但它的下调仍旧影响代谢过程。NAD^+-ME 对其产物 NADH 抑制的低敏感性使其在线粒体基质中氧化还原水平升高时仍可以保持活性。NAD^+-ME 的反方向反应可促进丙酮酸羧化。

在大多数植物中,两种不同的核基因编码 NAD^+-ME 的分子形式。拟南芥中第一种形式的 NAD^+-ME 被 L-苹果酸变构抑制,而这种抑制被延胡索酸缓解[9]。延胡索酸与苹果酸结合在同一位点,将苹果酸的 S 型低底物亲和反应转变为高底物亲和力的双曲线动力学,这种亚型也被辅酶 A 抑制。第二种形式的 NAD^+-ME 被延胡索酸竞争性的苹果酸抑制,并被辅酶 A 刺激。这表明 NAD^+-ME 的两种亚型具有不同的生理作用。NAD^+-ME 的第 3 种亚型可以通过两个不同基因编码的亚基结合形成,并受到延胡索酸和辅酶 A 的刺激。延胡索酸活化发生在 Mg^{2+} 耗尽的条件下,因为 Mg^{2+} 结合的延胡索酸是无效的。与 C3 植物相比,NAD^+-ME 参与 C4 和景天酶代谢(crassulacean acid metabolism, CAM)植物光合作用的 C4 途径,导致了其额外的调控特性,如 AMP 的激活和 CAM 植物中柠檬酸的抑制。

此外,抑制 ETC 产生 ATP 的环境条件,如缺氧,是非常有害的。为了在缺氧时减轻这种毒性,通常供给 TCA 循环的分子被引导到其他 ATP 产生途径,如糖酵解。这是由 NADH 积累协调的负反馈回路所介导的。然而,由于 ETC 失败导致的 NADH 积累对细胞有害,除了抑制 TCA 循环之外,它还会减少核苷酸和蛋白质的合成,并随后导致生长损伤和细胞死亡。

16.4 辅酶 I 与一碳单位代谢

虽然线粒体 NADH 主要通过 TCA 循环反应产生,但有研究表明,线粒体一碳单位代谢也可以产生 NADH。一碳单位是指氨基酸在分解代谢过程中产生的只含有一个碳原子的有机基团,也是核苷酸合成及细胞甲基化和氧化平衡反应的重要底物。由于这些基团在生物体内不能以游离的形式存在,通常由其载体四氢叶酸携带,继而参加代谢反应,这些统称为一碳代谢。丝氨酸是一碳单位的主要来源,丝氨酸分别通过丝氨酸羟甲基转移酶1(serine hydroxymethyl transferase 1, SHMT1)或丝氨酸羟甲基转移酶2(SHMT2)在细胞质或线粒体中将碳部分转移到四氢叶酸。线粒体一碳代谢是由MTHFD2和MTHFD2L两种酶介导的,这两种酶可以催化NADPH或NADH的产生。

线粒体的NADH通过ETC的复合体Ⅰ被氧化。当复合体Ⅰ被抑制时,NADH由于缺乏利用而在线粒体中积累,这通过直接反馈抑制NADH产生的酶来阻断TCA循环。令人惊讶的是,当用复合体Ⅰ抑制剂处理细胞,如二甲双胍或缺氧条件时,标记的丝氨酸衍生的NADH的比例增加了10倍以上。丝氨酸衍生的NADH的显著增加表明缺乏反馈抑制,这是该NADH合成途径所特有的。这一特殊途径也发生在肿瘤细胞中,即在肿瘤细胞增殖过程中,分解代谢得到增强,它会产生NADH(如通过糖酵解、TCA循环、一碳单元代谢、脂肪酸的β氧化等产生NADH),并通过$NAD^+/NADH$比值连接不同的代谢途径,而$NAD^+/NADH$、$NADP^+/NADPH$比值在胞质或线粒体途径的选择中起着关键作用,因为叶酸循环的许多反应,在嘌呤合成的方向上都是依赖于NAD^+、$NADP^+$的。NADH的积累是细胞增殖的主要原因,一碳代谢可能为此过程提供解决方案。

16.5　辅酶Ⅰ与乙醇代谢

辅酶Ⅰ是细胞中氧化还原酶的氢载体,在生物体内的氧化还原反应中发挥着重要作用。NAD^+的主要功能之一是参与乙醇代谢,与乙醇代谢相关的酶,如乙醇脱氢酶(alcohol dehydrogenase, ADH)和乙醛脱氢酶(acetaldehyde dehydrogenase, ALDH),可利用NAD^+驱动乙醇氧化代谢的连锁反应。因此,基于NAD^+与NADH的氧化还原的性质,辅酶Ⅰ在乙醇的代谢和解毒过程中起着重要的作用。

16.5.1　辅酶Ⅰ参与乙醇代谢的一般过程

当通过口腔摄入乙醇时,少量乙醇会立即在胃中分解代谢,剩余的大部分乙醇随后从胃肠道吸收,通过门静脉输送到肝脏。一部分摄入的乙醇通过肝脏代谢,另一部分进入体循环,分布在整个身体组织。乙醇代谢的主要部位是肝脏,乙醇可被肝脏中的几种酶分解,其中最重要的是ADH和CYP450。受遗传因素、生理因素等影响,这些酶的活性因人而异,这导致了不同个体间酒精清除率的差异。

在正常人群中,CYP450只负责代谢少量的乙醇,大部分乙醇由ADH代谢完成。ADH及CYP450都能催化乙醇为乙醛,而ADH发挥作用时需要消耗NAD^+,使其成为NADH。ADH是一种含锌酶类,在机体内分布有着较高的器官特异性,在肝脏和胃壁中含量很高,在肝脏内最为丰富。NAD^+是肝脏内的酶催化乙醇代谢的重要辅助因子(图16.3):首先是ADH将乙醇氧化为乙醛,NAD^+被还原为NADH,酶反应:醇+NAD^+══醛或酮+NADH;然后再由ALDH将乙醛氧化为乙酸,NAD^+被还原为NADH;最后,乙酸离开肝脏并进入体循环到达外周组织,被乙酰辅酶 A 合酶代谢为乙酰辅酶 A,被氧化成 CO_2、脂肪酸、酮体和胆固醇。

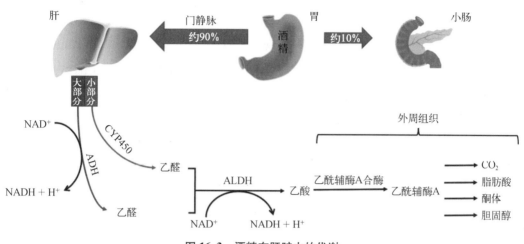

图 16.3　酒精在肝脏中的代谢

注:图 16.3 中的器官图形引用自 ScienceSlides

由此可见,辅酶 I 在乙醇代谢中发挥着无可替代的作用,辅酶 I 的浓度能显著影响乙醇代谢的速度。此外,人红细胞的体外实验研究表明,乙醇氧化的限速步骤是红细胞糖酵解中 NAD^+ 的生成,而不是 ADH 和 ALDH 的酶活性,且在补充细胞内 NAD^+ 浓度后,乙醇氧化速率也随之增加。

16.5.2　辅酶 I 参与乙醇代谢的机制

NAD^+ 是中间代谢的关键细胞因子,最初被定义为在酵母提取物中加速发酵的分子部分("辅酶"),其化学结构被分解为核苷酸、糖、磷酸,NAD^+ 的 NAM 部分是氧化还原反应的位点[16]。NAD^+ 参与乙醇代谢是作为 ADH 的辅助因子,能与 ADH 的 N 末端的辅酶结合域结合。ADH 能将 NAD^+ 或 NADH 作为电子接收或给予的辅助因子,通过催化还原剂(电子供体)和氧化剂(电子受体)之间的电子转移来催化醇和相应的羰基化合物之间的相互转换。

ADH 介导的氧化通过类似于质子中继原理的机制,按以下步骤进行:首先,自由形式的酶和 NAD^+ 形成复合体,然后复合体与羟基底物结合,携带电子的氢从羟基底物转移到辅助因子 NAD^+。然后,形成的羰基产物和被还原后的辅助因子 NADH 依次从酶中释放出来。

16.5.3　辅酶 I 参与酵母菌和细菌的乙醇代谢

NAD^+ 也参与了酵母和许多细菌的乙醇代谢,因此其在发酵中也发挥着重要作用:糖酵解产生丙酮酸,随后被转化为乙醛和 CO_2,然后乙醛被 ADH1 在 NAD^+ 的辅助下还原为乙醇,通过这一过程再生 NAD^+,这是继续通过糖酵解产生能量所必需的。人类可以利用 NAD^+ 促进酵母菌发酵各种水果或谷物,也可利用微生物的酒精代谢过程来生产酒精。

16.5.4 辅酶 I 与乙醇代谢相关的其他生化过程

(1) 线粒体功能:由于在乙醇代谢过程中,乙醇被 ADH 氧化成乙醛,随后乙醛被氧化,肝脏胞质和线粒体中 $NADH+H^+/NAD^+$ 比值显著增加,胞质中的 NADH 也会通过肝脏中主要存在的苹果酸-天冬氨酸穿梭被运输到线粒体。在非厌氧组织中,由于乙醇氧化导致的增多的 NADH 很容易被线粒体 ETC 系统再氧化,换而言之,乙醇的氧化代谢增加了可氧化的 NADH 对于线粒体的可用性。线粒体内 NADH 的增加会进一步促进 ETC 产生的 ROS 增加,进一步引起线粒体核糖体功能的抑制、线粒体蛋白质合成显著下降、氧化磷酸化系统的组成部分受损、ATP 合成减少等,进而引发酒精性肝病。这种现象在急性酒精摄入和慢性酒精摄入时均会发生。

(2) 脂肪酸合成:一方面,NADH 能促进脂肪酸的合成,抑制脂肪酸的氧化;另一方面,由于在乙醇代谢的过程中,大量消耗 NAD^+,导致需要 NAD^+ 参与的脂肪酸氧化分解会被抑制,均会导致脂肪酸含量增加,促进肝脏脂肪变性的发展。

(3) 分子脱乙酰化及细胞周期:NAD^+ 作为一种燃料于氧化还原反应的酶的辅酶,并作为其他酶的共底物,如 Sirtuin。在高血液乙醇水平时,NAD^+ 被还原为 NADH,不能作为 Sirtuin 脱乙酰化的辅酶,大量乙酰化的蛋白质会在肝脏中积累,即 H3、AMPK、SREBP－1、lipin－1、PCG－1、PPARα、FOX－0I、β－catenin、NF－κB 和 NFAT,激活脂肪生成途径,抑制脂肪酸氧化途径,减少脂肪动员并诱导炎症反应,从而导致酒精性脂肪肝。此外,SIRT1 是一种重要的再生调节因子,因为它通过参与细胞周期调节的法尼醇 X 受体(farnesoid X receptor, FXR)调节胆汁酸代谢,通过脱乙酰化调节哺乳动物的再生反应,这在酒精性肝炎中很重要,因为肝功能衰竭的原因是肝细胞周期阻滞,它通过细胞周期机制阻止肝细胞再生。

(4) 辅酶 I 对乙醇代谢作用的影响因素:乙醇代谢速度受到 NAD^+ 浓度的显著影响,因此,辅酶 I 对酒精代谢作用也会受到能引起 NAD^+ 浓度变化的因素影响。

1) 生理因素:性别、年龄等均会引起 NAD^+ 水平的差异,其水平随着年龄的增长而稳步下降[17],而下降的水平与衰老过程中的线粒体恶化有关,导致代谢的改变和疾病易感性的增加,从而对乙醇的代谢能力也逐渐减弱。

2) 生活习惯:NAD^+ 控制着从能量代谢到细胞存活的数百个关键过程,其浓度的增加或降低取决于饮食摄入、运动情况等。研究发现,过量饮酒、过量紫外线照射、睡眠不足、暴饮暴食和久坐等不良的生活方式都会引起 NAD^+ 水平下降,导致机体对酒精的代谢能力下降,影响机体健康。

3) 药物:一些药物的代谢会影响代谢乙醇的酶,反之,乙醇也会干扰药物的代谢,因此一些药物不能在饮酒后服用。许多种类的处方药可以与乙醇相互作用,包括抗生素、抗抑郁药、抗组胺药、巴比妥类药物、苯二氮䓬类药物、阿片类药物和华法林等[18]。

16.5.5 提高辅酶Ⅰ对乙醇代谢作用的方法

辅酶Ⅰ在促进乙醇代谢的过程中产生的中间产物乙醛,若不能及时代谢,乙醛堆积便会引起皮肤潮红和呕吐感等不良反应,同时也会增加肝脏损伤的风险。可通过补充 NAD^+ 促进乙醇代谢,减少不良反应。

NAD^+ 在哺乳动物细胞中的生物合成途径包括从头合成途径:Preiss – Handler 合成途径和补救合成途径,而补救合成途径是 NAD^+ 的主要来源。研究表明,NMN、NRH 和 NADH 可显著提高肝细胞的 $NAD^+/NADH$ 比值,且 NRH 和 NADH 的作用远优于 NMN。因此,NADH、NMN、NRH 可以用作潜在的膳食补充剂,可提高细胞和组织中的 NAD^+ 浓度,保护和恢复由乙醇摄入引起的机体功能损害。然而,补充 NAD^+ 前体可能是一把双刃剑,除非存在 NAD^+ 的缺陷,如癌症、艾滋病病毒、代谢性和神经系统疾病[19]。

16.5.6 过度摄入乙醇的不良影响

由于在乙醇代谢的过程中,大量消耗 NAD^+ 并产生 NADH。 NAD^+ 是细胞中为许多反应提供能量的重要分子,因此,需要 NAD^+ 的重要生化反应,包括脂肪酸氧化分解、糖异生和 TCA 循环等就会被抑制。同时,需要 NADH 的反应会被促进,如脂肪生成,引起酒精性脂肪肝。若过量摄入酒精,则机体会优先代谢乙醇,同时,其他食物的代谢会被抑制。因此,过量喝酒也会有引起低血糖的风险。

(1)酒精性肝病(alcoholic liver disease,ALD):酒精的毒性作用似乎与乙醛或 ROS 的产生和肝脏中乙醇代谢过程中形成的 NADH 过量有关,而不是乙醇本身。与酒精性肝病的起始和进展有关的一个重要生化机制是 $NAD^+/NADH$ 平衡的破坏[20]。事实上,乙醇介导的肝脏 NAD^+ 水平的降低被认为是乙醇诱导的脂肪变性、氧化应激、脂肪性肝炎、胰岛素抵抗和糖异生抑制的一个因素。

(2)成人发作Ⅱ型瓜氨酸血症(adult-onset type Ⅱ citrullinemia,CTLN2):在胞质中,草酰乙酸和谷氨酸可利用胞质中的天冬氨酸转氨酶合成天冬氨酸(Asp)[21],但草酰乙酸的形成受到 NAD^+ 的量的限制。这意味着 NADH 的增加会抑制胞质中天冬氨酸的形成。过度摄入乙醇,使得大量 NAD^+ 用于乙醇代谢, NAD^+ 的量骤减,草酰乙酸的形成受到抑制。NADH 的增加也抑制了苹果酸和 ME 生成草酰乙酸,无法通过胞质天冬氨酸转氨酶进一步形成天冬氨酸,导致精氨酸琥珀酸合成酶反应抑制,无法催化瓜氨酸和天冬氨酸合成精氨酸琥珀酸,导致瓜氨酸积累,成人发作Ⅱ型瓜氨酸血症(症状为意识障碍和异常行为,并伴有高氨血症、轻度瓜氨酸血症和轻度肝损伤)。

(3)低血糖:由于乙醇代谢,肝脏 NADH 产生增加,通过减少乳酸转化为丙酮酸来抑制肝脏糖异生,而丙酮酸是糖异生的主要前体。急性乙醇中毒通过增加肝脏 NADH 导致低血糖,此外,由于抑制肝脏葡萄糖的产生,酗酒可导致危及生命的低血糖。

(4)组织损伤:据报道,ADH 存在于身体的每个内脏器官中,如肺、大脑、胃和肾脏、食管、直肠、胰腺、小肠和结肠、唾液腺、甲状腺、肾上腺、脂肪组织、皮肤、乳房和胆囊等。因此在酗酒期间，所有这些器官中的 NAD^+ 水平都会系统性地降低。ADH 的活性被推测可会导致许多这些部位的癌症。

综上所述，NAD^+ 在乙醇代谢中发挥重要作用，它能促进乙醇代谢、预防和治疗急性酒精中毒引起的肝、肾等功能的损伤。但酗酒也会引起多个器官中的 NAD^+ 水平系统性地降低，造成不同程度的损伤。在酒精中毒患者中输注含有完整代谢系统（包括 ADH、ALDH、丙酮酸和 NAD^+）的红细胞，可能成为一种基于加快乙醇代谢达到解毒的治疗策略。

总结与展望

作为一种辅酶，NAD^+ 在能量代谢过程中发挥关键作用，NAD^+ 在线粒体及胞质的穿梭与氧化还原对的转换，为持续不断的糖酵解、TCA 循环、乙醇代谢的能量传递与物质转换提供了保障。目前人们对于 NAD^+ 如何参与体内能量代谢与生理过程已有大量探索，但在此基础上对于疾病的治疗研究仍让人期待。由于 NAD^+ 在能量代谢与物质转换中扮演的重要作用，其部分前体补充剂已经走向临床，随着人们对 NAD^+ 替代疗法的兴趣日益浓厚，了解 NAD^+ 及其前体在正常生理和疾病状态下的动态变化势在必行。目前的研究中仍然有许多突出的问题值得系统地考量，如 NAD^+ 及其前体发挥生理作用的组织差异性；GPDH 能催化 NADH 产生毒性代谢物，尚不清楚这些毒性代谢物在特定组织中是否存在差异积累，或者这些代谢物的水平与 NAD^+ 通量有何关联；目前还有一个存在激烈争议的问题，即细胞和细胞器运输 NAD^+ 代谢物和前体的机制，争议的关键点是 NAD^+ 及 $NADP^+$ 前体如何被从细胞外转运到细胞内，以及 NAD^+ 如何被转运到线粒体中。在目前已有的临床试验中，NAD^+ 已经展现出对衰老、神经退行性疾病、肿瘤、代谢疾病的积极治疗作用，但仍有部分研究表明补充 NAD^+ 是一把双刃剑，在某些情况下具有促炎性或致瘤性，正常生理状态下 NAD^+ 的合成和代谢始终维持着平衡的状态，疾病状态下如何在能量代谢过程中平衡 NAD^+ 及其前体的疗效是值得深入思考的问题。在了解 NAD^+ 的生理作用的基础上，还有未知的关键点值得去讨论研究，以加速将理论基础研究成果转化为人类疾病的有效治疗方案。

参 考 文 献

苏州大学（江亦玥、盛一超、万小瑞、王晶、王燕）

第十七章

辅酶Ⅰ和细胞信号转导

辅酶Ⅰ不仅是氧化还原酶的辅酶,还是一种重要的信号分子,作为酶反应所需消耗的底物参与细胞内多种信号转导过程,这是烟酰胺辅酶之所以成为生命科学研究热点的最大原因。NAD$^+$直接参与调控信号转导的研究最早可追溯到20世纪60年代。法国科学家Chambon和同事们发现,NAD$^+$的前体NMN能促进体外培养的母鸡肝细胞核提取物中腺嘌呤掺入RNA组分,并促进不溶性酸性产物ADPR的生成[1]。Chambon及其同事们的开创性工作为以后数十年研究ADPR转移在蛋白质修饰中的作用打下基础。就在同一时期,Collier和Pappenheimer发现,低浓度高度纯化的白喉毒素在Hela细胞提取物中特异性抑制蛋白质合成,而NAD$^+$是该过程所必需的辅助因子[2]。后续研究发现,白喉毒素可以ADPR基化修饰延伸因子EF2进而影响蛋白质合成。这些早期研究证实蛋白ADPR基化能改变其功能,而NAD$^+$作为蛋白质修饰的关键因子能直接影响细胞内蛋白质的活性。许多信号激酶通过消耗底物NAD$^+$利用单个或多聚ADPR基化修饰将ADPR基团转移到蛋白质上,并改变其功能。现在认为有3种类型的酶介导的信号转导消耗NAD$^+$:① Sirtuin,也称Ⅲ型蛋白赖氨酸脱乙酰酶;② 腺苷二磷酸核糖转移酶(ART)或PARP;③ cADPR合成酶,如CD38和CD157。它们都能够通过切割底物NAD$^+$产生NAM。本章将概述以NAD$^+$为底物的相关信号激酶。

17.1 蛋白质脱乙酰化

17.1.1 Sirtuin家族

1999年,Frye发现哺乳动物的Sirtuin参与代谢细胞内NAD$^+$。此后,蛋白脱乙酰化酶Sirtuin被证明具有许多代谢调节靶点,几乎在所有细胞功能中发挥着重要调节作用,包括DNA转录和损伤修复、炎症、细胞生长、能量代谢、昼夜节律、神经元功能、衰老、癌症、肥胖、胰岛素抵抗和压力反应等生物过程。NAD$^+$的生物学作用在很大程度上取决于Sirtuin。在哺乳动物中,Sirtuin家族包括7种蛋白(SIRT1~SIRT7),基于序列的系统发育分析可将它们分为四类:SIRT1~SIRT3属于Ⅰ型,SIRT4属于Ⅱ型,SIRT5属于Ⅲ型,而

SIRT6 和 SIRT7 属于Ⅳ型。虽然 Sirtuin 家族蛋白存在许多共性,但它们的亚细胞分布和酶活性不同,导致其功能各不相同。在细胞内,哺乳动物 Sirtuin 家族分布呈现不连续性:有些 Sirtuin 蛋白主要定位在细胞核内(SIRT1、SIRT6 和 SIRT7),有些定位于胞质(SIRT2),有些主要定位于线粒体(SIRT3、SIRT4 和 SIRT5)。由于 Sirtuin 的奠基成员(酵母 Sir2 蛋白)能够脱乙酰化组蛋白 H3 和 H4,Sirtuin 蛋白最初被认为是 NAD$^+$依赖性Ⅲ型 HDAC[3]。后来发现哺乳动物 Sirtuin 蛋白不但可以靶向细胞核内的组蛋白,还能脱乙酰化胞质和线粒体等不同亚细胞部位的许多其他蛋白。总体而言,Sirtuin 通过蛋白质脱乙酰化作用在细胞内发挥很多重要调节作用,包括转录调控、能量代谢调控、细胞生存、DNA修复、炎症、生物钟调控、各种应激反应和衰老。

17.1.2 Sirtuin 催化的反应

Sirtuin 家族蛋白是 NAD$^+$依赖性 HDAC,每个脱乙酰化反应消耗 1 分子 NAD$^+$。NAD$^+$在 NAM 和 ADPR 之间被 Sirtuin 切割,而 ADPR 接受乙酰基(acyl)生成乙酰基 ADPR,将蛋白脱乙酰化(图 17.1)。Sirtuin 家族成员的催化活性中心的结构相似,包含 2 个结构域。较大的结构域为一个经典罗斯曼折叠,即经常存在于许多酶中的一个单核苷酸基序,能够结合 NAD$^+$/NADH 或 NADP$^+$/NADPH[4]。较小的结构域是源于罗斯曼折叠的 2 个插入片段所形成的一个球形结构域,其中一个插入片段中 4 个保守性半胱氨酸能结合锌离

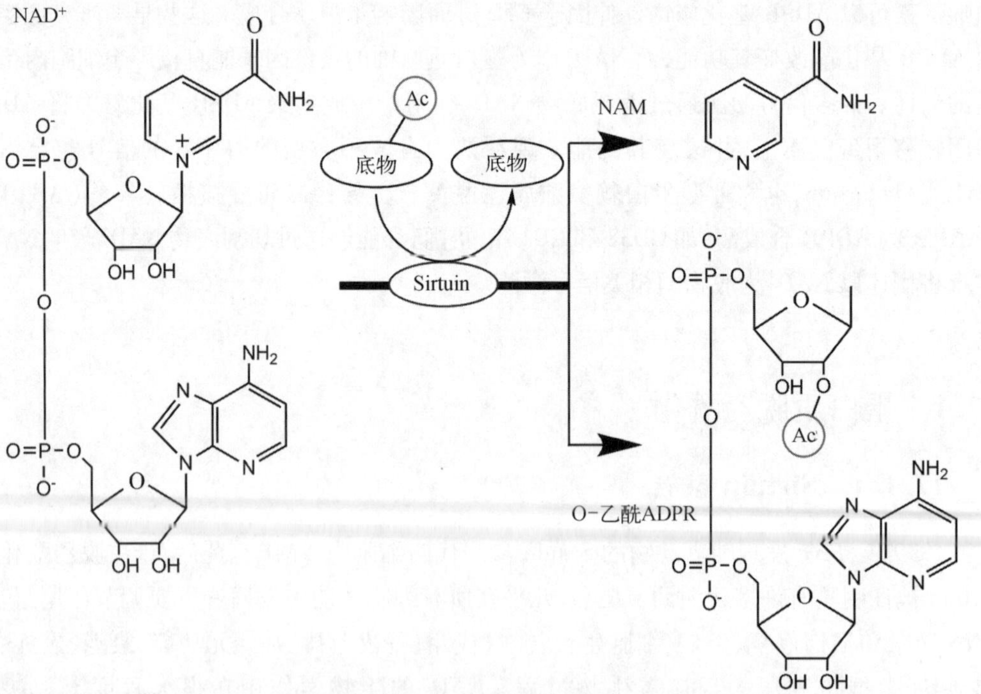

图 17.1 Sirtuin 通过消耗 NAD$^+$将底物蛋白的乙酰基移除

反应过程中 NAD$^+$被切割成 NAM 和 ADPR,后者接受来自底物蛋白的乙酰基团,NAM 被释放

子。这两个结构域中间是底物结合缝隙,即乙酰化肽段和 NAD$^+$ 的结合位点[5]。Sirtuin 通过 NAD$^+$ 和乙酰化赖氨酸底物的结合、糖苷键的剪切、乙酰化基团的转换、NAM 和脱乙酰化赖氨酸的形成发挥其催化作用。值得注意的是,Sirtuin 消耗 NAD$^+$ 所产生的 NAM 能通过两种机制双向调控 Sirtuin 的活性。一方面,生理浓度的 NAM 能够在体外非竞争性抑制酵母 SIRT2 和哺乳动物 SIRT1 的活性[6]。这种抑制作用是通过 NAM 和 Sirtuin 的一个保守性口袋结合实现的,该口袋参与 NAD$^+$ 的结合和催化[7],NAM 和该口袋的结合抑制 Sirtuin 的活性。另一方面,NAM 是 NAD$^+$ 生物合成的前体。NAM 在 NAMPT 作用下转变成 NMN,NMN 在 NMNAT 作用下进一步转变成 NAD$^+$。该补救合成途径不仅仅通过回收 NAM 变为 NAD$^+$ 以维持细胞内 NAD$^+$ 浓度,还能通过转化 NAM 从而解除 NAM 对消耗 NAD$^+$ 的酶的抑制作用,包括 Sirtuin、ART 和 PARP 等。此外,Sirtuin 介导的脱乙酰化反应主要影响乙酰基,但是也修饰丙二酰化、琥珀酰化、戊二酰化、棕榈酰化和其他脂肪酸。譬如,SIRT4 和 SIRT5 的乙酰化作用很弱,SIRT4 主要具备 ART 活性,SIRT5 有较强的去丙二酰基酶和去琥珀酰基酶作用。SIRT5 缺失小鼠的赖氨酸乙酰化水平不受影响,而赖氨酸丙二酰化和琥珀酰化明显升高。此外,Sirtuin 都可以使脂肪酸长链脱乙酰化,而几种游离脂肪酸可以上调 SIRT6 活性。

Sirtuin 蛋白最早是从酿酒酵母中鉴定出来,称为沉默信息调控子 2 (silent information regulator 2, Sir2),它作为染色质沉默元件,在特定位点抑制基因转录[8]。早期突变研究发现,组蛋白 H4 氨基末端的第 16 位赖氨酸和组蛋白 H3 的第 9、14 和 18 位赖氨酸对于基因沉默至关重要,而组蛋白 H4 的第 5、8 和 12 位赖氨酸具备冗余功能。组蛋白 H3 的第 9 和 14 位赖氨酸与组蛋白 H4 的第 5、8 和 16 位赖氨酸在激活染色质中被乙酰化,而在沉默染色质中乙酰化水平降低,过表达 Sir2 促进组蛋白的总体脱乙酰化水平,提示 Sir2 可能是一个 HDAC。的确,酵母和小鼠 Sir2 蛋白是 NAD$^+$ 依赖性 HDAC,能够脱乙酰化 H3 蛋白的第 9 和 14 位赖氨酸及 H4 蛋白的第 16 位赖氨酸[9]。随后研究也发现,Sir2 家族蛋白如大肠杆菌 CobB、酵母 Sir2 及其在大肠杆菌中的同源物 HST2 均能催化 NAD$^+$- NAM 交换反应,该反应需要组蛋白氨基末端乙酰化赖氨酸的存在。不但如此,这些酶催化的组蛋白脱乙酰化反应需要 NAD$^+$。组蛋白如 ^{3}H 标记的 HAT1 在 SDS/PAGE 胶上的条带,当用 HST2 或 Sir2 处理时,在 NAD$^+$ 同时存在下条带完全消失,提示该乙酰化反应绝对依赖于 NAD$^{+[10]}$,这一点和以往的脱乙酰化反应不同。保守性 Sir2 家族蛋白的内源性脱乙酰化活性不但为修饰组蛋白和其他蛋白进而调控转录和许多生物学进程提供了机制解释,也为 NAD$^+$ 依赖性组蛋白脱乙酰化如何调控代谢、基因沉默和衰老的机制提供了一个解释。

17.1.3　Sirtuin 的功能

哺乳动物的 Sirtuin 蛋白从细菌到人都是保守的。SIRT1 是研究最多的一个蛋白,它在细胞核内和组蛋白脱乙酰化一起调控转录因子及 DNA 修复蛋白如 PARP1 的活性。SIRT2 最初是一个胞质蛋白,近年来发现 SIRT2 也定位于细胞核内,调控有丝分裂和细胞周期。SIRT3 是最主要的线粒体脱乙酰酶,蛋白质组学分析显示至少 20% 的线粒体蛋白被乙酰化,而 SIRT3 缺失小鼠的许多组织中总体蛋白乙酰化水平显著升高。蛋白质乙酰化和脱乙酰化之间的平衡对蛋白质的活性、稳定性或复合体形成有着复杂的影响。SIRT3介导的代谢酶脱乙酰化一般导致酶活性的升高。此外,不同乙酰化位点可被不同刺激条件靶向。例如,SOD2 的不同位点在不同条件下可被 SIRT3 脱乙酰化：K53 和 K89 在卡路里限制时,K122 则响应离子辐射应激,而 K68 则应答 ROS 水平增高。SIRT6 和 SIRT7 定位于细胞核内参与基因表达和 DNA 修复。

Sirtuin 介导的蛋白质脱乙酰化具有多种生理功能。Sirtuin 在代谢调控中有重要作用。不引起营养不良的能量摄入限制(减少 10% ~ 40%)被证实在不同机体延长寿命,促进健康。最初发现 SIRT2 可以延长酵母的寿命,这种作用在秀丽线虫和果蝇中也被证实[11, 12]。在酵母、果蝇和线虫等模式动物中,能量摄入限制通过 Sir2 延长寿命[13]。相似的是,Sir2 同源物 SIRT1 和 SIRT6 在小鼠中也有延长寿命作用。这种有益作用主要依赖于 SIRT1 感知 NAD^+ 浓度,进而通过蛋白脱乙酰化调节细胞信号转导发挥作用。精妙之处在于,由于细胞内不同组分 NAD^+ 的浓度不同,细胞可以通过调控不同组分 NAD^+ 的浓度,进而影响不同组分中 Sirtuin 的活性,实现精准调控细胞功能。

细胞内 NAD^+ 水平和其还原形式 NADH 之间的比值受到细胞内氧代谢和氧化还原状态的影响。此外,SIRT1 作为蛋白质脱乙酰酶不但可以作为表观调控子靶向特殊的组蛋白乙酰残基(如 H3K9、H3K14 和 H4K16),还能通过脱乙酰化很多转录因子(如 Tp53、NF - κB、PGC1α 和 FOXO3a)调控转录。首个鉴定的 SIRT1 的激动剂白藜芦醇能够激活 SIRT1 并延长酵母的寿命。此外,Sirtuin 在生物钟调控中也发挥重要作用。Sirtuin 活性和生物钟密切相关,SIRT1 和 SIRT6 可以调控关键生物钟调控子如 Bmal1、Per2 等的转录[14]。有趣的是,细胞内 NAD^+ 的浓度受到生物钟的调控,随着昼夜节律波动。关键生物钟调控子 CLOCK:BMAL1 调控 NAD^+ 补救合成途径的关键限速酶 NAMPT 的节律性表达[15]。SIRT1 被招募到 NAMPT 启动子区,调控自己辅酶的合成。SIRT1 的蛋白丰度相对稳定,但其乙酰化活性依赖于 NAMPT 产生 NAD^+。因此,SIRT1 酶活性随着 NAD^+ 的周期节律产生而波动,说明生物钟通过反馈性调节 NAD^+ 调控 Sirtuin 的活性。

17.1.4 NAD^+ 与 Sirtuin 活性的调节

NAD^+ 在衰老中发挥重要作用。NAD^+ 水平随着衰老不断降低,而 Sirtuin 的活性也随着年龄增长而下降,系统性 NAD^+ 水平的降低可能是 Sirtuin 活性随着衰老下降的原因。Sirtuin 的活性高度依赖于 NAD^+ 水平,由于其酶动力学,Sirtuin 的激活并不会导致细胞内 NAD^+ 的耗竭。Sirtuin 的活性由 NAD^+ 反应的米氏常数(K_m)定义,该常数表示 NAD^+ 过量时反应速率为最大值的一半时的 NAD^+ 的浓度。NAD^+ 的 K_m 在 Sirtuin 之间可能存在显著差异。据报道,SIRT1、SIRT2、SIRT3、SIRT4、SIRT5 和 SIRT6 的 NAD^+ 的 K_m 分别为 94 ~ 96 $\mu mol/L$、83 $\mu mol/L$、880 $\mu mol/L$、35 $\mu mol/L$、980 $\mu mol/L$ 和 26 $\mu mol/L$。其中 SIRT2、

SIRT4 和 SIRT6 的活性可能不受 NAD$^+$ 水平的限制,因为它们的 K_m 值远低于生理 NAD$^+$ 水平的变化范围。最早在过表达 SIRT1 转基因小鼠的胰腺 β 细胞中观察到 NAD$^+$ 水平随年龄降低[16]。这些小鼠年轻时葡萄糖刺激胰岛素分泌功能增强,但在年老时(18~24 月龄)该表型消失,给予 NAD$^+$ 前体 NMN 在年老动物补救此表型。该研究表明,NAD$^+$ 水平随年龄降低是 SIRT1 转基因小鼠胰腺 β 细胞中表型消失的原因。后来发现 NAD$^+$ 前体恢复 NAD$^+$ 水平可在野生型小鼠阻止饮食和年龄诱导的糖尿病[17]。总体而言,脱乙酰酶在 NAD$^+$ 影响衰老的各种细胞过程中扮演着关键角色,提高其活性是对抗衰老治疗的关键焦点。

17.2　蛋白质核糖基化修饰

　　腺苷二磷酸核糖转移酶(ART)超家族是另一类以 NAD$^+$ 为底物的激酶,存在于所有物种中。ART 在结构上含有一个保守的催化结构域,根据这些催化结构域与霍乱毒素和白喉毒素的同源性,哺乳动物 ART 一般分为两类:白喉毒素样(diphtheria toxin like ART,ARTD)亚家族,或称 PARP 样蛋白和霍乱毒素样 ART(cholera toxin-like ART,ARTC)亚家族[18]。ARTD 是细胞内酶,能够将一个或多个 ADPR 残基转移到底物氨基酸上。ARTD 催化单个 ADPR 转移的过程称为单 ADPR 基化,而将多个 ADPR 转移产生线性或分枝状 ADPR 链的过程称为多 ADPR 基化。相反,ARTC 是一种糖基磷脂酰基醇(GPI)锚定的细胞外酶或分泌酶,能够将单个 ADPR 残基转移到底物蛋白上。

　　ART 通过消耗 NAD$^+$,将单个或多个 ADPR 基团转移到受体分子上,并改变蛋白质功能,同时释放 NAM。这种单核苷酸和多核苷酸修饰分别称为单 ADPR 基化(MARylation)和多 ADPR 基化(PARylation)(图 17.2)。蛋白质氨基酸的 ADPR 基修饰在真核生物钟调控重要的细胞内信号通路,也是某些病原菌致病的基础。被发现的第

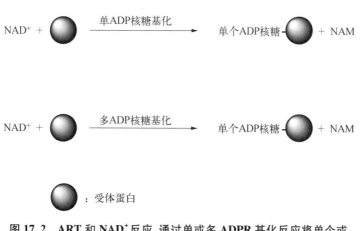

图 17.2　ART 和 NAD$^+$ 反应,通过单或多 ADPR 基化反应将单个或多个 ADPR 基转移到受体蛋白上,同时释放 NAM

一个 ART 是细菌毒素,包括霍乱毒素和白喉毒素。细菌病原体释放的这些毒素可以通过对宿主蛋白的不可逆修饰促进自身生存。而某些 ART 家族蛋白如 PARP 与癌症等人类疾病密切相关。

17.2.1　PARP 信号(多 ADPR 基化修饰)

多腺苷二磷酸核糖聚合酶[poly(ADP - ribose)polymerase, PARP]在 DNA 修复、炎症和细胞死亡信号转导中扮演着重要的角色。PARP 是促使细胞对异常刺激做出反应的关键酶,严重的外界应激触发 PARP 持续性激活,导致 NAD^+ 耗竭,细胞死亡。在人类中有 17 种 PARP 蛋白(PARP1~PARP17)。PARP 的同源物也在动物、植物、真菌、细菌和病毒中发现,表明该激酶的功能保守。PARP 家族也可以转移单个或多个 ADPR 基团到受体蛋白上。PARP 家族激酶能催化 NAD^+ 的 ADPR 转移到包括 PARP 自身在内(自我修饰)的多种蛋白质底物上。PARP 介导的反应过程包括切割 NAD^+ 并转移 ADPR 基团到靶蛋白的天冬酰胺、天冬氨酸、谷氨酸、精氨酸、赖氨酸和半胱氨酸残基上,形成分枝状多聚ADPR 聚合物,同时释放 NAM。在 PARP 蛋白中,只有 4 个成员 PARP1、PARP2、PARP5a和 PARP5b 具有多聚 ADPR 聚合酶活性。PARP1 和 PARP2 可以催化多聚 ADPR 基团从NAD^+ 转移到受体蛋白,产生一种带负电荷的、长的多聚 ADPR(PAR)链。另外 11 个PARP 家族成员具有单 ADPR 聚合酶活性,可以催化单个 ADPR 转移到受体蛋白,这些单ADPR 聚合酶对细胞内 NAD^+ 浓度的影响比较小。还有 2 个成员(PARP9 和 PARP13)不具备催化活性[19]。PARP 主要功能是在细胞核内调控 DNA 代谢,如 DNA 修复、转录和维持染色体的结构。相当一部分 PARP 在胞质也有分布,提示 ADPR 基化可能在胞质中也有重要功能。有证据表明,基因敲除 PAR 降解酶、多聚腺苷二磷酸核糖水解酶[poly(ADP - ribose) glycohydrolase, PARG]的小鼠可以存活,而同时敲除胞质和细胞核内PARG 致死,提示胞质多 ADPR 基化在动物发育中起重要作用[20]。

迄今,PARP1 和 PARP2 研究最多,PARP1 和 PARP2 调控细胞内多种反应,包括 DNA修复和转录调控,被认为是细胞内 NAD^+ 的主要消耗者,PARP 过度激活可导致细胞内NAD^+ 的快速耗竭。DNA 损伤导致细胞核内 PARP 持续激活,并在 5~15 min 内消耗细胞内 80%~90% 的 NAD^+[21]。PARP1 是含量最高的 PARP,在细胞内广泛表达。基因敲除 *PARP1* 或用 PARP1 抑制剂能提高小鼠中 NAD^+ 水平,如 *PARP1* 敲除小鼠中 NAD^+ 水平增加高达 2 倍,改善线粒体功能并对 HFD 动物起保护作用,提示 PARP1 在生理条件下也能消耗 NAD^+[22]。PARP2 对 NAD^+ 亲和力较低,仅占响应 DNA 损伤的 PARP 总活性的 5%~10%。*PARP* 敲除小鼠可以存活并繁殖,但对烷化剂处理和离子辐射高度敏感,基因组变得更不稳定[23]。然而,*PARP* 敲除小鼠对许多病理生理性刺激如脑缺血、LPS 诱导的脓毒性休克及链脲佐菌素诱发的糖尿病表现出保护作用[24-26]。PARP1 作为细胞内应激应答的中心,可对不同类型和强度应激刺激做出反应,决定细胞的命运。PARP1 对应激做出反应大多基于 PARP 利用 NAD^+ 作为供体,调控 PAR 的合成。例如,PARP1 对 DNA 损伤监控和修复至关重要,决定基因毒性条件下细胞修复自身还是走向死亡。当 DNA 损伤修复时,PARP1 被招募到基因组 DNA 缺口和双链断裂部位,减少重组发生并避免受损 DNA 受到核酸外切酶的作用,调控 DNA 损伤修复。PARP1 与 DNA 缺口结合后,通过自身的糖基化来催化 NAD$^+$ 分解为 NAM 和 ADPR,再以 ADPR 为底物,使 PARP1 自身和其他 DNA 损伤相关蛋白上长 PAR 链的合成,即发生"PAR 化",形成 PARP ADPR 支链。一方面,可防止附近的 DNA 分子与损伤的 DNA 进行重组;另一方面,能够招募并激活 DNA 修复蛋白结合并降低 PARP1 与 DNA 的亲和性,使 PARP1 从 DNA 断裂处解离,然后 DNA 修复蛋白与 DNA 缺口结合,对损伤部位进行修复。PARP1 在 DNA 损伤部位的活化可进一步招募其他 PAR 结合蛋白。这些蛋白包括 XRCC1(X 射线修复交叉互补蛋白 1),一种在 DNA 碱基切除修复中起作用的支架蛋白;CHD4(染色质结构域核小体重构和组蛋白脱乙酰化),它能够在断裂位点抑制转录,有利于 DNA 修复;APLF 和 CHFR,两者均有 PAR 结合结构域;ALC1,该蛋白能促进核小体重构。此外,同源重组相关蛋白如 ATM 也能被招募。不但如此,PARP1 在 DNA 修复的非同源末端连接(non-homologous end-joining, NHEJ)通路也起作用[27]。PARP1 首先通过 PAR 结合结构域招募染色质重塑子 CHD2, CHD2 反过来触发 DNA 损伤部位的染色质快速扩增和组蛋白变异体 H3.3 的堆积。因此,PARP1、CHD2 和 H3.3 三者在染色体断裂处调控 NHEJ 复合体的装配,进而促进 DNA 的高效修复[27]。

然而,过度 PARP1 激活会导致细胞死亡。细胞凋亡早期 caspase 激活并切割 PARP1, 这是凋亡特征之一,其机制还不完全清楚。由于合成 PARP1 的底物 NAD$^+$ 需要消耗 ATP, 强烈应激下 PARP1 的高度激活能耗竭细胞内能量和 NAD$^+$,引起细胞坏死[28]。此外, PARP1 还参与一种不同于凋亡和坏死的特殊细胞死亡形式——"parthanatos"[29]。在 DNA 烷化剂 N-甲基-N-硝基-N-亚硝基胍(MNNG)、H$_2$O$_2$ 或 NMDA 应激下,PARP1 激活是凋亡诱导因子(apoptosis induced factor, AIF)从线粒体转位释放所必需的[30]。AIF 然后转位入细胞核,招募核酸酶巨噬细胞迁移抑制因子(macrophage migration inhibitory factor, MIF),进而切割基因组 DNA 导致染色质解聚[31]。由此可见,随着应激刺激的增强,PARP1 活化水平不断增高,产生包括 DNA 修复和细胞死亡在内的不同效应。PARP2 在结构上与 PARP1 相似,具有类似的催化结构域,调控的细胞进程也相似,包括 DNA 修复和转录调控,约占 PARP 活性的 10%。PARP2 活性也可能影响 NAD$^+$ 的生物利用度。研究发现,如果敲除 PARP1 和 PARP2 中的一个,小鼠还能成活,但两个同时敲除却是致命的。目前临床上使用的 PARP 抑制剂,能同时抑制 PARP1 和 PARP2,说明药理学的活性抑制与基因手段的蛋白质缺失,效果并不相同。现在靶向 PARP 特别是 PARP1,在衰老领域是一种很有前途的治疗策略。未来需要更多的研究来充分了解 PARP 对年龄相关 NAD$^+$ 水平下降的影响。其他 PARP 的功能现在还不太清楚。PARP3、PARP5a 和 PARP5b 也可能在 DNA 损伤修复中起作用。此外,PARP5a 和 PARP5b 也是端锚聚合酶, 参与有丝分裂和 Wnt 信号通路。PARP16 可以调控未折叠蛋白反应(unfolded protein response, UPR),而 PARP11 参与核膜和核孔复合体的组装。PARP4 也是核糖核蛋白,被认为与核孔复合体形成相关,但其功能还不清楚。PARP9、PARP10 和 PARP14 可以调控免疫和炎症应答所需基因的转录。PARP6 在神经元中丰度较高,可以调控发育过程中海马神经元树突形态,其具体机制不清楚。PARP15 单核苷酸多态性与急性髓性白血病发病风险相关。其余一些 PARP 在病毒宿主相互作用中起作用。

除参与 DNA 调控之外,PARP 通过 ADPR 修饰靶蛋白,在许多 RNA 调控通路中发挥重要作用[32]。PARP 几乎参与细胞核和胞质中 RNA 加工的所有步骤,包括 RNA 剪切、翻译及沉默或降解。无论在正常还是应激条件下,PARP 在基因调控中都起重要作用,这和 Chambo 最初认为 PARP 合成多聚 RNA 而非多聚 ADPR 观点一致[32]。PARP 一般通过两种机制调控 RNA 的加工,一种直接通过 ADPR 修饰 RNA 结合蛋白进而改变其功能,另一种通过产生多聚 ADPR,然后通过共价键和 RNA 结合蛋白结合,该相互作用将 RNA 结合蛋白隔离,降低其结合 RNA 的能力[33, 34]。例如,转录合成的 mRNA 前体在运送出细胞核之前必须经过剪切以去除内含子。mRNA 前体还需要在其 5′端添加甲基鸟嘌呤帽及 3′端添加多聚多腺苷酸[poly(A)]尾,以稳定 mRNA。多腺苷酸聚合酶(polyadenylate polymerase, PAP)负责催化 poly(A)尾形成。在热休克应激时,PARP1 可以和 PAP 结合,通过多聚 ADPR 基化修饰抑制 PAP 的活性,多聚 ADPR 基化修饰的 PAP 抑制 poly(A)尾的形成[35]。此外,PARP 本身也是一种 RNA 结合蛋白:PARP7、PARP12 和 PARP13 含有 RNA 结合结构域,而 PARP10 和 PARP14 含有 RNA 识别基序[36]。PARP 调控 RNA 的研究是一个新的领域,现在正快速发展。

有趣的是,PARP 和 Sirtuin 之间存在相互作用和调控。两者有共同的底物 NAD+,因此可能通过竞争有限的底物相互调控。PARP1 的活性受其乙酰化状态的调控。研究表明,过表达 SIRT1 或使用 SIRT1 激动剂白藜芦醇均导致 PARP1 脱乙酰化,抑制 PARP1 的催化活性[37]。该研究证明,增强 SIRT1 活性通过直接脱乙酰化 PARP1 降低其活性。如果 PARP1 活性在 DNA 损伤时被激活,可用 NAD+ 水平减少,将阻断 SIRT1 脱乙酰化 PARP1 的功能。Sirtuin 对 PARP1 的调控还能通过乙酰化非依赖方式发生。譬如,SIRT6 缺失小鼠表现出基因组不稳定,其机制不明。有研究表明,在百草枯诱导的氧化应激模型中,SIRT6 被招募到 DNA 双链断裂(double-strand breakage, DSB)处,促进 DSB 的修复。SIRT6 可以和 PARP1 结合,并在 PARP1 的 521 位赖氨酸残基将其单 ADPR 基化修饰,激活 PARP1 的活性,增强 DSB 修复[38]。在该模型中,SIRT6 并不影响 PARP1 的乙酰化状态。相似的是,PARP1 也可以调控 SIRT1 的活性。敲除 PARP 能在棕色脂肪组织和肌肉中增加 NAD+ 水平,上调 SIRT1 的活性。PARP 缺失小鼠的表型和 SIRT1 激活很相似,包括线粒体含量增高、能量消耗增加和对代谢性疾病的抵抗,药物抑制 PARP1 也观察到相同的现象[22]。在该模型中,并未观察到 PARP1 能够多聚 ADPR 基化 SIRT1,提示内源性 SIRT1 可能并不是多聚 ADPR 基化的底物。此外,PARP 还可以通过调控基因表达调控 SIRT1。PARP2 可以结合到 SIRT1 的启动子区域,抑制 SIRT1 的转录[22, 39]。PARP 和 Sirtuin 之间的相互作用在多种生理性进程中发挥作用。

17.2.2　PARP 信号(单 ADPR 基化)

蛋白质的单 ADPR 基化是一种系统发育上古老的、可逆的转录后共价键修饰,在此过程中 NAD$^+$ 的单个 ADPR 基团转移到受体蛋白的特定氨基酸上,同时释放 NAM[40]。单 ADPR 基化可以发生在许多不同氨基酸残基上,细菌毒素中的单 ADPR 基化反应研究最多。至少 6 个氨基酸残基包括精氨酸、天冬酰胺、谷氨酸、天冬氨酸、半胱氨酸和组氨酸参与该反应。在真核细胞中,内源性蛋白的单 ADPR 基化酶活性可以修饰精氨酸、谷氨酸、半胱氨酸、磷酸丝氨酸、天冬氨酸和天冬酰胺。例如,细胞内单 ADPR 基化可以修饰 GTP 结合蛋白、小 GTPase、内质网蛋白 GRP78、微管、肌动蛋白、线粒体 GDH 和组蛋白。另外,一些单 ADPR 基转移酶能核糖化小分子如自由氨基酸、DNA 和 RNA。

单 ADPR 基化最初被认为是细菌进化上抵御病毒、其他细菌种属和抗生素分子的一种防御性机制。古老的 ART 靶向病毒的 RNA、DNA 和蛋白质,调控它们的复制和功能,甚至可以靶向小分子抗生素如利福霉素使其单 ADPR 基化。后来,一些特殊的致病细菌通过进化具备了分泌含有 ADPR 基化蛋白的细菌毒素,如白喉毒素、百日咳毒素、霍乱毒素和一些梭菌毒素。这些分泌的毒素作为致病因子进入真核宿主细胞,通过单 ADPR 基化靶向关键调控蛋白,从而获得生存优势[41]。例如,在酵母中白喉毒素催化 eEF2 的白喉酰胺残基 699 位发生单 ADPR 基化,因而阻断 eEF2 与其他翻译相关蛋白的结合,最终有效阻断宿主细胞的蛋白质合成。此外,绿脓杆菌分泌的外毒素 A 和霍乱弧菌分泌的 cholix 毒素也能在同一个氨基酸残基催化 eEF2 的 ADPR 基化。单 ADPR 基化也在噬菌体和真核生物中被发现。

Sirtuin 家族部分成员能催化单 ADPR 基化反应。例如,酵母中 SIRT2 最早作为染色质沉默元件被发现。最初人们对 SIRT2 蛋白的功能知之甚少,一个重要突破发现鼠伤寒沙门菌 CobB 蛋白是 Sir2 的同源物[42]。CobB 蛋白能部分行使 CobT 蛋白合成维生素 B$_{12}$ 的功能。由于已知 CobT 蛋白能将 NNM 的核糖 5′磷酸转移到维生素 B$_{12}$ 前体,这促使人们检测 Sir2 样蛋白是否具备磷酸核糖转移酶的作用。Frye 在 1999 年发现,利用 5,6 -二甲基苯丙咪唑作为底物,重组大肠杆菌 CobT 和 CobB 蛋白均表现出较弱的 NAD$^+$ 依赖性单 ADPR 转移酶活性,他还发现 CobB 和人 SIRT2 蛋白均能将放射活性从[^{32}P]NAD$^+$ 转移到牛血清白蛋白上,而保守性组氨酸突变的人 SIRT2 蛋白则不具备该功能[43]。这些结果表明,Sirtuin 蛋白可能通过单 ADPR 基化发挥作用。随后的体外研究也发现,Sir2 能将 NAD$^+$ 上标记的磷酸转移到自身和组蛋白上。一种具备自我修饰活性的 Sir2 修饰体能特异性地被抗单 ADPR 抗体所识别,提示 Sir2 是一种 ADPR 转移酶。Sir2 的组氨酸残基突变同时消除了其体外酶活性和体内基因沉默功能[44]。提示 Sir2 具备 ADPR 转移酶活性,该活性对基因沉默至关重要。其他 Sirtuin 蛋白也具备单 ADPR 基化作用,如线粒体 SIRT4 以 NAD$^+$ 为底物,通过单 ADPR 基化下调 GDH 的活性,调控谷氨酸和谷氨酰胺的代谢、ATP 的产生和胰岛素的分泌,而另一个 SIRT6 主要定位于细胞核内,通过单 ADPR 基化反应参与基因表达和 DNA 修复。

PARP 家族一些成员也能通过单 ADPR 基化反应调控多种信号通路。PARP14 是侵袭性 B 细胞淋巴瘤家族成员之一，和 STAT 信号相互作用，共同激活 IL－4 诱导的 STAT6 依赖性转录。单 ADPR 基化活性在该过程中起重要作用，因为催化活性位点突变无法产生共激活作用。PARP10 是最早被鉴定的具有单 ADPR 基化活性的酶，与癌基因 *c-myc* 相互作用。近来研究发现，PARP10 可以靶向许多激酶、受体和生长因子，进而调控细胞增殖、NF－κB 信号和 DNA 修复。GSK3β 是其底物之一，它是一种丝氨酸/苏氨酸激酶，调控许多细胞内过程。PARP10 通过单 ADPR 基化 GSK3β 降低其活性，进而影响 GSK3β 相关信号通路。此外，PARP10 和 K63 介导的多聚泛素化链有相互作用。K63 介导的多聚泛素化在 NF－κB 信号通路中起重要作用。NF－κB 是一种二聚体转录因子，调控促炎因子如 IL－1β 和 TNF－α 或 LPS 刺激下细胞的基因表达。PARP10 过表达降低 IL－1β 刺激诱导的 NF－κB 的激活。PARP7 是环境污染物二噁英（TCCD）诱导基因之一。二噁英是工业生产过程中产生有害的物质，通过和细胞内芳烃受体（aryl hydrocarbon receptor，AhR）结合对动物和人产生毒性。AhR 激活后转位到细胞核，发生二聚体并结合 AhR 核转位子（ARNT），调控基因转录[45]。PARP14 可以通过负反馈环路调控 AhR，抑制基因转录。PARP16 是一个单 ADPR 基化酶，其 C 末端跨膜结构域定位于内质网（endoplasmic reticulum，ER）和核膜。PARP16 在核-胞质运输及 ER 未折叠蛋白反应（unfolded protein response，UPR）中起作用。UPR 在 ER 的堆积引起 ER 应激和 UPR。UPR 中两种激酶 IRE1α 和 PERK 及 ATF6 可以感知未折叠多肽的堆积。IRE1α 和 PERK 与分子伴侣 BiP（也称 GRP78）结合。ER 应激时，PARP16 被激活并与 IRE1α 和 PERK 相互作用，导致 IRE1α 和 PERK 的单 ADPR 基化，从而增加这两个激酶的活性，增强下游效应。相反，*PARP16* 敲除增加细胞对 ER 应激的敏感性。PARP 介导的多 ADPR 基化在 DNA 损伤修复的中的作用被广泛研究。近年来发现，单 ADPR 基化在该过程中也起作用。例如，下调 PARP10 增加丝裂霉素和 UV 辐射诱导的 DNA 损伤的敏感性。增殖细胞核抗原（proliferating cell nuclear antigen，PCNA）是 DNA 复制机制中的关键调控子，协调 DNA 修复和复制。PARP10 可以和 PCNA 相互作用，PARP10 的催化活性对维持 PCNA 泛素化水平很重要，有利于招募易错跨损伤修复合成聚合酶到停滞的复制叉处。此外，PARP8 也可以与 PCNA 相互作用。总之，单 ADPR 基化翻译可以催化多种激酶，影响细胞内多种信号通路的转导。

17.3　细胞外核糖基环化酶

17.3.1　CD38 和 CD157 催化的反应

cADPR 由 NAD^+ 产生，而 NAADP 由 $NADP^+$ 产生，虽然 NAADP 是线性而非环化分子，但这两个反应均由 ADPR 环化酶家族催化。ADPR 环化酶以 NAD^+ 为底物产生 cADPR，反应保留 NAD^+ 中的腺嘌呤环和腺苷酸磷酸盐，NAM 被去除。环化部位发生在腺嘌呤环的

N1 位置和末端核糖的异头碳之间,两者连接形成 cADPR,而 NAM 在环化过程中被释放出去(图 17.3)[46]。ADPR 环化酶含有进化上保守的 3 种酶家族:一种是无脊椎动物海蜗牛中的 ADPR 环化酶;另外两类主要存在于哺乳动物 ADPR 环化酶超家族是 CD38 和 CD157。

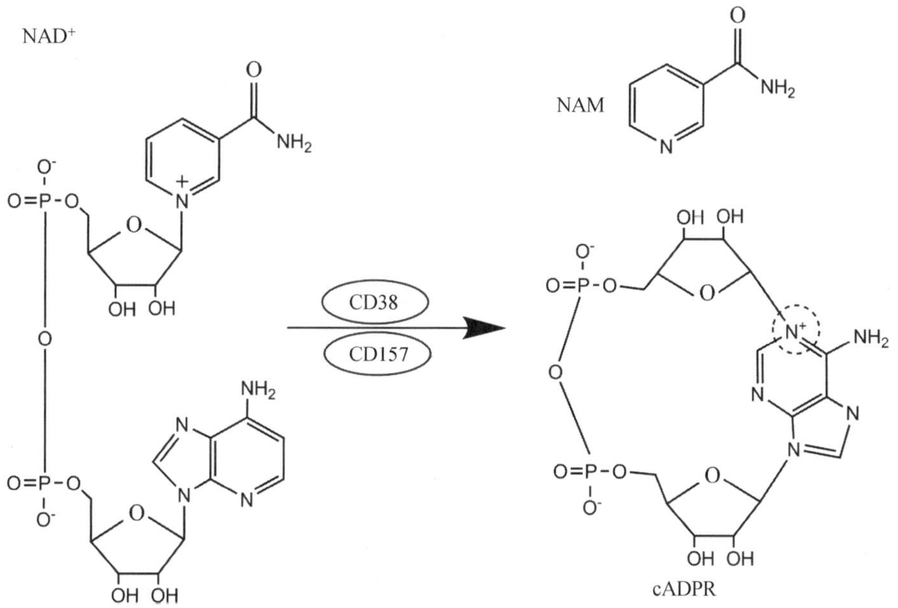

图 17.3　ADPR 环化酶 CD38 和 CD157 催化 NAD+ 生成 cADPR,同时释放 NAM
虚线圆圈指示环化发生部位

CD38 和 CD157 是多功能胞外酶,具备糖水解酶和 ADPR 环化酶功能。cADPR 由 H. C. Lee 及其同事们在 1987 年在海胆卵中观察到,将 NAD+ 和海胆卵提取物共孵育得到一种代谢物,能激动卵内钙库,该代谢物就是 cADPR。cADPR 在从原生生物到植物再到人类的许多类型细胞中高效激活钙的释放,调控钙信号。哺乳动物中第一个 ADPR 环化酶 CD38 在 1993 年被鉴定,随后其同源物 CD157 被克隆和纯化。CD38 和 CD157 遗传上是同源物,CD38 和 CD157 蛋白质序列有 30% 是一致的,均能从 NAD+ 合成 cADPR。CD38 有 3 种类型:Ⅱ型、Ⅲ型和可溶型。在淋巴细胞中,CD38 是糖基化的Ⅱ型膜蛋白,其催化活性羧基末端被糖基化,存在于细胞外,无催化活性的氨基末端在细胞内。而Ⅲ型 CD38 的催化羧基末端存在于细胞内,不被糖基化。此外,CD38 还存在可溶型,它和跨膜型 CD38 一样具备水解酶和环化酶活性[47]。最初发现 CD38 作为一个质膜蛋白表达在各种造血细胞表面。蛋白质序列分析表明,CD38 的细胞外结构域和以前在无脊椎动物海蜗牛中鉴定的 ADPR 环化酶高度同源。当时已经发现,海蜗牛的 ADPR 环化酶能产生 cADPR,并诱导细胞内钙库中钙释放。因此,几个研究组检测 CD38 是否也是 ADPR 环化酶。纯化的重组 CD38 确实可以催化 NAD+ 变成 cADPR,但产量比海蜗牛 ADP 环化酶低很多,97%~99% 的 CD38 产物是 ADPR。因此,CD38 是一个具备两种功能的酶,除了

ADPR 环化酶作用外,还能有效水解 cADPR 变成 ADPR,发挥 cADPR 水解酶作用。这些研究表明,CD38 是一种多功能酶,能催化 cADPR 的形成和降解。虽然 CD38 最早作为淋巴细胞表面抗原被发现,后来发现许多其他组织包括眼睛和脑内都存在 CD38。不但如此,CD38 不仅存在于细胞膜表面,还存在于细胞内细胞器,包括细胞核膜。譬如牛脑中含有一种可溶性 ADPR 环化酶,其催化活性和 CD38 相似,兼具 cADPR 合成酶和 cADPR 水解酶活性。此外,ADPR 环化酶还存在于眼虫属等原生动物中,其催化活性和海蜗牛 ADPR 环化酶相似,只有 cADPR 合成酶作用,无水解酶活性。

17. 3. 2 　CD38 与钙稳态

许多研究表明,CD38 在调控细胞钙信号方面起关键作用。例如,在成纤维细胞 3T3 中表达全长膜结合形式的 CD38 可增加细胞内游离钙浓度,而酶活性降低的突变 CD38 细胞内钙浓度无变化,说明 CD38 的酶活性调控细胞内钙稳态。另一项研究表明,在小鼠胰岛 β 细胞中过表达 CD38,观察到用葡萄糖刺激动物体内分离的胰岛 β 细胞导致胰岛素分泌大大增加。相反,高浓度葡萄糖刺激在 CD38 缺失小鼠的胰岛 β 细胞不能激动钙和促进胰岛素分泌,而且给予葡萄糖后,CD38 缺失小鼠葡萄糖水平很高且伴随血清胰岛素水平低下。这些研究表明,在胰岛 β 细胞中 CD38 调控葡萄糖诱导的钙释放。此外,还有研究发现,胰腺腺泡细胞内 M 受体的信号转导依赖于 CD38。乙酰胆碱(acetylcholine, ACh)诱导腺泡细胞内 cADPR 形成,该反应依赖于 CD38。而且 ACh 刺激腺泡细胞内钙释放也受 CD38 调控。该研究表明,在胰腺腺泡细胞中,CD38 产生的 cADPR 在 AChR 参与下调控钙信号。由于 CD38 首先在造血细胞中被发现,有理由推测 CD38 在调控白细胞钙应答中也有重要作用。在 CD38 缺失小鼠的中性粒细胞中,CD38 调控化学引诱物激活 G 蛋白偶联甲酰肽受体介导的钙释放,而 cADPR 拮抗剂减弱这种钙释放。此外,CD38 缺失的中性粒细胞无法有效迁移到感染和炎症部位,提示 CD38 通过产生 cADPR 在白细胞趋化应答中起重要作用。

钙离子是细胞内具备多种功能的信号分子,调控许多不同生物学过程,包括刺激分泌偶联、兴奋收缩偶联、神经元突触传递、代谢、基因表达、突触可塑性、受精和增殖等。钙离子调控胞内事件的时间跨度范围很大。例如,在突触连接部,钙离子可在毫秒内触发含有神经递质的囊泡发生胞吐释放递质,而钙离子调控基因转录和细胞增殖则需要数分钟或数小时。细胞内许多组分也参与钙信号调节,包括细胞器、受体、离子通道、钙结合蛋白、转运体等。因此,钙信号也参与许多生理学和病理学进程,并在许多疾病如肿瘤、糖尿病和神经退行性疾病中发挥重要作用。细胞内钙离子浓度处于严密调控之下,主要取决于各种刺激所产生效应之间的平衡。首先,正常细胞内外的钙离子分布并不均一,由于钙转运体的存在,细胞内钙浓度远低于细胞外。钙离子在细胞内分布也不均一,细胞内某些细胞器具备储存钙离子的功能,被称为钙库,如内质网及肌肉细胞内具备相似功能的肌浆网,线粒体和溶酶体也可以储存钙离子。其次,当细胞受到外界刺激产生效应时,细胞内钙浓度增加。产生信号的钙离子既可以来自细胞外,又可来自细胞内:钙离子从细胞外进入细胞内,或者细胞内钙库释放钙离子。钙离子进入细胞或从钙库释放都需要通过特殊的通道。例如,在细胞膜上存在许多钙通道。当细胞膜发生去极化、拉伸,细胞受到毒性刺激时,这些通道可控制钙离子从细胞外进入细胞内。此外,当细胞内钙库耗竭时,细胞外的钙离子也会进入到细胞内。另外,细胞内钙库释放钙也受多种因素控制,包括肌醇 1,4,5 三磷酸 $[Ins(1,4,5)P_3]$、cADPR、NAADP 和鞘氨醇 1 磷酸(S1P)等,它们通过调控钙库上的通道调节钙释放。细胞内钙信号处于动态平衡之中。各种刺激激活钙通道开放时,钙离子进入细胞产生生物学效应。最后,当刺激或效应消失时,钙离子被各种交换子或离子泵排出细胞。例如,Na^+/Ca^{2+} 交换子和质膜上的 $Ca^{2+}-ATP$ 酶将钙离子排出胞外,而肌浆网/内质网上的 $Ca^{2+}-ATP$ 酶(SERCA)将细胞内游离钙泵回钙库,恢复初始的平衡状态,从而维持钙稳态。$Ins(1,4,5)P_3$ 是第一个被证明参与调控钙释放的细胞内第二信使,许多刺激都可以通过磷脂酶 C(phospholipase C, PLC)增加胞内信使 $Ins(1,4,5)P_3$ 的含量,$Ins(1,4,5)P_3$ 和钙库上的肌醇 1,4,5 三磷酸受体($InsP_3R$)结合,促进钙库中钙离子从 $InsP_3R$ 释放。决定 $InsP_3R$ 释放钙离子的主要因素是 $Ins(1,4,5)P_3$ 和钙离子本身。$Ins(1,4,5)P_3$ 和其受体的结合能增加受体对钙离子的敏感性。钙离子在低浓度对受体有激活作用,但是钙离子释放达到高浓度时则抑制该受体。钙离子可直接作用于受体,或者间接通过钙调蛋白产生激活或抑制效应。此外,钙离子也可从细胞器腔内,通过钙结合蛋白敏化 $InsP_3R$ 调控钙释放。在心肌细胞或神经元兴奋性细胞中,$Ins(1,4,5)P_3$ 通路可开启电压门控钙通道,使细胞外钙离子通过细胞膜上的钙通道进入细胞内成为游离钙,游离钙进而促进钙库上 RyR 释放钙离子。这种胞质内钙离子诱导胞内钙库从 $InsP_3R$ 或 RyR 释放钙离子的自我催化机制一般被称为“以钙释钙”。$Ins(1,4,5)P_3$/钙信号通路直接调控的进程包括肌肉收缩、神经元记忆形成和胰腺 β 细胞释放胰岛素。该通路还能对钙信号的产生和功能发挥细微的调制作用,间接调控钙信号[48]。

　　cADPR 和 NAADP 是两种调控细胞内钙的重要代谢物。cADPR 主要通过激活内质网上的 RyR 调控钙释放,而 NAADP 则主要通过激活双孔通道蛋白(two pore channel, TPC)释放钙。cADPR 调控 RyR 的确切机制还不清楚。一种观点认为 cADPR 不直接和 RyR 结合,而是通过一些中间分子如 RyR 亚基 FK506 结合蛋白 12.6(FKBP12.6)发挥作用[49]。cADPR 可能通过诱导 FKBP12.6 从 RyR 的解离,导致该通道不稳定进而增加其开放。最近有研究表明,GAPDH 是一种 cADPR 结合蛋白,cADPR 诱导 GAPDH 和 RyR 的瞬时相互作用,这对 cADPR 诱导的钙释放是必需的[50]。另一种观点认为 cADPR 通过激活肌浆/内质网钙 ATP 酶泵[sarco(endo)plasmic reticulum $Ca^{2+}-ATPase$, SERCA]起作用。有证据表明在大鼠心肌细胞中,cADPR 通过激活肌浆网钙 ATP 酶泵,增加内质网腔内钙载量,进而增加 RyR 对钙离子的敏感性,促进钙离子释放[51]。NAADP 诱导钙释放能力最强,几纳摩尔即可起效,其靶点不是 $InsP_3R$,而是一种新的钙释放通道,即定位于溶酶体的 TPC 通道。因此,NAADP 可以从酸性细胞器如溶酶体和内体中动员钙释放,虽然与内质网相比,内体/溶酶体含钙量很少,但它们在钙信号转导中也发挥重要作用。TPC 是一种电压门控通道超家族,大约 150 个成员,分子量 80~100 kDa 不等。TPC 具有两个结构域,每个结构域含有 6 次跨膜结构[52]。电压门控 Na^+ 和 Ca^{2+} 通道均含有 4 个这种 6 次跨膜结构重复，而 TPC 只有两个。因此，TPC 通道相当于半个电压门控 Na^+ 和 Ca^{2+} 通道。具备 4 个结构域的 Na^+ 和 Ca^{2+} 通道很可能是在这种古老形式通道基础上，经过进化的多次基因复制形成的。在寻找新的电压门控阳离子通道过程中，第一个 TPC 通道 TPC1 在大鼠肾脏 cDNA 文库中被鉴定出来[53]。该通道和电压门控 Na^+ 和 Ca^{2+} 通道的 α 亚基仅有 20%同源性，但和植物拟南芥中鉴定的钙通道高度同源。拟南芥中的钙通道就是 TPC1[54]。在拟南芥中，TPC1 定位于主要酸性细胞器即液泡（功能上相当于哺乳动物细胞中的溶酶体）上，通过调控钙离子释放，调控萌发和气孔运动[55]。与此同时，TPC2 在哺乳动物细胞中被鉴定出来，TPC2 主要定位于溶酶体。在 2009 年，Michael Zhu 等首先报道了 NAADP 通过 TPC 动员酸性细胞器中的钙离子[56]。TPC 通道包含 NAADP 受体家族，其中 TPC1 表达在内体膜上，而 TPC2 表达在溶酶体膜上。富集 TPC2 的膜组分对 NAADP 具有高度亲和力，而 TPC2 承载 NAADP 从溶酶体释放钙，随后该信号被 $InsP_3R$ 介导的"以钙释钙"放大。扰乱溶酶体质子梯度和敲除 TPC2 均能消除 NAADP 的效应，而耗竭内质网钙储备或阻断 $InsP_3R$ 只能部分减弱 NAADP 的效应。因此，TPC 形成 NAADP 受体从酸性细胞器释放钙，进而通过肌浆网/内质网放大钙信号[56]。此外，NAADP 还靶向 RyR[57]。NAADP 通过 RyR1 释放钙，这是 T 细胞活化早期信号的主要机制[58]。与 cADPR 相似，一般 NAADP 通过中间蛋白而非直接作用于通道受体。最近鉴定出来两个附属蛋白 HN1L（hematological and neurological expressed 1 – like protein）（也称为 Jupiter microtubule – associated homolog 2，JPT2）[59] 和 RNA 结合蛋白 Lsm12（like-sm protein）[60] 也支持该观点。HN1L 与 NAADP 和 RyR 相互作用，促进 NAADP 激活 RyR，释放钙[59]。Lsm12、NAADP、TPC1 和 TPC2 通道可以形成复合体，Lsm12 通过其 Lsm 结构域直接和 NAADP 相互作用，允许 NAADP 作用于 TPC1 和 TPC2 通道[60]。近年来，随着 TPC 的高分辨率 X 线结晶学和冷冻电子显微镜结构被解析出来[61]，TPC 在疾病中的作用日益受到关注。

CD38 和 cADPR/NAADP 的信号转导作用是通过许多不同受体包括 M 受体、趋化因子受体、RyR 或 TPC 通道实现的（图 17.4）。如前所述，cADPR 和经典的钙动员第二信使 $Ins(1,4,5)P_3$ 一样，是一个普遍的信号转导调控子。在非兴奋细胞，IP_3/Ca^{2+} 信号控制代谢、分泌、受精、增殖和平滑肌收缩等过程。在兴奋细胞，细胞膜上受体门控或电压门控钙通道促进细胞外 Ca^{2+} 内流，该 Ca^{2+} 信号通过 Ca^{2+} 激活 RyR，通过"以钙释钙"进一步放大钙信号。选择性调控 cADPR 诱导的钙释放的经典药物都是 RyR 调控剂。如咖啡因是 RyR 激动剂，高浓度咖啡因和 cADPR 一样促进钙释放，低浓度能促进 cADPR 钙释放的能力。而 RyR 的抑制剂如钌红、普鲁卡因和镁离子能阻断 cADPR 的活性。RyR 的效应很复杂。在一些系统如海蜗牛卵中，雷诺丁（ryanodine）和 cADPR 都能靶向同一个钙库，促进钙释放。而在一些其他系统如胰腺腺泡细胞核神经元中，雷诺丁能阻断 cADPR 钙释放的作用。雷诺丁的这种双重作用可能和雷诺丁离子通道的双向动作电位相关。cADPR 调控 RyR 还需要其他蛋白的参与，其中一个辅助因子是钙调蛋白，它极大增强 cADPR 的钙释

放作用。cADPR 也能激活心脏和骨骼肌中的 RyR,调控钙释放。此外,如前所述,CD38
的水解酶活性可将 cADPR 代谢成 ADPR,ADPR 能靶向 TRPM2 通道促进钙内流。TRPM2
通道是非选择性钙离子通道,在氧化应激时激活,介导细胞死亡[62]。TRPM2 主要定位于
细胞膜,也定位于溶酶体,介导溶酶体钙释放[63]。有报道高浓度的 NAD[+]、cADPR 或
NAADP 能够激活 TRPM2 通道[64]。如 cADPR 从胞质侧控制的钙通透阳离子通道[65],
cADPR 能结合并激活 TRPM2 通道,促进钙离子内流[66]。但也有研究报道纯化的 NAD[+]、
NAAD 和 NAADP 处理细胞质面 TRPM2 通道均无法记录到钙电流[67],因此该问题尚存
争议。

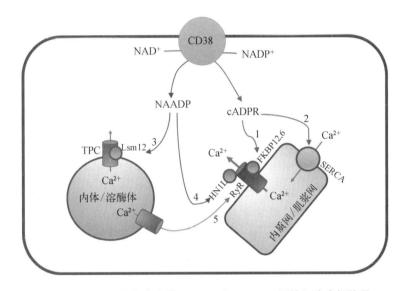

图 17.4　CD38 催化产生的 cADPR 和 NAADP 调控细胞内钙信号

在 CD38 催化下,NAD[+] 和 NADP[+] 分别生成 cADPR 和 NAADP。cADPR 通过中间分
子如 FKBP12.6 作用于内质网或肌浆网上的 RyR,促进钙释放(1);cADPR 也可作用
于 SERCA,增加内质网/肌浆网中钙载量,促进钙释放(2);NAADP 通过中间分子如
Lsm12 或 HN1L 分别作用于内体/溶酶体上的 TPC 通道(3)或内质网/肌浆网上的
RyR(4),促进钙释放;TPC 通道释放的钙也可作用于 RyR,进一步促进钙释放,放大
钙信号(5)

　　CD38 除了产生 cADPR 外,还能催化一种转糖基反应,该反应将 NADP[+] 的末端 NAM
基团和 NA 交换,产生 NAADP。pH 在 CD38 的催化路径中起决定作用:在酸性 pH 和 NA
存在时,NAADP 是主要产物,而在中性或碱性 pH 时,CD38 主要催化 NAD[+] 生成 cADPR。
由于内体和溶酶体是酸性 pH 环境,NAADP 敏感性钙信号在调控内体/溶酶体钙储存和释
放中起重要作用,因为细胞表面 CD38 经内吞通路的内化促进 NAADP 的合成。最近研究
发现,在 B 细胞和巨噬细胞,CD38 和 LRRK2 形成复合体[68]。*LRRK2* 突变是家族性帕金
森病的致病基因之一。CD38-LRRK2 复合体经内吞途径进入内体溶酶体系统,促进
NAADP 产生和钙释放,进而激活下游自噬溶酶体通路的关键转录调控子 TFEB,而
LRRK2[G2019S] 突变蛋白导致 TFEB 过度激活[68]。此外,CD38/LRRK2/TFEB 信号通路在巨

噬细胞吞噬病原微生物过程中也发挥重要作用[69]。CD38/LRRK2/TFEB 信号通路在帕金森病中的作用还有待阐明。

17.3.3　CD38 的其他功能

CD38 作为 II 型膜蛋白表达在细胞膜，其催化结构域在细胞外，而 NAD^+ 和 Ca^{2+} 则存在于细胞内，这就产生一个拓扑学问题：CD38 的活性位点如何接触到其底物 NAD^+ 而产生 cADPR，又如何接触并调控 Ca^{2+} 信号？现在一种流行假说认为，CD38 的底物 NAD^+ 和其产物 cADPR 均能够通过特殊通道或转运体进行细胞内外的转运。的确，连接蛋白 43 能够介导 NAD^+ 的跨膜转运，使之漏出到细胞外[70]，而核苷转运体又将产物 cADPR 转运回到细胞内[71]。这些转运体的活性受到严密调控。连接蛋白 43 转运 NAD^+ 是 Ca^{2+} 依赖性的，并被磷酸化抑制[72]。该假说认为底物的转运参与调控 CD38 的活性。另一种观点则认为，CD38 可以同时表达为 II 型和 III 型膜蛋白，两者方向相反。一般认为决定膜蛋白朝向的一个重要因素是跨膜区段两侧的净正电荷，正电荷较多的一端朝向细胞质，即正电荷内向法则。分析 CD38 的序列发现，跨膜两侧正电荷基本相似，提示两种朝向都有可能。这种催化结构域的双向性允许 CD38 通过翻转催化结构域到细胞内外调控信号转导[73]。

CD38 最早被发现表达在各种造血细胞表面，提示在调控免疫和炎症中的重要作用。虽然 CD38 缺失对造血和淋巴细胞增殖没有影响，但 T 细胞依赖性抗原抗体应答明显受损，提示 CD38 在调控体液免疫应答中起重要作用[74]。进一步研究发现，CD38 调控 DC 前体从血液到外周的迁徙并控制成熟 DC 从炎症部位到淋巴结的迁移，在趋化因子作用下，CD38 通过调控 DC 中趋化因子受体信号调控适应性免疫应答[75]。现在已知 CD38 是 T 细胞功能的主要调控子，CD38/NAD^+ 通路可通过 Sirtuin 或 PARP 间接影响 T 细胞的数量和功能[76]。在 $CD4^+T$ 和 $CD8^+T$ 细胞中表达的 CD38 对细胞免疫起重要作用。在小细胞肺癌中，CD38 抑制 $CD8^+T$ 细胞的增殖、杀伤和分泌能力，导致抗肿瘤 PD-1 抗体治疗的抵抗[77]。在 $CD4^+T$ 细胞中，CD38 表达和人类免疫缺陷病毒（human immunodeficiency virus，HIV）易感性密切相关。有研究发现，在 $CD4^+T$ 细胞中，表达 CD38 减少 HIV-1 病毒导致的急性细胞死亡，显示出抗 HIV 感染效应[78]。这可能是由于 CD38 减轻淋巴细胞对 HIV-1 病毒的易感性所致，有研究发现 $CD4^+CD38^+$ 细胞结合 HIV-1 或纯化重组 gp120 蛋白（gp120 蛋白是 HIV 病毒的衣壳蛋白）的能力比 $CD4^+CD38^-$ 细胞低很多[79]。但是也有一些研究发现，表达 CD38 能促进 $CD4^+T$ 细胞对 HIV 易感并增强 HIV 的复制[80]。有研究发现，HLA-DR$^+$CD38$^+$T 细胞对 HIV-1 病毒易感。该细胞 C-C 结构域趋化因子受体 5（C-C motif chemokine receptor 5，CCR5）高表达，极度易感 R5 热带病毒（R5 tropic virus，一株 HIV 病毒，通过和 CD4 细胞表面 CCR5 受体结合感染宿主 CD4 细胞）促进 R5 热带病毒复制，而减少 DR$^+$CD38$^+$T 细胞数量以显著减轻 HIV-1 病毒复制[81]。CD38 和 CCR5 在 HIV 感染中的作用有待进一步阐明。不仅如此，CD38 在许多肿瘤中表达异常，而 CD38 的高表达可被作为治疗肿瘤的靶点。多发性骨髓瘤（multiple myeloma，MM）是一种高表达 CD38 的血液恶性肿瘤，容易耐药和复发。嵌合抗原受体 T

细胞治疗(chimeric antigen receptor T cell therapy,CAR - T 细胞治疗)是一种新型的适应性免疫治疗手段,可有效用于肿瘤免疫治疗。CD38$^+$CAR - T 细胞能有效裂解 CD38$^+$多发性骨髓瘤细胞,且该细胞毒性是特异性的[82]。CD38 在 B 细胞非霍奇金淋巴瘤也表达,也可以作为一个潜在治疗靶点。此外,T 细胞表面的 CD38 还可作为疾病预后和诊断的标志物。

近年来研究表明,在衰老和早衰综合征中,体内 NAD$^+$水平和其前体的下降能导致线粒体功能失调和代谢异常[83,84]。CD38 是导致衰老时 NAD$^+$水平的下降及减轻外源补充 NAD$^+$保护作用的主要原因[85],而抑制 CD38 能逆转衰老时 NAD$^+$水平的下降[86]。最近一项研究表明,衰老时 CD38$^+$免疫细胞的堆积介导白色脂肪组织和肝脏中 CD38 上调,而衰老诱导的炎症能上调 CD38 并降低 NAD$^+$水平。反之,抑制 CD38 活性以 NMN 依赖性方式增加 NAD$^+$水平。该研究证实衰老诱导的炎症能促进 CD38 在免疫细胞中的堆积,降低 NMN 和 NAD$^+$水平[87]。事实上,关于 CD38 拓扑结构的第一种观点认为 CD38 本身是组成性激活不受调控的,细胞膜通过限制其获得来自胞质的底物而抑制其活性。而上述研究中发现,衰老时 CD38 活性的上调,如果加之 CD38 本身组成性激活,则可以不断耗竭细胞内 NAD$^+$水平,导致其水平下降。有研究发现,在诱导炎症中起关键作用的 M1 型巨噬细胞在衰老组织中显示出较高 CD38 活性,提出 M1 型巨噬细胞上的 CD38 是预防与年龄相关的 NAD$^+$下降的潜在治疗靶标[88]。与 CD38 相似,CD157 在衰老组织中表达也上调。因此,用小分子抑制剂靶向 CD38 和 CD157 从而促进 NAD$^+$前体代谢物可更有效地恢复衰老体内的 NAD$^+$水平。目前的研究尽管观察到抑制 CD38 可增强了 NAD$^+$水平,但进一步的工作应阐明其在各种组织中的细胞定位和特定作用,以使其成为可行的治疗靶点。

CD157 和 CD38 属于同一个酶家族,但它们的结构、定位及在疾病中的作用却不相同。CD157 是一种靶向糖磷脂酰肌醇的蛋白,首次在造血系统的骨髓室中被鉴定出,随后在 B 细胞、胰腺和肾脏的内皮细胞等细胞中也发现其表达。除了酶活性以外,CD38 和 CD157 还发挥受体作用,如 CD38 是一种与 CD31 相互作用的黏附受体,通过内皮介导免疫细胞的运输和外渗。此外,激活 CD157 可促进中性粒细胞和单核细胞的转运。CD157 还可与整合素相互作用,从而促进间充质干细胞的自我更新、迁移和成骨分化。但是,目前并不清楚 CD38 和 CD157 的受体功能是否与 NAD$^+$代谢有关,是一个值得探索的方向。

17.3.4　SARM1

无菌 α 和 Toll/白介素受体基序蛋白 1(sterile alpha and Toll/interleukin receptor motif-containing 1, SARM1)是近年来发现的以 NAD$^+$为底物的另一种酶,能够将 NAD$^+$切割为 NAM 和 cADPR[89]。最初发现 SARM1 是介导神经元轴突退行性变性死亡的关键分子[90]。轴突和突触退行性变性是外周神经病变、脑损伤和神经退行性疾病的共同特征,这种现象被称为沃勒变性(Wallerian degeneration)。沃勒变性被认为是一种主动的自我毁灭过程,而 SARM1 是该过程的关键分子,果蝇或小鼠中缺失 dSarm 能抑制沃勒变性几个星期[90,91]。在轴突损伤发生后,SARM1 快速分解 NAD$^+$,启动轴突局部自毁程序。

SARM1 的 TIR 结构域二聚体化本身足以诱导局部轴突退行性变,因为 TIR 二聚体触发 NAD$^+$ 快速分解,而增加 NAD$^+$ 合成可以对抗 SARM1 介导的轴突自毁[91]。进一步研究发现,SARM1 的 TIR 结构域本身具有内源性 NAD$^+$ 酶活性,能够将 NAD$^+$ 切割成 ADPR、cADPR 和 NAM,NAM 是该酶的反馈性抑制子[89]。冷冻电镜分析 SARM1 全长蛋白发现,NAD$^+$ 是 SARM1 的热重复基序(armadillo/heat repeat motif, ARM)结构域的配体,NAD$^+$ 和 ARM 结构域的结合通过结构域位阻有利于抑制 TIR 结构域的 NAD$^+$ 酶活性。破坏 NAD$^+$ 结合位点或 ARM - TIR 相互作用导致 SARM1 的组成型激活,引起轴突退行性变性,提示 NAD$^+$ 介导 SARM1 的自身抑制[92]。在正常神经元中,SARM1 以自体抑制形式存在,轴突损伤时自体抑制去除,激活 SARM1 耗竭 NAD$^+$,引起轴突退行性变性。SARM1 形成同源多聚八体,每个单体包括一个 N 末端自体抑制性 ARM 结构域、介导多聚化的串联 SAM 结构域和一个编码 NAD 酶活性的 C 末端 TIR 结构域。最近利用肽谱和冷冻电镜技术发现,多种分子间和分子内结构域界面是 SARM1 自体抑制所必需的,包括分子内和分子间 ARM - SAM 界面,1 个分子间 ARM - ARM 界面和 2 个 ARM - TIR 界面,这些自体抑制区域在功能上并不是冗余的,阐明 SARM1 自体抑制的结构基础对 SARM1 抑制剂的开发有重要意义[93]。

17.4 DNA、RNA 和核糖体修饰

许多以 NAD$^+$ 为底物的酶还能够调控 DNA、RNA 和核糖体的修饰。NAD$^+$ 在维持基因组稳定性方面有重要作用。如前所述,PARP 和 Sirtuin 以 NAD$^+$ 为底物,通过调控修复组分的转录后修饰,在调控 DNA 修复中起重要作用,而 NAD$^+$ 水平低下导致基因组不稳定。此外,NAD$^+$ 水平降低能上调 DNA 的某些修饰如甲基化导致基因沉默。例如,下调 NAD$^+$ 水平能上调 BDNF 启动子的甲基化水平,触发 DNA 甲基化敏感性核因子 CCCTC 结合因子(CTCF)和粘连蛋白从 BDNF 位点解离,这些蛋白的解离改变该位点组蛋白的甲基化和乙酰化水平,导致染色体致密和基因沉默[94]。PARP 也和 DNA 甲基化调控相关。抑制 PARP 介导的 ADPR 生成导致 DNA 过度甲基化[95]。PARP1 的 PAR 结构域可以和 DNA 竞争结合 DNA 甲基化转移酶 1(DNMT1),从而降低其活性[96]。PARP1 通过防止基因组的异常过度甲基化调控基因转录。另外一条通路和 NNMT 有关。NNMT 可以将甲基从 SAM 转移到 NAM,SAM 是细胞内蛋白质、核酸和脂质的甲基供体,所以过表达 NNMT 抑制 DNA 甲基化[97]。而 NNMT 催化甲硫氨酸代谢从 NAM 转移到 NAD$^+$ 补救合成途径。因此,如果细胞内 NAD$^+$ 水平低下,将减少 NAM 的合成,从而限制了 PARP1 催化 ADPR 合成和随后的 DNA 甲基化。

NAD$^+$ 还能调控 RNA 的加工。在 2009 年,利用液相色谱-质谱法分析原核生物总 RNA 发现,在大肠杆菌和委内瑞拉链霉菌中,氧化还原辅因子 NAD$^+$ 能修饰一部分 RNA 的 5′ 端,在转录过程中 NAD$^+$ 能够掺入 RNA 作为起始核苷酸,在 5′ 端形成 NAD$^+$ 帽,首次

证明 NAD$^+$ 帽化 RNA 的存在[98]。后续研究发现，NAD$^+$ 并非在转录起始后加入 RNA，而是在转录起始时掺入 RNA，作为非经典起始核苷酸在细胞内 RNA 聚合酶介导的重新转录起始中发挥作用[99]。RNA 的 5′端的化学修饰具有重要的生理功能，包括保护 RNA 不被核酸外切酶切割，前体 RNA 加工和出核相关蛋白的招募，以及蛋白质翻译的起始。NAD$^+$ 帽化 RNA 对 RNA 稳定性的影响在不同物种中功能不同。NAD$^+$ 帽化 RNA 能稳定细菌 RNA。在大肠杆菌中，NAD$^+$ 帽化 RNA 的半衰期比 RNA 长，不容易受 5′端依赖性核酸内切酶降解的影响[100]。但是在真核生物中，NAD$^+$ 帽化 RNA 导致 RNA 被一些去 NAD$^+$ 帽化酶如 Nudix 快速降解，使得 NAD$^+$ 帽化 RNA 相对不稳定[101]。迄今，还未发现细菌 NAD$^+$ 帽化 RNA 在翻译和基因表达调控中有作用。在真核生物如酵母和哺乳动物细胞中，细胞核和线粒体转录的 RNA 都能被 NAD$^+$ 帽化。真核生物的核 RNA 聚合酶Ⅱ催化 NAD$^+$ 帽形成。另外，两种水解酶 DXO 和 Nudt12 在胞质负责去除 RNA 的 5′端 NAD$^+$ 帽，该反应一般在一些应激条件如葡萄糖剥夺和热休克时发生。在拟南芥中，NAD$^+$ 帽化 RNA 和活化的翻译性核糖体相关，但人 NAD$^+$ 帽化 RNA 在哺乳动物细胞中不能被翻译[102]，提示 NAD$^+$ 帽化 RNA 无法被翻译。线粒体转录本可以被高效地 NAD$^+$ 帽化。近来有研究发现，线粒体 NAD$^+$ – RNA 库受胞质中去 NAD$^+$ 化酶 Xrn1 的调控，该酶特异性去帽化和降解线粒体中 NAD$^+$ – RNA[103]。此外，NAD$^+$ 为 RNA 磷酸化末端的可逆单 ADPR 基化提供 ADPR，该反应由 PARP10 介导。RNA 的 ADPR 基化可抵抗核酸酶对 RNA 的降解，同时还作为招募 RNA 调控相关蛋白的平台。NAD$^+$ 帽化 RNA 是否能被靶向到细胞内不同细胞器和区域发挥作用还不清楚。此外，NAD$^+$ 对核糖体的修饰也在疾病中发挥重要作用。肿瘤中翻译缺陷导致的蛋白质表达改变是肿瘤形成的驱动力。最近研究表明，细胞内 NAD$^+$ 合成在卵巢癌中通过调控翻译和维持蛋白质内稳态发挥重要作用[104]。细胞内 NAD$^+$ 合成酶 NMNAT2 在卵巢癌中高表达，促进 PARP16 的单 ADPR 基化催化活性，进一步单 ADPR 基化核糖体蛋白如 RPL24 和 RPS6。去除 NMNAT2 或 PARP16 抑制单 ADPR 基化，增强特异性 mRNA 的翻译，抑制卵巢癌细胞的生长[104]。该研究表明，在肿瘤中 NAD$^+$ 对核糖体的修饰通过精细调控蛋白质合成促进蛋白质内稳态。

总结与展望

　　NAD$^+$ 是一个古老的分子，自从 20 世纪初被发现以来，历经 100 多年一直受到包括 4 位诺贝尔奖得主在内的许多科学家关注。在 1930 年，Otto Warburg 发现在不同亚细胞组分，NAD$^+$ 和 NADH 可以参与各种氧化还原酶催化的转氢酶反应。在氧化还原反应中，NAD$^+$ 是一种重要的辅酶，将电子从一个反应传递到另一个反应。直到 21 世纪初才发现，NAD$^+$ 还参与许多信号通路的调控。NAD$^+$ 作为底物参与蛋白质修饰包括脱乙酰化、单 ADPR 基化和多聚 ADPR 基化，NAD$^+$ 还作为前体调控细胞内钙信号。显然，NAD$^+$ 不仅仅调控代谢通路，还控制细胞内多种基础的生物学进程。近年来，NAD$^+$ 的调控机制不断被阐明，新的 NAD$^+$ 介导的生物学进程不断被发现，NAD$^+$ 被公认是细胞内广泛参与各种生物学进程的重要分子,而调控 NAD$^+$ 作为治疗疾病的潜在靶点也不断受到重视。在未来,通过外源补充 NAD$^+$ 或其前体,通过影响 NAD$^+$ 代谢治疗疾病将会给许多疾病的治疗带来新希望。

苏州大学(徐海东、孙美玲)
遵义医科大学附属医院(张顶梅)
苏州大学/苏州高博软件职业技术学院(秦正红)

第十八章 辅酶Ⅰ与免疫调节

在生物体内,一方面,NAD$^+$可以通过犬尿氨酸途径由 Trp 从头合成,该途径的第一步和限速步骤是通过吲哚胺 2,3 -双加氧酶(indoleamine 2,3 - dioxygenase, IDO)或色氨酸 2,3 -双加氧酶(tryptophan - 2,3 - dioxygenase, TDO)将 Trp 转化为 N -甲酰基犬尿酸,随后经过一系列反应由喹啉酸(QA)合成 NAD$^+$。但这一途径仅占 NAD$^+$生物合成的一小部分,大多数 NAD$^+$来自烟酰胺(nicotinamide, NAM)补救合成途径。该途径首先利用 NAMPT 将 NAM 磷酸核糖基转化为 NMN,然后通过 NMNAT 将 NMN 腺苷酸转化为 NAD$^+$。此外,NAD$^+$也可以分别通过由烟酰胺核苷激酶(nicotinamide ribose kinase, NRK)和 NAPRT 启动的不同途径从外源性 NR 和 NA 合成[1]。NAD$^+$是控制许多代谢过程的重要分子,它被几种脱氢酶用作氧化还原辅酶,并被各种消耗 NAD$^+$的酶用作底物,其中包括 NAD$^+$糖水解酶(CD38、CD157 和 SARM1)、Sirtuin 及单或多 ADPR 基转移酶(ART 和 PARP)[2,3]。大量研究发现,上述涉及 NAD$^+$合成代谢稳态的酶中有部分表现出免疫调节特性,在包括衰老、肿瘤发生发展及免疫细胞代谢重编程等在内的各种生物学过程中起着至关重要的作用。特别值得注意的是,有科学家提出,细胞的 NAD$^+$水平可以调节 COVID - 19 的免疫反应,NAD$^+$作为 COVID - 19 的免疫调节剂有望改善患者的临床症状[4]。本章将重点阐述 NAD$^+$及 NAD$^+$合成代谢酶在几种免疫生物学过程中的重要作用及潜在应用。

18.1 NAD$^+$与衰老过程中的免疫调节

18.1.1 NAD$^+$调节衰老过程的先天免疫应答

先天免疫系统功能紊乱被认为与衰老密切相关。衰老过程中产生慢性低度炎症,其特征是先天免疫系统异常激活,促炎细胞因子如 TNF - α、IL - 6 和 IL - 1β 等表达增强,以及免疫复合体如 NOD 样受体热蛋白结构域相关蛋白3(NOD - like receptor thermal protein domain associated protein 3, NLRP3)炎症小体的激活,被认为是衰老的标志和关键驱动因素[5],因此有学者于 2000 年提出了"炎性衰老"(inflamma-aging)的概念[6]。慢性炎症通过免疫细胞和代谢细胞(如肝细胞和脂肪细胞)之间的复杂相互串扰,影响葡萄糖和脂质摄取等代谢过程及胰岛素敏感性,对全身代谢产生深远影响。尽管过去涌现出大量免疫代谢的研究,但目前对于 NAD⁺ 代谢如何影响衰老过程中慢性炎症和免疫细胞功能仍然知之甚少。100 多年前,巨噬细胞的发现者 Elie Metchnikoff 首次观察到衰老组织中巨噬细胞丰度增加。虽然这一观察最初被忽视,但现在越来越多的证据表明,衰老过程不仅会出现巨噬细胞丰度增加,而且还伴随巨噬细胞极化状态和功能的改变,这正是慢性炎症的关键来源[7, 8]。例如,在衰老的内脏脂肪等肥胖组织中,外周单核细胞由受压的脂肪细胞募集,导致促炎性 M1 型巨噬细胞进行性浸润和抗炎 M2 型巨噬细胞易位。内脏脂肪中巨噬细胞这种极化状态的转换伴随着促炎细胞因子表达增强、胰岛素抵抗及脂肪分解率降低[9]。

　　发现 NAD⁺ 影响巨噬细胞功能的最早研究表明,抑制 NAMPT 并消耗巨噬细胞中 NAD⁺ 可以降低促炎细胞因子如 TNF‑α 的分泌,引起细胞形态学变化并降低细胞的扩散性[10]。最近的研究表明,NAD⁺ 是巨噬细胞功能的关键调节剂,巨噬细胞活化和极化与 NAD⁺ 生物合成或降解途径的上调有关。Verdin 等人研究发现,促炎 M1 型巨噬细胞极化与 CD38 表达增强有关,并导致 NAD⁺ 消耗增加。相反,抗炎 M2 型巨噬细胞极化与依赖于 NAMPT 的 NAD⁺ 水平增加有关。在 M1 型和 M2 型巨噬细胞中阻断 NAM 补救合成途径显著降低了与 M1 和 M2 表型相关的特定基因表达,通过补充 NAD⁺ 前体 NMN 和 NR 可改善此现象。并且与 M1 型巨噬细胞相比,M2 型巨噬细胞需要更多的 NR/NMN 来恢复巨噬细胞活化,这表明 NAD⁺ 是巨噬细胞活化的关键代谢物,其代谢受到差异调节以控制 M1 型和 M2 型巨噬细胞中不同的生物过程和功能[11]。此外,最近 Cameron 等人研究同样表明,M1 型巨噬细胞极化与 NAD⁺ 降解增强有关[12]。然而,不同的是,该项研究与最近的另一项报告表明,在巨噬细胞向 M1 表型极化的最初几个小时内,NAD⁺ 水平降低取决于 ROS 诱导的 DNA 损伤及 PARP1 的激活[13]。相比之下,Verdin 等人在研究中没有检测到 M1 型巨噬细胞极化期间 DNA 损伤或 PARP1 激活的证据。他们认为 M1 型巨噬细胞中 NAD⁺ 消耗主要与 CD38 水平有关,并且表明由于 M1 型巨噬细胞中抗氧化防御的基因如 SOD2 等转录增加,使得 M1 型巨噬细胞免受 ROS 诱导的 DNA 损伤[14]。因此,这些相互矛盾的结果提示需要在不同的研究背景之下进一步阐明巨噬细胞极化过程中 NAD⁺ 水平降低的因素,这可能取决于不同的 NAD⁺ 消耗酶,并确定 NAD⁺ 水平影响巨噬细胞极化及炎症状态的分子机制。

　　在衰老过程中,NAD⁺ 水平下降与肝脏和脂肪中促炎常驻 M1 型巨噬细胞的积累增加有关,其特点是 CD38 表达增加及活性升高。细胞衰老通常伴随衰老相关分泌表型(senescence-associated secretory phenotype, SASP)的产生。SASP 由促炎细胞因子、生长因子、趋化因子和 MMP 等一系列细胞因子组成,离体和在体实验一致表明这些过度表达 CD38 的 M1 型巨噬细胞可直接被 SASP 所激活[11]。cGAS/STING 信号通路对于细胞衰老的调节至关重要,其通过感应并识别胞质损伤 DNA 及诱导 SASP 因子来调节衰老。研究发现,外源性给予 NR 以补充 NAD⁺ 的生物合成,可以通过 cGAS/STING 途径减少 HMC3

小胶质细胞的炎性衰老[15]。此外,衰老巨噬细胞的特点是 NAD^+ 从头合成途径受损,这本身可能会影响衰老过程中的巨噬细胞功能[13]。前述研究表明在炎性衰老中,促炎 M1 型巨噬细胞可能是衰老组织中促炎细胞因子的主要来源。此外,衰老过程中髓系免疫细胞也会表达衰老相关的主要细胞因子,其主要通过激活 NLRP3 炎症小体途径引起 IL-1β分泌增加[16]。IL-1β 表达增加导致炎症恶性循环,DNA 和组织损伤加剧,并进一步激活 NAD^+ 的主要消耗酶如 CD38 和 PARP,从而加速衰老进程。因此,通过调节 NAD^+ 生物合成或降解控制巨噬细胞免疫代谢途径,从而调控免疫细胞极化状态和功能,这与调节慢性炎症密切相关,可作为缓解衰老过程中免疫抑制的潜在治疗策略(图 18.1)。

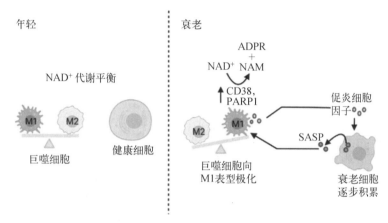

图 18.1　促炎免疫细胞激活引起的慢性低度炎症与炎性衰老密切相关,并导致衰老细胞的逐步积累

衰老细胞通过 SASP 促进巨噬细胞向 M1 表型极化,从而驱动炎症。有证据表明,为响应这些巨噬细胞中的 SASP,消耗 NAD^+ 的酶 CD38 和 PARP 表达增加,导致 NAD^+ 水平下降,并且这一恶性循环将引发衰老过程中 NAD^+ 水平持续降低

18.1.2　NAD^+ 与免疫衰老调节

与先天免疫系统一样,适应性免疫系统异常引起的衰老称为"免疫衰老"(immunosenescence)。免疫衰老的特征是由于适应性免疫细胞的功能改变而导致建立有效适应性免疫反应的能力降低。衰老过程中引起免疫细胞群失衡,包括初始 T 细胞和 B 细胞水平降低,T 细胞抗原受体多样性丧失及虚拟记忆 T 细胞水平增加。NAD^+ 及 NAD^+ 依赖性酶在 T 细胞生物学中的调节作用已得到证实,一方面,细胞外 NAD^+ 被认为是一种危险信号,可导致特定 T 细胞亚群(如调节性 T 细胞)发生细胞死亡[17]。另一方面,NAD^+ 表现出免疫调节特性,如影响 T 细胞极化[18]。然而,NAD^+ 是否影响免疫衰老过程特定的 T 细胞表型及用 NAD^+ 前体调节 NAD^+ 代谢是否会导致类似的免疫调节特性仍然未知。适应性免疫衰老的一个既定标志是强细胞毒性 $CD8^+CD28^-$ T 细胞记忆群体的扩大,其特征是效应分子如颗粒酶 B(granzyme B)的高分泌[19]。该细胞群的特点是 SIRT1 和 FOXO1 水平降低,从而导致糖酵解能力和颗粒酶 B 生成量提高[20]。这表明调节适应性免疫衰老

中的 NAD$^+$ 相关通路在免疫细胞代谢重编程中的作用潜力。通过 CD38 抑制 NAD$^+$/SIRT1/FOXO1 信号轴激活可增加辅助性 T 细胞 1/17(Th1/17)的功能[21]，提示使用 CD38 抑制剂靶向 NAD$^+$ 或 NAD$^+$ 前体可能对适应性免疫衰老的治疗具有突出潜力。适应性免疫老化的另一个免疫学特征是 CD4$^+$T 细胞、CD8$^+$T 细胞、B 细胞、粒细胞、单核细胞和 NK 细胞群中端粒缩短，端粒缩短会对免疫细胞的功能和发育产生不利影响[22]。端粒长度由 Sirtuin 调节，通过 NAD$^+$ 前体维持足够的 NAD$^+$ 水平将增加 Sirtuin 活性并稳定端粒，从而增强免疫衰老进程中免疫细胞功能[23]。总而言之，还需要更多的探索来确定调节 NAD$^+$ 是否能有效逆转适应性免疫系统中与衰老相关的免疫功能障碍。

18.2　NAD$^+$ 与肿瘤免疫治疗

18.2.1　肿瘤免疫的概念与治疗策略

正常情况下，免疫系统可以识别和消除肿瘤微环境中的恶性细胞。但为了生长和生存，肿瘤细胞能够采用不同的策略，使人体的免疫系统受到抑制，不能正常杀伤肿瘤细胞，从而在抗肿瘤免疫应答的各阶段得以幸存，肿瘤细胞的上述特征被称为肿瘤免疫逃逸[24]。为了更好地理解肿瘤免疫的多环节、多步骤的复杂性，Chen 等人于 2013 年提出了肿瘤-免疫循环的概念[25]。肿瘤免疫循环分为以下 7 个环节：① 肿瘤抗原释放；② 肿瘤抗原呈递；③ 启动和激活效应性 T 细胞；④ T 细胞向肿瘤组织迁移；⑤ 肿瘤组织 T 细胞浸润；⑥ T 细胞识别肿瘤细胞；⑦ 清除肿瘤细胞。这些环节任何地方出现异常均可导致抗肿瘤-免疫循环失效，出现免疫逃逸。不同肿瘤可以通过不同环节的异常而抑制免疫系统对肿瘤细胞的有效识别和杀伤从而产生免疫耐受，甚至促进肿瘤的发生发展。肿瘤免疫治疗就是通过重新启动并维持肿瘤-免疫循环，恢复机体正常的抗肿瘤免疫反应，从而控制与清除肿瘤的一种治疗方法。早在 1893 年，William Coley 就曾使用活菌作为免疫刺激剂治疗癌症，这是免疫系统能够识别和控制肿瘤生长最早的研究[24]。但由于临床疗效有限，对肿瘤免疫治疗的研究热度一直不高。但是在近几十年来，肿瘤免疫治疗取得了重大的进展，如针对免疫检查点细胞毒性 T 淋巴细胞抗原-4(cytotoxic T - lymphocyte antigen - 4, CTLA - 4)和程序性死亡蛋白-1(programmed death - 1, PD - 1)开发的抑制剂，以及嵌合抗原受体 T 细胞疗法(chimeric antigen receptor T - cell immunotherapy, CAR - T)都有利于免疫系统消除癌细胞并且在多种实体瘤的临床治疗中也显示出强大的治疗潜力。肿瘤免疫治疗由于其卓越的疗效和创新性，在 2013 年被 Science 杂志评为年度最重要的科学突破。

18.2.2　NAD$^+$ 代谢稳态酶与肿瘤免疫

上述介绍的概念及肿瘤免疫治疗策略基本是针对 T 细胞的免疫疗法，T 细胞是肿瘤浸润淋巴细胞(tumor infiltrating lymphocyte, TIL)中的一员，其余还包括 B 细胞，TIL

对于驱动肿瘤免疫反应至关重要。实际上,肿瘤免疫反应的调节是一个多细胞生态系统,由不同类型的宿主细胞相互协调,还包括内皮细胞(endothelial cells, EC)、间充质干细胞(mesenchymal stem cell, MSC)/基质细胞、肿瘤相关巨噬细胞(tumor-associated macrophage, TAM)、骨髓源性抑制细胞(myeloid derived suppressor cell, MDSC)和肿瘤相关中性粒细胞(tumor-associated neutrophil, TAN),它们的协同作用构成了肿瘤微环境(tumor microenvironment, TME),该生态位内的细胞间串扰由多个受体-配体系统及局部合成的可溶性蛋白驱动,包括趋化因子/细胞因子、IL、IFN、生长因子和血管生成因子。TME 的细胞和可溶性成分在塑造肿瘤细胞的代谢重编程(癌症的既定标志)和创造肿瘤免疫抑制环境中具有重要作用[26]。NAD^+ 是能量代谢和信号转导途径的关键介质,其代谢异常在肿瘤的发生、进展和复发中发挥关键作用。在涉及 NAD^+ 代谢稳态的酶中,NAMPT、CD38、Sirtuin 和 IDO 在不同类型的肿瘤中过度表达,并且已被证明在肿瘤免疫耐受中发挥作用[27, 28]。

(1) NAMPT:是 NAD^+ 补救合成途径的限速酶,可以催化 NMN 转化为 NAD^+,虽然大量证据发现 NAMPT 和 NAD^+ 的生物发生在几种人类恶性肿瘤中上调,但 NAMPT 介导的 NAD^+ 代谢在调节肿瘤免疫逃逸中的作用及机制在很大程度上仍然未知。最近一项研究发现,NAD^+ 代谢通过调节免疫检查点程序性死亡配体 1(programmed death-ligand 1, PD-L1,也称为 CD274 或 B7-H1)的表达,驱动肿瘤免疫逃逸的新机制。该研究认为肿瘤细胞中 NAMPT 介导的 NAD^+ 代谢增强促使 NAD^+ 通过 α-酮戊二酸途径激活甲基胞嘧啶双加氧酶(ten-eleven translocation 1, Tet1)的活性和表达,激活的 Tet1 通过 IFN-γ 信号上调 PD-L1 的表达。PD-L1 通过与活化 T 细胞上的受体 PD-1 相互作用以发生免疫逃逸,并导致 T 细胞衰竭。更为重要的是,动物实验和临床数据分析发现,高表达 NAMPT 的肿瘤对抗 PD-1/PD-L1 抗体的治疗更敏感。该研究具有重要的临床意义,表明 NAMPT 表达可能作为预测免疫治疗疗效的生物标志物,补充 NAD^+ 联合抗 PD-1/PD-L1 抗体的方案可为治疗免疫耐受的肿瘤提供一种新的治疗策略[29]。免疫细胞和肿瘤细胞共享许多基本代谢途径这一事实意味着 TME 中的营养物质竞争不可调和[30]。肿瘤细胞因其不受控制的增殖过程中的庞大代谢需求,对 TME 产生深远影响,导致葡萄糖等营养物质缺乏,并造成酸性和低氧环境甚至产生细胞毒性。肿瘤细胞的这种"代谢劫持"使得 T 细胞反应性降低,代谢压力增大并衰竭从而无法正常识别、清除癌细胞,进而发生肿瘤免疫逃逸[31]。这启发我们通过调节 TME 中 T 细胞代谢重编程可能会降低其与肿瘤细胞的代谢竞争压力,从而恢复抗肿瘤活性。研究发现,T 细胞受体/磷脂酶 Cγ/NAMPT(TCR/PLCγ/NAMPT)信号轴介导的 NAD^+ 补救合成途径对于 T 细胞活化至关重要,补充 NAMPT 恢复 TME 环境中 T 细胞氧化磷酸化和有氧糖酵解,提高线粒体功能和 ATP 合成,从而改善 T 细胞功能障碍。令人兴奋的是,补充 NAMPT 增强了 CAR-T 和 PD-1 免疫检查点阻断小鼠模型的 T 细胞肿瘤杀伤效力,这表明 NAD^+ 的非处方营养补充剂可以促进基于 T 细胞的免疫代谢治疗[32]。此外,值得注意的是,NAMPT 的潜在影响不仅限于肿瘤细胞和 TIL,还包括 TME 中的其他免疫细胞。NAMPT 可以影响 TAM 的分化、极化和迁移过程。例如，在胶质母细胞瘤（GBM）及慢性淋巴细胞白血病中，NAMPT 诱导 TAM 向 M2 型巨噬细胞分化，以支持肿瘤免疫抑制[33]。有研究发现，NAMPT 也作用于骨髓源性抑制细胞（myeloid-derived suppressor cell，MDSC）。在荷瘤小鼠中，NAMPT 通过 NAD$^+$/SIRT1/HIF-1α 轴抑制 CXCR4 转录，导致未成熟 MDSC 的动员并增强其抑制性 NO 的产生，抑制 NAMPT 可防止 MDSC 动员，重新激活特异性抗肿瘤免疫[34]。

（2）CD38：是一种多功能糖水解酶，可催化 NAD$^+$ 裂解为 NAM、ADPR 和 cADPR，影响 Ca^{2+} 信号激活和传导，改变 Ca^{2+} 级联反应，并有助于腺苷介导的免疫抑制[35]。大量研究表明，CD38 在免疫抑制性 TIL 的特定亚群（如 Treg 及 Th17）及 MDSC 中高度表达[36,37]，并且 CD38 的过度表达与包括骨髓瘤、白血病、肝癌、肺癌等一系列恶性肿瘤的相关性是公认的。CD38 过表达是 MDSC 活性标志，MDSC 不仅能够造成强烈的肿瘤侵袭，而且 CD38$^+$ MDSC 对 T 细胞具有明显的免疫抑制作用。例如，在食管癌中，IL-6、胰岛素样生长因子结合蛋白 3（insulin like growth factor binding protein 3，IGFBP3）及 CXC 趋化因子配体 16（CXC chemokine ligand 16，CXCL16）等肿瘤衍生信号触发 MDSC 过表达，使得 CD38$^+$ MDSC 群体在分化的早期阶段停止，伴随 NF-κB 激活及诱导型一氧化氮合酶（inducible nitric oxide synthase，iNOS）水平增加，从而有效抑制 T 细胞活性[38]。CD38$^+$ MDSC 还会使 T 细胞 PD-1 表达水平升高[21]。因此，靶向 CD38 有助于 TME 中的免疫调控。前文已提及，由于肿瘤细胞和 TIL 之间的恶性营养竞争关系，TIL 的新陈代谢不得不转向瓦尔堡效应（Warburg effect），随之而来的缺氧及低营养环境（低葡萄糖、谷氨酰胺、甘氨酸和丝氨酸）使肿瘤维持微环境和免疫耐受性[39]，在这种情况下，CD38 介导的 Ca^{2+} 动员可以直接控制 T 细胞基因表达并影响 T 细胞代谢命运[40]。例如，在慢性淋巴细胞白血病中，CD38 介导的 Ca^{2+} 动员抑制 T 细胞代谢及功能，并且诱导 T 细胞血管内皮生长因子（vascular endothelial growth factor，VEGF）表达，进一步增强了肿瘤细胞的免疫逃逸并有助于癌症进展[41]，通过靶向 CD38 调节 T 细胞代谢重编程已被提议为提高肿瘤免疫治疗的有效策略。过继性 T 细胞疗法（adoptive cell therapy，ACT）是控制癌症的一种强有力手段，Th 细胞亚群是提高 ACT 疗效的理想候选者。研究发现，在 ACT 后 24 h，FOXO1 的 SIRT1 依赖性脱乙酰化驱动混合 Th1/Th17 群体向不同器官归巢。更重要的是，他们发现 Th17 细胞上 CD38 表达降低导致细胞内 NAD$^+$ 浓度增加，从而增强了 Th 细胞群的 SIRT1 依赖性免疫功效。这提示抑制 CD38 可以通过 ACT 治疗来改善抗肿瘤免疫反应[21]。另外，研究认为 CD38 是使抗 PD-1/PD-L1 治疗产生抗性的主要获得性机制，CB38 抑制使 CD8$^+$ T 细胞增殖、抗肿瘤细胞因子分泌和杀伤能力增强，并改善了 PD-L1 靶向的抗肿瘤免疫治疗。最后，CD38 在肿瘤相关的 NK 细胞、巨噬细胞等免疫群体中的表达也普遍升高，靶向 CD38 会降低抗炎反应并恢复免疫细胞的抗肿瘤活性[42]。

（3）Sirtuin：HDAC Ⅲ 类蛋白质，也称为 Sirtuin，是 NAD$^+$ 依赖性脱乙酰酶，在调控 NAD$^+$ 代谢中具有重要作用。在哺乳动物中，有 7 种 Sirtuin（SIRT1~SIRT7），它们分别具有不同的亚细胞定位和功能[43]。前文已多次提到，"代谢劫持"是 TME 中肿瘤细胞发生免疫逃逸的关键因素，改善抗肿瘤免疫细胞代谢是对抗肿瘤细胞的有效策略。大量研究表明,Sirtuin 脱乙酰酶介导的表观遗传调控参与肿瘤和免疫细胞的代谢重编程,已成为癌症治疗中有吸引力的治疗策略。Hamaidi 等人发现,SIRT2 通过靶向糖酵解、TCA 循环、脂肪酸氧化和谷氨酰胺分解的关键酶来抑制 T 细胞代谢。*SIRT2* 敲除鼠及药理学抑制会引起多种代谢酶的过度乙酰化并放大它们的活性,从而导致有氧糖酵解和氧化磷酸化增加,使 T 细胞增殖和效应功能增强,SIRT2 缺失这种优越的代谢表型允许 T 细胞克服抑制性 TME 内的免疫和代谢屏障,从而增强对抗肿瘤的能力[44]。另一些研究发现,在肿瘤相关的巨噬细胞及中性粒细胞中,SIRT1 通过负向调节 NF－κB 途径减少炎症,并导致由 AMPK/PGC1α 及 HIF－1α 介导的细胞代谢稳态失衡从而引起肿瘤相关免疫细胞功能降低[45](图 18.2)。此外,SIRT1 对调节 TME 中免疫细胞分化起重要作用。文献表明,SIRT1 通过 mTOR/HIF－1α 诱导的糖酵解代谢重编程调节 MDSC 分化为 M1 或 M2 型。SIRT1 缺乏会降低 MDSC 抑制功能,并转化为与肿瘤细胞攻击相关的促炎 M1 表型,对肿瘤细胞赋予保护作用[46]。Th9 细胞分化依赖的糖酵解也是通过 SIRT1/mTOR/HIF－1α 信号轴进行调节[47]。SIRT1 调节 CD8+T 细胞分化,其通过与碱性亮氨酸拉链转录因子 ATF 样(BATF)相互作用并调节 CD8+T 细胞的表观遗传重塑和能量代谢[48]。SIRT1 药理学抑制或基因缺失可通过增加叉头框转录因子 3(forkhead box transcription factor protein 3,Foxp3)转录和乙酰化来增加 TME 中 Foxp3+Treg 细胞的数量并增强其免疫抑制功能[49]。SIRT1 与氨基末端蛋白激酶 Jun 家族成员 c(c－Jun N－terminal kinase, c－Jun)相互作用并抑制 CD4+T 细胞介导的 T 细胞耐受[50]。SIRT1/FOXO1 信号轴调节终末分化的记忆 T

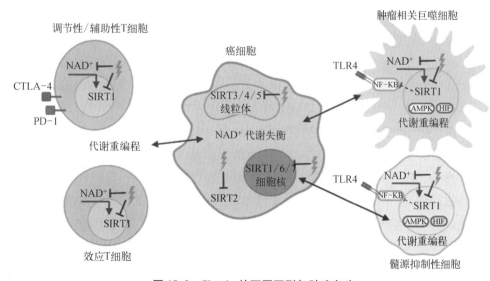

图 18.2　Sirtuin 的不同亚型与肿瘤免疫

Sirtuin 和免疫细胞功能的表观遗传调控 NAD+依赖性脱乙酰酶 Sirtuin 家族由 7 个成员组成,它们分别具有不同的亚细胞定位,SIRT1、SIRT6、SIRT7 存在于细胞核中,SIRT2 定位于细胞质,SIRT3～SIRT5 存在于线粒体。研究表明,Sirtuin 参与癌症和免疫细胞代谢重编程的表观遗传调控,以及促进 T 细胞分化和功能。特别是,在一系列骨髓细胞中,SIRT1 通过负向调节 NF－κB 途径减少炎症,并诱导由 AMPK/PGC1α 及 HIF－1α 介导的代谢重编程。在 T 细胞群中,SIRT1 改变了 Th 和 Treg 的表型可塑性并诱导 T 细胞耐受。对 SIRT1/NAD+轴的调控是癌症进程中对免疫细胞反应复极化和阻断肿瘤进展的重要研究领域细胞代谢重编程[20]。总之,上述资料一致表明 Sirtuin 在肿瘤免疫治疗中的重要性,它是联系 TME 中免疫细胞代谢的优良靶点。

(4) IDO：是催化 Trp 通过犬尿氨酸从头合成途径合成 NAD^+ 的限速酶。研究发现,表达 IDO 的肿瘤细胞产生 Trp 分解代谢物犬尿氨酸,通过与 T 细胞、Treg 及 DC 表达的芳香烃受体相互作用,造成免疫抑制 TME,进一步导致 T 细胞耗竭、凋亡[51],并使得 CD4 幼稚 T 细胞向 Treg 和 DC 转化,TAM 也更多地向免疫抑制表型极化[52]。此外,不仅肿瘤细胞表达 IDO,肿瘤的发生发展引发的炎症会诱导包括 TAM 和 MDSC 在内的免疫细胞持续高表达 IDO,使 TME 中的 Trp 持续消耗,抑制对 Trp 敏感的 T 细胞功能活性,进而抑制肿瘤组织局部的免疫活性[53]。有证据显示,在小鼠肿瘤模型中,表达 IDO 的 TAM 及 DC 可以通过 IDO/GCN2/mTOR 信号轴抑制 T 细胞增殖[54]。临床上,对卵巢癌、肺癌、结直肠癌、乳腺癌、脑瘤及黑色素瘤等的研究表明,IDO 表达增加的患者具有较差的生存率[26]。由于 IDO 在驱动免疫抑制中的作用,过去几年 IDO 成为癌症治疗的有效靶点。目前 IDO 的竞争性抑制剂正在实体瘤患者的临床试验中进行测试,令人兴奋的结果是,研究者们发现使用 IDO 抑制剂可以克服针对免疫检查点的免疫疗法抗性[55]。免疫检查点阻断联合 IDO 通路抑制可有效激活肿瘤浸润性 T 细胞并减少免疫抑制性 T 细胞,是肿瘤免疫治疗的理想靶标。

18.3 NAD^+ 与 SARS - CoV - 2

急性呼吸综合征冠状病毒 2(severe acute respiratory syndrome coronavirus - 2, SARS - CoV - 2)是于 2019 年 12 月底开始流行的一种新型冠状病毒感染(COVID - 19)[56]。SARS - CoV - 2 的入侵使身体不同部位遭受攻击,特别是肺、心脏、大脑和肾脏等重要器官,使这种高度传染性的多器官感染成为严重的全球公共卫生危机[57]。COVID - 19 患者大都表现出机体免疫功能障碍,包括淋巴细胞减少及由细胞因子和趋化因子过度释放导致的不受控制的细胞因子风暴。此外,免疫力低下的老龄人口的高发病率和死亡率也被证实是 COVID - 19 的一个显著特征[58]。尽管似乎随着疫苗的出现,这种病毒大流行的传播链已经被打破,但不幸的是,迄今,还没有可用于临床的有希望的药物治疗措施。虽然羟基氯喹(hydroxychloroquine)、法匹拉韦(favipiravir)、阿奇霉素(azithromycin)及洛匹那韦/利托那韦(lopinavir/ritonavir)等药物正在临床实践中用于对抗 COVID - 19,然而这些药物大都与细胞毒性相关,因此目前迫切需要找到安全、高效的特异性药物[59]。研究表明,NAD^+ 及其衍生物不仅可以作为病毒感染期间免疫反应的新兴调节剂,还可能作为病毒感染的潜在抑制剂,是 COVID - 19 有希望的治疗靶点。

18.3.1 缓解 SARS - CoV - 2 感染导致 NAD^+ 耗竭及其代谢物变化

作为对 SARS - CoV - 2 感染的免疫反应的一部分,最显著的变化之一发生在 NAD^+ 代谢中,NAD⁺是各种细胞代谢途径中必不可少的辅助因子[60, 61]。除了 NAD⁺及其还原形式 NADH 在各种依赖于电子交换的生化反应中的重要作用外,NAD⁺不断被 NAD⁺消耗酶 PARP、SIRT 和 CD38 降解。在人类中,NAD⁺可以从犬尿氨酸途径(kynurenine pathway, KP)中的必需氨基酸 Trp 从头合成,Trp 主要在肝脏中代谢为 NAM,然后释放到血清中,被外周细胞用于补救合成途径中的 NAD⁺合成,以维持机体 NAD⁺水平[62]。在肝外组织中,大多数细胞并不表达将 Trp 转化为 NAD⁺所需的所有犬尿氨酸途径酶,犬尿氨酸途径主要是由 IDO 启动[63]。与在维持 Trp 稳态水平方面具有管家作用的 TDO 不同,IDO 是由各种炎症刺激物高度诱导的,有研究表明,静息巨噬细胞能够通过完整的犬尿氨酸途径从 Trp 合成 NAD⁺,以维持线粒体呼吸,这是具有高吞噬能力的抗炎状态所必需的[64]。COVID - 19 患者的犬尿氨酸途径被激活,但由于喹啉酸磷酸核糖转移酶(quinolinate phosphoribosyl transferase, QPRT)的活性受到抑制,无法将喹啉酸(quinolinic acid, QA)进一步代谢为 NAD⁺,这与患者的免疫抑制密切相关[13]。COVID - 19 患者的血清也显示 Trp 水平降低,伴随着其代谢物犬尿氨酸(kynurenine, KYN)和 QA 的积累,提示通过高度上调的犬尿氨酸途径从头合成 NAD⁺的尝试基本上是徒劳的,这将导致病毒的延迟清除和炎症风暴[61, 65-67]。通过血清中的 KYN/Trp 比率估计的免疫抑制 IDO 的激活在重症 COVID - 19 患者中高度上调。升高的 IDO 会对效应 T 细胞产生负面影响,同时增加 Treg 的比例,这与淋巴细胞减少的程度和疾病的严重程度相关[67]。由于 Trp 转化为 NAD⁺的效率低下,人类 NAD⁺合成的主要途径来自 NAM 补救合成途径,NAM 可从膳食来源获得或在 NAD⁺消耗反应中释放。考虑到 NAD⁺消耗反应中 NAD⁺的高降解率,其在补救合成途径中不受干扰地再循环为 NAD⁺,这对于维持生理功能至关重要。然而,烟酰胺 N - 甲基转移酶(nicotinamide N - methyltransferase, NNMT)在这一途径中发挥负面调节作用,并且这种作用可能会受到醛氧化酶 1(aldehyde oxidase 1, AOX1)活性的加强,这种酶将 NNMT 的产物 MNAM 代谢为 N1 - 甲基 - 2 - 吡啶酮 - 5 - 甲酰胺(N1 - methyl - 2 - pyridone - 5 - carboxamide, 2PY)和 N1 - 甲基 - 4 - 吡啶酮 - 3 - 甲酰胺(N1 - methyl - 4 - pyridone - 3 - carboxamide, 4PY)[68]。当 MNAM 被代谢为 2PY 和 4PY 后,其不再参与 NNMT 活动的负反馈调节[69]。AOX1 的表达受 Nrf2 调节以响应氧化应激,而氧化应激在 COVID - 19 患者中极其常见,它有可能上调 ROS、诱导型 AOX1 的表达及活性,在伴随 NNMT 高表达情况下,其活性将不利于维持 NAD⁺水平[70]。而研究显示,NNMT 的高表达恰恰是重症 COVID - 19 患者的特征之一[71]。简而言之,AOX1 通过去除 MNAM 介导的 NNMT 抑制来增强 NNMT 介导的 NAM 流失,并且通过 2PY 和 4PY 的生成 AOX1 可能会阻止 NAM 在 ADPR 基化反应中的释放,从而导致补救合成途径中的 NAD⁺合成减少,这种 NAM 流失可能会加剧具有严重 COVID - 19 易感病症患者的 NAD⁺缺乏症[72]。此外,研究发现 COVID - 19 感染后的许多肺外症状与糙皮病——内源性维生素 B₃缺乏症极为相似,如患者表现为腹泻、皮炎、嗅觉及味觉丧失等症状[73]。事实上,早在维生素 B₃发现的同时,Otto Warburg 和 Hans von Euler 等人的研究表明 NAD⁺是维生素 B₃的主要生物活性形式。内源性维生素 B₃缺乏症将在感染 SARS - CoV - 2 后进一步加剧,这一发现间接表明

COVID‐19 患者 NAD+ 代谢信号的紊乱[72]。总之，SARS‐CoA‐2 感染引起的 NAD+ 耗竭及其代谢物水平的变化将导致全身性疾病的发展，宿主的 NAD+ 代谢对 SARS‐CoA‐2 感染的"适应性"可能至少在一定程度上导致了 COVID‐19 的各种临床表现。NAM 在抗病毒 NAD+ 消耗反应中的急性释放增强了 NAM 流失，这导致 NAD+ 补救合成途径出现故障。宿主 NAD+ 补救合成途径的稳健性是 COVID‐19 严重程度和感染消退后某些症状持续存在的重要决定因素。

18.3.2　抑制 ACE2

SARS‐CoV‐2 外壳包含刺突蛋白（spike protein，S 蛋白），一款被冠以"新冠特效药"的辉瑞 Paxlovid 即通过其有效成分奈玛特韦（nirmatrelvir）来阻止刺突 S 蛋白的合成防治 COVID‐19。该蛋白在体内直接通过与细胞膜表面血管紧张素转换酶 2（angiotensin converting enzyme 2，ACE2）受体结合进入细胞。研究表明，SARS‐CoV‐2 刺突蛋白对人 ACE2 的亲和力高于 SARS‐CoV 的刺突蛋白，这种高亲和力导致疾病的流行程度远超于 SARS‐CoV[74]。在 COVID‐19 中，ACE2 在 SARS‐CoV‐2 感染的靶器官中发挥至关重要的作用，它不仅是病毒进入的特异性受体，而且还参与感染后过程，包括刺激细胞内信号通路[75]、免疫系统反应、细胞因子分泌和病毒基因组的复制[76]。使用计算机分子对接和动力学模拟研究发现 NAD+ 活性代谢物 NMN 及 NR 可以靶向人类 ACE2，并与刺突蛋白竞争性结合 ACE2 的活性位点，为 NMN 及 NR 作为潜在的抗 COVID‐19 小分子药物提供了证据[77, 78]。进一步研究发现，NMN 能够有效降低 ACE2 的蛋白表达，使肺部病毒载量和组织损伤也有所减少，从而关上了 SARS‐CoV‐2 进入人体细胞的大门，NMN 的这一良好表现或将其用于 COVID‐19 患者的临床试验上[79]。

18.3.3　提高 SARS‐CoV‐2 检测灵敏度

此外，Yuta 等研究人员开发了一种利用硫代烟酰胺腺嘌呤二核苷酸（thio‐NAD）循环反应和夹心酶联免疫吸附测定（enzyme-linked immunosorbent assay，ELISA）来量化刺突 S 蛋白的诊断方法。在此反应系统中，第一抗体用于固定刺突 S 蛋白，而第二抗体用碱性磷酸酶标记，碱性磷酸酶水解含磷酸盐的底物，水解底物用于使用主要酶（脱氢酶）及其辅酶（NADH 和硫代 NAD+）的 thio‐NAD+ 循环，在循环的每一轮中，硫代 NAD+ 被还原为硫代 NADH，可在 405 nm 处读取其吸光度值即对应存在的 S 蛋白数量。该方法的最小检测值小于使用荧光免疫分析法检测 SARS‐CoV‐2 的最新抗原检测值，有效提高了 SARS‐CoV‐2 抗原检测灵敏度[80-82]。

18.3.4　抗炎

感染 COVID‐19 的患者血浆促炎细胞因子水平显著升高，包括单核细胞趋化蛋白‐1（monocyte chemotactic protein‐1，MCP‐1）、巨噬细胞炎症蛋白（macrophage inflammatory protein，MIP）1a、MIP1β、IL‐1β、IL‐1 受体拮抗剂（IL‐1RA）、IL‐7、IL‐8、IL‐9、IL‐10、

IFN-γ 诱导蛋白-10(interferon γ inducible protein-10, IP-10)、血小板衍生生长因子 B (platelet-derived growth factor subunit B, PDGFB)、碱性成纤维细胞生长因子 2(basic fibroblast growth factor 2, FGF2)、粒细胞集落刺激因子(granulocyte colony-stimulating factor, G-CSF)、粒细胞-巨噬细胞集落刺激因子(granulocyte-macrophage colony-stimulating factor, GM-CSF)、IFN-γ、TNF-α 和 VEGF[83, 84]。在感染过程早期,单核细胞-巨噬细胞谱系快速募集并向肺部转移,免疫细胞浸润到下呼吸道,导致免疫反应失控,随后出现过度炎症和细胞因子风暴,导致器官衰竭、非组织损伤和肺活量降低[85]。因此,抑制炎症分子对于抵抗 COVID-19 感染特别重要。越来越多的证据表明,NAD^+ 及其合成代谢物是调节炎症的关键介质。其中有研究发现,NAD^+ 及其中间体 NMN 可以显著补救 SARS-CoV-2 感染导致的肺部过度炎症细胞浸润,并显著抑制细胞死亡。更引人注目的是,NMN 补充剂可以保护 30% 感染 SARS-CoV-2 的重症老年小鼠免于死亡。其机制解释为 NAD^+ 或 NMN 补充剂抑制了由 SARS-CoV-2 感染引起的 Cd200r3、Cd200r4 和 Apaf1 等与免疫和凋亡相关的基因表达[86]。在已故 COVID-19 患者的外周血单核细胞及组织中发现大量活化的 NLRP3 炎症小体,同时血清中 IL-18 浓度较高,说明 SARS-CoV-2 通过增强 NLRP3 炎症小体的激活来放大不受控的细胞因子风暴[87]。SARS-CoV-2 蛋白开放阅读框(open reading frame 3a, ORF3a)是这一过程的重要参与者,其通过 NF-κB 抑制亚基的肿瘤坏死因子受体相关因子 3(tumor necrosis factor receptor-associated factor 3, TRAF3)依赖性泛素化介导 NF-κB 激活,并促进 NLRP3 炎症小体的组装及凋亡相关斑点样蛋白(apoptosis-associated speck-like protein containing CARD, ASC)(NLRP3 炎症小体组分之一)斑点形成。此外,ORF3a 具有驱动 K^+ 流出的跨膜结构和离子通道活性,这进一步促进了 NLRP3 炎症小体的激活和 IL-1β 释放[88, 89]。研究表明,NAD^+ 消耗酶 Sirtuin 活性增加有助于限制或预防炎症因子风暴[63]。其中,SIRT1、SIRT2 和 SIRT3 均可以通过多种机制抑制 NF-κB 及 NLRP3 炎症小体活性。从生化角度来看,SIRT1 与 NF-κB 发生物理相互作用并使其脱乙酰化,从而抑制其转录活性[90]。SIRT1 及 SIRT3 还通过减少氧化应激抑制 NLRP3 炎症小体激活[91]。例如,研究发现 Nrf2/HMOX1 信号通路激活后产生的代谢物胆绿素显著抑制了 SARS-CoV-2 在多种类型细胞中的复制,而 SARS-CoV-2 通过非结构病毒蛋白 NSP14 的作用损害了 Nrf2/HMOX1 信号轴,SIRT1 通过其催化结构域与 NSP14 相互作用从而抑制其激活该信号轴的能力[92]。SIRT2 直接使 NLRP3 脱乙酰化而导致其失活[93]。SIRT6 通过 NF-κB 靶基因启动子中的组蛋白 H3 赖氨酸 9 (H3K9)脱乙酰化促进炎症消退[94]。这提示通过补充 NAD^+ 增强 SIRT 活性有助于改善 COVID-19 的炎症症状,是对抗病毒的潜在治疗手段。

然而,NAD^+ 及其相关代谢物在病毒感染过程中除了上述提到的对抗细胞因子风暴及增强免疫的作用外,值得注意的是,一些研究表明细胞外 NAD^+ 可以直接激活巨噬细胞和 T 细胞跨膜受体 P2X7R[95]。P2X7R 是关于炎症反应研究最多的 P2X 家族亚型,P2X7R 活化后可导致 NLRP3 炎症小体激活,并导致多种炎症细胞因子释放[96]。参与炎症的另一种 P2X7R 受体介导机制是炎症细胞释放微颗粒 MP,MP 是从活化或垂死细胞中释放的膜包被囊泡,这些 MP 可以容纳 IL-1β,被认为是单核巨噬细胞分泌细胞因子的主要途径[97]。NAD$^+$的这些双面作用提醒我们在使用 NAD$^+$补充剂用于改善 COVID-19 炎症因子风暴时应当格外谨慎。此外,大量研究发现 PARP 及 CD38 等部分 NAD$^+$消耗酶也参与了病毒感染过程中炎症因子的产生。

PARP1 是 PARP 家族的重要成员,其酶活性需要 NAD$^+$作为底物。一方面,在 SARS-CoV-2 感染过程中 PARP1 激活促炎转录因子 NF-κB,参与产生多种类型的细胞因子[98]。另一方面,PARP1 通常可以通过对病毒基因组的 ADPR 基化及抑制病毒转录物翻译发挥关键的抗病毒作用[99]。然而,冠状病毒由于其存在特殊的结构域蛋白,可水解核酸和蛋白质中的 ADPR 单位,通过这种机制,这些病毒会抑制 PARP1 的保护作用,并且病毒复制加快毒性增强[100]。因此,细胞中发生 PARP1 的过度激活以补偿 PARP1 的 ADPR 水解,这将增加促炎细胞因子的产生和 NAD$^+$的消耗并造成恶性循环。此外,PARP9 被激活后可诱导 IFN-γ/STAT1 信号转导并释放大量炎症介质。不受控的 PARP 活性介导的 NAD$^+$消耗会间接导致 SIRT1 活性降低,上文阐述了 SIRT1 在病毒感染中发挥重要的抑炎作用。研究发现,外源性 NAD$^+$补充剂可抑制 PARP1 过度激活并防止 NF-κB 活化及 NAD$^+$的耗竭[100]。总而言之,这提示 NAD$^+$/PARP 信号轴对于 SARS-CoV-2 感染时的炎症状态、免疫系统过度激活甚至细胞因子风暴方面发挥着至关重要的调控作用。

在 SARS-CoV-2 感染过程中,CD38 过度激活造成强烈炎症反应和 NAD$^+$耗竭。当巨噬细胞响应来自 SARS-CoV-2 ss-RNA 的病原体相关分子模式(pathogen associated molecular pattern, PAMP)时,先天免疫反应被激活[101]。PAMP 上调 CD38 并通过 TLR 与 NF-κB 和衔接蛋白 MyD88 的相互作用诱导 IFN-1 先天性炎症反应[101]。同时 NLRP3 炎症小体被激活释放大量 IL-1β,IL-1β 增加了透明质酸合成酶水平从而上调了 CD38 黏附配体基质透明质酸表达,一系列连锁效应使得细胞因子风暴不可避免地被放大[102]。此外,CD38 诱导的第二信使(cADPR、NAADP 及 ADPR)通过 RyR/TPC/Ca^{2+}通道的开放及瞬时受体电位离子通道蛋白介导的 Ca^{2+}内流来动员细胞 Ca^{2+}信号通路,从而触发大量炎症细胞因子和肺部促纤维化信号的产生[103]。这些动力学机制引起的病理变化可以通过使用 CD38/NAD$^+$轴的不同调节剂(如 CD38 抑制剂)来改善,从而缓解 COVID-19 的临床症状。

COVID-19 最突出的特征之一是淋巴细胞减少,这是 SARS-CoV-2 感染区别于其他病毒感染的独特特征[104]。数据表明,SARS-CoV-2 感染患者外周血中 CD4$^+$和 CD8$^+$T 细胞亚群数量显著减少,同时伴随 HLA-DR(CD4$^+$,3.47%)及 CD38(CD8$^+$,39.4%)阳性细胞比例明显上升,表明细胞被过度激活[105]。越来越多的证据发现,NAD$^+$水平可能是 COVID-19 患者淋巴细胞减少的潜在机制。PARP1 是一种 DNA 碱基修复酶,通常被 DNA 断裂所激活,病毒感染后造成广泛的 DNA 损伤引发 PARP1 过度活化,导致细胞 NAD$^+$快速消耗并减少 ATP 生成最终导致细胞死亡[106]。此外,细胞因子风暴引发的促炎环境导致免疫调节剂 AhR 激活,进而激活 PARP1 同样导致淋巴细胞能量失衡而死亡[107]。最近,研究人员提出 CD38 可能与 SARS-CoV-2 感染中淋巴细胞减少有关,

CD38 激活并加剧 NAD$^+$ 消耗,进而影响 NAD$^+$ 依赖性 Sirtuin 蛋白活性,导致细胞 AIF 介导的细胞死亡[108]。病毒感染过程中,Sirtuin 家族通过控制淋巴细胞基因组稳定性,加强DNA 修复和转录调控来发挥积极作用[109]。此外,Sirtuin 与 PARP 竞争消耗细胞 NAD$^+$池,以控制细胞存活和死亡之间的平衡。

18.3.5　降低 COVID-19 老年患者死亡率

　　研究显示,COVID-19 的死亡率随年龄的增长而增加。20~40 岁的青年人口感染后死亡率不到 0.5%,而对于 80 岁以上的老年人,死亡率超过 14%[58]。因此,老年人的高死亡率是 COVID-19 的显著特征。除了老年人本身通常伴有糖尿病、心脑血管疾病等慢性基础疾病导致感染后致死率升高外,不同年龄组中 COVID-19 死亡人数的差异可能表明存在免疫衰老因素。上文中提到免疫衰老的特征之一是淋巴细胞、单核细胞等端粒缩短导致细胞逐渐退化,停止分裂并死亡。一项包含 75 309 项前瞻性队列研究的报告显示,较短的白细胞端粒长度(leukocyte telomere length,LTL)与因肺炎而住院的高风险和与感染相关的显著死亡风险相关[110]。另一项关于疫苗接种后免疫反应的重要研究表明,与 B细胞端粒长度较短的个体相比,B 细胞端粒长度较长的个体产生的抗体反应更强[110]。白细胞端粒长度的流行病学数据充分表明其为 COVID-19 老年患者死亡率升高的关键因素。研究发现,补充 NAD$^+$ 提高 Sirtuin 活性可以稳定端粒重复序列,调节端粒长度,从而减少 DNA 损伤并改善端粒依赖性疾病[111]。人体衰老免疫水平的降低通常会伴随损伤DNA 的积累。研究人员发现,DNA 的损伤会导致细胞内 ACE2 受体蛋白水平增加,而修复 DNA 损伤时,需要用到两种酶:Sirtuin 和 PARP,但是这两种酶只有在 NAD$^+$ 的作用下才能发挥功效。而研究表明,补充 NMN 能够有效地提高 NAD$^+$ 水平,从而降低 ACE2 蛋白的表达。同时实验发现,200 mg/kg 的 NMN 持续 7 天喂养 12 月龄的老年小鼠,在感染SARS-CoV-2 之后,ACE2 的表达与对照组相比显著降低,同时肺部的病毒载量和组织损伤也有所减少。这提示在老年患者中使用 NAD$^+$ 及其前体作为 COVID-19 的免疫调节剂,有望降低老年患者的死亡率并改善他们的临床状况。

总结与展望

　　综上所述,迄今,NAD$^+$ 参与免疫调节的研究已取得许多重要进展。NAD$^+$ 在包括衰老、肿瘤发生发展及 COVID-19 等呼吸系统疾病中表现出免疫调节特性;NAD$^+$ 浓度或 NAD$^+$ 消耗酶活性的干预调节对免疫细胞功能及代谢反应发挥至关重要的作用,进一步加深了我们对 NAD$^+$ 水平如何影响或感受免疫系统复杂信号、代谢的理解。近年来,利用不同的 NAD$^+$ 增强策略已被证明可以治疗免疫系统相关疾病并提高健康水平和寿命,如使用 NAD$^+$ 前体(如 NMN 和 NR)及促进 NAD$^+$ 生物合成或抑制 NAD$^+$ 降解的小分子。更重要的是,我们对于 NAD$^+$ 治疗 COVID-19 的前景感到憧憬,NAD$^+$ 干预措施可能会在对抗病毒感染中占有一席之地。

苏州大学(牟玉洁)

遵义医科大学附属医院(张顶梅)

苏州大学/苏州高博软件职业技术学院(秦正红)

第十九章　辅酶 I 与生物节律

生物节律是指生物体内部存在着的感知时间并受时间支配的节律。生物节律广泛存在于大自然的各种生命活动中,是生物在上亿年自然进化过程中,为了与环境变化相适应而逐渐形成的内源性的与自然环境周期性变化相似的节律性的生命活动,人类和一切生物的行为和活动都受到生物节律的调节与控制。这个非常符合中国中医和养生的"天人合一、子午流注"的观点。按照周期的长短,生物节律可分为超日节律、近日节律(昼夜节律)、亚日节律、近周节律、近月节律、近年节律等。其中,昼夜节律(又称生物钟)是当前最普遍、最重要、研究最多的一种生物节律,周期变动时间约为 24 h,影响生物体体温调节、警觉性、食欲、代谢、激素分泌及睡眠时间等。光照(尤其是蓝光)、运动、进食和社会活动(如长期熬夜、倒班工作)等外界刺激会破坏正常的昼夜节律,而昼夜节律紊乱与代谢紊乱密切相关,会增加肥胖、2 型糖尿病、心血管疾病、精神性疾病和某些癌症的风险[1]。另外,内源性昼夜定时系统紊乱也会造成睡眠节律障碍,引发相关睡眠问题,主要表现为入睡困难、睡眠维持困难、早醒和过度嗜睡等,往往会影响工作、学习、生活,出现记忆力下降、注意力不集中及神经衰弱等症状,长期睡眠障碍不愈会引起焦虑症、抑郁症及其他一些严重的病变[2]。

1971 年,Konopka 和 Benzer 对果蝇休息和活动的观测标志着行为遗传学作为一个领域的开始[3],2017 年,Jeffrey C. Hall、Michael Rosbash 和 Michael W. Young 3 名科学家因发现控制昼夜节律的分子机制被授予诺贝尔生理学或医学奖。在哺乳动物中,昼夜节律系统最主要的调控点是位于下丘脑前端的视交叉上核(SCN),它在调节自身组织节律时,还会通过神经—体液等途径影响肝脏、胰腺、皮肤、心脏、肾脏等外周组织的生物节律。哺乳动物所有细胞中的分子昼夜节律振荡器依赖于由时钟基因构成的转录-翻译反馈环,主要由一组时钟蛋白来驱动,包括 BMAL1、CLOCK、PER1 - 3、CRY1 - 2 等。白天,转录因子 BMAL1 与 CLOCK 形成异源二聚体,结合于 *PER* 和 *CRY* 基因启动子区的 E - BOX 元件上,并促进转录,从而形成了生物钟的正反馈通路;夜晚,作为相应的负反馈调节,PER 和 CRY 在细胞质中聚集达一定浓度时形成二聚体,进入核内并抑制 BMAL1/CLOCK 二聚体的转录活性,通过该负反馈抑制 *PER* 和 *CRY* 基因自身转录[4]。*CLOCK* 基因对生物体生理、行为昼夜节律起着维持作用,与生物钟节律正向反馈调节息息相关。已知生理及行为昼夜节律是因外源性 *CLOCK* 基因的 mRNA 量增加呈加快状态,如果 *CLOCK* 基因缺失,则昼夜节律变化状态会呈现为紊乱状态;通常 *CLOCK* 基因突变后便会出现睡眠时间缩减的情况,故提示 *CLOCK* 基因的突变能够显著调节睡眠;*PER* 基因均存在显著的昼夜节律性,若为 PER1 纯合突变体时便会出现昼夜节律周期缩短的情况;PER1 及 PER2 若呈全部缺失状态,则昼夜节律性均无,故提示 *PER* 基因对人体昼夜节律正常运行的作用极大,如果 *PER* 基因失常则会出现睡眠障碍,而睡眠不足也被证实会降低小鼠大脑皮层中 BMAL1、CLOCK 和 NPAS2 与特定时钟基因的 DNA 结合,故生物钟基因的表达与睡眠调节的内稳态具有十分紧密联系[5-7]。

　　临床上诊断睡眠障碍,首先需要详细地询问病史,初步了解睡眠障碍的基本状态、伴随症状、可能的原因等,从而做出相应的印象诊断;其次是体格检查,用于区分功能性和躯体性疾病所致睡眠障碍;然后进行一些化验和辅助检查进一步明确睡眠障碍的原因,其中最特异性的检查就是多导睡眠监测(PSG),它是目前公认的睡眠检测的“金标准”,主要是通过监测夜间连续的呼吸、动脉血氧饱和度、脑电图、心电图、心率等指标,提供对睡眠障碍的全面评定,这也是唯一可以提供有关睡眠各阶段检查依据的检测技术。

19.1　辅酶 I 对生物节律的调节

　　2017 年,美国遗传学家 Jeffrey C. Hall、Michael Rosbash、Michael W. Young 发现通过补充 NAD$^+$ 的前体 NMN 能够调节睡眠失常者紊乱的生物钟,使其恢复正常的昼夜节律。他们因此获得了 2017 年的诺贝尔生理学或医学奖。维持 NAD$^+$ 水平在调节昼夜节律中的重要性在许多研究中也得到了证实。

　　在 12 周高脂饲料诱导的肥胖小鼠模型中,腹腔注射 NAD$^+$[1 mg/(kg·d)]4 周可以恢复肥胖小鼠被抑制的日常活动模式的节律。此外,外源性 NAD$^+$ 补充可补救由细胞 NAD$^+$ 耗尽引起的下丘脑神经元细胞 PER1 转录活性的抑制,以及减缓肥胖小鼠下丘脑弓状核 PER1 表达的日常波动[8]。

　　在昼夜节律突变体小鼠(Bmal1$^{+-/-}$)中,通过 10 天 NMN[500 mg/(kg·d)]补充恢复其肝脏中 NAD$^+$ 水平可以有效改善肝脏中受损的线粒体氧化代谢功能[9]。美国西北大学研究发现:缺乏 NAD$^+$ 合成关键酶 NAMPT 的小鼠体内 NAD$^+$ 水平的不足会导致近 50% 的生物钟相关基因转录状态发生改变;为健康野生小鼠补充 NAD$^+$ 前体 NR 和 NMN,发现这两种物质反向调控了 NAMPT 缺失所影响的生物钟基因种类,其中还包含了 *PER1* 和 *CRY2* 这两种重要的生物钟调节基因,说明 NAD$^+$ 或许直接参与了生物钟的维护和调控;但在 *BMAL1* 基因被敲除的小鼠中,补充 NR 并未影响昼夜节律相关基因表达,提示 BMAL1 在响应 NAD$^+$ 对昼夜节律基因表达方面具有主要作用;SIRT1 的缺失会导致 PER2 蛋白的累积,而补充 NMN 则能显著降低小鼠体内的 PER2 水平,提升 BMAL1 活性;最后,10 个月大的中年小鼠与 22 个月大的老年小鼠进行了长达 6 个月的 NR 摄入,发现补充 NAD$^+$ 确实使老年小鼠的分子生物钟回到了更加年轻的状态,并且行为上的昼夜节律也变得与年轻小鼠几乎无异。总体而言,随着年龄的增长,NAD⁺在我们体内不断减少,致使 SIRT1 活性降低,PER2 无法被及时分解,在体内堆积,导致 BMAL1 始终处于被抑制状态,最终破坏了整个生物钟系统的正常循环,而通过补充 NR 和 NMN 等前体恢复 NAD⁺水平,可以通过 PER2 核易位控制昼夜节律重编程以对抗衰老[10]。另外,在老年小鼠的饮用水中提供 NR,也被证实可以抵消夜间运动节律的下降及线粒体呼吸和转录中的分子振荡的增强[11]。

19.2 辅酶 I 调节生物钟的机制

NAD⁺代谢与生物钟之间存在紧密联系。一方面,NAD⁺的氧化还原状态调节了 CLOCK:BMAL1 和 NPAS2:BMAL1 异二聚体的 DNA 结合活性,NADH 和 NADPH 的还原形式能增强 DNA 与 CLOCK:BMAL1 和 NPAS2:BMAL1 异质二聚体的结合,而氧化形式则抑制其结合[12],另一方面,昼夜节律对 *NAMPT* 基因表达的调节使细胞和器官中的 NAD⁺表现出昼夜节律振荡[13, 14]。此外,NAD⁺通过调节 NAD⁺依赖性脱乙酰酶 Sirtuin、PARP1、CD38 等活性参与生物钟基因的转录调控(图 19.1)[15-17]。

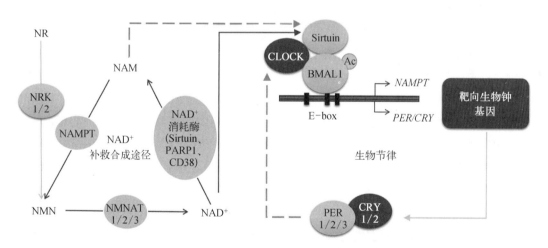

图 19.1 NAD⁺通过调节 NAD⁺依赖性脱乙酰酶 Sirtuin、PARP1 及 CD38 等活性参与生物钟基因的转录调控

19.2.1 NAMPT

哺乳动物 NAD⁺生物合成中的限速酶、NAMPT 和 NAD⁺水平都显示出由小鼠核心时钟机制 CLOCK:BMAL1 调节的昼夜节律振荡。NAMPT 的表达在时钟紊乱的小鼠(Cry1/2 和 Bmal1 KO)小鼠中受到了干扰[18],同时有研究通过使用 NAMPT 特异性抑制剂 FK866 证明了 NAMPT 是调节昼夜节律基因表达所必需的[13]。抑制 NAMPT 通过释放 SIRT1 抑制的 CLOCK:BMAL1 来促进时钟基因 *PER2* 的振荡。反过来,昼夜节律转录因子 CLOCK 与 NAMPT 结合并上调调控,从而完成一个涉及 NAMPT/NAD$^+$ 和 SIRT1/CLOCK:BMAL1 的反馈回路[14]。

19.2.2　Sirtuin

SIRT1,一种依赖于 NAD$^+$ 的蛋白脱乙酰酶,是几个核心时钟基因(包括 *BMAL1*、*RORGAMMA*、*PER2* 和 *CRY1*)的高强度昼夜节律转录所必需的,有助于体内的昼夜节律控制。核心的昼夜节律调节器 CLOCK 是一种组蛋白乙酰转移酶,其活性被 NAD$^+$ 依赖的 SIRT1 所抵消。依赖于 NAD$^+$ 的 SIRT1 的 HDAC 活性以昼夜节律方式受到调节,与昼夜节律启动子上 BMAL1 和 H3 Lys9/Lys14 的节律性乙酰化相关,*SIRT1* 基因的改变或 SIRT1 活性的药理抑制导致昼夜节律周期及 H3 和 BMAL1 乙酰化紊乱[16],提示 SIRT1 通过昼夜节律启动子中 BMAL1(BMAL1 Lys537 位点)和组蛋白的节律性脱乙酰化(组蛋白 H3 位点)调节昼夜节律时钟,并以昼夜节律的方式结合 CLOCK - BMAL1[15, 16]。在肝脏特异性 *SIRT1* 基因缺陷小鼠中,除了昼夜节律紊乱外,也发现肝脏再生过程中肝细胞增殖及脂质代谢的缺陷[19]。此外,SIRT1 被发现可以促进 PER2 的脱乙酰化和降解[15]。野生型小鼠中枢神经系统(CNS)中 BMAL1、PER2 和 SIRT1 的水平随着年龄的增长而下降[20],在幼龄小鼠中,CNS 敲除 *SIRT1* 可以模仿老年小鼠的表型效应,而过表达 SIRT1 可以增强 BMAL1 和 PER2 的表达[21]。通过提高因衰老下调的脑中 SIRT1 水平,可恢复 CNS 中强健的运动活动周期和高振幅的生物钟基因表达。PGC1α 的 SIRT1 依赖的脱乙酰化在这一恢复过程中发挥了重要作用,有助于该组织中 BMAL1 - CLOCK 依赖的转录激活[21]。低剂量棕榈酸暴露可抑制生物钟活动,并且以剂量和时间依赖性的方式破坏 BMAL1 - CLOCK 之间的相互作用,SIRT1 激活剂可以逆转棕榈酸酯对 BMAL1 - CLOCK 相互作用和时钟基因表达的抑制作用,而 NAD$^+$ 合成抑制剂可以模仿棕榈酸酯对生物钟的影响[22]。热量限制可通过增强衰老过程中肝脏 NAD$^+$、NADP$^+$ 及 NR 的生成和潜在循环等昼夜节律性 NAD$^+$ 补救合成途径、增强 SIRT1 活性及提高乙酰辅酶 A 水平,补救年龄依赖性的整体蛋白乙酰化的丧失,同时对昼夜节律产生良性调节[23]。膳食甲基硒半胱氨酸(MSC)通过重置肿瘤发生早期基因被致癌物破坏的昼夜节律基因表达,抑制了 N-甲基-N-亚硝基脲(NMU)诱导的乳腺肿瘤发生,在这个体外模型中,NMU 以一种与 SIRT1 特异性抑制剂的作用相似的方式破坏细胞昼夜节律;相反,MSC 恢复了被 NMU 破坏的昼夜节律,并免受 SIRT1 抑制剂的影响。NMU 抑制细胞内 NAD$^+$/NADH 比值,降低 NAD$^+$ 依赖的 SIRT1 活性,而 MSC 恢复 NAD$^+$/NADH 和 SIRT1 活性,表明 NAD$^+$/SIRT1 通路被 NMU 和 MSC 靶向。在大鼠乳腺组织中,致癌剂量的 NMU 也破坏了 NAD$^+$/NADH 振荡,降低了 SIRT1 活性;补充 MSC 恢复了 NMU 处理大鼠乳腺中 NAD$^+$/NADH 振荡,增加了 SIRT1 活性。MSC 诱导的 SIRT1 活性与乳腺组织中 *PER2* 启动子 E - Box 处 BMAL1 乙酰化降低和 H3 Lys9 乙酰化增加相关。SIRT1 活性的变化与 NMU 处理或 MSC 拯救的大鼠乳腺中节律性 *PER2* mRNA 表达的丢失或恢复有时间相关性[24]。

肝脏昼夜节律转录组比较分析显示,SIRT6 和 SIRT1 分别控制同类型的昼夜节律基因的转录特异性。与 SIRT1 不同,SIRT6 与 CLOCK:BMAL1 相互作用控制它们的染色质募集到昼夜节律基因启动子。此外,SIRT6 控制 SREBP - 1 的染色质昼夜募集,导致脂肪酸和胆固醇代谢相关基因的循环调节[17]。昼夜节律也被证实可以通过控制 SIRT3 的活性来调节线粒体功能[25],使分离的线粒体中氧化酶的乙酰化和活性及呼吸产生节律,而 NAD^+ 补充可以促使昼夜节律突变小鼠的蛋白质脱乙酰化和氧气消耗增加[9]。

19.2.3　PARP1

PARP1 是一种多功能酶,被激活后催化 ADP 从 NAD^+ 转移到合成多聚 cADPR。PARP1 介导的 ADPR 基化已被证明具有节律性活性,CLOCK 的多聚(ADP)核糖基化限制了 BMAL1 - CLOCK 与 E - Box 的 DNA 结合能力,并导致与 PER 和 CRY 的相互作用延迟[26]。相反,PARP1 缺乏会上调 BMAL1 - CLOCK 与 E - Box 的结合,并导致负调控相互作用的相移[27]。因此,PARP1 可调节生物钟,协调昼夜节律功能。

19.2.4　CD38

NAD^+ 水解酶 CD38 突变的小鼠的 NAD^+ 节律性改变导致其运动活动周期缩短,休息-活动节律改变。代谢组学分析发现,在 CD38 缺失小鼠中,几种氨基酸的昼夜节律水平发生了改变,特别是 Trp 水平在与 NAD^+ 水平升高平行的昼夜节律时间内降低,因此,CD38 参与行为和代谢昼夜节律,通过改变 NAD^+ 水平影响昼夜节律[28]。

　　生物节律,特别是昼夜节律(又称生物钟)与代谢功能密切相关。NAD^+ 代谢参与生物节律的调控,其机制主要是 NAD^+ 通过调节 NAD^+ 依赖性脱乙酰酶 Sirtuin、PARP 及 CD38 等活性参与生物钟基因的转录调节。补充 NAD^+ 前体 NMN 能够调节生物钟,帮助恢复正常的昼夜节律。未来的研究需深入解析 NAD^+ 代谢调控生物节律的作用与机制,在此基础上,开展临床研究验证 NAD^+ 及其前体是否能治疗或辅助治疗代谢紊乱相关疾病和睡眠障碍。

参考文献

苏州大学(潘善瑶、罗丽)

第二十章　辅酶Ⅱ和自由基代谢与平衡

辅酶Ⅱ与电子反应后,氧转化为 ROS。普遍认为 ROS 可以破坏细菌和人体细胞,尤其近几十年的研究强调了 ROS 在健康和疾病中的作用。事实上,虽然长期暴露于高浓度的 ROS 可能导致氧化应激致使蛋白质、脂质和核酸的非特异性损伤,但低至中等浓度的 ROS 通过调节细胞信号级联发挥作用。生物特异性是通过 ROS 的产生量、持续时间和定位来实现的。ROS 在正常生理过程中起着关键作用,如通过氧化还原调节蛋白质磷酸化、离子通道和转录因子。ROS 也是生物合成过程所必需的,包括甲状腺激素的产生和细胞外基质(extracellular matrix, ECM)的交联。ROS 作为信号分子和强氧化剂起着双重作用,它们的产生主要发生在线粒体中,尽管它们可能也在其他部位产生(如特定细胞类型的 NOX);同样也存在多种 ROS 降解系统,如 Trx 系统和 GSH 系统。NADPH 在减轻氧化应激中起关键作用。NADPH 将电子提供给 GR 的活性位点。将 GSSG 还原为 GSH,并带有游离巯基可用作直接抗氧化剂;NADPH 依赖性 Trx 系统同样利用 NADPH;CAT 具有 NADPH 的变构结合位点,以维持自身处于活性状态;若 CAT 或 GSH 不能有效地清除自由基,则增加的 H_2O_2 水平会阻碍 SOD 的酶活性,故尽管 CAT 和 SOD 不直接利用 NADPH 来转化 H_2O_2 到水,但仍需要 NADPH 的辅助。总之,NADPH 被认为是抗氧化系统还原力的主要来源,所有这些抗氧化剂的保存和强化最终都需要 NADPH。

20.1　自由基的产生与消除

我们需要氧气才能维持生命。离开氧气我们的生命就不能存在,但是氧气也有对人体有害的一面,有时候它能杀死健康细胞甚至置人于死地。当然,直接杀死细胞的并不是氧气本身,而是由它产生的一种叫氧自由基的有害物质,人体进行新陈代谢时,体内的氧会转化成极不稳定的物质——自由基(free radicals)。那么,究竟什么是自由基,它与我们人类的健康有什么关系呢?

简单地说,在我们这个由原子组成的世界中,有一个特别的法则:只要有两个以上的原子组合在一起,它的外围电子就一定要配对,如果不配对,它们就要去寻找能与自己结合的另一个电子,使自己变成稳定的物质。科学家把这种有着不成对的电子的原子或分子叫作自由基。自由基非常活跃,非常不安分。当它与其他物质结合的过程中得到或失去一个电子时,就会恢复平衡,变成稳定结构。这种电子得失的活动对人类可能是有益的,也可能是有害的。那么自由基是如何产生的呢? 又如何对人的身体产生危害的呢?

一般情况下,生命是离不开自由基活动的。自由基在人体内存在的理由是,它能协同人体的淋巴细胞和 T 细胞消灭、溶解侵入人体的细菌和异物,起杀菌、消炎的作用[1]。自由基还能够增强白细胞的吞噬效果;参与胶原蛋白的合成、凝血酶原的合成及肝脏的解毒作用。同时在调节细胞分裂和抑制肿瘤等方面也有很大作用。但是,自由基并无辨别能力,当过量产生时,它攻击的不仅仅是细菌,还有健康的人体细胞,所以自由基有"双重性格"[2]。过多的自由基能攻击细胞膜上的不饱和脂肪酸,产生过氧化物,引起一系列对细胞具有破坏作用的连锁反应。同时自由基尤其是氧自由基可集中在心脏、大脑、肝脏等器官,导致生物膜和糖类、蛋白质、脂类超氧化反应发生断裂、变性和解聚,从而导致损伤和老化,继而产生许多慢性疾病,如肿瘤、糖尿病、高血压等[3,4]。自由基作为人体的代谢产物,可以造成生物膜系统损伤及细胞内氧化磷酸化障碍,是人体疾病、衰老和死亡的直接参与者,对人体的健康和长寿危害非常之大。因此,自由基在人体中需要保持一个动态平衡的过程才是对人体最有利的。

20.1.1　人体自由基的产生

据研究,人体细胞在正常的代谢过程中,受到外界条件的刺激,如高压氧、高能辐射、抗癌剂、抗菌剂、杀虫剂、麻醉剂等药物,以及香烟烟雾和光化学空气污染物等作用,会刺激机体产生 ROS 自由基。而在人体内部,如当发生炎症、缺血、心肌梗死、脑血栓发作等时及体内部分组织一旦血液停止流动到再开始流动的瞬间,都会爆发性地产生大量自由基。从微观角度来说细胞内的线粒体、细胞液、内质网、细胞核、细胞质、细胞膜等都可以产生自由基,但是它们产生自由基的能力不同。另外,与有毒化学药品接触,吸烟,酗酒,长时间的日晒,长期生活在富氧、缺氧环境中,过量运动,不健康的饮食习惯,辐射污染及心理因素如精神抑郁、焦虑、烦躁、体力透支等都会产生过量的自由基。对于不同的 ROS [即 O_2^-、H_2O_2、HO^- 和 RNS、过亚硝酸根阴离子($ONOO^-$)],每一种都有不同的物理化学性质和半衰期。在这些 ROS 中,HO^- 氧化性最强,其次是 O_2^-,H_2O_2 是一种相对较弱的氧化剂[4]。虽然 H_2O_2 和 NO 作为信号分子必不可少,但 O_2^- 和 $ONOO^-$ 具有高反应性,可以破坏细胞内大分子,包括多不饱和脂肪酸(PUFA)和核酸。ROS 对 PUFA 的氧化导致脂质过氧化,其中过氧化的 PUFA 及其分解产物[4-羟基-2-壬烯醛(4-HNE)]可以作为信号分子激活炎症、细胞凋亡或铁死亡[3,5]。

ROS 的主要细胞内来源包括:通过复合体Ⅰ处的反向电子传输将电子泄漏到线粒体中的 O_2,或半醌形式的 CoQ 与呼吸链复合体Ⅲ处的 O_2 之间的反应[6];在生长因子信号转导过程中,NOX(NOX1~NOX5 和 DUOX1/2)将 O_2 还原为 O_2^- [7];ER 内蛋白质折叠过程中

产生 $H_2O_2^{[8]}$。少量 ROS 来源包括 CYP450、单胺氧化酶、黄嘌呤氧化酶、环氧合酶（COX）、乙醇酸氧化酶、羟基酸氧化酶、醛氧化酶和氨基酸氧化酶的催化反应[9]。细胞中的主要 RNS 是血管扩张剂 NO^-，由 L-精氨酸经 NOS 产生，iNOS2 同工酶主要负责炎症过程。NO 和 O_2^- 之间的反应产生 $ONOO^{-[9]}$。

20.1.2　体内自由基的清除

人体内的自由基处于一个相对平衡的状态，有自由基的产生就有自由基的消解，自由基的消解首先是有自由基相互碰撞而毁灭，第二种方法主要是由体内的抗氧化防御系统。直接清除 ROS 和 RNS 的非催化小分子包括内源性合成的胆红素、α-硫辛酸、褪黑素、黑色素、GSH 和尿酸，以及外源性维生素 E、维生素 C、β-胡萝卜素和植物多酚[10]。其中，GSH 值得注意，因为它的合成受到体内平衡调节。

清除 O_2^- 的催化抗氧化剂包括胞质铜/锌超氧化物歧化酶（CuZnSOD，或 SOD1）、线粒体锰超氧化物歧化酶（SOD2）、细胞外 EC-SOD（SOD3），每一种都可催化 O_2^- 转化为 H_2O_2 和 $O_2^{[11]}$。SOD2 对小鼠的生存能力特别重要，因为它在小鼠体内的敲除会导致围产期死亡。总之，SOD 同工酶可以通过促进可扩散 H_2O_2 信号的产生和维持，减弱与受体酪氨酸激酶和 G 蛋白偶联受体激活相关的 NOX 依赖性氧化还原信号[12]。SOD1 和 SOD2 都可以防止自发肿瘤发生，虽然它们被称为肿瘤抑制因子，但它们在肿瘤发生过程中也可能被上调[13]。

清除 H_2O_2 的酶包括 CAT，它将 H_2O_2 转化为 H_2O 和 $O_2^{[14]}$，以及过氧化物酶（PRDX，也称为 PRX）和 GPX，它们将 H_2O_2 还原为 $H_2O^{[15,16]}$。在这种情况下，PRDX 具有特殊的生理意义，因为它们丰富，具有高催化活性，并可减少 90% 以上的细胞过氧化物；它们被细分为"典型"2-Cys PRDX1-5、"非典型"2-Cys PRDX5 和 1-Cys PRDV6。重要的是，PRDX1-5 对 H_2O_2 的还原是以氧化 Trx[简化为 Trx-(SH)2] 为代价的，这会导致 2 个—SH 基团缩合，并产生具有分子内二硫键的 $Trx-S_2^{[17]}$。相比之下，1-Cys PRDX6 降低 H_2O_2 需要 GSH 而不是 $Trx^{[18]}$。GPX 还原 H_2O_2 也需要 GSH，但在这种情况下，它会导致 2 个 GSH 分子的 Cys 硫醇（—SH）基团之间发生缩合，生成含有分子间二硫键的 $GSSG^{[19]}$。除了限制 ROS 水平，PRDX 和 GPX 还通过促进 NO 的消除、$ONOO^-$ 的减少及蛋白质脱亚硝基化来对抗 RNS 的作用[20]。此外，倍半萜（SESN1、SESN2 和 SESN3）发挥间接抗氧化活性[21]，部分是通过激活 Nrf2 和抑制 mTORC1[22]。

20.2　NOX 与氧化应激

20.2.1　NOX 的结构、活化及体内分布

还原型烟酰胺腺嘌呤二核苷酸磷酸氧化酶（reduced nicotinamide adenine dinucleotide phosphate oxidase，NOX）是在体内组织和器官中广泛分布的一种膜蛋白，因其能通过 NADPH 依赖的单电子还原将体内氧分子还原成超氧负离子，是体内 ROS 的主要来源，也是体内唯一直接产生 ROS 的酶[23]。ROS，如超氧化物、H_2O_2 和羟基自由基等在体内具有免疫防御作用，也可作为第二信使，参与细胞信号通路的调节，维持细胞内环境的稳定[24]。在人类细胞中，NOX 家族蛋白含有 7 种亚型，其中 NOX1~NOX5 为 6 次跨膜蛋白，DUOX1 与 DUOX2 为 7 次跨膜蛋白。此外，NOX 的激活还需要其他的一些亚基和调控蛋白[25]。研究表明，NOX 催化产生的 ROS 在细胞内氧化应激反应中扮演着重要角色，并在加速纤维化[26]、炎症和肿瘤形成[27]等病理过程中起着重要作用。NOX 依赖的 ROS 与诸如心血管疾病、神经退行性疾病、糖尿病及其并发症、癌症等多种疾病相关[28]。因此，NOX 被认为是治疗这些病理紊乱与疾病的一个潜在的药物靶点。

　　NOX2（通常也称为 gp91[phox]）是首个发现的 NOX 家族蛋白[29]。NOX2 拥有 6 次跨膜的结构域，C 末端和 N 末端都伸向细胞质中，C 末端含有高度保守的 NADPH 和 FAD 的结合区域，该区域对于将 NADPH 中的电子转移到氧分子形成超氧化物起着决定性作用。NOX1 是第一个被发现的 NOX2 的同源蛋白，与 NOX2 有 60% 的氨基酸序列保持一致，同样在 C 末端拥有高度保守的 NADPH 和 FAD 的结合区域[30]。其他的 NOX 家族蛋白也都是基于 NOX2 的蛋白序列而发现的 NOX2 的同源物，包括：NOX3~NOX5 及 DUOX1 与 DUOX2。不同的 NOX 蛋白亚型在结构特征、活化机制（图 20.1）及体内分布（表 20.1）[31]都存在一定的差异。

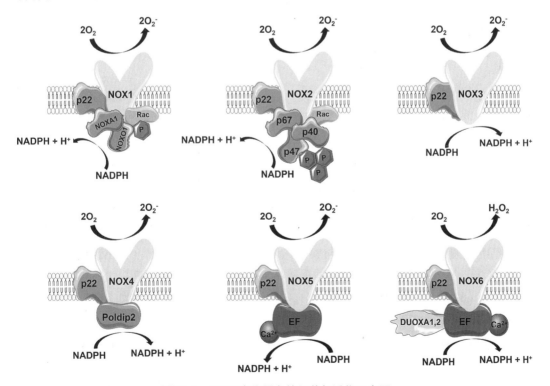

图 20.1　NOX 家族蛋白的组装与活化示意图

表 20.1 NOX 家族蛋白在体内的分布

NOX 亚型	主 要 分 布	
	组织与器官	细 胞
NOX1	结肠、前列腺、子宫、直肠	内皮细胞、破骨细胞、视网膜周细胞、神经细胞、星形胶质细胞、小胶质细胞
NOX2	心脏、血管、肝脏	吞噬细胞、心肌细胞、神经细胞、血管平滑肌细胞、成纤维细胞、内皮细胞、骨骼肌细胞、肝细胞、造血干细胞
NOX3	胎儿肾、内耳	
NOX4	肾脏、肝脏、卵巢、眼	肾小球系膜细胞、平滑肌细胞、成纤维细胞、角质形成细胞、破骨细胞、内皮细胞、神经元、肝细胞
NOX5	脾脏、睾丸、淋巴组织	血管平滑肌细胞
DUOX1	甲状腺、肺、前列腺、睾丸	甲状腺细胞
DUOX2	甲状腺、胰腺、结肠	甲状腺细胞

NOX 分布广泛，是在肾小球系膜细胞、血管内皮细胞、平滑肌细胞、成纤维细胞等非吞噬细胞中产生 ROS 的快速反应酶[32-35]。NOX 是一种多亚基复合体，是细胞内一种可诱导的电子传递系统，经典的 NADPH 氧化包括胞膜成分的催化亚基，p22 和 NOX 亚单位组成的细胞色素 b，其中 NOX 具有 NADPH、FAD 和亚铁血红素的潜在结合位点；胞质成分的调节亚基由 p47、p40、p67 和 Rac1 组成[32-34]。膜结合亚基 NOX 和 p22 形成的异源二聚体是 NOX 的核心[32]。NOX 的组装与激活需要胞质亚基的激活，并转移到胞膜与胞膜亚基结合，其中胞膜亚基 p22、胞质亚基 p47 和 Rac 在激活 NOX 中发挥关键作用[34]。

NOX 蛋白本身几乎没有催化活性，它们需要与多种调节亚基结合，形成稳定的复合体，才能发挥催化作用。首先，NOX 蛋白的稳定需要辅因子，第一个发现的辅因子是 $p22^{phox}$，$p22^{phox}$ 是一个两次跨膜的蛋白，它与 $gp91^{phox}$ 结合形成一个在 558 nm 处有强吸收的复合体，故将此复合体称为 cytb558。$p22^{phox}$ 没有催化活性，但是对于 NOX 蛋白复合体的稳定起着重要作用[34]。$p22^{phox}$ 是 NOX1~NOX4 必需的一个辅助因子。除了 $p22^{phox}$ 外，NOX1~NOX3 的激活还需要多个调节亚基。NOX2 中，在未激活的情况下，3 个调节亚基 $p40^{phox}$、$p47^{phox}$ 和 $p67^{phox}$ 以一个复合体的形式存在于细胞质中，在受激活的情况下，$p47^{phox}$ 磷酸化，整个复合体转移至细胞膜与膜上的 cytb558 结合，形成一个酶复合体。同样地，NOX1 的激活需要 NOXO1 与 NOXA1 形成的复合体，NOXO1 是 $p47^{phox}$ 的一个同源物，NOXA1 是 $p67^{phox}$ 的同源物。此外，NOX1~NOX3 催化活性的发挥对诸如 Rac1 与 Rac2 等小分子 GTP 酶表现出不同程度的依赖性[25]。活化了的 NOX 通过黄素、血红素等辅基将电子从基质转移至氧分子，形成超氧化物。NOX4 的活化不需要上述调节亚基，其活化机制尚不明确。但有研究表明，NOX4 的活化需要聚合酶 Poldip2[30]。

NOX5 是结构最特异的一个亚型，尽管它与其他 NOX 家族蛋白一样，有一个 6 次跨膜的结构和高度保守的 C 末端,但它的 N 末端比其他 NOX 蛋白的长,并且拥有 4 个与 Ca^{2+} 结合的 EF -手结构域。EF -手结构域是 Kretsinger 在用 X 射线晶体衍射分析 Ca^{2+} 结合蛋白的三维结构时提出的蛋白结构模型[36],该结构域与细胞内 Ca^{2+} 的结合对 NOX5 的活性调节起着决定性的作用。虽然 NOX5 可以与 p22phox 结合,但是它的活性不会因为 p22phox 的缺失而减弱[37],说明 NOX5 的活化不需要 p22phox。

DUOX1 与 DUOX2 在结构上有很大的独特之处。DUOX 与其他 NOX 蛋白相比,有 1 个额外的跨膜区域,这使得它的 C 末端与 N 末端分处细胞膜内外两侧。此外,DUOX 拥有 1 个细胞外的 N 末端的过氧化物酶样结构域。然而,人类 DUOX 是否能够发挥过氧化物酶活性尚未被确定。与 NOX5 一样,DUOX 的 N 末端也有与细胞内 Ca^{2+} 结合的 EF -手结构域,DUOX 有 2 个 EF -手结构域,同样对其活性的调节起着决定性作用[38]。与 NOX1 ~ NOX4 不一样的是,DUOX 不需要 p22phox,但 DUOX1 与 DUOX2 的稳定及活化分别需要 DUOXA1 与 DUOXA2[39-41]。

20. 2. 2 NOX 与 ROS

NOX 几乎存在于所有的哺乳动物细胞中,其功能是催化氧分子的还原,形成超氧化物或过氧化物等 ROS。NOX 催化产生的 ROS 在许多生理学过程中都起着重要作用,最主要的是免疫防御作用。NOX 催化产生的 ROS 在由病原微生物介导的呼吸爆发中扮演着关键角色。呼吸爆发是指再灌注组织重新获得氧供应的短时间内,激活的中性粒细胞耗氧量显著增加,产生大量氧自由基,又称为氧爆发,这是再灌注时自由基生成的重要途径之一[42, 43]。该过程中,中性粒细胞与巨噬细胞产生大量 ROS,杀伤吞噬进入细胞的病原体。吞噬细胞中的 NOX 通过产生杀菌 ROS 在先天免疫中发挥关键作用[44]。免疫反应是在生物体内发生的一种反应,以抵御外来病原体,包括病毒、细菌、寄生虫和真菌,如果不从宿主体内消除,可能会导致严重的并发症。中性粒细胞和单核细胞/巨噬细胞是先天免疫系统的第一反应者。它们与适应性免疫系统的细胞、T 细胞和 B 细胞一起作用,并在几分钟内到达炎症部位,以支持对随后感染的快速和精确的反应[45]。这些免疫细胞必须有足够的能量到达感染区域,然后利用 NADPH 作为辅助因子来产生 ROS,并最终破坏病原体和受损组织[46]。基本上,使用 NADPH 作为底物的 NOX1 ~ NOX5 产生可以快速转化为其他 ROS 的 O_2^-,而 DUOX1 和 DUOX2 专门产生 H_2O_2[47]。巨噬细胞中的许多炎症受体,包括 TLR4,都附着在 NOX2 上。TLR4 识别细菌 LPS 并介导免疫反应发展所必需的促炎细胞因子的产生。在 TLR4 受体刺激后,由 NADPH 驱动的氧化爆发增加[46]。当 NOX 开启时,中性粒细胞对氧气的需求增加了 100 倍。在缺氧的情况下,可用的氧气有限,因此限制了氧化酶的完全活化。随着氧气的快速利用,NADPH 的消耗量也会增加。当细胞缺乏足够的 NADPH 供应来满足氧化爆发的需要时,由己糖-单磷酸分流产生的新 NADPH 是必需的。耗尽的 NADPH 池可能会使 NOX2 刺激失败。类似的是 G6PD 不足的情况,其中细胞不能大量支持 NOX 的需求。低于正常 G6PD 功能的 1%,中性粒细胞的抗菌能力就会受损,导致慢性肉芽肿病样症状[48]。除了免疫作用外,NOX 催化产生的 ROS 也参与到细胞增殖、凋亡、血管生成、内分泌和 ECM 的氧化修饰及信号通路的调节等生理过程[49-51]。

氧化应激是指机体受有害刺激时 ROS 产生增多或清除减少，导致 ROS 在体内蓄积而引起分子、细胞和机体的损伤。正常生理条件下，机体的抗氧化系统和氧化能力之间保持着相对的动态平衡，机体产生的 ROS 能迅速地被体内抗氧化系统清除[52]，但在某些病理情况如高血糖状态下，NOX、醛糖还原酶及蛋白激酶 C 被激活等刺激体内的 ROS 过度产生，并导致机体抗氧化能力下降，当氧化能力大大超过抗氧化能力时引发氧化应激[52]。氧化应激参与了包括血管疾病、肾脏疾病、癌症与老化等多种疾病的病理过程[53]。

细胞内产生 ROS 的酶还有多种，如黄嘌呤氧化酶、CYP450、环加氧酶、脂氧合酶、NOS 等[54, 55]。其中，除了 NOX 将催化产生 ROS 作为唯一功能外，其他的酶产生的 ROS 都是作为催化过程中的副产物出现的[56]。NOX 催化产生的 ROS 是吞噬细胞呼吸爆发及非吞噬细胞氧化应激过程中 ROS 的主要来源[57, 58]。细胞抗氧化的能力主要由 NADPH、GSH、SOD 和 CAT 组成。细胞内 50%~70% 的 NADPH 是由磷酸戊糖旁路提供的，NADPH 作为递氢体为细胞氧化还原反应提供动力。NADPH 将 GSSG 转化成 GSH，GSH 被用于 ROS 的清除。但是 NOX 却以 NADPH 为底物产生 ROS。在哺乳动物中，nNOS、iNOS 和 eNOS 是 NOS 的 3 种亚型，它们有助于将 L-精氨酸转化为 L-瓜氨酸和 NO。NO 作为自由基由吞噬细胞（单核细胞、巨噬细胞和嗜中性粒细胞）作为人体免疫反应的一部分分泌。在巨噬细胞中，从 PPP 获得的 NADPH 对于维持氧化还原稳态以合成 NO 至关重要[59, 60]。许多研究表明，NOX 和 iNOS 之间的关系有助于炎症诱导的细胞毒性：活化的 iNOS 可以持续产生大量的毒性物质——NO[61]。由此产生的 NO 能迅速与 NOX 产生的超氧化物相互作用，导致过氧亚硝酸盐形成，最终导致 DNA 损伤、线粒体呼吸抑制和 PARP 活化[60]。NOX 和 iNOS 可以在诱导细胞死亡方面产生协同作用[62, 63]。紧密耦合的 NOS 对于每摩尔 NO 消耗约 1.5 mol 的 NADPH[64]。当 NOS 同种型解耦时，NADPH 的电子允许氧的单电子还原以产生 ROS[64]。此外，增强的 NADPH 水平促使通过 NOX 活性产生 ROS，并朝着吞噬作用机制发展。NOX 催化产生的 ROS 在细胞内氧化应激反应中扮演着重要角色，并在加速纤维化、炎症和肿瘤形成等病理过程中起着重要作用[65]。NOX 依赖的 ROS 与诸如心血管疾病、神经退行性疾病、糖尿病及其并发症、癌症等多种疾病相关[66]。因此，NOX 被认为是治疗这些病理紊乱与疾病的一个潜在的药物靶点。

20.3　NADPH 的氧化还原反应对是抗氧化防御的核心

ROS 的主要细胞来源是线粒体呼吸链和负责吞噬细胞"呼吸爆发"的活性 NADPH。呼吸爆发是吞噬细胞的氧依赖性杀菌途径之一，吞噬细胞吞噬微生物后，活化细胞内的膜结合氧化酶,使 NADPH 氧化,继而催化氧分子还原为一系列反应性氧中间物,从而发挥杀菌作用。而其他的 ROS 多是在内质网、过氧化物酶体、黄嘌呤和内皮氧化酶的参与下及小分子的自氧化过程中产生的[67]。线粒体呼吸链是 ROS 的主要细胞来源。细胞产生 ROS 和 RNS 作为代谢不可避免的后果,虽然它们可能有害,但这些也被用作细胞内信号分子[68]。为了确保 ROS/RNS 信号转导过程得到维持并避免氧化损伤,细胞拥有一系列抗氧化系统。并且除了那些直接作用的抗氧化剂外,细胞还配备了间接作用的抗氧化剂系统,可以限制 ROS/RNS 的形成或解毒它们产生的反应性代谢物[69]。ROS/RNS 相对于抗氧化能力的不成比例的增加,称为氧化应激,被细胞以各种方式抵消[70, 71]。在这种情况下,GSH 和 Trx 在对抗氧化应激方面起着核心作用,但它们这样做的能力得到了 NADPH 的支持,NADPH 将两者都保持在还原状态。

细胞在短期内通过代谢重编程来适应氧化应激,在长期内通过基因重编程来适应氧化应激。在急性暴露于 ROS 后,G6PD 产生的 NADPH 在减轻氧化应激中起关键作用。在经历过 H_2O_2 的无毒阈值水平后,细胞会激活 G6PD,并通过 PPP 的氧化途径将糖酵解中的葡萄糖代谢重新“路由”到核苷酸合成,从而使 $NADP^+$ 还原为 NADPH 增加[72]。这种快速的代谢重新“路由”是由于减轻了 NADPH 对 G6PD 活性的负反馈调节,NADPH 在非应激条件下组成性地生成,并且是由 ROS 引起的 NADPH 急性耗竭的结果[73]。反过来,NADPH 的增加使 GSR1 和 TrxR1/2 能够增强基于 GSH 和 TrxR1/2 的抗氧化系统,将 ROS 抑制到稳态水平。

当暴露于无毒剂量的 H_2O_2 适度时间(如 15 min)时,细胞使用甘油醛-3-磷酸脱氢酶(glyceraldehyde-3-phosphate dehydrogenase, GAPDH)和丙酮酸激酶 M2(pyruvate kinase M2, PKM2)中的氧化还原开关来阻断糖酵解并增加葡萄糖通过 PPP 进行分解代谢,导致上层糖酵解中间体的积累,6-磷酸葡萄糖溢出到 PPP 的氧化臂中,并通过 G6PD 增加 NADPH 的产生以改善氧化应激(图 20.2):GAPDH 中的氧化还原开关涉及 Cys-152,而 PKM2 中涉及 Cys-358。在这些条件下,GAPDH 活性可以通过共济失调毛细血管扩张症突变(ATM)的磷酸化进一步增加,这是由于在 Cys-2991 在 ATM 中形成分子间二硫键,这也增加了通过 PPP 的通量[74]。ROS 对 GAPDH、PKM2 和 G6PD 活性的影响可能与含有 Fe-S 簇的线粒体 ETC 的复合体Ⅰ、Ⅲ和Ⅳ中至少 6 个蛋白质亚基中 Cys 残基的氧化相协调,导致减少 O_2 消耗和 ROS 产量减少[75]。急性氧化应激还可能通过氧化 Cys-124 来抑制磷酸酶和张力蛋白同源物(PTEN),从而通过磷脂酰肌醇 3-激酶(phosphatidylinositol 3-kinase, PI3K)激活 PKB/Akt,上调抗氧化基因表达并提高细胞存活率[75-77]。

20.3.1　辅酶Ⅱ和过氧化物酶体及过氧化氢酶

过氧化物酶体由 J. Rhodin(1954 年)首次在鼠肾小管上皮细胞中发现,是一种具有异质性的细胞器,在不同生物及不同发育阶段有所不同,直径为 0.2~1.5 μmol/L,通常为 0.5 μmol/L,呈圆形、椭圆形或哑铃形不等,由单层膜围绕而成[78]。共同特点是内含一

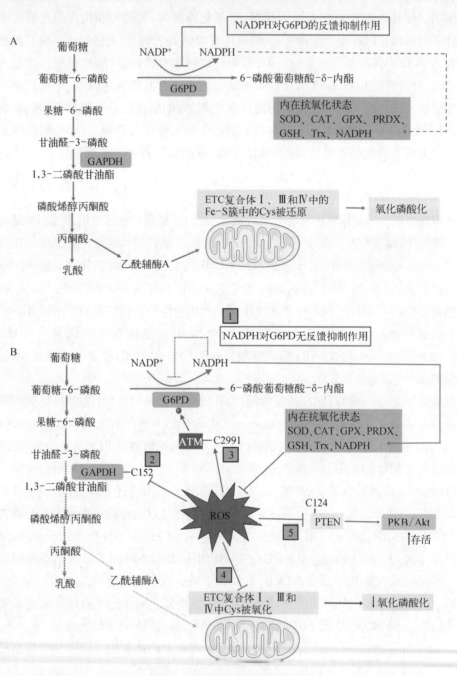

图 20.2　对急性氧化应激的代谢反应

在正常氧化还原稳态条件下的细胞中(A),葡萄糖主要通过糖酵解氧化为丙酮酸,并通过乙酰辅酶 A 通过 TCA 循环,G6PD 被 NADPH 抑制,通过 PPP 的流量最小。然而,在急性氧化应激(B)中, NADPH 对 G6PD 的反馈抑制作用大大减弱(1),GAPDH(2)、ATM(3)和 ETC 的复合体 I、III 和 IV 中的 Cys 残基被氧化(4),这是导致糖酵解抑制、G6PD 磷酸化和通过 PPP 增加新陈代谢的多种情况的组合。此外,PTEN(5)中 Cys 残基的氧化会导致 PKB/Akt 的激活,从而提高细胞存活率至多种依赖黄素(flavin)的氧化酶和 CAT(标志酶),已发现 40 多种氧化酶,如 L-氨基酸氧化酶、D-氨基酸氧化酶等,其中尿酸氧化酶(urate oxidase)的含量极高,以至于在有些种类形成酶结晶构成的核心[79, 80]。过氧化物酶体普遍存在于真核生物的各类细胞中,但在肝细胞和肾细胞中数量特别多[81]。氧化酶可作用于不同的底物,其共同特征是氧化底物的同时,将氧还原成 H_2O_2。虽然每个过氧化物酶体中所含氧化酶种类和比例不同,但是 CAT 为过氧化物酶体的标志酶,存在于所有细胞的过氧化物酶体中,约占过氧化物酶体酶总量的 40%[82],它的作用主要是将 H_2O_2 水解成氧和水。H_2O_2 是氧化酶催化的氧化还原反应中产生的细胞毒性物质,氧化酶和 CAT 都存在于过氧化物酶体中,从而对细胞起保护作用[83]。

几乎所有的生物机体都存在 CAT。CAT 是血红素酶,由 4 个相同的四面体排列的 60 kDa 亚基组成,每个亚基的活性中心都含有血红素基团和 NADPH[84]。其普遍存在于能呼吸的生物体内,主要存在于植物的叶绿体、线粒体、内质网、动物的肝和红细胞中,其酶促活性为机体提供了抗氧化防御机制[85]。且其具有两种酶活性,这取决于 H_2O_2 的浓度。如果 H_2O_2 浓度较高,CAT 会起催化作用,即通过形成 H_2O 和 O_2(催化反应)来去除 H_2O_2。然而,在低浓度 H_2O_2 下,在合适的氢供体(如乙醇、甲醇、苯酚等)存在下,CAT 会产生过氧化物,去除 H_2O_2,但会氧化其底物(过氧化物反应)[86, 87]。在不同的组织中其活性水平高低不同。H_2O_2 在肝脏中分解速度比在脑或心脏等器官中快,就是因为肝中的 CAT 含量水平高[9, 88]。H_2O_2 可穿透大部分细胞膜,因此它比 O_2^-(不能穿透细胞膜)具有更强的细胞毒性,穿透细胞膜后可与细胞内的铁发生反应生成羟基自由基[89]。SOD 酶素将氧自由基歧化后生成 H_2O_2 和 O_2。但 H_2O_2 在体内仍然是具有氧化剂毒性的物质,因此 CAT 的作用就是促使 H_2O_2 分解为分子氧和水,使细胞免于遭受 H_2O_2 的毒害。CAT 作用于 H_2O_2 的机制实质上是 H_2O_2 的歧化,必须有两个 H_2O_2 分子先后与 CAT 相遇且碰撞在活性中心上,才能发生反应。H_2O_2 浓度越高,分解速度越快[90]。

20.3.2　辅酶Ⅱ与基于硫醇的抗氧化系统

(1)辅酶Ⅱ与 GSH 的合成和代谢:NADPH 可由 NAD$^+$ 在激酶催化下接受 ATP 的 γ-磷酸基团而得到。而对于动物来说,PPP 的氧化相是细胞中 NADPH 的主要来源,它可以产生 50%~70%的所需 NADPH。PPP 的主要特点是葡萄糖直接氧化脱氢和脱羧,不必经过糖酵解和 TCA 循环,脱氢酶的辅酶不是 NAD$^+$ 而是 NADP$^+$,产生的 NADPH 通常作为还原剂以供生物合成用,为细胞的各种合成反应提供还原剂(力),如参与脂肪酸和固醇类物质的合成[91]。NADPH 并不能直接进入呼吸链接受氧化,无 ATP 的产生和消耗,只有在特殊的酶的作用下,NADPH 上的 H$^+$ 被转移到 NAD$^+$ 上,然后以 NADH 的形式进入呼吸链[92]。NADPH 亦作为 GSH 还原酶的辅酶,可维持 GSH 的还原状态,对于维持细胞中 GSH 的含量起重要作用。由于线粒体内膜对 NADPH 是不可渗透的,因此,胞质和线粒体 NADPH 池之间的通信是通过异柠檬酸-α-酮戊二酸穿梭进行的[93]。α-酮戊二酸可直接进入线粒体或与丙氨酸或天冬氨酸转氨生成谷氨酸,谷氨酸很容易进入线粒体并被代谢或参与苹果酸-天冬氨酸穿梭[94]。在这个穿梭中,依赖于 $NADP^+$ 的 IDH2 通过将线粒体基质中 NADPH 氧化为 $NADP^+$,将 α-酮戊二酸转化为异柠檬酸。然后异柠檬酸被柠檬酸载体蛋白(由 SLC25A1 基因编码)强制进入胞质以换取苹果酸。在胞质中,IDH1 通过将异柠檬酸转化为 α-酮戊二酸并将 $NADP^+$ 转化为 NADPH 来催化逆反应。之后,α-酮戊二酸/苹果酸逆向转运体作为苹果酸-天冬氨酸穿梭的载体,将 α-酮戊二酸转移到线粒体基质中[93]。随着还原当量物在这种穿梭中被转运到基质中,基质中还原的 $NADP^+$/NADPH 会触发 GR 以还原 GSSG/GSH 并刺激 TrxR 以还原 Trx。因此,异柠檬酸-α-酮戊二酸穿梭在保持细胞 NADPH 水平方面发挥着重要作用[93]。

GSH 是一种由谷氨酸、半胱氨酸和甘氨酸组成的短肽,分子中半胱氨酸的—SH 是主要的功能性基团。但是 GSH 不是一种典型的三肽,其结构中含有非 α-肽键,由谷氨酸的 γ-COOH 与半胱氨酸的 α-NH_2 脱水形成[95, 96]。GSH 是机体主要的抗氧化剂之一,主要作用有:维护红细胞内含巯基的膜蛋白和酶蛋白的完整性及其正常代谢功能;与谷胱甘肽过氧化物酶(glutathione peroxidase,GPX)共同作用,使 H_2O_2 还原成 H_2O[97, 98]。同时,GSH 被氧化为 GSSG,后者在 GR 的催化下,又生成 GSH[99, 100]。GSH 水平的高低主要取决于糖代谢中的己糖磷酸旁路的酶(G6PD)及 GSH 生物合成酶。GSH 存在于所有动物细胞中,在正常情况下,以其硫醇还原性存在,是细胞内主要的非蛋白质巯基化合物,在许多生命活动中,起着直接或间接的作用包括基因表达调控、酶活性和代谢调节、对细胞的保护、氨基酸转运、免疫功能调节等[101, 102]。氧化应激或亲电化合物攻击可使细胞内的 GSH 含量降低,或使其转变为双硫氧化型(GSSG)。GSH 除具有抗氧化和调节机体巯基平衡的作用外,在中枢神经系统中也有神经递质或神经调质样作用[103, 104]。

GSH 水平的高低主要取决于糖代谢中的己糖磷酸旁路的 G6PD 及 GSH 生物合成酶。GSH 是由两个依赖 ATP 的连续反应合成的。首先一分子的 L-谷氨酸(L-Glu)和一分子的 L-半胱氨酸(L-Cys)在 γ-谷氨酰半胱氨酸合成酶(GSH I)的作用下合成二肽-谷氨酰半胱氨酸(γ-GC)。然后在谷氨酰胺合成酶(GSH II)的催化下,一分子的甘氨酸被添加到 γ-GC 的 C 末端形成 GSH[95]。一般来说,GSH I 的活性受到 GSH 的反馈抑制从而避免 GSH 的过量积累。同时,细胞中的 GSH 会被 γ-谷氨酰转肽酶(γ-GTP)降解形成 γ-谷氨酰化合物,它对氨基酸的转运很重要。因此要使 GSH 在体内大量积累就要使 GSH I 在反馈抑制的条件下能够释放出来,或使 γ-GTP 失活或缺失。图 20.3 显示了 GSH 的生物合成途径和代谢途径。

(2) 辅酶 II 与氧化还原稳态中的硫氧还蛋白(Trx):Trx 是一类广泛存在的热稳定的作为氢载体的蛋白质,是一群广泛存在于所有活细胞中的小分子蛋白,是细胞氧化还原平衡的关键调节者[105]。哺乳动物的 Trx 家族有 3 个成员:Trx-1、Trx-2 和 TrxL。Trx-1 是一个存在于细胞外的 Trx,由淋巴细胞、肝细胞、成纤维细胞和多种细胞分泌产生。血浆中 Trx-1 的浓度可达到 6 nmol/L[106]。它主要存在于细胞的细胞质中,少量存在于细胞核及与细胞外表面相关的地方。在各种应激条件下如缺氧、H_2O_2 浓度升高、光化学氧化应激、病毒和细菌感染,Trx-1 的表达增加[107]。Trx-1 的生物学功能包括生长因子活性、抗氧

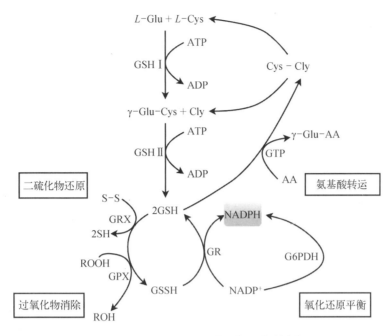

图 20.3 GSH 的生物合成途径和代谢途径

G6PD：葡萄糖-6-磷酸脱氢酶，GPX：谷胱甘肽过氧化物酶，GR：谷胱甘肽还原酶，GRX：谷氧还蛋白，GSHⅠ：γ-谷氨酰半胱氨酸合成酶，GSHⅡ：谷氨酰胺合成酶，GTP：谷氨酰转肽酶

化性能、提供还原当量的辅因子和转录调控。与 GSH 一样，Trx 有助于细胞硫醇池，已被证实与糖尿病并发症的发生有关，可以保护细胞免受高葡萄糖环境的侵害[106, 108]。且 PPP 可以缓解过多的葡萄糖引起的氧化应激（图 20.4）[109]。

胞质 Trx-1 和线粒体 Trx-2 都是小的还原酶，它们通过其活性位点中的 Cys-Gly-Pro-Cys 基序催化半胱氨酸硫醇-二硫化物交换反应[110]。Trx 的抗氧化功能主要通过它们将电子转移到氧化的 PRDX1~PRDX5、甲硫氨酸亚砜还原酶和氧化还原敏感转录因子的能力来证明，从而使它们的底物还原回更活跃的状态。该过程导致 Trx-1 或 Trx-2 活性位点中的 Cys 残基氧化，这反过来又可以分别被硒蛋白 TrxR1 或 TrxR2 还原，并使用 NADPH 作为辅因子。因此，Trx-1/2 介导的 PRDX、甲硫氨酸亚砜还原酶和转录因子的减少是以 NADPH 为代价的，并导致 NADP$^+$ 的积累。与其他氧化还原途径类似，Trx 抗氧化系统在多种癌症中上调[111]，并且与预后不良有关[112]。Trx 系统和 GSH 之间存在重叠，因为氧化的 Trx-1 可以被谷氧还蛋白（glutaredoxin，GRX，如，GRX1 和 GRX2）还原，使用 GSH 作为辅因子，因此在某些情况下可以替代 TrxR1[19, 113-116]。此外，Trx 系统可以减少 GSSG，从而在 Trx 和 GSH 为基础的抗氧化系统之间产生冗余。

TrxR 是一种 NADPH 依赖的包含 FAD 结构域的二聚体硒酶，属于吡啶核苷酸-二硫化物氧化还原酶家族成员[117]，它与 Trx、NADPH 共同构成了 Trx 系统（图 20.4）[117]。Trx 系统在氧化应激、细胞增殖、细胞凋亡等过程中发挥着重要的作用[105, 117, 118]。TrxR 使氧化型 Trx 的胱氨酸残基还原，变成一对半胱氨酸残基，后者进一步成为核糖核苷酸还原的电子供体。它存在于大肠杆菌、酵母、肝脏及肿瘤细胞中。TrxR 有很多生物学功能，与人类某些疾病的发病机制也密切相关[119]。TrxR 是二聚体黄素酶，属于吡啶核苷酸二硫化物还原酶家族的一员，广泛表达于从原核生物到人类的各级有机体细胞中，因分布区域不同，3 种同工酶分别命名为 TrxR1（胞质型）、TrxR2（线粒体型）和一个主要在睾丸中表达的同工酶 TrxR3（又名 TGR）。胞质型 TrxR1 发现最早，分布也较广泛，是目前研究得最多的一种同工酶[120]。大多数真核生物中，主要有两套独立的抗氧化系统，一套是 Trx 系统，一套是 GSH 系统。Trx 系统包括 NADPH、TrxR 和 Trx；GSH 系统包括 NADPH、GR 和 GRX[121]。在这两个系统中，GR 和 TrxR 分别催化电子从 NADPH 传递到 GSSG 和 Trx，使其转为还原型，从而参加后续多种保持氧化还原平衡的反应，是保护细胞免受 ROS 损害的重要解毒机制。哺乳动物 TrxR 是一种硒蛋白家族，在其 C 末端氧化还原中心具有独特但必需的硒代半胱氨酸（Sec）残基（图 20.4）[122,123]。TrxR 主要通过从 NADPH 提供电子以维持内源性底物 Trx 处于还原状态，调节参与抗氧化防御、蛋白质修复和转录调节的各种基于氧化还原的信号转导途径。

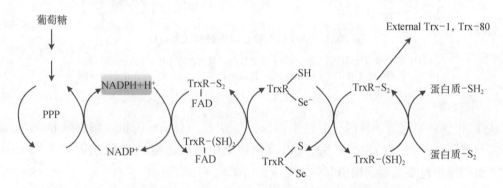

图 20.4　硫氧还蛋白系统及其与 PPP 中葡萄糖代谢的关系

PPP 产生还原性当量 NADPH 和 H+，通过一系列循环氧化还原反应转移

（3）辅酶Ⅱ和硫铁蛋白：铁硫蛋白（iron-sulfur protein，Fe/S 蛋白）是含铁的蛋白质，也是细胞色素类蛋白。仅以铁硫复合体为辅基的一组蛋白质。铁硫蛋白参与电子传递的主要途径包括呼吸作用、光合作用、羟化作用及细菌的氢和氮的固定[124]。铁与蛋白质中的含硫配体结合成铁-硫中心。铁硫（Fe-S）簇是自然界中观察到的最常见的辅助因子之一，并且构成了最大的一类金属蛋白。这些簇在结构上是多样的，以简单的形式存在，如[1Fe-0S]，其中单个铁原子由 4 个半胱氨酸基团协调，存在于硫代谢古菌的红氧还蛋白（rubredoxin）中，以及复杂形式，如在固氮细菌的固氮酶中发现的[8Fe-7S][125]。最常见的是，这些聚集体以[2Fe-2S]、[3Fe-4S]或[4Fe-4S]的形式存在。其中最简单的[2Fe-2S]是一种菱形结构，包含由 2 个硫原子桥接的 2 个铁原子，并且是铁氧化还原素中常见的簇，如肾上腺素，一种参与肾上腺内类固醇合成的铁硫蛋白[126]。虽然通常由铁硫蛋白中的 4 个半胱氨酸残基连接，但也观察到涉及半胱氨酸和组氨酸残基的连接，如 ETC 复合体Ⅲ内的 Rieske 铁硫蛋白所示[127]。[4Fe-4S]团簇以立方体结构存在，铁和硫

原子在交替的角位置。这些簇存在于细菌铁氧化还原蛋白和线粒体呼吸复合体中,如 N2 簇位于 ETC 复合体Ⅰ内[128]。[3Fe-4S]簇虽然不如[4Fe-4S]亚型常见,但也无处不在,存在于多种铁氧化还原素和复合体Ⅱ的醌结合位点[129]。

Fe-S 簇是一种多功能蛋白质修复基团,在生物系统中具有多种功能。它们在酶催化中起辅助因子的作用,并且通常位于活性位点以协助路易斯酸反应,如线粒体乌头酶和自由基 S-腺苷甲硫氨酸(SAM)酶所观察到的那样[130]。这些簇也具有调节作用,调节基因表达以响应氧化应激[通过超氧化物反应(SoxR)蛋白]、氧水平[通过富马酸盐还原(FNR)蛋白]及铁水平(通过铁反应蛋白,包括 IRP1 和 IRP2)[131]。Fe-S 簇也被观察到在 DNA 代谢中发挥重要作用,协调 DNA 复制和修复过程中的蛋白质构象变化,如在原生酶、解旋酶、核酸酶和聚合酶中发现的[132-134]。在这些酶中,这些簇参与维持结构稳定性,并且已知在 DNA 结合、解链和核酸外切酶活性中发挥作用。例如,在解旋酶核酸酶 AddAB 的楔形结构域附近发现了一个 Fe-S 簇,它对 DNA 解链至关重要,尽管其确切功能尚不清楚[135]。

尽管有这些不同的作用,Fe-S 簇最常见的是它们在电子传递中的作用,它们的排列定义了驱动光合作用和线粒体呼吸的系统内的电子传递路径。在线粒体内,Fe-S 中心在 TCA 循环和 ETC 中都发挥着重要作用。NADH 和 $FADH_2$ 捐赠的电子通过 ETC 络合物Ⅰ、Ⅱ和Ⅲ中发现的大量 Fe-S 簇转移,分子氧作为末端电子受体,形成水。乌头酸酶是含有[4Fe-4S]簇的金属酶,以不同的能力作用于胞质和线粒体。在胞质中,铁调蛋白-1 (iron reglulatory protein-1,IRP-1)充当细胞内铁水平的传感器。当铁浓度较高时, IRP-1 具有顺乌头酸酶活性,并含有[4Fe-4S]簇。当铁水平较低时,IRP-1 失去其 Fe-S 簇,载脂蛋白随后与靶 mRNA 的 5'-或 3'-UTR 内的铁反应元件(iron responsive element, IRE)结合,以促进铁吸收,减少铁的储存和利用[136]。在线粒体内,乌头酸酶作用于 TCA 循环的第二步,通过顺乌头酸中间产物将柠檬酸转化为异柠檬酸。这种酶有两种形式:一种是含有[3Fe-4S]簇的非活性形式,另一种是在获得另一个铁原子后,一种活性形式含有[4Fe-3S]簇。这个额外的不稳定铁原子(Fe_α)由水分子配位,对于实现酶的催化功能至关重要。乌头酸酶及其他含 Fe-S 簇的脱水酶对 ROS[包括超氧化物(O_2^-)和 H_2O_2 及 RNS 过氧亚硝酸盐($ONOO^-$)]的产生敏感[137]。ETC 是线粒体内 ROS 和 RNS 的主要来源。当 ROS/RNS 水平升高时,这些分子能够氧化活性间乌头酸酶中的 Fe-S 簇,导致不稳定的 Fe_α 原子损失和酶失活[138]。间乌头酸酶对 ROS/RNS 诱导的失活的敏感性使其成为线粒体内氧化还原变化的候选传感器。如果氧化应激水平增加,乌头酸酶失活会减缓代谢产物在 TCA 循环中的流动,从而降低 ETC 底物的可用性,并可能通过线粒体中柠檬酸盐的输出促进脂肪酸合成[138]。通过这种方式,间乌头酸酶中 Fe-S 簇失活的敏感性可能允许该酶通过控制线粒体的代谢流量,充当 ROS/RNS 生成的传感器。

体内产生 HO^- 需要铁离子、H_2O_2 和 O_2 或其他氧化剂,但可能不会通过哈伯-魏斯 (Haber-Weiss)反应发生。相反,氧化剂,如 O_2^-,通过从脱水酶的 Fe-S 簇中释放 Fe^{2+} 并干扰 Fe－S 簇的重新组装来增加游离铁。然后，Fe^{2+} 还原 H_2O_2，进而 Fe^{3+} 和氧化簇被 NADPH 和 GSH 等细胞还原剂重新还原。通过这种方式，SOD 与细胞还原剂协同作用，保持 Fe－S 簇的完整性，并将 HO^- 的生成速率降至最低。

总结与展望

　　NADPH 是大分子还原性生物合成中一种非常重要的代谢物，对于细胞抗氧化防御是必不可少的。由于 NADPH 与 $NADP^+$ 以氧化还原对形式存在，并且在有氧条件下不断被氧化，因此它必须不断再生。这主要通过 PPP 的氧化臂中的酶——G6PD、6PGD 来实现。氧化应激是由于 ROS 生成和细胞防御之间的差异而产生的[131]。细胞含有各种抗氧化机制，包括 GSH、Trx、CAT 和 SOD，有助于在生理情况下抑制和消除氧化损伤[139]。一旦氧化，GSH 通过一系列氧化还原偶联的酶催化反应恢复到还原状态，其中 NADPH 将电子提供给 GR 的活性位点。然后 GR 将氧化的谷胱甘肽二硫化二聚体还原回单体形式，并带有游离巯基，然后可用作直接抗氧化剂，并作为谷胱甘肽转移酶，GPX 和其他参与抗氧化防御的酶的底物，以防止自由基介导的细胞毒性[140]。此外，NADPH 依赖性 Trx 系统同样利用 NADPH[141]。同样，CAT 具有 NADPH 的变构结合位点，以维持自身处于活性状态。此外，如果 CAT 或 GSH 不能有效地清除自由基，则增加的 H_2O_2 水平会阻碍 SOD 的酶活性（图 20.5）。因此，尽管 CAT 和 SOD 不直接利用 NADPH 来转化 H_2O_2 到水，它需要 NADPH 的行动。总之，NADPH 被认为是抗氧化系统还原力的唯一来源，所有这些抗氧化剂的保存和强化最终都需要 NADPH。

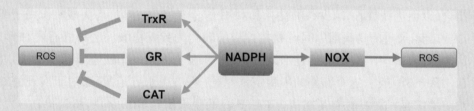

图 20.5　NADPH 氧化还原作用

NADPH 在细胞抗氧化系统中起着关键作用。一方面，GSH 还原酶利用 NADPH 作为一种重要的辅因子将 GSSG 转化为 GSH，然后 GSH 作为 GPX 的共底物，将 H_2O_2 和其他过氧化物还原为 H_2O 或酒精以使 ROS 失活。另一方面，TrxR 利用 NADPH 作为电子供体来维持 Trx 的还原形式，这有助于清除 H_2O_2 并还原核糖核苷酸还原酶（RNR）用于 DNA 合成。NADPH 亦通过与 CAT 结合，并在其被 H_2O_2 灭活时将其重新激活。此外，NADPH 还负责通过 NOX 作为底物产生自由基

　　ROS 是一把具有细胞信号机制和破坏能力的双刃剑。这两个事实都得到了广泛的实验依据支持，但关于 ROS 水平从生理作用到病理作用的变化的奥秘仍然不清楚。对于过量 ROS 引起的疾病，抗氧化剂补充剂在临床研究中已被证明在很大程度上是无效的，很可能是因为它们的作用太晚、太少，且太不具有特异性。特异性抑制产生

ROS 的酶或许是一种获得较好临床疗效的方法。ROS 和抗氧化剂之间的平衡是最佳的状态,而细胞氧化还原稳态源于对氧化应激的 NADPH 依赖性保护和 NADPH 依赖性还原应激之间的微妙平衡。

苏州大学(王鑫鑫)

苏州大学/苏州高博软件职业技术学院(秦正红)

哈尔滨医科大学(张忠玲)

第二十一章

辅酶Ⅱ与还原性合成、生物转化和蛋白质相互作用

哺乳动物细胞依赖 NADP⁺和 NADPH 之间的相互转化来支持还原性生物合成并维持细胞抗氧化防御及免疫防御。胞质 NADPH 作为脂肪酸生物合成的底物,并作为再生还原型 GSH 和 Trx 用于抗氧化防御所需的还原当量,线粒体 NADPH 则为宿主提供生物合成前体。本章主要概述 NADPH 作为电子供体参与体内生物转化、脂肪酸、类固醇和 DNA 还原性合成,以及近年来发现的蛋白质相互作用等。

21.1 辅酶Ⅱ参与还原性合成

NADPH 是几个还原合成反应的关键电子源,包括脂肪酸、胆固醇、类固醇激素、氨基酸及 DNA 等的合成[1]。在叶酸代谢中,二氢叶酸还原酶(dihydrofolate reductase, DHFR)催化二氢叶酸还原为四氢叶酸(tetrahydrofolic acid, THF)也需要 NADPH,这是胸苷酸、嘌呤、甲硫氨酸和一些氨基酸从头生物合成所必需的[2]。NADPH 还作为二氢嘧啶脱氢酶(dihydropyrimidine dehydrogenase, DPYD)的共底物,催化尿嘧啶和胸腺嘧啶分别还原为 5,6-二氢尿嘧啶和 5,6-二氢胸腺嘧啶[3]。NADPH 为参与非必需氨基酸的生物合成和硫辛酸的合成、tRNA 修饰、DNA 复制和修复及端粒维持的铁硫(iron-sulfur, Fe/S)蛋白组装提供所需的电子[4]。此外,POR 的活性也需要 NADPH,因此 NADPH 在药物、外源性物质和类固醇激素的代谢中发挥重要作用(图 21.1)[5, 6]。

21.1.1 脂肪酸合成

NADPH 为脂肪酸合酶(fatty acid synthase, FAS)提供还原力(reducing equivalent),使乙酰辅酶 A 和丙二酰辅酶 A 合成为脂肪酸[7]。在脂肪酸合成的羰基还原和双键还原过程中,NADPH 分别为 β-酮酰-ACP 还原酶(β-ketoacyl-ACP reductase, KR)催化 β-酮丁酰-ACP(β-ketobutyryl-ACP)还原为 D-β-羟丁酰-ACP(D-β-hydroxybutyryl-ACP)过程(图 21.2)、烯酰-ACP 还原酶(enoyl-ACP reductase, ER)催化丁酰-ACP(butyryl-ACP)形成过程提供电子(图 21.3)。

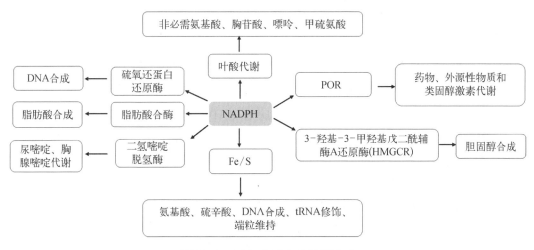

图 21.1　NADPH 参与的还原合成

NADPH 是二氢叶酸还原酶、Fe/S、POR、脂肪酸合酶、3-羟基-3-甲羟戊二酰辅酶 A 还原酶、二氢嘧啶脱氢酶的关键电子源,有助于一些还原合成反应,如脂肪酸、非必需氨基酸、核苷酸和胆固醇的合成

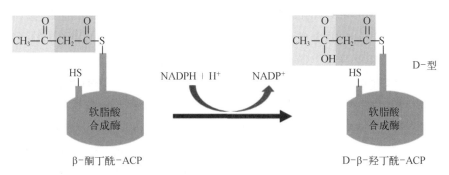

图 21.2　羰基还原

β-酮丁酰-ACP(β-ketobutyryl-ACP)被还原为 D-β-羟丁酰-ACP(D-β-hydroxybutyryl-ACP),由 KR 催化,电子供体为 NADPH

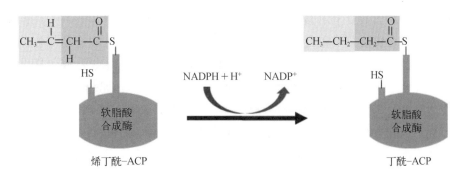

图 21.3　双键还原

在 ER 作用下,丁酰-ACP(butyryl-ACP)形成,电子供体为 NADPH

在反应循环 7 次后，即可生成 16 碳的饱和脂肪酸的前体——棕榈酰－ACP（palmitoyl－ACP），随后水解释放棕榈酸（palmitate）。总的反应式如下：

$$8\ acetyl－CoA+7\ ATP+14\ NADPH+14\ H^+\longrightarrow 棕榈酸+8\ CoA+6\ H_2O+7\ ADP+7\ P_i+14\ NADP^+$$

在这个过程中，羰基还原和双键还原分别需要 1 个 NADPH 和 1 个质子，7 次循环共需要 14 个。因此，脂肪酸合成发生在 $NADPH/NADP^+$ 比率高的细胞区域。动物细胞中，NADPH 主要是通过胞质中的两条途径产生：ME 催化苹果酸成丙酮酸（pyruvate）、PPP 将葡萄糖－6－磷酸（glucose 6－phosphate）转化为核酮糖－5－磷酸（ribulose－5－phosphate）。在植物细胞中，NADPH 主要通过叶绿体基质（chloroplast stroma）中的光反应产生。因此，脂肪酸合成在动物细胞、酵母细胞中发生在胞质，而在植物细胞中发生在叶绿体。

21.1.2　胆固醇合成

几乎所有的动物细胞都能合成胆固醇。胆固醇合成主要发生在肝脏，通过近 30 步酶促反应将乙酰辅酶 A 转化为胆固醇分子；其中 3－羟基－3－甲羟基戊二酰辅酶 A 还原酶（3－hydroxy－3－methylglutaryl coenzyme，HMGCR）和鲨烯单加氧酶（squalene monooxygenase，SM）是内源合成途径的两个限速酶。NADPH 作为 HMGCR 的还原试剂，可促使胆固醇和固醇类异戊二烯合成[8]。胆固醇生物合成需要消耗大量的能量和营养物质，如 ATP、乙酰辅酶 A 及还原剂 NADPH 等。乙酰辅酶 A 和 NADPH 是合成胆固醇的基本原料。同位素跟踪实验发现，乙酰辅酶 A 中乙酰基的两个碳均参与构成胆固醇，是合成胆固醇的唯一碳源。NADPH 供氢，ATP 供能。胆固醇的合成过程大致可细分为 4 个阶段：① 乙酰辅酶 A－甲羟戊酸的合成；② 甲羟戊酸-鲨烯的合成；③ 鲨烯-羊毛甾醇的合成；④ 羊毛甾醇-胆固醇的合成。在胆固醇合成的第二、四阶段都需要 NADPH 参与，合成 1 分子胆固醇需要 18 分子乙酰辅酶 A、36 分子 ATP 和 16 分子 NADPH。

21.1.3　氨基酸合成

氨基酸是一种含有氨基和羧基的有机化合物，在调节所有生命形式的生理方面起着重要作用。除了合成蛋白质和自然界中存在的其他化合物外，氨基酸还参与各种各样的生化反应，对能量转移和能量循环至关重要。生物体内氨基酸的生物合成包括许多复杂的反应，NADPH 是参与氨基酸生物合成的关键辅因子[9]。在赖氨酸的合成途径中，有 4 种酶需要 NADPH，每生成 1 mol 赖氨酸需要 4 mol NADPH，表明 NADPH 对赖氨酸生物合成的重要性。与赖氨酸的生物合成一致，1 mol 异亮氨酸的合成也需要 4 mol NADPH。此外，NADPH 也参与 L-谷氨酸、脯氨酸、鸟氨酸及精氨酸的合成代谢，其中每生成 1 mol 的谷氨酸或脯氨酸需要 1 mol NADPH；而每生成 1 mol 的鸟氨酸或精氨酸都需要 2 mol NADPH。最近的研究还发现，线粒体内 NADPH 的主要功能是促进脯氨酸的生物合成[10]。

21.2　辅酶Ⅱ参与肝脏生物转化和药物代谢

药物在体内一般包括吸收、分布、代谢和排泄 4 个过程。药物的代谢又称为药物的生物转化,是指外源化合物药物或毒物进入体内后进行的代谢过程。体内催化药物代谢转化的酶主要分布在肝细胞微粒体中,因此药物代谢主要在肝脏中进行。药物代谢分为 3 个阶段。在Ⅰ相代谢中,各种酶的作用是将反应性或极性基团引入外源性物质中(氧化、还原和水解反应)。在Ⅱ相反应中,这些转化的化合物进一步与极性化合物共轭。最后在Ⅲ期,结合的外源性物质通过外排转运蛋白排泄。多数药物的Ⅰ相反应在肝细胞的光面内质网(微粒体)处进行。负责Ⅰ相代谢的主要是 CYP450。CYP450 催化的Ⅰ相氧化反应包括羟基化、环氧化、脱烷基化、脱氨基和脱卤(图 21.4)。

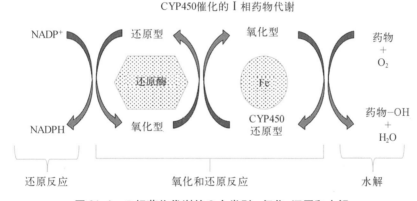

CYP450催化的Ⅰ相药物代谢

图 21.4　Ⅰ相药物代谢的 3 个类别:氧化、还原和水解

CYP450 又称混合功能氧化酶和单加氧酶,是一种以血红素为辅基的 b 族细胞色素超家族蛋白酶,该酶在还原状态下与 CO 结合,并在波长 450 nm 处有一最大吸收峰,故取名CYP450。CYP450 介导的经典反应为

$$A+O_2+NADH/NADPH+H^++2e^- \longrightarrow AO+H_2O+NAD^+/NADP^+$$

式中,A 表示底物,AO 表示氧化代谢物。

来自大气分子氧(O_2)的一个氧原子被结合到底物中,而另一个氧原子被还原成H_2O。NADH/NADPH 通过氧化还原黄素蛋白和在某些情况下铁硫蛋白的向 CYP450 单加氧酶提供两个电子。CYP450 介导的氧化是一个复杂的过程,包括电子的转移、高活性铁氧配合物的形成、C—H 等键的断裂。此外,它们还可以与 NADH 细胞色素 b5 还原酶系统或 NADPH 细胞色素 c 还原酶系统结合参与某些底物的还原,一些 CYP450 异构体还可以完成母体药物特别是酯类和酰胺类的水解。但通过向母体药物添加一个或多个氧原子的氧化过程是Ⅰ相代谢中 CYP450 介导的主要过程。

CYP450 广泛存在于动物、真核有机体、植物、真菌和细菌中，参与各种细胞过程，包括类固醇激素的生物合成、药物和其他外源物的代谢[11, 12]，以及许多天然产物的生物合成[13]，是必不可少的结构酶。CYP450 可分为两类：Ⅰ型和Ⅱ型。Ⅰ型 CYP450 有 7 种，存在于线粒体中，通过铁氧还蛋白和铁氧还蛋白还原酶从 NADPH 中接收电子，催化基本的生物合成功能；Ⅱ型 CYP450 有 50 种，存在于内质网中，通过一种名为细胞色素 P450 氧化还原酶（cytochrome P450 oxidoreductase，POR，也称为 CPR、CYPOR、OR、NCPR、P450R）的双黄素蛋白从 NADPH 中接收电子。POR 含有黄素单核苷酸（flavin mononucleotide，FMN）和 FAD 作为辅助因子，以 NADPH 为电子供体。CYP450 的氧化代谢和生物合成需要从 POR 中顺序转移 2 个电子。因此，CYP450 与 POR 的相互作用在药物代谢和类固醇生成中起着关键作用[11]。

人类 POR 与其他物种的 POR 具有高度保守的 FMN、FAD 和 NADPH 结合域，FMN 和 FAD 与不同的结构域结合，这些结构域可作为 NADPH 提供电子的中间体。电子传递过程开始于 NADPH 与 POR 的结合，NADPH 与位于内质网的 POR 结合，并提供电子，这些电子被 FAD 接收；电子转移到 FAD 引起构象变化，使 FAD 和 FMN 域结合在一起，电子从 FAD 转移到 FMN。POR 的 FMN 域与 CYP450 和其他氧化还原物相互作用，最终完成最后一步电子转移[14, 15]。CYP450 反应可总结为[6]：$RH+O_2+NAD(P)H+H^+\rightarrow ROH+H_2O+NAD^+/NADP^+$，RH 是被 CYP450 羟基化形成产物 ROH 的底物，水分子作为反应的副产物被释放出来。单氧合反应的每个循环中，NADH/NADPH 提供两个电子，POR 作为一个电子转运体，在催化过程中从 NADPH 接受两个电子，并将它们一次一个地转移到 CYP450 上[6]。POR 还为许多其他蛋白质和小分子提供电子，包括血红素加氧酶、角鲨烯单加氧酶、细胞色素 b5。因此，所有微粒体 CYP450 依赖于 POR 从辅助因子 NADPH 中获得电子进行催化反应[6, 16]。

21.3 辅酶Ⅱ与蛋白质相互作用调节细胞信号转导

由于 ROS 可以通过调节细胞内氧化还原状态来介导基因表达，因此文献提出 NADPH 可能可通过其对细胞抗氧化和 ROS 生成的作用来影响基因表达[17]。一项有趣的研究报道，NOX4 位于人脐静脉内皮细胞的细胞核中，似乎通过产生超氧化物来调节基因表达[18]。这一发现为 NADPH 影响基因表达提供了一种新的机制：细胞核中的 NOX 可能通过启动氧化还原信号通路来调节基因表达。研究还发现，内皮 NOX 可被血管生成因子如 VEGF 激活[19]。NOX 生成的 ROS 可激活多种氧化还原信号通路，导致血管生成相关基因表达，在体内实验中可能介导出生后的血管生成[19]。NADPH 还可竞争性结合 NOX4，使细胞内部的氧化压力处在较低水平，从而增强肿瘤细胞的化疗耐药性[20]。代谢应激或 DNA 损伤之类的遗传毒性应激所导致的 NADPH 变化不仅会改变细胞内的生物合成反应及氧化还原状态，还可通过组蛋白脱乙酰酶 3（histone deacetylase 3，HDAC3）介导的基因转录诱导细胞内应答。Li 等的研究报道[21]，NADPH 能够与 HDAC3 结合，阻断其与辅助因子的结合从而抑制其活性，重新编程组蛋白乙酰化和基因表达。与对 HDAC3 的作用相反，NADPH 增加 HDAC1 和 HDAC2 的活性，但 NADPH 是如何与 HDAC3 结合及其与 HDAC1 和 HDAC2 是否存在直接相互作用目前尚不清楚。最近的研究还发现，MARCHF6 E3 泛素连接酶通过其 C 末端调控区域识别并与 NADPH 结合，这种相互作用上调了 MARCHF6 的 E3 连接酶活性，从而抑制铁死亡[22]。具体来说，研究者首先在 *MARCHF6* 敲除的 Hela 细胞中证明了 MARCHF6 调控 NADPH 产生，而 NADPH 水平同样影响 MARCHF6 的活性；接着使用截断实验和 GST pulldown 实验证实了 MARCHF6 C 末端的 MRR 结构域内的 870～892 aa 与 N 末端的 RING 结构域相互作用，是 MARCHF6 活化结构域，且 MRR 结构域内的 CTE 区域对于 MARCHF6 的自泛素化和降解至关重要。通过体外泛素化实验及荧光染料标记 Ub 转移实验，证实 MRR-RING 相互作用是 MARCHF6 具有多聚泛素化能力的基础。最后研究者利用 2′,5′-二磷酸腺苷-琼脂糖亲和层析法、等温滴定量热法（ITC）分析证实了 MARCHF6 C 末端的 MRR 与 NADPH、NADP$^+$ 相互作用，且 MRR 区域与 NADPH 的结合更强，在 NADPH 存在下，MRR 与 RING 相互作用更强，因此 MARCHF6 的酶活性受 NADPH 水平影响，在介导细胞死亡和存活途径中起关键的调节作用。

　　苏州市衰老与神经疾病重点实验室最近的研究发现 NADPH 与 P2X7R 有相互作用，这种相互作用介导了外源性 NADPH 可以跨膜转运入细胞，同时又能抑制 ATP 对小胶质细胞、炎症小体的激活作用。还发现 NADPH 是一个铁死亡的抑制剂，通过与 FSP-1 信号通路蛋白 NMT-2 相互作用，增加 FSP-1 膜定位，减轻膜脂质的氧化。这些新的发现为 NADPH 参与细胞信号转导的研究开辟了新的方向。

总结与展望

　　NADP$^+$ 与 NADPH 之间的相互转化在细胞内的还原代谢及氧化还原稳态中扮演着十分重要的角色。由于 NADP$^+$ 和 NADPH 不能跨过细胞内的膜结构，因此细胞内的 NADP$^+$/NADPH 是区隔化的[23]。在胞质和线粒体当中，同工酶（NADK1 和 NADK2）分别催化 NAD$^+$/NADH 生成 NADP$^+$/NADPH。目前研究得比较清楚的是，胞质中的 NADPH 是脂肪酸及还原型 GSH 合成的重要底物，而线粒体内的 NADPH 则参与很多重要生物合成代谢[24]。最近的研究还揭示了线粒体 NADPH 促进非必需氨基酸脯氨酸的生物合成[10]，NADPH 也可以结合信号蛋白调节细胞信号通路，如 NADPH 能够与 HDAC3 相互作用，阻断其与辅助因子的结合从而抑制其活性[25]。因此，对于探索 NADPH 是否还具有一些其他未知的生物学功能，以阐明 NADPH 的全面功能作用将会是一项有意义的课题。

遵义医科大学附属医院(张顶梅)

苏州大学(徐海东、牟玉洁)

苏州大学/苏州高博软件职业技术学院(秦正红)

第二十二章

辅酶Ⅱ与嘌呤能信号转导

22.1 三磷酸腺苷受体

三磷酸腺苷(adenosine triphosphate, ATP)是一种参与大量生化反应的活性化合物,由于其非凡的能量含量和焦磷酸键的化学反应性,ATP 多年来一直被视为细胞内的能量货币分子[1]。1972 年,Burnstock 教授首次提出 ATP 作为神经传递的重要调节剂,在细胞信号转导中具有独特的地位[2]。迄今,已有大量证据表明,ATP 信号在各种外周组织和中枢神经系统产生不同的效应,包括参与快速激动型神经传导及发育,免疫反应,肺及心血管功能调节,参与疼痛感受及听觉、视觉、味觉功能,控制着细胞生长、分化及死亡等方面的重要反应,ATP 作为信号分子的作用已被广泛接受[3]。更重要的是,Burnstock 等于 1978 年开创性地提出对 ATP 及其类似核苷酸敏感的受体命名法[4],并将它们命名为 P1 或 P2 嘌呤能受体。P1(腺苷)受体(P1R)家族有 A1、A2A、A2B 和 A3 4 个亚型;P2 嘌呤能受体(P2R)分为两个亚家族:G 蛋白偶联代谢型 P2Y 受体(P2YR)和配体(ATP)门控离子型 P2X 受体(P2XR)[5]。P2YR 亚家族由 P2Y1R、P2Y2R、P2Y4R、P2Y6R、P2Y11R~P2Y14R 8 个成员组成,具有相当复杂的配体核苷酸选择性,其中 P2Y11R 是唯一的"真正"ATP 选择性受体,而腺苷二磷酸(adenosine diphosphate, ADP)、尿苷二磷酸(uridine diphosphate, UDP)、尿苷三磷酸(uridine triphosphate, UTP)-葡萄糖或 UDP-半乳糖是其他 P2YR 的首选激动剂。P2XR 亚家族由 P2X1R~P2X7R 7 个成员组成,相比之下,P2XR 的首选激动剂是 ATP,而对其他核苷酸均无活性[6]。研究发现,嘌呤能受体几乎在体内所有器官、组织和细胞中都有分布并执行相应的信号转导功能。Hoyle 教授于 1990 年提出,腺嘌呤核苷酸如辅酶Ⅱ(NADP$^+$、NADPH)等可能代表一类新的神经递质,作用于不同的嘌呤受体并在调控嘌呤能信号转导中扮演重要角色[7],但迄今仅有有限的研究报道,有待于今后进一步探索。

22.2 辅酶Ⅱ与P2XR相互作用

1985年,Burnstock等首次提出 $NADP^+$ 可发挥类似于 P2R 激动剂的作用[8]。他们发现在卡巴胆碱引起的豚鼠结肠带收缩模型中给予 $NADP^+$ 产生了浓度依赖性松弛,P2R 拮抗剂 Apmin 消除了 $NADP^+$ 的松弛作用,并且 $NADP^+$ 和 NADPH 对 P2R 的药理作用可能是直接介导的,而不是由于降解为腺苷后的间接作用,因为它们对 $5'$-核苷酸酶的切割具有抗性。尽管 Apmin 拮抗 P2R,但它的作用是非特异性的,Apmin 同时是一种 K^+ 通道阻滞剂, K^+ 通道激活同样参与了卡巴胆碱引起的结肠带收缩,由于当时没有合适的特异性嘌呤能受体拮抗剂,虽然 $NADP^+$ 的药理作用被 Apmin 有效拮抗,但这并不是将其归类为 P2R 激动剂的证据。1994年,另一项研究发现 NADPH 可以消除场刺激氮能神经引起的大鼠尾肌松弛,这种作用被 P2XR 脱敏剂 α, β-mATP（ATP 类似物）脱敏,并且 P2R 拮抗剂 Suramin 消除了 NADPH 引起的收缩反应,表明 NADPH 可能介导了 P2XR 的激活[9]。其实,在这之前还有其他课题组开展的研究发现 $NADP^+$ 表现得像 P1R 激动剂。例如,在豚鼠心房肌中, $NADP^+$ 模拟了腺苷的作用[10]。在中枢神经系统中, $NADP^+$ 和 NADPH 模拟了豚鼠嗅觉皮层中腺苷的作用[11]。同样,在大鼠输精管中, $NADP^+$ 可以模拟腺苷发挥的作用[12, 13],其作用被选择性 P1R 拮抗剂茶碱所阻断。然而,在一些具有对腺苷或 ATP 有反应的 P1R 或 P2R 组织中,据报道 $NADP^+$ 没有作用。例如,腺苷和 ATP 可以分别激活 P1R 和 P2R 导致犬冠状动脉和股动脉血管扩张,而 $NADP^+$ 几乎没有作用[14]。类似地, $NADP^+$ 对犬肾血管的扩张几乎没有影响,其中腺苷是扩张剂,而 ATP 是作用于 P2XR 的收缩剂[15]。此外,在大鼠输精管中,ATP 作用于 P2XR 产生收缩作用,而 $NADP^+$ 则无此效应[16]。以上研究共同表明, $NADP^+$ 的许多作用显然不能简单地用调控 P1R 或 P2R 的激活来解释。由于 NADPH 在不同的病理生理条件下对 P2R 执行功能的复杂性,Hoyle 教授于 1990 年提出在外周和中枢神经系统中 $NADP^+$ 可能作用于特异性受体亚型,产生不同效应[7]。同时,Hoyle 教授建议在未来研究中谨慎的做法是待到不同嘌呤能受体亚型可以被选择性拮抗后再定义 $NADP^+$ 作用的嘌呤能受体。

有关 NADPH 与 P2XR 相互作用的最近一项研究是 2006 年 Judkins 等人发现外源性 NADPH 诱导小鼠离体主动脉收缩而不涉及 NOX 的作用,并且发现这种效应被 P2XR 脱敏剂 α, β-mATP 消除,提示 NADPH 可能依赖于 P2XR 发挥作用。为了进一步证实 P2XR 参与 NADPH 引起的血管收缩,研究人员使用 PPADS（非特异性 P2XR 拮抗剂）及 NF023（相对选择性 P2X1R 拮抗剂）证实：在 PPADS 的存在下,内皮组织中 NADPH 引起的血管收缩基本都被消除,NF023 对 NADPH 的反应也抑制将近 50%,这项研究为 NADPH 直接调控 P2XR 提供了证据[17]。然而,正如 Hoyle 教授所提到的那样,过去的研究受限于缺乏特异性 P2XR 拮抗剂,因此目前可供参考的 NADPH 与嘌呤能受体相互作用的文献报道仅停留在药理效应层面,随着对嘌呤能受体家族认识的不断深入及药物定向设计的快速发展,靶向不同嘌呤能受体亚型开发的有效拮抗剂具有越来越多的选择性,因此未来的研究应当充分利用这一优势,深入开展不同器官、组织、细胞中 NADPH 调控 P2XR 的药理学机制研究,明确其信号转导模式,这将对以嘌呤能受体为靶点的药物治疗具有重要意义。

22.3　辅酶Ⅱ与 P2YR 相互作用

除了上述提到的 NADPH 与 P2XR 相互作用,在某些情况下,NADPH 同样可以通过 P2YR 引发信号效应。早在 1995 年,Ralcvic 和 Burnstock 等人发现 NADPH 对大鼠分离的肠系膜动脉血管舒张的影响,并推测它的血管扩张作用是通过内皮细胞上表达的 P2YR 介导的,虽然该研究证明 NADPH 表现出"P2Y 样"作用,但由于缺乏 P2YR 的强效和选择性拮抗剂,因此研究中未对 NADPH 对 P2YR 的药理学作用进行明确表征[18]。最近的一项研究发现在离体灌注的大鼠肝脏中,使用 $NADP^+$ 产生门脉灌注压的瞬时增加,葡萄糖释放(糖原分解)和内源性糖原产生的乳酸在顺行和逆行灌注中瞬时增加,并且丙酮酸的产生被暂时抑制,而非选择性 P2R 拮抗剂 Suramin 几乎消除了所有 $NADP^+$ 的作用。因为已有研究表明灌注的大鼠肝脏对 NAD^+ 的输注反应非常强烈[19, 20],可以发挥与 $NADP^+$ 类似的作用,而 NAD^+ 已在人类粒细胞中被证实是 P2Y11R 的激动剂[21]。因此,研究人员认为 $NADP^+$ 可能与 NAD^+ 相似,主要通过 P2YR 作用于肝脏的灌注压和糖原分解代谢[22]。另一项研究发现,$NADP^+$ 导致血管平滑肌细胞(vascular smooth muscle cell, VSMC)趋化因子 C - C 配体 2(chemokine C - C motif ligand 2, CCL2)的转录和释放增加,使得血管平滑肌向促炎表型转化,这种作用被 Suramin 以浓度依赖性方式抑制。而人类主动脉平滑肌细胞主要大量表达 P2Y1R、P2Y6R 及 P2Y11R,这项研究也为 NADPH 调控 P2YR 提供了直接证据[23]。P2Y12R 存在于血小板表面,血管损伤后释放的 ADP 与 P2Y12R 结合,促进血小板凝集,目前临床上常用的抗血栓治疗药物氯吡格雷(clopidogrel)是一种 P2Y12R 拮抗剂,其通过与血小板表面的 P2Y12R 发生不可逆结合从而阻断 ADP 的作用,以达到抗血栓的目的[24]。近期有一项研究发现,NADPH 能够以浓度依赖性的方式抑制血小板的聚集,延长小鼠尾部出血时间,虽然其机制可部分解释为抑制 p38 丝裂原活化蛋白激酶(mitogen-activated protein kinase, MAPK)激活及 ROS 生成,但研究者也提到 NADPH 可能与氯吡格雷类似,通过靶向血小板膜受体调节血小板功能,这一可能性需要在未来的研究中进一步探索[25]。这些资料都为 NADPH 调控 P2YR 提供了直接或间接的证据,虽然其调控方式及机制尚未完全阐明,但这为今后的研究奠定了良好的基础。

苏州市衰老与神经疾病重点实验室最近的研究发现 NADPH 可能与 P2X7R 有相互作用。P2X7R 介导 NADPH 跨膜转运,NADPH 反过来又抑制 ATP 对小胶细胞的激活。这一发现可能为研究辅酶Ⅱ与嘌呤类受体的相互作用开辟了方向。

　　综上，迄今 NADPH 与 ATP 受体相关性的研究仅仅揭开了 NADPH 调控嘌呤能受体信号转导的冰山一角。NADPH 对嘌呤能受体的调控具有复杂性与多样性，不能对 NADPH 扮演受体激动剂或拮抗剂的角色一概而论，而是深入研究在不同组织、细胞乃至在不同的病理生理条件下 NADPH 调控嘌呤能受体的差异性。应特别注意的是，嘌呤能信号转导一般都涉及特定的下游事件，在研究时应结合下游信号变化全面分析 NADPH 对嘌呤能受体的调控。此外，除了使用靶向嘌呤能受体的工具药进行研究之外，要结合多种技术手段如基因干预等研究 NADPH 对嘌呤能信号转导的影响。最后，嘌呤能受体参与一系列重要的细胞内病理生理过程，NADPH 作为一种内源性辅助因子，研究 NADPH 对嘌呤能信号转导的作用及分子机制将对嘌呤能受体介导的疾病治疗提供新的方向。

参考文献

苏州大学(牟玉洁)

苏州大学/苏州高博软件职业技术学院(秦正红)

第三篇

烟酰胺辅酶与疾病

第二十三章

辅酶 I 与心脏疾病

随着人口逐步老龄化,心血管疾病已成为危害人类健康和寿命的突出问题[1]。在过去几年中,NAD$^+$代谢的改变对衰老和其他与心血管疾病密切相关的病理条件的贡献已被深入研究。在一些哺乳动物组织中,NAD$^+$的生物利用度随着年龄和心脏代谢状况而降低[2]。NAD$^+$耗竭见于多种心血管疾病,包括动脉粥样硬化、缺血再灌注损伤、心力衰竭和心律失常。通过分子生物学手段或天然饮食增加 NAD$^+$的策略补充 NAD$^+$已被证明在不同实验模型中能够有效改善心脏和血管的病理生理,以及改善人类健康[2]。因此,增加机体 NAD$^+$含量的策略已成为对抗心血管疾病的潜在治疗手段。本章探讨了 NAD$^+$代谢在心血管疾病发病机制中的作用及促进 NAD$^+$增加的策略对心血管健康的影响。

23.1 辅酶 I 与心肌病

23.1.1 心肌病

心肌病是一组累及心肌组织、临床表现为心脏结构改变、心功能不全和心律失常的具有高度异质性的临床综合征,病因和分型复杂多样,是影响 21 世纪人类健康的主要杀手之一[3]。传统上心肌病分为四类:扩张型心肌病(dilated cardiomyopathy, DCM)、肥厚型心肌病(hypertrophic cardiomyopathy, HCM)、限制型心肌病(restrictive cardiomyopathy, RCM)和致心律失常性右室心肌病/发育不良(arrhythmogenic right ventricular cardiomyopathy/dysplasia, ARVC/D),并保留未定型心肌病[4, 5]。扩张型心肌病是心脏疾病的最常见形式,约占所有心肌病的 60%,通常认为是多种心血管疾病最终的共同通路。心肌病按致病原因还可分为两类:原因不明者称为原发性心肌病,已知病原或并发于其他系统性疾病者称为继发性心肌病[6]。心肌病的发病机制很复杂,包括心肌缺血、炎症、感染、心肌压力或容量负荷增加及毒素等[3]。心肌病的分类无论是依据原发性/继发性、遗传性/获得性,还是以形态和功能学为基础进行分类,均存在各种优势和局限性,无法涵盖心肌病各方面的特点[7]。近年来,许多关于这组疾病所涉及分子机制的研究已取得了突破性进展,为心肌病的临床诊断及治疗方法提供了新策略[8-10]。

　　临床上心肌病的诊断可通过了解病史、查体及心电图、X线、超声心动图、心导管检查、心内膜心肌活检、CT、磁共振、放射性核素心室造影等方法进行综合判断,治疗上主要针对病因治疗和对症治疗,如防治心律失常和心功能不全可用β受体阻滞剂、钙通道拮抗剂,抗心力衰竭治疗(终末期)可用利尿剂及扩血管药、外科手术治疗等。

23.1.2　NAD$^+$与心肌病

　　NAD$^+$首先因其调节酵母提取物代谢率的作用而被鉴定出来,后来被确定为氧化还原反应中的主要受氢体。NAD$^+$调节多种分解代谢途径的脱氢酶活性,包括糖酵解、谷氨酰胺代谢和脂肪酸氧化,接受氢离子形成其还原形式NADH,调节细胞内的代谢反应[11]。除了能量代谢之外,NAD$^+$还作为多种酶的辅助因子或底物,包括Sirtuin家族[12]、PARP[13]和cADPR合成酶(CD38和CD157)[14-17],因为调节细胞过程和细胞功能,所有这些酶的活性都受到细胞内NAD$^+$水平的严格控制。因此,调节NAD$^+$水平是一种潜在的治疗策略,可以治疗与衰老相关的疾病,如糖尿病、脂肪肝、癌症、神经退行性病变和心血管疾病,因为这些疾病均会导致上述酶的失调[18]。

　　心肌的收缩和舒张功能依赖于心肌细胞内的Ca^{2+}浓度和线粒体氧化代谢产生的ATP[19, 20]。L型钙通道触发肌浆网Ca^{2+}释放,引发Ca^{2+}内流,触发心肌收缩,而舒张和充血主要由ATP依赖的肌浆网Ca^{2+}泵ATP酶去除胞质中Ca^{2+}介导[21, 22]。心肌细胞线粒体以化学能形式将能量储存在燃料底物(脂肪酸、葡萄糖、乳酸、酮体和氨基酸)中,通过氧化磷酸化,转化形成维持心输出量所需的ATP[23]。当心肌细胞内离子平衡破坏或线粒体功能障碍时将引发心肌功能障碍,进而引发心肌病。细胞内氧化还原平衡对许多生物反应及清除自由基维持细胞稳态具有重要作用[24],氧化还原信号通路调控代谢,而代谢状态反过来也影响氧化还原信号通路。NAD$^+$/NADH氧化还原对是细胞内整合代谢和信号转导事件的关键节点,NAD$^+$调节线粒体生物发生、动力学(融合/裂变过程)和线粒体质量控制,是心脏代谢程序和线粒体适应性的重要辅助因子[15]。

23.1.3　NAD$^+$前体与心肌病

　　补充NAD$^+$前体以维持机体NAD$^+$水平可延缓心肌病的发展。扩张型心肌病是一种多因素疾病,其发病风险随年龄的增加而增加。既往的生物信息学研究确定了参与NAD$^+$辅酶生物合成的烟酰胺核苷激酶2(nicotinamide ribokinase 2, NMRK2)基因在不同的小鼠模型和扩张型心肌病患者心脏中被激活,而控制平行通路的NAMPT基因被抑制[25]。研究发现,在小鼠的心脏血清效应因子(serum response factor, SRF)敲除触发的扩张型心肌病模型及由主动脉弓缩窄(transverse aortic constriction, TAC)触发的心肌肥厚型心肌病模型中,NAD$^+$水平下降了30%,伴随着催化NAM生成NMN的NAMPT表达水平的降低,磷酸化NR的NMRK2水平增加。口服NR可增加心脏中NAAD的水平,NAAD是NAD$^+$代谢增加的敏感生物标志。通过补充NR,可以保护心力衰竭患者心脏NAD$^+$代谢组,有效地解除 NAMPT 的抑制,补救 NAD$^+$ 的合成,并刺激心肌细胞的糖酵解,稳定衰竭心脏的心肌 NAD$^+$ 水平,减缓小鼠扩张型心肌病及肥厚型心肌病的发展[26]。NR 治疗还可以显著提高 3 种代谢物在心肌的水平,即 NAAD、甲基- NAM 和 N_1 -甲基- 4 -吡啶酮- 5 -甲酰胺,这些 代谢物可作为治疗的验证生物标志物。因此,通过提高 *NAMPT* 基因的表达来增加 NAD$^+$ 的水平,降低 NMRK2 的水平,可以减缓心肌病的发展。

　　维持 NAD$^+$ 氧化还原平衡亦可减轻糖尿病性心肌病损伤。即使在没有冠心病和高血 压的情况下,糖尿病(diabetes mellitus, DM)也可能增加心力衰竭的风险,这种风险源于糖 尿病引起的心脏结构和功能改变,这种心脏病被称为糖尿病性心肌病[27]。糖尿病性心肌 病是临床上一种特殊的心肌病,该疾病最早报告于 20 世纪 70 年代[28]。糖尿病性心肌病 患者由于心肌肥厚和纤维化加剧而出现不良的结构重塑,导致典型的心功能不全。心功 能受损的病理机制除了循环底物的紊乱,心肌能量代谢也是关键致病诱因[23]。研究发 现,在糖尿病性心肌病小鼠模型中,除了心功能障碍,还发现较低水平的 NAD$^+$/NADH 比 例。NAD$^+$ 氧化还原失衡导致心脏 SOD2 乙酰化、蛋白质氧化、肌钙蛋白 Ⅰ S150 磷酸化及 能量受损;升高心脏 NAD$^+$ 水平能缓解心功能障碍,改善糖尿病性心肌病小鼠的氧化还原 和能量代谢,可以在一定程度上减轻心肌病损伤[15, 29, 30],这与 NAD$^+$ 参与糖酵解、TCA 循 环、脂肪酸氧化、酮体代谢等主要能量途径有关[31-33]。因此,维持心肌 NAD$^+$ 氧化还原平 衡可维持心肌能量代谢的稳定,减缓糖尿病性心肌病的发展。

　　(1) NMNAT:增加心肌 NAD$^+$ 含量亦可减轻核纤层蛋白(*lamin A/C*)基因突变引起的 心肌损伤和 HFD 或心脏 *NMNAT* 敲低诱导的脂毒性心肌病。由 *lamin A/C* 基因(*LMNA*) 突变引起的心肌病(简称 LMNA 心肌病)与心脏肌肉、电生理功能障碍有关。研究发现, LMNA 心肌病的 NAD$^+$ 补救合成途径受到干扰,导致了 NAD$^+$ 共底物酶之一——PARP1 的 改变。口服 NR 可增加细胞 NAD$^+$ 浓度,并增加心脏组织中蛋白的多聚腺苷二磷酸核糖基化 修饰(PARylation),改善 LMNA 心肌病左心室结构和功能[34]。NMNAT 是 NAD$^+$ 生物合成的 关键酶,有 NMNAT1、NMNAT2、NMNAT3 三种亚型,其中 NMNAT2 对 NAD$^+$ 最为敏感,可作为 细胞内 NAD$^+$ 水平的传感器[35],这也解释了在能量需求较高的器官如心脏、大脑和骨骼肌中 检测到高水平 NMNAT2 的现象[36]。大鼠心脏中 NMNAT2 的表达随着年龄的增长而显著增 加,表明衰老过程中 NMNAT2 的上调可能是维持心脏 NAD$^+$ 水平的一种代偿机制。因此,参 与 NAD$^+$ 生物合成途径的酶受到越来越多的关注。既往研究表明,耐力型运动可激活果蝇心 脏 NMNAT/NAD$^+$/SIR2/FOXO 通路和 NMNAT/NAD$^+$/SIR2/PGC1α 通路,上调心脏 NMNAT、 SIR2(哺乳动物 SIRT1 的果蝇同源物)、FOXO 和 PGC1α 表达及 SOD 活性和 NAD$^+$ 水平,减轻 HFD 诱导或心脏 *NMNAT* 基因敲低诱导的脂毒性心肌病[37]。

　　(2) Sirtuin:Sirtuin 通过将 NAD$^+$ 裂解为 NAM,以 NAD$^+$ 依赖的方式脱乙酰化,在多种 心肌病中发挥重要的调控作用。SIRT1 被认为是心肌病的潜在靶点,可以防治病理性心 肌病。依赖 NAD$^+$ 介导的脱乙酰酶活性,SIRT1 脱乙酰化心肌病中相关蛋白,参与糖尿病 性心肌病调控[38],以及改善年龄诱导的心肌肥厚和功能障碍等相关心肌病[39, 40]。 Khadka D 等人报道了 NADH/NADPH 醌氧化还原酶 1(NQO1)可以激活 SIRT1,减弱阿霉素(adriamycin, ADR)诱导的 NF-κB 信号激活和 p65 乙酰化,并降低促炎症细胞因子(TNF-α、IL-1β 和 IL-6)和趋化因子的产生,增加 NAD^+ 水平及 $NAD^+/NADH$ 比值,减轻阿霉素诱导的心肌病[41]。心肌病中升高的 NADH 通过增强磷脂酶 C(phospholipase C, PLC)和磷脂酶 D(phospholipase D, PLD)活性激活蛋白激酶 C(protein kinase C, PKC)。PKC,尤其是 PKCδ,通过间接增加线粒体 ROS 产生和直接通过 S1503 处钠离子通道 $(Na_v1.5)$磷酸化两种方式调节心脏 $Na_v1.5$[42]。SIRT1 在赖氨酸 1479(K1479)处脱乙酰化 $Na_v1.5$,小鼠心脏中 SIRT1 缺乏可导致 $Na_v1.5$ 中 K1479 的高乙酰化,降低心肌细胞膜上 $Na_v1.5$ 的表达,导致因心脏传导异常和心律失常引起的过早死亡。NAD^+ 和 NADH 对 $Na_v1.5$ 的膜表达有相反的影响:NADH 通过 PKC 降低 $Na_v1.5$ 的膜表达,而依赖 NAD^+ 的 SIRT1 介导 K1479 的脱乙酰化可抵消 PKC 介导的通道相同区域中 S1503 的磷酸化。因此,SIRT1 通过依赖 NAD^+ 介导的脱乙酰酶活性调控 $Na_v1.5$ 活性,在心脏电活动的调节中发挥重要作用[43]。在有丝分裂检验点基因(BubR1)敲除小鼠中过表达 SIRT2 或补充 NMN 以增加 NAD^+ 水平,能提高 BubR1 的表达并部分逆转复极化缺陷,从而改善心功能[44]。SIRT3 是线粒体 NAD^+ 依赖性的脱乙酰酶,通过靶向亲环蛋白 D[一种线粒体通透性过渡孔(mitochondrial permeability transition pore, mPTP)的调节因子],调控 mPTP 和线粒体 Ca^{2+} 稳态,维持线粒体代谢和 $NAD^+/NADH$ 氧化还原状态,改善心肌病[45, 46]。既往研究显示,链脲佐菌素(streptozotocin, STZ)诱导的糖尿病可引起心功能不全、间质纤维化、心肌细胞凋亡和线粒体损伤,并伴有自噬和线粒体自噬功能的抑制,敲除 SIRT3 可加重其影响。相反,SIRT3 在体外的过度表达激活了自噬和线粒体自噬,抑制了线粒体损伤和心肌细胞凋亡,而使用自噬抑制剂 3-甲基腺嘌呤(3-methyladenine, 3-MA)可减弱这种作用。此外,敲除 SIRT3 可降低 FOXO3A 的脱乙酰化和 Parkin 的表达,而在糖尿病和高糖环境下,SIRT3 过表达可促进这些作用。该研究结果表明抑制 SIRT3/FOXO3A/Parkin 信号介导的线粒体自噬可能在扩张型心肌病的发展中发挥重要作用[47]。因此,NADH 与 Sirtuin 之间的相互作用在减轻心肌病的发展中发挥了重要的作用。

　　由于线粒体的高氧化还原活性,线粒体更易受到氧化应激的攻击。为了使线粒体受到氧化还原应激最小化的同时管理能量需求,可通过调节线粒体生物发生的动态过程、线粒体动力学(融合/分裂)和线粒体吞噬清除来维持线粒体内稳态。弗里德赖希型共济失调(Friedreich ataxia, FA)是一种线粒体疾病,是由于缺乏线粒体蛋白 frataxin 而导致的肥厚型心肌病。SIRT1 的表达、活性降低和 NAD^+ 补救合成受阻导致的 NAD^+ 代谢受损是导致 FA 心肌病的主要原因之一[48]。许多研究已证实,通过补充前体 NMN 以提高 NAD^+ 水平,能够改善许多心肌病模型小鼠的心功能。而最近研究还发现,在 FA 心肌病小鼠模型中,氧化还原失衡导致线粒体蛋白质病理性、进行性高乙酰化,补充 NMN 以 SIRT3 依赖的方式恢复了心肌细胞的能量利用,调控心脏和心外代谢功能,部分恢复 NAD^+ 水平,使 $NAD^+/NADH$ 比率正常化,并引起整体蛋白乙酰化的适度降低,从而改善 FA 心肌病[49]。因此,通过提高机体 NAD^+ 水平和 SIRT1、SIRT3 的活性来调节线粒体氧化还原平衡,可以有效控制 FA 心肌病的进展。

综上所述,NAD⁺水平降低及 NAD⁺/NADH 氧化还原失衡是诱导各类心肌病的重要原因,通过不同途径补充 NAD⁺水平,调控相关能量代谢及信号通路的激活,可改善多种心肌病的发展[50]（图 23.1）。

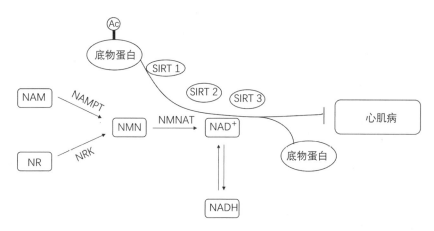

图 23.1 NAD⁺水平、NAD⁺/NADH 氧化还原型及 NAD⁺调控
Sirtuin 依赖的乙酰化在心肌病发展中的作用

NAM,烟酰胺;NMN,烟酰胺单核苷酸;NR,烟酰胺核糖;NMNAT,烟酰胺单核苷酸腺苷酸转移酶;NAMPT,烟酰胺磷酸核糖转移酶;NRK,烟酰胺核苷激酶

23.2 辅酶Ⅰ与心肌缺血

缺血性心脏病(ischemic heart disease, IHD)是指心脏的血液灌注减少,导致心脏的供氧减少,心肌能量代谢失常,不能支持心脏功能的病理状态。心脏活动所需要的能量几乎完全靠有氧代谢提供,所以即便在安静的时候,心肌的血氧摄取率也很高(约为 70%)。正常情况下,机体可通过自身调节,促使血液供需相对恒定,保证心脏正常工作。当某种原因导致心肌血液供需失衡,就构成了心肌缺血。冠心病是引起心肌缺血最主要、最常见的病因。随着人民生活水平的提高,目前心肌缺血在我国的患病率呈逐年上升的趋势,已成为中老年人的常见病和多发病。临床上引起心肌缺血最常见的原因是冠状动脉粥样硬化,其次还有炎症(风湿性、梅毒性、血管闭塞性脉管炎及川崎病等)、痉挛、栓塞、结缔组织疾病、创伤和先天性畸形等。心肌缺血会导致氧的需求和供应的不平衡,引发心肌组织损伤或功能障碍。及早快速恢复血流是预防、治疗进一步组织损伤的首要选择,然而恢复缺血性心肌的血流也会引起心肌缺血再灌注损伤。心肌缺血再灌注通过诱发 H⁺、Ca²⁺超载[51],能量代谢紊乱、线粒体功能障碍、ROS 的积累、促炎通路的激活[52]和内质网应激[53]等,导致心肌细胞功能障碍、凋亡和细胞死亡[54]。

由于心肌缺血的发生机制主要是心肌血液(血氧)供需失衡,因此,心肌缺血的治疗策略是通过增加心肌的供氧和(或)减少心肌耗氧,从而使心肌氧的供需重新达到平衡状态。心肌缺血治疗措施包括药物治疗、介入治疗、外科冠脉搭桥术等,其中药物治疗包括防治血栓形成、预防冠状动脉血栓的抗血小板药物;减慢心率、减少心肌耗氧量的 β 受体拮抗剂;抑制心肌收缩、减少心肌耗氧、扩张冠状动脉、解除冠状动脉痉挛的钙通道拮抗剂;降低血浆中的胆固醇并稳定动脉斑块、防止斑块脱落形成血栓的他汀类药物;预防心室重构、改善心功能的肾素-血管紧张素-醛固酮系统(renin-angiotensin-aldosterone system, RAAS)阻断剂;扩张冠状动脉、增加心肌供血的硝酸酯类药物;用于急性心肌梗死、溶解急性血栓的溶栓药物等。

越来越多的临床和动物实验证明,NAD^+ 在预防和治疗心肌缺血及缺血再灌注损伤中起重要作用,心肌缺血及缺血再灌注损伤后心肌细胞内 NAD^+ 水平降低,维持细胞内 NAD^+ 水平对缺血心肌可产生保护作用,NAD^+ 可通过多种机制在预防和治疗心肌缺血和缺血再灌注损伤中发挥重要作用,为临床上治疗心肌缺血提供了新的思路。

心肌梗死不仅降低细胞 NAD^+ 水平,而且降低 NAD^+ 合成,导致线粒体功能普遍降低[55]。心脏冠状动脉血流显著减少或中断导致的缺血性损伤能够破坏几乎所有心肌细胞的代谢途径,而线粒体是功能受损和结构破坏最敏感的细胞器之一,伴随着氧化磷酸化和线粒体 ATP 生成的抑制及 NAD^+ 水平的下降[56, 57]。NAM 和 NMN 可抑制过度活跃的 NAD^+ 相关消耗酶,如 PARP 和 CD38,从而减少缺血条件下的 NAD^+ 降解[58, 59]。此外,缺血再灌注期间,ROS 和过氧亚硝酸盐累积引起脂质过氧化,蛋白质氧化及 DNA 断裂,PARP 被激活并以 NAD^+ 为底物启动 DNA 修复,这个过程会迅速消耗细胞内的 NAD^+ 和 ATP 池[18, 60]。因此补充 NAD^+ 水平,可防止因 NAD^+ 耗竭引发的相关生物反应与能量代谢紊乱,从而减轻缺血再灌注损伤。

23.2.1 NAD^+可通过减轻凋亡和增强抗氧化能力来减轻心肌缺血再灌注损伤

研究发现,心肌缺血再灌注损伤时心肌细胞内的 NAD^+ 水平下降[61],主要原因是 PARP 过度激活,mPTP 开放,以及 NAMPT、NAD^+ 合成补救途径中的限速酶下调,导致 NAD^+ 合成途径受到干扰[62]。当心肌细胞处于轻度至中度缺血时,PARP 以 NAD^+ 为底物启动 DNA 修复以防止细胞凋亡。然而,心肌缺血再灌注损伤可持续性激活 PARP 并触发非 caspase 依赖性细胞死亡而引起 DNA 损伤[18]。既往研究发现,通过静脉注射 10~20 mg/kg NAD^+ 可以剂量依赖性地减少缺血再灌注诱导的心肌梗死,在 20 mg/kg NAD^+ 的剂量下,梗死减少约85%;进一步研究发现,静脉注射 NAD^+ 可显著减少缺血再灌注诱导的心肌细胞凋亡:NAD^+ 降低心肌缺血再灌注损伤大鼠的 TUNEL 染色、减少 Bax 和剪切型 caspase - 3 水平,并增加 Bcl - XL 水平;NAD^+ 给药还可以显著减轻缺血再灌注诱导的心脏 SOD 活性和 SOD2 蛋白水平的下降;提示 NAD^+ 可通过减少细胞凋亡和增强抗氧化能力来减轻心肌缺血再灌注损伤[63]。

23.2.2 NAD^+介导 Sirtuin 的脱乙酰酶活性,在减轻心肌细胞的氧化损伤和凋亡方面发挥着重要的保护作用[64]

Sirtuin 增加线粒体中 GSH 与 GSSG 的比率,并上调线粒体中的 SOD2 活性,以增强氧化应激抵抗力[65]。Sirtuin 和 PARP 与代谢、寿命和衰老密切相关,并受 NAD+ 亚细胞平衡的严格控制。然而,心肌缺血再灌注损伤后的 NAD+ 过度消耗限制了 Sirtuin 依赖的能量代谢和信号转导。SIRT1 作为 NAD+ 传感器和 NAD+ 依赖酶,其活性受到 NAD+ 缺乏的限制。在缺氧/复氧(hypoxia/reoxygenation,H/R)应激的 H9C2 心肌细胞中,外源性补充 NAD+ 以时间和浓度依赖的方式提高细胞内 NAD+ 水平,减少 H/R 应激诱导的细胞死亡。当细胞外浓度在 500~1 000 μmol/L,以及在复氧开始后立即添加 NAD+ 时,补充 NAD+ 似乎发挥了最大的保护作用。在 H/R 应激的 H9C2 细胞中,补充 NAD+ 恢复了 SIRT1 活性,降低了 Tp53(Lys373 和 Lys382)的乙酰化水平,并减弱了细胞凋亡,而抑制 SIRT1 活性则减轻了 NAD+ 补充的保护作用,这些结果表明,外源性 NAD+ 补充减弱了 H/R 应激诱导的细胞凋亡,该作用至少部分是依赖于恢复 SIRT1 活性和随后 Tp53 373 位和 382 位的赖氨酸脱乙酰化,从而抑制 Tp53 活性[62]。在细胞应激期间,蛋白质经历各种翻译后修饰,导致其活性增加或降低。其中一种修饰是多聚 ADPR 化,它由一系列称为 PARP 的酶催化。PARP1(116 kDa)是体内广泛表达的 PARP 家族原型成员。PARP1 位于细胞核和线粒体中,在 DNA 修复过程和维持基因组稳定性中起重要作用。PARP1 在应对炎症、糖尿病、缺血再灌注损伤或氧化应激等病理条件所致的 DNA 损伤时被激活,虽然 PARP1 的基础激活是维持细胞正常内环境平衡所必需的,但 PARP1 的过度激活消耗 NAD+,并导致细胞内 NAD+ 储备耗尽而导致细胞死亡[66]。这一特性使得 PARP1 活性受到的严格调控对细胞存活非常重要。研究发现,细胞应激诱导 PARP1 乙酰化,从而激活 PARP1。在心肌细胞中,应激还诱导新 PARP1 的合成,该新 PARP1 再次进入 PARP1 激活。激活的 PARP1 通过从 NAD+ 向靶蛋白中添加多个 ADPR 单元,促进自身及其他蛋白质的多聚 ADPR 化。这种反应一方面消耗细胞内的 NAD+ 存储,另一方面作为副产品生成 NAM,NAM 有抑制 SIRT1 的作用。细胞 NAD+ 水平的降低促进 SIRT1 和 PARP1 之间的相互作用,导致 PARP1 失活。SIRT1 还能够抑制 PARP1 基因启动子的活性,导致 PARP1 蛋白合成减少。这两种机制都有助于细胞在轻度应激条件下存活。然而,在严重的应激条件下,NAD+ 水平低于一定的临界水平会抑制 SIRT1 的活性,导致靶蛋白如 TP53、Ku70 和 PARP1 的高乙酰化,最终导致细胞死亡。研究发现,PARP1 活性受蛋白质乙酰化的调节,SIRT1 能够脱乙酰化和失活 PARP1,而 PARP1 通过消耗细胞 NAD+ 水平来调节 SIRT1 活性[67],过度激活的 PARP1 可以启动细胞凋亡。综上所述,通过增加 NAD+ 水平恢复 SIRT1 活性来降低 Tp53 的乙酰化水平、减弱细胞凋亡和阻止 PARP1 的过度表达,有利于心肌缺血再灌注损伤的预后。

23.2.3 通过调控葡萄代谢恢复心功能

补充 NAD+ 还可改善心肌缺血后心肌的葡萄糖代谢,从而恢复心功能。缺血心肌主要以葡萄糖作为能量来源,早期心肌缺血再灌注期间,调控葡萄糖代谢可以改善缺血后的心脏功能[68-70]。脂肪酸 β 氧化在心肌细胞的正常代谢中占主导地位,而心肌缺血后能量代谢转变为糖酵解,由于无氧代谢和乳酸积累,导致 NAD+、ATP 和细胞内 pH 水平降低。此外,ATP 酶依赖的离子转运机制功能失调,导致细胞内和线粒体钙超载,细胞肿胀和破裂,最终导致细胞死亡。缺血再灌注后,由于细胞内 pH 的恢复,ROS 迅速增加;同时,促炎性中性粒细胞渗入缺血组织,加剧缺血损伤[71]。心肌细胞的 Ca^{2+} 稳态对维持心肌细胞的正常收缩功能十分重要,而心肌细胞内 Ca^{2+} 稳态的维持依赖于糖酵解产生 ATP,因此通过调控葡萄糖代谢途径防止 Ca^{2+} 超载,是降低心肌缺血再灌注损伤的有效手段之一[72]。研究表明,补充 NAD^+ 可改善缺血后心肌的葡萄糖代谢,从而恢复心功能[73]。这与 NAD^+ 参与糖酵解和 TCA 循环有关[74]。外源性 NAD^+ 不仅通过直接参与糖代谢途径,而且通过激活Sirtuin 上调分解代谢,促进 ATP 合成[54, 75]。Sirtuin 通过多种途径增加细胞代谢,如增加葡萄糖摄取,促进丙酮酸进入 TCA 循环,以及上调不同限速酶的活性。心肌缺血再灌注时,琥珀酸酯代谢紊乱诱导了心肌氧化损伤。给予 NAD^+ 治疗减少了缺血时琥珀酸的积累,并降低了再灌注时琥珀酸的消耗速率,促进 SIRT5 和琥珀酸脱氢酶 α(succinate dehydrogenase α,SDHα)相互作用,降低了 SDHα 的琥珀酰化水平,从而减少 ROS 的产生,有效减轻心肌缺血再灌注的氧化损伤[76]。因此,NAD^+ 可通过调控葡萄糖代谢防止 Ca^{2+} 超载、激活 Sirtuin上调分解代谢、减少琥珀酸的积累并降低 SDHα 的琥珀酰化水平、减少 ROS 的产生等途径减轻心肌缺血和缺血再灌注损伤。

23. 2. 4 NAD^+ 通过调控心肌炎症反应减轻心肌缺血再灌注损伤

心肌缺血再灌注损伤通过诱导中性粒细胞的招募、氧自由基的产生和补体的激活,引发炎症反应[77, 78]。既往动物实验研究发现,缺血心肌再灌注 24 h 后,与生理盐水组比较,外源性补充 NAD^+ 可明显降低缺血再灌注后 TNF - α 和 IL - 1β 水平,减轻梗死区域炎症反应。在随访 4 周后,根据马松三色染色比较 NAD^+ 组与生理盐水组心肌纤维化程度,NAD^+ 治疗的动物显示出明显较低的心室纤维化程度,这与 NAD^+ 改善的左心室峰值充盈率和平均充盈率相一致。该实验结果提示,NAD^+ 抑制心肌炎症反应,随后减少纤维化并改善心室顺应性。由于 Sirtuin 抑制 TNF - α、IL - 1β 和下游转录因子 NF - κB 的表达,NAD^+ 激活 Sirtuin 亦可能是调节心肌炎症反应的需要。因此,通过外源性补充恢复 NAD^+含量可以调控心肌炎症反应,保护心肌细胞免受缺血再灌注损伤。

NAD^+ 治疗亦可通过调控冠状动脉微血管减轻心肌缺血再灌注损伤。急性心肌梗死通常伴有冠状动脉微血管损伤,发病率高达 50%~70%[79]。尽管再灌注恢复心肌血液,但由于微血管损伤,心肌灌注可能仍然不完全[80]。微血管损伤是心肌缺血再灌注损伤的关键原因之一,其潜在机制是多方面的,包括冠状动脉微血管内皮细胞(coronarymicrovascular endothelial cell, CMEC)肿胀、血管调节改变、血小板活化、血栓形成、炎症细胞黏附、内皮屏障破坏,以及局部水肿引起的毛细血管外部压迫[81, 82]。在原代培养的CMEC H/R 和大鼠缺血再灌注模型中,给予 NAD^+ 治疗显著诱导细胞 H/R 或缺血再灌注中的转录因子 EB (transcription factor EB, TFEB)激活并减轻溶酶体功能障碍,并诱导了TFEB 介导的溶酶体自噬,减少了缺血梗死面积,保留冠状动脉微血管密度和完整性,并补救了由心肌缺血再灌注损伤诱导的 CMEC 损伤,表明 NAD^+ 对暴露于 H/R 或缺血再灌注下的 CMEC 的保护作用至少部分由 NAD^+ 恢复 TFEB 介导的自噬流所介导[83]。冠状动闭塞导致内皮功能障碍,内皮型一氧化氮合酶(endothelial nitric oxide synthase, eNOS)依赖性血管反应性降低,再灌注后持续存在。eNOS 利用 L-精氨酸和 O_2 生成 NO 和 L-瓜氨酸,该过程使用 NADPH 作为还原当量来源,并且需要钙调蛋白、FAD、黄素单核苷酸(flavin mononucleotide, FMN)、血红素和四氢生物蝶呤(tetrahydrobiopterin, BH_4)作为辅助因子。eNOS 通过产生 NO 激活血管平滑肌中的可溶性鸟苷酸环化酶引起血管舒张,调节血管舒缩和血压。在缺血后心肌中,关键的氧化还原敏感型 eNOS 辅因子 BH_4 被耗尽,导致 eNOS 与超氧化物(O_2^-)产物而非 NO 解偶联。缺血后心脏中内皮细胞 eNOS 底物 NADPH 几乎完全耗竭,引发 eNOS 功能受损。内皮细胞 NADPH 的严重缺失是由于 CD38 的激活,可通过抑制或特异性敲除该蛋白质来预防 NADPH 的缺失。补充 NADPH 和 BH_4 可产生 NOS 依赖性冠状动脉流量的完全恢复。因此,通过抑制 CD38 可防止 NADPH 的消耗,保留内皮依赖性冠状动脉流量、eNOS 偶联和 NO 生成,增强心肌收缩功能的恢复,减少缺血后心脏的梗死[84]。由此可见,CD38 激活是缺血后内皮功能障碍的重要原因之一,是预防不稳定冠状动脉综合征的内皮功能障碍的治疗靶点。综上所述,通过给予 NAD^+ 治疗诱导 TFEB 介导的 CMEC 溶酶体自噬及抑制 CD38 减轻 $NADP^+$、NADPH 的消耗等机制维持冠状动脉微血管内皮功能可减轻心肌缺血及缺血再灌注损伤。

综上所述,NAD^+ 和 NAD^+ 依赖的酶通过减少氧化应激、抑制细胞凋亡、促进 DNA 修复、调控能量代谢、维持线粒体功能、抑制炎症及增加自噬等方面发挥对心肌缺血及缺血再灌注损伤的保护功能(图 23.2)。

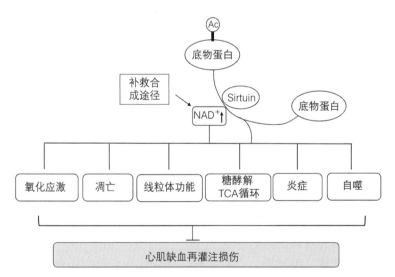

图 23.2　NAD^+ 和 NAD^+ 依赖的 Sirtuin 家族保护心肌缺血再灌注机制

23.3　辅酶Ⅰ与心肌肥大和心力衰竭

心脏的主要功能是维持外周脏器的灌注,以满足正常和应激条件下的血氧供应需要。

为了在前负荷或后负荷增加的情况下完成心脏供血，心脏和单个心肌细胞通常会发生心肌肥大。心肌肥大通过平行增加肌节单位以增加收缩力。心肌肥大还伴随着基因表达的变化，从而引起代谢、收缩力和心肌细胞存活率的变化。心肌肥大分为生理性和病理性两种类型，最初都是作为对心脏应激的适应性反应，但它们潜在的分子机制、心脏表型和预后有很大的不同。随着时间的推移，生理性肥大可维持心脏功能，而病理性肥大则伴有不良心血管事件，包括心力衰竭、心律失常和死亡[85]。病理性肥大的病理改变通常伴有间质和血管周围纤维化、心肌细胞死亡、I型胶原和肌成纤维细胞活性增加。病理性肥大由慢性高血压、主动脉狭窄、二尖瓣或主动脉瓣反流、心肌梗死（myocardial infarction, MI）、沉积性疾病（如脂质、糖原和错误折叠蛋白沉积性疾病）及编码肌节蛋白的基因突变引起的遗传性心肌病如肥厚型心肌病引起。随着刺激的持续，病理性心肌肥大最终可导致心力衰竭。

心力衰竭是在心脏损伤后，结构、神经体液、细胞和分子机制被激活，导致容量过载、交感神经活动增加、循环再分配，引起心力衰竭的临床体征和症状，如呼吸困难（劳力性呼吸困难、端坐呼吸、夜间阵发性呼吸困难和心源性哮喘）、液体潴留（如脚踝水肿、肝充血或胃肠道壁水肿引起的吸收不良），或反射性心动过速等代偿反应[86]。心力衰竭的宏观结构变化包括左心室肥厚、心室扩张、左心室硬度增加、顺应性降低，微观病理结构变化包括心肌细胞肥大、凋亡和坏死，间质纤维化。心力衰竭患者的主要死亡原因是心源性猝死（>50%）或慢性全身低灌注导致的多器官衰竭。尽管治疗策略发展迅速，但心力衰竭的预后仍然很差，诊断后5年内死亡率接近25%～50%。因此，更好地理解心肌肥大和心力衰竭的潜在机制，可能会发现逆转病理性肥大、心力衰竭和预防不良后果的新治疗方法。

胰岛素和胰岛素样生长因子-1（insulin-like growth factor-1, IGF-1）调节心脏中广泛的细胞过程，包括细胞生长、增殖、分化、凋亡、收缩和代谢。胰岛素结合并激活胰岛素受体（酪氨酸激酶受体），招募和磷酸化衔接蛋白胰岛素受体底物1（insulin receptor substrate 1, IRS1）和胰岛素受体底物2（IRS2）。这些蛋白质进而激活PI3K/Akt1信号通路，促进生理性心肌细胞生长。此外，毛细血管密度是控制生理性或病理性肥厚发展的重要因素。血管内皮生长因子（vascular endothelial growth factor, VEGF）是维持心肌毛细血管密度的重要血管生成分子，VEGF的缺失会损害心肌血管生成和心脏功能。病理性肥厚时，毛细血管密度和冠状动脉血流储备不足以支持心肌生长，导致心肌轻度缺氧和营养不足。

心肌病理性增大是由神经内分泌激素（如血管紧张素Ⅱ、内皮素Ⅰ和儿茶酚胺）和机械力引起的，这些触发因素直接或间接增加ROS的产生和代谢中间产物的积累，导致细胞死亡、纤维化和线粒体功能障碍。心肌细胞的生长伴随着蛋白质合成的增加或蛋白质降解的减少。哺乳动物雷帕霉素靶蛋白（mammalian target of rapamycin, mTOR）是一种丝氨酸/苏氨酸蛋白激酶，作为两种不同复合体（mTORC1和mTORC2）的一部分发挥作用。mTORC1活性在生理性和病理性肥大的发展过程中增加，以响应生化、机械和代谢信号。虽然通过mTOR增加蛋白质合成和线粒体质量控制是急性压力超负荷期间心脏的重要适应机制，但mTOR的持续激活是有害的，部分原因是抑制自噬和随后的蛋白质质量控制机制恶化。AMP活化蛋白激酶（AMPK）抑制mTORC1，而对mTORC1的药理学抑制可减轻血管紧张素Ⅱ诱导和压力超负荷诱导的病理性肥大和心力衰竭[87]。另外,心肌细胞、成纤维细胞和循环免疫细胞还产生许多与心肌肥厚和心力衰竭相关的细胞因子。病理性肥大和心力衰竭患者的促炎细胞因子 IL-6、IL-1 和 TNF 的循环水平升高,而 IL-6 的整体缺失可抑制 TAC 诱导的心肌肥大的发展,其部分是通过抑制依赖 Ca^{2+}-钙调蛋白依赖性蛋白激酶Ⅱ(Ca^{2+}/calmodulin-dependent protein kinase Ⅱ, CaMKⅡ)的 STAT3 信号实现的[88]。具有心脏特异性 TNF 过度表达的转基因小鼠显示出心肌肥厚和适应性不良重塑,伴有轻度炎症细胞浸润,而 TNF 的整体缺失可通过降低 MMP9 的活性来减轻压力超负荷诱导的肥大和心功能不全[89]。IL-10 是一种主要的抗炎细胞因子,可抑制巨噬细胞渗入心脏。小鼠 *IL-10* 基因敲除加重了异丙肾上腺素诱导和 TAC 诱导的心肌肥厚与适应性不良重塑,而补充 IL-10 通过激活 STAT3 和抑制 NF-κB 可抑制甚至逆转 TAC 诱导的心肌重塑[90]。

许多研究证明,在心肌肥大和心力衰竭中,由于 NAD^+ 水平降低,导致 Sirtuin 失活,线粒体蛋白高度乙酰化,从而导致能量代谢紊乱和心力衰竭。在心脏 *SRF* 敲除诱导的扩张型心肌病小鼠模型中,Diguet 等人发现,在饮食中补充 NR 可显著降低左心室收缩功能障碍和心室扩张[26]。在压力超负荷诱导的心肌肥厚小鼠也观察到了类似的作用。这些研究表明,在激动剂诱导的病理性肥大、慢性压力超负荷、线粒体心肌病和 FA 相关的模型中,增加 NAD^+ 水平对心肌肥厚和心功能具有有利影响[91]。因此,这些研究支持了增加 NAD^+ 水平作为治疗心肌肥大和心力衰竭策略的新概念。NAD^+ 在心肌肥大、心力衰竭治疗中的作用机制总结如下。

23.3.1 促进 NAD^+ 生物合成可抑制心肌肥厚

既往在细胞水平上已经研究了导致心肌肥厚发展的各种信号机制,其中氧化应激被认为是各种刺激的关键共同信号,可导致病理性肥大。由于 NAD^+ 消耗酶(如 PARP1)的活性增加和(或)NAD^+ 补救合成途径的活性降低,严重的氧化应激可导致 NAD^+ 消耗增加,最终导致细胞内 NAD^+ 耗竭。由于 NAD^+ 依赖的某些细胞生存因子(如 Sirtuin)活性的丧失,NAD^+ 的缺失可使细胞无法执行其能量依赖性功能并抵御氧化应激。研究表明,外源性添加 NAD^+ 能够维持细胞内 NAD^+ 水平,并在体外和体内阻断由血管紧张素Ⅱ或异丙肾上腺素诱导的心肌肥厚反应,NAD^+ 治疗可阻断促肥大 Akt1 信号的激活,这些结果揭示了 NAD^+ 作为心肌肥厚信号抑制剂的新作用,并提示预防 NAD^+ 耗竭可能是治疗心肌肥厚和心力衰竭的关键[30]。心肌肥厚导致 NMNAT2 蛋白表达水平和酶活性下调,在新生大鼠心肌细胞中,过度表达 NMNAT2 以维持细胞内 NAD^+ 水平来激活 SIRT6,可以阻断由血管紧张素Ⅱ诱导的心肌肥厚,表明通过调节 NMNAT2 活性以促进 NAD^+ 生物合成,可以抑制心肌肥厚进展[92]。因此,促进机体 NAD^+ 的生物合成有利于抑制心肌肥厚的发展。

23.3.2 维持 NAD^+ 氧化还原平衡可降低线粒体高乙酰化介导的心力衰竭

心脏是代谢最活跃的器官之一,心肌细胞主要由有氧代谢提供能量,心肌细胞有很强的有氧氧化能力,因为它们富含线粒体,并具有高活性的氧化酶。正常情况下,脂肪酸是心肌细胞产生能量的主要底物[93]。在脂肪酸 β 氧化的能量代谢过程中,辅酶Ⅰ的氧化形式 NAD^+ 充当氢化物受体,然后还原为 NADH。而后 NADH 在线粒体经 TAC 循环被氧化为 NAD^+,生成 ATP 供心肌细胞使用。因此,NAD^+/NADH 比值对于通过氧化还原反应提供能量至关重要。此外,NAD^+ 耗竭将导致 Sirtuin 活性的降低和线粒体乙酰化程度的增加,从而导致能量代谢紊乱[94]。NAD^+ 的缺失可引起线粒体功能障碍导致许多心血管疾病的发生,诱发心肌肥厚、心力衰竭、缺血再灌注损伤、高血压及动脉粥样硬化[95, 96]。衰竭或线粒体功能障碍的心脏中,NAD^+ 氧化还原失衡(NAD^+/NADH 降低),导致 NAD^+ 依赖性蛋白的高乙酰化,如 NAD^+/NADH 比敏感的苹果酸-天冬氨酸穿梭蛋白,其高乙酰化水平损害了线粒体和细胞质 NADH 的运输和氧化,导致细胞质氧化还原状态改变和能量缺乏。寡霉素敏感赋予蛋白在 ATP 合酶复合体中赖氨酸-70 的乙酰化,促进了其与亲环素 D 的相互作用,并使 mPTP 开放[91],mPTP 开放导致的细胞死亡是心力衰竭发生的重要机制[97],线粒体蛋白乙酰化增加可使 mPTP 增敏[32]。因此,NAD^+ 氧化还原失衡导致的线粒体蛋白高乙酰化可以通过 2 种不同的机制参与心脏病理重塑,即苹果酸-天冬氨酸穿梭和 mPTP 调节因子,它们是高乙酰化蛋白靶点,介导心力衰竭发生。通过基因或药理学方法恢复 NAD^+/NADH 比稳态,可以降低高乙酰化,延缓小鼠模型的心力衰竭进程,为心力衰竭提供一种新的治疗方法[91]。

23.3.3 NAD^+ 通过激活 SIRT3 发挥心肌肥大、心力衰竭中的保护作用

作为 NAD^+ 依赖的脱乙酰酶,SIRT3 主要位于线粒体,在所有线粒体 Sirtuin 中显示出最强大的脱乙酰酶活性[98]。SIRT3 介导大量线粒体蛋白的脱乙酰化,SIRT3 的靶点几乎涉及线粒体生物学的每个方面,如脂肪酸氧化、葡萄糖氧化、抗氧化防御、线粒体动力学和线粒体未折叠蛋白反应(mitochondrial unfolded protein response, mUPR)[99-101]。SIRT3 通过可逆的蛋白质赖氨酸脱乙酰化,维持正常线粒体生物功能。抑制 SIRT3 导致线粒体功能受损,促进心肌肥厚和心力衰竭、缺血再灌注损伤、高血压和动脉粥样硬化等心血管疾病的发生[102]。NMNAT3 是线粒体 NAD^+ 生物合成的限速酶,最近被确定为 SIRT3 的新靶点。SIRT3 介导的 NMNAT 3 的脱乙酰化在抗心肌肥大方面起重要作用[103]。此外,外源性补充 NAD^+,可激活 SIRT3 介导的肝激酶 B1(liver kinase B1, LKB1)脱乙酰化,进而激活 AMPK[30],而 LKB1 - AMPK 信号通路已被证明具有抗心肌肥大作用[30, 104]。如上所述,NAD^+ 可通过激活 SIRT3 维持线粒体生物功能、介导 NMNAT3 脱乙酰化、激活 SIRT3 - LKB1 - AMPK 信号通路在肥厚型心肌、心力衰竭中发挥保护作用。

23.3.4 NAD^+ 通过调节 SIRT6 来预防缺血性心肌病、心脏重塑和心力衰竭

作为 Sirtuin 家族 NAD^+ 依赖性脱乙酰酶的成员,SIRT6 在调节生物稳态和寿命等方面

发挥着重要作用。更重要的是,SIRT6 在糖脂代谢、炎症和基因组稳定性方面发挥着不可或缺的作用,是各种心血管疾病发生和发展的基础。SIRT6 及其已知靶点主要位于细胞核和胞质中,并在各种哺乳动物组织中表达,尤其是在脑、肾和心脏中。最新研究发现,在 Sirtuin 中,SIRT6 因其对心力衰竭、心血管重塑和动脉粥样硬化的保护作用被确定为心血管疾病的重要干预靶点。在慢性心力衰竭患者和心力衰竭动物模型(由 TAC、血管紧张素Ⅱ、异丙肾上腺素诱导)的心脏中,SIRT6 的表达显著降低。SIRT6 基因敲除小鼠发生心功能不全,表现为纤维化、心肌肥大和凋亡增加[105],而 SIRT6 过表达可通过减少心脏重塑和心功能不全来保护心力衰竭[106]。从机制上讲,SIRT6 第 10 位丝氨酸上被 ROS 激活的 JNK 磷酸化,这增加了 SIRT6 向双链断裂位点的募集,并促进了 SIRT6 介导的 PARP1 的单 ADPR 基化的同步激活[105]。Nrf2 系统是细胞响应氧化应激、代谢应激的一种宿主防御机制,参与了机体氧化应激反应、代谢和先天免疫。有研究报道,SIRT6 通过调节 BRG(brahma-related gene 1)/BRM (BRAHMA)相关因子(BAF)复合体向 Nrf2 调节的血红素加氧酶-1(heme oxygenase-1,HO-1)基因启动子的募集来保护细胞免受氧化应激,减轻氧化应激后的心脏损伤[107]。就线粒体功能而言,SIRT6 通过降低 AMPK 活性来缓解线粒体氧化磷酸化,并保持平滑肌细胞中的线粒体能量稳态[108]。心肌纤维化是心力衰竭发展的关键病理状态,SIRT6 在控制心力衰竭中心肌纤维化方面发挥着有益的作用[105, 109]。SIRT6 在心肌成纤维细胞分化过程起着负调节作用,其缺失将增加心肌成纤维细胞增殖和 ECM 沉积,并通过 NF-κB 信号上调黏着斑相关基因和纤维化相关基因[109]。SIRT6 通过促进 AMP 生成和激活下游抗氧化基因(如 MnSOD、CAT)表达来预防缺血性心肌病,通过抑制 NF-κB 和 c-Jun 途径抑制病理性心肌肥大、心脏重塑和心力衰竭的发生[110]。既往研究表明,NMNAT2 的过度表达显著增加细胞的 NAD^+ 水平,当 SIRT6 而非 SIRT1 被敲除时,NMNAT2 过表达的心肌细胞显示出显著增加的肥大反应,表明 NMNAT2 过表达有阻断血管紧张素Ⅱ诱导肥厚型心肌的作用,依赖于维持细胞内 NAD^+ 水平以激活 SIRT6[92]。由此可见,通过维持细胞内 NAD^+ 水平激活 SIRT6,经过相关分子途径来抑制心血管疾病,为临床预防和治疗心血管疾病提供新思路。

23.3.5　SIRT7 作为 NAD^+ 依赖的组蛋白脱琥珀酸酶和脱乙酰酶在预防肥厚型心肌病、心力衰竭等疾病中发挥重要作用[111]

SIRT7 在小鼠的肝脏、脾脏和心脏中广泛表达,其定位于细胞核核仁[112]。研究报道,SIRT7 以 PARP1 依赖的方式被招募到 DNA 双链断裂(DNA double-strand break, DSB)中,并催化其中 H3K122 的脱琥珀酸化,从而促进染色质凝聚和 DSB 修复。在 DNA 损伤反应期间,SIRT7 的缺失会损害染色质的紧密性,并使细胞对遗传毒性应激敏感。因此,SIRT7 催化的 H3K122 脱琥珀酸化在 DNA 损伤反应和细胞存活中起着至关重要的作用。GATA 转录因子是含有与(A/T)GATA(A/G)基序结合的 DNA 结合域的锌指蛋白,脊椎动物中有 6 个 GATA 家族成员,其中 GATA4、GATA5 和 GATA6 在心脏中表达,尤其是 GATA4 可调节促进心肌细胞生长的几种特异性基因的表达[113]。心肌细胞特异性 GATA4 缺陷和 GATA4 转基因小鼠的相关研究表明,GATA4 在心肌肥大中起重要作用[114-116]。研究发现,在慢性肥厚型心肌病和心肌重塑模型中,SIRT7 通过作用于 311 位的赖氨酸残基诱导 GATA4 脱乙酰化,发挥其抗心肌肥大作用[117]。综上所述,增加心肌细胞中依赖于 NAD$^+$ 的 SIRT7 活性是预防肥厚型心肌病和心力衰竭的一种新的治疗策略。

23.3.6 NAD$^+$通过抑制炎症反应来抑制心肌肥大

既往研究表明,心肌肥大的病理生理中存在炎症过程,通过阐明这些机制有助于发掘相关治疗靶点[118, 119]。NOD 样受体热蛋白结构域相关蛋白 3（NOD - like receptor thermal protein domain associated protein 3,NLRP3）是一种模式识别受体,允许细胞对炎症信号做出反应。激活的 NLRP3 与含有 C 末端半胱氨酸蛋白酶募集结构域的凋亡相关斑点样受体蛋白相互作用,形成 NLRP3 炎症小体,激活 caspase - 1 并导致促炎症细胞因子的产生[120]。在 TAC 诱导的小鼠心肌肥大中,NLRP3 炎症小体呈过度激活状态[121]。先前研究表明,选择性 NLRP3 炎症小体抑制具有心脏保护作用,能够降低心力衰竭或其他心血管疾病的风险[122, 123]。通过补充 NR 提高 NAD$^+$ 水平,进而提高 SIRT3 活性和 MnSOD 脱乙酰化,通过 SIRT3/MnSOD 信号通路抑制 NLRP3 炎症小体,可减轻 TAC 诱导的心肌氧化应激和炎症反应[121]。因此,NAD$^+$可通过 SIRT3/MnSOD 信号通路抑制炎症反应来产生心脏保护作用。

综上所述,NAD$^+$和 NAD$^+$依赖的 Sirtuin 通过作用于转录调控、炎症、凋亡等通路在肥厚型心肌病和心力衰竭等心血管疾病中发挥着重要保护功能(图 23.3)。

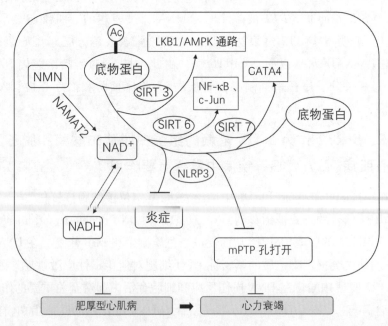

图 23.3　NAD$^+$和 NAD$^+$依赖的 Sirtuin 家族保护肥厚型心肌病和心力衰竭机制

总结与展望

随着人口逐步老龄化,心血管疾病已成为影响人类健康和寿命的突出问题。然而,许多心血管疾病的发病机制仍不清楚。心脏是代谢最活跃的器官之一。NAD^+及其还原形式NADH参与氧化还原系统,是呼吸链电子转移过程中的主要生物氧化系统,糖、脂肪和蛋白质分解代谢中的大多数氧化反应都是通过该系统完成的[124]。因此,NAD^+/NADH比失常将会引起能量代谢紊乱。更重要的是,NAD^+介导的细胞内信号转导如Sirtuin、PARP1、CD38,在心肌细胞代谢调节、DNA修复、钙稳态、炎症反应等过程中发挥重要作用。NAD^+耗竭见于多种心血管疾病,包括动脉粥样硬化、缺血再灌注损伤、心力衰竭和心律失常。维持NAD^+稳态可在预防或治疗心血管疾病中发挥一定的有益作用:NAD^+能促进内皮细胞增殖,预防心脑血管疾病;受损心脏中NAD^+水平的增加对于减少梗死面积和缺血再灌注损伤的恢复至关重要;补充NAD^+或其前体也可抑制心肌纤维化或肥大。因此,维持NAD^+水平对于心肌的能量代谢至关重要。

NAD^+稳态由合成和消耗共同维持。细胞通过从头合成途径利用膳食中的Trp补充NAD^+,也可以利用NAD^+前体或分解产物包括NA、NAM和NR的补救合成途径产生。NAD^+消耗酶,包括PARP1、CD38、CD157、Sirtuin,通过消耗NAD^+调节细胞信号转导。CD28、CD57可利用NAD^+产生第二信使cADPR,参与体内钙离子信号转导、细胞周期控制和胰岛素信号转导,在体内充当NAD^+调节器的作用。虽然NA可以通过补救合成途径提高体内NAD^+含量,但如果NA补充的剂量过高,人们很容易出现由前列腺素释放导致面部和上身发红、发热的副作用,导致患者依从性差。而近年来,由于没有发红、发热的副作用,NR被认为是牛奶中NAD^+前体的更合适的替代品,用作营养补充剂,以改善代谢和年龄相关疾病,因为NR补充剂增加了NAD^+水平,并激活了细胞和组织中的SIRT1和SIRT3。NMN是另一个NAD^+的前体,也有多个实验证明具有升高NAD^+,产生心脏保护作用。

NAD^+在体内可通过多种途径、不同的分子机制产生心血管保护作用。首先,通过维持心肌NAD^+氧化还原平衡来维持心肌能量代谢的稳定,可延缓心血管疾病的发展;其次,NAD^+可通过调节线粒体功能、降低线粒体高乙酰化、抑制心肌细胞凋亡、增强心肌细胞抗氧化能力、介导Sirtuin的脱乙酰酶活性、改善心肌细胞的葡萄糖代谢、维持冠状动脉微血管内皮功能和抑制心肌细胞炎症反应等途径来预防和治疗心血管疾病;最后,可通过调节NAD^+的合成和消耗来维持NAD^+稳态,达到对心血管系统的保护作用,如使用补充剂NR增加机体NAD^+水平、上调NAMPT以增加NAD^+水平、抑制CD38减轻$NADP^+$、NADPH的消耗等。

目前在各种动物模型中,NAD^+促进剂的使用已显示出对心血管疾病的疗效;然而,只有少数NAD^+前体通过了临床试验测试。随着时间的推移,许多研究人员已经认识到这些前体作为药物的潜力,如对健康志愿者NR的研究表明,NR可以安全有效地提高循环 NAD$^+$ 水平，改善线粒体功能，降低血压和动脉僵硬度。许多注册的 NR 和 NMN 类药品人体临床试验已经完成或正在进行中。NAD$^+$ 前体在心血管疾病中的治疗保护作用将在越来越多的临床试验或动物实验中得以验证，未来我们将持续关注 NAD$^+$ 前体在心血管系统及机体其他系统中的治疗作用。

苏州大学（赵凯、朱江、盛瑞）

第二十四章

辅酶 I 与血脂代谢和动脉粥样硬化

动脉粥样硬化(atherosclerosis，AS)是心脑血管疾病的重要病理基础。血脂异常、炎症和氧化应激是动脉粥样硬化形成的重要因素。在许多组织中，NAD$^+$水平和 Sirtuin 活性随着年龄的增长而降低，并且 Sirtuin 活性和 NAD$^+$ 的水平与血脂异常和动脉粥样硬化等心血管疾病病理进程密切相关，补充 NAD$^+$ 或激活 Sirtuin 具有预防和治疗心血管疾病的作用。人体临床试验表明，提高 NAD$^+$ 水平的药物或策略显示出改善血脂异常或动脉粥样硬化的潜在作用。在本章中，论述了 NAD$^+$ 及其代谢对动脉粥样硬化相关的脂代谢、炎症和氧化应激的调节作用与临床应用新进展。

24.1 辅酶 I 与血脂异常

血脂，是血液中脂质成分的总称，广泛存在于人体中。脂质，指的是一大类中性的、不溶解于水而溶于有机溶剂(如乙醇)的有机化合物，最常见的有胆固醇(cholesterol)、磷脂(phospholipid)和甘油三酯(triacylglycerol，TG)等。脂质在肠道被吸收，并通过脂蛋白转运到全身，用于能量代谢、构成细胞成分、合成类固醇或胆汁酸。其中，甘油三酯参与人体内能量代谢，而胆固醇则主要用于合成细胞浆膜、类固醇激素和胆汁酸。此外，低密度脂蛋白胆固醇(low-density lipoprotein-cholesterol，LDL - C)和高密度脂蛋白(high-density lipoprotein，HDL)也参与其中。这些脂质中的任何一个的不平衡，都可能导致血脂异常。血脂异常的特征是血液中的脂质水平异常，包括 TG 和胆固醇。血脂异常是冠状动脉疾病和脑卒中的重要危险因素。据《中国居民营养与健康现状》报道，我国成人血脂异常患病率为 18.60%，估计患病人数有 1.6 亿。随着生活水平提高和生活方式改变，我国血脂异常的患病率明显升高。老年人中最常见的血脂异常是高胆固醇血症，即 LDL - C 水平升高。长期流行病学研究一致表明，保持健康的生活方式，特别是那些具有良好血脂状况的人，冠心病的发病率会显著降低。血脂代谢的稳态对于心脑血管疾病的预防至关重要，血脂异常的预防和合理管理可显著降低心血管疾病发病率和死亡率。当血脂代谢异常时，会引发高脂血症进而发展为动脉粥样硬化、冠心病、脑梗死、脂肪肝等常见疾病。血脂异常可能是原发性因素（遗传）或者继发性因素（生活方式和其他因素）引起的。例如，在家族性联合高脂血症中，只有存在重要的继发性因素时才有可能出现表型。

24.1.1　SIRT1

NAD^+是氧化还原反应的重要辅助因子，也是人体各种代谢的中心调节剂，参与多种生物过程，包括能量代谢、脂肪酸和胆固醇合成、氧化反应、ATP 生成、糖异生等[1, 2]。NAD^+在脂质代谢过程中发挥重要的调控作用，它作为脂质转化为能量所必需的关键辅酶，对于脂质的氧化过程是不可或缺的，而当血脂含量过高时，NAD^+可以通过激活线粒体 SIRT1 的表达来减少脂质的合成。SIRT1 是 NAD^+调节脂质代谢的关键基因，可以通过影响脂质调节中各种重要调节剂的变化，从而控制脂质分解和能量代谢。提高 NAD^+水平可以促进 SIRT1 活性，从而使 SIRT1 处于控制线粒体稳态的顶峰。SIRT1 促进胆固醇调节元件结合蛋白-1（sterol regulatory-element binding protein－1, SREBP－1）和 SREBP－2 脱乙酰化，然后影响其活性，导致 TG 和胆固醇合成减少。SIRT1 可以直接使胆汁酸受体（farnesoid X receptor, FXR）脱乙酰，肝中 SIRT1 的下调会增加 FXR 乙酰化，从而抑制其转录活性，导致胆汁酸的分泌减少。SIRT1 还可以使肝 X 受体（liver X receptor, LXR）脱乙酰化，随后在配体结合时促进其降解，有证据表明 *SIRT1* 敲除动物的 LXR 蛋白表达增加。此外，SIRT1 激活 PPARα 和 PPARγ 共激活因子 1α（peroxisome proliferator-activated receptor gamma coactivator 1α, PGC1α），进而刺激 PPARα，最终促进脂肪酸 β 氧化。LXR 升高和 PPARα 水平降低都是导致脂质水平升高的重要原因。小鼠肝细胞 *SIRT1* 基因的特异性缺失表现出脂肪酸和脂质代谢异常，导致肝脂肪变性[3]。*SIRT1* 敲除小鼠表现出胆固醇稳态受损并发展为肝脂肪变性，而激活 SIRT1 功能可改善肝脂肪变性。NAD^+激活 SIRT1 可促进 LXR 介导的胆固醇稳态改善，同时消除有害的 SREBP 介导的脂质合成。因此，SIRT1 可以作为调节血脂代谢的理想靶点。

24.1.2　NAD^+前体

血脂异常引发的患病率随着年龄的增加而增加，而体内 NAD^+水平是随年龄的增加而呈下降趋势。而身体对 NAD^+的需求量很大，NAD^+在细胞中不断地合成、分解和再循环，以维持细胞稳定的 NAD^+水平[4, 5]。随着年龄的增加，NAD^+的合成和分解平衡发生变化，消耗多于产生。血脂异常可以通过恢复 NAD^+水平来减缓甚至逆转。但是，NAD^+分子量太大，无法被人体直接吸收，再加上活性太高，分子不稳定，人工合成困难，这就导致 NAD^+难以直接通过口服补充。所以，此前补充 NAD^+，主要还是依靠补充 NAD^+的前体，如 NMN、NR、NA 和 NAM 等。这些前体通过不同的路径在人体内转变成为 NAD^+，效果也不尽相同。

（1）NA：又称尼克酸，是第一个用于治疗血脂异常的药物，在临床上用于预防心血管疾病，包括调节血脂异常和治疗动脉粥样硬化，在他汀类药物发现之前的几十年一直处于脂质研究的中心阶段，对血脂水平有显著影响[6]。研究表明，NA 可以降低血浆总胆固醇(total cholesterol, TC)、TG、极低密度脂蛋白(very-low-density lipoprotein, VLDL)、低密度脂蛋白(low-density lipoprotein, LDL)和脂蛋白(a)[LP(a)]水平,并增加循环 HDL 的水平[7],这类脂蛋白特别富含血清 ApoA - Ⅰ (apolipoprotein A - Ⅰ)和 ApoA - Ⅱ,是胆固醇反向转运的主要参与者。大多数外周组织需要依靠 HDL 来清除胆固醇,将其运输到肝脏进行胆固醇的处理或降解。由于这种清除功能,除了少数情况外,低 HDL 被认为是冠状动脉疾病的独立危险因素。另外,NA 可降低肝脏中 HDL 的摄取,从而增加了 HDL 在血液中清除胆固醇的可用性。NA 对血清 TG 和游离脂肪酸(free fatty acid, FFA)水平的调节作用可以通过提高 NAD^+ 水平来解释,NAD^+ 增加可促进 SIRT1 活性,增强线粒体生物发生和线粒体功能,减少 TG 合成。NA 抑制 TG 的合成,进一步阻碍载脂蛋白 B (apolipoprotein B, ApoB)在内质网膜上的脂化和转运,并为细胞内 ApoB 的降解创造有利的环境,其中含有 ApoB 的脂蛋白与动脉粥样硬化进展密切相关。这主要归因于 NA 可直接抑制肝脏中二酰基甘油酰基转移酶(diacylglycerol acyltransferase 2, DGAT2)的活性,而 DGAT2 是 TG 合成的关键酶[8]。NA 通过减少内皮 ROS 的产生、降低 C -反应蛋白(C - reactiveprotein, CRP)及脂蛋白相关磷脂酶 A_2 (lipoprotein-associated phospholipase A_2, Lp - PLA_2)的水平来抑制血管炎症反应,还可抑制炎症因子如血管细胞黏附分子- 1 (vascular cell adhesion molecule - 1, VCAM - 1)和 MCP - 1 基因的表达,延缓动脉粥样硬化的进展。各种临床试验也表明,NA 治疗可显著降低各种心血管疾病的总体死亡率,并延缓动脉粥样硬化的进展。虽然 NA 具有抗动脉粥样硬化的作用,但它未能降低接受他汀类药物治疗的患者的心血管风险。最近的一项研究也发现,NA 和他汀类联合用药的降脂治疗可能会增加死亡率,因此,NA 不再推荐或仅用于他汀类药物不耐受的患者。虽然大量的临床试验表明,NA 在调节血脂和保护动脉粥样硬化进程中发挥着多重作用,然而 NA 的副作用,尤其是潮红等皮肤不良反应大大降低了其临床顺应性。近来的研究发现,NA 的副作用来自其受体 GPR109A 的激活[9]。事实上,GPR109A 是 NA 提高 HDL - C 所必需的,因此 GPR109A 能否作为 NA 发挥调脂作用的靶标还有待进一步证实。

(2)NAM:NAM 和 NA 都是维生素 B_3 的主要形式,尽管结构相似,但效果不尽相同。既往的研究发现 NAM 对人体脂质代谢没有明显影响,近年来,越来越多的研究表明,NAM 可以显著改善患者的血脂水平,这表明了 NAD^+ 前体在治疗高脂血症具有潜在的应用前景。Takahashi 等人的研究表明,NAM 可以改善患者的脂质代谢。最新的关于 98 名每天接受 NAM 治疗的血液透析患者的研究证实,NAM 治疗显著改善患者的血脂水平。此外,也有研究证实 NAM 能够抑制 Sirtuin 的活性,进一步反映了 NAM 和 NA 作用的差异。目前,关于 NAM 干预、改善人体脂质代谢的研究数量有限,机制尚不清楚,但已有研究表明其具有很大的临床价值。

(3)NR:在小鼠模型中,NR 也可以增加 NAD^+ 代谢,从而改善葡萄糖耐量,减少体重增加,并对糖尿病的神经病变和肝脏脂肪变性表现出神经保护作用。同样,在高脂肪诱导肥胖的小鼠模型中,每日 400 mg/kg NR 膳食治疗可以改善胰岛素敏感性并避免小鼠体重的增加,减少 TG 的含量。Conze 等人的研究表明,补充 NR 可以通过激活 Sirtuin 提高人体脂质代谢水平。在小鼠实验中，NR 能够提高肝脏中的 NAD^+ 水平，表现出比 NAM 更高的口服生物利用度，而 NAM 的口服生物利用度又高于 NA。同样，使用 NR 和 NA 可以明显提高肌肉中的 NAD^+ 含量，但使用 NMN 则不能。在各种 NAD^+ 前体（NMN、NR、NAM 和 NA）中，NR 呈现出更好的药代动力学和药理学特性。由于 NR 的生物利用度、安全性及与其他前体相比提高 NAD^+ 含量的强大能力，目前 NR 正在成为补充 NAD^+ 的主要候选者之一。

（4）NMN：是另一个关键的 NAD^+ 中间体，在 NMNAT 作用下转化为 NAD^+。已证实使用 NMN 可增强 NAD^+ 生物合成并改善各种疾病模型中小鼠的病理特征和关键生理功能。NMN 治疗显著改善了饮食和年龄诱导的 2 型糖尿病或肥胖小鼠模型中的胰岛素分泌障碍。肥胖小鼠补充 NMN 能够提高 NAD^+ 水平，改善葡萄糖耐受、胰岛素敏感性和胰岛 β 细胞功能。野生型小鼠在常规食物喂养的情况下，腹腔注射 NMN（500 mg/kg）可在 15 min 内增加肝脏、胰腺和白色脂肪组织中的 NMN 和 NAD^+ 水平。此外，NMN 治疗显著降低小鼠肝脏内的 TG 水平。在老龄小鼠实验中，给予 NMN 可改善高脂肪饮食诱导的葡萄糖不耐受、血脂异常和内皮细胞功能紊乱。值得注意的是，长达一年的口服 NMN（300 mg/kg）对小鼠没有任何毒副作用或增加死亡率，表明 NMN 是安全的。NMN 合成的限速酶 NAMPT 在肥胖症脂肪组织中的表达降低，而且脂肪细胞中 *NAMPT* 特异性敲除会导致血浆 FFA 和 TG 水平升高及脂肪组织功能障碍。此外，成熟巨噬细胞中 NAMPT 功能的失活会诱导细胞中的脂质积累，并且抑制 NAMPT 进一步促进高脂肪饮食诱导的肥胖小鼠的肝脂肪变性。

24.2 辅酶 I 与动脉粥样硬化

动脉粥样硬化是老年人群心肌梗死、冠状动脉疾病和脑卒中的主要危险因素。它是危害人类健康的常见病，是全球发病和死亡的主要原因之一[10]。动脉粥样硬化的发病率随着年龄的增加而增加。动脉粥样硬化是动脉硬化的一种，易发于大中动脉，发病时血管内膜会有脂质斑块沉积，斑块一旦破裂容易导致血栓，进而引发严重的临床后果，引起许多高致死率的心脑血管疾病，如心肌梗死、脑梗死等。动脉粥样硬化是由高脂血症条件下的内皮细胞功能障碍和血管炎症引起的慢性病理过程。动脉粥样硬化发病机制主要与胆固醇沉积和慢性炎症有关，胆固醇是动脉斑块的关键组成部分。动脉粥样硬化具有 3 个重要阶段，包括脂肪条纹形成、动脉粥样硬化的诱导和动脉粥样硬化斑块生成。动脉壁的内膜层是动脉粥样硬化病变的位置，包括巨噬细胞和血管平滑肌细胞等。动脉粥样硬化斑块的脂肪沉积物出现在动脉的内层，始于内膜及其下层平滑肌中胆固醇晶体的沉积，然后斑块随着纤维组织和周围平滑肌的增殖而生长，并在动脉内凸起，导致血流量减少。同时，成纤维细胞产生的结缔组织及钙在病变中的沉积导致硬化或动脉硬化，进一步导致血栓形成及血流突然阻塞（图 24.1）。总体而言，动脉粥样硬化的发生发展与内皮细胞、血管平滑肌细胞、巨噬细胞、血小板及一系列细胞因子和炎症因子密切相关,其机制非常复杂,涉及脂质代谢紊乱、内皮细胞功能障碍、血栓形成、血管壁慢性炎症、平滑肌细胞增殖和免疫功能障碍等[11]。动脉粥样硬化的传统危险因素有高血脂、高血压、肥胖、糖尿病、大量吸烟和遗传因素等[10]。尽管,随着科技的不断进步,医学和介入疗法也不断取得突破,但是心血管疾病仍是世界范围内造成死亡的首要原因。目前,临床上并没有特异性好且有效的动脉粥样硬化治疗药物,而他汀类药物是预防动脉粥样硬化的首选药物。

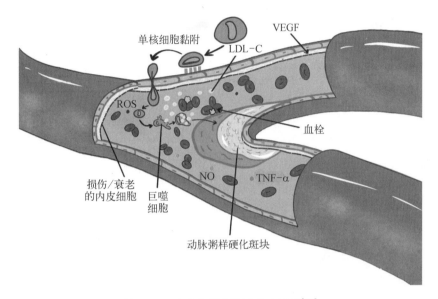

图 24.1　动脉粥样硬化的病理过程[12]

低密度脂蛋白胆固醇: low-density lipoprotein-cholesterol, LDL－C;一氧化氮: nitric oxide, NO;活性氧: reactive oxygen species, ROS;肿瘤坏死因子－α: tumor necrosis factor－α, TNF－α

　　动脉粥样硬化是一种慢性炎性疾病,是由各种损伤引起的血管壁的一种异常反应,其特征在于动脉血管壁中含有胆固醇的脂蛋白积聚。脂质稳态对于动脉粥样硬化的发展很重要,包括受体介导的摄取、合成、储存、代谢和流出及动脉受损。富含胆固醇的 LDL 是最重要的导致动脉粥样硬化的脂蛋白,它可以积聚在血管内膜中,渗透到内皮细胞中或黏附在 ECM 成分上。动脉粥样硬化的最早迹象之一是内皮功能障碍或激活,细胞因子和氧化脂质在内皮细胞的活化中起重要作用。内皮细胞功能失调产生大量的氧自由基(O_2^-、H_2O_2、HO^-等),与 NO 相互作用后生成过氧亚硝酸盐(peroxynitrite, $ONOO^-$),进一步导致内皮细胞功能受损,激活内皮细胞炎性因子。ROS 和 RNS 能够修饰脂质和蛋白质从而破坏它们的生物学功能,这就是脂质过氧化修饰,尤其是氧化低密度脂蛋白(ox－LDL)[13],该物质更易损伤血管内皮细胞。内皮细胞屏障受损还可导致 LDL、VLDL 和乳糜微粒的残余物在内膜中积累和滞留增加,诱发动脉粥样硬化。ox－LDL 和修饰的脂蛋白在血管内膜中滞留,增加黏附因子(VCAM－1、ICAM－1 和 P－选择素)的表达,促进白细胞和单核细胞黏附与迁移,最终诱导动脉粥样硬化的发生和发展。含有 ApoB 的脂蛋白能够被巨噬细胞摄取内化,并在溶酶体中降解,形成富含脂质的泡沫细胞。黄色的泡沫细胞聚集在动脉壁上并导致脂肪条纹的发展,随着中膜平滑肌细胞的浸润和增殖进一步形成纤维性动脉粥样硬化斑块。与脂肪条纹相比,纤维性脂肪病变更难消退。可以说,炎症参与了动脉粥样硬化的所有阶段,炎症细胞因子导致细胞内脂质的积累,从而导致细胞破裂;同时,促炎细胞因子还可增加内质网应激,使动脉壁细胞发生凋亡,导致线粒体功能受损(图 24.1)[14, 15]。

24.2.1　NAMPT - NAD⁺与动脉粥样硬化

NAD⁺在机体内广泛参与细胞凋亡、炎症、生长发育、血管生成、肿瘤发生发展、神经退行性疾病。NAD⁺的能量状态甚至会直接影响细胞的命运,在动脉粥样硬化等心血管疾病中可以观察到 NAD⁺的耗竭[12]。NAMPT 是一种由脂肪细胞分泌的脂肪因子,在脂肪、肝脏、心脏、肾脏中均有表达,又称作脂肪素或前 B 细胞克隆增强因子(pre - B cell colony-enhancing factor, PBEF)[16]。NAMPT 是 NAD⁺补救合成途径中的限速酶,可将底物 NAM 转换为 NMN, NMN 再催化生成 NAD⁺[17]。NAMPT 参与血清胆固醇代谢的调节。有研究发现,在动脉粥样硬化病变患者的血浆中 NAMPT 水平增加,而且在动脉粥样硬化斑块处沉积的巨噬细胞中,NAMPT 表达水平也增高[18, 19]。NAMPT 抑制剂 FK866 通过减少趋化因子(C - X - C 基序)配体 1[chemokine (C - X - C motif) ligand 1, CXCL1]介导的中性粒细胞活性来减轻动脉粥样硬化斑块的炎症[20]。但是,NAMPT 能够通过抑制内质网应激从而保护巨噬细胞,抑制 ROS 保护血管平滑肌细胞,从而抑制动脉粥样硬化的发生发展。也有实验研究报道,特异性敲除肝脏中 *NAMPT* 会增加血浆 HDL - C 水平,促进胆固醇外排,减少巨噬细胞浸润,从而发挥抗动脉粥样硬化的作用。另有研究认为,NAMPT 扮演着炎症介质的角色,能够诱导炎症细胞因子的释放,胆固醇积累和巨噬细胞泡沫细胞的形成[21]。一项针对 NAMPT 转基因小鼠的实验证实,NAMPT 会促进动脉粥样硬化的发生发展,其主要机制是 NAMPT 激活了 TNF - α/CD47 信号通路,并且使用 TNF - α 抑制剂可改善 NAMPT 促动脉粥样硬化的现象。NAMPT 能够增加内皮细胞和巨噬细胞的 MMP2 和 MMP9,降低 MMP 内源性抑制剂组织金属蛋白酶抑制物 - 1 (tissue inhibitor of metalloproteinase - 1, TIMP - 1)和 TIMP - 2 的水平。中国人民解放军海军军医大学缪朝玉教授团队的最新的研究表明过表达 NAMPT 蛋白会加速 *ApoE⁻/⁻* 小鼠的动脉粥样硬化的病变过程[22],作者猜测 NAMPT 在全身的过表达可能不仅能促进 NAD⁺生物合成,还能够影响与脂质稳态相关的其他未知生物学事件来影响脂质的吸收和消耗。这些报道不仅揭示了 NAMPT 在调节脂质代谢和防止斑块形成方面的复杂性。目前关于 NAMPT 在动脉粥样硬化中的作用存在争议,似乎没有达成共识,将来的研究应尽快明确 NAMPT 在动脉粥样硬化疾病发生发展中的角色,发展靶向或细胞特异性干预措施治疗动脉粥样硬化。

24.2.2　NAD⁺- Sirtuin 与动脉粥样硬化

NAD⁺在体内一直维持着消耗和产生的动态平衡,并且 NAD⁺在细胞内作为重要的信号分子,依赖于 NAD⁺ 脱乙酰酶发挥着调控作用,如长寿蛋白 Sirtuin 家族[12]。Sirtuin 和 NAD⁺ 的水平与动脉粥样硬化的发病机制密切相关,SIRT1 具有调控代谢的功能,通过 PGC1α 及 LXRα 参与动脉粥样硬化的形成。NAD⁺/SIRT1 信号通路对于动脉粥样硬化的两个关键诱因——氧化应激和炎症具有抑制作用,可以抑制内皮细胞超氧化物的产生及炎症相关基因的关键转录因子 NF－κB 的活化。NAD⁺ 还可以通过影响线粒体自噬,从而调控内皮细胞功能,减少动脉粥样硬化的发生。同时,在巨噬细胞中,SIRT1 对 RelA/p65/NF－κB 的脱乙酰化作用可以抑制清道夫受体——血凝素样 ox－LDL 受体－1(lectin-like ox－LDL receptor－1,Lox－1)的表达,减少 ox－LDL 的摄入,从而抑制巨噬细胞泡沫细胞的形成。SIRT1 脱乙酰化调节 LXR 的活性,从而促进斑块巨噬细胞中 ATP 结合盒转运子 A1(ATP－binding cassette transporter,ABCA1)的表达,驱动胆固醇逆向转运。在平滑肌细胞中过表达 SIRT1 和 NAMPT 能够抑制 p21,减少细胞凋亡并稳定动脉粥样硬化斑块。另外,SIRT3 同为 NAD⁺ 下游关键信号,发挥着相似的作用。总体而言,临床前的研究表明,SIRT1 在动脉粥样硬化病理进程中具有保护作用,能够调控内皮细胞、平滑肌细胞和巨噬细胞的功能。为了攻克动脉粥样硬化,研究人员做了大量的工作,进一步构建 ApoE 敲除(ApoE⁻/⁻)小鼠来模拟人的动脉粥样硬化疾病。其中,ApoE 是 VLDL 和 HDL 的组成部分,参与胆固醇的运输。小鼠体内 HDL 较高,而 LDL 含量较低,其胆固醇主要存在于 HDL 中。敲除 ApoE 基因后,胆固醇转而分布于 VLDL 中,其携带的大量胆固醇无法被细胞表面脂蛋白受体结合后降解,进而发生胆固醇蓄积导致动脉粥样硬化。研究表明,ApoE⁻/⁻ 小鼠可自发形成高胆固醇血症(300~500 mg/dL),并在正常饮食条件下发生显著的动脉粥样硬化病变。而高脂肪/高胆固醇的致动脉粥样硬化饮食会使小鼠血浆胆固醇水平急剧升高甚至超过 1 000 mg/dL,会加速动脉粥样硬化进程。ApoE⁻/⁻ 小鼠的 SIRT1 表达量减少,特别是在动脉粥样硬化的斑块中[23]。而内皮细胞上特异性过表达 SIRT1 能够缓解 ApoE⁻/⁻ 小鼠的血管内皮功能障碍,从而阻止动脉粥样硬化斑块的形成[24]。相反,特异性敲除 ApoE⁻/⁻ 小鼠平滑肌细胞中的 SIRT1 却会增加动脉粥样硬化斑块[23]。大多数研究表明,SIRT1 在调节动脉粥样硬化及其致病因素方面具有保护作用,增加 SIRT1 活性可作为治疗动脉粥样硬化的备选方案,进一步研究应该验证不同致病条件下 SIRT1 对动脉粥样硬化的治疗作用。

24.2.3　NAD⁺－PARP 与动脉粥样硬化

除了 Sirtuin,PARP 也是 NAD⁺ 的消耗酶之一,一种与 DNA 修复密切相关的酶,已被证明参与动脉粥样硬化发生发展[25, 26]。自由基与脂质等关键有机底物反应生成 ox－LDL,从而导致动脉粥样硬化的发生发展。而自由基进一步与细胞的 DNA 相互作用,最终导致 DNA 链断裂和(或)碱基修饰,从而激活 PARP1 来响应 DNA 链损伤。PARP 过度激活会导致 NAD⁺ 耗竭引发由于缺乏 NAD⁺ 的细胞效应。PARP 抑制剂或 PARP1 的缺失显著减少动脉粥样硬化斑块形成,通过减少 DNA 损伤和诱导型一氧化氮合酶(inducible nitric oxide synthase,iNOS)相关的炎症和蛋白质硝基化,从而减小 ApoE⁻/⁻ 小鼠的斑块大小。PARP 抑制剂 PJ34 显著减少炎症因子释放,抑制单核/巨噬细胞募集到炎症部位。也有研究发现,PARP 抑制剂对斑块稳定性有积极影响。PARP 抑制剂 INO－1001 可抑制内皮细胞中黏附分子的表达,从而抑制 T 细胞和 DC 的募集。但是,PARP 抑制剂并不影响血清中的胆固醇水平和 HDL/LDL 的比值,进一步表明了 PARP 通过影响炎症缓解动脉粥样硬化。抑制 PARP1 活性可能是治疗动脉粥样硬化的一个有希望的靶点。目前临床上使用 PARP 抑制剂用于治疗癌症,但是它们都没有选择性,进一步研究必须明确 PARP1 选择性抑制剂用于治疗动脉粥样硬化的安全性。

24.2.4　NAD⁺前体与动脉粥样硬化

(1) NA：NA 是唯一获得美国食品药品监督管理局(food and drug administration,FDA)批准的 NAD⁺前体产品,在美国用于治疗血脂异常。NA 治疗的受试者血清胆固醇水平降低了 10%[27]。此外,NA 可减少含 ApoB 的脂蛋白,同时提高含保护作用的 HDL 的水平,从而减轻动脉粥样硬化。在小型猪和兔子的实验中发现,NA 可以减轻动脉粥样硬化。此外,NA 还可以减少 $ApoE^{-/-}$ 小鼠的晚期病变进展和斑块炎症,但并不影响血浆脂蛋白水平,使晚期动脉粥样硬化病变更加稳定。后来,NA 的抗动脉粥样硬化作用在人类中也得到了证实,已广泛用于临床实践[28]。NA 的抗动脉粥样硬化作用主要归因于 NA 能够降低血清 LDL－C 和 TG,同时增加 HDL－C 水平,并且与提高 NAD⁺水平有关。最新的研究证实,受试者服用 250~1 000 mg 剂量的 NA 长达 10 个月,血液中(健康人高达 5 倍,患者高达 8 倍)和肌肉中 NAD⁺水平显著升高,受试者的肝脏脂肪显著降低,且并未发现任何副作用。NA 除了作为 NAD⁺前体的作用,它还能与免疫细胞的 GPR109A 受体相互作用,从而减弱免疫激活并抑制炎症细胞浸润。虽然 NA 可以抑制动脉粥样硬化,但它未能降低他汀类药物治疗的患者的残余心血管风险。此外,NA 临床应用存在局限性,导致患者依从性差。因为 NA 存在副作用,尤其是皮肤潮红,这一副作用并非源自 NA 驱动 NAD⁺合成,而是因为 GPR109A 的激活。

(2) NAM：Josep Julve 等人证实 NAM 可预防实验动物的炎症和动脉粥样硬化。在 ApoE 缺乏小鼠的膳食中补充 NAM 可以防止动脉粥样硬化的发生,并改善了含 ApoB 的氧化和主动脉炎症。NAM 也可改善 $ApoE^{-/-}$ 小鼠的内皮细胞功能,其主要作用机制是促进了 NO 依赖性的血管舒张,从而发挥抗血栓和抗炎作用。类似地,其他一些相关化合物,如 NR、NMN 和 N－甲基化 NAM,也可以逆转血管损伤,改善内皮细胞功能。最近的方法主要是通过使用 NAD⁺前体如 NR 或 NMN 治疗来恢复 NAD⁺水平。NR 治疗剂量依赖性地增加了小鼠和人源细胞系中的细胞内 NAD⁺水平,激活 Sirtuin 信号,降低胆固醇水平。多项临床试验表明,受试者单次或多次服用 NR,体内 NAD⁺水平显著升高。NR 主要升高血中的 NAD⁺水平,但无法提升肌肉中 NAD⁺水平,可能是因为肌肉中的 NAD⁺会保持动态平衡。遗憾的是,近几年的临床试验中并未观察到 NR 的有益效果,即使 NR 能够升高 NAD⁺,但是对人的能量代谢、心肺功能、线粒体功能和胰岛素抵抗等均无效。

(3) NMN：老龄小鼠口服 NMN 可以缓解内皮功能障碍和大动脉硬化,这主要与激活

SIRT1 有关[29, 30]。同时,NMN 还可能影响了其他 Sirtuin 的活性,如线粒体 SIRT3,从而减少氧化应激和增强线粒体功能。临床试验证明,NMN 可以通过增加 HDL 含量、减少 LDL 的氧化、减轻巨噬细胞的炎症反应、减缓粥样硬化斑块的形成、增加粥样硬化斑块的稳定性、抑制斑块破裂、改善血流等方式来防治心血管疾病。NMN 通过激活 NAD$^+$/SIRT1 信号轴从而促进 VEGF 和血管生成。而且,来自俄克拉荷马大学健康科学中心老年医学系的 Kiss Tamas 等科学家发现 NMN 能够逆转老年小鼠血管中 miRNA 的水平,改善内皮依赖性血管舒张,减弱氧化应激,从而使表观遗传年轻化并发挥抗动脉粥样硬化的作用[31]。但是我国科学家缪朝玉教授发现,*ApoE*$^{-/-}$ 小鼠给予 NMN 后,小鼠主动脉内脂质沉积,斑块面积和厚度增大,即 NMN 能够促进动脉粥样硬化的发生发展,主要是因为 NMN 能够促进炎症反应。日本对健康男性的一项研究表明,单次口服 NMN 剂量不超过 500 mg,没有安全性问题,但是缺乏血液中 NAD$^+$ 水平变化的证据。未来的研究应尽快采用其他动物,特别是没有 *ApoE* 突变的动物来研究 NMN 对高血脂和动脉粥样硬化的作用。需要进一步证实人类口服 NMN 能否升高人体内 NAD$^+$ 水平,且产生显著的生理机能改善,对血脂异常和动脉粥样硬化产生有益影响。并且进一步验证 NMN 的安全性问题,如长时间服用等。

总体而言,NR、NA、NMN 和 NAM 都是天然产品,它们的使用不需要 FDA 的批准。因此,在许多情况下,它们被用作食品补充剂,但没有经过良好控制的临床研究的评估。迄今,没有足够样本群体系统地研究表明受试对象在服用 NAD$^+$ 前体后体内 NAD$^+$ 水平是否持续增高。同时,未来的研究应该确认补充 NAD$^+$ 疗法的有效和安全剂量范围,同时监测给予 NAD$^+$ 前体治疗后患者血中的 NAD$^+$ 水平、血脂和血管机能。最后,需要确认 NAD$^+$ 前体治疗的最佳时间窗口,并与 NAD$^+$ 水平的昼夜节律相协调,从而更好地发挥 NAD$^+$ 的调节作用。

总结与展望

众多研究阐明,血脂异常可导致动脉粥样硬化。血脂异常包括血浆中的胆固醇和(或)TG 升高及 HDL-C 降低,它们是动脉粥样硬化的首要致病因素。目前来自临床前的研究表明,提高 NAD$^+$ 水平,通过补充 NAD$^+$ 前体或调控 NAD$^+$ 依赖性酶(Sirtuin 和 PARP)的活性,可改善动脉粥样硬化等心血管疾病的病理进程,这为临床试验奠定了基础。而 NA 又是临床应用时间最长的调脂药物之一,其作用于动脉粥样硬化相关脂类的机制研究和最新发现成果对以后药物的发展具有广泛的理论指导意义。应尽快将 NR、NMN 和 NAM 等研究从动物实验转至临床试验,探究其安全性及有效性,并考虑应用于血脂异常和有动脉粥样硬化患者的安全性。此外,为了使提升 NAD$^+$ 水平的策略被广泛用作药物,应全面了解 NAD$^+$ 在生理状态下及动脉粥样硬化病理状态下的代谢变化,如:NAD$^+$ 前体及补充剂等的组织分布,它们如何转运到细胞及细胞器中,以及 NAD$^+$ 中间体在肠道内的代谢等。只有充分地了解和认识 NAD$^+$,才能发挥其在治疗和预防心血管和代谢疾病方面的潜在作用。

南京医科大学(孙美玲)
苏州大学/苏州高博软件职业技术学院(秦正红)

第二十五章

辅酶 I 与缺血性脑卒中

缺血性脑卒中的发生发展与能量代谢障碍、酸中毒、氧化应激、炎症反应、血脑屏障破坏和脑水肿、细胞凋亡、兴奋性毒性、钙超载等机制有关。辅酶 I（NAD^+/NADH）是氧化还原反应的中心辅酶，也是应激和长寿的关键调节剂。在缺血性脑卒中发病过程中，NAD^+ 水平下降，并导致核和线粒体功能障碍。研究表明，补充 NAD^+ 及其前体，恢复 NAD^+ 水平是治疗缺血性损伤的潜在策略。调节 NAD^+ 合成代谢的酶，包括 NAMPT 和 NMNAT，也是治疗缺血性脑中风的潜在靶标。此外，一些研究已将 NAD^+ 依赖性酶 Sirtuin 视为缺血性脑卒中有前途的治疗靶点。

25.1 缺血性脑卒中及其发病机制

25.1.1 缺血性脑卒中

脑卒中是一种突发性脑组织血液循环障碍性疾病，为全球三大致死性疾病之一，具有高发病率、高病残率、高病死率、高复发率的特点，给患者、家庭和社会带来沉重负担。临床上以缺血性脑卒中最为常见，表现为局部脑组织缺血、缺氧和神经元坏死的病理过程。病理性机制方面，主要是动脉狭窄性闭塞和动脉栓塞。动脉狭窄性闭塞主要指动脉本身病变导致的管腔狭窄或闭塞，包括动脉硬化、感染性或免疫性动脉炎、动脉发育不良等，临床以动脉粥样硬化多见。动脉粥样硬化主要发生在管径在 400 μmol/L 以上的大动脉和中动脉，病理改变为动脉内膜粥样斑块形成、继发血栓，导致动脉狭窄、闭塞，进而引起病变血管供血区缺血。动脉栓塞是指进入动脉的栓子随血流堵塞远端管径相对较小的动脉，使其供血区脑组织发生缺血性改变。这些栓子可来源于动脉粥样硬化斑块的脱落，也可以是血栓、羊水、空气和脂肪栓子等。栓子大小不同，栓塞范围亦有所不同。小栓子，如斑块的胆固醇结晶碎屑、血栓碎片或钙化碎片等可栓塞细小动脉，使其供血区脑组织出现小楔形梗死灶；中等大小栓子易引起颅内中等管径动脉栓塞，使其供血区脑组织发生缺血性改变，导致偏瘫、失语等神经功能缺损症状与体征；大栓子栓塞则出现大面积梗死灶，引起恶性临床过程，直接危及患者生命。

25.1.2　缺血性脑卒中的损伤机制

缺血性脑卒中的发病机制非常复杂,包括能量代谢障碍、酸中毒、氧化应激、氮化应激、钙超载、线粒体功能障碍、兴奋性氨基酸过度释放、炎症反应、血脑屏障破坏等。这些机制相互重叠相互影响,最终导致脑组织发生不可逆损伤。

(1) 能量代谢障碍:脑组织能量代谢旺盛,其耗氧量占全身耗氧量的 20%~30%。脑缺血缺氧导致 ATP 生物合成减少,Na^+、K^+-ATP 酶活性改变,最终导致脑细胞内外钠钾失衡,细胞外 K^+ 增多,细胞膜持续去极化而影响兴奋传导、递质释放等生理过程。

(2) 酸中毒:脑组织缺血缺氧引发酸中毒,缺血区域 pH 快速从 7.3 降到 6.5,甚至更低。缺血区脑组织酸中毒造成 Na^+ 通道受损,同时也参与了神经元兴奋性毒性、氧化应激等病理过程。

(3) 氧化应激:脑组织内不饱和脂肪酸含量丰富,对氧化损伤敏感。缺血区脑细胞线粒体功能受损,合成 ATP 的能力降低。缺血再灌后,O_2 一部分转化为 O_2^-,另一部分在黄嘌呤氧化酶的作用下生成 HO^-,二者引发自由基连锁反应,大量 ROS 产生,导致多种脂质过氧化物生成,引起酶活性降低、细胞膜结构功能受损,最终导致细胞死亡。

(4) 炎症反应:在脑缺血再灌注损伤过程中,伴随着大量炎症细胞因子的过度生成与释放。脑缺血发生初期,缺血区域能量耗竭,细胞大量坏死,启动炎症级联反应;随后大量自由基堆积,与坏死细胞的生成一起引起机体固有免疫应答,外周血白细胞浸润大脑实质,进而激活小胶质细胞和星形胶质细胞。小胶质细胞转化成巨噬细胞,吞噬坏死组织,产生大量细胞因子和炎症介质,如 IL-1β、TNF-α、IL-6、IL-10 和转化生长因子-β(transforming growth factor-β, TGF-β),这样炎症反应持续发生,脑组织损伤加剧。再灌注后,血液中的中性粒细胞、炎症趋化因子等进入缺血区域,引发强烈的炎症反应;钙超载和必需氨基酸过度释放导致细胞凋亡,进而又促进炎症介质的释放,炎症级联反应不断发展,破坏神经元、内皮细胞和胶质细胞之间的信号传递,脑损伤程度进一步加剧。

(5) 血脑屏障破坏与脑水肿:血脑屏障(blood brain barrier, BBB)主要由脑微血管内皮系统的毛细血管内皮细胞、细胞间紧密连接、基底膜、周细胞及胶质细胞足突共同组成,调控血液和脑组织液之间的物质交换,保障大脑内环境不受外界干扰。血脑屏障完整性破坏是脑卒中发生发展的重要原因。缺血早期,细胞内 Na^+ 增多,胞外水分内流促进脑水肿的形成;缺血区域炎症细胞因子和细胞毒性物质过量生成,破坏内皮细胞之间的紧密连接,导致血脑屏障通透性增加,使脑组织水肿加重;氧化应激引发的脂质过氧化也会严重损伤细胞膜结构,加重血脑屏障损伤。

(6) 细胞死亡:神经细胞在持续严重缺血时会发生多种形式的细胞死亡,包括坏死、细胞凋亡、坏死性凋亡、自噬性细胞死亡、铁死亡、细胞焦亡等。其中坏死和细胞凋亡是脑细胞死亡的重要形式。当脑组织缺血缺氧时,缺血区域脑细胞表面 TRPM7 通道激活,引发一系列连锁反应,诱导细胞凋亡。TRPM7 通道受高浓度自由基正反馈调节。

(7) 兴奋性毒性:兴奋性氨基酸是脑内水平最高的氨基酸,主要包括谷氨酸、天冬氨酸等,其中谷氨酸是中枢系统的兴奋性神经递质,当谷氨酸浓度过高时,会造成毒性,损伤神经元。缺血性脑损伤时,谷氨酸难以被星形胶质细胞和神经元所摄取,水平升高,过度激活受体,导致钙超载,产生自由基,引起神经元死亡。

(8) 钙超载:脑组织缺血缺氧会导致氧化磷酸化障碍,ATP 生成减少,钙泵失活,使得细胞内钙超载,膜上离子泵瘫痪,影响了钙相关信号转导。细胞内钙超载激活 PLC 和 PLA_2,降解膜磷脂,生成游离脂肪酸,特别是花生四烯酸,进而生成白三烯及大量自由基,加剧细胞膜脂质过氧化。同时,Ca^{2+} 水平升高能激活血小板,形成微血栓,导致梗死范围扩大。钙超载造成的损伤主要还包括:① 神经元因细胞内阳离子浓度升高发生快速去极化,兴奋性氨基酸大量释放;② 线粒体摄入过量的 Ca^{2+} 引起膜电位紊乱,启动线粒体凋亡途径并介导神经元死亡;③ 细胞渗透压增大,引起细胞内水肿;④ 诱导血管平滑肌痉挛,导致血栓形成和血管内皮受损。

25.2 辅酶Ⅰ及其前体对缺血性脑卒中的影响与机制

25.2.1 NAD$^+$和 NADH 治疗缺血性脑损伤

NAD$^+$和 NADH 是能量代谢、线粒体功能、钙稳态、衰老和细胞死亡的共同媒介。NAD$^+$和 NADH 可以通过多种机制影响细胞死亡,如影响能量代谢、线粒体通透性转换孔和 AIF 等。由于能量衰竭、钙失调和细胞死亡是脑缺血引发的组织损伤级联的关键成分,NAD$^+$和 NADH 可能在缺血性脑损伤中发挥重要作用。许多研究,包括 PARP1 介导缺血性脑损伤和 NAD$^+$补充可减少缺血性脑损伤的发现,都表明 NAD$^+$和 NADH 的重要作用。由于越来越多的证据表明,NAD$^+$和 NADH 在各种生物学过程中的关键功能,未来对 NAD$^+$和 NADH 在脑缺血中的作用的研究可能会揭示缺血性脑损伤的基本机制,并提出新的治疗策略。

NAD$^+$是细胞能量产生的重要辅因子,参与影响细胞生存的各种信号通路。脑缺血后,由于 ROS 攻击增加和 DNA 修复活性降低,神经元中的氧化 DNA 损伤累积,导致 PARP1 激活、NAD$^+$耗竭和细胞死亡。有学者探讨了补充 NAD$^+$对缺血性损伤的神经保护作用及其潜在机制。在大鼠原代神经元培养物中,通过缺氧-葡萄糖剥夺(OGD)1~2 h 诱导体外缺血损伤。通过在 OGD 之前或之后直接向培养基中添加 NAD$^+$来补充 NAD$^+$。在补充或不补充 NAD$^+$的 OGD 后 72 h,定量测量细胞活力、氧化 DNA 损伤和 DNA 碱基切除修复(base excision repair, BER)活性。使用腺病毒相关病毒(AAV)介导的 shRNA 转染在培养物中实现 BER 酶的敲除。结果发现,OGD 前后神经元中 NAD$^+$的直接补充以浓度和时间依赖的方式显著减少了细胞死亡和 OGD 诱导的 DNA 损伤的积累。NAD$^+$的补充通过抑制必需 BER 酶 AP 核酸内切酶和 DNA 聚合酶 β。敲低 AP 核酸内切酶表达显著降低了 NAD$^+$补充的生存效应[1]。这项研究表明,细胞 NAD$^+$补充是减少神经元培养中缺血性损伤的一种新的有效方法。通过 BER 途径恢复 DNA 修复活性是介导 NAD$^+$补充的神经保护作用的关键信号事件。

过多的 PARP1 激活在缺血性脑损伤中起着重要作用。越来越多的证据支持 PARP1 通过消耗细胞内 NAD^+ 诱导细胞死亡的假说。有研究观察到鼻内 NAD^+ 递送显著增加了大脑中 NAD^+ 的含量。缺血发作后 2 h 经鼻递送 10 mg/kg NAD^+ 可显著减少缺血后 24 h 或 72 h 的梗死形成。NAD^+ 补充还显著减轻了缺血诱导的神经功能缺损。相反，鼻内给予 10 mg/kg NAM 并不能减少缺血性脑损伤。这些结果证明 NAD^+ 代谢是治疗脑缺血的新靶点，NAD^+ 补充可能是减少脑缺血和其他 PARP1 相关神经疾病中脑损伤的新策略[2]。进一步的研究表明，NAD^+ 通过抑制自噬来部分减少缺血性脑损伤。成年雄性小鼠短暂大脑中动脉闭塞(tMCAO)90 min，再灌注开始后立即腹腔内给予 NAD^+。结果发现，50 mg/kg NAD^+ 给药导致缺血后 48 h 梗死面积、水肿形成和神经功能缺损显著减少。NAD^+ 的使用也显著降低了大脑缺血诱导的皮层和海马的自噬。选择性自噬抑制剂 3－甲基腺嘌呤也同样显著减少了缺血性脑损伤。这表明自噬在缺血性脑损伤动物模型中发挥了重要作用[2]。因此，这些研究结果表明，NAD^+ 的使用至少部分通过阻断自噬来减少缺血性脑损伤。

苏州大学衰老与神经疾病重点实验室课题组的研究证实，外源性 NADPH 在缺血性脑卒中动物模型中发挥神经保护作用，其主要机制与抗氧化应激和改善能量代谢有关。然而，NADH 是否也起到神经保护作用及 NADPH 是否优于 NADH 对抗缺血性脑卒中尚不得而知。为此，他们比较了 NAD^+、NADH、NADPH 和依达拉奉、丁苯酞在改善缺血性脑卒中脑损伤和代谢应激方面的疗效。首先建立短暂性大脑中动脉闭塞/再灌注(tMCAO/R)小鼠模型和体外氧-葡萄糖剥夺/复氧(OGD/R)模型。再灌注后立即给小鼠静脉注射最佳剂量的 NADPH(7.5 mg/kg)、NAD^+(50 mg)、NADH(22.5 mg/kg)或依达拉奉(3 mg/kg)或丁苯酞(30 mg/kg)。结果发现，NADPH 在改善缺血性损伤方面的总体疗效优于 NAD^+、NADH、依达拉奉和丁苯酞。NADPH 在再灌注后的治疗时间窗(5 h 内)比 NADH 和依达拉奉(2 h 内)更长，量效关系比丁苯酞好。此外，NADPH 和依达拉奉在缓解脑萎缩方面更好，而 NADH 和 NADPH 在提高长期存活率方面更好。NADPH 的抗氧化作用强于 NADH、依达拉奉和丁苯酞；但 NADH 在维持能量代谢方面是最好的。总之，这项研究表明，NADPH 对缺血性脑卒中的神经保护作用优于 NADH、依达拉奉和丁苯酞[3]。

25.2.2 辅酶 I 前体治疗缺血性脑损伤

25.2.2.1 烟酰胺单核苷酸

NAD^+ 是多种细胞代谢反应的重要辅因子，在能量产生中起着核心作用。脑缺血耗尽 NAD^+ 池，导致生物能量衰竭和细胞死亡。烟酰胺单核苷酸(NMN)被 NAD^+ 补救合成途径 NAMPT 利用以产生 NAD^+。因此，有学者研究了 NMN 是否能保护缺血性脑损伤。在再灌注开始时或缺血损伤后 30 min，对小鼠进行短暂前脑缺血并用 NMN 处理。在恢复后 2 h、4 h 和 24 h，测定蛋白质多聚腺苷二磷酸核糖化、海马 NAD^+ 水平和 NAD^+ 补救合成途径酶的表达水平。此外,在再灌注6天后评估动物的神经功能和海马CA1神经元死亡情况。NMN(62.5 mg/kg)显著改善了海马CA1损伤,并显著改善了神经结局。此外,缺血后NMN治疗阻止了NAD$^+$分解代谢的增加。由于NMN给药不会影响恢复期间动物的体温、血气或局部脑血流,因此保护作用不是再灌注条件改变的结果。这些数据表明,适当剂量的NMN对缺血性脑损伤有很强的保护作用[4]。

全脑缺血会耗尽脑组织NAD$^+$。缺血后NAD$^+$水平可通过给予作为NAD$^+$合成前体的NMN来补充。为了解NMN诱导的线粒体动力学调节和神经保护机制,研究者使用了在神经元中表达线粒体靶向黄色荧光蛋白(mito-eYFP)的转基因小鼠模型和敲除线粒体NAD$^+$依赖性脱乙酰酶SIRT3基因(SIRT3 KO)的小鼠模型。缺血损伤后,线粒体NAD$^+$水平降低,导致线粒体蛋白乙酰化增加,ROS产生增加,线粒体过度断裂。单剂量NMN的给药使海马线粒体NAD$^+$池、蛋白质乙酰化和ROS水平正常化。这些变化依赖于SIRT3活性,使用SIRT3敲除小鼠证实了这一点。缺血导致关键线粒体抗氧化酶SOD2乙酰化增加,导致其活性受到抑制。NMN处理后,ROS生成减少并抑制线粒体分裂,在NMN处理的缺血小鼠中,线粒体分裂蛋白pDrp1(S616)与神经元线粒体的相互作用受到抑制。因此,这些数据提示线粒体NAD$^+$代谢、ROS产生和线粒体分裂之间存在联系[5]。使用NMN靶向这些机制可能是治疗急性脑损伤和神经退行性疾病的一种新的治疗方法。

组织型纤溶酶原激活物(tissue-type plasminogen activator,t-PA)是唯一被批准的治疗急性脑缺血的药物。然而,t-PA的一个主要限制是t-PA治疗后的出血转化(hemorrhagic transformation,HT)。有学者探讨了NMN对大脑中动脉闭塞(MCAO)模型脑梗死出血转化的保护作用,发现NMN对改善小鼠的神经功能、脑水肿、炎症因子、体重和细胞凋亡有显著作用,但对小鼠的出血量和血肿量没有显著影响。在另一项研究中,通过将细丝引入左侧MCA 5 h来实现大脑中动脉闭塞。当移除细丝进行再灌注时,通过尾静脉输注t-PA。腹腔注射单剂量NMN(300 mg/kg)。在缺血后24 h处死小鼠,并评估其脑梗死、水肿、血红蛋白含量、细胞凋亡、神经炎症、血脑屏障通透性、紧密连接蛋白(TJP)的表达和MMP的活性/表达。在缺血后5 h输注t-PA的小鼠中,死亡率、脑梗死、脑水肿、脑血红蛋白水平、神经细胞凋亡、Iba-1染色(小胶质细胞活化)和髓过氧化物酶染色(中性粒细胞浸润)显著增加。所有这些t-PA诱导的改变都被NMN给药显著阻止。从机制上讲,延迟t-PA治疗通过下调TJP(包括claudin-1、occludin和zonula occluns-1),以及增强MMP9和MMP2的活性和蛋白表达,增加了血脑屏障通透性。类似地,NMN给药部分阻断了这些t-PA诱导的分子变化[6]。这表明,NMN通过维持血脑屏障的完整性来改善t-PA诱导的脑缺血出血转化。

25.2.2.2　烟酰胺核糖

烟酰胺核糖(NR)是一种NAD$^+$前体,在慢性脑损伤后作为神经保护因子出现。有学者观察了NR是否能改善急性脑缺血后的认知。大脑中动脉闭塞的小鼠用NR氯盐(NRC,300 mg/kg,IP,再灌注后20 min)治疗。Morris水迷宫试验结果显示,NR治疗组的学习和记忆功能恢复较好。急性脑缺血 NR 治疗减少了海马梗死体积,减少了海马神经元的丢失和凋亡。海马组织的蛋白质印迹和高效液相色谱分析显示,SIRT1 和腺苷 5′单磷酸激活蛋白激酶的激活增加,NAD$^+$含量升高,NR 增强了 ATP 的产生。总之,急性脑缺血 NR 治疗增加了能量供应,减少了神经元损失和凋亡,保护了海马,最终促进了脑缺血后认知功能的恢复[7]。

25.2.2.3　烟酰胺

烟酰胺(NAM)是 NA 的酰胺形式,作为 NAD$^+$的前体,是细胞功能和代谢所必需的。最近的工作集中在开发 NAM 作为一种新的药物,对调节神经细胞可塑性、寿命和炎症小胶质细胞功能的重要作用。NAM 能保护损伤脑的神经元和血管细胞群,但这种药物保护作用的特定细胞机制仍需进一步阐明。NAM 不仅能调节细胞功能和代谢,而且也调节炎症反应,其作用靶点涉及 PKB、GSK - 3β、叉头转录因子、线粒体功能障碍、PARP、caspase 和小胶质细胞活化。与 NAM 的细胞保护密切相关的是由膜不对称性丧失触发的凋亡损伤的早期和晚期的调节。阐明 NAM 调控细胞存活的机制,将有助于缺血性脑损伤和神经退行性疾病的治疗策略的发展。

有研究发现,用 NAM 对脑组织进行预处理,可以防止线粒体功能障碍,提高 ATP 含量,并刺激神经元恢复。还有研究观察了补充 NAM 是否能改善脑卒中后髓鞘形成及其潜在机制。成年雄性 C57BL/6J 小鼠在大脑中动脉仅血栓闭塞引起的脑卒中后,腹腔注射 NAM(200 mg/kg,每日)。在 NAM 给药前 1 h,腹腔注射 NAMPT 抑制剂 FK866(3 mg/kg,每日,双剂量)和原肌球蛋白相关激酶 B(TrkB)拮抗剂 ANA - 12(0.5 mg/kg,每日)。在脑卒中后的不同时间点进行功能恢复、MRI 和组织学评估。结果发现,NAM 处理的小鼠在脑卒中诱导后第 7 天显示出明显较低的梗死面积。在 NAM 治疗组中观察到 NAD$^+$、BDNF 和髓鞘再生标志物水平较高。FK866 给药降低了 NAM 治疗组的 NAD$^+$ 和 BDNF 水平。ANA - 12 给药损害了脑卒中的恢复,对 NAD$^+$ 和 BDNF 水平没有影响。此外,与对照组相比,NAM 治疗组的功能缺陷更少[8]。

25.3　调节 NAD$^+$合成代谢的酶与缺血性脑损伤

补救合成途径是哺乳动物主要的 NAD$^+$生物合成途径。通过这种途径,第一步由限速酶 NAMPT 催化,该酶将 NAM 和 5 -磷酸核糖- 1 -焦磷酸(PRPP)浓缩为 NMN,第二步由 NMNAT 催化,后者将 NMN 转化为 NAD$^+$。研究表明,NMNAT 的 3 种亚型,即 NMNAT1～NMNAT3,在哺乳动物细胞的不同组织和亚细胞室中表达,其中 NMNAT1 定位于细胞核,NMNAT2 定位于高尔基体细胞质界面,NMNAT3 定位于线粒体。

大量研究表明,NAMPT 是改善脑卒中后恢复的一个有吸引力的候选物。NAMPT 是一种多功能蛋白质,在免疫、代谢、衰老、炎症和应激反应中发挥重要作用。此外,NAMPT 还参与多种病理生理过程,如高血压、动脉粥样硬化和缺血性心脏病。

有研究观察了 NAMPT 在实验性缺血性脑卒中中的作用。使用慢病毒介导的 NAMPT 过表达和敲低来操纵 NAMPT 的表达,并在体内和体外研究 NAMPT 在神经元存活中对缺血应激的影响。还使用 *AMPKα2* 和 *SIRT1* 敲除小鼠来研究 NAMPT 神经保护的潜在机制。结果发现,高特异性 NAMPT 抑制剂 FK866 对 NAMPT 的抑制加重了实验性脑缺血大鼠的脑梗死,而局部脑中 NAMPT 的过度表达和 NAMPT 产物 NMN 减少了缺血诱导的脑损伤。在 $AMPKα2^{(-/-)}$ 神经元,NAMPT 的神经保护作用被取消。在神经元中,NAMPT 正向调节 NAD^+ 水平,从而控制 SIRT1 活性。SIRT1 与 AMPK 上游激酶丝氨酸/苏氨酸激酶 11(LKB1)共沉淀,并促进神经元中 LKB1 脱乙酰化。NAMPT 诱导的 LKB1 脱乙酰化和 AMPK 激活在 $SIRT1^{(-/-)}$ 神经元中消失。相反,CaMKK - β,AMPK 的另一个上游激酶,不参与 NAMPT 的神经保护。更重要的是,NAMPT 过表达诱导的神经保护作用在 $SIRT1^{(+/-)}$ 和 $AMPKα2^{(-/-)}$ 小鼠中被消除。这些结果表明,NAMPT 通过 SIRT1 依赖性 AMPK 途径保护神经元免于死亡,从而预防缺血性脑卒中,并表明 NAMPT 是脑卒中的新治疗靶点[9]。

缺血性脑卒中早期血脑屏障破坏的分子机制尚不清楚。有学者使用缺血性脑卒中的动物大脑中动脉闭塞模型观察了 NMNAT1 在缺血诱导的血脑屏障损伤中的潜在作用。鼻内给予重组人 NMNAT1(rh - NMNAT1),侧脑室注射给予 SIRT1 siRNA。实验结果表明,rh - NMNAT1 减少了缺血性脑卒中后小鼠的梗死体积,改善了功能结局,并降低了血脑屏障通透性。此外,rh - NMNAT1 防止了紧密连接蛋白(occludin 和 claudin - 5)的丢失,并减少了缺血微血管中的细胞凋亡。NMNAT1 介导的血脑屏障通透性与脑微血管内皮细胞中 NAD^+/NADH 比值与 SIRT1 水平的升高相关。此外,rh - NMNAT1 治疗显著降低了缺血微血管中乙酰化 NF - κB、乙酰化 Tp53 和 MMP9 的水平。此外,SIRT1 siRNA 可以逆转 rh - NMNAT1 的保护作用。总之,这些发现表明 rh - NMNAT1 通过脑微血管内皮细胞中 NAD^+/SIRT1 信号通路保护脑缺血后血脑屏障的完整性。NMNAT1 可能是减少缺血性脑卒中后血脑屏障破坏的新的潜在治疗靶点[10]。

有研究探讨了 NMNAT3 是否是一种神经保护诱导酶,能够减少新生儿缺氧缺血(H/I)后的脑损伤,并减少谷氨酸受体介导的未成熟神经元兴奋性毒性神经变性。使用 NMNAT3 过表达小鼠,研究了脑 NMNAT3 的增加是否减少了 H/I 后的脑组织损失。然后,使用来自受伤新生儿大脑的生化方法来检查 NMNAT3 的诱导性和 NMNAT3 依赖性神经保护的机制。使用 AAV8 介导的体外神经元 *NMNAT3* 敲除载体,随后检查了该蛋白在 NMDA 受体介导的兴奋毒性之前和之后对未成熟神经元存活的内源性作用。结果发现,新生儿 H/I 后 NMNAT3 mRNA 和蛋白质水平升高。此外,NMNAT3 过表达减少了损伤后 7 天皮质和海马组织的损失。进一步表明,NMNAT3 神经保护机制包括钙蛋白酶抑制剂降解的降低,caspase - 3 活性和钙蛋白酶介导的切割的降低。相反,*NMNAT3* 在体外敲低皮层和海马神经元导致神经元变性,增加兴奋性毒性细胞死亡。*NMNAT3* 敲低的神经退行性效应被 NMNAT3 的外源性上调抵消。这一研究为 NMNAT 在受损发育脑中的神经保护机制提供了新的见解,通过抑制凋亡和坏死神经变性,NMNAT3 作为新生儿 H/I 中的一种重要神经保护酶,提示 NMNAT3 上调和神经保护机制的研究可能为对抗缺氧缺血性脑病的影响提供新的疗法[11]。

25.4　NAD⁺依赖性酶与缺血性脑卒中

Sirtuin 是一个进化上保守的 NAD⁺依赖性赖氨酸脱酰酶和 ADPR 基酶家族。作为代谢传感器,Sirtuin 将细胞能量状态的变化与细胞生理过程的变化联系起来。在哺乳动物中,Sirtuin 家族的蛋白质由 7 个成员(SIRT 1~SIRT7)组成。Sirtuin 可以使氨基酸残基脱酰基,消耗 NAD⁺,从而产生两种副产物,NAM 和 O-乙酰-ADP 核糖(OAADPr)。一些研究已将 Sirtuin 视为脑缺血的有前途的治疗靶点。Sirtuin 在脑中表现出细胞类型特异性表达,以及明显的亚细胞和区域定位。因此,它们参与不同的、有时相反的细胞过程,这些过程可以促进神经保护或进一步促进损伤,这也强调了开发和使用 Sirtuin 特异性药理学调节剂的必要性。

25.4.1　SIRT1

SIRT1 是一种 NAD⁺依赖性酶,在长寿方面发挥着重要作用。在脑中,SIRT1 主要定位于神经元细胞核,但在神经干细胞、星形胶质细胞和体外小胶质细胞及死后人脑的胶质细胞中也检测到。SIRT1 参与基因组稳定性、神经发生、神经突生长、突触可塑性和认知的调控。在脑缺血的情况下,大多数研究支持 SIRT1 在脑缺血过程中发挥保护效应,具有保护线粒体功能、介导 NAD⁺的神经保护作用、减少氧化应激、保护血流和减少炎症等功能。

许多研究认为 SIRT1 是一种保护因子,并研究了在缺血应激下参与该过程的信号通路。有学者观察了 NAD⁺生物能量状态及 NAD⁺依赖性酶 SIRT1 和 PARP1 在培养神经元和局灶性缺血性脑卒中小鼠模型中兴奋性毒性神经元死亡中的作用。NMDA 受体的兴奋毒性激活导致细胞 NADPH、NADH 水平和线粒体膜电位迅速下降。细胞核内 NAD⁺水平降低和聚(ADPR)聚合物积累是相对早期的事件(<4 h),在出现碘化丙啶阳性细胞和 TUNEL 阳性细胞(分别是坏死细胞死亡和 DNA 链断裂的标志)之前发生,这在 6 h 后很明显。NAM 是 NAD⁺的前体,也是 SIRT1 和 PARP1 的抑制剂,抑制 SIRT1 活性而不影响 SIRT1 蛋白水平。在 NAM 处理的细胞中,NAD⁺水平保持不变,兴奋毒性损伤诱导的神经元死亡减弱。用 SIRT1 激活剂白藜芦醇处理神经元不能保护它们免于谷氨酸/NDA 诱导的 NAD⁺耗竭和死亡。在局灶性缺血性脑卒中的小鼠模型中,缺血发作后 6 h,对侧和同侧皮层的 NAD⁺水平均降低。脑卒中导致 SIRT1 蛋白和活动水平的动态变化,这些变化在不同的大脑区域中有所不同。缺血发作后 1 h 内给予 NAM(200 mg/kg)可提高脑 NAD⁺水平,减少缺血梗死面积。这些结果表明,NAD⁺生物能量状态在确定神经元在兴奋性毒性和缺血条件下是否存活或死亡方面至关重要,并表明保持细胞 NAD⁺水平的药物对

脑卒中具有潜在的治疗益处。此外,SIRT1 与神经元的生物能量状态和应激反应有关,在细胞能量水平降低的条件下,SIRT1 酶活性可能消耗足够的 NAD$^+$,以抵消其脱乙酰酶作用[12]。

25.4.2　SIRT2

SIRT2 在脑中含量非常丰富,主要在少突胶质细胞中表达。然而,也有一些研究报道了 SIRT2 在小胶质细胞、星形胶质细胞、神经元和神经干细胞中的表达。SIRT2 控制着不同的过程,包括通过微管脱乙酰化抑制少突胶质细胞分化、参与小胶质细胞的促炎和抗炎功能、诱导神经元细胞死亡及抑制神经突生长等。

最近的一项研究表明,下调脑内 SIRT2 对脑缺血损伤有神经保护作用。在这项研究中,SIRT2 在神经元的细胞质中高度表达,而在小胶质细胞和星形胶质细胞中缺失。脑缺血时,SIRT2 大量易位到神经元胞核。研究者在缺血性脑卒中患者的脑中发现了同样的现象。脑缺血损伤后立即给予 AGK2(一种 SIRT2 抑制剂)或敲除 *SIRT2* 均显著降低了 tMCAO 小鼠的梗死体积,并改善了其神经损伤[13]。

25.4.3　SIRT3

SIRT3 被称为主要的线粒体赖氨酸脱乙酰化酶,作为应激反应蛋白在维持线粒体内环境平衡中起着至关重要的作用。SIRT3 调节线粒体能量代谢和 ROS 水平,以应对营养获得减少和氧化应激。

在原代神经细胞培养物或受 H$_2$O$_2$ 氧化应激的神经细胞系的体外模型中,SIRT3 被报道具有神经保护作用。也有一些研究报告了 SIRT3 的有害作用,可通过增加神经酰胺的生成而导致脑化学损伤。在脑缺血损伤期间,神经酰胺水平升高,导致线粒体呼吸复合体缺陷,并增加 ROS 的产生。研究表明,缺血再灌注损伤激活 SIRT3,SIRT3 反过来使线粒体神经酰胺合酶脱乙酰化,导致其酶活性激活和神经酰胺丰度增加。*SIRT3* 敲除小鼠对缺血再灌注反应的神经酰胺合成酶活性降低,这与线粒体神经酰胺的减少有关,因此可以保护线粒体呼吸,减少氧化损伤,并减少 tMCAO 诱导的梗死体积[14]。

总结与展望

由于重组 t-PA 是唯一被批准用于急性缺血性脑卒中临床治疗的药物,但因治疗窗窄、副作用大而使其应用受到很大限制,因此迫切需要新的脑卒中治疗方法。针对脑卒中的内源性防御机制研究,这可能是寻找脑卒中新疗法的关键。越来越多的证据表明,缺血性脑损伤时,NAD$^+$ 水平下降。未来的研究需要阐明 NAD$^+$ 缺乏是否是缺血性脑卒中的中枢病理因素。还需要进一步研究 NAD$^+$ 缺乏在缺血性脑卒中发病过程中的潜在机制。此外,应进行临床前和临床研究,以确定 NAD$^+$ 对缺血性脑卒中的治疗潜力。

苏州市中医医院(秦媛媛、赵飞燕)

苏州大学(周嘉祺、罗丽、张辰越、魏彤)

第二十六章

辅酶 I 及其前体与出血性脑卒中

脑卒中是由脑血液循环障碍引起的急性脑血管病,根据循环障碍的原因,可分为缺血性脑卒中(ischemic stroke)和出血性脑卒中(intracerebral hemorrhage, ICH)。ICH 是指病变血管破裂,导致血液漏入周围脑。ICH 占所有脑卒中的 10%～15%,是致命的脑卒中类型,具有高发病率和高死亡率的特点。据报道,1 个月时 ICH 的死亡率约为 40%,在过去 20 年中没有变化[1]。目前临床上缺乏有效的治疗方案来提高 ICH 患者的生存率,主要治疗措施局限于基础的支持性治疗,如控制颅内压、治疗脑水肿、维持血流动力学稳定性等。随着人口老龄化的进展,ICH 的发病率可能继续上升[2]。因此,深入探究 ICH 的潜在机制,发现新的治疗靶点,从而开发新的 ICH 药物疗法具有重要意义。

26.1 出血性脑卒中的分型

ICH 分为原发性或继发性。原发性 ICH 占病例总数的 78%～88%,主要是由于小动脉自发破裂或小动脉受损于高血压性动脉硬化症和淀粉样血管病而导致的[3]。继发性 ICH 发生在少数与凝血障碍、脑肿瘤、动脉瘤、血管异常和缺血性脑卒中溶栓治疗相关的患者中。在 ICH 的发展过程中,有一种状态兼具缺血性脑卒中和出血性脑卒中的特征,即脑缺血出血转化,在脑缺血患者中,出血转化与升高的死亡率正相关。目前,静脉注射组织型纤溶酶原激活剂(t‐PA)是 FDA 批准的唯一治疗急性缺血性脑卒中的药物。而出血转化是静脉注射 t‐PA 治疗最可怕的并发症[4]。

26.2 出血性脑卒中的病理机制

26.2.1 原发性脑损伤

ICH 引起的原发性脑损伤发生于出血开始后的最初几小时内,由于最初出血或持续出血和血肿扩大,引发颅内压升高和局部机械性压迫,造成迅速发生的原发性脑损伤,同时可能会影响血流,导致缺血及脑疝。决定 ICH 预后的关键因素是出血量和血肿体积。大出血与预后不良有关,当出血量超过 150 mL 时常发生死亡。血肿扩大可导致中线移位,与不良预后相关[5]。由于血肿大小对 ICH 预后非常重要,因此早期清除血肿和防止血肿扩大是重要的治疗目标。然而,由于治疗脑出血初始损伤的方法在临床试验中并没有显著效果,目前研究者聚焦于脑出血诱导的继发性损伤的机制研究,以期发现新的治疗靶点。

26.2.2　继发性脑损伤

脑出血后的继发性损伤可能是由原发性损伤(如团块效应和物理破坏)、血肿引发的病理生理反应(如炎症)和血栓成分(如血红蛋白和铁)释放引发的一系列事件引起的。

(1)脑水肿:血肿周围水肿的形成可在脑出血后数小时内发生,持续数天至数周。在脑出血后的前 24 h 内,血肿周围水肿平均增加 75%。一部分水肿是由于血块收缩和血块周围的血清蛋白积聚造成的。凝血酶是凝血级联反应中最后一个共同通路的激活成分,在脑出血后的止血中起着重要作用。在实验模型中,凝血酶与血管源性水肿的形成有关。在血块充分止血后,抑制凝血酶的作用能减少血块周围水肿。此外,在实验模型中,红细胞成分,包括血红蛋白及其降解产物(血红素和铁)与碳酸酐酶,已被证明会导致脑水肿。水肿可能导致细胞壁离子转运中断,包括 K^+、Cl^- 和 Na^+ 等,当水肿缓解后,这些干扰仍可能持续[5]。

(2)炎症:炎症是 ICH 脑损伤的重要宿主防御反应。炎症在脑出血后的损伤和修复中都发挥重要作用。脑实质中出现血液成分后炎症反应立即开始,其特征是炎症细胞聚集和激活。脑出血后血脑屏障破坏,发生白细胞(如中性粒细胞)浸润而导致炎症;这一反应引发的 ROS、促炎因子、趋化因子和 MMP 等水平上升也进一步参与了血脑屏障的破坏。在脑出血的早期阶段,血液中的各种成分可以激活小胶质细胞/巨噬细胞,并使其转化为 M1 表型。M1 型小胶质细胞/巨噬细胞表达大量 TLR4 和 HO-1 以清除血肿,但它们也同时生成和释放促炎介质 IL-1β、IL-6、IL-12、IL-23、TNF-α、铁代谢产物等,进而加重脑损伤[6]。

(3)氧化应激:氧化应激是 IHC 脑损伤的重要原因。线粒体功能障碍、红细胞降解产物、兴奋毒性谷氨酸、活化的小胶质细胞和浸润的中性粒细胞等是产生 ROS 的主要来源[7-9]。氧化应激介导炎症反应,损伤细胞膜上的生物大分子,同时也会加剧血脑屏障的损伤[10]。

(4)凝血酶:IHC 发生的早期,止血机制即被激活以限制出血。凝血酶在止血中发挥核心作用。然而,凝血酶也参与后续的损伤反应。凝血酶水平急剧上升导致炎症细胞浸润,间充质细胞增生,形成瘢痕组织和脑水肿,并可导致癫痫发作。凝血酶可影响多种细胞类型,包括内皮细胞(后果是血脑屏障被破坏和脑水肿形成)、神经元、星形胶质细胞(可导致细胞死亡)和小胶质细胞(被激活)。尽管高浓度的凝血酶介导 IHC 的脑损伤,但低浓度凝血酶具有神经保护作用[11]。

（5）红细胞裂解物：越来越多的证据表明,血肿释放的血红蛋白和铁是 ICH 导致脑损伤的主要原因。脑出血后,大量含有大量血红蛋白的红细胞被释放到脑实质,24 h 后血红蛋白被分解为血红素和铁。红细胞裂解物引起脑损伤的机制是多方面的,主要有 4 个方面：炎症、氧化、NO 清除和水肿[12]。首先,铁的过度积累会对大脑造成伤害,血红素代谢的初始酶和限速酶 HO−1 在 ICH 后会越来越多地表达,这会通过促进小胶质细胞激活和铁沉积而加剧脑损伤。铁可能导致组织损伤的另一个机制是自由基的产生。二价铁离子可以与脂质反应生成 ROS 和脂质 ROS,导致神经损伤和氧化性脑损伤[13]。

26.3　出血性脑卒中的临床治疗

迄今,尚无经证实的（在Ⅲ期临床试验中）治疗脑出血的药物或外科治疗。尽管后颅窝出血减压被广泛认为是降低死亡率的有效方法,但在美国的临床试验中,没有任何介入性手术或药物治疗能有效降低脑出血的死亡率或发病率。然而,人们对脑出血的新疗法越来越感兴趣,包括药理学和介入疗法。目前,将临床前研究成果应用于临床及对于潜在治疗靶点的探索成为新的挑战。

26.3.1　烟酰胺单核苷酸

（1）NMN 在急性期 ICH 中的药效：研究表明,NMN 可能是治疗脑出血的一种有前途的药物[14]。NMN 在急性期（ICH 造模后 24 h）给药,未减少脑组织出血量及血肿的扩张,说明 NMN 作用于出血性脑卒中的继发性脑损伤,对原发性脑损伤无改善作用。在用胶原诱导的脑出血（急性期 ICH）治疗 30 min 后,向 CD1 小鼠注射单剂量 NMN（300 mg/kg）。NMN 治疗缓解了急性期 ICH 引起的水肿,改善了神经功能。使用 NMN 治疗可减少出血区域的细胞死亡和氧化应激（出血性损伤诱导的 NOX1 表达减少）。此外,它还能抑制诱导的小胶质细胞激活和中性粒细胞浸润,并抑制炎症相关因子,包括 TNF−α 和 IL−6。NMN 治疗也抑制了急性期 ICH 后 ICAM−1 的增加（一种黏附分子,对脑出血后神经炎症激活过程至关重要）。持续 7 天的 NMN 治疗显著抑制了 ICH 引起的体重下降和神经功能缺损[15]。

（2）NMN 在出血转化中的药效：t−PA 用于急性脑缺血的治疗。t−PA 治疗的时间窗在 0~4.5 h 内。延迟 t−PA 治疗不会减少梗死,但会恶化出血转化。许多参数,如脑卒中的严重程度、血压、心功能、实质性衰减的程度及年龄的增长,都会增加 t−PA 诱发的出血转化的发生的可能性。研究表明,NMN 可以在不改变 t−PA 溶栓活性的情况下,减轻脑缺血后延迟 t−PA 诱导的出血转化[16]。延迟 t−PA 治疗导致大脑中动脉阻塞（MCAO）小鼠死亡率高。然而,单剂量腹腔注射 NMN（300 mg/kg）可降低小鼠死亡率。NMN 还能减轻延迟 t−PA 治疗引起的梗死体积扩大和脑水肿加重。延迟 t−PA 治疗明显加重了 MCAO 小鼠的神经功能缺损,NMN 给药在很大程度上阻止了这种情况的发生。延迟 t−

PA 引起的脑出血是致命的,但 NMN 显著降低延迟 t - PA 小鼠同侧大脑半球的脑出血和较高的血红蛋白水平。给予 NMN 还可抑制缺血脑组织中延迟 t - PA 治疗诱导的 caspase - 3 活性,抑制神经细胞凋亡,改善小胶质细胞活化,降低中性粒细胞浸润,减少神经炎症[4, 17]。

(3) NMN 治疗 ICH 的药理机制:ICH 的第二阶段主要是由血红素引起的毒性,血红素是血红蛋白的分解产物。它会导致细胞死亡,并引发广泛的局部炎症/氧化应激。血红素可以诱导 HO - 1,这是一种普遍存在的酶,通过氧化分解促氧化剂血红素产生胆绿素和一氧化碳,从而抑制神经炎症和氧化应激,并有助于 ICH 的神经保护。NMN 增强了两种细胞保护蛋白的表达:HO - 1 和 Nrf2[18]。在急性期 ICH 处理后的小鼠脑组织中,HO - 1 显著上调,NMN 进一步增强了 HO - 1 的表达。Nrf2 是 HO - 1 的上游调节因子,对其蛋白质表达也进行了研究。同样,Nrf2 表达在 ICH 条件下上调,并通过 NMN 处理进一步增加。正常情况下,Nrf2 主要位于胞质中,ICH 应激或 NMN 处理后,胞质 Nrf2 表达没有改变。然而,在 ICH 条件下,核 Nrf2 显著增加,并通过 NMN 处理进一步增强,由于只有核 Nrf2 能促进 *HO - 1* 基因转录以对抗凋亡和坏死,NMN 增强的 Nrf2 核易位表明,增强的核 Nrf2,而非胞质 Nrf2,可能有助于 NMN 对脑出血脑损伤的神经保护。这些结果表明,NMN 通过抑制神经炎症/氧化应激来治疗脑出血的脑损伤。Nrf2/HO - 1 信号通路的激活可能有助于脑出血中 NMN 的神经保护。

血脑屏障的破坏被认为是 t - PA 相关出血转化的最重要原因之一。血脑屏障由脑毛细血管、内皮细胞、周细胞和星形胶质细胞联合形成。血脑屏障中的紧密连接具有非常低的通透性,可严格限制外周循环物质进入大脑。t - PA 激活 MMP,然后导致紧密连接蛋白的破坏,包括 claudin、occludin 和 Zonal occluden - 1。所有这些都会导致血脑屏障完整性的破坏。因此,通过增加脑血管系统对缺血损伤的抵抗力来预防或改善 t - PA 相关的出血转化是一个极具挑战性但尚未解决的问题。据报道,NMN 治疗显著逆转了 t - PA 对血脑屏障的破坏,至少部分补救了 claudin - 1、occludin 和 ZO - 1 的蛋白表达,几乎完全阻断了 t - PA 对 MMP9 和 MMP2 活性的增加,延迟 t - PA 处理而增强的 pro - MMP9 和活性 MMP9 的蛋白表达都被 NMN 给药所抑制。有趣的是,延迟 t - PA 治疗上调了活性 MMP2,但没有改变 pro - MMP2 的表达,NMN 给药显著抑制 t - PA 诱导的活性 MMP2 上调。并保护了血脑屏障的完整性。因此,NMN 可能是治疗 t - PA 诱导的出血转化的潜在药物[19]。

总结与展望

在目前的实验研究中,啮齿类 ICH 模型,包括全血模型和胶原酶模型,在生理基础上与人类状态存在诸多不同,包括缺少白质、较低的胶质/神经元比例和不同的脑稳态等,限制了研究结果与临床的关联性,这将给临床前的实验成果转化到临床带来了巨大的挑战。ICH 的病理生理机制非常复杂,目前仍远未阐明。近年来 ICH 中的临床前和临床研究数量显著增加,提出了新的损伤机制和潜在的治疗靶点。然而,将临床前研究转化为临床应用的问题尚未解决,也没有成功的Ⅲ期临床试验完成,真正有效的临床治疗措施仍非常有限。

苏州大学(蒋思佳、罗丽、秦媛媛)

第二十七章

辅酶 I 与代谢性疾病

　　体内代谢物质如葡萄糖、脂质、蛋白质、嘌呤、钙、铜等的生物化学过程发生障碍时堆积或缺乏,即会引起疾病,如糖尿病、脂肪肝、高脂血症等。先天遗传缺陷会造成代谢性疾病。例如,家族性高胆固醇血症患者的组织细胞中低密度脂蛋白(LDL)受体完全缺乏或部分缺乏,致使胆固醇不能或只能部分经受体途径代谢,从而导致血浆胆固醇显著升高。同样,后天因素导致的内脏病理变化和功能障碍也是造成代谢病的重要原因。食物、药物也可造成各种代谢病,如经常进食含过多脂肪和胆固醇食物的人,容易发生高脂血症、动脉硬化等疾病;抗癫痫药苯妥英钠可促进肝微粒体酶的活性,加速维生素 D 在肝脏的分解,长期应用这类药物后,血中钙、磷降低,碱性磷酸酶增高,可出现骨软化。

　　代谢病大多缺少根治方法,通常用替代疗法、减少缺陷酶底物摄入、纠正代谢紊乱等。作为体内极为重要的核苷酸类辅酶,辅酶 I($NAD^+/NADH$)和辅酶 II($NADP^+/NADPH$)参与了体内多种合成代谢途径,如脂质合成、胆固醇合成和脂肪酸链延长等。因此,多年来的研究已证实了辅酶 I / II 类相关物质在代谢疾病中发挥的治疗或保护作用。本章主要介绍酒精性脂肪肝、糖尿病等常见代谢性疾病中辅酶及其前体和合成通路相关酶类发挥的重要作用。

27.1　酒精性脂肪肝

　　酒精性脂肪肝(alcohol fatty liver disease,AFLD)是指由于大量饮酒所导致的肝细胞内脂质蓄积量超过肝湿重的 5%,或者在组织学上每单位面积有 1/3 以上的肝细胞发生脂肪变性,表现为肝脏细胞内的脂肪沉积,若进一步发展,则会造成酒精性肝炎、酒精性肝纤维化和酒精性肝硬化,直至终末期肝功能衰竭。戒除酒精摄入是防止酒精性肝损伤的必须手段,而借助药物阻断酒精损伤会更加有效地避免酒精性脂肪肝的形成。

27.1.1　辅酶 I / II 与酒精性脂肪肝

　　90%的酒精(乙醇)在肝内经 3 种酶系统代谢,乙醇脱氢酶体系、滑面内质网微粒体乙醇氧化系统(microsomal ethanol oxidizing system, MEOS)和过氧化小体过氧化氢(catalase, CAT)体系。乙醇在乙醇脱氢酶(alcohol dehydrogenase, ADH)或 CAT 作用下转变为乙醛,乙醛被代谢为乙酸后进入线粒体 TCA 循环。

在乙醇饲养的小鼠的肝脏中,NAD^+ 水平下降近 70%,$NADP^+$ 和 $NAD^+/NADH$ 比值降低[1]。NAD^+ 是 ADH 和乙醛脱氢酶(acetaldehyde dehydrogenase, ALDH)催化乙醇和乙醛氧化所必需的。在此过程中,NAD^+ 在接受 H^+ 后转化为 NADH, NADH 的蓄积降低胞质和线粒体内 $NAD^+/NADH$ 的比值,造成 ADH 和 ALDH 对乙醇的氧化受阻。因此,机体内的氧化还原状态会由于乙醇代谢发生改变,NADH 蓄积,NAD^+ 减少。而研究发现,乙醇大量摄入可通过影响两种途径降低 NAD^+ 前体 NMN 的转化合成,从而降低 NAD^+ 的体内含量。一是乙醇能够降低 NMRK1 表达,使得 NAD^+ 前体 NR 向 NMN 的生物转化减少[2],二是乙醇会引起 NAD^+ 补救合成途径——NAM 向 NMN 转化过程中重要的催化酶 NAMPT 表达也显著减少,导致 NMN 的合成明显下降。同时定位于线粒体上调控 NMN 生成 NAD^+ 的催化酶 NMNAT3 在大量乙醇进入氧化过程后也表现出明显的下降,核定位的另一亚型 NMNAT1 也同样呈现出下降趋势[3]。$NAD^+/NADH$ 的比值降低将抑制线粒体三羧酸和脂肪酸 β 氧化,使脂肪酸代谢发生障碍,氧化减弱;同时 NADH 能够促进 α-磷酸甘油的生成,加速脂肪酸合成,并使脂合成酶活性亢进,增加了甘油三酯(triglyceride, TG)的生物合成,从而使脂质和蛋白质在肝细胞内堆积而发生脂肪变性,最终导致脂肪肝形成。临床显示,长期饮酒的人肝重、肝脏和血清胆固醇(cholesterol, TC)和甘油三酯都明显升高,因此脂肪肝发生率增加。同时有报道证明,乙醇的代谢产物乙醛由于能够增加核转位因子 SREBP1 的表达,所以可以上调其下游基因 Fasn、Acc1 的转录,同时下调脂质过氧化所需的基因转录,而改变脂质代谢平衡[4]。这些因素都参与诱导肝脏发生脂肪变性。此外,乙醛能促进脂质过氧化,造成线粒体损伤,进一步抑制线粒体三羧酸,减少能量产生,GSH 减少,自由基增多。乙醛还通过激活线粒体 NOX 进一步增加自由基,引起呼吸链功能增进和脂质过氧化。乙醛亦可和另一些脂质过氧化产物,如丙二醛(malondialdehyde, MDA)等,形成蛋白质复合体,引起自身免疫反应,损害细胞骨架功能和细胞与间质的相互作用,从而抑制重要的代谢通路。

正常情况下,肝脏内 ADH 是乙醇代谢的主要途径,然而当血液和组织液中乙醇浓度较高或自身处于长期慢性饮酒状态,会导致 ADH 缺乏,其他两种酶系统也开始参与代谢。其中,MEOS 不同于 ADH 和 CAT, CYP450 家族是其关键成分,具有调节肝脏内多种内源性和外源性化合物生物转化作用,包含众多亚型(如 CYP1A2、CYP3A4、CYP2E1 等),它们氧化乙醇的能力各不相同。CYP2E1 是受慢性乙醇代谢诱导最为强烈的一个亚型,具有极高的 NOX 活性,导致氧化应激的升高。CYP2E1 能够在氧气和 NADPH 存在的条件下通过氧化还原反应将乙醇代谢成乙醛,消耗 NADPH 生成 $NADP^+$,各种 ROS 自由基也随之生成增加,导致毒性的产生,如脂质过氧化、酶失活、DNA 突变、细胞膜结构的损伤。慢性饮酒使 CYP2E1 活性维持在高水平,产生大量 OH^-、O^{2-} 和 H_2O_2 等自由基,使 DNA、蛋白质和脂质过氧化[5]。同时,慢性饮酒产生的大量 ROS 能够影响线粒体 DNA (mitochondrial DNA，mtDNA)的相关蛋白质亚基的合成,影响肝脏中线粒体三羧酸,进而促进线粒体内 ROS 生成,并最终导致线粒体功能障碍。研究证实,*CYP2E1* 敲除鼠或用 CYP2E1 的抑制剂能对抗乙醇诱导的脂肪肝形成,其机制涉及过氧化物酶体增殖物激活受体 α(peroxisome proliferator-activated receptor α,PPARα)上调表达。PPARα 是过氧化物酶体生物合成和代谢平衡的主要调节因子。早期的研究表明,PPARα 能够调控脂质平衡及免疫应答从而发挥肝脏保护作用。而近期的研究发现,PPARα 还能够直接调控过氧化物酶的表达,并且 PPARα 对于脂肪酸的代谢也有很强的调控作用,还能调控 NAD⁺ 生物合成中的关键酶,增加 NAD⁺ 的含量。因此,PPARα 也可能通过调控 CAT 和细胞内 NAD⁺ 水平来直接参与体内的乙醇代谢[6]。

27.1.2　SIRT1 与酒精性脂肪肝

人类慢性乙醇摄入会导致脂肪变性和炎症,主要是因为乙醇破坏了一些重要的肝脏转录调节因子,包括 AMPK、Lipin-1、SREBP-1、PGC1α、NF-κB 等。最重要的是,乙醇对这些调节因子的作用会介导或部分介导一个核心信号分子 SIRT1 的抑制。SIRT1 是 NAD⁺/NADH 依赖的Ⅲ型组氨酸去蛋白乙酰化酶,在脱乙酰化过程中产生 NAM(维生素 B₃)和乙酰 ADPR。Sirtuin 家族是 NAD⁺ 依赖的蛋白乙酰化酶,NAD⁺ 作为辅因子参与了多种 Sirtuin 调控的生化通路,其中 SIRT1 需要消耗 NAD⁺ 而发挥其活性作用。由于乙醇的代谢降低了 NAD⁺ 的水平,因而乙醇在一定程度上抑制了 SIRT1 活性。近年来,SIRT1 已经被证实为调控人类肝脏脂代谢、炎症反应及 AFLD 相关通路的主要分子。乙醇诱导的 SIRT1 抑制上调或下调上述转录因子及其辅因子的活性,从而解除了 SIRT1 对多种脂代谢及炎症通路的调控,如肝脏中脂肪生成、脂肪酸 β 氧化、脂蛋白摄取和分泌、促炎因子的表达。

(1) SIRT1/AMPK 信号通路:早在 2004 年,David W Crabb 等的研究就已证实,乙醇在体内会抑制肝脏中 AMPK 活性,导致乙酰辅酶 A 羧化酶(acetyl-CoA carboxylase,ACC)激活,诱导脂肪生物合成的前体丙二酰辅酶 A 生成,并抑制调控长链脂酰辅酶 A 进入线粒体的肉碱棕榈酰基转移酶-Ⅰ(carnitine palmitoyltransferase-Ⅰ,CPT-Ⅰ),增加了脂质的蓄积而阻碍脂质代谢,因而最终引起 AFLD 的发生。

越来越多的证据表明,SIRT1 和 AMPK 相互调节,通过类似的信号通路调控许多共同靶标。细胞和动物模型研究证明,SIRT1 能够激活 AMPK 的上游激酶肝激酶 B1(liver kinase B1,LKB1),从而激活 AMPK,导致细胞 NAD⁺ 水平升高,随后进一步激活 SIRT1 信号通路。白藜芦醇是已知的 SIRT1 和 AMPK 激动剂,通过激动肝脏中 Sirtuin/AMPK 信号可缓解肝脏疾病脂肪变性并使血清丙氨酸水平正常化,对抗 AFLD,发挥保护作用。因此 Sirtuin-AMPK 信号参与调节了各种脂质代谢和炎症途径。脂肪细胞来源的激素脂联素也可以通过激活细胞或 AFLD 动物模型肝脏中 SIRT1/AMPK 信号缓解脂肪性肝炎。

(2) SIRT1/SREBP-1c 信号通路:乙醇诱导 SREBP-1 激活是 AFLD 中重要的病理因素。急性或慢性乙醇损伤都能激活 SREBP-1 活性并增加其调控的相关基因和蛋白质的表达,包括脂肪酸合酶(fatty acid synthase, FAS)、硬脂酰辅酶 A 去饱和酶(stearoyl - CoA desaturase, SCD)、线粒体甘油 - 3 - 磷酸酰基转移酶 1(mitochondrial glycerol - 3 - phosphate acyltransferase 1, mGPAT1)等,结果导致肝脏中脂肪过度蓄积。多个研究小组都已证实 SIRT1 与 SREBP - 1 存在相互作用。在培养的肝细胞和小鼠肝脏中 SIRT1 通过脱乙酰化作用调控 SREBP - 1c 活性,抑制其转录活性,导致其下游与脂肪生成相关的 *Fas*、*Scd*、*Gpat1*、*Acc* 等靶基因的转录被抑制。而乙醇可抑制 SIRT1 从而导致乙酰化 SREBP - 1c 核内活性增加,引发脂肪变性。回补 SIRT1 或用白藜芦醇处理可抑制 SREBP - 1c 过高的乙酰化水平及 SREBP - 1 活性,缓解 AFLD。因此,SIRT1/SREBP - 1 信号调控轴被认为是乙醇引起肝脏脂肪合成增加和 AFLD 发生的重要机制。与此同时,乙醇诱导的 SREBP - 1 激活部分还与 AMPK 抑制相关联,提示 SIRT1 调控 SREBP - 1 活性可有 AMPK 依赖或非依赖两种模式参与 AFLD 的病程。

(3) SIRT1/PGC1α/PPARα 信号通路:PGC1α 是脂质代谢中重要转录调控子,与 AFLD 的发生发展密切相关。在乙醇饲养的小鼠模型中,肝脏 *Pgc - 1α* 基因和蛋白质表达急剧减少,同时乙酰化 PGC1α 比率却显著增加。此外,敲除小鼠肝脏 *Lipin - 1* 也会由于 PGC1α 的失活而增加乙醇诱导的肝脏脂肪酸氧化损伤和脂蛋白合成。SIRT1 可通过脱乙酰化 PGC1α 与其发生作用,调控其活性。研究表明,SIRT1 通过调控 PGC1α 激活线粒体内脂肪酸氧化相关基因的转录,而 PGC1α 的乙酰化状态通常也可作为在体的 SIRT1 活性的标志。在线粒体脂肪酸氧化酶表达过程中,PGC1α 与 PPARα 共同激活。SIRT1 通过调控 PPARα 去调节脂质稳态,SIRT1 缺失将阻碍 PPARα 信号通路,减少脂肪酸氧化,引起肝脏脂肪变性和炎症的发生。而 PGC1α 与 PPARα 共同缺失也与 ALFD 的发生相关。所以,乙醇诱发的 SIRT1/PGC1α/PPARα 信号通路障碍也是 ALFD 的主要原因之一。

(4) SIRT1/LIPIN - 1 信号通路:LIPIN - 1 是哺乳动物 Mg^{2+} 依赖的磷酸化酶(phosphatidate phosphatase, PAP),具有双重作用。LIPIN - 1 一方面参与 TG 合成,另一方面也是增加脂肪氧化水平及抑制脂肪从头合成的转录共激活因子。LIPIN - 1β 介导了 TG 的生物合成,并与脂肪生成及脂肪在肝内过度聚集相关。而 LIPIN - 1α 则在核内与 PGC1α、PPARα 及 SREBP - 1 等核因子相互作用,作为转录共激活因子与这些转录因子或激活线粒体内脂肪酸氧化相关基因表达或抑制脂肪合成基因表达。在培养的肝细胞和鼠肝脏中,乙醇诱导 LIPIN - 1β 剪辑体增加,LIPIN - 1α 入核减少,促脂肪合成活性提高,由此引起肝脏 LIPIN - 1 功能失调促使肝脏脂肪代谢异常,AFLD 发生[7]。与此同时,乙醇还使得 SIRT1 表达减少,抑制了 *Lipin - 1* 剪辑因子 SFRS10(又称为 TRA2B)的表达,进一步增加了 LIPIN - 1β/α 比例。因此,SIRT1/SFRS10/LIPIN - 1 信号通路在酒精性脂肪变性中也具有重要作用。此外,还有研究报道 AMPK/SREBP 信号通路在乙醇代谢时的激活也参与了乙醇诱导总 LIPIN - 1 表达增加的过程[8]。

(5) SIRT1/FOXO1 信号通路:FOXO1 是已报道的多种脂代谢和氧化应激反应通路的重要参与者,其活性是由其亚细胞定位而决定的,这些都与 FOXO1 的翻译后修饰(包括乙酰化/脱乙酰化)有关。SIRT1 对 FOXO1 序列中 DNA 结合域中的赖氨酸脱乙酰化,来促进 FoxO1 在核内的维持,增加或减少其转录活性。乙醇饲养的小鼠肝脏中,乙醇增加了 FoxO1 乙酰化,减少了核内 FOXO1 的蛋白水平,从而引起 AFLD 的肝损伤。另外,乙醇能诱导自噬,来减轻乙醇自身诱导的肝损伤。FOXO 家族的另一成员 FOXO3a,是乙醇诱导自噬和细胞生存的重要分子。白藜芦醇诱导的 SIRT1 激活进一步增加了乙醇诱导的自噬相关基因的表达,多数情况是借助增加 FOXO3a 的脱乙酰化机制。因此,SIRT1/FOXO1 及 SIRT1/FOXO3a 在乙醇的体内代谢中都具有重要调控作用。

(6) 其他相关信号通路:SIRT1 对组蛋白脱乙酰化调控基因表达,乙醇引起 SIRT1 脱乙酰化效率降低,因而能剧烈且特异性地增加组蛋白乙酰化水平,使得肝脏 SREBP - 1/LIPIN - 1 信号轴激活。这一发现表明,SIRT1/HISTONE H3 信号可能调控着 SREBP - 1/LIPIN - 1 信号调控的 FAS 的基因表达。

异常的 Wnt/β - catenin 是很多肝损伤包括肝衰竭、肝癌和 AFLD 等疾病中关键的作用因素。在 β - catenin 缺失时,乙醇处理会引起氧化还原失衡,损伤由 PPARα 介导的线粒体脂肪酸过氧化,引发严重的肝脏脂肪变性。同时 β - catenin 缺失时,SIRT1 表达在乙醇处理后也显著降低,所以 Wnt/β - catenin 信号通路也很可能通过对 SIRT1/PPARα 信号的修饰与 AFLD 相关联[9]。

1) NF - κB 信号通路是重要的炎症通路。肝脏的 SIRT1 表达及蛋白质活性在乙醇过量的个体中均显著下降,引起炎症的发生。SIRT1 具有明确的抗炎保护作用,通过降低 NF - κB 的乙酰化程度减少 NF - κB 的核转位,从而减少促炎因子的生成。乙醇对 SIRT1 的抑制能增强 NF - κB 信号通路引发炎症应答[10]。

脂肪脂联素和肝脏脂联素受体介导信号的激活可以最大限度地缓解 AFLD 的进展,肝脏中的 SIRT1 则是脂联素在 AFLD 中发挥有益作用的主要调节因子。同时,PPARγ 可以上调脂肪脂联素基因转录及蛋白质表达。给鼠联合注射 PPARγ 激动剂罗格列酮(rosiglitazone)和乙醇能显著增加总脂联素及其高分子量形式,这种增加与肝脏 SIRT1 的激活密切相关。SIRT1 激动剂白藜芦醇也有类似作用,其介导的循环中脂联素水平的增加与 SIRT1 蛋白表达的剧烈增加有关,从而可以减轻长期乙醇喂养的老鼠中肝脏脂肪的蓄积。因此,肝脏中脂联素/SIRT1 信号通路与罗格列酮及白藜芦醇在 AFLD 中发挥的保护作用有关。由于在体外培养的脂肪细胞同样能观察到乙醇对 SIRT1 的抑制,所以脂联素信号也只是部分参与了乙醇与 SIRT1 之间的相互作用。

2) CD38 具有 NAD$^+$ 消耗酶活性,通常在衰老过程中,CD38 在组织中的表达与酶活上调,随即 NAD$^+$ 水平下降。乙醇摄入大大诱导了肝脏中 CD38 的表达,通过减少 NAD$^+$ 的供给来调控 SIRT1 的酶活性。研究表明,CD38 敲除鼠的细胞核成分中的 SIRT1 活性比野生型鼠要高很多。靶向于 AU 元件的 RNA 结合蛋白锌指蛋白 36(tristetraprolin, TTP)是依赖于 SIRT1 乙酰化的蛋白,TTP 的激活可以下调 CD38 表达,增加 NAD$^+$ 的合成,抑制 LPS 诱导的炎症反应。

总之,一方面乙醇氧化消耗 NAD$^+$,另一方面乙醇又降低 NAD$^+$ 的合成,共同导致肝脏中 NAD⁺水平下降,导致 SIRT1 抵抗乙醇诱导的氧化应激和炎症的保护作用减弱,这是酒精性肝脏重要的病理机制。

27.1.3　线粒体功能与酒精性脂肪肝

乙醛是乙醇经 ADH 催化后的毒性代谢产物,也是线粒体的底物。在线粒体基质中,乙醛脱氢酶 2(acetaldehyde dehydrogenase 2, ALDH2)会将乙醛转化为乙酸,产生 NADH,提供给 ETC 复合体Ⅰ。并且,乙醛的代谢受 ETC 产生 NAD⁺的速率所限制。所以,NADH 经过 ETC 的快速氧化产生 NAD⁺的过程是使乙醇及其代谢产物的毒性最小化的重要环节。慢性酒精中毒时,一方面脂肪酸不完全氧化会使得大约 20%的线粒体蛋白酶类因乙酰化而失活,另一方面这些酶激活所需的高浓度的氧线粒体 ETC 功能减弱,ETC 复合体表达减少,从而导致线粒体失能,乙醛的代谢也因此发生障碍。线粒体失能是酒精性脂肪肝病理过程中的一个中心环节,目前已被广泛接受。

然而,线粒体失能并不能完全概括线粒体改变,线粒体重塑和生成也是细胞在适应应激和代谢变化时的重要机制。如骨骼肌细胞在剧烈运动以后出现线粒体生成和线粒体重塑增加,β氧化相关的线粒体蛋白和 ETC 复合体表达增加,这是为了能增加线粒体呼吸和β氧化而产生更多能量去满足运动所需。在乙醇代谢中,线粒体重塑也是肝脏中重要的线粒体改变形式。在长期乙醇饲养的小鼠中发现,乙醇摄入能引起线粒体呼吸功能增进,ETC 中 NAD⁺生成增加,加速乙醛代谢。而 ETC 复合体蛋白的表达水平和线粒体内 NAD⁺/NADH 比率的增加,进一步使得线粒体呼吸功能增强,线粒体发生重塑,这也是肝脏对于乙醇做出的适应性应答。不过,大鼠实验结果却只观察到乙醇使得线粒体功能障碍,线粒体生成减少;在人类酒精性脂肪肝的研究中,线粒体失能/电子传递减弱现象和线粒体重塑/呼吸功能增强现象却均有相关报道。这说明乙醇在不同种属的动物中对线粒体形态及功能存在差异影响[11]。

NADPH 在线粒体内同样是参与生物合成、氧化还原型和乙醇代谢的重要因子,乙醇代谢增加了肝脏线粒体内 NADP⁺、NADPH 的水平,但并没有改变 NADPH/NADP⁺比,这些改变通常是有助于保持线粒体内还原状态。因此,乙醇摄入引起线粒体内 NADPH 的增加也是机体对氧化应激和氧化还原改变的重要适应性变化。

27.2　糖尿病

机体内稳定的血糖是由β细胞分泌的胰岛素来调节。葡萄糖是胰岛素分泌最重要的调节剂。生理条件下,β细胞通过感测血液中葡萄糖的变化来调节胰岛素的分泌。葡萄糖与细胞膜上的葡萄糖转运体 1/2(glucose transporter, GLUT1/2)结合,通过易化扩散进入β细胞,即可促发葡萄糖依赖性胰岛素分泌。有报道当葡萄糖浓度达到 5 mmol/L,即可诱导胰岛素释放。葡萄糖进入β细胞后通过糖酵解途径和呼吸代谢产生 ROS,加速β

细胞中 ATP 生成。随着胞质中 ATP/ADP 比的升高，质膜上 ATP 敏感性钾通道（K^+-ATP）关闭，质膜去极化使得电压门控的 Ca^{2+} 通道的开放。Ca^{2+} 内流增加，从而导致胰岛素颗粒分泌释放胰岛素。正常的胰岛素分泌能维持正常能量稳态以应对营养物及激素、神经和药理因素的影响。糖尿病是一组以高血糖为特征的代谢性疾病，其特征是外周胰岛素抵抗、肥胖、高血糖和促炎细胞因子水平升高，这些都导致胰岛素缺乏，随即造成 β 细胞衰竭。多种机制参与这种代谢失能的发生，涉及线粒体功能障碍、氧化应激、内质网应激、高血糖（葡萄糖毒性）、血脂异常及糖脂毒性等。同时，这些异常反应都有烟酰胺辅酶参与。长期存在的高血糖及其他细胞代谢异常，会导致各种器官或组织，特别是眼、肾、心脏、血管、神经的慢性损害及功能障碍，即导致糖尿病并发症的发生发展。

27.2.1　ROS 与糖尿病

目前已知，大多数糖尿病及其并发症的发病机制都与氧化应激增加密切相关。由于胰岛素分泌的绝对或相对缺乏，血浆中葡萄糖长期维持在高水平。胰岛外周敏感细胞和内皮细胞长期在高糖环境下，多种病理生理途径被激活，导致线粒体 ETC 功能障碍，ROS增加，由此激活多种氧化反应事件，包括蛋白糖基化水平升高、山梨糖醇合成增加、己糖胺生成增加、PKC 活化、NOX 激活及 NOS 解偶联。而这些途径协同又会进一步促进 ROS 的生成，产生恶性循环。除线粒体来源的 ROS，体内其他途径来源的 ROS，如脂肪酸过氧化物酶的 β 氧化作用、黄嘌呤氧化酶作用、花生四烯酸代谢、CYP450 和髓过氧化物酶作用等，在高糖环境下也持续激活，加速了 β 细胞的损伤，助力了糖尿病的发展。许多糖尿病患者都表现出氧化损伤的迹象及 ROS 的过量产生，由此氧化损伤被认为是糖尿病并发症的原因[12, 13]。此外，许多研究也都表明抗氧化物可通过减少氧化应激减轻糖尿病并发症[14]。

胰岛素的分泌与 K^+-ATP 及钙离子通道活性相关，而 ATP 对于 K^+-ATP 通道的调控尤为重要，对胰岛素分泌所需的 Ca^{2+} 内流及储存颗粒释放胰岛素产生关键作用。线粒体是体内 ATP 生成的重要场所，因此线粒体中很多蛋白都对葡萄糖的代谢具有重要影响，从而调控胰岛素分泌。解偶联蛋白 2（uncoupling protein 2，UCP 2）是线粒体调控葡萄糖诱导的胰岛素分泌的主要因子，该蛋白能够调节线粒体呼吸速率、膜电位、ATP 生成及随后的胰岛素分泌。β 细胞的线粒体在高血糖影响下，细胞内 Ca^{2+} 释放增加，还原性物质（NADH、NADPH、H^+、$FADH_2$）浓度升高，ADP 消耗加速，导致膜电位升高，产生更多的ROS。并且，细胞内 Ca^{2+} 的持续增加会激活 NOX，并通过 PKC 激活导致 ROS 产生，诱导氧化应激和（或）细胞凋亡。此外，β 细胞中自由基解毒酶表达相对较低，因此，持续升高的ROS 会迅速到达阈值，损伤胰岛细胞，阻碍胰岛素分泌。并且，线粒体 DNA 以开放构象存在而不是类似核 DNA 紧密缠绕成染色质的构象，因此更易受 ROS 攻击。除了 β 细胞，高糖环境也使得敏感的外周细胞中的线粒体内 ROS 也迅速蓄积造成损伤，使得胰岛素敏感性降低，出现胰岛素抵抗。在 2 型糖尿病（type 2 diabetes mellitus，T2DM）研究工作中发现，当外周细胞暴露于 H_2O_2，应激酶被激活。这种激活伴随着细胞中胰岛素信号通路活性下调,导致胰岛素促进葡萄糖摄取及糖原、脂质和蛋白质等物质合成能力的降低,其涉及机制可能有对胰岛素受体底物蛋白亲和力下降或其下游激酶通路减弱。H_2O_2 的积累引起 Fenton 和 Haber Weiss 的反应增强,导致活性 OH^- 的生成增加。ROS 与线粒体心磷脂发生作用,心磷脂氧化,其与细胞色素 c 的作用随之减弱,从而激活线粒体细胞色素 c 的释放,启动细胞凋亡,因此 2 型糖尿病的发病伴随着 β 细胞的数量减少[15]。

总之,明确的糖尿病中,氧化应激导致胰岛素敏感性降低,又反过来促进 ROS 生成,形成了一个恶性循环。2 型糖尿病患者的 β 细胞逐渐减少也与过度氧化应激有关,高血糖的持续,会给 β 细胞带来“糖毒性”损伤而破坏胰岛素分泌并最终导致胰岛细胞致命性损伤,加速 β 细胞丢失。

27.2.2　辅酶Ⅰ/Ⅱ与糖尿病

有研究显示,葡萄糖分解代谢影响辅酶的代谢。在 β 细胞中,葡萄糖依赖性丙酮酸在丙酮酸羧化酶作用下通过丙酮酸-苹果酸穿梭机制产生大量 NADPH,与其他 TCA 循环的中间产物,如 α-酮戊二酸和 GTP,均能转化为促进胰岛素分泌的物质,进一步增加胰岛素分泌。而 NAD^+/NADH 和 $NADP^+$/NADPH 作为辅酶Ⅰ和辅酶Ⅱ的氧化还原对,它们的生物效应由氧化还原状态决定。NAD^+/NADH 主要参与催化糖酵解过程和山梨醇途径。NADH 是 3-磷酸甘油醛生成 1,3-二磷酸甘油的强效抑制剂,是糖酵解的限速因素。而丙酮酸不断转化为乳酸的过程中能增加 NADH 向 NAD^+ 的转化,释放更多的 ATP。研究发现,高糖环境会降低丙酮酸/乳酸比,即乳酸生产增加。伴随发生的是 NAD^+/NADH 的比降低,也就是 NAD^+ 更多地还原为 NADH。由于 NAD^+ 降低会抑制葡萄糖氧化,因此血糖水平将进一步升高。$NADP^+$/NADPH 参与调节山梨醇和 PPP。NADPH 是脂肪酸和类固醇生物合成的辅助因子。当 $NADP^+$/NADPH 比值升高,山梨糖醇合成将受抑制,并且当 PPP 活性增强引起的 NADPH 生成增加不足以代偿山梨糖醇生成增加所损耗的 NADPH 时,$NADP^+$/NADPH 的比值也会增加。辅酶的代谢与 PPP 的代谢物间的相互作用在糖尿病中具有重要作用[3, 16, 17]。早在 30 年前就有研究对正常和糖尿病动物中的 NAD^+、NADH、$NADP^+$ 和 NADPH 水平进行了一些比较:Velikij 等人测定了链脲佐菌素(streptozotocin, STZ)诱导的糖尿病鼠肝脏和肾脏中 NAD^+/NADH 比,与正常鼠比,NAD^+/NADH 比下降超过 50%,而 $NADP^+$/NADPH 比则升高至少两倍。Song 等人测定了 17 名 2 型糖尿病患者红细胞的辅酶水平:与健康人相比,NAD^+、NADH 和 NADPH 在患者中显著降低,相反,$NADP^+$ 水平则较高。在正常大鼠中,腹腔注射给予 $NADP^+$ 合成的抗代谢物 6-氨基烟酰胺,形成 6-氨基-$NADP^+$,会导致血糖升高,并且肾脏内 6-磷酸葡萄糖酸盐在 6 h 内即增加数百倍。体外分离 6-氨基烟酰胺预处理的动物胰岛,发现 6-氨基烟酰胺除了能降低葡萄糖诱导的胰岛素释放,而且还能降低磷酸戊糖旁路的氧化速率。提示,体外给予 $NADP^+$ 和 NADPH 可逆转胰岛素响应的抑制。总而言之,高浓度葡萄糖由于激动了糖酵解、山梨糖醇和磷酸戊糖通路活性,增加磷酸丙糖转化为丙酮酸,从而改变了胞质中 NAD^+/NADH 和 $NADP^+$/NADPH 的组成比,造成辅酶的相对缺乏。而且,其他原因导致辅酶的降低也都能抑制葡萄糖的氧化，致使葡萄糖蓄积增加。

27.2.3　NAD⁺前体与糖尿病

NAD⁺及其衍生物 NADH、NADP⁺、NADPH 对葡萄糖代谢产物磷酸丙糖和丙酮酸的生成具有调节作用。外源补充辅酶的各种前体都能够提高体内多种组织中 NAD⁺的含量，对于体内葡萄糖水平产生影响。体内给予 NAD⁺前体——NA 或 NAM 会显著提高肾脏、肝脏、脂肪组织、脾脏和心肌等组织内 NAD⁺含量。

（1）短期补充外源 NAD⁺前体对糖代谢的影响：短期给予健康动物外源性 NA，NA虽然可以促进心肌、骨骼肌、肾脏和脂肪等组织中葡萄糖的利用，但这些作用被肝葡萄糖大量输出抵消，因此最终仍出现血糖水平升高的现象。而口服或肠外注射给予 NAM，却能够降低血糖。在糖尿病动物中，外源的 NA 可以通过改变 PPP 中的 NADP⁺/NADPH 比来激活葡萄糖氧化，降低肝葡萄糖输出，从而降低血糖。然而以 NAM 进行相同处理时并没有发现其对血糖水平产生影响。这些研究说明，NAD⁺的这两种前体对于血糖水平的影响存在不同的作用机制。NA 与 NAM 对于 NAD⁺含量影响的差异与 NAM 生成的聚（ADPR）合酶的抑制有关：聚（ADPR）合酶可以通过降解 NAD⁺降低胰腺 β 细胞中 NAD⁺的含量进行 DNA 修复，NA 不影响该酶的活性。不仅是 NAM 对高糖损伤有作用，其同分异构体吡啶酰胺也能通过减少 β 细胞中 NAD⁺含量对 STZ 诱导的糖尿病发挥保护作用，但这一结果有待验证。

（2）长期给予 NAD⁺前体对糖代谢的影响：在高脂血症患者中发现短期给予外源性NA 能强效增加脂肪细胞中葡萄糖异生，甘油酯生成增加，提示葡萄糖代谢导致生成更多的磷酸丙糖。而长时间给予 NA 会进一步增加磷酸丙糖的生成，从而导致骨骼肌和心肌中葡萄糖异生的甘油酯的生成增加。健康人长期服用 NA 可引起糖耐量降低，胰岛素敏感性下降，血糖升高。2 型糖尿病患者接受 NA 治疗时大部分情况也都会出现空腹血糖增加。与 NA 的短时处理类似，可能是由于肝糖输出的增加，长期 NA 处理引起糖耐量的降低，这个效应远大于其他肝外组织如脂肪组织、骨骼肌中激活的葡萄糖利用，且长时处理产生的这一效应比短时处理强度更大。在这过程中，胰岛素分泌不受抑制，实际上可能还是增加的，这很可能是对于血糖升高的响应。同样与报道的 NA 对于血糖代谢的效应不同，给予健康个体两周的 NAM，在空腹血糖和糖耐量都几乎没有改变。糖尿病大鼠的血糖水平也仅轻微下降，也没有确切的数据表明单剂量 NAM 对于 1 型和 2 型糖尿病有作用。Meta 分析数据表明，NAM 治疗不会改变 1 型糖尿病患者血糖浓度但会延缓 1 型糖尿病患者 β 细胞的退化进程。

（3）NR、NMN 等其他 NAD⁺前体与糖尿病：NA 和 NAM 是研究应用较早的两种NAD⁺前体，随着研究的不断扩展深入，越来越多 NAD⁺合成通路上的前体在疾病治疗中的可行性得到了更广泛的了解。Brenner 团队应用 NR 治疗 HFD 糖尿病前期和 STZ 诱导的2 型糖尿病小鼠。NR 明显改善了糖尿病前期小鼠的葡萄糖耐量、抑制体重增加、减轻肝脏损伤及肝脂肪变性的发展。同时 NR 也表现出神经保护作用，但不仅是血糖控制的作用,而是与 NR 提高肝脏 NADP$^+$ 和 NADPH 水平有关[18]。Russell 等观察了 NMN 或 NR 对糖尿病周围神经病变的保护作用。在 STZ 诱导的糖尿病大鼠和小鼠中,NMN 可改善感觉功能,使鼠坐骨神经和尾神经传导速度正常化;用 HFD 喂养小鼠添加 NR 也有相同效果,同时背根神经节(dorsal root ganglion,DRG)神经元正常化。这些结果都与 DRG 中 NAD$^+$ 耗竭的纠正相关,从而改善糖尿病周围神经病变。然而这项研究也显示,NMN 和 NR 不会显著影响葡萄糖耐量、胰岛素水平或胰岛素抵抗,因此对体内高糖环境的纠正影响不大[19]。

(4) NOX 与糖尿病:线粒体 ETC 中 NOX 的活化和 NOS 解偶联都参与了线粒体 ROS 的生成。细胞内有多种信号通路介导高糖诱导的 NOX2 激活。高糖处理小鼠胰岛细胞能引起细胞内 H_2O_2 增加,刺激胰岛素分泌(glucose-stimulated insulin secretion,GSIS)增加,此时 GSH/GSSG 比降低。GSH/GSSG 比下降也是机体对葡萄糖刺激的响应。H_2O_2 刺激的胰岛素分泌是一种依赖于 Ca^{2+} 的细胞外活性。Ca^{2+} 内流导致胰岛素敏感性降低,导致 NOX 激活。线粒体是胞质自由基的主要来源,而 NOX 是 β 细胞线粒体 ROS 的主要来源。NOX 是多亚基复合酶,在 NADPH-H$^+$ 或 NADH-H$^+$ 作为电子供体的情况下催化底物提供电子给 O_2 从而产生 O_2^-,造成损伤。2 型糖尿病患者中,ROS 产生增加导致 NOX 活化,引起更多的 ROS 生成,从而激活多种氧化还原敏感性激酶(如 Akt、Src、MAPK),同时也激活相应转录因子,如 NF-κB、AP-1、Tp53、Ets(E 26)家族和 HIF-1,增加酶的表达,产生更剧烈的生物学效应。糖尿病的许多系统性改变都是 NOX 激活剂,而 NOX 产生的超氧自由基既能诱导损伤胰腺细胞内的氧化应激又能导致细胞凋亡[20]。所有 NOX 已被建议作为糖尿病并发症的治疗靶点。

RAC1 是 NOX2 蛋白组装和催化活性所需的一个重要的 GTP 结合蛋白。高糖环境下,β 细胞 RAC1 特异性缺乏导致 F-肌动蛋白多聚化,限制了胰岛素颗粒向细胞膜表面的募集,从而导致胰岛素释放减少。另外,T 淋巴瘤侵袭转移诱导因子 1(T lymphoma invasion and metastasis inducing factor 1,TIAM 1)激活 RAC1 并激活 NOX 引起的 β 细胞的失能与凋亡,而激活的 RAC1 还招募 NOXa2/p67phox,与 p47phox 进一步增加超氧化物的生成[20]。另一个重要的信号通路——JNK 信号转导在响应高糖产生 ROS 时也被激活,也会引起线粒体功能障碍和 caspase-3 的激活。所以,抑制 RAC1 活化可显著抑制 NOX2 的激活,进而减轻氧化应激 ROS 的产生及其介导的 JNK 信号转导,从而保护 β 细胞。

除了 RAC1 通路,高糖引起甘油二酯水平升高还会激活 PKC,从而激活 PKC 依赖的 NOX 增加氧化物 H_2O_2 等。所以,在 STZ 诱导的糖尿病动物模型中,NOX2 缺陷小鼠的 β 细胞损伤较其他小鼠模型要轻,因此胰岛功能得以保存,其部分原因就是由于 NOX2 缺陷鼠中 ROS 的产生减少[21]。此外,用药物抑制 NOX1～NOX4 也可以保护高糖诱导的胰岛素释放抑制和细胞存活[22]。因此,NOX 诱导的氧化应激和线粒体功能障碍导致了内源性抗氧化防御受损,从而导致糖尿病中的 β 细胞功能障碍及死亡。

高糖引起 NOX 表达增加,还可激活血管紧张素Ⅱ受体(AT1R),同样能增加超氧化物的产生。胰岛细胞受高糖和 AT1R 诱导产生促炎因子,导致胰岛素分泌受损和炎症。如果选择性抑制 AT1R 下调 NOX,则可抑制氧化应激,从而帮助 β 细胞的胰岛素分泌的恢复并减少 β 细胞的凋亡,保护了胰岛细胞功能。同时,β 细胞中的促炎细胞因子还可诱导 12 -脂氧酶(12 - lipoxygenase, 12 - LO)增加,上调 NOX1 的表达,导致 β 细胞功能丧失与氧化应激[23]。另外,细胞因子激活 RAC1,随后通过激活 NOX2 增加氧化物水平。因此,抑制 RAC1 也可以抑制由细胞因子诱导产生的 iNOS 及 NOX2 的表达,有助于 β 细胞中线粒体功能的恢复。

糖尿病并发症的发生发展也都伴有 NOX 活性增加。糖尿病心肌病是糖尿病的常见并发症。研究发现,1 型和 2 型糖尿病模型动物中,由于长期处于高血糖环境,心肌细胞内 NOX 活性增加明显。若以高糖培养基培养心肌细胞,细胞内 NOX2 及其催化亚基的表达显著增加,并诱导催化亚基易位至细胞膜,增强 NOX2 总的活性。直接抑制心肌中 NOX2 的活性,则可以减轻葡萄糖介导的 ROS 毒性,消除多种因糖尿病引起的损伤。抑制 NOX2 活性,还能增强胰岛素信号转导、增加内源性抗氧化能力、减少细胞凋亡(死亡),从而改善高糖引起的细胞损伤。在 STZ 诱导的糖尿病模型动物的心脏中特异性敲除催化亚基 RAC1 以降低 NOX2 活性,发现心肌细胞的氧化应激水平、内质网应激、糖尿病引起的胶原沉积、炎症、细胞凋亡等细胞损伤现象都有所减少,而这些作用又伴随着心肌重塑及心脏功能的改善。NOX2 抑制剂夹竹桃麻素同样能够改善多种糖尿病引起的细胞功能障碍,改善心室的收缩功能。NOX4 也具有类似作用。糖尿病中 NOX4 在心脏中的表达也明显增加,降糖治疗和运动都能使其表达恢复到常规水平,以 NOX4 的反义寡核苷酸抑制 NOX4 的表达也能降低糖尿病诱导的心肌 ROS 产生。

糖尿病中增加的 ROS 也能影响细胞内 NOS 的表达和 NO 的代谢,并诱导其衍生物 RNS 的产生,作用于线粒体上。在糖尿病中,由于可利用的底物(L-精氨酸)不足或缺乏辅因子,NOS 的解偶联将产生 O_2^- 而不是 NO。事实上,内皮细胞的 NOS 活化,介导了内皮细胞中精氨酸向瓜氨酸和 NO 的转化。此外,线粒体内过量的 ROS 减少了内皮细胞内 NOS 解偶联生成的 NO 及 NO 的淬灭和过氧亚硝酸阴离子的产生。利用 STZ 诱导的大鼠糖尿病模型研究也证实,大鼠体内增加的 ROS 引起了脂质、葡萄糖和蛋白质的氧化增强,但 NO 的氧化减少。

27.2.4 线粒体辅酶与糖尿病

最近的证据表明,经典 K^+- ATP 通道依赖机制并不能完全说明葡萄糖对胰岛素分泌的影响[24]。葡萄糖经糖酵解磷酸化后,在线粒体被氧化。β 细胞的线粒体代谢是葡萄糖诱导的胰岛素分泌的关键。β 细胞对葡萄糖变化的识别主要是由葡糖激酶(glucokinase, GCK)活性和线粒体能量代谢,通过氧化磷酸化作用促进呼吸链功能和 ATP 生成来调控的。在 2 型糖尿病中,研究已证实葡萄糖在 β 细胞线粒体中的代谢活性是受损的。同时, ATP 也是胰岛素分泌增强所必需的。前面提到,线粒体是 ATP 的主要产生场所,而 ATP 合成所需的 TCA 循环中间体产物、谷氨酸、NADPH 和 ROS 等物质,对糖尿病患者胰岛素分泌也产生巨大影响[25]。线粒体失能已是 1 型和 2 型糖尿病发生发展的共同因素。

线粒体功能与细胞内 Ca^{2+} 信号、三羧酸多种中间产物及线粒体动力学都有着重要联系。而辅酶作为三羧酸的关键中间产物,在线粒体中对线粒体 ETC 功能及葡萄糖依赖的胰岛素分泌也具有重要的调控作用。

线粒体内 Ca^{2+} 的升高导致一些基质酶活性增加,包含酮戊二酸脱氢酶(oxoglutarate dehydrogenase, OGDH)、IDH 和丙酮酸脱氢酶(pyruvate dehydrogenase, PDH),这些酶都能直接增加 NADH 的合成,同时 ATP 的生成也增加。线粒体 Ca^{2+} 的摄取对于维持 NADPH 水平、清除 H_2O_2 是非常重要的,因为合成线粒体 NADPH 所需的底物都来自 TCA 循环。而葡萄糖氧化代谢产生的偶联因子能够增强 Ca^{2+} 对胰岛素释放的影响,被称为胰岛素释放的助推器。

线粒体中的 NADPH 来源还有一个合成途径,即在位于线粒体内膜的 NNT 催化下,利用电质子梯度将 NADH 的 H^+ 转移到 $NADP^+$,增加线粒体基质中 $NADPH/NADP^+$ 比[26, 27]。由此 TCA 循环的 NAD^+ 依赖性脱氢酶与 NADPH 的产生关联,这是线粒体内 NADPH 生成较高的原因。但糖尿病时,NNT 则可催化逆向反应生成 NADH 以产生 ATP,产生更多的 ROS,并通过质子泵维持膜电位[28]。这一假设还需要进一步地研究。可以说,NNT 的缺失而失去逆向反应会导致 β 细胞对细胞内氧化应激的反应发生迟滞。研究表明,当 NNT 缺失,机体葡萄糖依赖的胰岛素释放及糖耐量水平均会降低,机制研究表明这些作用不是通过改变葡萄糖诱导的 Ca^{2+} 内流和上游的线粒体代谢事件,而是阻碍了胰岛素释放时所需的钙依赖性胞吐作用[26]。

NAD^+ 和 NADH 是代谢中氧化还原反应的关键辅酶,近年来也被认为是参与 Ca^{2+} 信号转导、分解代谢基因表达的表观遗传调控、线粒体生物合成和氧化应激反应的信号分子[29, 30]。线粒体中 $NADH/NAD^+$ 的比率在 TCA 循环的变构调节中起着重要作用,并且 NADH 向 NAD^+ 的转化也对葡萄糖依赖性胰岛素的分泌至关重要。NADH 泛醌氧化还原酶(复合体Ⅰ)是 β 细胞内负责将 NADH 氧化为 NAD^+ 的主要酶。因此,NAD^+ 的再生和糖酵解的持续性取决于复合体Ⅰ的活性。复合体Ⅰ氧化 NADH 的增加与质子外漏也会与部分氧还原有关,也会造成 ROS 的生成增加,因此复合体Ⅰ同时也是 β 细胞中的损伤因子。而细胞内消耗 NAD^+ 产生 NADH 的途径,如多元醇途径,能增加 $NADH/NAD^+$ 比,从而也会增加 ROS 的产生。也就是说,NADH 与 NAD^+ 的消耗都会使 ROS 生成增加。糖尿病时,近 30% 的葡萄糖通过多元醇途径代谢。最终,ROS 生成增加导致慢性假性缺氧,引起慢性炎症,导致 β 细胞功能障碍[31]。

27.2.5　辅酶Ⅰ/Ⅱ相关通路与糖尿病的炎症机制

全身炎症、糖尿病和心血管动脉粥样硬化疾病之间总是相互依存。炎症在疾病的发展过程中起着关键作用。数十年前,研究人员就在糖尿病患者中检测到了高水平的炎症标志物。肥胖也会导致细胞因子水平长期升高,从而改变胰岛素的作用并导致糖尿病。胰岛素抵抗也会导致炎症,形成恶性循环,促进疾病进展和并发症。肥胖和 2 型糖尿病都是由于环境、代谢和遗传因素导致的先天免疫激活而导致慢性炎症的疾病,具有先天免疫细胞、细胞因子和趋化因子的数量增加等特征。

糖尿病中的氧化应激导致线粒体破坏，再伴随着己糖胺途径、NF－κB、p38 丝裂原活化蛋白激酶（p38 mitogen-activated protein kinase，p38MAPK）、c－Jun 氨基端蛋白激酶（c－Jun N－terminal protein kinase，JNK）/应激活化蛋白激酶（stress-activated protein kinase，SAPK）或 TLR 的激活，导致 β 细胞功能障碍。然而，线粒体自噬则作为一种保护机制可以对抗糖尿病中的氧化应激和炎症。

ATP 主要来源于线粒体，又是细胞内各种代谢中所必需的。研究表明，嘌呤能信号系统影响着细胞外 ATP 和腺苷的产生、识别和降解，可能通过免疫系统影响 2 型糖尿病[32]。ATP 释放后与嘌呤能核苷酸受体 P2 家族结合而快速降解为腺苷，P2 家族可能被嘌呤 ATP 或 ADP 和嘧啶 UTP 或 UDP 激活。P2 受体（P2XR）是钠、钾和钙的膜阳离子通道，可导致细胞膜去极化[33]，并在炎症中发挥重要作用[34]。另一个 P2 受体（P2YR）是 G 蛋白偶联受体，其中 P2Y1R、P2Y2R、P2Y4R、P2Y6R 和 P2Y11R 激活 PLC，介导花生四烯酸途径；P2Y11R 介导腺苷酸环化酶的激活。这些促炎细胞因子的存在增强了外周血单核细胞（peripheral blood mononuclear cell，PBMC）中 P2X7R 的表达，在糖尿病的生理病理学中发挥重要作用[35]。P2X7R 反应激活 NOD、LRR 和 NLRP3 炎症小体，刺激促炎细胞因子 IL－1β 的成熟和分泌，刺激 β 细胞发生凋亡，导致胰岛素生成受损。P2X7R 激活还可触发 NF－κB 的激活，产生其他促炎细胞因子，如 IL－18、TNF－α 和 IL－6。此外，P2X7R 对 T 细胞活化至关重要，导致 IL－2 的产生，最终导致 T 细胞增殖[36]。所以，P2X7R 的作用是炎症小体激活的关键。因此，P2X7R 拮抗剂可以减少糖尿病患者的全身炎症和胰腺炎症，从而减少 β 细胞破坏，降低外周组织的胰岛素抵抗。另一项小鼠 β 细胞（MIN6）的研究表明，P2Y6 激动剂也可以增加胰岛素分泌，也可避免 β 细胞因 TNF－α 而死亡，这表明该受体也是一个很好的治疗靶点。

慢性炎症也是导致糖尿病患者 β 细胞衰竭的重要机制。β 细胞直接暴露于炎症细胞因子作用下，β 细胞的胰岛素分泌功能和存活均降低。研究表明，NOX－1 参与了炎症细胞因子刺激相关过程，NOX－1 的激活驱动了炎症介导的 β 细胞功能障碍。NOX－1 的抑制剂或 NOX－1 蛋白缺失可明显保护 β 细胞免受炎症因子损伤[37]。因此，靶向 NOX－1 在糖尿病中具有治疗潜力，但治疗效果取决于 NOX－1 抑制剂的特异性和选择性。NADPH 是 NOX 激活和 ROS 生成所需的辅因子。不同的观察结果表明，大麻二酚（cannabidiol）通过内在的抗氧化作用对小胶质细胞发挥抗炎作用，这种抗氧化作用通过抑制葡萄糖依赖性 NADPH 合成而被放大，并且大麻二酚对于神经炎症具有突出的治疗效用[38]。

Sirtuin 是 NAD+ 依赖性脱乙酰酶，调节细胞内多种代谢过程，在炎症中也发挥重要作用。SIRT2 能够脱乙酰化 NLRP，并抑制 NLRP3 炎症小体的激活。葡萄糖耐量试验和胰岛素耐量实验显示 SIRT2 敲除小鼠的葡萄糖代谢和胰岛素敏感性受损，表明 SIRT2 可防止饮食诱导的肥胖和胰岛素抵抗。与 WT 对照组相比，HFD 的 SIRT2 敲除小鼠的血浆 IL－18 水平增加，与在缺乏 SIRT2 的情况下饮食诱导的肥胖条件下 NLRP3 炎症小体的激活增加一致。正常喂食的 SIRT2 敲除小鼠也表现出血浆葡萄糖和胰岛素水平的增加，并

且老年 *SIRT2* 敲除小鼠在葡萄糖耐量也比 WT 对照小鼠更差,胰岛素传导通路异常,表明 SIRT2 也参与衰老过程中对胰岛素敏感性的维持。

然而,目前还不建议对动脉粥样硬化疾病及其急性并发症或糖尿病进行特定的抗炎治疗,对局部炎症具有次要作用的多药疗法(如他汀类药物)被证明是具有一定优越性的[39,40]。

27.2.6 辅酶Ⅰ/Ⅱ相关通路与糖尿病并发症

糖尿病患者体内长期维持较高的血糖水平,会导致多器官的功能障碍,包括:视网膜、肾脏、心脏、神经系统、血管等,因此糖尿病患者多数会发展为多系统和器官的并发症。

(1)糖尿病心肌病:糖尿病心肌病是常见的慢性糖尿病并发症之一,超过一半的糖尿病患者表现出心肌肥厚等心脏功能障碍,其特点是心室功能发生障碍,但血压和冠状动脉并没有明显变化,病理结构特征为心肌细胞凋亡、心肌肥厚、心肌纤维化和间质炎症。糖尿病发生发展中出现的高血糖、高血脂和高胰岛素血症等代谢紊乱,都可导致心肌结构和功能改变。这是由于胰岛素抵抗的存在,心脏利用葡萄糖产生能量的机制严重削弱,而转变为利用脂肪酸作为主要的能量来源。因此,糖尿病患者心脏常出现脂肪毒性,即神经酰胺和二酰甘油等有毒脂质积累而导致的心脏功能紊乱[41,42]。

糖尿病心脏的代谢主要是以脂肪酸摄取增加和线粒体氧化为特征,NADH 和乙酰辅酶 A 产生增加,导致 NAD^+/NADH 比降低。恢复 NAD^+/NADH 比的水平被认为是糖尿病心肌病的有效治疗方法[43]。NAMPT 是 NAD^+ 补救合成途径中的限速酶,在心脏 $NADP^+$ 和 NADPH 生成中发挥了重要作用,是糖尿病心肌病期间 $NADP^+$、NADPH 的关键调节因子。Sadoshima 团队的研究表明,NAMPT 可抑制 HFD 后心功能障碍、肥大和纤维化的发展,内源性 NAMPT 的下调会加重心肌病。在 HFD 摄入过程中,内源性 NAMPT 在心脏中上调是机体防止糖尿病心肌病发展的一种适应性机制。过表达 NAMPT 可以上调小鼠心脏中的 NAD^+ 水平。NAMPT 以 NADK 依赖的方式增加 NADPH,并刺激 GSH 和 Trx1 系统和减轻氧化应激,从而部分保护心脏免受糖尿病心肌病的影响。NAMPT 通过 NAD^+ 的产生决定线粒体呼吸能力,内源性 NAMPT 部分通过线粒体呼吸维持脂肪酸氧化,阻止二氢神经酰胺、神经酰胺和己糖基神经酰胺等有毒脂质在心脏中的积累。相反,NAMPT 的活性丧失会限制心肌的脂肪酸氧化能力,并使线粒体能量代谢酶下调。这些结果表明,NAMPT 的上调可预防糖尿病心肌病,也为小分子激活剂 NAMPT 用于糖尿病心肌病的治疗提供了基础。除了作为 NAD^+ 补救合成途径中的限速酶外,NAMPT 也可以被分泌至细胞外作为细胞因子,激活炎症。有研究发现,HFD 能激活心脏中 IKK,但在 Tg - NAMPT 小鼠中 IKK 活性却被完全抑制[44],而特别在应激过度的情况下,IKK 磷酸化水平又会升高[45]。NAMPT 对炎症的调控作用还需要进一步研究。

氧化应激是心肌病发展的驱动因素。氧化应激时,Sirtuin 会被羰基化修饰而被抑制。NAMPT 不仅可以通过合成 NAD^+ 来激活 SIRT1,还可以避免还原性氧化还原导致的 SIRT1 氧化。NAD^+ 是 Sirtuin 的主要底物,并能维持 Sirtuin 的脱乙酰化活性,如缺血和再灌注期间补充心脏 NAD⁺ 就是通过 SIRT1 的介导而发挥保护作用。也有研究表明，包括 SIRT1、SIRT3 和 SIRT5 在内的 Sirtuin 在 *NAMPT* 转基因小鼠中上调[45]。目前的研究表明，NAMPT 对 H_2O_2 诱导的细胞死亡的保护作用在 *SIRT1* 敲低时会被消除，但在 *SIRT3* 敲低时是被促进的。SIRT1 可能通过转录还原酶 Trx1 等来保护心脏免受氧化应激损伤。事实上，SIRT1 敲低可以下调 Trx1。而 SIRT3 的缺失如何增强 NAMPT 功能还有待阐明。在线粒体中，SIRT3 消耗大量 NAD⁺，所以线粒体中 SIRT3 下调会增加 NAD⁺，并且 *SIRT3* 敲低还能上调 Trx1。因此，*SIRT3* 敲低可能增强 NADP⁺、NADPH 的合成和 Trx1 系统活性。而促进 NAMPT 诱导的保护作用则作为一种负反馈机制，以抵消 SIRT3 下调带来的有害影响。抑制 Sirtuin，提高蛋白质乙酰化水平，则可导致心脏线粒体功能障碍[43]。

迄今，糖尿病心肌功能障碍的几种机制，包括氧化应激、钙稳态受损、肾素−血管紧张素系统上调、物质代谢改变和线粒体功能障碍等都与 ROS 的产生密切相关。ROS 主要由心肌细胞中的线粒体和 NOX 产生。线粒体和 NOX 之间在应激情况下相互作用共同维持细胞 ROS 的产生。早已有研究表明，选择性抑制线粒体 ROS 能够防止 1 型糖尿病小鼠的糖尿病心脏改变，证实了线粒体 ROS 的重要作用。高血糖可以通过心脏中的各种途径诱导 NOX 活性。Zhang 及其同事发现糖化 BSA（Gly – BSA）可诱导心肌细胞产生 ROS 并增加 NOX2 活性，且 NOX2 的激活依赖于 PKC，并与 NF – κB 的核转位相关。糖尿病心脏中晚期糖基化终产物（AGE）积累和 AGE 受体（RAGE）表达的增加，与 NOX2 及其催化亚基表达的增加有关。因此，抑制 NOX2 可改善高血糖带来的有害细胞效应，改善胰岛素分泌、增加内源性抗氧化能力、减少凋亡/细胞死亡和增加心肌细胞收缩力等，从而改善糖尿病心肌病的发展[20]。NOX 另一种亚型 NOX4 尽管研究不充分，但也是有报道表明，高糖也能诱导心肌细胞和心脏中 NOX4 的表达，并在抗糖尿病治疗后表达可降低至正常水平。Maalouf 等人用 iRNA 干扰 NOX4 表达，降低了心脏内由糖尿病诱导的 ROS 产生，改善了心肌功能。高血糖引起的脂肪酸摄取和氧化的增加也与 NOX2 的激活密切相关。由此可见，抗糖尿病治疗和血脂异常的纠正与心脏的 NOX2 和 NOX4 活性降低有关，提示了糖尿病诱导的 NOX 激活机制在心肌病中的作用。

还有研究显示，RAC1 可以激活 NOX 诱导线粒体 ROS 产生，并在 STZ 诱导的糖尿病心肌细胞发生凋亡。而细胞凋亡是糖尿病心肌病的重要损伤原因，会导致收缩组织丧失，从而引发心脏重塑，导致心肌功能障碍。此外，RAC1/NOX 信号转导也被证明可直接诱导心脏肥大和心肌纤维化。抑制 RAC1 的表达可减少 STZ 诱导的 1 型糖尿病小鼠的心肌肥厚和纤维化。糖尿病诱发的 NOX 激活和表达、ROS 产生、内质网应激和 TNF – α 表达也会随 *RAC1* 敲除而减弱。此外，NOX 抑制剂夹竹桃麻素可防止糖尿病小鼠的心肌重塑并减轻心肌功能障碍。因此，RAC1 和 NOX 的激活在糖尿病心肌病发展过程中的心肌重塑中起着关键作用，RAC1/NOX 这一作用也可能与糖尿病心脏的内质网应激和炎症反应有关。

（2）糖尿病神经系统病变：糖尿病周围神经病变（diabetes peripheral neuropathy, DPN）是糖尿病常见的神经系统并发症，大约一半的糖尿病患者将患有 DPN，使他们对热和触觉不敏感。严重的 DPN 可进展为足部溃疡甚至截肢。目前,尚无永久性预防或逆转神经病变的治疗方法。严格的血糖控制可改善但不能逆转 1 型糖尿病患者的神经病变,但在预防 2 型糖尿病患者糖尿病神经病变方面效果较差[46]。除了高血糖外,血脂异常被认为是 2 型糖尿病中发生 DPN 的主要原因[47, 48]。高血糖导致线粒体脂肪酸氧化缺陷,使得脂酰肉碱在神经元中积累,造成神经元线粒体功能障碍,导致轴突变性和神经病变[49]。由于线粒体损伤,氧化应激也被认为是糖尿病神经病变的统一机制。

众所周知,NAD^+ 在维持线粒体功能方面至关重要,对轴突退化和再生途径也一样重要。在神经退行性疾病、肥胖或糖尿病患者中,NAD^+ 水平随着年龄的增长而下降[3, 50, 51]。现有证据表明,DRG 中 NAD^+ 的合成减少和降解增加是 DPN 轴突变性的潜在原因[18, 52]。轴突的退变与 SIRT1 的抑制、PARP1、CD38 的激活有关[53]。此外,通过 NMNAT 补救合成途径重新合成 NAD^+ 的蛋白质,可防止轴突变性[54]。NAD^+ 前体 NMN 或 NR 也可改善 2 型糖尿病患者的糖尿病和糖尿病神经病变。NMN 或 NR 能改善线粒体呼吸功能,保护 DRG 神经元免受 STZ 和 HFD 诱导的周围神经病变的影响。NR 的使用增加了 DRG 中 NAD^+ 的水平。腹腔注射 NMN 或喂以含有 NR 的饮食都能阻止糖尿病神经病变的发生。内源性 NR 活性增加也有利于神经元保护。研究发现,NRK2 在受损神经元中诱导表达,激活 NR,NAD^+ 合成增加,发挥神经元保护作用。NR 的保护机制可能涉及两个方面:① 增加线粒体 NAD^+ 合成,增强 SIRT3 功能,从而能在损伤诱导 SARM1 激活(降解 NAD^+)时维持轴突内 NAD^+ 水平[55]。② 依赖于线粒体和轴突 NAD^+ 的神经保护机制。因此 NR 在改善糖尿病前期和糖尿病糖脂代谢同时治疗神经性并发症有很大潜能。Charles Brenner 等利用 STZ 辅以 HFD 诱导的 2 型糖尿病中发现,NR 改善了糖尿病前期小鼠的空腹血糖水平和葡萄糖耐量,同时提供了对肝脏脂肪变性、高胆固醇血症、肝脏损伤和体重增加的抵抗力。NR 能显著降低 2 型糖尿病小鼠的空腹,同时减少了肝脏脂肪变性和体重增加,且神经症状也明显改善[18]。

所以,NAD^+ 耗竭的药物和激活 Sirtuin 的分子均可作为糖尿病神经变性的干预和治疗可选方案。

(3)糖尿病肾病:糖尿病的另一种重要的并发症就是糖尿病肾病(diabetic nephropathy,DN),其主要病理特征是肾小球肥大、细胞外基质(extracellular matrix, ECM)蛋白沉积、系膜基质和肾小球基底膜扩张及病程早期蛋白尿增加。肾小球的各种成分都参与了糖尿病肾病的进展,其中足细胞损伤是糖尿病肾病蛋白尿的机制基础,并且也是糖尿病肾病严重程度的指标。足细胞丢失是糖尿病肾病的重要标志[56]。

糖尿病肾病的发病机制同样涉及线粒体功能障碍、氧化应激和炎症[57]。肾脏富含线粒体,其中产生各种细胞代谢活动所需的大部分 ATP。与其他糖尿病并发症一样,细胞 NAD^+ 浓度和 $NAD^+/NADH$ 比的降低与糖尿病肾病的发生密切相关。NAD^+ 水平的下降还导致许多参与氧化应激和线粒体生物发生的蛋白质乙酰化,如 IDH2、SOD2[58] 和 $PGC1\alpha$[59],最终导致糖尿病肾病的进展。因此,提高 NAD^+ 水平可能是预防糖尿病肾病发病机制的潜在治疗策略。线粒体功能对于维持 NAD^+ 水平也至关重要。基于维持细胞内

NAD$^+$稳定性的重要性,针对 NAD$^+$合成途径激活和代谢途径抑制的干预措施已成为糖尿病肾病潜在的治疗方向。以 NAD$^+$补充为治疗方案的 NAD$^+$可来源于 NAD$^+$或 NAD$^+$前体及中间体。用 NAD$^+$孵育大鼠肾小球系膜细胞的工作发现,SIRT1 和 SIRT3 介导的 AMPK/mTOR 信号通路活性增加抑制了高糖诱导的系膜肥大。NR 补充能增加 NAD$^+$并诱导 SIRT1 和 SIRT3 活性,从而保护 2 型糖尿病小鼠免受氧化应激,提高胰岛素敏感性,抑制 NLRP3 炎症小体改善肝脏炎症[60]。外源性 NMN 也可显著诱导 NAD$^+$水平,提高糖耐量,增强胰岛素敏感性,抑制 TNF－α、IL－1β 等炎症因子,恢复糖尿病小鼠受损的 β 细胞功能。在肾脏,NMN 治疗可抑制内源性 NAMPT 活性,减轻 STZ 诱导的糖尿病大鼠的肾炎和肾纤维化[61]。短期给予 NMN 就可增加肾脏 NAD$^+$水平、SIRT1 表达,提高 NAD$^+$补救合成途径活性,改善肾脏症状[62]。

Sirtuin 家族参与细胞内 NAD$^+$的消耗,各亚型 Sirtuin 以不同的机制参与糖尿病肾病的发生机制,并成为疾病治疗的潜在靶点。SIRT1 是利用细胞内 NAD$^+$脱乙酰化多种参与线粒体生物发生、氧化应激、炎症细胞凋亡和自噬的蛋白质[63]。限制摄入热量可以抑制 SIRT1 活性来增加细胞内 NAD$^+$水平。AMPK 还通过增加 NAD$^+$来增强 SIRT1 活性调控 SIRT1 靶蛋白的脱乙酰化[64]。糖尿病病程中 NAD$^+$/NADH 比升高引起 SIRT1 活性增加,导致线粒体膜电位增加及 LC3－Ⅱ 和调节线粒体融合与分裂的蛋白质表达升高。SIRT3 是线粒体内主要的 NAD$^+$依赖性脱乙酰酶,其活性在糖尿病患者和啮齿类动物模型中降低[58]。暴露于高糖的大鼠肾小球系膜细胞和糖尿病大鼠细胞内均出现 NAD$^+$/NADH 比和 SIRT3 活性明显降低,系膜肥大,肾线粒体和肾小管细胞中乙酰化 SOD2 和乙酰化 IDH2 活化,最终 ROS 水平增加,氧化应激加重[58, 65]。SIRT4 参与 NAD$^+$依赖性 PARPβ 对细胞胰岛素分泌的调节。GDH 是谷氨酰胺代谢和 ATP 生产中的关键酶,SIRT4 能对其进行 ADPR 基化并抑制其活性。抑制 SIRT4 则可以激活葡萄糖诱导的胰岛素分泌。在 SIRT4 敲除小鼠中激活 GDH 则可产生基础水平及刺激诱导的胰岛素分泌,造成葡萄糖不耐受和胰岛素抵抗。SIRT4 过表达可抑制高糖诱导的 ROS 和炎症细胞因子(包括 TNF－α、IL－6、IL－1β)的过度产生,从而保护足细胞免于氧化应激和炎症[66, 67]。SIRT5 是另一种线粒体 NAD$^+$依赖性脱乙酰酶,参与线粒体质量控制的调节。SIRT5 去甲基化和去琥珀酰化等修饰都使其参与糖酵解、氧化应激和脂肪酸氧化[68]。一些研究表明,SIRT5 通过增加 Nrf2 抑制凋亡[69]并调节脂肪酸氧化以改善近曲小管的线粒体功能,发挥保护作用[70]。SIRT6 也能在糖尿病中发挥肾保护作用。SIRT6 的表达在糖尿病状态下降低。有研究表明,近曲小管 SIRT6 特异性敲除小鼠在高糖条件下表现出明显的肾纤维化 ECM 重塑[71]。SIRT6 可以通过脱乙酰化组蛋白 H3K9,抑制 Notch1 和 Notch4,从而抑制高糖诱导的细胞线粒体功能障碍、炎症和足细胞凋亡,保护足细胞免受损伤[72]。

因此,激活 Sirtuin 是延缓糖尿病肾病进程的有效途径。饮食限制可激活 SIRT1,抑制乙酰化 NF－κB,改善糖尿病小鼠的肾脏炎症。热量限制则可激活 SIRT2,降低肾氧化应激和炎症,并通过 SIRT3 介导的脱乙酰化作用减轻近曲小管细胞中棕榈酸诱导 ROS 产生和炎症。多种 Sirtuin 激活化合物通过抑制线粒体氧化应激、凋亡和炎症来保护糖尿病肾病的进展。如 SIRT1 激动剂白藜芦醇可通过调节 SIRT1/PGC1α 和 SIRT1/Tp53 信号,改善糖尿病小鼠足细胞的线粒体氧化应激和凋亡[59, 73];通过激活 SIRT1/Nrf 抗氧化反应元件(antioxidant reaction element, ARE)改善高糖诱导的线粒体功能障碍[74]。一些临床上广泛使用的抗糖尿病药物也可以激活 Sirtuin,如二甲双胍是治疗 2 型糖尿病的一线药物,也是 AMPK 和 Sirtuin 激动剂。研究证实,二甲双胍可通过激活 AMPK/SIRT1/FOXO1 信号,降低氧化应激,增强自噬,改善胰岛素抵抗,延缓糖尿病肾病的发展[75, 76]。SGLT2 抑制剂卡格列净是新型抗糖尿病药物,研究表明其可逆转高糖诱导的人肾小管细胞和模式鼠的 SIRT1 抑制,保护肾脏,防止糖尿病肾病。SGLT2 抑制剂恩帕列嗪也可以恢复高糖抑制的 SIRT3 活性,抑制肾纤维化[77, 78]。

糖尿病动物模型还表现出 PARP 的过度激活和肾皮质 NAD^+ 的消耗增加。PRAP 激活也参与细胞凋亡、炎症和纤维化[79],推进糖尿病肾病的发展。重要的是,PARP 激活通过消耗 NAD^+ 加剧氧化应激。糖尿病小鼠 PARP1 缺乏可改善高糖诱导的肾脏肥大、系膜扩张、胶原沉积和尿白蛋白。因此,PARP 的抑制剂也可能是治疗糖尿病肾病的潜在靶点。研究报道,PARP 抑制剂 INO - 1001 和 PJ - 34 可以抑制高糖诱导的 ROS 升高和模式小鼠体内的 NF - κB 及 STZ 诱导的糖尿病大鼠体内的细胞凋亡。另一种 PARP 抑制剂 3 - 氨基苯甲酰胺也能抑制糖尿病动物模型中高糖诱导的氧化应激增强和血管内皮素- 1(endothelin - 1, ET - 1)表达升高。还有一项研究表明,PARP 抑制剂 PJ - 34 可与 SIRT1 相互作用,通过激活模式小鼠中的 AMPK/PGC1α 信号来抑制肾 ECM 的积聚从而发挥肾保护的作用[80]。

CD38 也是参与细胞 NAD^+ 降解的重要因子,也参与调节细胞葡萄糖代谢和胰岛素分泌。与野生型小鼠相比,*CD38* 敲除小鼠肾脏中 NAD^+ 水平更高。肾脏中 CD38 的部分功能与核及线粒体 Sirtuin 有关,特别是 SIRT1 和 SIRT3。CD38 可以通过抑制 NAD^+ 依赖性 SIRT1/PGC1α 信号通路保护高脂肪饮食诱导的肥胖,减轻血管紧张素 Ⅱ、ET - 1 和去甲肾上腺素引起的肾血管收缩。高糖诱导的 CD38 激活导致 NAD^+/NADH 比降低和 SIRT3 活性抑制,还进一步导致肾小管细胞中乙酰化 SOD2 和乙酰化 IDH2 引起的氧化应激增加[58, 65]。因此,抑制 CD38 是提高内源性 NAD^+ 水平并恢复受损线粒体功能的有效途径[81, 82]。芹菜素是 CD38 抑制剂,可增加 NAD^+ 增加以糖尿病大鼠肾小管细胞中 NAD^+/NADH 比和 SIRT3 活性,抑制高糖诱导的 SOD2 和 IDH2 乙酰化,以改善线粒体氧化应激[58],同时也减少 p53 和 NF - κB 的乙酰化,减少凋亡和炎症的发生。

总结与展望

回顾近 20 年,在代谢相关疾病(糖尿病、脂肪肝等)的发病机制与预防和治疗方案等研究中,越来越多的成果显示这些都与氧化应激、线粒体失能、各类辅酶及前体或相关催化酶、NOX、Sirtuin 等有着密切关联。

NADPH 是胞质和线粒体抗氧化系统的主要电子供体。长期补充 NAD^+ 前体

NAM 可以很好地耐受并防止饮食诱导的肝脂肪变性,增加 PPP 途径衍生的 NADPH,改善胞质氧化还原平衡。且 NAM 在减少氧化应激和炎症方面都表现出有利作用。NOX 则在抗糖尿病及相关并发症的治疗和血脂异常的纠正取得了重大进展。线粒体中 ROS 引发一系列反应,导致反应性脂质生成、内质网蛋白翻译后改变、线粒体 DNA 和电子转运蛋白损伤,最终引起 ATP 合成改变、细胞钙调节失调和线粒体通透性改变。所有这些变化都使体内多种细胞更易受糖代谢、脂代谢失调导致的影响,导致细胞炎性损伤,促进细胞凋亡。此外,Sirtuin 的研究开创了一个新的领域,对蛋白质乙酰化和能量代谢之间相互的动态作用已发生了革命性的认知改变,如乙酰辅酶 A 是碳水化合物和脂肪代谢的产物,又是蛋白质乙酰化的底物。众多研究成果阐明,Sirtuin 在调节葡萄糖和脂质稳态中发挥着重要作用。

尽管如此,辅酶相关机制在代谢性疾病的发病和治疗中的作用仍有很多疑问尚未解决。首先,NOX 的活化非常复杂,NOX 的某些激活剂同时也是 NOX 诱导的氧化还原调节的靶标,可产生反馈回路或产生放大信号循环。NOX 同系物间的差异,还需要具体分析产生不同作用的个体机制,以便在治疗中获得合理利用。ROS 虽然主要由线粒体产生,但其在细胞内的生成也受多种途径的影响,多种病理途径参与 ROS 激活,ROS 的恶性循环随之发生。这中间涉及的各种具体机制和影响仍然没有弄清楚,这就是为什么尽管已有很多乐观的临床前数据,可抗氧化剂始终未能在糖尿病中显示出显著的保护作用。因此还需要进一步深入研究。其次,尽管补充 NAM 有助于体内 NADPH 的增加,但由于细胞渗透性、稳定性、剂量和副作用等因素存在,其利用也受到限制。因此,需要进行更多的临床前研究,评估 NAD$^+$ 前体在衰老和各种神经与代谢疾病中的安全性及有效性。最后,针对 Sirtuin 的研究显示,其活性对于各种代谢的影响目前被认为是最具有利用前景。然而,Sirtuin 各成员不同的功能还有待进一步研究清楚,Sirtuin 和 NAD$^+$ 生物合成之间的联系是如何对各代谢进行调节的? 是否有其他已知或未知的 NAD$^+$ 中间体或代谢产物参与 Sirtuin 活性的调节? 能否制定有效的 Sirtuin 靶向途径,实现抗衰老和调节衰老状态下的代谢? 这些问题,有望在下一个十年得到解答。

参考文献

苏州大学(邬珺超、陆挺)

苏州大学/苏州高博软件职业技术学院(秦正红)

第二十八章

辅酶 I 与衰老

长生不老是人类亘古的追求。虽然古今中外追逐长生的众多努力均以失败告终,但这并没有让科学家们停下研究衰老的步伐。几十年来,对于衰老机制的研究提出了几百种学说,在此基础上也对各种抗衰老的干预手段进行了长期的探讨,并且从理论到实践都取得了巨大的成就。人类逐渐意识到延缓衰老速度及延长健康寿命似乎是可行的。目前公认有效的延缓衰老的措施包括热量限制、适度运动和激活自噬。它们通过调节 DNA 损伤修复、蛋白质稳态、线粒体功能、维持端粒长度、减轻炎症、减轻氧化应激等过程发挥抗衰老效应。辅酶 I 研究的重大进展之一是发现其能促进健康衰老甚至延长多种生物的寿命。辅酶 I 介导的信号通路与经典抗衰老措施涉及的信号机制密切相关。更重要的是,先前的研究提示衰老过程具有很强的可塑性,且动物实验中令人振奋的结果有可能延伸到人体中。因此也进一步激发了人们在辅酶 I 抗衰老领域中进行基础及应用研究的热情。

28.1 衰老学说

从古至今,衰老一直受到科学家和哲学家们广泛关注,关于衰老的学说层出不穷。衰老是一个复杂的生物学过程,其机制我们仍知之甚少,寻找一个统一的、对所有生物体都有效的衰老学说在很大程度上是不可能的,也有一些学说已在研究的不断发展中被挑战甚至否定。目前在众多衰老学说中,得到较广泛认可的学说如下:

28.1.1 自由基学说

自由基学说由 Denham Harman 在 1956 年提出[1-3],至今仍存在争议。该学说认为衰老过程中的退行性变化是由细胞代谢过程中产生的自由基的有害作用造成的。一般情况下,机体中自由基的产生和清除系统处于平衡状态,以维持机体的正常活动。随着年龄的增长,两者的平衡被打破,导致自由基堆积。过量的自由基会损害蛋白质、核酸和脂质等大分子的结构和功能,造成脂褐质堆积、脂质过氧化、蛋白质分子交联、DNA 损伤甚至诱发突变等,从而导致细胞衰老、凋亡和机体最终的衰老与疾病。自由基学说后来进一步发展,提出自由基主要来自线粒体代谢。虽然很多研究支持了衰老的自由基学说,但它仍存在很多问题。比如,尽管氧化损伤很明显随着老化而累积,但尚不清楚这一过程是否会导致所有生物体的老化,而且氧化损伤与衰老的因果关系也不明确。有研究发现,抗氧化防御的功效与延长细胞功能或寿命之间缺乏明确的相关性[4]。此外,还有研究表明,低浓度的自由基具有信号功能,是精子发育和消除病原体入侵所必需的[5]。因此,自由基学说仍然缺乏关键的实验证据。

28.1.2　端粒学说

端粒学说[5, 6]提出,衰老是由端粒缩短引起的。端粒是由 DNA 重复序列(TTAGGG)和相关保护蛋白组成的,位于染色体末端,具有稳定染色体结构的特殊单元,不能被 DNA 聚合酶完全复制。因此每次细胞分裂时,每个染色体末端必然会丢失少量的 DNA,导致端粒变短。事实上,端粒耗竭是所谓的海弗利克极限(Hayflick limit)的根源,即某些类型的体外培养细胞的最大增殖能力。当端粒长度过短或出现功能障碍时,持续激活 DNA 损伤反应,细胞停止分裂,最终导致细胞衰老或凋亡。端粒酶通过延长端粒来保持其长度稳定。端粒酶通常在癌细胞中高表达,因此可能参与癌症发展。在正常人体细胞中,端粒酶的活性受到抑制。人体和动物研究的差异提示端粒缩短学说存在局限性。端粒缩短在小鼠衰老中没有显著作用,缺乏端粒酶的小鼠不会快速老化;而对人体不同年龄组白细胞端粒长度检测表明,老年人端粒明显缩短。人类染色体中发现端粒缩短过程中发生 DNA 损伤,ROS 显著增加,导致基因组失衡,启动细胞衰老过程[5, 7]。也有研究表明,修复端粒可以延缓端粒缺陷成纤维细胞的复制衰老[8]。故端粒缩短可能与衰老有关,但不是衰老的唯一原因,其作用机制也有待进一步研究。

28.1.3　DNA 损伤学说

衰老的 DNA 损伤学说认为衰老相关的功能退化的主要原因是 DNA 损伤的积累。在生命过程中,内源性(如 ROS)和外源性(如紫外线、电离辐射)因素都会造成不同类型的 DNA 损伤。细胞中存在一种进化保守途径——DNA 损伤反应。DNA 受损后,细胞会启动一系列的 DNA 损伤反应,感知和提示 DNA 损伤,发出信号并促进后续修复。随着年龄的增长,DNA 修复能力下降,使未修复的 DNA 积累,从而可能导致细胞周期停滞、细胞凋亡或细胞衰老甚至恶性转化[9, 10]。虽然在过去的几十年中,DNA 损伤致衰老的理论得到了大量的实验论证,但关于 DNA 损伤引发衰老的机制如何,我们并不十分清楚,仍需更进一步的研究来阐明。

28.1.4　免疫衰老与炎性衰老学说

1969 年,Walford 提出免疫衰老学说[11, 12]。该学说认为:一方面,随着年龄的增长,机体免疫系统功能下降,使其防御、自稳、免疫监视功能失调或衰退,导致感染性疾病、肿瘤的发病率、死亡率增加；另一方面，衰老与自身免疫有关，自身免疫对正常机体的细胞、组织和器官产生损害，使自身免疫病发病率增高，从而加速机体的老化。

20世纪90年代，关于免疫衰老的研究指出，机体并非所有反应都随年龄的增长而下降，如老年人的炎症反应被上调[13]。2000年，Franceschi教授首次从免疫衰老的进化视角提出"炎性衰老"概念[14]，认为整体应对各种压力源的能力下降和伴随而来的促炎状态的进行性增加是老龄化过程的主要特征，并将这种现象称为"炎性衰老"。而后，"炎性衰老"假说进一步发展，指出炎性衰老是以巨噬细胞为中心，不仅局限于免疫系统，而是涉及包括肠道微生物群在内的多个组织、器官的慢性、低烈度的炎症过程。炎症刺激的主要源于受损和（或）死亡的细胞与细胞器产生的内源性错位的或改变的分子，这些分子被先天免疫系统的受体识别，并提出炎性衰老可被视为抗衰老策略的主要靶点[13]。此外，最初的概念认为免疫衰老总是有害的，是造成炎性衰老的原因之一，这两者也被认为是大多数老年疾病的病因。然而，Franceschi教授[15]2017年对免疫衰老和炎性衰老的最新总结指出两者之间不是一种单向关系，而是一种相互影响的状态，即炎症衰老诱导免疫衰老，反之亦然。并且从进化的角度看两者可被视为适应性或重塑的状态，而不仅仅都是有害的。

目前看来，仍需要大量研究以阐明免疫衰老或炎性衰老在衰老过程中的作用及两者间错综复杂的相互作用，以进一步补充完善该学说。

28.1.5　线粒体（损伤）学说

1989年，Linnane等提出衰老的线粒体学说[16]，认为线粒体损伤是引起衰老和神经退行性疾病的重要因素。线粒体损伤学说与自由基学说密切相关。在哺乳动物细胞中，除细胞核外，线粒体是唯一包含其自身基因组的细胞器。线粒体DNA（mtDNA）只含有外显子且缺乏组蛋白保护和有效的基因修复系统，所以更易受到氧化损伤（如衰老过程中过量的自由基），引发mtDNA突变。mtDNA编码电子传递和氧化磷酸化所必需的基因，因此，其中的任何突变都有可能改变线粒体生物能量学。受损的mtDNA引起ETC缺陷并产生ROS，从而造成ROS积累和mtDNA突变的恶性循环，导致ATP生成减少和细胞损伤，引发组织器官的功能损伤，加速衰老[17, 18]。因此，线粒体既是ROS的主要来源，也是其破坏性影响的主要目标。此外，越来越多的研究发现线粒体在炎症中扮演了重要角色。研究证明，mtDNA可通过激活TLR9、NOD样受体热蛋白结构域相关蛋白3（NOD-like receptor thermal protein domain associated protein 3，NLRP3）等途径参与炎症反应，同时过量的ROS也会导致线粒体功能障碍进一步诱发炎症，同样加速衰老[19]。

然而，线粒体学说也同样受到挑战。比如，有研究指出与衰老有关的线粒体缺陷并非由mtDNA突变累积控制的，而是由表观遗传调控控制的。因此，该学说仍需要进一步研究以阐明争议并完善。

28.1.6　其他学说

基因调控学说[20]认为衰老是由基因表达的变化引起的，生物体内存在调控生长生殖的基因。通过使特异基因的表达改变从而控制衰老的进程的基因调控过程及途径引起研究者们的注意,衰老基因及长寿基因的陆续发现进一步激起研究热情。此外,对长寿老人及其亲属的研究还发现特异性寿命具有遗传成分。在人类中,所有系统都被认为是生存所不可或缺的。其中,神经、内分泌和免疫系统在协调其他所有系统及其对外部和内部刺激的互动及防御反应中,发挥着更为关键的作用。神经内分泌学说认为衰老是由于神经和内分泌功能的衰退[20]。这种衰退不仅选择性地影响着神经元和激素,还影响着通过响应压力来调节生物体的细胞。该学说的一个重要组成部分是生物体对下丘脑-垂体-肾上腺(HPA)轴作为主调节轴的感知,它是指示每个生命阶段开始和终止的"起搏器"。HPA轴的失调影响身体各个系统的正常功能。显而易见的是,上述学说针对的问题也存在局限性,同时也缺乏关键的实验证据。

随着生命科学的不断发展,在众多研究者的努力下,衰老学说在经受挑战与争议的同时也不断被更新、完善,但它们仍不能独立阐明衰老的根本原因,揭开衰老神秘面纱仍任重道远。

28.2　经典的延缓衰老的研究

28.2.1　热量限制

热量限制(caloric restriction, CR)是指在提供生物体足够的营养成分,即不出现营养不良的情况下,限制热量摄入[21]。McCay[22]等人于1935年利用大鼠开展了首次CR实验并发现限制40%的热量摄入可以有效延长大鼠的平均寿命和最大寿命。几十年来的一系列研究表明,CR可以延缓多种物种(包括酵母、秀丽隐杆线虫、果蝇、鱼类、啮齿动物等)的衰老,延长最大寿命。CR也被认为是迄今最有效的延缓衰老进程或年龄相关慢性疾病发展的干预措施之一。而研究也同样表明热量限制开始的年龄、性别、具体实施方法和遗传状态等都会影响其延长寿命的效果[21, 23, 24]。

灵长类动物在进化上与人更为接近,可能提供CR延缓人类衰老的有力证据,于是科学家们把目标转向了恒河猴。20世纪80年代末,不同研究小组,包括美国国家老龄化研究所(NIA)、美国威斯康星州国家灵长类动物研究中心(WNPRC)和马里兰大学(UMD)利用恒河猴启动了3项独立的老化和CR研究[25-28]。与许多啮齿类动物研究的结果相似,CR对恒河猴最显著的影响是对身体成分和血糖调节功能的影响,研究发现CR降低体重、减少脂肪量并提高胰岛素敏感性。Science在2009年报道了WNPRC利用76只成年恒河猴进行的长达20年的研究结果[28]:CR(减少30%)延迟了恒河猴多种疾病的发病时间和死亡率,正常喂养的猴子各种疾病患病风险增加2.9倍,死亡风险增加3.0倍。具体来说,CR组动物心血管功能、胰岛素敏感性得到改善,肌肉减少症减轻或发生延迟,CR降低了衰老相关疾病包括糖尿病、癌症、心血管疾病和脑萎缩的发病率,延缓了恒河猴的衰老。

动物实验中的积极效应推动了CR人体实验的进展,尽管多年来的一些研究显示了

CR 对人体的有益作用(包括体脂减少、心血管功能及葡萄糖稳态改善),但样本量小、退出率高、时间短等因素限制了结论的有效性[24]。由美国国家老龄化研究所(NIA)、美国国立卫生研究院(NIH)联合各大学、机构开展的为期 2 年的低卡摄入及其长期效果的综合评估(CALERIE)实验是迄今最大规模的平行随机对照的人体长期热量限制实验,共招募了 218 名 21~51 岁,平均 BMI 25.1 kg/m^2 的非肥胖受试者。对照组饮食照常,实验组达到了(11.9±0.7)% CR,在第 12 个月及 24 个月收集参与者的血液、脂肪等样本,并测量各项指标。研究发现,CR 减轻了受试者体重,下调体内炎症水平,改善了甲状腺功能,显著降低了心血管疾病及代谢疾病的风险[29]。研究表明,长期 CR 在非肥胖人群中是可行的,且对其生活质量没有不良影响,需要进一步研究来评估不同程度和持续时间 CR 对人类的影响及其机制。

多年来的研究提示,CR 通过调节生长、代谢、氧化应激反应、损伤修复、炎症、自噬和蛋白质稳态等多种信号通路,从而调节衰老过程,AMPK、mTOR、Sirtuin、IGF-1 等信号因子是 CR 延缓衰老机制中主要的分子效应物。例如,研究发现,CR 通过激活 AMPK 和 Sirtuin 依赖性途径平衡线粒体生物发生和受损线粒体的自噬来完成线粒体转换,这种调节减少了受损线粒体产生的 ROS,同时增加内源性抗氧化酶的数量和活性,从而减少了氧化损伤。AMPK 还通过抑制 mTOR 信号通路激活自噬,促进细胞器更新,提高细胞应对损伤的能力。同时,CR 激活 SIRT1 可通过阻断 NF-κB 通路降低炎症反应[23]。IGF-1 能激活 PI3K/Akt/mTORC1 信号转导途径,促进糖酵解和肿瘤细胞增殖,同时抑制细胞凋亡。CR 被证明可以通过降低 IGF-1 水平来保护机体免受癌症的侵袭并延缓衰老[30]。此外,有研究发现,在衰老过程中,干细胞继续表现出节律活动,重新编程其昼夜节律,CR 可延缓干细胞节律功能的变化,保持年轻的昼夜节律,延缓衰老[31, 32]。最近的一项研究揭示,CR 延缓衰老的新机制,即 CR 通过影响肠道菌群可改善代谢健康,并通过调节免疫细胞类型和比例,从而延缓免疫衰老[33]。

28.2.2 运动

1984 年开启的一项为期 21 年的研究表明,中老年人长期的跑步运动使晚年残疾减少和死亡率降低,定期运动的中老年人有更显著的生存优势[34]。事实上,多年来的研究表明定期运动不仅有益于身心健康,而且可以减少与年龄相关的负面影响,包括改善心脑血管疾病、糖尿病、骨质疏松症、神经认知功能障碍及降低总体发病率和死亡率[35]。因此,运动被认为是一种可以延缓衰老和提高生活质量的经济且有效方式。近年来,越来越多的研究关注运动的抗衰老作用,并致力于探索其内在机制。

研究人员评估了不同运动类型对机体产生的影响。Sreekumaran Nair[36] 等人发现与阻力训练(resistance training, RT)、联合训练(co-training, CT)相比,高强度间歇训练(high-intensity interval training, HIIT)能够促进细胞中编码线粒体蛋白和肌肉生长相关蛋白的基因产生更多 RNA 拷贝,同时促进了核糖体再生,增强了构建线粒体蛋白质的能力,更有效地在细胞水平特别是线粒体功能方面延缓了衰老。Werner[37] 等人的研究表明进行耐力训练(endurance training, ET)和 HIIT 的健康受试者端粒酶活性和端粒长度有所增加,这对细胞衰老、再生能力及健康老龄化有重要影响,而 RT 却没有这种效果。这是第一项关于不同运动形式对端粒这个细胞衰老指标的影响的前瞻性研究。此外,对长期运动的业余自行车手的研究发现定期锻炼除了对肌肉质量、力量及胆固醇水平产生有益影响外,更重要的是预防了免疫系统中很多方面的老化[38-40]。定期进行适度运动还可以减轻动脉硬化程度,保持动脉年轻[41],降低患心力衰竭的风险[42]。综上不难看出,保持一定的身体活动对健康有重要作用。但运动并不是越多越好,The Lancetat 中的报道同样提示过量的运动反而产生负效应,导致更糟糕的心理状态[43]。

最近,Science 上的一篇文章揭示了一种肝脏蛋白——糖基磷脂酰肌醇特异性磷脂酶 D1(glycosylphosphatidylinositol-specific phospholipase D1, GPLD1)可将运动抗衰老的作用转移到老年小鼠中。将经过 6 周运动训练的老年小鼠血液注射到未经过训练的老年小鼠中后发现这些未训练的小鼠海马 DG 区神经元再生增加,同时学习记忆能力增强,这与经过训练的小鼠表现一致。机制研究显示,这与 GPLD1 相关,并且通过尾静脉注射病毒的方式过表达老年小鼠肝脏 GPLD1 同样能起到上述作用。更重要的是,研究人员发现有规律锻炼的老年人血液中的 GPLD1 水平明显高于那些没有锻炼的老年人,这表明老鼠的实验结果可能也适用于人类[44]。2021 年的一项最新研究发现了 NOX4 是运动改善健康的关键所在。运动后骨骼肌中的 NOX4 表达增加,导致 ROS 产生增加,这会促进运动诱导的适应性反应,从而缓解了与衰老和肥胖相关的胰岛素敏感性下降。相反,NOX4 的表达随年龄增长或肥胖而减少,损害了运动能力和抗氧化防御,并导致胰岛素抵抗的发展[45]。上述两项研究为衰老相关疾病的药物开发提供了靶点,这显然为那些由于残疾或身体限制而无法定期锻炼的老年人提供了治疗疾病的可能性。

2023 年,Cell 的一篇综述将不同生物体,尤其是哺乳动物衰老的共性标志归纳为 12 个衰老特征:基因组不稳定性、端粒磨损、表观遗传改变、蛋白质稳态丧失、巨自噬功能丧失、营养感应失调、线粒体功能障碍、细胞衰老、干细胞衰竭、细胞间通信改变、慢性炎症和菌群失调[46]。尽管运动延缓衰老的内在机制仍远未阐明,但多年来的研究表明,运动至少可以部分影响衰老的各项标志,以延长寿命和健康寿命(表 28.1)[47, 48]。此外,近年来还有研究揭示运动可以调节肠道微生物群,这可能是其对代谢疾病产生有益效果的一个因素[49]。

表 28.1　运动改善衰老的标志

衰老的标志	运动的影响及相关信号通路
基因组不稳定性[50-53]	运动通过刺激内源性抗氧化防御来减少衰老过程中的 DNA 损伤,如运动减少与年龄相关的 8-OHdG 水平,增加 DNA 修复的活性和对蛋白质氧化应激的抵抗力,并调控 NF-κB 和 PGC1α 信号转导; 运动诱导全身线粒体生物发生,防止 mtDNA 消耗和突变,增加线粒体氧化能力,减少 mtDNA 突变小鼠的多系统病理学,并防止其过早死亡

续　表

衰老的标志	运动的影响及相关信号通路
端粒磨损[47, 54, 55]	体育锻炼对白细胞端粒长度维持有益,除上调端粒酶活性外,运动还可能通过维持有益的氧化还原状态和预防慢性低度炎症等机制来减轻端粒磨损,以预防年龄相关疾病(如心血管代谢疾病)并促进健康衰老
表观遗传改变[56-58]	慢性中度有氧运动可增加促炎性 ACS 半胱天冬酶基因的甲基化水平,该基因可调节老年人白细胞中的 IL-1β 和 IL-18,从而有助于减弱与年龄相关的促炎细胞因子增加; 有氧运动诱导的 SIRT1 通过其脱乙酰酶活性调节肿瘤抑制因子 Tp53、PGC1α、NF-κB 和其他转录因子
蛋白稳态丧失[59, 60]	慢性阻力训练通过调节老年大鼠的 IGF-1 及其受体、Akt/mTOR 和 Akt/FOXO3a 信号转导激活自噬并减少肌肉细胞凋亡,从而防止肌肉质量/力量的损失; mVps34 在急性高阻力收缩后被激活,其活性的增加可能是氨基酸(特别是亮氨酸)摄取增加的结果,并且与延长 mTORC1 的激活有关
营养感知失调[61, 62]	运动中,机械负荷和收缩引起 IGF-1 的局部释放,激活 IGF 受体,驱动肌肉蛋白质合成; 运动通过增加 GLUT4 的产生来提高胰岛素敏感性
线粒体功能障碍[63, 64]	受过耐力训练的个体中没有发现与年龄相关的线粒体氧化能力下降,它们表现出线粒体蛋白、mtDNA 和线粒体转录因子的表达升高; 耐力训练可以减轻衰老人体骨骼肌中的线粒体功能障碍和线粒体含量的损失,同时增加氧化能力和 ETC 复合体含量
细胞衰老[55, 65, 66]	游泳运动降低了 D-半乳糖诱导的衰老大鼠模型肝脏中的衰老标志物 γ 谷氨酰转肽酶的活性和 Tp53、p21 蛋白表达并下调了炎症介质 IL-6 的水平; 运动能够通过增强 NK 细胞活性及抗原呈递、减少炎症和防止老年人的衰老细胞积累从而提高抗癌免疫力并改善癌症预后; 运动上调了胸主动脉和循环单核细胞中的端粒酶活性,增加了 TRF2 和 Ku70 的血管表达,并降低了细胞凋亡调节因子如 Chk2、p16 和 Tp53 的表达
干细胞耗竭[67-69]	耐力运动促进年轻和老年小鼠肌卫星细胞池的扩张; 运动可激活间充质干细胞,并促进神经干细胞的增殖,从而提高大脑的再生能力和认知能力; 阻力训练能够诱导老年男性骨骼肌卫星细胞增殖和分化,导致 Ⅱ 型纤维肥大
细胞间通信改变[70, 71]	热量限制和运动介导的体重减轻会导致患有 2 型糖尿病的肥胖个体脂肪组织中 NLRP3 炎症小体和 IL-1β 的表达减少,从而减少炎症; 慢性肌肉收缩活动增加了健康大鼠肌肉中不同的 RNA 结合蛋白 AUF1 亚型(p37、p40 和 p45),从而改善了肌肉可塑性,以应对随后的收缩活动

8-OHdG:8-羟基-2′-脱氧鸟苷;PGC1α:过氧化物酶体增殖物激活受体 γ 辅激活因子 1α;ACS:凋亡相关斑点样蛋白;IL:白细胞介素;FOXO3a:叉头框“O”转录因子 3a;mVps34:哺乳动物 Vps34;GLUT 4:葡萄糖转运体 4;TRF2:端粒重复结合因子 2;Chk2:细胞周期检查点激酶 2。

28.2.3　自噬

自噬是真核生物进化中一种保守的过程,它通过溶酶体清除活细胞中功能失调的细胞器和变性蛋白，从而维持能量稳态和细胞器的更新，是细胞维持物质周转的重要机制。自 20 世纪 60 年代被发现以来，自噬被认为与生物的生长发育、衰老、疾病等密切相关[5]。1993 年，Levine 教授发现了 *Beclin1* 基因。随后 1999 年 Levine 教授的研究揭示了 Beclin1 的功能是促进自噬，它是首个哺乳动物细胞自噬基因，可抑制肿瘤发生[72]。这一研究也首次证明自噬过程和肿瘤发生发展息息相关。2003 年，Levine 教授研究组在 *Science* 上发表文章，首次在线虫中证明自噬基因 *bec - 1*（Beclin1 同源物）在 daf - 2 突变体的寿命延长调控中是必不可少的[73]。

然而，自噬的激活是否会延长哺乳动物的寿命并不清楚。2013 年，Jong - Ok Pyo[74] 等人的研究发现小鼠中 Atg5 过表达将小鼠的寿命延长了 17.2%。Atg5 在小鼠中的过表达增强了自噬，并且 Atg5 转基因小鼠表现出了抗衰老表型，如体重减轻和胰岛素敏感性改善。2018 年，Levine 教授团队发表了一项更明确、完善的研究，首次真正意义上证明了自噬对延长哺乳动物寿命的影响。具体来说，这项研究采用了 Becn1 $^{F121A/F121A}$ 靶向突变小鼠，突变小鼠不同组织（肌肉、心脏、肾、肝脏）中 Beclin - 1 与 Bcl - 2 的蛋白相互作用显著降低，基础水平的自噬通量增加。与野生型小鼠相比，Becn1 $^{F121A/F121A}$ 敲入（KI）小鼠的寿命显著增加，而且从组织水平上的观察来看，KI 小鼠与衰老相关的表型减少，包括与年龄相关的肾脏和心脏病理变化及自发性肿瘤发生减少，KI 小鼠的健康寿命也得到了改善。此外，研究人员继续探索是否有已知的抗衰老蛋白促进长寿是通过上述提到的降低 Beclin - 1 与 Bcl - 2 的结合力，通过自噬实现的。他们选取了抗衰老蛋白 Klotho 来进行研究，缺乏 Klotho 的小鼠会增加 Beclin - 1/Bcl - 2 相互作用、减少自噬，出现过早致死和不育。Becn1 $^{F121A/F121A}$ 敲入（KI）小鼠与 *Klotho* 基因缺陷小鼠杂交后，能够显著改善 *Klotho* 基因缺陷小鼠的早衰表型。这项重要的研究表明 Beclin1/Bcl - 2 复合体解离是增强自噬、防止早衰、延长哺乳动物的寿命的有效机制[75]。

多年来，大量动物研究证明：衰老伴随着自噬受损，自噬功能障碍可能导致寿命缩短，而增强或恢复自噬有利于延长寿命和健康寿命，这提示自噬是衰老的中央调节器[76]。Kaushik[77] 等人的最新综述较为完整地阐明了自噬在衰老中的作用。自噬与上述衰老的 9 个标志密切相关，自噬通过维持蛋白质稳态、线粒体功能、干细胞干性、基因组稳定性等机制促进健康长寿。

重要的是，从目前所知的许多延缓衰老的干预措施（如上述 CR、运动）来看，自噬诱导都是其效应链中重要的一个环节。例如，研究表明，CR 可以通过激活能量传感器 AMPK 和 SIRT1 来激活自噬。CR 还可以通过抑制胰岛素/IGF 信号通路来抑制 TOR 并激活自噬[78]。运动也被证明可以通过 Akt/mTOR 等通路激活骨骼肌自噬，对衰老骨骼肌产生有益影响[59]。此外，一些影响衰老的药物（如白藜芦醇和 NAD$^+$）也被认为是自噬诱导剂，NAD$^+$ 和白藜芦醇通过激活 Sirtuin 对关键自噬蛋白（Atg5、Atg7 和 Atg8）脱乙酰化或抑制 mTOR 通路来诱导自噬。补充 NAD$^+$ 前体延长线虫、小鼠等寿命和健康寿命的效应至少部分是通过调控自噬实现的[76]。

然而，一味地增加自噬并不都是有益的，维持自噬的平衡对健康至关重要。Holger

Richly[79]团队发现一系列参与自噬调节的基因同样也加速蠕虫衰老的过程。在年轻的蠕虫中,发挥正常功能的细胞自噬对于蠕虫的成熟至关重要,而在其完成繁殖并最终老化之后,细胞的自噬过程就会发生故障并最终导致蠕虫变老。通过抑制老年蠕虫神经元中的自噬作用可以延长其寿命,改善其整体健康。在果蝇中也发现,自噬的轻度增加可延长寿命,而自噬的强烈增加可缩短寿命[80]。

28.3　NAD$^+$与寿命和细胞老化

在过去的二十几年中,NAD$^+$在健康衰老和长寿中的重要性已得到认可,是这个研究领域最重大的发现之一。事实上,早在 1999 年,Guarente[81]等人就证实,Sir2(Sirtuin 家族最早发现的成员,哺乳动物内的 SIRT1~SIRT7 是其同源基因)能够参与酵母细胞寿命调控,额外增加 Sir2 基因拷贝,可抑制 rDNA 重组、减少染色体外 rDNA 环(ERC)形成,从而延长复制寿命约 30%。同样地,在之后对秀丽隐杆线虫和果蝇的研究也发现 Sir2 在衰老过程中发挥保守性作用[82, 83]。

现在已经知道 Sirtuin 的活性依赖于 NAD$^+$,由此提示 NAD$^+$在衰老中的重要作用。在模式生物中的发现激发了人们对哺乳动物 Sirtuin 的研究。2006 年,Mostoslavsky[84]等人首次报道了 SIRT6 在小鼠衰老过程中的作用。SIRT6 基因敲除小鼠出生时与野生型小鼠基本无异,但两周后,SIRT6 基因敲除小鼠开始表现一系列早衰特征,包括皮下脂肪显著减少、脊椎弯曲和变形、骨量减少及骨密度降低等。SIRT6 基因敲除细胞出现基因组不稳定性增加,最终小鼠在 4 周左右死亡。2012 年 Nature 报道 SIRT6 过表达延长了雄性小鼠的寿命[85]。基因表达分析显示转基因雄性小鼠血清 IGF1 水平较低、IGF 结合蛋白 1(IGF - binding protein 1,IGFBP1)水平较高及 IGF1 信号通路主要成分磷酸化水平显著变化,这是调节寿命的关键途径。Auwerx[86]等人研究发现老年小鼠和秀丽隐杆线虫的NAD$^+$水平降低,消耗 NAD$^+$水平使线虫的寿命进一步缩短。相反,NAD$^+$的遗传学或药理学恢复可防止与年龄相关的代谢下降并延长线虫的寿命。机制研究发现,这些作用依赖于 Sir - 2. 1。NAD$^+$通过 Sir - 2. 1 改善线粒体核蛋白失衡,并通过激活 mUPR 促进 FOXO转录因子 Daf - 16 的核转位和激活,共同参与调节线粒体功能,最终影响机体寿命。此外,该研究中对哺乳动物细胞系统的研究结果表明 NAD$^+$/SIRT1/mUPR/SOD 信号通路是保守的,可能为衰老和衰老相关疾病的预防和(或)治疗提供思路。

Fang[87]等人针对共济失调毛细血管扩张症模型的研究证实增加 NAD$^+$水平可减轻AT 神经病理学并延长线虫和小鼠的寿命。机制研究发现,NAD$^+$可以调控 ATM 缺陷神经元和线虫模型的线粒体自噬并增强其 DNA 修复。Yoshida[88]等人发现,在脂肪组织特异性过表达 NAMPT 可增加衰老小鼠血循环中细胞外 NAMPT(eNAMPT)的水平,eNAMPT能够促进多种组织中 NAD$^+$的生成,并延长雌性小鼠的健康期。此外,从幼鼠中分离的含eNAMPT 的细胞外囊泡可显著延长衰老小鼠的寿命。最近的一项研究再次证实了 SIRT6

的健康调节作用。过表达的 SIRT6 通过肝脏内调节（保持肝葡萄糖输出和葡萄糖稳态、促进肝脏代谢、降低炎症反应、维持肝脏 NAD^+ 水平）及肝外机制（脂肪组织甘油释放）恢复老年小鼠能量稳态，从而显著延长了雄性及雌性小鼠的健康寿命[89]。

此外，有研究证实了 NAD^+ 在细胞衰老中的作用。例如，2016 年 *Science* 的一篇研究指出补充 NAD^+ 前体 NR 可以改善线粒体功能，使衰老小鼠的骨骼肌干细胞恢复活力。进一步的研究表明 NR 可延缓神经干细胞和黑素干细胞的衰老，并延长小鼠寿命[90]。研究提示维持细胞 NAD^+ 水平可能重塑功能失调的干细胞，延长哺乳动物的寿命。炎症反应是细胞衰老的标志之一。衰老相关分泌表型（SASP）包括细胞分裂的停止和促炎细胞因子的产生，与神经炎症高度相关，并已在阿尔茨海默病小鼠模型的大脑中得到证实。最近的研究证实，随着年龄的增长阿尔茨海默病小鼠大脑中神经炎症增加，NAD^+ 水平降低。而 NR 干预通过 cGAS/STING 通路减轻阿尔茨海默病小鼠的神经炎症和细胞衰老[91]。AMPK 是一种细胞能量传感器，AMPK 的激活有利于细胞内稳态和衰老预防。研究发现，激活 AMPK 通过恢复自噬通量和细胞内 NAD^+ 水平来保护细胞免受氧化应激诱导的衰老[92]。

对青光眼、血管老化动物模型的研究提示 NAD^+ 还能逆转衰老，具有重要意义。对易感青光眼小鼠的研究发现，神经变性之前会发生线粒体异常，且 NAD^+ 在视网膜中随年龄增长而下降，并使视网膜神经节细胞易受眼压影响，加速了青光眼神经退化。补充 NAM 或进行 *NMNAT1* 基因疗法对神经变性具有强大的保护作用，通过维持线粒体健康和减少代谢紊乱显著降低青光眼的易感性[93]。后期研究进一步表明 NAM 对视网膜神经节细胞体细胞、轴突和树突状神经具有保护作用，可以防止动物模型中高眼压导致的青光眼所引起的广泛代谢破坏。此外，研究还发现 NAM 通过增加氧化磷酸化、缓冲和预防代谢应激、增加线粒体体积、表面积和运动性，对视网膜神经节细胞提供进一步的保护作用[94]。研究支持了 NAM 作为人类青光眼的神经保护疗法的积极作用。血管老化是引起一系列年龄相关疾病的重要原因。研究表明，NAD^+ 可逆转血管老化，增强老年小鼠运动耐力。具体来说，研究发现内皮细胞中的 SIRT1 是肌细胞分泌的促血管生成信号的关键介质。衰老相关的 NAD^+ 水平及 SIRT1 活性的下降影响衰老小鼠的血管新生能力。而使用 NMN 治疗小鼠，可以促进 SIRT1 依赖性的毛细血管密度增加，恢复老年小鼠肌肉的血流量并提高耐力。此外，NaHS（H_2S 的前体）也能提高 SIRT1 活性，研究人员发现 NaHS 可以增强 NMN 的作用，两者组合治疗使老年小鼠运动能力进一步提高[95]。该研究为人类治疗由血管老化引发的疾病奠定了基础。

端粒长度是一种重要的衰老生物标志物，会随着年龄的增加不断磨损缩短。2019 年的一项重要动物研究表明，端粒功能障碍通过 Tp53 依赖性机制下调 Sirtuin，NMN 干预以部分依赖于 SIRT1 的方式维持端粒长度，抑制 DNA 损伤反应，改善线粒体功能，从而补救端粒酶功能障碍小鼠的肝脏纤维化[96]。最近，中国的研究者发现短期（40 天）补充 NMN 可以显著增加衰老前期小鼠（16 月龄）的端粒长度，同时 90 天的 NMN 补充几乎可以使衰老前期健康男性志愿者（45～60 岁）的端粒长度增加一倍。此外，NMN 干预促进了小鼠的新陈代谢，重塑了其肠道菌群多样性。研究表明，在衰老前期的 NMN 补充可能是延缓衰老的有效策略[97]。

28.4　NAD⁺抗衰老的机制

28.4.1　调节线粒体能量和 ROS 代谢

线粒体提供了细胞生命活动所需的大部分能量。在活细胞能量代谢中,糖类、脂肪、蛋白质最终氧化的共同途径——TCA 循环与氧化磷酸化均发生在线粒体中,氧化代谢途径中产生大量 ATP,为生命活动提供能量。随着细胞和生物体的衰老,呼吸链功能衰退,从而增加电子泄漏并减少 ATP 生成。长期以来的研究证实线粒体功能障碍是衰老的标志之一。NAD⁺在线粒体功能的维持中起着至关重要的作用,并且年龄相关的 NAD⁺下降可能是线粒体功能障碍的重要原因[98]。具体来说,在能量代谢的过程中,NAD⁺和它的还原形式 NADH 通过在氧化还原之间的转换,促成包括糖酵解、脂肪酸代谢、TCA 循环等重要生化反应的完成。简单地讲,线粒体需要以 NAD⁺为"燃料",在 TCA 循环中参与一系列氧化还原反应来产生 ATP 能量分子,从而为我们的生命活动提供能量。目前清楚的是,衰老过程中 SIRT1 活性的降低对线粒体产生有害影响,下调线粒体发生氧化代谢和抗氧化防御途径,导致 ETC 复合体 I 的损伤和线粒体功能的下降[99]。此外,SIRT1 活性的缺陷导致 24 月龄小鼠骨骼肌线粒体编码蛋白表达下降和代谢下降。补充 NMN 逆转了这些变化,提示 NAD⁺缺乏似乎是主要的触发因素。具体来说,SIRT1 失活导致 HIF - 1α 水平过高,这种假缺氧状态导致原癌基因 *c - Myc* 不能再激活线粒体转录因子 A(TFAM)的启动子。而提高 NAD⁺水平以 SIRT1 依赖的方式改善老年小鼠的线粒体功能[100]。也有研究报道,SIRT3 调节 mUPR 和线粒体自噬[101]。因此,受损线粒体的清除也可能因 NAD⁺缺乏而受损。PARP 的激活似乎也与线粒体功能障碍有关。在早衰疾病科凯恩综合征(CS)中,DNA 修复缺陷导致 PARP 异常激活,消耗 NAD⁺,抑制了 SIRT1 活性和线粒体功能障碍,PARP 抑制剂和 NAD⁺前体补充可以激活 SIRT1 并补救疾病相关表型[102]。

自由基理论提出在基本代谢过程中由氧分子产生的自由基是驱动衰老的关键因素。许多研究表明,随着年龄的增长,氧化损伤会在多种组织和物种中积累,但这种损伤是衰老的原因还是结果目前仍很难确定[103]。此外,如前文所述,ROS 作为重要的信号分子导致自由基理论存在争议且很难检验。线粒体是 ROS 的重要来源。事实上,目前越来越多的研究提示过多 ROS 造成的氧化损伤是与年龄相关的细胞功能退化的重要因素[98, 103]。与年龄相关的氧化应激增加和细胞衰老致抗氧化能力降低而导致细胞/组织更容易发生坏死,从而释放损伤相关分子模式(damage associated molecular pattern, DAMP),触发衰老过程中观察到的慢性炎症,促炎细胞因子反过来增加线粒体和 NOX 产生的 ROS,进一步促进氧化损伤的积累[98, 104]。

NADH/NADPH 是缓冲氧化应激的强大还原对,保护细胞/组织在衰老过程中免受氧化应激的影响。衰老大鼠心脏、肝脏等多个器官内 NAD⁺水平和 NAD⁺/NADH 比值显著降低,DNA 损伤增加,氧化应激增强,抗氧化能力下降。同时还观察到线粒体复合体活性降低,影响氧化还原状态和 ATP 产生。研究提示,维持 NAD⁺ 水平可能是一种用于延缓氧化应激介导的细胞变性和年龄相关疾病的有效策略[105]。在老年小鼠离体主动脉中加入 NMN 培养可提高 NAD⁺ 和线粒体抗氧化剂 MnSOD 水平,从而提高抗氧化能力[106]。NMNAT3 的过表达有效地提高了小鼠多种组织中的 NAD⁺ 水平,从而显著抑制 ROS 的生成,并防止衰老相关的胰岛素抵抗。在 NMNAT3 过表达小鼠的骨骼肌中,TCA 循环活性显著增强[107]。

NAPDH 是细胞内关键的抗氧化分子,NAD⁺ 还能转化成 NADPH 发挥更强的抗氧化作用。细胞中大约 10% 的 NAD⁺ 可能被 NADK 磷酸化为 NADP⁺,NADP⁺ 也可以由 NADP⁺ 磷酸酶去磷酸为 NAD⁺。胞质的 NADPH 是 NADP⁺ 的还原形式,主要由涉及 G6PD 和 6PGD 通过 PPP 产生。线粒体 NADPH 可由 ME3(将丙酮酸转化为苹果酸)和 IDH2(催化异柠檬酸转化为 α-酮戊二酸)产生。此外,NADP⁺ 还可以通过位于线粒体内膜的 NNT 接收来自 NADH 的电子以形成 NADPH。最重要的是,NADPH 为 Trx 和 GSH 系统提供主要的还原能力,以消除 ROS,同时它还是 CAT 和 SOD 的辅酶,对维持细胞抗氧化防御系统起重要作用[98]。研究发现,G6PD 过表达促进 NADPH 的产生,防止组织氧化损伤,改善小鼠健康寿命[108]。

28.4.2 激活 Sirtuin

Sirtuin 是一组 NAD⁺ 依赖性脱乙酰酶,参与调节关键的代谢过程、应激反应和衰老生物学进程,被称为长寿蛋白。一般来说,它们的激活会触发核转录程序,从而提高代谢效率并上调线粒体氧化代谢和伴随的对氧化应激的抵抗[109]。Sirtuin 通过增加抗氧化途径(如线粒体中的 SOD2)和通过修复蛋白的脱乙酰化或 ADPR 基化促进 DNA 损伤修复来促进这种抵抗力[110]。因此,许多研究表明,Sirtuin 可以促进酵母、线虫、果蝇和小鼠的寿命,并且可以减轻小鼠模型中的许多衰老相关疾病,如 2 型糖尿病、癌症、心血管疾病、神经退行性疾病[109, 111, 112]。

事实上,哺乳动物脱乙酰酶家族包含 7 个基因,编码 7 个不同亚细胞定位的蛋白(SIRT1~SIRT7),具有不同的酶活性、底物或靶蛋白,并发挥不同的功能[113]。研究表明,Sirtuin 家族主要具有 NAD⁺ 依赖的脱乙酰化活性和 ADPR 基转移酶活性。Sirtuin 参与调节 DNA 损伤修复、基因转录调控、细胞周期、细胞凋亡、细胞代谢等生物学过程的功能使其成为抗衰老和延长寿命的重要靶标(表 28.2)[109, 114-117]。

表 28.2 哺乳动物 Sirtuin 主要亚细胞定位、酶活性、靶点与功能概述[109, 114-117]

Sirtuin 分型	主要亚细胞定位	主要酶活性	主要靶点/底物	主要功能
SIRT1	细胞质/细胞核	脱乙酰酶	Tp53、NF-κB、FOXO、PGC1α、HIF-1α、eNOS	调控 DNA 修复、葡萄糖代谢、细胞凋亡;减轻氧化应激、细胞衰老

续　表

Sirtuin 分型	主要亚细胞定位	主要酶活性	主要靶点/底物	主要功能
SIRT2	细胞质/细胞核	脱乙酰酶	NF-κB、p53、FOXO、H4K16、α-tubulin	调控细胞周期、减轻氧化应激
SIRT3	线粒体	脱乙酰酶	FOXO、HIF-1α、MnSOD、Ku70	调节线粒体代谢、ATP 合成、细胞凋亡;减轻氧化应激
SIRT4	线粒体	ADPR 基转移酶	GDH、MCD、AMPK	调节线粒体代谢、胰岛素分泌、脂肪酸氧化、DNA 修复
SIRT5	线粒体	脱乙酰酶、去琥珀酰化酶、去内二酰化酶	CPS1、SOD1	调控尿素循环、脂肪酸氧化;减轻氧化应激
SIRT6	细胞核	脱乙酰酶、ADPR 基转移酶	NF-κB、H3K9、PARP1、CtIP	调节 DNA 修复、基因组稳定性、糖酵解和糖异生;保护端粒;减轻炎症
SIRT7	核仁	脱乙酰酶	H3K18、PAF53	调节 rDNA 转录、细胞周期调控

eNOS：内皮型一氧化氮合酶;H4K16、H3K9、H3K18：H3 组蛋白 K16、H4 组蛋白 K9、H4 组蛋白 K18;α-tubulin：α-微管蛋白;GDH：谷氨酸脱氢酶;MCD：丙二酰辅酶 A 脱羧酶;CPS1：氨基甲酰磷酸合成酶 1;CtIP：C 末端结合蛋白相互作用蛋白;PAF53：血小板活化因子 53。

在衰老过程中,Sirtuin 家族活性降低,其中一个主要原因是 NAD$^+$ 水平随着年龄的增长而下降。尽管检测亚细胞内 NAD$^+$ 水平和脱乙酰酶活性受到技术的限制,但随着生命科学领域的不断发展,研究者们对这些酶的不同细胞作用仍进行了一些深入的探索[99, 113]。研究表明,SIRT1、SIRT6 和 SIRT7 是 DNA 修复和基因组稳定性的关键调控因子,线粒体 SIRT3、SIRT4 和 SIRT5 及核 SIRT1 调节线粒体稳态和代谢[118]。SIRT1 是 Sirtuin 家族中研究最多的一员,SIRT1 主要通过催化组蛋白的脱乙酰化,以及调节转录因子或共激活因子(如 Tp53、FOXO、NF-κB、PGC1α 和 Ku70)起到抗衰老作用[119]。比如,SIRT1 是线粒体质量控制的关键因素,一方面它通过 PGC1α 脱乙酰化促进线粒体生物发生,另一方面它也涉及线粒体自噬缺陷线粒体的转换[113]。研究发现,SIRT1 活性会随着年龄增长而下降,然而通过药理学干预措施(如补充 NAD$^+$)激活 SIRT1 或过表达 SIRT1 可以延缓衰老及年龄相关疾病的发生发展[120]。总体而言,脱乙酰酶已经成为理解和描述 NAD$^+$ 水平如何影响衰老的各种细胞过程中的细胞稳态的关键角色,提高其活性是抗衰老治疗的关键焦点。

此外,如后文所述,研究发现 Sirtuin(主要是 SIRT1)可以调节生物钟机制,这是其影响新陈代谢与衰老的方式之一。

28.4.3　调节 DNA 复制和损伤修复

端粒位于染色体末端,由一串较短的 DNA 重复序列和相关的蛋白复合体组成,能保护基因组 DNA 不断裂,且不与其他 DNA 随意连接。细胞分裂时的 DNA 复制等过程会使染色体末端的端粒磨损/缩短,从而导致复制性衰老。端粒功能障碍可能是由于端粒 DNA 重复序列的丢失或蛋白质复合体失去保护而引起的,进而引发 DNA 损伤反应,以及细胞增殖的缺失导致衰老或凋亡。端粒酶可在染色体末端增加端粒重复序列,延长端粒长度以补偿其消耗,研究表明激活端粒酶可以逆转衰老[5, 8, 121, 122]。在许多人类细胞中,端粒酶(或其对端粒的作用)的水平是有限的,端粒会随着年龄的增长而缩短,与衰老和疾病密切相关[122]。故端粒磨损和功能障碍既是细胞和分子老化及与年龄相关的疾病的原因,也是其后果。研究发现,NAD$^+$ 可以修复端粒,延缓衰老。

对先天性角化不良症(dyskeratosis congenita, DC)患者(该种患者体内关键端粒维持基因突变,导致端粒缩短/功能失调)和端粒酶敲除小鼠的研究表明,端粒缩短/功能障碍会导致 NAD$^+$ 稳态丧失,而这主要是由于 CD38 的表达和活性升高。具体来说,研究者发现 DC、成纤维细胞端粒功能障碍引起了 DNA 损伤反应,导致 CD38 过度活跃,NAD$^+$ 水平失衡,对 PARP 和 Sirtuin 的利用率下降,又进一步影响了这些酶在维持端粒和线粒体健康方面的积极作用,导致端粒和线粒体功能异常及细胞衰老。而 NAD$^+$ 前体 NR 的补充和 CD38 抑制恢复 PARP 和 Sirtuin 活性,减轻 Tp53 乙酰化、端粒 DNA 损伤、线粒体损伤及减少细胞和线粒体 ROS,最重要的是,延缓 DC、成纤维细胞的复制衰老[8]。

DNA 损伤每时每刻都在发生,是衰老的驱动因素。核基因组和线粒体基因组不断受到外源性因素(如紫外线、X 射线、食物、水和空气中的化合物)、内源性因素(如 ROS、醛类和晚期糖基化终末产物)及自发反应(水解)的破坏。DNA 损伤会造成遗传畸变,如突变和染色体不稳定性,还会引起细胞周期停滞。对细胞和组织造成的后果包括决定细胞命运,如细胞死亡和衰老,导致细胞和器官功能丧失、癌症和炎症[123]。衰老时常发生 DNA 损伤的积累,这可能与 DNA 修复缺陷有关[124],因此维持有效的 DNA 修复机制至关重要。NAD$^+$ 消耗酶 PARP 家族具有感应 DNA 损伤的功能,在识别 DNA 片段的结构损伤后被激活。PARP 可修饰组蛋白、RNA 聚合酶、DNA 聚合酶、DNA 连接酶。PARP1 ~ PARP3 在 DNA 损伤修复中起关键作用,在对 DNA 损伤做出响应时,PARP1 承担着大约 90% 的 PARP 活性。激活后,PARP1 将自身与组蛋白和其他蛋白结合,充当支架,招募并激活其他 DNA 修复酶和蛋白质到损伤部位,启动 DNA 修复。由于 PARP1 的高活性,DNA 损伤时有大量 NAD$^+$ 消耗,广泛参与衰老过程[113, 125]。在早衰疾病中观察到 PARP1 激活、NAD$^+$ 水平下降和 SIRT1 活性抑制。值得注意的是,PARP1 抑制剂或 NAD$^+$ 补充剂可以修复受损 DNA,改善 DNA 修复缺陷疾病表现出的衰老表型[67]。此外,PARP2、PARP3 在 DNA 修复中也很重要,有研究指出,PARP1、PARP2 和 PARP3 可能存在大量的重叠和潜在的冗余[113, 126]。总体而言,靶向 PARP,特别是 PARP1,在衰老领域是一种很有前途的治疗策略。

28.4.4　调节生物钟和代谢

生物钟是一种在生理和行为上产生 24 h 节律的内部计时系统。研究表明,衰老会导致生物钟功能退化,而功能失调的生物钟又进一步加速了衰老过程。由生物钟调控的昼夜节律系统能够产生 24 h 周期的多种生物过程和现象(如运动活动、睡眠-觉醒周期、肝脏代谢、血压、体温、激素分泌等)。研究发现,昼夜节律影响包括代谢、内分泌在内的衰老相关过程,因此与衰老和长寿密切相关。具体来说,葡萄糖、脂肪酸和胆固醇代谢途径受昼夜节律控制,时钟基因的破坏会改变新陈代谢并影响健康状况。内分泌系统也受昼夜节律的调节。人体的胰岛素、生长激素释放肽、脂联素和皮质醇在早上/下午升高,而褪黑素、促甲状腺激素、催乳素、瘦素、生长激素和成纤维细胞生长因子-21(fibroblast growth factor-21,FGF-21)在晚上升高。这些有节律的激素水平变化调节进食和睡眠,并使内源性生物钟同步。并且在衰老过程中,激素节律可能是协调内部时钟的核心[127, 128]。

在长期进化过程中,人体的代谢和生理活动有周期性的节律变化,NAD$^+$ 可以通过调控昼夜节律来对抗衰老。研究发现,补充 NR 重塑代谢和应激反应途径,老年小鼠 NAD$^+$ 水平下降抑制昼夜节律转录,而 NR 可以增强其生理节律转录和夜间运动能力[129]。研究表明,Sirtuin 将 NAD$^+$ 代谢与衰老过程中的生物钟机制联系起来。NAD$^+$ 依赖性脱乙酰酶 SIRT1 通过节律性脱乙酰化 BMAL1 或 PER2 诱导核心时钟基因(如 *CRY1*、*PER2*、*Rory* 和 *BMAL1*)的昼夜节律转录[130, 131]。SIRT1 还通过昼夜节律启动子调节 CLOCK 介导的染色质重塑以控制昼夜节律[131]。在老年小鼠的视交叉上核中,SIRT1 水平显著降低,BMAL1 和 PER2 的水平也降低,出现内在周期延长、活动模式受干扰等昼夜节律功能退化。SIRT1 通过激活两个主要的昼夜节律调节因子 BMAL1 和 CLOCK 的转录来调控昼夜节律。大脑中 *SIRT1* 敲除小鼠会复制这些与衰老相关的昼夜节律变化,而大脑中 SIRT1 过表达的小鼠昼夜节律功能得到了保护,表明 SIRT1 可能是中枢昼夜节律功能下降的关键[132]。研究发现,肝脏具有独特的昼夜节律调节功能。自主肝时钟诱导 NAD$^+$ 补救合成途径部分恢复 NAD$^+$ 振荡,即使没有来自其他时钟的输入,也会驱动肝脏中的 SIRT1 昼夜节律功能[133]。

此外,还有研究证明 NAD$^+$ 合成受昼夜节律机制调节[134]。NAD$^+$ 合成减少是 NAD$^+$ 水平随年龄增长而下降的原因之一,NAMPT 水平下降被认为是这一现象的主要原因。重要的是,*NAMPT* 是 BMAL 和 CLOCK 的关键靶基因之一,昼夜节律转录因子的核心复合体 CLOCK:BMAL1 通过直接结合 *NAMPT* 启动子区调控 *NAMPT* 的表达[135, 136]。衰老会影响昼夜节律,因此可能导致 NAMPT 和 NAD$^+$ 水平下降。NAD$^+$ 以昼夜振荡方式合成,导致 Sirtuin 激活和线粒体代谢的昼夜节律,如脂肪酸氧化[137]。随着年龄的增长,中枢和外周昼夜节律功能的衰退都会影响新陈代谢,进而影响健康。

28.4.5　调节免疫和炎症

人体衰老进程中机体机能是降低的,但慢性炎症往往是增高的。慢性低度炎症现在被认为是衰老相关疾病和代谢疾病的关键驱动因素,表现为先天免疫系统异常激活,促炎细胞因子表达增加(如 TNF、IL-6 和 IL-1β)和激活免疫复合体增加(如 NLRP3 炎症小体)[113]。越来越多的证据表明,衰老不仅导致巨噬细胞数量增加,而且伴随着巨噬细胞极化状态和功能的改变,这是炎症的关键驱动因素(衰老细胞积累通过 SASP 促进巨噬细胞表型向促炎 M1 型状态极化,从而导致炎症)[138, 139]。研究发现,NAD$^+$ 是巨噬细胞功能的关键调节因子,巨噬细胞的激活与 NAD$^+$ 生物合成或降解途径的上调有关。如研究证实促炎 M1 型巨噬细胞极化与 CD38 表达增强相关,导致 NAD$^+$ 消耗增加。相反,抗炎 M2 型巨噬细胞极化与依赖于 NAMPT 的 NAD$^+$ 水平增加相关[140]。CD38 是 M1 型巨噬细胞中主要的 NAD$^+$ 消耗酶。在衰老过程中,NAD$^+$ 水平下降与肝脏和脂肪中促炎 M1 型巨噬细胞的增加积累有关,其特征是 CD38 表达增加和 NAD$^+$ 消耗酶活性升高。过表达 CD38 的 M1 型巨噬细胞被衰老细胞分泌的炎症细胞因子直接激活[140-142]。此外,衰老的巨噬细胞的特征是 NAD$^+$ 的新生合成受损,而 NAD$^+$ 本身可能会影响衰老过程中巨噬细胞的功能[143]。上述研究提示,促炎 M1 型巨噬细胞可能是衰老组织中促炎细胞因子的主要来源。促炎细胞因子的表达增强可能会推动炎症的恶性循环,导致更严重的炎症,增强组织和 DNA 损伤,进一步激活 NAD$^+$ 的消耗酶,如 CD38 和 PARP,并加速与年龄相关的生理衰退。因此,靶向巨噬细胞免疫代谢通路,特别是调控 NAD$^+$ 生物合成通路或降解通路,可作为激活或抑制巨噬细胞功能、调节巨噬细胞极化状态的治疗策略,这与衰老及相关疾病的治疗息息相关[113]。

此外,衰老过程中适应性免疫细胞功能的改变导致建立有效适应性免疫应答的能力降低,被称为免疫衰老。细胞外 NAD$^+$ 通过阻碍调节性 T 细胞刺激免疫反应,引起特定 T 细胞亚群细胞死亡的危险信号[144, 145]。此外,NAD$^+$ 似乎表现出免疫调节特性,如影响 T 细胞极化[146, 147]。然而,NAD$^+$ 对除调节性 T 细胞以外的其他关键免疫细胞的影响仍是未知的。

28.4.6 维持干细胞池

组织结构的变化在衰老动物中几乎是普遍存在的。这种结构变化在微观和宏观水平上都很明显,并且几乎总是伴随着正常组织功能的损害和对损伤的反应不足。在许多组织中,稳态组织维持和对损伤的再生反应依赖于组织特异性干细胞——具有自我更新和分化产生成熟子代能力的长寿细胞。组织中的干细胞通常表现出组织特异性分化模式,它们平衡静止与增殖的能力对其生存和维持适当的生理及再生反应至关重要[148]。干细胞在体内容易受到细胞损伤积累的影响,最终会导致细胞死亡、衰老或丧失再生功能。事实上,已发现许多组织中的干细胞随着年龄的增长发生许多变化,表现出对组织损伤的反应迟钝、增殖失调和功能衰退。这些变化导致组织再生能力下降,这是衰老最明显的特征之一。因此,了解干细胞自我更新、增殖、分化、静止和存活的分子机制,对于确定与年龄相关的干细胞功能障碍的影响因素至关重要。此外,这也为寻找延缓甚至逆转与年龄相关退行性变化,维持衰老组织健康功能的治疗干预措施提供可能。越来越多的研究表明,干细胞衰竭是多种衰老相关损伤的综合结果[148, 149]。干细胞老化与包括有毒代谢物(如 ROS)积累、DNA 损伤、蛋白质稳态丧失、线粒体功能障碍、表观遗传改变、端粒缩短/功能障碍在内的细胞内途径及干细胞生态位等细胞外途径密切相关[149-151]。虽然很多方面缺少确切的实验数据来证实,但靶向这些途径仍被认为可能对延缓干细胞衰老存在积极影响。

一项对老年小鼠的研究表明,线粒体功能障碍是骨骼肌干细胞衰老的生物标志物。使用 NAD^+ 的前体 NR 治疗,通过激活 mUPR 通路恢复蛋白质毒性应激抗性,从而刺激线粒体应激传感器和效应因子,恢复线粒体稳态及功能,使骨骼肌干细胞恢复活力。NR 干预还可以减缓老年小鼠的神经干细胞和黑素干细胞的衰老,甚至略微延长了 24 月龄小鼠的寿命[90]。肠道干细胞是修复损伤的关键,最近有研究发现肠道干细胞的数量和增殖活性在老年小鼠中下降,提示肠道干细胞的自我更新能力降低。NR 治疗可使老年小鼠的肠道干细胞恢复活力,并逆转受损的肠道损伤修复能力[152]。

28.4.7　调节肠道菌群

肠道菌群指人体肠道内一个数量庞大的微生物群体,与其宿主之间存在着一种对宿主健康至关重要的共生关系。研究表明,健康的肠道菌群在调控体内代谢、抵抗感染和炎症、预防自身免疫和癌症及调节脑-肠轴等方面发挥着关键作用[153]。肠道菌群的组成随着衰老和相关疾病而发生显著变化,包括菌群多样性的下降、糖酵解菌的减少和蛋白质水解菌的增加、核心优势菌种丰度降低、次优势菌种丰度增加、双歧杆菌计数减少、厚壁菌门与拟杆菌的比值降低等。这些变化被认为是由与年龄相关的免疫系统功能下降(免疫衰老)和伴随许多衰老相关病理的低度慢性炎症(炎症反应)引起的。反之,衰老过程中人体肠道菌群的病理生理变化也可引起免疫衰老和炎症反应,从而加速衰老相关的神经退行性疾病、代谢综合征、感染易感性等病理变化。鉴于此,肠道菌群稳态的维持与调节显然在健康老龄化和长寿中发挥着重要作用,是干预衰老的潜在靶点。许多研究也证实,调节肠道菌群的饮食、益生菌、菌群移植等干预措施可通过抑制慢性炎症、提高适应性免疫反应和抗氧化活性、调节脂肪沉积和代谢等机制对宿主的健康及衰老过程产生有益影响[154, 155]。此外,最近的一项大型人群研究也揭示肠道菌群不仅反映健康老龄化情况,还可能预测老年人是否长寿并为促进健康衰老和长寿提供了方向[156]。

研究证明,NAD^+ 代谢与肠道菌群存在互作。一方面,最新的研究发现细菌,特别是肠道菌群能通过脱酰胺通路来促进哺乳动物体内 NAD^+ 的合成,并且该通路也是通过外源性补充 NAD^+ 前体(NAM 或 NR)来提高哺乳动物细胞或组织中 NAD^+ 水平的主要机制。具体来说,肠道菌群可通过微生物烟酰胺酶(nicotinamidase)(PncA)将 NAM 或 NR 转化为NA,从而促进宿主通过脱酰胺途径将 NA 转化为 NAD^+。

因此,细菌能帮助细胞对 NAMPT 抑制剂(能诱导癌细胞死亡)产生抗性,而肿瘤细胞中细菌的存在就可能使靶向酰胺途径的抗肿瘤药物的疗效大打折扣。研究提示,PncA 将哺乳动物中的酰胺通路和脱酰胺通路连接起来,靶向肠道菌群来调节 NAD^+ 代谢可能是治疗相关疾病的新方法[157]。另外,NAD^+ 代谢也会影响肠道菌群的组成,从而影响机体健康状态。例如,肠上皮中 *SIRT1* 特异性敲除小鼠粪便胆汁酸浓度增加,进而导致肠道微生物组成改变、肠道炎症加剧和对结肠炎的易感性增加。SIRT1 通过改变肠道微生物群来调节小鼠衰老过程中的肠道炎症,提示 SIRT1 可能是宿主—微生物组相互作用的重要介质[158]。对 NAD+ 前体 NMN 的研究表明,NMN 干预可以调节肠道微生物群的结构,增加有益菌的丰度,减少有害菌的丰度。同时提高粪便中胆汁酸相关代谢物的浓度,降低酚类物质的浓度。NMN 还能够维持肠道黏膜屏障的完整性,对肠道发挥保护作用[159]。此外,短期(40 天)的 NMN 干预显著降低了衰老前阶段雄性小鼠的粪便微生物多样性。研究人员推测,与某些特定血清代谢物相关的各种功能性细菌可能是评估 NMN 抗衰老作用的潜在生物标志物,这有待进一步验证[97]。

28.5　NAD+ 水平与人体衰老的关系

28.5.1　NAD+ 随年龄降低

研究证实,多个物种的不同组织存在随衰老发生的 NAD+ 水平降低。小鼠和大鼠在包括大脑、肝脏、肌肉、胰腺、皮肤和脂肪在内的多个组织中显示出与年龄相关的 NAD+ 减少[86, 90, 105, 160, 161]。也有研究报道,在秀丽隐杆线虫中 NAD+ 水平存在年龄依赖性下降[87, 160]。此外,在老年人的大脑和肝脏中也观察到 NAD+ 减少[162, 163]。与此一致的是,NAD+ 代谢物 NADP+ 和 NAAD 的血浆水平在衰老过程中也显著下降[164]。因此 NAD+ 水平的随年龄下降是衰老的原因还是结果引起了研究者极大的关注。

NAD+ 是一个关键的细胞功能和适应代谢需要的媒介。这些关键的细胞过程包括代谢途径、氧化还原稳态、钙稳态、昼夜节律、DNA 修复及基因组稳定性、自噬等。在衰老过程中,NAD+ 水平下降会影响这些过程,导致代谢功能障碍、氧化损伤、昼夜节律紊乱、DNA 修复失败和基因组不稳定、自噬异常,从而进一步加剧衰老及相关疾病的发展[113]。综上所述,NAD+ 水平下降既是细胞衰老的结果,也是衰老相关细胞功能障碍的促成因素。因此,维持 NAD+ 水平在衰老过程中起着至关重要的作用。补充 NAD+ 前体如 NMN、NR 或抑制 NAD+ 消耗酶如 CD38、PARP,也被证明可以有效恢复衰老个体 NAD+ 池和细胞功能[113, 165]。

28.5.2　衰老中 NAD+ 水平下降的可能机制

细胞内 NAD+ 不断合成、分解和回收来维持细胞内 NAD+ 水平的稳定。然而,在衰老过程中这种分解代谢和合成代谢过程之间的平衡被打破,NAD+ 的降解速度超过了细胞产生 NAD+ 的能力,也超过了细胞有效回收 NAM 的能力(NAM 可以通过补救合成途径循环利用合成 NAD+)。此外,过量的 NAM 可能通过其他的代谢途径分解,有效地将其从 NAM 回收途径转移,进一步影响 NAD+ 水平[113]。

一方面,随着年龄的增长,一种或多种 NAD+ 生物合成途径可能下调,导致 NAD+ 合成减少。NAMPT 是 NAD+ 补救合成途径中的限速酶,对细胞内 NAD+ 的补救合成(包括 NAM

的回收)起着重要作用,其含量和活性部分决定了 NAD$^+$ 生成的量和速率[166]。研究表明,小鼠纯合子 NAMPT 缺乏会导致胚胎死亡,而杂合子 NAMPT 缺乏会降低棕色脂肪和胰岛组织中的 NAD$^+$ 水平[167]。肌肉特异性 *NAMPT* 敲除小鼠出现 NAD$^+$ 水平下降,肌细胞坏死、肌肉功能进行性丧失,以及糖代谢异常[168]。此外,在海马 CA1 区特异性 *NAMPT* 敲除的小鼠中也观察到海马 NAD$^+$ 水平下降及类似老年小鼠所表现出的认知功能障碍[169]。这些发现强调了 NAMPT 在维持体内 NAD$^+$ 水平方面的生理重要性。有一些证据表明,随着年龄的增长,NAMPT 水平会下降。例如,在年龄诱导的 2 型糖尿病模型中,NAD$^+$ 水平和 NAMPT 表达(在包括肝脏、骨骼肌、白色脂肪和胰腺在内的各种组织中)被显著抑制[98, 170]。然而,也有研究指出老年小鼠和人体组织中的 NAMPT mRNA 和蛋白质水平没有改变[171]。因此,在不同的细胞类型和组织环境中 NAMPT 的水平及其催化的 NAD$^+$ 的合成可能不同,争议仍有待进一步研究。此外,还有研究证明 NAMPT 水平的下降可能是由于衰老过程中的慢性炎症和生物钟受损的结果[98, 170]。

另外,随着年龄的增长,NAD$^+$ 的消耗可能增加。NAD$^+$ 消耗酶 CD38 被报道与衰老过程中的 NAD$^+$ 减少有关。CD38 是细胞中主要的 NAD$^+$ 糖水解酶,可将 NAD$^+$ 水解为 ADP 核糖(ADPR)和 NAM。CD38 也具有 ADPR 基环化酶活性,从 NAD$^+$ 中产生 NAM 和 cADPR[113]。研究表明,CD38 的蛋白水平和酶活性在衰老过程中显著升高,导致 NAD$^+$ 消耗增加[171]。然而,*CD38* 敲除的老年小鼠保留了 NAD$^+$ 水平、线粒体呼吸和代谢功能[172]。此外,有研究发现 LPS 和 TNF-α 处理可以促进细胞中 *CD38* 基因的表达,提示衰老过程中慢性炎症的增加可能是 CD38 表达上调的触发因素[120]。PARP 蛋白家族是另一类 NAD$^+$ 消耗酶,只有 PARP1、PARP2 和 PARP3 定位于细胞核,响应早期 DNA 损伤,在 DNA 损伤修复中起关键作用[113]。一项研究表明,PARP 在衰老的线虫和小鼠(肝脏和骨骼肌)中被显著激活,NAD$^+$ 水平大幅度下降,SIRT1 活性降低[86]。而在 *PARP1* 和 *PARP2* 敲除的小鼠中观察到 NAD$^+$ 水平升高,SIRT1 活性提高,代谢功能改善[173, 174]。对此,一个可能的解释是,衰老与核 DNA 损伤的增加有关,使 PARP 被激活,从而消耗了大量的 NAD$^+$。NAD$^+$ 的亚细胞定位高度集中在胞质、线粒体和细胞核。这些部位的 NAD$^+$ 水平是被独立调控的,NAD$^+$ 生物合成或降解所涉及的酶也分布在不同的位点[113],故衰老过程中 NAD$^+$ 的降解机制在不同细胞区室中可能不同。

28.5.3　NAD$^+$ 与衰老的标志

目前的研究广泛探索了维持体内 NAD$^+$ 水平对衰老的影响,但其有益作用的确切分子机制尚不清楚。衰老的 9 项标志(如前文所述)中前 4 项被认为是细胞损伤的原发性因素,而营养感知失调、线粒体功能障碍及细胞衰老则是针对损伤的代偿性反应或拮抗性反应,最后 3 项被认为是前两类标志的结果,最终导致衰老相关功能衰退[46]。多项研究表明,NAD$^+$ 与衰老的以上特征密切相关(表 28.3)。此外,也有研究认为自噬受损是与 NAD$^+$ 相关的衰老标志之一[165]。

表 28.3　NAD⁺ 与衰老的标志

衰老的标志	NAD⁺ 水平变化产生的影响及相关途径
基因组不稳定性[87, 160, 175, 176]	NAM 可防止紫外线诱导的 ATP 耗竭,增强细胞能量,增强 DNA 修复能力,局部使用 NAM 可减少皮肤老化; 在早衰疾病如 XPA、CS、AT 中,DNA 修复受损,导致 NAD⁺ 水平下降,PARP1 过度激活,Sirtuin 活性降低,恢复 NAD⁺ 水平可改善疾病病理; 在正常小鼠中,组织 DBC1 会随着年龄的增长而增加,它与 PARP1 结合并抑制 PARP1,导致 DNA 损伤的积累,这一过程通过恢复细胞 NAD⁺ 水平迅速逆转; NR 部分通过 SIRT1/SIRT6 依赖的 DSBR 改善了小鼠 ATM 缺陷神经元的基因组稳定性,从而增强了对电离辐射的耐受性
端粒磨损[96]	端粒酶敲除小鼠肝脏中的端粒缩短导致 Sirtuin 家族的 p53 依赖性抑制,NMN 干预维持端粒长度,抑制 DNA 损伤反应,改善线粒体功能,并补救小鼠的肝纤维化,NMN 的有益作用部分依赖于 SIRT1
表观遗传改变[177]	SIRT1 可以通过组蛋白的直接脱乙酰化及促进组蛋白和 DNA 甲基化的改变来调节染色质功能,从而抑制转录;SIRT1 可以与 PARP1 相互作用,当 NAD⁺ 水平较低时,SIRT1 与 PARP1 相互作用并使其脱乙酰化而抑制 PARP1 基因的表达,从而降低细胞内 PARP1 的总活性,而较高的 NAD⁺ 水平会抑制相互作用
蛋白稳态丧失[87, 161, 167, 178, 179]	NR 或 PARP1 抑制剂激活 mUPR,导致 FOXO 转录因子易位,触发小鼠和线虫的抗氧化防御并延长寿命; 提高 NAD⁺ 水平减少阿尔茨海默病模型小鼠功能障碍蛋白 β 淀粉样斑块的沉积
营养感知失调[180, 181]	靶向 NAD⁺ 降解途径或提高 NAD⁺ 水平可影响代谢过程,并可预防代谢疾病及延缓衰老。较高的 NAD⁺ 水平可以促进核 SIRT1 和线粒体 SIRT3 的脱乙酰酶活性,从而调节线粒体功能,保护机体免受 HFD 诱导的代谢性疾病的侵袭;抑制 NAD⁺ 降解途径的小鼠在 HFD 条件下和在衰老过程中也不会发生肥胖,且有较高的代谢率和相对正常的葡萄糖代谢
线粒体功能障碍[90, 100]	NR 治疗通过激活 mUPR 通路,恢复蛋白质毒性应激抗性,从而刺激线粒体应激传感器和效应因子,恢复线粒体稳态及功能(线粒体呼吸功能改善,ATP 水平及线粒体膜电位升高),使骨骼肌干细胞恢复活力; 增加 NAD⁺ 水平,通过 SIRT1/HIF－1α 通路恢复线粒体稳态
细胞衰老[90, 140, 141]	衰老细胞分泌的 SASP 可诱导非衰老细胞(巨噬细胞或内皮细胞)的 CD38 活性,导致组织 NAD⁺ 下降; NR 干预防止肌肉萎缩模型小鼠骨骼肌干细胞衰老
干细胞耗竭[90, 152, 182, 183]	NR 治疗使肌肉、神经元和黑素细胞干细胞恢复活力; NAD⁺ 通过增强 SIRT1 活性或线粒体清除,使老化的肠道、肌肉和造血干细胞池恢复活力
细胞间通信改变[184-186]	在阿尔茨海默病和糖尿病中,NAD⁺ 增强通过减少促炎因子和炎症小体 NLRP3,抑制神经炎症
自噬受损[187-189]	外源性 NAD⁺ 通过上调自噬作用抑制 H₂O₂ 诱导的氧化应激,保护视网膜色素上皮细胞免受 PARP1 介导的坏死性死亡; NAD⁺/SIRT1 通路通过对自噬蛋白包括 Atg5、Atg7、Atg8 和 LC3 的脱乙酰化诱导自噬; NAD⁺/SIRT1 通路激活大鼠原代皮层神经元 AMPK,从而抑制 mTOR 激活自噬

XPA：着色性干皮病；DBC1：乳腺癌缺失因子 1；DSBR：双链断裂修复；LC3：微管相关蛋白 1 轻链 3。

28.6 维持 NAD⁺ 水平使延长人类寿命成为可能

28.6.1 补充 NAD⁺ 前体

NAD⁺ 水平的下降是细胞功能障碍及衰老的重要驱动因素,因此调节 NAD⁺ 水平为延缓衰老及相关疾病的进展提供了干预选择。事实上,很多研究聚焦于 NAD⁺ 前体 NR、NMN 对酵母、秀丽隐杆线虫、小鼠的寿命和健康寿命的影响。研究发现,NR 可以将酵母的复制寿命延长 10 代以上[190]。在秀丽隐杆线虫中,NR 通过 *SIR - 2.1*(哺乳动物 *SIRT1* 的同源基因)途径延长了野生型线虫的平均寿命[87]。此外,即使在小鼠生命后期(24 月龄时)进行 NR 干预,仍能延缓神经元和黑素细胞干细胞的衰老,增加小鼠寿命[90]。最近一项研究也证明,仅仅使用 NMN 干预 1 周足以将 22 月龄小鼠的线粒体稳态和肌肉健康的关键生化指标(如炎症标志物水平、胰岛素信号转导和胰岛素刺激的葡萄糖摄取)恢复到与 6 月龄小鼠相似的水平,显著逆转了衰老[100]。早衰疾病(包括着色性干皮病、强直性脊柱炎和库欣综合征)均表现出线粒体功能障碍和 NAD⁺ 缺失,NMN、NR 的补充有效延缓了线虫模型中的早衰表型并延长了其寿命[87, 102, 160]。NMN 干预在小鼠的强直性脊柱炎模型中也表现出类似的有益作用,包括寿命和健康寿命的延长[87]。此外,研究表明,NMN 通过 Sirtuin 依赖的方式改善各种器官功能。例如,研究发现 SIRT3 介导 NMN 诱导的心肌病小鼠模型中的心脏和心外代谢功能改善[191]。

对 NAD⁺ 另一种前体 NAM 的研究发现,对野生型线虫进行 NAM 干预可以观察到寿命延长,并存在剂量依赖性影响[86]。然而高剂量的 NAM 被证明对酵母和线虫的寿命有负面影响。这种现象可能与高浓度的 NAM 作为脱乙酰酶的抑制剂发挥作用或 NAM 的甲基化增加[192, 193]。因此,NAM 的有效使用仍需更多研究来明确。

总之,目前有限的研究数据表明补充 NAD⁺ 前体可以延缓实验动物模型的衰老,延长其寿命。

28.6.2 抑制 NAD⁺ 消耗

除了补充 NAD⁺ 前体外,靶向 NAD⁺ 消耗酶也是维持 NAD⁺ 水平的一种重要方法。研究发现,针对 NAD⁺ 消耗酶,特别是 PARP 和 CD38,具有治疗与 NAD⁺ 水平下降相关的年龄相关疾病的巨大潜力。PARP 抑制延长了野生型、强直性脊柱炎模型及高血糖模型的秀丽隐杆线虫的寿命[86, 87, 194]。越来越多的证据表明,由 DNA 损伤引起的 PARP 异常激活导致 NAD⁺ 缺失,促进涉及 DNA 修复缺陷的肿瘤发生和神经退行性疾病的进展。PARP 抑制剂,如尼拉帕利、芦卡帕利和奥拉帕利已经被美国食品药品监督管理局批准用于治疗癌症,包括前列腺癌、乳腺癌和卵巢癌[195-197]。它们通过破坏 DNA 修复和复制途径,杀伤癌细胞来发挥作用。此外,PARP 的异常激活导致 Sirtuin 的 NAD⁺ 可用性降低。因此,抑制 PARP 可通过恢复 NAD⁺ 含量增强 SIRT1 活性,为机体提供保护。具体来说,*PARP1* 敲除小鼠棕色脂肪组织与肌肉中的 NAD⁺ 含量和 SIRT1 活性升高。该小鼠能量消耗和线粒体含量增加,并表现出对 HFD 诱导的代谢疾病的保护作用,如更高的线粒体含量、增加的能量消耗和对代谢疾病的保护[173]。PARP 抑制剂还可以改善小鼠骨骼肌线粒体功能,增强耐力并预防 HFD 诱导的代谢缺陷。研究证明,PARP 抑制剂对肌肉代谢的关键作用依赖于 SIRT1[174]。

黄酮类化合物,包括芹菜素、槲皮素、木樨草素,对 CD38 活性有抑制作用,被证实对机体具有保护作用[198]。例如,研究证实芹菜素可以提高人类细胞和小鼠肝组织中的 NAD^+ 水平,并改善肥胖小鼠模型中的葡萄糖和脂质稳态[199]。芹菜素可以下调 CD38 的表达,并增加糖尿病大鼠肾脏细胞内 $NAD^+/NADH$ 的比值及 SIRT3 介导的线粒体抗氧化酶的活性[200]。木樨草素可提高小鼠心肌缺血后的 NAD^+ 水平并保护内皮细胞和心肌[201]。化合物 78C 是 CD38 的另一种抑制剂,在逆转衰老过程中 NAD^+ 下降方面比黄酮类化合物具有更强的效力[98]。研究表明,78C 能防止小鼠体内与年龄相关的 NAD^+ 水平下降,可改善老年小鼠代谢功能障碍,减少 DNA 损伤积累,改善肌肉功能。有趣的是,这项研究还报道了长寿通路 AMPK 通路的激活及负通路 $mTOR/p70^{S6K}$ 和胞外信号调节激酶(extracellular signal-regulated kinase,ERK)的激活减少[202]。此外,78C 还对小鼠缺血后内皮细胞和心肌细胞损伤有保护作用[203]。综上所述,已有越来越多的研究证实了靶向 NAD^+ 消耗酶对保护机体功能,延长健康寿命的积极作用。

总结与展望

　　衰老的驱动因素是内生的,不可避免的,但可以延缓。不良生活习惯、环境及疾病的发生发展使人类无法达到自然寿命。但多年来的科学研究提示限制热量、运动、激活自噬等方法可以有效地延缓衰老。NAD^+ 及其前体被证明可能会通过调控多种衰老相关生物学过程以促进健康老化,延缓甚至部分逆转衰老。目前看来,动物实验的结果是鼓舞人心的,但是人体的结果仍十分缺乏。遗传异质性、内在生物学差异、生活习惯和环境等因素的存在使得对动物的研究并不总是对人类具有预测性。因此,将动物实验结果应用于人体仍困难重重。研究长寿不只是为了活得更久,更重要的是为了延长健康寿命的时程。长寿只有建立在健康基础上才有存在的意义。因此,延缓年龄相关疾病的发生发展以提高生活质量,促进健康衰老也是今后 NAD^+ 抗衰老研究的价值所在,我们急切地期盼这方面取得新的突破。

苏州大学(蒋智、罗丽、张辰越、魏彤)

第二十九章

辅酶 I 与肠道疾病

肠系膜缺血症是由于肠道血液灌注不足或血液回流障碍而导致肠道结构破坏和功能障碍造成的一系列临床综合征。常用的治疗方法包括溶栓治疗、介入治疗、手术治疗。结肠炎(colitis)是指各种病原体或变态反应及理化因子引起的结肠炎症性病变。治疗主要是通过阻断炎性反应,调节免疫功能,以及个体化、综合化的对症治疗。现有研究证实,保持 NAD⁺ 稳态对肠系膜缺血和结肠炎等多种肠道疾病有益。NAD⁺ 及其前体可能通过调节 NAD⁺ 依赖性脱乙酰酶 Sirtuin、PARP 及 CD38 等活性,减轻肠道疾病模型中的氧化应激、炎症及细胞凋亡水平,从而减少肠道损伤,维持肠道稳态。

29.1 概述

肠系膜缺血症包含急性肠系膜缺血(acute mesenteric ischemia,AMI)及慢性肠系膜缺血(chronic mesenteric ischemia,CMI)与结肠缺血症(colon ischemia,CI),共同构成肠缺血症,这一临床综合征是由于肠道血液灌注不足或血液回流障碍而导致肠道结构破坏和功能障碍造成。急性肠系膜缺血的病因包括:动脉栓塞、动脉血栓形成、非阻塞性肠系膜缺血、肠系膜上动脉瘤或夹层形成、主动脉夹层致肠系膜缺血和肠缺血、肠系膜静脉血栓形成剂及医源性肠系膜动静脉损伤等[1];慢性肠系膜缺血多为肠道血流障碍反复短暂发作所致,通常由肠系膜血管起源的动脉粥样硬化闭塞性疾病引起[2]。该病的临床表现缺乏特异性,且因缺血程度和发病缓急而异,轻者仅有腹痛、便血,重者可因肠管坏死致休克、死亡,腹痛重于压痛是此病的突出特点。急性肠系膜缺血常表现为腹痛、腹胀、呕吐、发热、便血、腹部压痛、肠鸣音减弱[1];慢性肠系膜缺血的症状多发生于餐后,是由于进餐后供应肠道的血液向胃分流,引起肠道缺血加重,患者通常表现为餐后腹痛、不敢进食和体重下降[2]。临床检查时,主要表现为腹痛、腹胀但缺乏特异性,确诊有赖于针对血管的影像学检查,初步可使用 CT 增强血管造影或磁共振血管成像诊断,金标准为血管造影检查,可显示内脏动脉闭塞的表现,并可鉴别栓塞和血栓形成,排除其他消化道疾病后可做出诊断。常用的治疗方法包括溶栓治疗、介入治疗、手术治疗。

结肠炎(colitis)是指各种原因引起的结肠炎症性病变。可由细菌、真菌、病毒、寄生虫、原虫等生物引起,亦可由变态反应及理化因子引起,根据病因不同,可分为特异性炎性病变和非特异性炎性病变,前者指感染性结肠炎、缺血性结肠炎和伪膜性结肠炎等,后者包括溃疡性结肠炎及结肠克罗恩病。主要临床表现为腹泻、腹痛、黏液便及脓血便、里急后重,甚至大便秘结、数日内不能通大便。常伴有消瘦乏力等,多反复发作。结肠炎的诊断主要依据病史、典型症状、体格检查和各项辅助检查(实验室检查、影像学检查、结肠镜检查、组织细胞学检查)等,一般包括: ① 腹痛伴有里急后重,持续会反复发作的腹泻; ② 全身表现及肠外表现;③ 多次粪便常规检查及培养发现病原体;④ X 线钡餐灌肠; ⑤ 结肠镜检查;⑥ 活检。治疗主要是通过阻断炎性反应,调节免疫功能,根据患者的病情给予个体化、综合化的治疗[3]。原则上应尽快、尽早控制疾病的症状,促进缓解,维持治疗,防止复发,防止并发症或掌握手术治疗的时机。

29.2 辅酶 I 对肠道疾病的作用

现有研究证实,保持 NAD^+ 稳态对肠系膜缺血和结肠炎等多种肠道疾病都是有益的。

在急性肠系膜缺血再灌注模型中,NAD^+ 前体 NR(50 mg/kg)被证实可以保护肠壁免受缺血再灌注损伤并改善肠系膜血管舒张功能。另外,在衰老过程中,肠道干细胞的数量、增殖活性及体外评估的肠道干细胞功能均显著下降,SIRT1 水平和 mTORC1 活性也随着年龄的增长而下降,NR 治疗[500 mg/(kg·d), 6 周]可使老年小鼠(24 月龄)的肠道干细胞恢复活力及其再生能力,并逆转受损的修复肠道损伤的能力[4]。在另一肠系膜缺血再灌注大鼠模型中,再灌注前 5 min 和再灌注后 15 min,按 50 mg/kg 体重静脉滴注 NR 也被证实可保护肠壁免受缺血再灌注损伤,并改善肠系膜血管的松弛功能[5]。

放射治疗可引起放射性肠炎、肠道炎性浸润或肠穿孔,NADH 可以通过减少氧化应激、增强自噬水平、抑制炎症及增强正常肠细胞中的 PI3K/Akt 途径来保护肠上皮细胞的肠壁免受照射损伤,同样,在动物模型中,7 天 10 mg/(kg·d)的 NADH 补充也通过抑制炎症及增强自噬来预防放射性肠炎[6]。

NAMPT 是 NAD^+ 补救合成途径中的限速酶,*NAMPT* 敲除小鼠在经历葡聚糖硫酸钠(dextran sulfate sodium, DSS)诱导后具有更明显的结肠炎,存活率较低,以及且肠黏膜中凋亡水平更高,通过补充 NMN(500 mg/kg,3 次/周,7 周)激活 NAMPT 依赖性 NAD^+ 生物合成途径有效地抑制了 DSS 诱导的结肠炎的疾病严重程度[7]。

Pandit 等人研究表明,抗癌药物顺铂会增加患者小肠氧化应激生物标志物,可诱导上皮细胞凋亡,从而引起小肠损伤,而顺铂引起的肠道损伤与 NAD^+/NADH 比值降低相关,这是由于 PARP1 的过度激活进一步导致 SIRT1 活性的下调及 NF-κB 的激活,而通过使用董尼酮(dunnione)作为 NADH∶醌氧化还原酶 1(NQO1)的强底物可导致细胞内 NAD^+ 水平增加,并防止顺铂诱导的与 PARP1、SIRT1 和 NF-κB 调控相关的小肠损伤[8]。诱导结肠炎前 48 h、24 h 和 1 h 及 24 h 后补充 20～40 mg/kg PARP 抑制剂 NAM[9] 及在坏死性小肠结肠炎新生大鼠模型中补充 4 天 NAM[500 mg/(kg·d)][10] 可以保护结肠炎带来的肠道损伤。

有趣的是，在肌萎缩侧索硬化(amyotrophic lateral sclerosis, ALS)小鼠模型(Sod1‐Tg 小鼠)中，嗜黏蛋白阿克曼菌(*Akkermansia muciniphila*)可以通过刺激 Sod1‐Tg 小鼠中枢神经系统中 NAM 的积累从而缓解肌萎缩侧索硬化症状，此外，在该研究中，全身补充 NAM(每周 49.28 mg/kg，4 周)可以改善 Sod1‐Tg 小鼠的运动症状和基因表达模式，揭示了肠道微生物组 NAM 代谢和神经变性之间存在一定联系[11]。

29.3　辅酶Ⅰ改善肠道疾病的机制

NAMPT 是维持细胞 NAD^+ 供应催化 NAD^+ 补救合成途径的限速步骤所必需的，Gerner 等人报道随着结肠炎进展，肠道内 NAMPT 水平逐渐增加，而使用 NAMPT 小分子抑制剂 FK866 改善了 DSS 诱导的结肠炎且抑制了炎症相关肿瘤的发生。FK866 能有效抑制 NAMPT 活性，通过降低黏膜 NAD^+ 水平，导致依赖 NADH 的酶包括 PARP1、SIRT6 和 CD38 的丰度和活性降低，降低 NF‐κB 的激活，减少单核细胞、巨噬细胞和活化的 T 细胞的细胞浸润，从而导致炎症抑制[12]。

Lo Sasso 等人报道肠道特异性 SIRT1 缺乏($SIRT1int^{-/-}$)的小鼠有更多帕内特细胞(又称潘氏细胞)和杯状细胞，可以使肠道菌群重排，从而防止结肠炎诱导的结直肠癌[13]，但在另一项研究中，肠道特异性 *SIRT1* 敲除小鼠(SIRT1 iKO)在 5～8 月龄时帕内特细胞激活异常，在 22～24 月龄时 NF‐κB 激活增加，应激通路激活增加，自发性炎症反应增加。此外，*SIRT1* iKO 小鼠在 4～6 月龄时粪便菌群也由于胆汁酸代谢的改变而发生了改变，具有缺陷肠道菌群的 *SIRT1* iKO 小鼠比对照组小鼠发生更严重的结肠炎，提示 SIRT1 的肠道缺失导致帕内特细胞的异常激活和肠道炎症，并增加对结肠炎的易感性[14]。此外，热量限制及间歇性禁食 24 h 等低热量状态可以通过激活 Sirtuin，从而提高肠道干细胞的再生能力[15, 16]。在热量限制过程中，肠道干细胞中的 mTORC1 信号反而上调。SIRT1 使 S6K1 脱乙酰化，从而通过 mTORC1 增强其磷酸化，从而导致蛋白质合成增加，肠道干细胞数量增加。帕内特细胞释放 cADPR 激活肠道干细胞内的 AMPK，从而增加 NAMPT 的转录及随后 SIRT1 介导的 S6K1 脱乙酰化和 mTORC1 磷酸化，最终导致肠道干细胞扩张[15]。NR 的作用被 mTORC1 抑制剂西罗莫司或 SIRT1 抑制剂 EX527 阻断。这些发现表明，影响 NAD^+/SIRT1/mTORC1 轴的小分子可能在衰老过程中保护肠道[4]。此外，将 DSS 诱导的结肠炎小鼠暴露于 SIRT1 激活剂 SRT1720 或抑制剂 NAM 7 天会导致完全相反的结果，用 SRT1720 治疗的 DSS 诱导结肠炎小鼠具有较低的疾病活动指数、组织学评分、炎症细胞因子水平和凋亡细胞速率。此外，细胞凋亡相关因子 GRP78、CHOP、cleaved caspase‐12、cleaved caspase‐9、cleaved caspase‐3 表达水平也更低，提示 SIRT1 活化通过抑制内质网应激介导的细胞凋亡相关分子来减少结肠炎患者肠上皮细胞的凋亡[17]。不难发现，在各种炎症性肠病会导致 SIRT1 的下调和活性降低，导致结肠炎中持续产生促炎细胞因子和氧化应激，外源性 SIRT1 有助于通过维持胃肠道免疫稳态改善结肠炎的疾病状况。

此外，Li 等人从 SIRT2 缺陷小鼠和炎症性肠病患者中收集肠上皮细胞，发现缺乏 SIRT2 会抑制 Wnt/β-catenin 信号通路从而下调肠上皮细胞的增殖和分化，而在炎症性肠病患者肠上皮细胞中，发现了 SIRT2 表达下降，提示 SIRT2 在维持肠道稳态方面具有一定作用[18]。而 SIRT6 过表达可减轻 DSS 诱导结肠炎模型的临床表现、组织病理学受损、肠道微环境失衡等，同时，DSS 诱导 NF-κB 和 c-Jun 的活化因 SIRT6 过表达而减弱，SIRT6 也可能是应激下肠损伤的治疗靶点[19]。

另外，抑制 PARP 也被证实是减少肠道缺血再灌注损伤或结肠炎中组织损伤的有效策略。在 *IL-10* 基因缺陷小鼠结肠炎模型中，PARP 抑制剂 3-氨基苯甲酰胺治疗 14 天后，*IL-10* 基因缺陷小鼠显示正常的结肠通透性，TNF 和 IFN 的分泌降低，iNOS 的表达和硝基酪氨酸水平也降低，并且能显著减轻炎症，提示抑制 PARP 活性可显著改善结肠炎症性疾病，并使细胞代谢功能和肠道通透性正常化[20]；两种 PARP1 抑制剂 GPI 15427 和 GPI 16539 可以通过减少炎症细胞浸润和组织损伤延缓大鼠肠道缺血再灌注损伤和炎症模型临床体征的发展[21]，另外一些 PARP1 抑制剂如 GPI 16552、GPI18214、PJ34、5-氨基异喹啉酮(5-AIQ)、奥拉帕尼等也在结肠炎动物模型中起到了类似的作用[22-25]。

Ning 等人在对健康人、克罗恩病患者和溃疡性结肠炎患者肠道组织的蛋白质组学差异进行分析时，发现涉及 NAD⁺代谢及信号通路的 CD38 等 10 个蛋白质的表达水平在结肠炎患者肠道组织中发生显著变化，利用 NCBI GEO 数据库，他们证实溃疡性结肠炎患者和小鼠结肠炎模型中 CD38 mRNA 表达增加[26]，为了确定 CD38 在肠道炎症中的作用，Schneider 等人使用 DSS 诱导结肠炎模型，发现野生型小鼠出现严重结肠炎，而 CD38⁻/⁻小鼠后只出现轻度疾病，另外，野生型小鼠结肠黏膜的组织学检查显示明显的炎性损伤，有密集的浸润，含有大量的粒细胞和巨噬细胞，而 CD38⁻/⁻小鼠的这些发现明显弱于野生型小鼠，提示 CD38 在控制结肠炎症过程中具有一定作用[27]。

综上所述，NAD⁺通过调节 NAD⁺依赖性脱乙酰酶、PARP 及 CD38 等活性参与肠道疾病调控(图 29.1)。

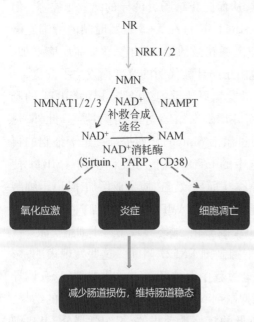

图 29.1 NAD⁺通过调节 NAD⁺依赖性脱乙酰酶 Sirtuin、PARP 及 CD38 等活性参与肠道疾病调控

总结与展望

　　补充 NAD$^+$ 及其前体已在多种肠系膜缺血和结肠炎等多种肠道疾病动物模型上被证明都是有益的，其机制可能涉及抑制氧化应激、抑制炎症反应、减轻细胞凋亡等。基于肠道疾病患者肠道组织的蛋白质组学差异分析表明，NAD$^+$ 代谢及信号通路发生了显著变化。未来的研究一方面着眼于探讨 NAD$^+$ 代谢在肠道疾病发病中的作用与机制，此外，深入研究补充 NAD$^+$ 及其前体干预肠道疾病的机制，将有助于发现新的治疗靶点和策略。

参考文献

苏州大学（潘善瑶、罗丽）

30.1 辅酶 I 与肌少症

"Sarcopenia"(肌少症,又称肌肉减少症)一词最早是由美国的 Irwin Rosenberg 教授于 1988 年提出的,其中"sarx"和"penia"分别在希腊语中意为"肌肉"和"丢失",最初指的是老年性肌肉萎缩[1,2]。目前普遍把肌少症定义为与增龄相关的骨骼肌质量减少及功能衰退的进行性和全身性骨骼肌疾病,它通常发生在老年人中。肌少症不仅是一组与年龄相关的疾病,也是环境与遗传因素共同作用的综合征。机体在疾病状态下(如糖尿病、癌症、慢性阻塞性肺病、心力衰竭等)也会触发肌少症。肌少症的发生导致老年人身体活动能力降低、代谢紊乱、生活质量下降,增加了老年人跌倒、骨折、代谢性疾病的发病率,同时加重了医疗负担[2,3]。随着人口老龄化的不断加剧,肌少症成为亟待解决的公共卫生难题,预防或延缓肌少症的发生发展具有重要的临床意义和社会意义。

30.1.1 肌少症发病机制

了解肌少症的发病机制是寻找有效的干预措施的关键。国内外很多研究聚焦于肌少症,但肌少症的发病机制至今仍远未阐明,它是一种复杂的多因素疾病,具有相互作用的功能失调系统网络。目前的研究显示,肌少症主要与蛋白质稳态丧失、炎症加剧、线粒体功能障碍、氧化应激损伤、激素失调、自噬异常、肌卫星细胞功能受损、干细胞修复与再生受损等因素有关(图 30.1)[4,5]。

30.1.2 肌少症临床治疗现状

治疗肌少症的目的在于减缓或逆转肌肉质量与功能的下降,减少相关并发症,提高生存质量。目前针对肌少症的策略主要集中在运动、营养和药物治疗上[4]。研究表明,运动疗法(特别是抗阻运动)对防治肌少症有较好的疗效,可以提高骨骼肌质量、力量,改善骨骼肌功能[6,7]。2018 年发布的国际肌少症临床实践指南强烈建议将体育锻炼作为肌少症的主要治疗方法[8]。然而老年人由于疾病等多种因素,有时并不能完成运动干预,因此寻

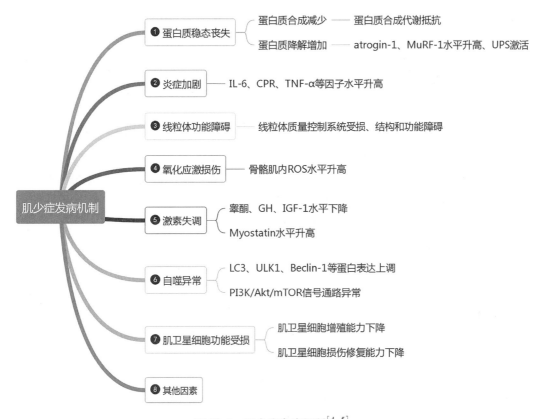

图 30.1 肌少症发病机制[4, 5]

GH：生长激素；IGF－1：胰岛素样生长因子－1；ULK1：丝氨酸/苏氨酸蛋白激酶1；Beclin－1：自噬效应蛋白；PI3K：磷脂酰肌醇3激酶；Akt：蛋白激酶B；ROS：活性氧；IL－6：白细胞介素－6；CPR：C反应蛋白；atrogin－1：肌萎缩素；MuRF－1：肌肉特异性环指蛋白-1；UPS：泛素-蛋白酶体系统

找有效的运动模拟措施也至关重要。尽管有研究显示,补充必需氨基酸如亮氨酸及其生物活性代谢物 β -羟基- β -甲基丁酸、n -3 多不饱和脂肪酸、蛋白质和维生素 D 等对老年人肌肉有积极影响,但是单纯的营养干预对肌少症的治疗作用还不清楚。营养干预和体育锻炼结合可以协同改善肌肉健康,迄今这一直是治疗肌少症最有效的策略[9]。事实上,很多研究本质上是观察性的,高质量的研究并不常见。目前临床上没有以肌少症为适应证的药物,药物治疗集中在肌蛋白合成激素的补充与蛋白质代谢的平衡调节方面,研究涉及的可能有效的药物主要包括睾酮、选择性雄激素受体调节剂、生长激素、血管紧张素转化酶抑制剂等。然而,现有药物的治疗疗效并不理想,且其安全性仍缺乏直接证据[3]。综上所述,了解肌少症潜在的细胞和分子机制,并针对相关靶点探索有效治疗措施,是未来防治肌少症的重要研究方向。

30.1.3 NAD⁺前体治疗肌少症的药效

研究发现,随着年龄的增长和病理状态的发生,骨骼肌中细胞 NAD^+ 水平下降,提示 NAD^+ 与肌少症密切相关[9]。多项研究证明,组织 NAD^+ 稳态的重要性及 NAD^+ 前体(主要是 NR、NMN)的治疗潜力。外源性补充 NR 提高了老年小鼠跑步时间、距离与抓握力,改善了肌肉功能。具体来说,NR 恢复了老年小鼠骨骼肌 NAD$^+$池,增加了肌肉 ATP 生成,改善了肌肉干细胞功能[10]。NAMPT 是 NAD$^+$补救合成途径中的一种必需酶,肌肉特异性 *NAMPT* 敲除小鼠骨骼肌 NAD$^+$含量显著下降,同时伴有肌纤维变性及肌肉力量和耐力下降,NR 干预迅速改善功能缺陷并恢复肌肉质量[11]。一项涉及线虫、人类原代肌管、老年小鼠 3 种模型的研究指出,淀粉样变性和线粒体功能障碍是跨物种肌肉老化的特征,NR 治疗可以减少年龄相关淀粉样变性,恢复肌肉线粒体稳态[12]。对 NAD$^+$另一种前体 NMN 的研究发现,对自然衰老的小鼠进行为期 12 个月的 NMN 给药,能有效缓解小鼠年龄相关的各种生理衰退,增强骨骼肌中的线粒体呼吸能力,促进身体活动,并且 NMN 给药没有显示任何明显的毒性或有害作用[13]。内皮细胞中的 SIRT1 是肌细胞分泌的促血管生成信号的关键介质。用 NMN 治疗小鼠,可以促进 SIRT1 依赖性的毛细血管密度增加,从而改善老年小鼠的血流量并提高耐力[14]。短期 NMN 治疗(7 天)也被证明逆转了老年小鼠的肌肉萎缩,减缓了骨骼肌中衰老相关部分代谢变化,尽管数据并未显示肌肉力量的改善[15]。鉴于 NAD$^+$前体的安全性及有效性,近年来,研究者们致力于通过人类临床试验探究其疗效。目前的人体研究证实,口服 NR 可以增加老年人骨骼肌 NAD$^+$代谢组,NAD$^+$合成的生物标志物 NAAD 显著增加。此外,NR 还降低了循环炎症细胞因子的水平,但是肌肉线粒体生物能没有变化[16]。在老年受试者中,补充 NR 增加了 NADH 水平,提高了膝关节等距峰值扭矩及疲劳指数,改善了老年人体能[17]。2021 年的一项为期 10 周的最新研究表明,补充 NMN 可影响胰岛素信号转导和肌肉重塑,增强糖尿病前期女性肌肉的胰岛素敏感性[18]。总体而言,目前的研究显示了 NAD$^+$前体延缓肌肉衰老和抗肌少症的药效。

30.1.4　NAD$^+$前体治疗肌少症的机制

(1) 改善线粒体功能:线粒体是为骨骼肌供能的细胞器,线粒体功能障碍被认为是肌肉衰老的标志。研究表明,NR 干预改善了线粒体膜电位,改善了线粒体呼吸功能及氧化磷酸化,增加了老年小鼠肌肉 ATP 丰度。细胞 NAD$^+$池减少会钝化 mUPR 通路,导致线粒体稳态的丧失,同时使肌肉干细胞数量和自我更新能力下降。NR 提高肌肉干细胞 NAD$^+$浓度,通过激活 mUPR 通路,恢复蛋白质毒性应激抗性,从而刺激线粒体应激传感器和效应因子。这种效应改善线粒体稳态,使老年小鼠肌肉干细胞恢复活力,并保护老年小鼠肌肉功能[10]。年龄相关性淀粉样变是线粒体功能障碍的一个促进因素,NAD$^+$稳态对控制年龄相关性肌肉淀粉样变性至关重要。用 NR 处理线虫、人类原代肌管及老年小鼠可以通过减少肌肉淀粉样变性改善线粒体功能,维持肌肉稳态[12]。与 NR 相似的是,补充 NMN 也可以增强衰老骨骼肌线粒体呼吸功能,增加 ATP 的生成,改善线粒体功能从而发挥药效[13]。

(2) 抑制炎症:与衰老相关的慢性低度炎症可能是肌少症的重要病因。高水平的促炎细胞因子如 IL-6、IL-1β、TNF-α 等与骨骼肌老化及功能丧失有关[4]。现有的几项研究揭示了 NAD$^+$ 前体的抗炎作用,如老年小鼠出现肌肉萎缩和炎症标志物水平增加,NMN 干预显著逆转了这些变化[15];而口服 NR 也显著降低了 IL-6、IL-5、IL-2 和 TNF-α 的水平[16]。慢性炎症通过免疫细胞和代谢细胞之间复杂的相互作用对全身代谢产生深远影响,如葡萄糖摄取及胰岛素敏感性[19]。骨骼肌是全身胰岛素敏感性的主要承担者,普遍认为肌少症与胰岛素抵抗相伴而生。动物实验中,NMN 给药被证明改善了老年小鼠出现的胰岛素信号及胰岛素刺激的葡萄糖摄取受损的情况[15]。2021 年 4 月,首个 NMN 临床数据发布。这项随机双盲实验发现补充 NMN 可以增加骨骼肌胰岛素信号响应,提高胰岛素敏感性,促进肌肉重塑。具体来说,体内研究观察到 NMN 干预可以提高受试者胰岛素敏感性,而体外实验得到一致结果,进一步发现 NMN 干预组注射胰岛素后,肌肉 Akt 和 mTOR 磷酸化水平及总 Akt 和 mTOR 蛋白丰度均高于治疗前(Akt 和 mTOR 是胰岛素信号通路中参与调节葡萄糖摄取和肌肉重塑的关键因子)[18]。

（3）降低氧化应激损伤:衰老导致机体氧化还原稳态失调,可能部分归因于体内低 NADH、NADPH 水平。仅有的研究证实,与年轻个体相比,老年人红细胞中 GSH 水平(主要的非酶抗氧化剂)较低,而 F_2 异前列腺素水平(氧化应激生物标志物)较高,表现出更高的系统性氧化应激。NR 给药可提高老年人 NADH、NADPH 水平和红细胞 GSH 水平,降低 F_2 异前列腺素水平,进而改善了老年人整体氧化还原状态和体能表现[17]。

30.1.5　NAD$^+$ 前体与运动及其他药物的联合应用

事实上,NAD$^+$ 前体与运动及其他药物的联合应用也为延缓骨骼肌衰老和治疗肌少症提供了新的干预思路。例如,研究证明,NMN 治疗促进老年小鼠肌肉毛细血管密度增加,改善其血流量并提高耐力,而这一作用可以通过运动或增加硫化氢(模拟热量限制,调节内皮 NAD$^+$ 水平)水平来增强[14]。对 28 月龄的大鼠饮水中外源性补充 NAM 5 周,其中后 4 周同时给予中等强度跑台运动,研究发现仅补充 NAM 没有改变老年大鼠腓肠肌 SIRT1 表达,但增强了 SIRT1 活性,同时老年大鼠腓肠肌中 PGC1α 和 pCREB/CREB 比值升高,提示 NAM 对老年大鼠骨骼肌有积极影响。但是 NAM 联合运动却导致了老年大鼠 SIRT1 水平下降,这可能是研究中面临的一个挑战[20]。

30.2　辅酶 I 与肌营养不良

肌营养不良是一组遗传性疾病,导致肌肉质量、功能下降,引起心脏、呼吸肌受累等并发症,从而造成不良后果。肌营养不良具有进行性肌无力、肌丧失及肌肉活检的营养不良的病理特征。目前已知的肌营养不良类型超过 30 种,其病因和症状各不相同。根据发病时期及发病率,大致可以将其分为先天性肌营养不良和其他常见肌营养不良,不同肌营养不良症影响的肌肉群不同。先天性肌营养不良(congenital muscular dystrophies, CMD)患者从出生前、出生时或生命早期开始就出现肌肉无力和萎缩,主要包括贝特莱姆肌病(Bethlem myopathy)、福山型先天性肌营养不良(Fukuyama congenital muscular dystrophy，FCMD)、肌-眼-脑病(muscle-eye-brain disease，MEB)、硬脊骨肌营养不良(rigid spine muscular dystrophy，RSMD)、乌尔里希型先天性肌营养不良(Ullrich congenital muscular dystrophy，UCMD)及沃克-瓦尔堡综合征(Walker－Warburg syndrome，WWS)。常见肌营养不良主要包括迪谢内肌营养不良(Duchenne muscular dystrophy，DMD)、贝克肌营养不良(Becker muscular dystrophy，BMD)、埃默里-德赖弗斯肌营养不良(Emery－Dreifuss muscular dystrophy，EDMD)、面肩肱型肌营养不良(facioscapulohumeral muscular dystrophy，FSHD)、肢带型肌营养不良(limb-girdle muscular dystrophy，LGMD)、肌强直性营养不良(myotonic dystrophy，DM)、眼咽型肌营养不良(oculopharyngeal muscular dystrophy，OPMD)、胫骨肌营养不良(tibial muscular dystrophy，TMD)。其中，DMD 是最常见的肌营养不良症，约占所有肌营养不良患者的 1/3[21-23]。

30.2.1 肌营养不良发病机制

肌营养不良通常是由关键的、合成肌肉所需蛋白的基因突变引起的。通过分子遗传学工具，研究者已经发现超过 40 个与肌肉营养不良有关的基因突变，表 30.1 和 30.2 分别列出了与先天性和常见的肌营养不良有关的基因。因此，通过适当的临床识别和先进的基因检测可以实现早期诊断。研究表明，肌营养不良主要涉及的蛋白质类别为 ECM 和基膜蛋白、肌膜蛋白、核膜蛋白、肌节蛋白、内质网蛋白等。CMD 通常是由位于 ECM 的蛋白质或参与其翻译后修饰的外膜蛋白或酶的突变造成，核蛋白的突变通常导致 EDMD，而肌膜蛋白和肌节蛋白的缺陷主要导致 LGMD[23]。

表 30.1 与先天性肌营养不良有关的基因[22, 23]

先天性肌营养不良	基　因	蛋　白　质
层粘连蛋白缺陷型先天性肌营养不良	*LAMA2*	Laminin alpha2 chain of merosin
沃克-瓦尔堡综合征	*FKRP*、*FCMD*、*POMT1*、*POMT2*、*LARGE1*、*ISPD*	Dystroglycan and glycosyltransferaseenzymes
福山型先天性肌营养不良	*FCMD*	Fukutin
肌-眼-脑病	*FKRP*、*FCMD*、*POMGNT1*	Dystroglycan and glycosyltransferaseenzymes
乌尔里希型先天性肌营养不良	*COL6A1* *COL6A2* *COL6A3*	Collagen Ⅵ subunits
硬脊骨肌营养不良(SEPN1 肌病)	*SEPN1*	Selenoprotein N1
贝特莱姆肌病	*COL6A1* *COL6A2* *COL6A3*	Collagen Ⅳ subunits

表 30.2　与常见的肌营养不良有关的基因[22, 23]

常见肌营养不良	基　因	蛋　白　质
迪谢内肌营养不良	*DMD*	Dystrophin
贝克肌营养不良	*DMD*	Dystrophin
埃默里-德赖弗斯肌营养不良	*EMD*、*FHL1*、*LMNA*、*SYNE1*、*SYNE2*	Emerin、Lamin A/C、Nesprin
肢带型肌营养不良	*Multiple*	Sarcoglycan　Dystroglycan、Telethonin、Titin, and so forth
面肩肱型肌营养不良	*DUX4*、*SMCHD1*	Subtelomeric chromatin rearrangement
强直性肌营养不良	*DMPK*、*CNBP*	Myotonic dystrophy protein kinase

30.2.2　肌营养不良临床治疗现状

肌营养不良难以治愈,但现有的治疗方法可以减轻症状,减缓疾病的发展。近年来,由于基因诊断工具的发展,肌营养不良的遗传基础得到进一步阐明。随着临床分类的完善和肌肉病理学、影像学的改进,很多患者实现了个体化的基因诊断,同时也推进了肌营养不良治疗手段的不断进步。针对各类肌营养不良的发病原因及症状,现有的治疗手段主要包括药物治疗、基因治疗及干细胞疗法[21, 23]。迪谢内肌营养不良作为最常见的一种肌营养不良,在治疗方面取得了很大的进展。在这里,我们主要以迪谢内肌营养不良为例,介绍目前临床治疗现状。

药物治疗方面,糖皮质激素(如泼尼松、泼尼松龙和地夫可特)是治疗迪谢内肌营养不良的标准治疗方法。研究表明,糖皮质激素可以减缓迪谢内肌营养不良的进展,至少部分原因是通过抑制 NF-κB 通路抑制炎症。然而,长期使用糖皮质激素会产生不良影响,包括体重增加、发育不良、胰岛素抵抗、骨质疏松等[24-28]。靶向 NF-κB 通路的药物如伐莫龙(vamorolone)[29]和 NF-κB 抑制剂依达奈珍(edasalonexent)[30]也可用于治疗迪谢内肌营养不良,并且似乎没有发现类似糖皮质激素的副作用,相关临床研究仍在不断推进。此外,氯沙坦、伊马替尼和尼罗替尼等被证明可以改善小鼠肌纤维化,减缓疾病进展,但仍需进一步研究来明确这些药物对患病人体的有效性及安全性[31, 32]。基因疗法的出现为疾病治疗打开了新大门并带来了希望。基因治疗包括基因替代和基因修饰策略。基因替代策略是将功能性肌萎缩蛋白(Dystrophin)基因通过适当的载体(如干细胞、AAV 等)转入患者体内,使其翻译蛋白质、表达功能,从而弥补患者的基因缺陷。研究表明,心肌干细胞疗法、诱导多功能干细胞、肌源性干细胞具有干细胞移植治疗潜力,但目前干细胞移植的疗效和安全性似乎并未得到公认。AAV 基因治疗是迄今最有希望的,可治疗大多数迪谢内肌营养不良患者。目前 AAV 基因治疗仍存在剂量优化、控制免疫反应(免疫排斥)等问题待解决。基因修饰治疗的代表性方法是外显子跳跃治疗,它比 AAV 基因治疗安全性更高,但针对性太强,在用于患者治疗前需要完成的前期工作量巨大。基因编辑技术——

CRISPR/Cas 技术可实现基因的定向编辑,在动物模型中被证明可以改善小鼠肌力、心肌功能,但在人群中的疗效并不清楚,并且这种技术也存在脱靶突变及伦理学等问题,用于临床治疗似乎障碍重重[21, 23, 31]。综上所述,以迪谢内肌营养不良为例,不难看出目前针对肌营养不良的治疗仍是非常具有挑战性的。

30.2.3　NAD$^+$治疗肌营养不良的药效

研究表明,在肌营养不良中出现 NAD$^+$ 损耗及稳态丧失[33],鉴于 NAD$^+$ 在骨骼肌发育、稳态和衰老中的关键作用,研究者们合理推测维持 NAD$^+$ 水平可能是一种对肌营养不良有效的辅助治疗手段。缅因大学 Clarissa Henry 教授团队曾进行过两项以斑马鱼为模型的研究。2012 年的研究指出,肌细胞衍生出的黏附蛋白复合体对肌肉非常重要,使得肌细胞在基底膜上生长。这些黏附蛋白编码的基因突变会削弱这些基底膜,使肌细胞更容易受到损伤而死亡,造成肌肉退化,最终导致肌肉逐渐萎缩疾病如肌营养不良。层粘连蛋白是 ECM 基底膜的主要成分,能与多个不同的肌细胞表面上的受体结合,形成一个密集的、有组织的网络。研究发现,外源性 NAD$^+$ 提高进行性肌营养不良斑马鱼的组织层粘连蛋白表达,在肌肉形成有序的基底膜过程中起到了重要作用,同时减轻了肌肉退化和运动困难的症状。该研究表明,NAD$^+$ 的保护作用主要是提高组织基底膜层粘连蛋白的结构,而这有助于提高病变的肌纤维的应变能力[34]。在 2019 年的研究中,研究者通过向斑马鱼注射吗啉代,一种通过降低 FKRP 基因活性而导致神经肌肉发育障碍的分子来构建肌肉变性模型。细胞需要 NAD$^+$ 来发挥神经肌肉接头成熟所必需的细胞功能,即"肌营养不良蛋白聚糖的糖基化"。补充 NAD$^+$ 可改善神经肌肉功能障碍的斑马鱼发育过程中神经肌肉接头的形成和成熟,并降低 FKRP 基因活性。进一步研究又指出在肌肉发育前补充 NAD$^+$ 可以改善肌肉结构、功能及神经肌肉接头。而在肌肉发育后补充 NAD$^+$ 不会改善斑马鱼的肌肉结构或功能。结果表明,早期干预对神经肌肉功能障碍更有益[35]。

30.2.4　NAD$^+$前体治疗肌营养不良的药效

除了外源性补充 NAD$^+$ 干预以外,也有部分研究涉及 NAD$^+$ 前体(主要是 NR)对肌营养不良的药效。在 NAD$^+$ 前体干预肌营养不良症的研究中,迪谢内肌营养不良是其中研究最广泛的一种病症,而 NAD$^+$ 与其他类型的病症的相关研究目前相对较为落后。肌营养不良蛋白缺失导致 Ca^{2+} 稳态失调和肌肉 NAD$^+$ 低丰度,这是迪谢内肌营养不良的两个有害特征。研究证明,NAD$^+$ 依赖性消耗酶——CD38 在肌肉中表达并高度参与上述两种有害特征,CD38 的缺失或抑制可以有效恢复 Ca^{2+} 稳态和肌肉 NAD$^+$ 水平,改善骨骼肌性能[36]。这也进一步提示了维持 NAD$^+$ 水平在迪谢内肌营养不良中的有益作用。研究发现,在肌营养不良小鼠模型中,NAD$^+$ 水平显著降低,PARP 活性增加并且 NAD$^+$ 生物合成限速酶 NAMPT 表达降低。补充 NR 改善了肌营养不良小鼠(400 mg/kg,8 周)的肌肉功能和心脏病理表型,并且逆转了 DMD 秀丽隐杆线虫模型的病理[33]。此外,NR 干预(400 mg/kg,

8周)恢复了肌肉 NAD⁺ 池,改善肌肉干细胞功能同时延缓了肌营养不良小鼠干细胞衰老[10]。在如前所述的斑马鱼相关研究中,除了外源性补充 NAD⁺,NAD⁺ 的另一种前体 NA 也可改善患肌营养不良症斑马鱼的神经肌肉发育及提高组织基底膜层粘连蛋白的结构从而改善肌肉结构和功能[14]。然而,最近的一项研究表明,相对于 NR 来说,CD38 抑制剂(GSK978A,0.3 mg/mL)似乎可以更有效地恢复肌营养不良小鼠肌肉的代谢,主要影响 PPP。此外,无论是 NR(12 mmol/L)还是 CD38 抑制剂,都不能持续增加组织 NAD⁺ 池,也不足以减少肌肉损伤,改善肌肉功能[37]。总体而言,NAD⁺ 前体补充可能有利于肌营养不良,但其具体疗效仍需进一步研究。

30.2.5 NAD⁺前体治疗肌营养不良的机制

(1)改善线粒体功能:有研究表明,SIRT1 依赖的线粒体生物发生可以减轻肌营养不良小鼠的病理和肌肉萎缩,NAD⁺ 补充通常以 SIRT1 依赖的方式对线粒体功能障碍提供保护。在这里,研究证实营养不良肌肉中 NAD⁺ 水平下降,导致组织能量代谢和线粒体功能受损。NR 干预增加了分化的 C2C12 肌管中的 NAD⁺ 水平,通过 SIRT1 依赖的方式提高了 C2C12 肌管的最大电子传递系统容量及线粒体复合体含量,增强了线粒体功能,改善了秀丽隐杆线虫的运动能力和肌营养不良表型[33]。此外,有研究报道迪谢内肌营养不良中线粒体呼吸能力下降,这也提示 NAD⁺ 干预可能会通过增强线粒体功能改善肌营养不良[38]。如上文所述,NR 通过诱导 mUPR 和恢复蛋白质毒性应激抗性来防止野生型老年小鼠和肌营养不良小鼠模型中的肌肉干细胞衰老[10]。

(2)抗炎及抗纤维化:纤维化是迪谢内肌营养不良的主要特征之一,即 ECM 成分过度沉积,导致组织功能丧失。虽然纤维组织沉积的原因尚不清楚,但研究表明炎症是纤维化的主要原因[32]。有研究证实,NR 治疗的肌营养不良小鼠肌肉炎症减少,表现为 NR 降低巨噬细胞浸润和小鼠骨骼肌 TNF-α 转录水平。横肌和纵肌切片中 CD45 染色的减少也表明,NR 降低了横隔膜骨骼肌炎症反应。同样地,研究也发现 NR 处理可减少肌营养不良小鼠隔膜横截面和纵截面的纤维化。此外,在更严重且已经有症状的 mdx/Utr⁻/⁻ 双突变 DMD 小鼠模型中,NR 可诱导骨骼肌表型改善同时伴有心脏纤维化、坏死和炎症细胞浸润的减少[33]。

30.2.6 联合应用

FKRP 蛋白的突变会导致沃克-瓦尔堡综合征,一种严重的先天性肌肉萎缩症。在沃克-瓦尔堡综合征的疾病模型中,研究发现利比妥或其前体核糖与 NAD⁺ 联合应用会产生协同效应,恢复 α-肌养蛋白聚糖的糖基化和层粘连蛋白的结合能力,这为治疗沃克-瓦尔堡综合征和其他与 FKRP 突变相关的疾病提供了新的干预思路及理论依据[39]。渐进性肌肉损伤和无力是迪谢内肌营养不良的特征。有研究试图探索赖诺普利(lisinopril,Lis)、槲皮素(quercetin,Q)、NR 单独使用及联合使用对肌营养不良损伤的药效。为了模拟典型迪谢内肌营养不良患者的药理作用,一组小鼠采用泼尼松龙(prednisolone,Pred)

联合 Q、NR 和 Lis 治疗。结果发现，营养不良肌对收缩诱导的损伤更为敏感，而仅仅是 QNRLisPred 组部分抵消了这一损伤，Q、NR、Lis 和 Pred 治疗不能充分维持营养不良的肢体肌肉功能或减少组织学损伤[40]。

30.3　辅酶 I 与线粒体肌病

线粒体肌病是指因遗传基因的缺陷导致线粒体的结构和功能异常，导致细胞呼吸链及能量代谢障碍的一组多系统疾病。病变以侵犯骨骼肌为主，主要特征为骨骼肌极度不能耐受疲劳，病程中出现四肢肌无力，多于运动后加重，休息后好转，常有肌肉酸胀痛及压痛，但肌萎缩少见，腱反射减弱或消失。线粒体肌病患者的诊断检查中，血乳酸、丙酮酸最小运动量实验出现含量增高及比值异常的阳性率高；骨骼肌活检的病理改变为：改良嗜银染色（Gomori Staining）切片上出现破碎红纤维，琥珀酸脱氢酶（succinate dehydrogenase，SDH）染色可见破碎蓝纤维，细胞色素氧化酶（cytochrome oxidase，COX）染色可见 COX 阴性纤维，电镜可见肌膜下或肌原纤维间线粒体异常（线粒体堆积、嵴排列紊乱，线粒体内可见结晶状包涵体），骨骼肌 ETC 复合体的活性、丰度异常；外周血或骨骼肌组织 mtDNA 分析可发现基因缺陷；肌电图多数呈肌源性损害，少数呈神经源性损害或二者兼之。线粒体肌病多在 20 岁左右起病，也有儿童及中年起病者，男女均可受累。此外，如果病变同时累及中枢神经系统，伴有中枢神经系统症状则称为线粒体脑肌病，主要包括线粒体脑肌病伴高乳酸血症和卒中样发作（mitochondrial encephalomyopathy with lactic acidosis and stroke-like episode，MELAS）、肌阵挛性癫痫伴破碎红纤维综合征（myoclonic epilepsy associated with ragged red fiber，MERRF）、卡恩斯-塞尔综合征（Kearns–Sayre syndrome，KSS）、慢性进行性眼外肌麻痹（chronic progressive external ophthalmoplegia，CPEO）、利氏病（Leigh disease）、莱伯遗传性视神经病变（Leber hereditary optic neuropathy，LHON）、周围神经病、共济失调和视网膜色素变性（neuropathy, ataxia and retinitis pigmentosa，NARP）、Wolfram 综合征[又称尿崩症-糖尿病-视神经萎缩-神经性耳聋综合征（diabetes insipidus-diabetes mellitus-optic atrophy-nerve deafress syndrome，DIDMOAD 综合征）]、线粒体神经胃肠脑肌病（mitochondrial neurogastrointestinal encephalomyopathy，MNGIE）[41~43]。

30.3.1　线粒体肌病发病机制

线粒体是细胞的发电厂，通过 ETC 和氧化磷酸化过程产生细胞所需的大部分能量。TCA 循环产生的还原当量 $NADH+H^+$、$FADH_2$ 经线粒体内膜上的 ETC 的连续传递，最终与氧结合生成水，在此过程中同时释出大量的自由能，释放出的自由能推动 ADP 磷酸化生成 ATP，这一过程称为氧化磷酸化。在结构完整的线粒体中氧化与磷酸化这两个过程是紧密地耦联在一起的。肌肉高度依赖线粒体氧化磷酸化产生能量。在线粒体肌病中，mtDNA（或 nDNA）发生突变，如基因点突变、缺失、重复和丢失，影响细胞内 TCA 循环、氧化磷酸化及脂肪酸氧化,导致糖、脂肪代谢障碍。最重要的是,线粒体氧化磷酸化受损(氧化磷酸化脱耦联)而造成 ATP 合成障碍,最终因能量来源不足,不能维持细胞的正常生理功能而导致疾病的发生。研究表明,线粒体肌病主要的生化缺陷为 ETC 复合体 I 缺乏,此外,也可出现其他复合体缺乏[41, 42, 44-46]。

30.3.2　线粒体肌病临床治疗现状

目前对线粒体肌病患者并无有效的治疗方法,现有的治疗方案侧重于对症治疗,以提高患者的生活质量。主要的措施有:① 药物治疗,强调联合用药,辅酶 Q_{10}、艾地苯醌、维生素(B、C、E、K)、二氯乙酸、二甲基甘氨酸、肌酸、肉碱等在一些研究和病理报告中显示出对线粒体肌病/线粒体脑肌病患者的临床症状有一定的缓解作用,但似乎没有药物在临床试验终点显示有效;② 运动疗法,研究证明运动可以为线粒体肌病患者提供一种治疗选择,运动可以促进线粒体生物发生,但是运动对线粒体肌病潜在发病机制的影响尚不清楚,且运动的好处也仅限于有身体活动能力的患者,因此可以想象,开发运动模拟剂是可取的;③ 饮食治疗,如高蛋白、高碳水化合物、低脂饮食可以改善丙酮酸羧化酶缺失患者的临床症状;④ 近年来兴起的基因治疗、细胞移植及遗传治疗可能有望从根本上治疗线粒体肌病,然而其疗效、安全性及伦理性等都是有待进一步研究的问题,用于临床还有很长的路要走。综上所述,虽然近几年对线粒体肌病分子水平的认识不断发展,但目前临床应用中仍没有长期有效且安全的方法能减缓疾病的进展[41-43]。

30.3.3　NAD+前体治疗线粒体肌病的药效

线粒体 DNA Twinkle(TWNK)解旋酶突变的 Deletor 小鼠的组织学和生理学病变与具有相同突变的患者非常相似,是研究线粒体肌病的适宜模型。该模型小鼠骨骼肌中积累多个 mtDNA 缺失,导致 ETC 缺陷,骨骼肌出现 COX 阴性纤维和线粒体超微结构异常,最终在 12 月龄后出现肌病[47-50]。Khan 等人用 NR 治疗疾病早期(12 月龄开始,16 月龄结束)及晚期(17 月龄开始,21 月龄结束)的小鼠,结果发现 NR 有效延缓了线粒体肌病的进展。NR 干预诱导了骨骼肌中线粒体生物发生,防止了线粒体超微结构异常的发生[51]。2020 年 6 月,*Cell Metabolism* 报道了第一篇以 NA 作为 NAD+前体的人类临床研究。该研究评估了 5 名患有进行性眼外肌麻痹(progressive external ophthalmoplegia, PEO)的受试者,受试者每日服用 NA,剂量从 250 mg 增加到 1 000 mg。研究表明,PEO 患者血液和骨骼肌中 NAD+含量相对健康对照组来说较低,而 NA 治疗可增加患者骨骼肌和血液中的 NAD+水平。更重要的是,研究观察到 NA 治疗的有益作用,包括肌肉力量和线粒体生物发生的显著增加。然而,高剂量的 NA 摄入可能会引起贫血等副作用,因此需要十分谨慎,NA 的合适剂量及具体疗效仍需进一步研究来阐明[52]。利氏病又称亚急性坏死性脑脊髓病,是一种线粒体脑肌病。在该疾病小鼠模型中观察到补充 NMN 可以恢复患病小鼠肌肉中 NAD+氧化还原稳态,减少 HIF-1α 的积累,从而减轻疾病进展,延长小鼠的寿命并减轻乳酸酸中毒[53]。

30.3.4　NAD$^+$前体治疗线粒体肌病的机制

（1）诱导线粒体生物发生：在以前的研究中，NAD$^+$被证明可诱导线粒体生物发生，从而提高氧化 ATP 的生成能力。如前文所述，ATP 合成障碍与线粒体肌病发病机制密切相关，鉴于线粒体肌病中 NAD$^+$稳态的丧失，提示维持 NAD$^+$水平对线粒体肌病有积极作用。上述研究进一步证实了这一推论。NR 和 NA 干预分别增加了线粒体肌病模型小鼠及患病人体的骨骼肌线粒体生物发生，延缓了线粒体肌病的发展[51, 52]。

（2）纠正假缺氧状态：研究表明，线粒体疾病中有缺陷的氧化代谢促进无氧糖酵解，从丙酮酸产生乳酸，同时从 NADH 再生 NAD$^+$。持续的糖酵解最终会降低 NAD$^+$/NADH 比值。NAD$^+$/NADH 比值的下降，也被称为假缺氧状态，在衰老和疾病的线粒体-核通信中起着重要作用。由此产生的乳酸酸中毒和异常的 NAD$^+$氧化还原状态是利氏病的标志。HIF-1α 是一种重要的糖酵解转录激活因子，在利氏病小鼠的骨骼肌和大脑中积累，可能是脑内糖酵解增加的原因。研究发现，补充 NMN 可恢复肌肉中 NAD$^+$氧化还原平衡和蛋白质乙酰化，减轻乳酸酸中毒，减轻疾病的进展。这是通过抑制肌肉中缺氧信号的激活和糖酵解蛋白的升高来实现的。这项研究提示，纠正假缺氧状态是治疗利氏病的有效方法[53]。

此外，上述研究中还发现 NA 抑制了 mTOR 信号通路而 NR 刺激了 mUPR，对线粒体肌病起到了保护作用，但具体研究并未深入阐明其内在联系[51, 52]。

总结与展望

明确肌少症潜在的细胞和分子机制，并针对相关靶点探索有效治疗措施，是肌少症防治研究的关键。NAD$^+$前体单独或与运动、营养及其他药物的联合应用显示了延缓肌肉衰老、对抗肌少症的效果，被认为是有前景的治疗策略，其机制可能与改善线粒体功能、减轻低度炎症、降低氧化应激等有关。对 NAD$^+$前体对抗肌少症的效果和机制展开深入研究，在此基础上寻找有效靶标，并开发相应的运动模拟剂可能是未来研究的方向。

近年来，基于秀丽隐杆线虫、斑马鱼和小鼠的模型动物研究初步探讨了补充 NAD$^+$及其前体治疗肌营养不良的效果。一些研究表明，维持 NAD$^+$水平可能有利于肌营养不良，但如何持续增加组织 NAD$^+$池仍是一个具有挑战的问题。更为深入细致的基础和临床试验研究将有助于明确 NAD$^+$及其前体对肌营养不良症的效果和机制。

线粒体肌病的发病机制主要是 mtDNA（或 nDNA）发生突变，影响细胞内 TCA 循环、氧化磷酸化及脂肪酸氧化，导致糖、脂肪代谢障碍。线粒体肌病中 NAD$^+$稳态的丧失，提示维持 NAD$^+$水平对线粒体肌病有积极作用。NR 和 NA 干预分别增加了线粒体肌病模型小鼠及患病人体的骨骼肌线粒体生物发生，延缓了线粒体肌病的发展。然而目前这一领域的研究数量较少，其内在机制仍远未阐明。

苏州大学（蒋智、罗丽、魏彤、张辰越）

第三十一章　辅酶 I 与慢性疲劳综合征

31.1　病因和诊断

肌痛性脑脊髓炎/慢性疲劳综合征(myalgic encephalomyelitis/chronic fatigue syndrome,ME/CFS)是一种严重、复杂、慢性的多系统疾病,病因尚不明确,但在许多情况下,ME/CFS的症状通常由持续的病毒感染或其他前驱症状引发,如免疫接种、麻醉药、身体创伤、暴露于环境污染物、化学品和重金属等,因此也被称为病毒后疲劳综合征,此外,免疫功能、能量代谢和线粒体功能障碍及慢性神经炎症也被认为是维持 ME/CFS 的关键因素[1]。其特征为不明原因的体力及脑力活动后持续或反复发作的,且休息后无法缓解的严重疲劳,常伴有其他核心症状如认知、代谢、自主神经和神经内分泌功能受损等[2]。

全球有 1 700 万~2 400 万人受 ME/CFS 影响,预计到 2030 年其流行率将增加一倍以上[3],该病患者无法进行正常的社交活动、工作或休闲活动,有些人甚至卧床不起,严重影响了患者的整体生活质量[4]且极大地提高了患者的自杀风险[5]。同时,美国国立卫生研究院于 2015 年的一份报告提及,美国每年花费在 ME/CFS 的总经济成本近 170 亿~240亿美元[6],给社会带来了很大的经济负担。

在过去近 30 年中,基于患者的核心症状共形成了 4 个诊断标准:1994 年美国疾病预防控制中心提出的 CDC/Fukuda 定义(*The 1994 CDC/Fukuda Definition*)[7],2003 年加拿大共识标准(*The 2003 Canadian Consensus Criteria*, CCC), 2011 年国际共识标准(*The 2011 International Consensus Criteria*, ICC)[8],以及 2015 年美国医学研究所 IOM 提出的系统性劳累不耐受疾病诊断标准(*The 2015 IOM Expert Criteria for Systemic Exertion Intolerance Disease*, SEID)[6],在研究和临床实践中都得到了广泛应用,具体诊断标准如表 31.1 所示。

目前还没有针对 ME/CFS 的商业化诊断测试及特定实验室生物标志物,也没有经美国食品药品监督管理局(Food and Drug Administration, FDA)批准的靶向药物。在 ME/CFS 的临床诊断中,常使用疲劳影响量表(the validated fatigue impact scale, FIS – 40)、个人力量量表(the checklist individual strength, CIS)、匹兹堡睡眠质量指数(Pittsburgh sleep quality index, PSQI)和 36 项健康调查表(the 36 – item short form health survey, SF – 36)等

有效问卷评估患者残障性疲劳感知、睡眠问题和健康相关的生活质量[2, 9]。被证实有效的干预措施包括 3 种药物学治疗［两种免疫调节剂 staphpan Berna[10]、poly（I）：poly（C12U）[11]，以及 CoQ$_{10}$+NADH］和 5 种非药物学治疗（认知行为相关治疗[12-15]、分级运动疗法[16-18]、综合康复疗法[19]、针灸[20]和腹部推拿[21]），都已被证明可以适度改善疲劳水平、工作和社会适应、焦虑和运动后不适，但在一致性和可重复性方面没有绝对有效的干预手段。

表 31.1　慢性疲劳综合征诊断标准

文　件	诊　断　标　准
The 1994 CDC/Fukuda Definition[7]	① 持续 6 个月以上的无法解释的持续或反复发作的慢性疲劳（该疲劳是新得的或有明确的发作期限；不是持续用力的结果；休息不能明显缓解；导致在工作、教育、社会或个人活动方面有明显的下降）。② 以下症状中同时出现 4 项及以上，且这些症状已经持续存在或反复发作 6 个月或更长的时间，但不应该早于疲劳：记忆力下降或注意力不集中；咽喉肿痛；淋巴结肿大；肌肉酸痛；多关节疼痛而无红肿；其他形式的头痛；不能解乏的睡眠；运动后的疲劳持续超过 24 h（由于此诊断标准公布时间较早，所以常用于临床科研中）
The 2003 Canadian Consensus Criteria（CCC）	① 慢性疲劳。② 运动后发生的其他症状恶化。恢复延迟超过 24 h。③ 睡眠不足，夜间失眠和（或）白天睡眠过多（睡眠过多）。④ 肌肉或关节疼痛（无肿胀）或新型头痛或严重程度增加。⑤ 至少有两种神经认知症状：A. 自主性表现如直立性不耐受（OI）、神经介导的低血压（NMH）、姿势性直立性心动过速（POTS）、头晕、面色苍白、心悸、肠易激综合征、尿频、气短；B. 神经内分泌症状，包括体温低、不耐热、感觉发热、出汗、食欲不振或伴有压力恶化的症状；C. 免疫症状，包括淋巴结肿大、复发性喉咙痛、复发性流感样症状或对食物、药物或化学物质敏感
The 2011 International Consensus Criteria（ICC）[8]	患者应符合下列标准：运动后神经免疫衰竭（A）、3 种神经损伤类别中至少有 1 种症状（B）、3 种免疫/胃肠道/泌尿生殖系统损伤类别中至少有 1 种症状（C），以及至少 1 种能量代谢/运输损伤的症状（D）。 A. 运动后神经免疫衰竭（PEM）：a. 剧烈运动引起的明显、快速的身体和（或）认知疲劳；b. 运动后症状加重；c. 运动后力竭；d. 疲劳恢复期延长；e. 低阈值的身体和精神疲劳（缺乏耐力）导致疾病前活动水平的大幅下降。 B. 神经损伤：以下 4 种症状中至少有 3 种症状。a. 神经认知障碍；b. 疼痛；c. 睡眠障碍；d. 无法恢复的睡眠障碍；e. 神经感觉、知觉和运动障碍。 C. 免疫、胃肠道和泌尿生殖系统受损：以下 5 种症状中至少有 3 种。a. 反复或慢性发作的流感样症状，通常在运动时发作或加重；b. 易受病毒感染，恢复期长；c. 胃肠道不适，如恶心、腹痛、腹胀、肠易激综合征；d. 泌尿生殖系统不适，如尿急或尿频，夜尿；e. 对食物、药物、气味或化学物质敏感。 D. 能量生产/运输障碍：至少有 1 种症状。a. 心血管系统紊乱；b. 呼吸系统紊乱；c. 恒温稳定性失调；d. 无法忍受极端温度
The 2015 IOM Expert Criteria for Systemic Exertion Intolerance Disease（SEID）[6]	采用新名称：系统性劳动不耐受疾病（systemic exertionintolerance disease，SEID）。 诊断标准为患者有以下 3 个症状：① 患病前活动能力大幅降低或损伤（包括职业的、教育的、社会的或个人的活动，持续的时间超过 6 个月并伴有疲劳，休息后没有明显缓解）；② 运动后疲劳；③ 无法恢复的睡眠。 同时至少须具备下列两种表现之一：① 认知障碍；② 直立不耐受

31.2　辅酶Ⅰ的作用

还原型辅酶Ⅰ,即 NADH,由于其产生于糖酵解和细胞呼吸作用中的柠檬酸循环,并作为生物氢的载体和电子供体,在线粒体内膜上通过氧化磷酸化过程,转移能量供给 ATP 合成,在细胞中参与物质和能量代谢,考虑到慢性疲劳综合征患者对于能量的需求,开始有研究针对 NADH 是否可以用于治疗慢性疲劳综合征患者进行探究。1999 年,Forsyth 等人对 26 例符合美国疾病防控中心 CFS 标准的患者进行了一项随机、双盲、安慰剂对照的临床试验,患者每天接受 10 mg NADH 或安慰剂,为期 4 周。经过 4 周停药后,再进行替代干预,通过病史、体质检查、实验室检查和问卷调查,发现 26 名患者中有 8 名(31%)对 NADH 反应良好,相比之下,26 名患者中仅有 2 名(8%)对安慰剂反应良好,提示 NADH 在辅助治疗慢性疲劳综合征中具有一定潜能[22];Santaella 等人在 31 例符合美国疾病防控中心 CFS 标准的患者中进行了补充 NADH 和传统治疗方式(饮食干预+心理治疗)对 CFS 疗效对比的临床试验,为期 24 个月,每 3 个月对患者进行详细的病史、体质检查及疲劳程度相关的问卷调查,发现在试验的前 3 个月,补充 NADH 比传统治疗方式更为有效,后期两种疗法的疗效趋于一致[23];Alegre 等人采用双盲、安慰剂对照的临床试验,让 72 名女性 CFS 患者每天分别口服 20 mg NADH 或安慰剂,为期 2 个月,证实口服 NADH 可降低 CFS 患者的焦虑行为和应激后的最大心率[24]。

目前,尚未有研究针对辅酶Ⅱ在 CFS 中疗效的研究,但有一研究通过采集患者空腹静脉血样本,检测血清还原型辅酶Ⅱ(又名 NADPH)浓度,将一组被诊断为 CFS 的患者与健康对照组进行比较,发现 CFS 患者血清中 NADPH 浓度显著下降,且血清中 NADPH 水平变化与 CoQ_{10} 水平直接相关,提示血清中 NADPH 水平可作为监测 CFS 患者的代谢和疲劳状态的内在指标,在此基础上,未来或许可以尝试将辅酶Ⅱ用于治疗 CFS。

31.3　辅酶Ⅰ治疗 ME/CFS 的机制

ME/CFS 患者的慢性激活免疫反应及氮化和氧化应激可导致脑灌注/代谢低下、神经炎症、DNA 损伤、线粒体功能障碍、针对破坏的蛋白质和脂膜成分的继发性自身免疫反应,以及细胞内信号通路的失调[25],NADH 是可能用于 ME/CFS 治疗的候选药物,也可能用于氧化应激在慢性疲劳中发挥重要作用的其他疾病,至少有 3 个主要原因。首先,NADH 是具有增强线粒体功能潜力的生物能量辅助因子;第二,NADH 是强自由基清除剂,可减轻氧化应激引起的脂质过氧化和 DNA 损伤;第三,NADH 具有强大的抗氧化特性[26]。

31.4　CoQ$_{10}$ 与 NADH 联合应用

在 ME/CFS 患者中，CoQ$_{10}$ 的缺乏常与 NADH 的缺乏被同时报道[24, 27, 28]，考虑到 CoQ$_{10}$ 与 NADH 一样在线粒体 ATP 生成和细胞代谢稳态中发挥关键作用，且有初步研究显示，在 CFS 患者中，CoQ$_{10}$ 补充剂与 NAPH 补充剂均可显著改善患者临床症状[24, 29]，故开始有研究将 CoQ$_{10}$ 补充剂与 NADH 补充剂同时用于治疗 CFS 患者，Castro-Marrero 等人先后在 2015 年、2016 年及 2021 年报道，口服 8 周 CoQ$_{10}$（200 mg/d）+NADH（20 mg/d）可以显著改善患者疲劳症状，另外，患者血液单个核细胞中 NAD+/NADH、CoQ$_{10}$、ATP 和柠檬酸合成酶水平均显著升高，脂质过氧化物水平显著降低，提示口服 CoQ$_{10}$+NADH 可能对 CFS 的疲劳和生化参数带来潜在的治疗益处[30]。此外，口服 8 周 CoQ$_{10}$（200 mg/d）+NADH（20 mg/d）在改善患者疲劳症状的同时，也可以降低患者在运动测试后的最大心率[29]；而口服 12 周 CoQ$_{10}$（200 mg/d）+NADH（20 mg/d）在降低患者疲劳水平的同时，也可显著改善患者睡眠质量及生活质量[9]，这些发现共同提示 CoQ$_{10}$ 和 NADH 补充剂可以作为 CFS 潜在的安全治疗选择。

总结与展望

　　ME/CFS 产生机制之一是能量生成的降低，NADH 作为生物能量辅助因子，在细胞中参与物质和能量代谢，因此普遍认为补充 NADH 以改善线粒体功能，从而提升 CFS 患者能量水平是潜在的有效治疗策略。另外，NADH 的强抗氧化性也有利于减轻氧化应激损伤。目前已有较多临床研究证据支持 NADH 针对 CFS 的疗效，但未来尚需更深入细致的研究确认其效果并明确其内在机制。

苏州大学（潘善瑶、罗丽）

第三十二章

辅酶 I 与抑郁症

抑郁症是一种危害身心健康的常见精神障碍疾病,是最严重的精神障碍疾病之一。补充 NADH 可以用于改善抑郁症状,这一效应可能与减轻氧化应激有关。NADH 不会干扰其他抗抑郁药的作用,也不会产生任何副作用。在抗抑郁药物治疗方案中应考虑补充 NA,并排除烟酸缺乏症。

32.1 概述

抑郁症是一种危害全球人口身心健康的常见精神障碍疾病,是最严重的精神障碍疾病之一,给现代社会带来了巨大的社会和经济负担。根据世界卫生组织(World Health Organization, WHO)的一项报告 *Depression and Other Common Mental Disorders: Global Health Estimates* 的估计,全世界约有 3.22 亿人口受抑郁所困扰,占全球人口的 4.4%,2005~2015 年,全球抑郁症患者增加了 18.4%,2015 年,抑郁障碍成了世界上导致非致命性健康损失的最主要原因。抑郁症患者临床表现为积极情绪减少,伴发认知障碍、注意力和记忆力困难,表现出负面偏见的信息处理方式。2013 年 5 月美国精神医学学会(American Psychiatric Association, APA)推出了美国 *The Diagnostic and Statistical Manual of Mental Disorders*(DSM‐5),规定抑郁症的诊断标准为:持续情绪低落,思维联想迟缓,意志行为抑制,兴趣爱好下降,自我评价低,伴有失眠早醒,食欲减退,性欲下降;严重的患者会出现反复想死的念头或者自伤、自弃行为,持续时间超过 2 周,患者需要排除脑器质性疾病,躯体疾病引起的抑郁,以及焦虑症、强迫症等。国内常用 ICD‐10 作为抑郁症的诊断标准,该标准仅针对首次发作的抑郁症和复发的抑郁症,不包括双相抑郁。患者通常具有心情低落、兴趣和愉快感丧失、精力不济或疲劳感等典型症状,其他常见的症状:① 集中注意和注意的能力降低;② 自我评价降低;③ 自罪观念和无价值感(即使在轻度发作中也有);④ 认为前途暗淡悲观;⑤ 自伤或自杀的观念或行为;⑥ 睡眠障碍;⑦ 食欲下降。病程持续至少 2 周。

临床上认为抑郁症是一种异质性疾病,生物、心理与社会环境诸多方面因素参与了抑郁症的发病过程,其病理机制尚不明确,涉及多种因素,包括炎症、脑源性神经营养因子(brain-derived neurotrophic factor, BDNF)、GABA 能系统、下丘脑－垂体－肾上腺轴(hypothalamic-pituitary-adrenal axis, HPA)、单胺类神经递质[血清素(5－羟色胺)、去甲肾上腺素和多巴胺][1],临床常用治疗方法有心理治疗、药物治疗、电休克疗法,药物多首选5－羟色胺再摄取抑制剂(代表药物氟西汀、帕罗西汀、舍曲林、氟伏沙明、西酞普兰和艾司西酞普兰)、5－羟色胺和去甲肾上腺素再摄取抑制剂(代表药物文拉法辛和度洛西汀)、去甲肾上腺素和特异性5－羟色胺能抗抑郁药(代表药物米氮平)等。

32.2 辅酶 I 的作用

NADH 之父乔治·伯克梅尔(George D. Birkmayer)曾将 NADH 用于临床治疗 205 名抑郁症患者,患者在 6 个月内每天补充 10 mg NADH,其中高达 93% 的患者的症状有改善的情况,一些患者反馈仅治疗 5 天后情绪状态有所改善,其他患者在 4 周后感到症状开始好转。自 1991 年以来,成千上万的人在很长一段时间内定期服用 NADH,用于改善与疲劳相关的心理和生理状态,根据 Birkmayer 博士的说法,在抑郁症临床试验期间,要改善缓解抑郁症状,NADH 剂量应更高(每天应适量食用 20 mg NADH),且抑郁症患者在服用其他抗抑郁药时可以服用 NADH, NADH 不会干扰抗抑郁药的作用,也不会产生任何副作用。

Ormonde do Carmo 等人收集 22 例未接受治疗的重度抑郁症患者(31±2 岁)和 27 例健康受试者(33±2 岁)的血液样本,发现重度抑郁症患者血小板中蛋白羰基化增加及 NOX 和 PDE5 过表达[2]。针对 NOX 在抑郁症患者血小板中显著升高的现象,近年来,与 NOX 相关的抑制剂开始被用于改善抑郁症动物模型的抑郁样行为,Herbet 等人探究与腺苷系统相关的 8－环戊基－1,3－二甲基黄嘌呤是否可以增强抗抑郁药丙咪嗪的抗抑郁功效,发现 8－环戊基－1,3－二甲基黄嘌呤与丙咪嗪共同给药降低了瑞士白化病小鼠皮层中 $NADP^+$ 和脂质过氧化物(lipid peroxide, LPO)浓度,升高了 GSH/GSSG 比值,且 8－环戊基－1,3－二甲基黄嘌呤增强了丙咪嗪在强迫游泳实验和悬尾实验中的抗抑郁效应,这表明腺苷系统可能参与了抗抑郁药抗抑郁效应的增强及氧化还原平衡的调节[3]。Zou 等人通过 2 个月慢性不可预知温和应激实验构建抑郁症小鼠模型(6~8 周,c57 雄性),发现在慢性不可预知温和应激诱导的抑郁症小鼠脑组织中,miR－298－5p 低表达,而 NOX1 高表达,而连续两周灌胃 10 mg/kg 的天然产物京尼平苷可以通过下调 miR－298－5p 抑制 NOX1 的表达,从而减轻慢性不可预知温和应激诱导的小鼠抑郁样行为[4]。Gao 等人研究表明,50 mg/kg、100 mg/kg、200 mg/kg 的大蒜素可以通过降 HFD 诱导的肥胖小鼠海马中 NOX2 和 NOX4 的水平并激活 Nrf2 通路调节 NOX/Nrf2 失衡,抑制 ROS 生成和氧化应激,改善线粒体功能,调节自噬,降低海马内胰岛素抵抗,从而减轻长期 HFD 诱发的抑郁样行为[5]。Liao 等人发现姜黄素可以通过缓解氧化应激标志物(NOX2、4－HNE 和 MDA)、激活 Nrf2/ARE 信号通路,增加 CAT 的活性,增加 NQO-1 和 HO-1 的 mRNA 表达,增加 pCREB/CREB 和突触相关蛋白(BDNF、PSD-95)的比例来缓解 4 周慢性不可预知温和应激诱导的抑郁症 SD 大鼠模型的抑郁样行为[6]。Nadeem 等人利用 LPS 复制小鼠急性肺损伤模型,发现急性肺损伤导致中性粒细胞、大脑和神经元中 NOX2 激活增强,并与抑郁样症状同时发生。另外,急性肺损伤诱导的抑郁样行为可通过 NOX2 抑制剂罗布林及中性粒细胞的耗尽而减弱[7]。

Lee 等人发现相对于 2 月龄 C57BL/6 年轻雄性小鼠来说,18 月龄老年小鼠海马中 NOX 和氧化应激水平显著上调,缺少 NOX 关键亚基 p47phox 的老年小鼠不会表现出氧化应激的增加,提示衰老通过上调海马 NOX 增加应激后抑郁样行为的易感性[8]。Zhang 等人在对 20 月龄的老年雄性 C57BL/6 小鼠进行腹部手术后,观察到老年小鼠出现伴随脑氧化应激升高的抑郁和焦虑行为,5 mg/kg 氨苯砜预处理能明显改善该模型的行为学障碍,改善脑氧化应激。进一步研究发现,手术应激使脑内 NOX 水平升高,而氨苯砜预处理可消除手术应激引起的脑内 NOX 水平升高。提示氨苯砜可通过下调衰老小鼠 NOX 水平改善手术应激诱导的脑氧化损伤[9]。

32.3 辅酶 I 的作用机制

NNT 通过跨线粒体内膜的质子动力耦合反应连接线粒体辅酶 I 和辅酶 II 的氧化还原状态,Francisco 等人研究发现,缺乏 NNT 活性的 18~20 月龄的老年小鼠在悬尾实验、旷场实验及转棒测试中表现出更为显著的抑郁样行为及活动受限,提示 NNT 的缺乏会导致与老年小鼠的情绪和运动行为/表现相关的脑功能的改变[10]。Ibi 等人研究证实,NOX1/NOX 是导致 MDD 动物模型中抑郁样行为的 ROS 的来源,NOX1 衍生的 ROS 氧化 NMDA 受体 1(NR1)并减弱 NMDA 受体活性,导致 BDNF 表达的下调以引发抑郁样行为[11]。Walton 等人也发现 nNOS 和 NOX 都可以与多巴胺能和 5-羟色胺能系统相互作用,以影响抑郁样和焦虑样行为[12]。综上所述,NOX 抑制剂的抗抑郁效应似乎是由于其改善了抑郁症模型脑中氧化还原状态并与多巴胺能剂 5-羟色胺能系统产生相互作用。

32.4 联合应用

抗抑郁药具有抗炎作用,但可能会导致 NAD^+ 和 NA 合成减少,加剧抑郁症状。饮食摄入不良的患者接受抗抑郁药物治疗,有患 NA/NAD^+ 缺乏症的风险。因此,建议接受抗抑郁药物治疗且饮食不足的患者考虑补充 NA,以预防亚临床烟酸缺乏症。另外,由于烟酸缺乏症会导致抑郁等精神症状,对抗抑郁药反应差的所有难治性抑郁症患者都应优先考虑并排除烟酸缺乏症[13]。

　　NAD$^+$代谢异常可能参与了抑郁症的发生发展,补充NADH能改善抑郁症状,这与其减轻氧化应激有关。近几年的研究关注了线粒体功能障碍在抑郁症发病中的作用,鉴于维持NAD$^+$稳态有助于改善线粒体功能,未来可以针对抑郁症模型中NAD$^+$代谢与线粒体功能之间的关系展开研究。现有抗抑郁药仍是治疗抑郁症的主力军,NAD$^+$补充剂可能是抑郁症的潜在辅助治疗手段,未来仍需临床试验研究验证其有效性。

苏州大学(潘善瑶、罗丽)

　　癌症发生的主要原因是基因组不稳定还是能量代谢受损是一个学术界正在争论的问题。有研究表明,致癌过程可能并不是由随机基因突变的积累驱动的,而是一种线粒体代谢疾病[1]。但是,究竟是什么触发了癌细胞的代谢重编程,仍有待阐明。需要进一步研究来解释代谢异常与基因突变之间的因果关系,以及突变触发代谢异常的能力。NAD^+是氧化还原反应的辅酶,是能量代谢的中心,同时也是非氧化还原反应 NAD^+ 依赖酶的重要辅助因子或者底物,包括 Sirtuin 家族、PARP 家族和 CD38 等。NAD^+ 直接或间接影响了许多关键的细胞功能:包括代谢途径、DNA 修复、染色质重塑、细胞的生长与死亡、免疫反应等。这些细胞功能对于维持组织的代谢动态平衡及健康状态至关重要。从 NAD^+ 的重要作用出发,我们试图从不同角度来理解其在肿瘤发生发展、转移和治疗中的意义。

33.1　NAD^+调节的信号通路与肿瘤

　　NAD^+是所有生物体中最重要的分子之一。它是 500 多个酶反应所必需的辅酶,并在调节几乎所有主要生物过程中发挥关键作用[1]。它又是能量和信号转导过程的关键组成部分,调节上千种生化过程,这些过程在癌细胞中经历了关键的变化。NAD^+ 依赖的信号通路多种多样,它们调控转录、DNA 修复、细胞周期进程、细胞凋亡和新陈代谢等,这些过程中的许多都与癌症的发生和发展有关。

　　NAD^+是一种重要的氧化还原调控元件,是多种信号通路的关键元件。最具代表性的是 Sirtuin、PARP 和 CD38。NAD^+能通过改变 Sirtuin 和 PARP 的功能来影响下游各种蛋白质的稳定性和活性,在癌症的发生和发展中发挥特殊的作用[2, 3]。

33.1.1　NAD^+、CD38 和钙信号转导

　　NAD^+不仅是各种代谢反应所必需的辅助因子,也是细胞信号转导途径的主要调节因子。钙信号是最重要的细胞信号转导机制之一,它受到钙库钙释放协同作用机制的严格

调控[4]。第二信使 cADPR 和 NAADP，是细胞内钙（Ca^{2+}）动员的有效调节者[5, 6]。CD38 是一种Ⅱ型跨膜蛋白，具有酶催化功能、受体功能、信号转导功能等。CD38 能将 NAD^+ 转化为 cADPR 和二磷酸腺苷核糖（adenosine diphosphate ribose，ADPR）。cADPR 可与内质网上的 RyR 结合，释放内质网钙库[7]。ADPR 可与质膜钙通道 TRPM2 结合，增加钙内流[8]。钙信号转导，控制肿瘤生物学的许多方面，包括基因表达、细胞周期、生存能力、能量代谢、白细胞转运和炎症。NAD^+ 可以通过 CD38 介导钙信号转导，从而参与了癌症的发生发展和转移[9]。

CD38 催化生成的 ADPR/cADPR 可以继续在 CD203、CD73 等酶的作用下生成腺苷（adenosine，ADO）[10, 11]，而腺苷则是具有免疫抑制活性的分子，它可以招募调节性 T 细胞（regulatory T cell，Treg）、髓源抑制性细胞（myeloid-derived suppressor cell，MDSC）、肿瘤相关成纤维细胞（cancer-associated fibroblast，CAF）等免疫抑制细胞来抑制免疫系统的活性[12, 13]，还可以与免疫细胞表面的腺苷 A2A 受体（adenosine A2A receptor，A2AR）直接结合来激活 NK 细胞、DC、细胞毒性 T 细胞等免疫细胞内部的抑制信号通路来抑制免疫细胞的活性[14-16]。CD38 主要表达在免疫细胞上，可以响应细胞因子、内毒素和 IFN 的刺激，CD38 的表达也受 NF-κB 等炎症因子的调控，这表明它在炎症反应中发挥关键作用[17-19]。目前的研究表明，在炎症早期，CD38 的表达水平上调，并激活天然免疫途径[20]，分泌一系列促炎细胞因子，包括 IL-1β、IL-6 IL-7、IL-10、L-18、IFN-γ、TNF-α 等[21]。随促炎因子的大量释放，炎症加重，同时也刺激 CD38 持续表达，产生大量细胞外的腺苷，激活 P1 型嘌呤受体（P1 purinoreceptor，P1R）来抑制过度的炎症，对抗 P2 型嘌呤受体（P2 purinoreceptor，P2R）信号的炎症功能，从而避免组织的过度损失[22-24]。鉴于 CD38 参与调控 NAD^+ 的代谢和腺苷的稳态，有研究者推测 CD38 可能是一个类似于程序性死亡受体-1（programmed death-1，PD-1）的免疫检查点分子[25, 26]。CD38 具有 NAD^+ 糖水解酶活性，可以生成腺苷来抑制免疫，同时也极大地消耗了 NAD^+，CD38 催化生成一个 cADPR 分子就需要降解近 100 个 NAD^+ 分子[14, 27, 28]。CD38 在肿瘤转化过程中表达增加，一方面导致细胞外 NAD^+ 的大量消耗，影响了受 NAD^+ 调节的免疫细胞代谢重新编程，抑制了 T 细胞、B 细胞和 NK 细胞等免疫细胞的活性[29, 30]；另一方面腺苷浓度的增加，通过腺苷受体激活了免疫细胞（T 细胞、NK 细胞、DC、中性粒细胞、巨噬细胞等）的抑制信号通路，导致免疫抑制[11, 31]。

33.1.2　NAD^+/Sirtuin 信号通路

NAD^+ 是许多重要信号酶的必需底物，如依赖 NAD^+ 的 HDAC 家族的 Sirtuin。Sirtuin 通过促进组蛋白和非组蛋白的各种赖氨酸残基的脱乙酰化，增加了赖氨酸残基对泛素化的响应，促进了随之而来的蛋白酶体降解，从而控制其靶蛋白的生理活性。通过这种方式，Sirtuin 参与调节了多种生物过程[32]。

Sirtuin 是一个高度保守的调节酶家族，在肿瘤代谢中发挥了关键作用。Sirtuin 具有独特的能力，能够协调细胞的应激反应与代谢内稳态的动态平衡[33, 34]。Sirtuin 作为翻译后修饰酶,能帮助细胞在压力和低营养条件下生存,这与癌细胞在恶劣条件下的生长调节密切相关[35-37]。近年来,一些研究表明,Sirtuin不仅能协调癌细胞的生长和生存,还能协调肿瘤的代谢状态,染色质结构的调节和基因组稳定性的维持[38, 39]。Sirtuin的活性取决于 NAD^+ 的利用率或 $NAD^+/NADH$ 氧化还原比率[40],Sirtuin 对 NAD^+ 的依赖性意味着 NAD^+ 水平可以通过 Sirtuin 来影响几乎所有的细胞现象,在癌症生物学中发挥重要作用。

（1）SIRT1:是 Sirtuin 家族成员中最著名的,也是迄今研究最广泛的组蛋白脱乙酰化酶。众所周知,SIRT1 是肿瘤发生的重要调节因子,但是,SIRT1 是抑癌基因还是癌基因,仍存在很大争议。矛盾的焦点在于有研究发现 SIRT1 具有促进癌症和抑制癌症的双重作用。

已经有许多体内的研究表明 SIRT1 具有肿瘤抑制因子的作用。例如,在小鼠中表达或诱导 SIRT1 已被证明可以降低自发性癌症和肉瘤的发生率,并减缓肿瘤的进展[41]。此外,在一些人类癌症,包括胶质母细胞瘤、乳腺癌和肝癌中,SIRT1 水平显著降低[42]。研究发现,乳腺癌相关基因 1(breast cancer-related gene 1, *BRCA1*)突变的乳腺癌中的 SIRT1 水平比 BRCA1 野生型乳腺癌要低得多[43],当 SIRT1 水平恢复时,*BRCA1* 突变型的肿瘤进展受到抑制,而 *BRCA1* 野生型的则不明显。值得注意的是,热量限制能激活 SIRT1,同时降低了癌症风险[44]。Survivin 是一种凋亡抑制物,在 *BCRA1* 相关的乳腺癌中维持细胞活性并促进肿瘤生长,而 SIRT1 能负调控 Survivin,抑制肿瘤生长[43]。

研究发现,SIRT1 也有促进肿瘤的作用。SIRT1 与肿瘤生物学的主要调节因子,如肿瘤蛋白 P53(tumor protein P53, Tp53)和 O 型叉头蛋白(forkhead box O, FOXO)转录因子存在相互作用,能调节并降低它们的促凋亡作用。例如,SIRT1 能靶向并脱乙酰化肿瘤抑制蛋白 Tp53 和 P73[45, 46],从而影响肿瘤的发生。在内源性 SIRT1 抑制物乳腺癌(DBC1)的研究中发现,SIRT1 活性增加有利于肿瘤的进展[47, 48]。在多种类型的癌症中也观察到了 SIRT1 的过度表达,而且与预后不良密切相关[44, 49-52]。

很可能是由于靶标选择不同,也可能是所处细胞类型不同,导致了 SIRT1 在致癌过程中的作用亦正亦邪的不同表现。这个基础问题需要在今后的研究中逐步阐明。

（2）SIRT2:主要定位于胞质[36],但是在有丝分裂开始的时候,它也会穿梭到细胞核[53]。SIRT2 被认为是一种肿瘤抑制因子,它能通过与后期促进复合体的成员相互作用,从而调节有丝分裂和细胞周期,以维持基因组的完整性并抑制肿瘤的发生[54]。SIRT2 在人脑胶质瘤中表达下调[55]。SIRT2 还能与癌蛋白 HIF-1α 结合并相互作用,HIF-1α 是一种转录因子,在低氧条件下能促进糖酵解和肿瘤生长。SIRT2 能介导 HIF-1α 的脱乙酰化,促进其羟化和泛素化降解,这进一步支持了 SIRT2 作为肿瘤抑制因子的概念。

然而,也有研究者认为 SIRT2 可能具有促癌作用。SIRT2 会以胞质 α-tubulin 为靶点,并与 HDAC6 结合来促进 α-tubulin 脱乙酰化,从而促进癌细胞中的细胞分裂和迁移[56]。也有研究表明,SIRT2 会促进主要癌蛋白 Myc 的稳定性,它通过 H4 第 16 位赖氨酸乙酰化,来抑制泛素连接酶神经前体细胞表达发育下调蛋白 4(neural precursor cell expressed developmentally down-regulated protein 4, NEDD4)的表达,从而阻止 Myc 的泛素化和蛋白酶体降解[57]。此外,SIRT2 还与 AKT/PKB 存在相互作用,它是正常胰岛素信号转导过程中 AKT/PKB 激活所必需的[58],并促进下游 GSK3β/β-catenin 介导的上皮-间充质转化(EMT)[58, 59],促进肿瘤生长。

综上所述,SIRT2 在癌症中的作用似乎也是有着复杂背景和细胞依赖性的。

(3) SIRT3:是细胞生存与死亡的主要调节因子,因为它位于线粒体中,细胞死亡信号大多数也发生在线粒体中。与 SIRT1 和 SIRT2 一样,SIRT3 也被认为具有肿瘤抑制和肿瘤促进的双重作用[60-62]。SIRT3 能通过脱乙酰化 Ku70,增强 Ku70 与 Bax 的相互作用,阻止 Bax 线粒体易位,抑制细胞遗传毒性和氧化应激过程中的细胞死亡,从而帮助癌细胞持久存活[63]。抗氧化酶 SOD2 是 SIRT3 的另一个主要靶点。SIRT3 脱乙酰化并激活 SOD2[64],这种激活可能致癌,它会保护癌细胞免受 ROS 和 ROS 介导的细胞死亡造成的累积损伤。但是,SIRT3 介导的 SOD2 激活也可能具有肿瘤抑制功能,它能阻止 ROS 诱导的有害 DNA 突变的积累。研究发现,SIRT3 的缺失不仅导致 ROS 的产生增加和肿瘤的发生,而且还有助于代谢向有氧糖酵解的转变,这一过程是由 ROS 依赖的 HIF-1α 的稳定性增加所介导的[60]。更为重要的是,SIRT3 的过表达被证明即使在肿瘤发生后也能降低异种移植瘤的成瘤率[65]。但是,SIRT3 对肿瘤细胞的抑制作用可能对经历低氧应激的肿瘤细胞来说是有益[66]。SIRT3 的两面性,意味着我们需要对每个单独的病例仔细检查癌症类型或研究模型的特定特征[67],寻找合适的方式对 SIRT3 活性进行精细平衡,来防止线粒体功能障碍和肿瘤发生。

(4) SIRT4:被认为是一种线粒体肿瘤抑制因子,DNA 损伤会强烈诱导 SIRT4,来抑制致癌性的线粒体谷氨酰胺代谢[68]。SIRT4 能促进 ADPR 基化和 GDH 下调,参与谷氨酸和谷氨酰胺代谢[69]。SIRT4 的这个调控作用能控制细胞周期进程,维持基因组的完整性,从而抑制肿瘤的生长。此外,在几种类型的癌症,如肠癌、食管癌、浸润性乳腺癌[70-72]中,都显示出了 SIRT4 具有肿瘤抑制作用。

(5) SIRT5:是一种线粒体 Sirtuin,是能量代谢和氧化应激的主要调节因子[73, 74]。SIRT5 主要通过去除琥珀酰基、丙二酰基和戊二酰基来调节底物的功能[75]。SIRT5 在癌症中的作用尚不清楚,但是它在维持线粒体蛋白琥珀酰化的平衡中起着重要的作用。SIRT5 的靶标主要是代谢酶,它们大多是癌症代谢调节因子[75, 76]。SIRT5 介导的去琥珀酰化的底物之一是 IDH,IDH 的主要功能是催化异柠檬酸氧化脱羧基生成 2-羟基戊二酸,并在 TCA 循环中产生 NADH[75]。在癌症中常常发现 IDH 过度表达,或者 IDH 突变功能异常增益。研究表明,IDH 功能异常增益,会促进线粒体中的 2-羟基戊二酸大量积累,引起超琥珀酰化,导致线粒体呼吸抑制、线粒体去极化并诱发癌变代谢,这些线粒体功能障碍会诱导 BCL-2 在线粒体膜上积累,导致高琥珀酰化细胞发生凋亡抗性,从而诱导肿瘤发生[77]。过表达 SIRT5 可以逆转上述效应,SIRT5 能缓解 IDH 突变细胞中的过度琥珀酸化,并抑制其致瘤转化[77]。

(6) SIRT6:普遍被认为是一种肿瘤抑制蛋白[78-80]。SIRT6 最初被描述为染色质乙酰化和基因组稳定性的调节因子[81, 82]，但最近的研究发现了 SIRT6 在调节癌细胞新陈代谢和信号传递方面的新作用[78, 80]。SIRT6 能够通过抑制厌氧糖酵解来预防肿瘤的发生。SIRT6 能抑制癌基因 *c - Myc* 和 *Survivin*[80, 83]。SIRT6 参与 DNA 修复，也能抵抗 DNA 损伤[84]。SIRT6 过表达可以诱导癌细胞的凋亡，但不会诱导正常细胞的凋亡，这意味着激活 SIRT6 蛋白是一种潜在的癌症治疗方法[85]。SIRT6 诱导的细胞凋亡需要共济失调毛细血管扩张突变蛋白激酶(ataxia telangiectasia mutated protein kinase，ATM)信号和 SIRT6 的 ADPR 基化活性，其机制很可能是通过 PARP1 的单 ADPR 基化介导的，增强了癌细胞对 DNA 损伤的敏感性[86]。但是也有研究发现，SIRT6 的高表达与肺癌患者预后不良有关[87]。目前看来，似乎需要更多的研究，才能明确 SIRT6 活性在癌症中的确切作用和调控机制。

(7) SIRT7：最初被认为是通过调控 RNA 聚合酶 I 的活化而实现 rDNA 转录的启动子[88]。目前已经发现了几个 SIRT7 脱乙酰化的靶点，包括鸟苷酸结合蛋白转录因子 β_1 亚基(GA binding protein transcription factor subunit beta 1，GABPB1)和 Tp53[89-91]。最近有研究发现，SIRT7 也通过去琥珀酰化来发挥作用，如在依赖 PARP1 的 DNA 损伤反应中，SIRT7 能去琥珀酰化组蛋白，从而促进染色质紧凑和基因组稳定性[92]。SIRT7 在乳腺癌[93]及甲状腺肿瘤活检样本和细胞系[94, 95]中上调。SIRT7 能激活 RNA 聚合酶 I，从而促进增殖。因此，SIRT7 很有可能会介导恶性转化。此外，SIRT7 还能通过维持组蛋白 3 中 18 位赖氨酸的低乙酰化程度来稳定肿瘤表型[96]。通过依赖 NAD^+ 的 Sirtuin 介导的翻译后修饰来调控癌症相关蛋白，可能为我们进一步明确 Sirtuin 在癌症中的真正作用，提供了一个新的研究领域。

33.1.3　NAD^+/PARP 信号通路

除了 Sirtuin 家族以外，另一类主要的 NAD^+ 反应信号通路蛋白是 PARP，包括多聚 ADPR 聚合酶(主要包括 PARP1、PARP2 和 PARP5)和单 ADPR 转移酶(主要包括 PARP3、PARP4、PARP6、PARP10 和 PARP14~PARP16)[97, 98]。PARP 能剪切 NAD^+，将其 ADPR 部分转移到靶蛋白的天冬氨酸、谷氨酸、精氨酸、赖氨酸和半胱氨酸残基上，在靶蛋白形成 ADPR 聚合物支链，并在此过程中释放 NAM[99]。

从生理学角度来看，NAD^+ 的最大消费者是 PARP 家族的酶。PARP 家族的两个成员，PARP1 和 PARP2，对于维持基因组的完整性很重要，是 DNA 损伤的传感器，并充当了 DNA 修复酶的角色[100-102]。DNA 损伤修复和 DNA 复制是维持基因组完整性的重要过程，PARP 可以通过促进 DNA 修复和 DNA 复制，或触发 DNA 片段诱导细胞程序性死亡，来保持基因组的稳定性[103, 104]。

DNA 损伤发生后，PARP1 利用 NAD^+ 作为底物，催化不同受体蛋白(也包括 PARP1 自身)ADPR 基化(PAR 化)，引导 DNA 修复蛋白和核酸酶募集到损伤位点，从而促进 DNA 损伤修复[105, 106]。PARP 可以激活多个 DNA 损伤修复途径，包括单链断裂(single strand breakage，SSB)修复、双链断裂(double strand break，DSB)修复等。PARP1 和 PARP2 是

SSB 修复途径的核心成分。PARP1 可以快速探测到自发的 SSB，与 DNA 断裂部位结合并启动自身 PAR 化，招募 SSB 修复的核心因子 X 射线修复交叉互补蛋白 1（X-ray repair cross-complementing protein 1，XRCC1），通过碱基切除修复（base excision repair，BER）来修复 DNA 损伤[107, 108]，也可以通过 PAR 化 NER 蛋白启动核苷酸切除修复（nucleotide excision repair，NER）来发挥 DNA 修复作用[109, 110]。因此，PARP1 能够及时修复无毒的 SSB，避免其在 S 期发展为有害的 DSB。若是这些 SSB 被转化为 DSB，或者其他内外因素导致了 DSB 损伤，PARP1 也能通过同源重组（homologous recombination，HR）或非同源末端连接（non-homologous end-joining，NHEJ）机制来进行修复[111-113]。DNA 复制过程对于维持基因组完整性来说非常重要。PARP1 在 DNA 复制过程中也发挥着重要作用，它能识别未连接的冈崎片段[114]，切除停滞的复制叉并促进重启 DNA 复制[115]，以及控制复制叉的延伸速度[116, 117]，促进 DNA 复制的正常运行，从而确保基因组的稳定。

对于轻微的 DNA 损伤的反应，PARP1 激活并促进 DNA 修复，同时消耗 NAD$^+$ 可以防止细胞代谢异常，并维持基因组稳定性，防止产生潜在的致癌突变，从而促进细胞正常存活[102, 118, 119]。随着 DNA 损伤进一步积累，NAD$^+$ 可用量降低，PARP 活性受到限制，DNA 修复机制不足[120, 121]，此时 PARP1 可以通过结合并促进 Tp53 的聚腺苷酸化（PAR 化）来调节 Tp53 的功能，诱导细胞周期停滞和细胞凋亡，尽力阻止细胞癌变[122, 123]。还有研究者发现，当出现严重的 DNA 损伤时，PARP1 被过度激活，PAR 在胞内大量蓄积，且 NAD$^+$ 被过度消耗，导致大量染色质 DNA 断裂，触发 PARP1 依赖性的细胞死亡（parthanatos），该死亡机制不依赖 caspase[103, 124, 125]。

单腺苷二磷酸核糖基化主要在细胞表面被检测到，可能在免疫系统中的作用特别重要[126]。最近的研究表明，这种类型的蛋白质修饰在肿瘤生物学的也有一定的作用。在小鼠实验中发现，ADPR 精氨酸水解酶 1（ADP - ribosylarginine hydrolase 1，*ARH1*）基因的缺失会增加淋巴瘤、腺癌和黑色素瘤的发病率，而 *ARH1* 基因编码一种酶，它可以逆转细胞表面蛋白的单 ADPR 基化。因此，这些观察结果间接表明，单 ADPR 基化的调控可能会影响到癌症的发生或进展[127]。

在肿瘤发生中，依赖 NAD$^+$ 的多聚 ADPR 基化信号通路发挥了重要作用，也成了目前癌症治疗中最有希望的热门靶点之一[128]。PARP1 和 PARP2 是许多细胞过程所必需的，包括 DNA 修复和转录调控。PARP1 被称为维护 DNA 完整性的"守护者"[129]。除了在 DNA 修复中的发挥重要作用外，PARP1 还可以通过调控参与细胞周期调控和细胞凋亡的关键转录因子的活性来促进细胞转化，如 Tp53 和 NF - κB[130, 131]。PARP1 对 NAD$^+$ 的消耗可能是调控与肿瘤发生发展相关转录事件的关键因素[132]。

随着不断的深入研究，科学家们发现 Sirtuin 和 PARP 在应对损伤和应激反应的过程中，两者具有相互调节的作用。例如，乳腺癌缺失因子 1（deleted in breast cancer 1，DBC1）可以与 SIRT1 和 PARP1 结合并抑制它们的活性，而后者依赖于 NAD$^+$ 与 DBC1 的"Nudix 同源结构域"（NHD）的结合[133]。SIRT6 可以通过单 ADPR 基化修饰 PARP1，从而提升其 DSB 的修复能力[86]，如果抑制 PARP1 则会增加 SIRT1、SIRT4 和 SIRT6 的表达[134]，这说明 Sirtuin 和 PARP 之间可能存在着动态平衡的调节机制，而且 NAD+ 很可能是关键的调控因子。

33.2　NAD+ 与肿瘤代谢重编程

细胞的生长和分裂会增加对能量和生物合成的需求，因此，增殖细胞往往表现出与非增殖细胞不同的新陈代谢。在有氧条件下，大多数细胞通过呼吸作用将氧气还原为水，来维持从营养物质中获取能量的氧化反应。当氧气不足时，细胞会通过发酵碳水化合物来产生乳酸或乙醇，以此作为一种替代的从营养物质中获取能量的方式，但是这种方式的碳利用效率较低。1924 年，德国生物化学家奥托·瓦尔堡和他的同事首次观察到，癌细胞的新陈代谢模式会发生改变，与周围正常组织相比，肿瘤组织吸收了大量的葡萄糖，并将大部分葡萄糖代谢成乳酸。而且，即使在有氧的条件下，肿瘤组织也倾向于通过发酵的方式来代谢葡萄糖并产生乳酸，这种代谢方式后来被称为有氧糖酵解[135, 136]。为了纪念瓦尔堡教授对于有氧糖酵解的发现，肿瘤细胞这种特殊的葡萄糖代谢方式，也常被人们称为瓦尔堡效应。

细胞代谢是一个灵活且精细的网络，组织通过这个网络来维持生长需求的动态平衡。在癌症中，为了响应各种细胞内外信号，恶性细胞会相应地调整新陈代谢模式，来维持或促进其恶性增殖。这个现象也被称为"癌症代谢"或者"代谢重编程"。随着我们对肿瘤生物学复杂性的逐渐了解，我们对肿瘤新陈代谢的复杂性也有了更多的了解，目前普遍认同代谢重编程是恶性肿瘤的一个重要标志。而瓦尔堡效应就是肿瘤代谢重编程中的一个重要范例[137]。接下来我们试图通过揭示 NAD+ 在瓦尔堡效应中所扮演的角色，来进一步理解 NAD+ 与肿瘤代谢重编程之间的关系。

葡萄糖是一种重要的能量营养素，它的新陈代谢使得能量以 ATP 的形式储存、运输，并通过其碳键的氧化来加以利用。单位葡萄糖通过线粒体呼吸能产生 36 个 ATP 分子，而通过有氧糖酵解只产生 2 个 ATP 分子，但肿瘤细胞却往往更喜欢采用有氧糖酵解这样一种看似更低效生成 ATP 的方法[137, 138]。其实肿瘤细胞如此选择完全是为了支持其自身的指数生长和增殖。首先，有氧糖酵解的葡萄糖代谢速度更快，从葡萄糖产生乳酸的速度要比线粒体中葡萄糖的完全氧化快 10 ~ 100 倍，有氧糖酵解能比 TCA 循环更快地再生 ATP，这种迅速的能量产生能帮助肿瘤细胞在微环境中与基质细胞和免疫细胞争夺有限营养的过程中获得了重要的竞争优势[139-143]。其次，有氧糖酵解能产生大量的乳酸，积累的乳酸使得细胞外环境持续酸化，这有利于建立起有利于肿瘤细胞发生、存活和发展的微环境[144]。再者，有氧糖酵解使丙酮酸优先转化为乳酸，这样降低了葡萄糖衍生的丙酮酸在线粒体中的氧化，同时通过从 NADH 直接再生 NAD+，也有助于减轻电子负荷的压力[145]。最后，有氧糖酵解能使细胞增大糖酵解中间体的生产能力，更安全地支持大量生物合成的需求，同时能避免线粒体 ETC 过载产生大量过剩电子的风险[137]。

肿瘤为何特别青睐产乳酸的糖酵解？最初人们认为乳酸只是 TME 中糖酵解产生的一种代谢废物，但是越来越多的研究发现，乳酸在促进肿瘤进程中发挥着重要作用。首先，高浓度乳酸形成的酸性环境促进了血管生成、肿瘤细胞的存活和转移，并能帮助肿瘤细胞对抗治疗和免疫抑制[144, 146, 147]。其次，乳酸能作为能源物质被使用，尤其是在葡萄糖被大量消耗之后，肿瘤细胞能够吸收并氧化乳酸来获取能量[148, 149]，同时乳酸还是细胞间和组织间的氧化还原信号分子，有助于维持肿瘤细胞的氧化还原动态平衡，促进肿瘤的生存和发展[150, 151]。再者，乳酸能够发挥免疫抑制作用，诱导和募集免疫抑制相关细胞和分子，从而促进肿瘤的发展[152, 153]。最后，乳酸已被证明是一种信号分子，可以通过单羧酸转运体(monocarboxylte transporter，MCT)转运到细胞内或通过其特定的受体 G 蛋白偶联受体 81(G protein-coupled receptor 81，GPR81)传递信号[154]。

多年来，乳酸促进肿瘤进程的根本机制，始终没有弄明白。2019 年，芝加哥大学赵英明教授团队首次报道了一种新的组蛋白翻译后修饰——乳酸化修饰(lactylation)，组蛋白赖氨酸乳酸化(lysine lactylation，KLA)发挥着基因转录调控的功能。该研究发现，乳酸可以乳酸化巨噬细胞基因组的组蛋白，调控相关基因的转录开关，促使巨噬细胞由促炎、抑癌的 M1 型向抗炎、促癌的 M2 型转变[155]。后续的研究证明了，组蛋白 KLA 可以促进肿瘤的发展，如眼部黑色素瘤患者的不良预后与组蛋白 KLA 的增加有关[156]；乳酸通过组蛋白 KLA 介导的代谢基因表达的变化来诱导肿瘤细胞调整自己的新陈代谢，以在不利的环境中生存下来[157, 158]；肿瘤来源的乳酸通过激活 ERK/STAT3 信号通路诱导 M2 型巨噬细胞极化，促进肿瘤生长和血管生成[152]；组蛋白 KLA 调节肿瘤相关基因的转录，如 YTH 结构域家族蛋白 2(YTH domain family protein 2，YTHDF2)，通过促进其下游抑癌基因的降解来促进肿瘤的生长、转移和侵袭[156]。

免疫逃逸和代谢重新编程是癌症的两个基本特征。乳酸可以重塑 TME，调节细胞的代谢重编程，并调节抗肿瘤免疫。蛋白质乳酸化修饰为进一步研究乳酸的功能和机制提供了关键的突破点。当然，组蛋白乳酸化对基因的表观遗传调控的研究还处于起步阶段，乳酸化与许多其他生物学过程(如葡萄糖代谢，RNA、DNA 或蛋白质的多重修饰)之间的相互作用，还存在一定的争议。有必要继续深入探讨蛋白质乳糖化的功能表型和机制，进一步拓宽我们在乳酸代谢和表观基因组学方面的视野，以帮助我们发现癌症治疗的新靶点和新策略[159, 160]。

NAD$^+$ 不仅作为氧化还原反应的辅酶，而且作为共底物调节 NAD$^+$ 消耗酶的活性，参与许多其他非氧化还原分子过程，如 DNA 修复、翻译后修饰、细胞信号传递、衰老、炎症反应和细胞凋亡。为了同时满足氧化还原和非氧化还原对于 NAD$^+$ 的需求，肿瘤细胞必须维持较高的 NAD$^+$ 水平。NAD$^+$ 作为受氢体接受丙酮酸脱下的氢，将丙酮酸转化成乳酸。

33.2.1　NAD$^+$与氧化还原稳态

NAD$^+$ 是维持细胞稳态和能量产生的多种氧化还原反应所必需的基础代谢物[161, 162]。各种形式的烟酰胺辅酶(包括 NAD$^+$、NADH、NADP$^+$、NADPH)在细胞内的多种氧化还原反应中充当着电子受体和供体。其中，NAD$^+$在细胞中含量最丰富。细胞核和胞质中的游离 NAD$^+$浓度接近，而线粒体中的游离 NAD$^+$含量相对要高得多（细胞核/胞质中的游离 NAD$^+$含量约为 100 μmol/L，而线粒体中为 250~500 μmol/L），这样的分布状况可能是为了确保能对依赖 NAD$^+$的氧化还原过程进行快速的区域响应[163, 164]。

癌细胞通过代谢重编程，为生物合成提供底物和能量，来维持应激响应和持续增殖[165]。代谢重编程的特点是细胞的代谢方式由葡萄糖代谢为主转变为有氧糖酵解为主，表现出包括胞质乳酸发酵增强、PPP 增强及氧化磷酸化降低。这种转变不仅可以快速产生能量，还可以维持 NAD$^+$/NADH 氧化还原比，这是有氧糖酵解、TCA 循环、氧化磷酸化、脂肪酸氧化、丝氨酸生物合成和抗氧化防御等代谢过程所必需的[166, 167]。糖酵解需要胞质 NAD$^+$，在健康细胞中，胞质 NADH 被转运到线粒体中，通过氧化磷酸化作用转化为 NAD$^+$，而在癌细胞中，由于氧化磷酸化水平降低，通过线粒体产生的 NAD$^+$不足以维持高糖酵解率的需求。因此，癌细胞通过乳酸脱氢酶 A（lactate dehydrogenase A, LDHA）来促进乳酸发酵，升高 NAD$^+$/NADH 的比值来维持糖酵解并促进肿瘤生长[168]。癌细胞的这种代谢模式会导致 ROS 的过度生成[169]。ROS 通过多个过程参与肿瘤的发生，包括引起 DNA 氧化损伤、基因组不稳定和炎性应激来驱动恶变，还能作为信使来调节相关信号通路支持肿瘤的发生发展和血管新生[169, 170]。由此可见，高 ROS 水平对癌细胞来说更有利，但是如果不加以限制也会受到其氧化损伤的反噬。为了适应高 ROS 水平，癌细胞需要建立一个复杂而强大的抗氧化系统，如 GSH 和 Trx（还原型硫氧还蛋白）系统，来精确调控 ROS 的产生和消除，维持细胞内的氧化还原稳态[171, 172]。然而，当 NAD$^+$耗竭时，细胞抗氧化防御能力下降，氧化损伤加剧，导致细胞增殖受损和细胞死亡增加[166, 167]。因此，对于癌细胞来说，维持最佳的 NAD$^+$/NADH 比值尤为重要[173, 174]。

NAD$^+$能通过 SIRT3 来调控氧化还原稳态。SIRT3 是氧化应激的重要调控因子，其主要通过脱乙酰化与 ROS 生成和解毒相关的底物，来调控氧化还原稳态。

有研究发现，Tp53 诱导的糖酵解和凋亡调节因子（Tp53 - induced glycolysis and apoptosis regulator, TIGAR）能水解 1,6 -二磷酸果糖和 2,6 -二磷酸果糖，抑制磷酸果糖激酶-1 的活性，从而抑制糖酵解[175]。糖酵解受抑制后，TIGAR 可以诱导 6 -磷酸果糖产生 6 -磷酸葡萄糖，同时促进 G6PD 的表达，并在其催化下进入 PPP[176]，从而促进了 PPP 通量，生成大量 NADPH 和核糖等生物合成原料，促进 DNA 合成和修复，减少细胞内 ROS 的产生，更好地维持细胞内的氧化还原稳态[177, 178]。

33.2.2 瓦尔堡效应与肿瘤生物合成

癌细胞可以根据微环境条件，内在或表观遗传变化的形势，来重新编程它们的新陈代谢。这种代谢的可塑性帮助癌细胞在有限的能源和不利的环境条件下维持高增长率和生存，对于肿瘤发展和存活具有关键性作用[165]。研究表明，肿瘤细胞中的 NAD$^+$和 NADP$^+$的比例要高于非肿瘤细胞，这或许意味着 NAD$^+$在肿瘤细胞的代谢可塑性中发挥了重要作用[179]。肿瘤细胞的代谢高度依赖于 PPP、丝氨酸和脂肪酸的生物合成，这些代谢途径依

赖又高度依赖于 NAD^+ 和 $NADP^+$ 的含量比例,这说明 NAD^+ 的生物合成可能是癌症新陈代谢的主要驱动力[161]。

细胞可以通过 3 条途径来合成 NAD^+:从头合成途径、Preiss-Handler 合成途径和核苷合成途径。此外,细胞可以回收 NAD^+ 的消耗酶(Sirtuin、PARP 和 cADPR)释放的分解代谢产物,并通过补救合成途径重新合成 NAD^+,这可能是细胞最常用的一种方式[163, 180]。为了满足 NAD^+ 的需求,肿瘤细胞主要通过补救合成途径来增强其合成,来维持较高的 NAD^+ 水平。烟酰胺磷酸核糖转移酶(nicotinamide phosphoribosyltransferase, NAMPT)是 NAD^+ 补救合成途径的限速酶,目前已被确认是一些癌症的致癌基因。比如,血液系统的恶性肿瘤和一些实体肿瘤,包括甲状腺癌、乳腺癌、结肠癌、前列腺癌、胃癌和胶质母细胞瘤。NAMPT 能够增加细胞的致癌特征,如细胞增殖和抗凋亡,可能导致肿瘤的发生和发展[181, 182]。此外,NAMPT 过度表达,增加了 NAD^+ 水平,帮助细胞对化疗药物产生耐药性来促进癌细胞的存活。临床研究也发现,在一些癌症类型中,NAMPT 低表达患者的 5 年生存率要远高于 NAMPT 高表达患者[183]。

(1)瓦尔堡效应与肿瘤微环境:目前大多认为瓦尔堡效应是肿瘤发生的早期事件,是最初致癌突变直接导致的结果,如胰腺癌中的 Kirsten-大鼠肉瘤病毒癌基因同源物(Kirsten-ratsarcoma viral oncogene homolog, *K-RAS*)突变或黑色素瘤中的 B-RAF 原癌基因丝氨酸/苏氨酸激酶(B-Raf Proto-oncogene, serine/threonine kinase, *BRAF*)突变,都会导致瓦尔堡效应的发生,并且大多发生在细胞侵袭之前及良性或早期病变中[184, 185]。瓦尔堡效应能帮助肿瘤细胞在微环境中获得生长优势。有氧糖酵解会分泌乳酸,降低微环境的 pH[186]。这会营造一个酸中毒的微环境,不利于正常基质细胞的生长,但是酸中毒对于肿瘤细胞来说却是有利的。首先,癌细胞分泌的 H^+ 扩散到周围环境,改变了肿瘤间质界面,从而增强肿瘤细胞的侵袭性[186]。其次,肿瘤细胞分泌的乳酸能够使组织相关巨噬细胞(tissue related macrophage, TAM)发生极化现象,形成有利于肿瘤进展的免疫微环境[153]。另外,高糖酵解率极大地限制了肿瘤浸润淋巴细胞(tumor infiltrating lymphocyte, TIL)的葡萄糖供应,帮助肿瘤细胞在与 TIL 争夺葡萄糖的竞争中获得胜利,使得 TIL 因为缺乏葡萄糖供应而不能发挥其肿瘤杀伤效应[142, 143]。总之,瓦尔堡效应帮助肿瘤细胞营造了一个有利于癌细胞增殖的肿瘤微环境。

(2)瓦尔堡效应与肿瘤细胞信号:研究发现,瓦尔堡效应能赋予肿瘤细胞直接的细胞信号功能[138, 187, 188]。这个发现意义重大,因为它明确了葡萄糖代谢重编程能通过影响其他细胞过程的信号转导,来直接促进肿瘤发生发展。信号功能主要体现在两个方面,ROS 的产生与调节及染色质状态的调节[189, 190]。

过量的 ROS 会破坏细胞膜和核酸,导致细胞致命损伤,激活不同的细胞死亡途径,如凋亡、坏死和自噬等,从而限制肿瘤细胞的进展[191]。而 ROS 不足又会阻断有利于细胞增殖的信号传递过程,如 ROS 能使 PI3K/Akt 磷酸酶(PTEN 和酪氨酸磷酸酶)失活,从而促进 PI3K/Akt 信号转导,诱导增殖、瘤细胞存活[191]。由此可见,对于肿瘤细胞来说,维持适当水平的 ROS 平衡是至关重要的[192]。瓦尔堡效应会引起线粒体氧化还原电位的改变,此时维持氧化还原动态平衡的细胞机制就会发生作用,通过 $NAD^+/NADH$ 的氧化还原平衡,最终影响 ROS 生成的动态平衡[138, 193]。

除了通过 ROS 的细胞信号外,瓦尔堡效应可能还与染色质状态的调节有关。染色质结构的状态负责调控不同的细胞功能,包括 DNA 修复和基因转录。

研究发现,细胞代谢和生长基因调控之间存在直接联系,乙酰辅酶 A 可能作为重要的信号分子参与了这个广泛且保守的调控机制[194]。作为组蛋白乙酰化的底物,乙酰辅酶 A 受到了葡萄糖通量的调节[195],瓦尔堡效应可能提高了乙酰辅酶 A 的水平,并通过组蛋白乙酰化,调控生长相关基因,促进肿瘤细胞增殖[195, 196]。

33.3 NAD^+ 与肿瘤免疫调节

33.3.1 免疫衰老与癌症

一般来说,随着年龄的增长,恶性肿瘤的风险也会增加[197]。除了基因突变积累的因素,研究发现免疫衰老也可能在肿瘤发生发展中发挥重要作用[198]。免疫衰老是指随着年龄的增长而发生的免疫功能紊乱过程,包括淋巴器官的重塑,导致老年人免疫功能变化,与感染、自身免疫病和恶性肿瘤的发生发展密切相关。免疫衰老的一个重要特征是,随着年龄的增长胸腺逐渐退化,导致 T 细胞生成减少,同时 IL-7 分泌减少[198, 199]。衰老、慢性炎症、微环境的变化和衰老相关分泌表型(senescence-associated secretory phenotype, SASP),可能导致免疫衰老[198, 199]。免疫衰老与 NAD^+ 水平下降有关,造成免疫系统平衡失调,最终可能导致衰老相关疾病甚至癌症的发生和发展[200, 201]。

33.3.2 NAD^+ 与先天免疫

慢性炎症被认为是衰老的标志,以及衰老相关疾病或者癌症的关键驱动因素[202, 203]。慢性炎症的特征是先天免疫系统的异常激活、促炎细胞因子(如 TNF、IL-6 和 IL-1β)的表达增强及免疫复合体(如 NLRP3 炎症小体)的激活。慢性炎症发生的根源很可能是巨噬细胞活化和表型极化的改变。早期的研究表明,NAD^+ 会影响巨噬细胞功能,巨噬细胞中 NAD^+ 池的耗尽会减少促炎细胞因子(如 TNF 等)的分泌,并引起形态学的变化[204]。近期的研究也明确了 NAD^+ 是巨噬细胞功能的关键调节因子,巨噬细胞的激活与 NAD^+ 生物合成或降解途径的上调相关。实验表明,促炎 M1 型巨噬细胞的极化与 CD38 表达增强,从而导致 NAD^+ 消耗增加有关。反之,抗炎 M2 型巨噬细胞的极化与依赖于 NAMPT 的 NAD^+ 水平增加有关[205]。另一项研究则发现,M1 型巨噬细胞极化与 NAD^+ 降解的增强有关,抑制 NAMPT 会阻断 M1 型巨噬细胞的糖酵解转变,限制体外的促炎反应并减少体内的全身性炎症[206]。衰老组织中促炎症细胞因子主要由促炎 M1 型巨噬细胞产生,促炎细胞因子的表达增强可能会导致炎症的恶性循环,导致更严重的炎症、加重组织和 DNA 损伤、进一步激活 CD38 和 PARP、加速 NAD^+ 的消耗,最终加速了生理功能的衰退。在癌症中,M1 型巨噬细胞往往可以抑制肿瘤,并在肿瘤免疫治疗中发挥积极的作用,而 M2 型巨噬细胞通常会促进肿瘤增殖和转移。巨噬细胞的分化和极化可能与 NAD^+ 的水平有关,NAD^+ 水平较高,一般 M1 型巨噬细胞偏多,而 NAD^+ 水平较低时,往往 M2 型巨噬细胞为主[161]。因此,调节 NAD^+ 生物合成或降解途径,可以激活或抑制巨噬细胞功能和调节巨噬细胞极化状态,调节炎症状态,治疗慢性炎症驱动的疾病,也可以作为癌症治疗的一种策略[207]。

33.3.3 NAD$^+$与获得性免疫

与先天免疫系统一样,衰老的特征是获得性免疫细胞的功能改变(也称为免疫衰老),从而导致建立有效适应性免疫反应的能力降低。衰老导致了免疫细胞群失衡,主要体现在幼稚 T 细胞和 B 细胞水平下降、T 细胞抗原受体多样性丧失及虚拟记忆 T 细胞水平增加。

适应性免疫衰老主要有两个特征,一个是高细胞毒性 $CD8^+CD28^-$ T 细胞群的扩大,该细胞群的 SIRT1 和 FOXO1 水平降低,导致糖酵解能力增强及颗粒酶 B 等效应分子大量分泌[208, 209]。有研究表明,通过抑制 CD38,能上调 NAD^+,并通过 NAD^+/SIRT1/FOXO1 轴来增强 Th1 和 Th17 细胞群效应分子的功能[210],这意味着 NAD^+ 可能是治疗适应性免疫衰老相关疾病的一个潜在靶点。适应性免疫衰老的另一个特征是衰竭的 T 细胞数量增加,主要体现为抑制型受体分子(如 PD-1 和 TIM3)的表达,T 细胞增殖能力和效应功能下降[211]。最近针对 PD-1 治疗耐药的研究表明,CD38 过表达会引起 NAD^+ 耗竭,从而导致 $CD8^+$T 细胞群耗竭及 T 细胞效应功能紊乱,最终导致治疗失败[212, 213],这说明 NAD^+ 代谢可能与肿瘤免疫治疗密切相关。

33.3.4 NAD$^+$与SASP

与年龄增长有关的炎症会产生 SASP,从而导致免疫衰老。SASP 是衰老细胞的一个独特特征,分泌多种可溶性因子,包括生长因子、细胞因子、蛋白酶、趋化因子和 ECM 成分,介导衰老细胞的旁分泌活动,通过影响干细胞再生、组织和伤口修复及炎症来破坏组织稳态[214, 215],从而诱发多种与衰老相关的疾病,包括各种恶性肿瘤[201]。SASP 很可能是一把双刃剑,积极的一面,SASP 的分泌可能是一种警报,对附近的先天性和适应性免疫细胞发出危险警报,调动它们及时清除受损细胞、肿瘤细胞或癌前病变细胞,避免癌变风险或抵抗癌细胞侵袭[216, 217]。另外,持续分泌 SASP 则可能会导致全身性的慢性炎症和组织损伤,从而抑制老年人的免疫细胞功能,导致免疫衰老,诱发衰老相关疾病[216]。例如,癌前肝细胞产生的 SASP 会吸引未成熟的骨髓细胞来抑制 NK 细胞的活性,促进肝细胞癌的发生和进展[218]。有研究表明,给予含有衰老细胞的胰腺癌小鼠大剂量 NAD^+ 增强补充剂(NMN),提升衰老细胞的 NAD^+ 水平,会增加 SASP 的分泌,增加慢性炎症,并促进炎症驱动的癌症的发展[219]。这提示我们需要更多的研究来更好地了解 NAD^+ 水平如何影响不同的炎症状态,并明确 NAD^+ 影响炎症免疫和衰老细胞的生物学机制,这样才能发挥提高 NAD^+ 水平的益处,同时避免潜在的副作用。

33.4　NAD$^+$在抗肿瘤免疫治疗中的作用

过继性T细胞治疗(adoptive T cell therapy, ACT)是癌症治疗的一种有效策略[220]。但是,ACT面临的一个巨大挑战是如何避免转移后T细胞效应器的丧失及T细胞的衰竭和死亡[221]。在肿瘤免疫疗法中,T细胞必须对肿瘤产生持续长效的杀伤才能有效对抗肿瘤,因此,如何提高抗肿瘤T细胞的持久性并维持效应功能至关重要。研究发现,使用不同的体外编程的辅助性T(Th)或细胞毒性T(TC)亚群(如：Th1或Tc1,Th9或Tc9,Th17或Tc17)可以提高ACT的疗效[222, 223]。近年来,由于Th17细胞的"干细胞样"特性使其能够在宿主体内存活更长时间,Th17细胞在癌症免疫治疗中越来越受到青睐[224, 225]。Th17细胞的抗肿瘤潜力取决于分泌IFN-γ的能力,而IFN-γ主要由Th1细胞产生。因此,将Th1细胞的"效应细胞因子功能"与Th17细胞的"干细胞样表型"相结合可以提高ACT的疗效。

有研究发现,NAD$^+$可能通过调控T细胞功能,在抗肿瘤免疫反应中发挥直接作用。该研究比较了具有Th1和Th17细胞特征的混合T细胞群(称为Th1/17细胞)与Th1和Th17细胞的代谢活性差异,Th1/17细胞表现出了独特的代谢表型,具有高水平的谷氨酰胺降解率和中等水平的糖酵解率,其细胞内NAD$^+$水平很高,是Th17细胞的34倍[226]。Th1/17细胞能在宿主体内长期存活并维持其肿瘤杀伤效应功能,其抗肿瘤能力高度依赖于SIRT1的关键底物NAD$^+$水平的提高,研究数据表明了NAD$^+$/SIRT1/FOXO1轴调节T细胞免疫反应[226]。

近些年来,免疫检查点抑制剂在肿瘤免疫治疗方面取得了显著的进展,但从临床数据来看,实体瘤中抗PD-1/PD-L1抗体等免疫治疗的有效率较低,而且容易引发免疫耐受,整体治疗效果不太理想。最近有研究者发现,NAD$^+$可以通过α-酮戊二酸介导的Tet甲基胞嘧啶双加氧酶1与IFN-γ信号协同调节PD-L1表达,以CD8$^+$T细胞依赖的方式驱动肿瘤免疫逃逸。同时研究还发现,对于抗PD-1/PD-L1抗体治疗耐受的肿瘤,通过补充NAD$^+$前体(NMN)可显著增强治疗的敏感性。研究表明,NAD$^+$补充剂联合PD-1/PD-L1抗体可能是针对免疫耐药肿瘤的一种新治疗策略,当然这还需要在人体临床试验中进一步验证[227]。

另外,在2-脱氧葡萄糖(2-deoxy-glucose, 2DG)抑制糖酵解的实验中观察到了T细胞记忆反应和抗肿瘤功能的增强,这可能是由于NAD$^+$的增加导致的[228]。在T细胞CD38敲除实验中也发现,随着CD38的丢失,细胞外NAD$^+$增加了,从而证实了NAD$^+$在T细胞代谢重编程和T细胞介导的抗肿瘤免疫反应中的作用[226, 229]。在培养液中加入NAD$^+$可以恢复细胞内的NAD$^+$水平,表明T细胞能够从环境中摄取NAD$^+$,并恢复T细胞的激活,从而证实了高NAD$^+$水平是T细胞激活所必需的。实验也验证了在肿瘤免疫治疗中补充NAD$^+$可显著增强T细胞的激活和肿瘤杀伤能力[230]。

NK细胞是先天免疫系统的重要组成部分,它可以清除受损或感染的细胞,主要应对病毒感染和新生肿瘤。NK细胞还会释放细胞因子和趋化因子,动员其他免疫细胞进行免疫防御。显而易见,NK细胞是肿瘤免疫监测的关键角色,代谢适应对于NK细胞的生存和功能至关重要。NAD^+ 则是连接细胞代谢和信号转导的重要因素。最近的研究揭示，NAD^+ 在线粒体稳态和能量代谢、NK 细胞的稳态及效应器功能中的决定性作用，并确定了外源性补充 NAD^+ 或者其前体 NMN，不仅能维持 NK 细胞的存活，还能促进 NK 细胞的增殖、细胞因子的产生和细胞毒活性的增强，从而增强了 NK 细胞的抗肿瘤能力[231]。

总结与展望

如何有效地预防癌症和治疗癌症，首先要对癌症的起源有清晰的理解。目前，癌症在细胞和分子水平上的起源还不清楚，到底是源自基因组不稳定还是能量代谢受损，还存在着争议。癌症的基因突变理论表明，线粒体功能失调可能是癌症的结果，而不是癌症的病因。但是肿瘤细胞与正常细胞的 DNA 自发突变率是一致的，大概在 10^{-5}[232]，而激活癌基因所需的特定突变则更加罕见，如特定抑癌基因和癌基因的等位基因出现突变的概率只有 10^{-20}[233]。仅从基因突变的效率上看，基因的随机突变引发癌症，似乎有些令人难以置信。此外，代谢损伤理论则正好相反，它认为癌症本质上是一种代谢性疾病，线粒体功能异常能量代谢紊乱导致了癌症的发生，而基因突变则是癌变后的结果[1, 136, 234]。目前人们已经发现，在几乎所有类型组织中的绝大多数肿瘤细胞都具有能量代谢异常的特征。但是也有一些研究人员观察到，在不同类型的肿瘤中，线粒体和氧化磷酸化水平是正常的[235, 236]。这个理论似乎更接近致癌过程，但是究竟是什么触发了癌细胞中的代谢重编程，代谢异常和基因突变之间的因果关系，还存在着疑惑，需要进一步研究来阐明。

我们猜测癌变是一个由量变到质变的过程，开始是一个或多个突变将正常体细胞转化为潜在的肿瘤细胞，此时的肿瘤细胞缺乏增殖自主性。之后是促进阶段，进一步的突变和增殖刺激，促使这些细胞产生出子代肿瘤细胞，形成了真正意义上的肿瘤细胞。然而，究竟是什么导致了正常细胞转化为肿瘤细胞，还有待进一步阐明。通过上文的描述，我们认为 NAD^+ 是致癌过程中的关键因素，NAD^+ 水平的下降很可能是导致癌症的罪魁，但是一旦肿瘤细胞形成，NAD^+ 似乎对于维持肿瘤细胞快速生长和减少死亡又是有利的。

许多类型癌症的发病率随着年龄的增加而增加[237, 238]，而 NAD^+ 水平随着年龄的增加而下降[239, 240]。与年龄相关的 NAD^+ 水平的下降，引起线粒体功能障碍，从而导致瓦尔堡效应发生[241]。NAD^+ 水平或 $NAD^+/NADH$ 比值可能会对 DNA 突变的频率、DNA 的表观遗传学变化及代谢重编程产生影响[242]。高水平的 NAD^+ 可以通过靶向 FOXO、PGC1α、Tp53、NF - κB、HIF - 1α 和许多其他细胞靶点来调节 Sirtuin 活性，从而影响新陈代谢、DNA 损伤修复、应激抵抗、细胞存活、炎症反应、线粒体功能及脂肪和葡萄糖稳态。NAD^+ 含量是癌变开始时的基本保护因素，细胞内 NAD^+ 浓度的降低可能通过限制能量产生，降低了应激响应和 DNA 修复的效率，导致基因组稳定性下降，从而促使细胞向肿瘤细胞转变[243]。鉴于前文所述，在很多类型的癌症中都发现存在较高水平的 NAD^+，并与预后不良密切关联，说明 NAD^+ 可以同时发挥促瘤作用和抗肿瘤作用。这样看来，我们认为 NAD⁺ 可能是早期癌变的一个关键保护因素，但是在癌症进展和促进阶段可能弊大于利。也就是说，在癌症的促进、进展和治疗期间，NAD⁺ 水平的增加会增加肿瘤细胞的存活率和生长优势，增加其对放化疗的抵抗力，并促进了炎症，从而使天平偏向了促瘤作用一侧。NAD⁺ 的促癌与抑瘤作用主要取决于癌症发展的阶段，以及 NAD⁺ 浓度和时间依赖性 PARP 与 Sirtuin 的激活，以及机体的免疫状态。上文中也提到 Sirtuin 和 PARP 可能具有促癌和抑癌的双重作用，但它们在癌症的预防和进展中的作用仍需要进一步研究阐明。

　　自从 NAD⁺ 被发现至今已经超过 100 年，人们在 NAD⁺ 生物学领域也取得了很多进展，但是仍有许多悬而未决的问题需要进一步阐明，才能真正将出色的实验室研究成果转化为有效的临床应用。首先第一个问题，NAD⁺ 影响肿瘤进程的确切机制仍然难以捉摸。需要进一步研究了解 NAD⁺ 在肿瘤全生命周期中的作用，在不同肿瘤不同时间点确定 NAD⁺ 的真实作用，为精准预防和治疗癌症提供切实有效的解决方案。其次，系统性的 NAD⁺ 代谢组学还没有完全明确。目前大多数研究仅专注于测量 NAD⁺ 浓度，所用的方法大都缺乏准确性和可重复性，而且往往忽视了 NAD⁺ 及其相关代谢物是处于一个动态平衡的过程中的。因此，有必要对整个 NAD⁺ 代谢组进行精确评估，构建 NAD⁺ 生物学效应的全面足迹。目前已经开始应用一些新的技术，如质谱法，是目前相对具有强有力的可靠的测量方法[244]。还有高通量测量的方法，或许可以帮助我们揭开 NAD⁺ 动态平衡的面纱[245]。相信不久精确定量的分析方法一定能帮助我们了解 NAD⁺ 是否存在组织特异性，不同 NAD⁺ 前体的组织偏好是怎样的？每个器官的 NAD⁺ 系统是否存在交叉干扰？每个组织中的 NAD⁺ 代谢组是怎样的？最后，如何全面评估长期提高 NAD⁺，尤其是当前国内外使用 NR、NMN 作为保健食品应用的不可预见的副作用，需要密切观察。这个问题需要开发新技术，可以方便、快捷、准确和可持续地监测患者和健康人体内的 NAD⁺ 动态。可喜的是，这一领域正在快速发展。例如，NAD⁺ 生物传感器的发展可能会帮助我们了解 NAD⁺ 动态水平，因为它可以在完整细胞的不同亚细胞器内进行实时监测 NAD⁺ 及其代谢物水平[180, 246]。

参考文献

苏州大学（陆挺、邬珺超）

苏州大学/苏州高博软件职业技术学院（秦正红）

第三十四章

辅酶 I 与阿尔茨海默病

34.1 阿尔茨海默病

阿尔茨海默病(Alzheimer's disease，AD)是一种进行性且不可逆转的神经退行性疾病，以记忆减退、认知能力下降及行为障碍为主要临床特征，是全球第一大神经退行性疾病。每年 9 月 21 日为世界阿尔茨海默病日。据报道,到 2050 年将超过 1 亿人患病,并且阿尔茨海默病患者有年轻化的趋势[1]。阿尔茨海默病早期患者的记忆和思考能力会逐渐减退;阿尔茨海默病后期,患者会逐渐丧失认知功能,甚至丧失言语、行走等基本生活能力,直至死亡。除了认知与学习能力下降外,在阿尔茨海默病患者中,8%～13%有视觉或运动障碍,7%～9%有语言障碍,2%有执行功能障碍[2]。

阿尔茨海默病的病理学特征是淀粉样斑块的沉积、神经纤维缠结(neurofibrillary tangle，NFT)的形成及神经元的死亡。其发病原因十分复杂,包括遗传因素和多种致病假说,如淀粉样斑块假说、Tau 蛋白代谢异常、神经炎症假说、线粒体功能障碍及代谢综合征等[3]。淀粉样斑块假说认为淀粉样前体蛋白(amyloid precursor protein，APP)被 β-分泌酶(BACE)和 γ-分泌酶切割后产生 $A\beta_{1-42}$ 片段(以下简称 Aβ),Aβ 的自我聚集会随着疾病的进展产生细胞毒性,导致神经元功能障碍和细胞死亡,并最终导致认知功能下降[4-6]。另外,近年来研究表明,高血压、糖尿病和脑卒中等都会增加患阿尔茨海默病的风险[7, 8]。

尽管近几十年科学家们做了大量研究,但目前还没有有效的治疗方法。尽管加强中枢胆碱能活性的乙酰胆碱酯酶抑制剂(包括多奈哌齐、加兰他明等)和控制伴发精神症状的抗焦虑和抗抑郁药为临床上治疗阿尔茨海默病的主要用药,一些传统中药也显示出一定的治疗阿尔茨海默病的作用[9, 10],但总体而言,目前所有这些药物治疗效果不佳并伴随着不同程度的毒副反应,因此急需寻找治疗阿尔茨海默病的新靶点和治疗手段。根据近几十年阿尔茨海默病病理机制的研究,针对淀粉样蛋白和 Tau 病理的药物研究也开展了很多,如用于减少 Aβ 的产生和增加 Aβ 清除的单克隆抗体,但目前几乎所有药物的临床试验都以失败告终[11]。

随着老龄化社会的加剧,阿尔茨海默病人群数量明显上升,发现阿尔茨海默病新的治疗靶点与治疗手段尤为迫切。大量研究表明，线粒体功能障碍和神经炎症是阿尔茨海默病的重要病理机制。NAD⁺作为辅酶调节糖酵解和脂肪酸氧化等物质代谢过程，也作为许多酶的辅因子，如 Sirtuin 和 PARP 等，参与线粒体质控、神经炎症、阿尔茨海默病表观遗传及 DNA 损伤修复等生理过程调节阿尔茨海默病的发生[12]。本章将阐述与 NAD⁺水平与功能相关的阿尔茨海默病病理机制及外源补充 NAD⁺对阿尔茨海默病的影响。

34.2 阿尔茨海默病与 NAD⁺水平

衰老是阿尔茨海默病的最大风险因素。阿尔茨海默病多见于 65 岁以上人群，其中男性平均 73 岁被诊断为阿尔茨海默病，女性为 75 岁。阿尔茨海默病已成为威胁老年人健康的重要因素。流行病学统计显示，全球 60 岁以上痴呆症的患病率为 5%～7%。

通过高分辨核磁研究发现，人脑内 NAD⁺水平随年龄增高而下降。动物研究资料显示，12 月龄小鼠海马组织的 NAD⁺水平比 1 月龄小鼠下降了 40%。脑组织衰老引发大脑 NAD⁺水平急剧下降，是引起神经退变发生的重要原因[13]。NAD⁺有延缓衰老的作用详见有关章，这可能间接地减少或推迟了阿尔茨海默病的发生。阿尔茨海默病患者脑内 NAD⁺水平下降，在多种小鼠的阿尔茨海默病模型及用 Aβ 处理的原代神经元中 NAD⁺含量也出现下降。

34.2.1 NAD⁺产生减少

NAD⁺的水平取决于生成和消耗两方面。在阿尔茨海默病中，NAD⁺生物合成减少和 NAD⁺消耗增加都加剧了 NAD⁺总量的不足，诱发或加剧了阿尔茨海默病病理生理学。在人体内 NAD⁺的生成中，烟酰胺单核苷酸腺苷转移酶（nicotinamide mononucleotide adenyltransferase，NMNAT）是 3 条生成途径中的共用酶，它催化 NMN 到 NAD⁺的化学反应。NMNAT 有 3 种亚型，具有明显的组织分布特点。其中 NMNAT1 在全身广泛表达，主要定位在细胞核内；NMNAT2 主要分布在大脑，定位于胞质中；NMNAT3 也是全身广泛表达[14]。研究表明，在阿尔茨海默病等神经退行性疾病中，*NMNAT2* 转录水平下降。基因组学分析发现在 *NMNAT3* 基因下游有个 SNP（rs952797）与晚发型阿尔茨海默病相关。NMNAT 抑制剂 FK866 处理培养的海马神经元，可引起神经元 NAD⁺水平下降，突起变短，并导致神经元死亡。

除了 NMNAT 外，哺乳动物细胞中的 NAD⁺主要是由 NAM 的补救合成途径合成的。烟酰胺磷酸核糖转移酶（nicotinamide phosporibosyltransferase，NAMPT）是该途径的限速酶[15]。NAMPT，也被称为内脏脂肪素或前 B 细胞克隆增强因子（pre-B cell colony-enhancing factor，PBEF），在衰老的组织及衰老的多重化学敏感症中降低，并下调 SIRT1 的表达。用 NAMPT 的抑制剂 FK866 处理年轻的间充质干细胞，则能加速细胞衰老。细胞内的 NAMPT 借助 NAD⁺及依赖 NAD⁺的酶在细胞能量代谢、衰老、炎症等过程起着重要的作用。细胞外的 NAMPT 可发挥脂肪因子和炎症因子样的作用。NAMPT 在体内组织中广泛存在,在中枢神经系统中表达水平较低,主要表达于神经元。有研究表明,NAMPT 抑制剂 FK866 减少了 APP/PS1 小鼠脑组织 NAD^+ 的水平,降低了 NAD^+/NADH 的比值,减少了 ATP 的水平。外源给予 NAD^+ 则可以增加 NAMPT 的表达及 SIRT1 的活性,提高阿尔茨海默病小鼠学习认知能力。

34.2.2　NAD^+消耗增加

阿尔茨海默病中,除了 NAD^+ 合成减少外,NAD^+ 的消耗也增加了。NAD^+ 在多种分解代谢中被还原为 NADH。此外,NAD^+ 的水平主要由 Sirtuin、PARP 及 CD38、CD157 等 NAD^+ 依赖酶调控[16]。NAD^+ 被这几种消耗酶转化,产生 NAM,同时调节—系列细胞活动。阿尔茨海默病小鼠脑组织 CD38 及 PARP1 等高度激活,增加了 NAD^+ 的消耗,是导致 NAD^+ 水平减少的重要原因。

CD38 是一个跨膜糖蛋白,兼具受体和酶活功能,将 NAD^+ 水解生成 cADPR,再被水解为 AMP[17]。CD38 主要定位在细胞膜上,但也可被内化进入溶酶体中。CD38 在全脑都有表达,但在尾核、嗅球、丘脑等部位表达更高些。在脑组织多种细胞如神经元、星形胶质细胞及小胶质细胞中都有表达。研究表明,衰老组织中 CD38 和 CD157 蛋白含量明显增加,造成 NAD^+ 过度消耗;敲减 CD38 或 CD157 可以有效增加脑内 NAD^+ 水平[18]。阿尔茨海默病患者外周血单核细胞中 CD38 表达水平增高;在阿尔茨海默病模型小鼠脑中,CD38 活性也升高。若抑制其活性,则可以减轻阿尔茨海默病病理改变,改善阿尔茨海默病小鼠的认知能力。在 CD38 基因敲除的 APP/PS1 小鼠脑组织中,淀粉样蛋白水平降低,NAD^+ 水平增加。CD38 也在星形胶质细胞和小胶质细胞中表达,并参与神经炎症的发生。敲减 CD38 可以减少 LPS 诱导的小胶质细胞的激活,并减少促炎因子的释放。在培养的小胶质细胞系 BV2 细胞中发现,$A\beta_{1-40}$ 会引起 BV2 细胞衰老相关蛋白 p1 和 p21 蛋白水平增加,NAD^+ 及 NAD^+/NADH 水平下降,同时线粒体功能下降,ATP 产生减少。敲减 CD38 不仅可增加 NAD^+ 水平,增加 ATP 产生,还能抑制 IL-1β、IL-6 及 TNF-α 的产生。CD38 抑制剂也能减少 APP/PS1 小鼠中淀粉样斑块的产生,抑制小胶质细胞的激活,减少促炎因子的产生,并增加 APP/PS1 小鼠的认知功能。

PARP 是 caspase 的底物之一,与 DNA 修复、基因转录及细胞死亡等相关[19, 20]。PARP1 是 PARP 家族中重要的亚型。当细胞出现 DNA 损伤时,PARP1 被激活,通过核糖基化对多种 DNA 损伤进行识别并参与 DNA 修复过程。用 $A\beta$ 处理大鼠脑片,可见 PARP1 激活。PARP 过度激活,则在合成 ADP 聚合物时过量消耗其底物 NAD^+,从而导致 ATP 产生明显减少,引起细胞死亡。不同于细胞凋亡(apoptosis),这种 PARP 依赖性的死亡方式也被命名为"PARthanatos"。在该过程中,PARP1 异常活化,合成聚 ADPR[poly (ADP-ribose),PAR],PAR 由细胞核进入胞质,促进线粒体膜上的凋亡诱导因子 (apoptosis induced factor, AIF)向细胞核转位,诱导染色质聚集,大片段 DNA 断裂。此外,PARP1 基因多态性可能也影响着阿尔茨海默病的发生风险性[21]。

代谢动态平衡的维持需要葡萄糖、脂肪和氨基酸这几个代谢途径的良好协调。线粒体不仅是细胞能量获取的主要场所，也是许多关键代谢中间产物的生产者，在整合各种能量代谢途径中发挥着至关重要的作用。SIRT1 是一类 NAD^+ 依赖性的蛋白脱乙酰酶，使蛋白质底物脱乙酰化以发挥其神经保护作用，包括减少氧化应激和神经炎症、增加自噬、增加神经生长因子水平等，并维持神经完整性（影响神经元发育和功能）[22]。已发现哺乳动物中有 7 种 Sirtuin，分别为 SIRT1~SIRT7。NAD^+ 是 Sirtuin 的共底物，从目标蛋白质的赖氨酸上去除酰基，NAD^+ 被切割为 NAM 和 ADPR，其中 ADPR 作为酰基受体，产生乙酰-ADPR，细胞 NAD^+ 可用性是激活 Sirtuin 催化活性的限制步骤[23]。Sirtuin 能感知 NAD^+ 水平的变化。当发生过度 DNA 损伤时，PARP1 利用 NAD^+ 生成 PAR 聚合物和 NAM，导致 NAD^+ 水平显著降低，从而限制了 Sirtuin 对 NAD^+ 的可用性。衰老大鼠的海马、皮质、小脑和脑干的离体样本中，NAD^+ 水平降到 1/4~1/2，同时 SIRT1 活性也相应降低。NAD^+ 另一个消耗酶 CD38 表达也随年龄增长而增加，导致 NAD^+ 及其前体 NMN 消耗增加，Sirtuin 活性下调。Sirtuin 作为一个依赖 NAD^+ 的酶家族，在细胞对代谢应激的适应中起着至关重要的作用。线粒体 SIRT3、SIRT4 和 SIRT5 与核 SIRT1 一起通过控制线粒体蛋白的翻译后修饰和线粒体基因的转录调节来调控线粒体生理的多个方面[24]。Sirtuin 对于维持细胞与线粒体代谢稳态和基因稳态性具有重要作用。

SARM1 主要在神经元中表达，能促进神经元形态发生。当神经元损伤时，SARM1 被激活，催化 NAD^+ 水解为 ADPP、cADPP 和 NAM，导致细胞骨架降解和轴突破坏。但是，当 NAD^+ 生物合成途径中的酶过度表达或加入 NR 反而可能抑制 SARM1 诱导的轴突破坏。SARM1 也具有 NAD^+ 切割的活性，最新的研究将 SARM1 与 CD38 和 CD157 一起归为 NAD^+ 糖化酶和环化酶家族[25]。SARM1 依赖 Toll/IL 受体同源区域（Toll/interleukin receptor homologous region, TIR）发挥其酶活性。冷冻电子显微镜解析了 SARM1 的结构，发现 SARM1 蛋白自身以环状的八聚体形式存在，ARM 结构域和 TIR 结构域相互作用抑制了 SARM1 的 TIR 结构域水解 NAD^+ 的活性。因此，SARM1 蛋白维持了生理状态下的活性抑制状态。此外，高浓度的 NAD^+ 可以抑制 SARM1 的活性。除了 TIR 结构域外，NAD^+ 还通过 SARM1 上的 NAD^+ 的别构调节位点负性调控 SARM1 蛋白水解酶活性。SARM1 主要在神经元中表达，可促进神经元形态发生。SARM1 也可在免疫细胞中表达，调节免疫细胞的功能，但是其具体调控作用仍存在争议。尽管如此，SARM1 在轴突变性中发挥着至关重要的作用，其正成为预防或改善神经退行性疾病及脑创伤的治疗靶点。

综上所述，在阿尔茨海默病患者脑内、细胞模型与动物模型中，都出现了 NAD^+ 的生成减少与降解增加的现象，最终引起 NAD^+ 水平下降。PC12 细胞外源加入 $A\beta_{25-35}$，建立阿尔茨海默病的体外细胞模型，外源加入 NADH 可以显著降低阿尔茨海默病细胞模型的细胞死亡率，减少膜脂质过氧化程度，提高细胞抗氧化酶的活力，包括 SOD、CAT 及 GSH-PH 活性，降低 NO 含量，降低细胞膜的通透性，同时对 Tau 的磷酸化具有抑制作用。这揭示了阿尔茨海默病病理与 NAD^+ 水平之间的强烈联系。

34.3　NAD⁺与阿尔茨海默病线粒体功能

线粒体在氧化磷酸化、ATP 的生成、维持钙离子稳态,以及脂质代谢和氨基酸代谢等过程中起关键作用,而大脑维持各功能的运转也需要源源不断的 ATP 的供应,这就需要保持线粒体的健康状态。线粒体正常功能依赖于线粒体质量控制系统的调节。线粒体质量控制系统包括线粒体生物合成、线粒体融合与分裂的动态修复(合称为线粒体动力学)、线粒体自噬及 mUPR 等。当线粒体发生损伤时,线粒体触发应激,启动 mUPR;线粒体损伤还会造成线粒体分裂增加,融合减少,细胞中就会囤积大量的线粒体碎片得不到有效的清除,此时就需要调节线粒体动力学以维持线粒体动态平衡,并启动线粒体自噬将线粒体碎片包裹形成自噬囊泡,进而与溶酶体融合将线粒体碎片降解;同时还要激活线粒体生物合成,帮助指导新生线粒体的生成,线粒体自噬和线粒体再生对立又统一。因此,线粒体质量控制是一个环环相扣共同维持细胞健康的体系,牵一发而动全身,一旦某一环节发生损伤则会对线粒体稳态,对细胞乃至机体的健康造成不利影响。

34.3.1　阿尔茨海默病中线粒体功能紊乱

大量研究表明,线粒体与衰老息息相关。衰老过程中,线粒体 ETC 复合体功能减退,自由基蓄积,并会触发细胞凋亡,造成神经元损伤。线粒体的功能缺陷与阿尔茨海默病的发病密切相关。在阿尔茨海默病患者大脑神经元中,发现了许多线粒体碎片,线粒体产生 ATP 水平降低,控制线粒体动态平衡的蛋白质水平出现失衡。因此,调节线粒体质量控制,维持线粒体稳态对于阿尔茨海默病来说,具有重要意义。在阿尔茨海默病发病早期,常出现线粒体的功能缺陷及氧化应激的增加。例如,线粒体自噬是降解受损线粒体的机制,对线粒体稳态和健康长寿很重要。线粒体自噬障碍被认为是加速衰老和阿尔茨海默病等神经退行性病变的一个关键因素[26]。

34.3.2　NAD⁺与线粒体质控

近期研究表明,NAD⁺可通过维持线粒体生物合成与线粒体自噬之间的平衡来影响神经元的质量和存活,在阿尔茨海默病的发生发展过程中发挥着重要的作用。增强线粒体自噬,有助于清除 APP/PS1 阿尔茨海默病转基因小鼠神经元中失能的线粒体,减少凋亡因子的释放,维持神经元细胞稳态,减少神经元的死亡,从而减缓认知能力的损害。例如,尿石素 A(urolithin A)是石榴和其他一些水果及坚果中的鞣花单宁(ellagitannin)经肠道细菌代谢后产生的。有研究表明,尿石素 A 通过抑制线粒体 Ca²⁺内流,显著减轻线粒体 ROS 积聚;能促进 NAD⁺水平增高,促进 ATP 产生。此外,研究也发现,尿石素 A 能促进线粒体自噬。在 Aβ 转基因秀丽隐杆线虫上分别敲除线粒体自噬相关基因 *PINK-1*、*PDR-1* 或 *DCT-1* 使线虫出现明显的记忆损害,而外源补充 NAD⁺或尿石素 A 能逆转 DCT-1、

4

PDR-1 和 PINK-1 依赖途径引起的记忆损害。越来越多的证据表明，提高体内 NAD$^+$ 水平，增加线粒体功能，可以减少阿尔茨海默病的一些病理特征并改善大脑的认知能力。

34.4　NAD$^+$ 与阿尔茨海默病神经炎症

小胶质细胞是中枢神经系统中的常驻免疫细胞，持续监控脑内微环境。小胶质细胞既可分泌细胞因子、趋化因子和生长因子等，同时也是脑内的主要吞噬细胞，可以清除细胞碎片、异常蓄积蛋白及病原微生物等。小胶质细胞在通常情况下保持静息状态，但在脑内稳态被破坏或是神经退行性疾病时，小胶质细胞可被激活。

34.4.1　阿尔茨海默病中的神经炎症

阿尔茨海默病患者大脑神经元间蓄积的 Aβ 蛋白是驱动神经炎症的关键因素，它会导致小胶质细胞的大量活化。Aβ 聚集体及纤维体能够与小胶质细胞上的模式识别受体结合，刺激 TLR 并使 NLRP3 炎症小体活化，产生大量的促炎因子如 IL-1β、IL-6、TNF-α 等，以及细胞毒性物质（ROS，NO 等）[27]。小胶质细胞的过度活化会导致周围健康的神经元受损，受损神经元分泌的因子又加剧小胶质细胞的持续活化，从而导致神经元的逐渐丧失。

34.4.2　NAD$^+$ 与神经炎症

在阿尔茨海默病患者中，神经炎症与 Aβ 斑块有关，其特征是小胶质细胞激活和促炎细胞因子产生。目前不少研究证明，提高 NAD$^+$ 水平是减少阿尔茨海默病神经炎症的有效手段，主要包括补充 NAD$^+$ 前体和抑制 NAD$^+$ 消耗酶。SIRT2 是 NAD$^+$ 的消耗酶，SIRT2 的特异性抑制剂 AGK2 可以显著地抑制 LPS 诱导的小鼠大脑中小胶质细胞激活及 TNF-α 和 IL-6 等炎症因子 mRNA 的表达，还可以有效地减少 LPS 诱导的 TUNEL 凋亡信号的增加及上游凋亡通路中活性 caspase-3 和 Bax 的水平，因此通过抑制 SIRT2 提高 NAD$^+$ 来减少相应的神经炎症和神经损伤可能是缓解阿尔茨海默病的一种可能方法。此外，CD38 作为大脑中细胞内 NAD$^+$ 水平的主要调节者之一，也有望作为减轻阿尔茨海默病神经炎症的靶点。研究表明，CD38 也可以通过其产生 cADPR 的活动来控制神经递质的释放，并且也是神经炎症的调节因子，研究发现，CD38 功能的抑制或缺失，可增加 NAD$^+$ 水平，并能明显抑制神经炎症[28]。此外，外源补充 NR、NMN 等 NAD$^+$ 前体也可以缓解在神经退行性变的动物模型中的神经炎症。NMN 治疗可减少阿尔茨海默病转基因小鼠中包括 IL-6、IL-1β 和 TNF-α 等促炎细胞因子水平。相较于 NMN，NR 的研究更为广泛。NR 治疗也能显著减少星形胶质细胞和小胶质细胞的激活，并且降低了 IL-1α、TNF-α、MCP-1、IL-1β、MIP-1α、RANTES 等促炎细胞因子和趋化因子的表达。

cGAS 的全名是"环状 GMP-AMP 合成酶"，位于胞质中，它可以识别不应出现在细胞质中的 DNA,并催化 GTP 和 ATP 合成"环状 GMP - AMP"(cGAMP),cGAMP 结合并激活内质网蛋白 STING,进而通过 STING 通路将信号转导进入细胞核,调控基因转录,开启免疫反应。研究表明,cGAS/STING 通路在阿尔茨海默病中是过度增高的,而外源补充 NAD^+ 可抑制增高的 cGAS/STING 通路,缓解阿尔茨海默病的神经炎症[29-31]。

此外,$NADH/NAD^+$ 的平衡可能也与炎症相关。NADH 穿梭(NADH shuttle)在多种生理活动中发挥着作用。细胞内葡萄糖参与 TCA 循环,并在 ETC 中被连续氧化,在各类辅酶的帮助下最终被氧化成水和 ATP。在这个过程中,线粒体膜内外的 $NADH/NAD^+$ 保持平衡,TCA 循环反应才会持续进行。一旦 $NADH/NAD^+$ 的平衡被打破,葡萄糖则会转化为乳酸,能量转化效率降低。线粒体内膜 NADH 与 NAD^+ 是选择性通透的,需要位于线粒体膜上的 NADH 穿梭通道将胞质中的 NADH 转运至线粒体内,以完成 NADH 与 NAD^+ 的互换,调节 NADH 的分布。两条 NADH 穿梭通道分别是苹果酸-天冬氨酸穿梭(AST 或 AAT, wMAS)和甘油三磷酸穿梭。氨氧乙酸(aminooxyacetic acid, AOAA)是 MAS 的抑制剂,抑制 AST 及 GABA - T 的活性。AOAA 通过抑制 NADH 线粒体转位,抑制小胶质细胞 ETC 功能,减少 ATP 水平和线粒体膜电位。AOAA 还能抑制 LPS 诱导的小胶细胞激活,抑制 NO 的产生,抑制 iNOS 和 TNF - α 蛋白水平,抑制 NF - κB p65 亚基的核转位。而外源补充丙酮酸能抵消 AOAA 的作用。

还有一点值得注意的是,NAMPT 与炎症的关系。如前文所述,NAMPT 可合成 NAD^+,在正常情况下,NAMPT 在中枢表达水平较低,仅在神经元中有表达。衰老及病理情况下,NAMPT 会在小胶质细胞中表达,参与神经炎症。小胶质细胞可以将 NAMPT 以外泌体的途径释放到细胞间隙,细胞外的 NAMPT 可发挥炎症因子样的作用。NAMPT 抑制剂 FK866 抑制小胶细胞的 NAMPT 活性,降低 NAD^+ 的水平,抑制小胶细胞的极化及 NF - κB 的核转位,减轻神经炎症[32]。小胶质细胞上调 NAMPT 的表达及释放,NAMPT 参与小胶质细胞的激活和炎症因子释放,其机制与 NAMPT 促进 NF - κB 活化有关。而外源补充 NR,则能抑制星胶的激活,减少血清中 NAMPT 的水平。总体而言,NAMPT 对神经炎症的影响相关研究较少,它对神经炎症的直接作用或通过 NAD^+ 这种间接的抑制作用孰轻孰重,以及其在阿尔茨海默病中的作用仍值得深入探讨。

34.5 NAD^+ 与阿尔茨海默病溶酶体功能

34.5.1 阿尔茨海默病的溶酶体功能障碍

溶酶体是细胞内一种具有强大分解代谢能力的细胞器,其内部含有丰富多样的水解酶,如蛋白酶、核酸酶、脂肪酶、硫酸酯酶或磷酸酶等。溶酶体主要通过内吞-溶酶体途径降解来自细胞外的蛋白质及病原体等大分子,还可通过自噬作用降解细胞内大分子和失能细胞器等物质,从而维持着包括膜蛋白等大分子物质和多种细胞器的更新,在维持细胞内环境稳态中发挥着举足轻重的作用。在阿尔茨海默病中,内体-溶酶体途径是降解细胞间 APP 的方式。当溶酶体功能出现障碍时,如 pH 升高,则组织蛋白酶活性受到抑制,导致 Aβ 片段降解受抑制,并进而抑制其内吞过程,使细胞间的 Aβ 迅速地积聚,最终形成 β-淀粉样蛋白沉积。另外,溶酶体功能障碍还会导致 Tau 的过度磷酸化和 Tau 的清除异常,从而形成 Tau 不溶性聚集体及神经纤维缠结。

34.5.2　NAD$^+$与溶酶体功能异常

细胞器之间并不是相互独立工作、互不干扰的。随着研究的深入,人们发现线粒体功能和溶酶体功能之间有很大的内在影响,线粒体功能障碍也会引起溶酶体损伤。有研究表明,通过添加 NAD$^+$ 前体来提高细胞内 NAD$^+$ 的水平可以改善 TFAM$^{-/-}$ T 淋巴细胞溶酶体的功能,这表明线粒体功能受损的细胞中 NAD$^+$ 水平的降低会导致溶酶体功能障碍。在 3×Tg 阿尔茨海默病模型小鼠中,也显示出补充 NAD$^+$ 前体可使阿尔茨海默病小鼠大脑皮质和海马区的 LC3-Ⅱ/LC3-Ⅰ 比率降低,这说明提高 NAD$^+$ 水平可能改善与自噬相关的神经病理改变和(或)增强自噬-溶酶体的过程。NAD$^+$ 前体可以增加细胞器酸度的结果,再次说明了 NAD$^+$ 水平的升高可以促进自噬溶酶体蛋白降解能力,促进细胞垃圾的清除与循环[33]。

34.6　NAD$^+$治疗阿尔茨海默病的临床前研究

大量研究表明,随着年龄的增长,生物体内 NAD$^+$ 的水平会逐渐下降。这种下降与一些衰老标志的发展有关,如线粒体自噬和神经炎症减少等。NAD$^+$ 可以对神经变性产生影响,在不同的神经退行性疾病中可能发挥着重要的作用。越来越多的证据表明,外源添加 NAD$^+$ 或 NAD$^+$ 前体可以增强线粒体功能,减少阿尔茨海默病的一些病理特征,进而改善阿尔茨海默病患者的认知障碍。

大量研究表明,通过调控 NAD$^+$ 的代谢来控制和治疗包括阿尔茨海默病在内的增龄性认知障碍疾病是一个可行的方案[34]。现在主要研究的 NAD$^+$ 的生物学前体包括 NMN、NAM 和 NR。

34.6.1　烟酰胺单核苷酸

烟酰胺单核苷酸(NMN)是通过补救合成途径进行 NAD$^+$ 合成的重要前体,它可以由 NAM 在 NAMPT 的作用下合成,随后通过腺苷酰转移酶将 NMN 转化成 NAD$^+$。因此,NMN 对增加的 NAD$^+$ 水平具有积极意义,对维持神经元功能和存活至关重要[35]。研究发现,500 mg/kg NMN 腹腔注射可显著改善阿尔茨海默病模型大鼠的学习记忆能力,并减弱 Aβ 寡聚体对神经细胞长时程兴奋的抑制作用,消除 ROS 的积聚,恢复神经元中 NAD$^+$ 和 ATP 的水平,减轻 Aβ 寡聚体诱导的神经细胞死亡[36]。外源给予 NMN 还可维持老年海马体中的神经干细胞群,并在阿尔茨海默病的小鼠模型中防止线粒体和认知功能障碍。

研究表明,NMN 可以改善 APP/PS1 小鼠模型中的线粒体生物能学,并且减少阿尔茨海默病鼠的线粒体片段化,明显改善线粒体的形态异常并增加氧消耗量。NMN 还抑制了 APP/PS1 小鼠 APP 裂解分泌酶的表达,降低了突变的全长 APP 的水平。

34.6.2 烟酰胺

烟酰胺(NAM)作为维生素 B$_3$ 的酰胺形式,是辅酶Ⅰ和辅酶Ⅱ的重要组成骨架,也是 NAD$^+$ 依赖酶 Sirtuin、PARP 和 CD38 在代谢 NAD$^+$ 过程中生成的副产物,外源性补充的 NAM 进入血液循环后,可以在短时间内透过血脑屏障进入脑内,在 NAMPT 的作用下通过 NAD$^+$ 的补救合成途径转化为 NAD$^+$。此外,NAM 也是 NAD$^+$ 依赖酶的天然抑制物,随着 NAM 浓度的增加,PARP、Sirtuin 和 CD38 活性被成比例地抑制,从而通过降低 NAD$^+$ 的代谢来进一步提高 NAD$^+$ 总量。例如,NAM 防止 PARP1 激活和随后的 DNA 链断裂引起的 NAD$^+$ 耗尽。据报道,NAM 在抑制线粒体功能障碍和神经变性中意义重大,在阿尔茨海默病小鼠模型中,NAM 可显著改善阿尔茨海默病小鼠的记忆和学习能力。研究表明,NAM 缓解阿尔茨海默病认知障碍与减少 Aβ 和抑制 Tau 病理、保护线粒体完整性和增强自噬-溶酶体功能及激活神经保护信号通路有关[33]。一方面,NAM 抵消了氧化/代谢损伤的神经毒性作用,并维持了培养神经元中线粒体的完整性和 NAD$^+$ 依赖性 SIRT1 水平,NAM 还通过提高细胞 NAD$^+$ 水平的机制保护培养的神经元免受 Aβ 的神经毒性作用;另一方面,NAM 可使自噬-溶酶体途径得到改善。这进一步证明了 NAM 可通过减少 Aβ 和抑制 Tau 病理来缓解阿尔茨海默病相关症状。NAM 作为一种口服吸收良好维生素 B$_3$ 的衍生物,在治疗阿尔茨海默病等神经退行性疾病上具有重要的临床意义和研究价值。

34.6.3 烟酰胺核糖

烟酰胺核糖(NR)是维生素 B$_3$ 的另一种形式,大量研究显示,通过给予 NR 来增加体内的 NAD$^+$ 水平,可以改善阿尔茨海默病小鼠模型中的突触可塑性和功能,起到抗衰老和与年龄相关的脑功能的作用。在转基因小鼠阿尔茨海默病模型中,通过口服 NR 来增加 NAD$^+$ 水平,可减少受影响细胞的衰老,减轻 DNA 损伤和神经炎症。NR 可降低由高脂食物引起的淀粉样蛋白浓度,降低阿尔茨海默病小鼠模型中 p-Tau 水平和 Aβ 斑块的水平,进而改善阿尔茨海默病等神经退行性疾病的病理症状及保护大脑中的神经元,延缓衰老造成的神经元功能损害[30]。

作为 NAD$^+$ 的助推剂,人们对 NMN、NAM 和 NR 已进行了大量研究。药物代谢动力学分析表明,三者之间的血药浓度相互影响,通过从体外补充任何一前体都会提高另外两者的含量。例如,在注射 NMN 后血浆 NAM 水平显著升高,提示 NMN 在腹腔注射后可能部分转化为 NAM,由于 NR 是 NMN 向 NAM 转化的中间体,因此这也提示着注射 NMN 后最初可能转化为 NR。同样,一项研究发现 NR 在小鼠血浆中孵育后迅速降解,同时伴随着 NAM 相应增加,这提示存在可将 NR 降解为 NAM 的血浆因子。NR 口服吸收良好,其细胞渗透简单,在人类正常饮食中的利用率很高,目前并未报道过严重不良反应。然而与

NR 不同的是，NAM 在较高剂量时易产生不良反应，包括恶心和呕吐、肝损伤。NMN、NAM、NR 的药理作用存在着相当大的重叠，也都有各自的积极和消极影响。通过利用不同的前体分子增加 NAD$^+$水平有多种健康益处和不同的治疗意义[37]。

提高 NAD$^+$库中总 NAD$^+$的量，除了补充 NAD$^+$的生物学前体之外，还可以通过抑制 NAD$^+$消耗酶来实现，包括抑制 PARP、CD38 和 CD157 在内的 NAD$^+$消耗酶的过度激活来减少 NAD$^+$的降解，这也可能是治疗衰老和老年相关疾病的有效干预措施。目前，正在研究的主要为黄酮类和类黄酮类化合物。近期研究表明，一种天然黄酮类化合物芹菜素可以通过抑制 CD38 活性而增加小鼠脑内 NAD$^+$的浓度并抑制内毒素诱导的胶质细胞激活，抑制神经炎症及神经变性。与对照组小鼠相比，芹菜素能下调炎症基因如 IL-1β、IL-6、TNF-α 的表达，抑制体外炎症反应和 NF-κB 信号通路。另一种 CD38 抑制剂 78c 能延长自然衰老小鼠的寿命，能改善小鼠的运动能力、耐力和代谢功能[38]。

34.7 NAD$^+$治疗神经退行性疾病的临床研究

目前，提高中枢神经系统 NAD$^+$水平对人体的药理学作用研究还处于起始阶段。提高 NAD$^+$水平既可能显示神经保护作用亦有可能引发神经毒性反应。首先，在 NAD$^+$代谢过程中也存在着神经毒性物质，如在犬尿氨酸途径中的 3-HK、3-HAA 和喹啉酸等；甲基化 NAM(MeNAM)的过度生物积累也可能导致神经元死亡。其次，NAD$^+$库中 NAD$^+$总量的提高并非完全有益，这可能影响着细胞的能量代谢水平和线粒体功能。最后，NAD$^+$的提高导致其前体的增多，这也会影响其他细胞代谢，如影响 DNA 和蛋白质的甲基化从而导致细胞转录翻译过程及蛋白质的合成。但是，迄今尚无足够的研究显示，NAD$^+$水平的提升与这些神经毒性代谢物之间的影响[37]。在后续研究中，要特别注意组织中 NAD$^+$的量效关系，研究 NAD$^+$在一个怎样的阈值范围内对阿尔茨海默病治疗能产生更大的收益。

鉴于 NAD$^+$前体的广泛健康益处，目前有 30 多项关于使用 NR 或 NMN 的临床试验列在 NIH 临床试验数据库(Clinicaltrials. gov)上。许多 I 期临床试验的重点是生物利用度和安全性。临床研究表明，每天 2 次 1 000 mg 的 NR 剂量可显著增加所有参与研究健康受试者的稳态全血 NAD$^+$水平，个别人的增幅比基线 NAD$^+$水平高 35%~168%。参与者没有出现类似剂量的 NA 的严重副作用，这些发现证实了 NR 作为一种潜在的治疗线粒体功能障碍疾病的方法的可行性。在一项随机、双盲为期 6 个月的临床试验中，口服 NADH (10 mg/d)的阿尔茨海默病受试者没有显示出进行性认知恶化的证据。并且，与安慰剂治疗的受试者相比，NADH 受试者在语言流畅度、视觉构造能力和趋势方面的表现明显更好，在抽象语言推理的测量上表现也更好。在年轻人和老年人中，单次服用 500 mg NR 都表现出 NADH 和 NADPH 水平的增加；老年人氧化还原状态全面改善，并且增强了老年人的抗疲劳能力。还有临床试验表明长期每天口服 3 000 mg NR，人体耐受性良好，并可以刺激健康中老年人的 NAD$^+$代谢。有趣的是，结果显示对健康中老年人的运动功能没有明显影响,但这并不能说明对阿尔茨海默病患者没有作用,值得进一步试验[39]。

　　安全性评估分析显示,NAM、NMN 和 NR 在研究剂量下总体而言是安全的,但随着剂量的增加,副作用也会逐渐凸显。早期研究表明,人体志愿者口服胶囊形式的 NAM 剂量在 1~6 g 之间,一般耐受性良好。对血压或心率没有明显的影响。但也有一些副作用,如个别受试者出现呕吐。NAM 还可能会导致血小板减少、腹泻、恶心、皮疹、潮红、血沉下降及肝脏天冬氨酸氨基转移酶异常等。有关 NR 的安全性和生物利用度数据的临床试验较多。例如,在健康中老年人中,连续 6 周每天口服 1 000 mg,具有良好的安全性和耐受性。关于 NMN,有一项建立在日本成年男性的临床试验显示,单次口服 500 mg/kg NMN 没有引起任何明显的临床症状或心率、血压、血氧饱和度及体温的变化[40]。但是,有人提出高剂量的 NMN 可能会引起肝脏代谢变化和肿瘤的生长。

　　从发现至今一个世纪以来,NAD$^+$ 已成为一种可能的治疗方法用于延缓增龄性疾病,并延长人类的健康和寿命。在各种阿尔茨海默病模型中提高 NAD$^+$ 水平也显示出了一定的疗效。然而,这些研究大多数是在细胞模型或动物模型中进行的,不能完全反映其病理学。NAD$^+$ 代谢物对神经退行性疾病病理学的影响还有待进一步加强。为此,需进一步临床研究以明确 NAD$^+$ 治疗神经退行性疾病的基本机制及长期服用 NR 等相关前体的可能副作用。总之,临床前和临床数据支持靶向 NAD$^+$ 在延缓神经退行性疾病进程中可能有益。加快全面地了解 NAD$^+$ 代谢及其在神经退行性疾病的基本机制及靶向 NAD$^+$ 的影响,将为 NAD$^+$ 前体的长期应用的适应证提供宝贵的信息。

苏州大学(程莹、林芳)

第三十五章　辅酶 I 与帕金森病

35.1　帕金森

　　帕金森病（Parkinson disease，PD）又称震颤麻痹（paralysis agitans），是锥体外系功能紊乱引起的一种慢性中枢神经系统退行性疾病，常发生于中老年人。帕金森病的临床症状主要为肌肉震颤、僵硬、运动困难，姿势和运动平衡失调，有些患者有嗅觉异常、记忆障碍和痴呆。帕金森病主要病理特征是黑质纹状体多巴胺能神经元进行性死亡，胞质内出现嗜酸性包涵体（Lewy body，路易体）。帕金森病患者因黑质病变，黑质神经元进行性减少，引起多巴胺（dopamine，DA）合成减少，使纹状体内多巴胺含量降低，造成黑质-纹状体通路多巴胺能神经功能减弱，而胆碱能神经功能相对增强，致使锥体外系功能失调，从而发生震颤、麻痹、僵直等症状。帕金森病的病理机制复杂，包括 α-突触核蛋白错误折叠和聚集、蛋白质清除障碍（涉及关键的泛素-蛋白酶体和自噬-溶酶体系统）、线粒体功能障碍、神经炎症和氧化应激等。引起这些病理的原因也多种多样，包括囊泡运输障碍、微管完整性丧失、神经元兴奋毒性、神经生长因子分泌减少、铁代谢途径失调、内质网损伤等[1]。黑质多巴胺能神经元的死亡可能与以下机制相关：氧化应激、线粒体功能障碍、细胞凋亡、PARthanatos 及神经炎症等[2]。

　　大多数帕金森病患者为散发性，病因不明，可能与多基因和环境因素导致的黑质纹状体多巴胺能神经-胆碱能神经功能失衡相关。仅有约 10% 的帕金森病患者是由于基因突变引起的，常见于年轻患者和有家族史的患者。目前已确认与帕金森病相关的突变基因包括：被克隆和定位的 α-突触核蛋白（α-synuclein）、DJ-1 及 Parkin 等。α-synuclein 基因是第一个被发现与家族性帕金森病相关的基因，α-突触核蛋白是帕金森病患者神经元内出现的一种蛋白包涵体结构——路易体的主要成分，也是帕金森病的一个重要的病理学标志。Parkin 基因突变引起早发性帕金森病。Parkin 蛋白有 E3 泛素连接酶的功能，使受损线粒体能通过线粒体自噬途径被清除以维持线粒体稳态。Parkin 突变或敲除，会引起线粒体功能紊乱和氧化损伤及多巴胺神经元进行性变性。LRRK2 是富有亮氨酸的蛋白激酶，参与自噬调节及内体分选等生理功能。突变的 LRRK2 导致多巴胺能神经元出现内涵体,生存率下降。*LRRK2* 转基因小鼠表现出黑质纹状体功能异常和行为学障碍。

目前临床上治疗帕金森病药物有两大类,一类是补充脑内多巴胺含量或激活多巴胺功能,另一类为中枢抗胆碱药物,总体目标都是恢复多巴胺能和胆碱能神经系统对运动功能调节的平衡。拟多巴胺药包括补充脑内多巴胺的左旋多巴、抑制外周神经系统中多巴转化为多巴胺的多巴脱羧酶抑制剂、多巴胺受体激动剂、抑制多巴胺降解的儿茶酚-O-甲基转移酶(catechol-O-methyl transferase,COMT)抑制药和单胺氧化酶(monoamine oxidase,MAO)抑制药及促进多巴胺释放的金刚烷胺。抗胆碱药为主要作用于中枢神经系统的苯海索。

35.2 帕金森病中 NAD^+ 水平

正如第三十三章所描述的,NAD^+ 水平与其生成和消耗相关。在帕金森病中,NAD^+ 生物合成减少和 NAD^+ 消耗增加都加剧了 NAD^+ 总量的不足,诱发或加剧了突触核蛋白病(synucleinopathies),这也是帕金森病的病理生理学特征。NAD^+ 的代谢在维持突触结构和功能中发挥重要作用。烟酰胺单核苷酸腺苷转移酶(nicotinamide mononucleotide adenyltransferase,NMNAT)催化 NMN 到 NAD^+ 的化学反应,是合成 NAD^+ 的重要酶分子。NMNAT 有 3 种亚型,具有明显的组织分布特点。其中 NMNAT1 在全身广泛表达,主要定位在核内;NMNAT2 主要分布在大脑,定位于胞质中;NMNAT3 也是全身广泛表达[3]。研究发现,死于帕金森病的患者其尾核中 NMNAT3 蛋白水平明显下降,其与 α-突触核蛋白水平逆相关。与此同时,发现与 NAD^+ 合成相关的其他蛋白分子,包括 NMNAT1、NMNAT2 及 SARM1 变化不大。在维 A 酸(retinoic acid)诱导分化的多巴胺能 SH-SY5Y 细胞中表达野生型 α-突触核蛋白,同样发现 NMNAT3 水平下降,细胞出现突起减少的病理特征[4]。6-羟基多巴(6-hydroxy dopamine,6-OHDA)和 1-甲基苯基-1,2,3,6-四氢吡啶(1-methyl-4-phenyl-1,2,3,6-tetrahydropyridine,MPTP)是最常用的制作帕金森病细胞模型和大鼠模型的药物。研究发现,6-羟基多巴诱导的 PC12 细胞模型中,NAD^+ 水平下降[5]。在帕金森病小鼠模型中,也可见与 NAD^+ 生成相关的 *NMNAT2* 基因转录水平明显下降。MPTP 也能抑制小鼠脑内 NAD^+ 与 ATP 水平[6]。

除了 NAD^+ 的生成外,NAD^+ 水平还受 Sirtuin、PARP 及 CD38、CD157 等 NAD^+ 依赖性酶调控。PARP 是 NAD^+ 消耗酶。当细胞出现 DNA 损伤时,PARP1 被激活,通过核糖基化对多种 DNA 损伤进行识别并参与 DNA 修复过程。而当 PARP 过度激活,则在合成 ADP 聚合物时过量消耗其底物 NAD^+,从而导致 ATP 产生明显减少,引起细胞死亡。这种 PARP 依赖性的死亡方式也被命名为"PARthanatos"。有研究对 146 个帕金森病患者和 161 个正常对照者 PARP1 启动子区域进行测序分析,发现有几个位点突变与帕金森病的发病时间有关。其中,-410C/T、-1672G/A 突变及(CA)n microsatellite 位点多态性能延迟帕金森病发生风险,而这几个位点的变异可能与减少 PARP 转录水平相关[7]。PARP 抑制剂苯甲酰胺(benzamide)可以逆转 MPTP 引起的小鼠脑内 NAD^+ 水平的下降[6]。富含亮氨酸重复序列激酶2(leucine-rich repeat kinase 2, *LRRK2*)是与家族性和散发性帕金森病相关的致病基因,若多巴胺能神经元携带 *LRRK2 G2019S* 突变,则其 NAD$^+$ 水平显著降低,依赖 NAD$^+$ 的 Sirtuin 脱乙酰酶活性也同样降低[8]。

35.3 NAD$^+$ 与帕金森病神经细胞线粒体功能

作为一种常见的神经退行性疾病,大量研究表明帕金森病与线粒体功能障碍有关。线粒体是细胞能量的主要来源,当线粒体的功能受损时,一些大量耗能的组织(如大脑、神经、肌肉等)也会受到损害。神经元高度依赖线粒体功能,因线粒体功能紊乱造成的神经元损伤在神经退行性疾病中十分常见。许多帕金森病遗传变异与线粒体功能密切相关。尽管引起帕金森病的原因很多,但大多数帕金森病相关基因被认为直接或间接影响线粒体的功能,影响着帕金森病的发生和进展[9]。例如,*PARK7*、*PARK6* 和 *PARK2* 都与线粒体质量控制相关,这几个基因丧失功能的突变都会引发早发型帕金森病[10]。α-突触核蛋白与环境毒素一样会抑制线粒体复合体Ⅰ,增加帕金森病的风险。多巴胺合成运输到轴突末梢及释放过程需要 ATP,这就持续刺激线粒体氧化磷酸化过程去产生 ATP 满足该生化过程需要。而这种持续的氧化磷酸化过程会引发线粒体氧化应激,引起黑质多巴胺能神经元损伤。帕金森病患者尸检报告也显示线粒体 DNA 完整性丧失,线粒体复合体Ⅰ损伤。黑质多巴胺能神经元线粒体复合体Ⅰ的失能是帕金森病的标志[11]。损伤线粒体复合体Ⅰ后,尽管会触发瓦尔堡效应以维持神经元的存活,但是引发了多巴胺能神经元的进行性死亡,首发症状于黑质纹状体轴突上。该轴突的失能伴随着运动功能的丧失。单独线粒体复合体Ⅰ失能即可导致进行性的帕金森综合征[12]。

Sirtuin 是一类 NAD$^+$ 依赖性的蛋白脱乙酰酶。其中,已发现哺乳动物中有 7 种 Sirtuin 亚型,其中 SIRT3、SIRT4 和 SIRT5 定位于线粒体上。Sirtuin 作为一个依赖 NAD$^+$ 的酶家族,在细胞对代谢应激的适应中起着至关重要的作用。定位于线粒体的 SIRT3、SIRT4 和 SIRT5 与定位于核的 SIRT1 一起通过控制线粒体蛋白质的翻译后修饰和线粒体基因的转录调节来调控线粒体生理的多个方面[13]。Sirtuin 对于维持细胞与线粒体代谢稳态和基因稳态性具有重要作用。NAD$^+$ 是 Sirtuin 的共底物,细胞 NAD$^+$ 可用性是激活 Sirtuin 催化活性的限制步骤[14]。Sirtuin 能感知 NAD$^+$ 水平的变化。当发生过度 DNA 损伤时,PARP1 利用 NAD$^+$ 生成 PAR 聚合物和 NAM,导致 NAD$^+$ 水平显著降低,从而限制了 Sirtuin 对 NAD$^+$ 的可用性。NAD$^+$ 另一个消耗酶 CD38 表达也随年龄增加而增加,导致 NAD$^+$ 及其前体 NMN 消耗增加,Sirtuin 活性下调。

NAD$^+$ 作为体内能量代谢反应的关键辅助因子,其稳态受损将会影响细胞代谢功能及氧化还原平衡,导致线粒体功能障碍。研究表明,补充 NAD$^+$ 是一种提高线粒体功能和阻止多巴胺能神经元变性的有价值的治疗方法。然而,需要更多的研究来进一步证实 NAD$^+$ 水平与帕金森病发病进展之间的关系。

35.4 NAD⁺与帕金森病神经炎症

35.4.1 帕金森病中的神经炎症

慢性神经炎症是帕金森病的病理生理学特征之一。帕金森病患者与实验动物脑中神经胶质细胞的激活和促炎因子水平的增加存在普遍性,激活的星形胶质细胞和小胶质细胞释放促炎因子,包括 TNF－α、IL－1β、IL－6 和 INF－γ,导致黑质致密部多巴胺能神经元变性加剧,炎症引发的氧化应激和细胞因子依赖的毒性也加剧了黑质纹状体多巴胺通路的损伤,加剧了帕金森病患者疾病的进程。随着疾病的发展,退变的多巴胺能神经元释放 α-突触核蛋白、ATP 和 MMP3 等分子将进一步增强小胶质细胞的激活,加剧神经炎症反应,导致神经退变过程的恶化,形成神经退变的恶性循环。除小胶质细胞外,星形胶质细胞也被激活。反应性星形胶质细胞增生的特征是胶质纤维酸性蛋白(glial fibrillary acidic protein, GFAP)表达水平升高,胞体肥大和细胞伸展,这已在各种帕金森病动物模型中报道。大量体外和体内实验证明,星形胶质细胞也通过分泌促炎细胞因子来响应炎症刺激,如内毒素、IL－1β、TNF－α 等[15]。

35.4.2 NAD⁺与帕金森病神经炎症

NAD⁺水平降低是帕金森病患者的病理特征之一,NAD⁺水平的降低往往伴随着 NAD⁺消耗酶活性的增加。NAD⁺消耗酶的活性与小胶质细胞和星形胶质细胞的激活密切相关,在帕金森病的神经炎症过程中扮演着关键的角色。因此,补充 NAD⁺前体及抑制 NAD⁺消耗酶可能是减轻神经炎症的有效手段。例如,NAD⁺消耗酶 CD38 抑制剂如芹菜素等可以下调促炎因子的表达。

35.5 NAD⁺与帕金森病自噬溶酶体功能

帕金森病特征之一是 α-突触核蛋白聚集体在中枢神经系统逐渐聚集,α-突触核蛋白是帕金森病患者受累脑区发现的路易体的主要成分。溶酶体的自噬途径在维持适当的 α-突触核蛋白神经元水平方面起着关键作用。野生型 α-突触核蛋白主要通过自噬途径降解——大自噬(macroautophage)和分子伴侣介导的自噬(chaperone-mediated autophagy, CMA)。抑制 CMA 或大自噬都会导致 α-突触核蛋白的积累。因此,预计溶酶体功能的改变可能会干扰 α-突触核蛋白的周转,促进 α-突触核蛋白水平的增加[16]。随着年龄的增长,溶酶体的处理能力逐渐下降,并且在多种神经退行性疾病中显示出溶酶体功能障碍。对帕金森病患者死后大脑样本的分析显示,在黑质中,已观察到不同溶酶体相关蛋白水平的降低,包括 LAMP－2A、LAMP－1 等。

NAD$^+$水平随着年龄的衰老或由于线粒体功能障碍的发生而降低,而NAD$^+$水平影响着溶酶体的ATP生成进而调控溶酶体的酸化。在帕金森病中,NAD$^+$水平的降低可能会降低溶酶体内的酸度,从而使溶酶体功能发生异常,这影响着α-突触核蛋白通过自噬途径降解,从而造成α-突触核蛋白的积累,造成神经元损伤,加重帕金森病患者病理进程。

35.6 NAD$^+$治疗帕金森病的临床前研究

帕金森病患者脑中氧化损伤增加,这促使PARP过度激活,从而使NAD$^+$的消耗增加,降低了帕金森病患者脑内NAD$^+$的水平。NAD$^+$的水平降低会影响线粒体功能,直接或间接诱发溶酶体功能异常,并促进小胶质细胞和星形胶质细胞激活,最终诱发或促进帕金森病患者病理进程。

为验证NAD$^+$代谢的变化对衰老及相关神经退行性疾病的影响,在多种遗传性帕金森病模型中都进行了NAD$^+$的代谢调控研究。例如,在 *Pink1* 和 *Parkin* 突变的帕金森病果蝇模型中,NR、NMN和NAD$^+$的水平都降低了。在这些模型中,通过补充NAD$^+$前体NAM可改善线粒体功能,并表现出对多巴胺能神经元变性的保护作用。此外,在PARP功能丧失的果蝇突变体中,通过补充NAD$^+$前体NAM,其体内NAD$^+$水平、线粒体形态和功能恢复正常,运动障碍症状和多巴胺能神经元丧失得到改善,寿命得到延长[17]。除了补充NAM外,也有研究发现,NR在帕金森病小鼠模型中表现出神经保护作用,并对小鼠的轴突神经变性也有效。且NR和NAD$^+$在预防神经退行性时具有相同的途径,但NR的效果远高于单独使用NAD$^+$。此外,NR在帕金森病果蝇模型中也表现出能减轻多巴胺能神经元变性和攀爬能力下降的影响[18]。在小鼠帕金森病模型中,NR下调了细胞凋亡和炎症相关的基因。以上研究表明,NAD$^+$代谢紊乱是帕金森病细胞和动物模型中的一个共同特征,并且补充NAD$^+$是提高线粒体功能和阻止多巴胺能神经元变性的有效途径。

NAD$^+$发挥神经保护作用的另一个可能机制是通过调节昼夜节律机制。由于昼夜节律转录因子介导的NAMPT表达的变化,NAD$^+$水平也随昼夜节律波动,进而调节SIRT1活性和信号转导[19]。研究表明,NR通过调节SIRT1的活性,改善了与年龄相关的小鼠昼夜节律功能的下降。且在帕金森病患者和动物模型中观察到的昼夜节律功能障碍,可能对细胞稳态产生负面影响及加快疾病的进展。但是昼夜节律机制与帕金森病之间的相关性仍不清楚,未来的研究还应评估NAD$^+$补充、昼夜周期和疾病进展之间的潜在联系。

35.7 NAD$^+$治疗帕金森病的临床研究

通过增加细胞内NAD$^+$浓度和降低氧化应激来提高细胞生物能量效率是开发帕金森病缓解药物的治疗目标。可以采用不同的方法来改变NAD$^+$代谢,包括使用外源性NAD$^+$

前体(如 NMN 和 NR)、增加 NAD^+ 生物合成速率及抑制 NAD^+ 降解的小分子等[20]。1989 年，一项临床研究显示，静脉给予帕金森病患者 NADH，161 位帕金森患者中有 115 位(占 71.4%)患者行为能力评分提高超过 30%，表现出非常良好的效果，28 位患者(占 17.4%) 行为能力评分接近 30%，表现出中等效果，另外的 18 位患者(占 11.2%)有一定的改善。 其中，隔天静脉给予 25~50 mg NADH 表现出了最好的疗效[21]。早在 1996 年，在帕金森 病患者中连续 7 天每天静脉输注 NADH(10 mg，静脉输注 30 min)后，用 HPLC 检测左旋多 巴，发现患者血浆左旋多巴含量升高[22]，这与帕金森病患者运动功能提升直接相关。最 近，临床病例报告也记录了用 NAD^+ 或其代谢物治疗帕金森病患者后，其运动功能得以改 善。靶向 NAD^+ 以治疗帕金森病的初步临床前研究已经获得了较好的成果。

除了 NADH 外，近年来已经测试了几种 NAD^+ 前体对帕金森病患者的作用，包括 NAM、NMN 和 NR。关于 NAM 补充剂潜在增加人体 NAD^+ 水平的信息很少。报道的结 果好坏参半，主要是由于 NAM 的广谱代谢影响及其对 Sirtuin 的浓度依赖性作用。虽然 NAM 增加了 NAD^+ 依赖性蛋白 SIRT1 的表达，但并未观察到 NAD^+ 水平的显著增加。此 外，在已经进行或正在进行几项 NMN 试验中，对 NAD^+ 水平的变化尚未进行过评估。在 使用 NAD^+ 补救合成途径代谢物作为 NAD^+ 激动剂可行性的临床试验中，NR 已被证明可 增加健康个体的 NAD^+ 水平[23]。30 位新诊断为帕金森的患者，连续 30 天，每天口服 1 000 mg NR 后，患者对 NR 表现出良好的耐受性，利用 ^{31}P 磁共振频谱测定脑脊液中 NAD^+ 及其代谢物水平，发现脑内 NAD^+ 水平增高，但个体差异较大。氟脱氧葡萄糖(18F - fluorodeoxy-glucose，18F - FDG)正电子发射计算机断层显像(PET)结果显示脑内代谢 水平增高，这与临床上帕金森病患者运动能力提高呈现相关性。NR 提升了 NAD^+ 代谢， 上调了与线粒体、溶酶体及蛋白酶体相关基因的转录水平，并降低了血浆与脑脊液中炎症 因子的水平。该研究提示 NR 治疗对帕金森病治疗有良好前景[24]。

挪威目前正在进行 2 项随机双盲临床试验，以评估 NR 在新诊断的帕金森病中的疗 效。在这 2 项研究中，仅招募了未接受过药物治疗且最近确诊的患者。在研究中，15 名 患者口服 NR，另外 15 名患者接受安慰剂治疗 4 周。在治疗期前后，收集肌肉活检和血 液、脑脊液样本，经处理后使用液相色谱串联质谱分析 NAD^+ 的代谢。NR 对黑质纹状体 变性的影响使用多巴胺转运体闪烁扫描进行分析。非运动和运动症状将使用统一的帕金 森病评级量表进行评估。研究结果尚未发布(www.clinicaltrials.gov)。

除了外源补充 NAD^+ 外，促进 NADH 转化为 NAD^+ 也是提高 NAD^+ 水平的研究方向。 金纳米粒子表面能催化氧化还原反应，可促进 NADH 转化为 NAD^+[25]。金纳米粒子已经 被证明具有清除氧自由基、抗神经炎症等作用[26-28]。CNM - Au8 是一种可饮用的金纳米 粒子制剂，其粒径 13 nm 左右，比核糖体稍小。由于 NAD^+ 是产生 ATP 的重要辅酶和细胞 能量代谢的感受器，理论上讲，通过饮用 CNM - Au8，可能有助于改善细胞能量不足及多 种神经退行性疾病(这些疾病都存在的细胞氧化应激问题)。在临床前帕金森病模型中， CNM - Au8 增强细胞生物能量学，显示出神经保护活性，并改善与增加细胞内总 NAD^+ 水平、减少 α -突触核蛋白病理和 ROS 产生的相关功能。作为一种研究药物，CNM -

Au8 目前正在针对包括帕金森病、肌萎缩侧索硬化等神经退行性疾病进行多项独立的 II 期临床试验[29]，以评估其药代动力学特点及对运动功能和疾病进展的改善潜力（www. clinicaltrials. gov）。

目前在 www. clinicaltrials. gov 网站中可查到有多项在帕金森病患者中进行 NAD+ 临床试验的在研项目。期待在未来几年中可获得 NAD+ 及其前体对帕金森病患者的临床评价。

　　NAD+ 补充剂在缓解神经炎症、线粒体功能障碍等方面的强大作用是确定的。但是目前临床上补充 NAD+ 对人类神经退行性疾病的治疗效益及安全性的研究还处在最初阶段，因此靶向 NAD+ 系统的药物开发在未来几年仍然充满挑战。鉴于 NR、NAM、NMN 等 NAD+ 前体之间存在的代谢关系，联合补充多种 NAD+ 前体或与其他治疗阿尔茨海默病药物联合使用可能得到更好的临床疗效。全面了解 NAD+ 代谢及其与帕金森病的关系，将对帕金森病的治疗提供更多的选择性。

苏州大学（程莹、林芳）

36.1　NADPH 水平随年龄增长而下降及原因

研究表明,NADPH 水平随年龄增长而下降[1, 2],这一方面是由于其合成前体 NAD^+ 水平的年龄依赖性损失(NAD^+ 通过 NADK 合成 $NADP^+$)[3],另一方面是由于衰老过程中线粒体 ETC 功能障碍[4]和炎症[5]增加引起的氧化应激导致 $NADP^+$/NADPH 比值增加。

NAD^+ 的损失是 NADPH 水平随年龄增长而下降的主要原因。如前文所述,随着老化,NAD^+ 合成与降解的平衡被打破,NAD^+ 生物合成减少而降解增加。NAD^+ 的减少可能是 Sirtuin 蛋白依赖性脱乙酰酶或非依赖性线粒体 ETC 活性改变的原因[6, 7],导致 ROS 产生和核 DNA 损伤增加,从而激活包括肝脏、心脏、肾脏和肺在内的衰老组织中的 PARP[8]。PARP 的激活及衰老中 CD38 表达和活性的增加又进一步导致 NAD^+ 和 $NADP^+$ 的水解增加[9]。研究发现,相对于以 NAD^+ 为底物来说,以 $NADP^+$ 为底物时 CD38 的活性更高[10, 11]。己糖激酶(HK)是糖酵解的第一个关键酶,也是产生 NADPH 的 PPP 所必需的,而 PARP 抑制 HK,因此 PARP 的激活也导致 NADPH 的水平降低[12]。

此外,随着年龄的增长,ETC 复合体 I 功能降低,线粒体 NADH 水平增加,NAD^+ 水平降低,可能导致线粒体烟酰胺腺嘌呤二核苷酸激酶 2(NAD kinase 2, NADK2)将 NAD^+ 磷酸化为 $NADP^+$ 的减少。线粒体 NNT 是线粒体 NAD^+ 和 NADPH 的重要来源。衰老过程中 ETC 功能障碍也降低了穿过线粒体内膜的质子动力,从而降低了由线粒体 NNT 介导的 $NADP^+$ 和 NADH 合成 NADPH 和 NAD^+ 的能力[13]。

最近的研究把 SARM1 与 CD38 和 CD157 一起归为 NAD^+ 糖化酶和环化酶家族。SARM1 依靠 TIR 发挥其酶活性,主要在神经元中表达,促进神经元形态发生和炎症反应。SARM1 是一种细胞内酶,TIR 结构域的二聚化促进 NAD^+ 的消耗,从而导致代谢崩溃和细胞死亡[14]。研究表明,在大脑病理条件下,SARM1 会导致 NAD^+ 损失[15]。果蝇和秀丽隐杆线虫的衰老模型基因组中不存在 CD38 的同源物,但都编码 PARP 和 SAMR1 的同源物。SARM1 的果蝇同源物的表达在衰老或线粒体 ETC 抑制期间增加,并显示在诱导促炎状态中发挥作用[16]，但 SARM1 是否在老年大脑中激活仍有待在哺乳动物中进行研究[13]。

36.2 NADPH 与衰老的氧化还原理论

衰老与氧化还原失衡密切相关。迄今，参与研究的绝大多数生物都存在随年龄增长而发生的氧化还原变化，并伴随着氧化损伤。氧化还原应激导致许多与衰老相关的疾病，包括糖尿病、神经退行性疾病等[13]。$NADP^+/NADPH$ 是抗衰老诱导的细胞氧化过程中最重要的氧化还原对。衰老降低了 $NADP^+/NADPH$ 氧化还原对的氧化率及能量[17-20]。

线粒体是细胞内 ROS 产生的主要来源。衰老的线粒体自由基理论是最主要的衰老理论之一，并指出线粒体 ROS 水平的增加会刺激衰老[21]。衰老的氧化还原应激理论[22]和氧化还原理论[23]提示寿命受氧化还原变化的调节，其中包括 $NADP^+/NADPH$、GSSG/GSH 和氧化型 Trx/还原型 Trx 比值的变化。这些理论还强调了氧化还原变化不仅通过改变氧化损伤，还通过改变细胞信号转导来影响衰老。衰老导致氧化应激介导的细胞功能障碍和内源性抗氧化剂的耗尽，NADPH 可以保护细胞免受氧化应激，从而延缓组织和机体衰老[13]。

尽管在衰老过程中氧化损伤的积累显而易见，但目前明确的抗氧化、抗衰老效果的证据仍十分有限。有部分研究似有背线粒体自由基理论，如有研究表明仅仅过表达抗氧化酶[24]或服用抗氧化剂[25]不能延长模式生物的寿命。但值得注意的是，一项研究发现线粒体靶向 CAT 的表达延长了小鼠的寿命[26]。

此外，2016 年的一项研究提出了"氧化还原应激反应能力"的新概念，表明机体具有不同的应对氧化还原刺激的反应能力，包括产生适量 ROS/RNS 激活细胞信号通路的能力、激活抗氧化系统维持氧化还原平衡的能力和降解氧化损伤蛋白的能力。与传统自由基衰老理论单纯强调 ROS 水平升高造成衰老不同，该研究认为动态的氧化还原应激反应能力极为重要，它的下降才是衰老的一个本质特征[27]。

36.3 NADPH 水平对寿命的调控

随着衰老，细胞质和线粒体 $NADP^+/NADPH$ 的增加会降低细胞质和线粒体 GR 和 TrxR（胞质 TXNRD1 和线粒体 TXNRD2）的活性，这会导致 GSH 氧化还原对（GSSG/GSH）和 Trx（胞质 TXN 和线粒体 TXN2）氧化状态增加，导致 GPX 和过氧还蛋白（也称为硫氧还蛋白过氧化物酶）的活性降低。这种 NADPH 相关的氧化还原系统随年龄增长而减弱也会导致谷氧还蛋白、维生素 C 和维生素 E 的氧化，最终导致脂质、核酸和氨基酸的氧化并伴随着衰老过程的组织功能障碍[13, 28]。

对果蝇、酵母、线虫及哺乳动物的研究提供了一系列 NADPH 水平调控寿命的证据。例如,在果蝇中,G6PD——一种 PPP 的 NADPH 生成酶的过度表达可将寿命延长 50%,而且神经元特异性启动子的表达能将寿命延长 40%[29]。寿命较长的果蝇菌株比寿命较短的菌株具有更高的 G6PD 活性[30]。此外,5-磷酸核糖异构酶(PPP 非氧化部分的一种酶)的敲除使 G6PD、NADPH 水平和寿命增加了 30% 以上[31]。在老化的酵母中,NADPH 水平和减少的胞质 TrxR 水平在蛋白质中大部分半胱氨酸氧化和 ROS 生成增加之前下降,而抗衰老饮食限制延缓了 NADPH 和 TrxR 的氧化,并延长了寿命[32]。NNT1 是有助于线虫中线粒体 NADPH 产生的一种主要的酶,研究表明 *NNT1* 敲除后,*N2* 对照和 *daf-2* 突变线虫(daf-2 胰岛素受体缺陷菌株是线虫中最常研究的寿命延长模型[33])的寿命均缩短了 18%~20%,推测 NNT1 可能是线粒体 NADPH 水平的主要调节剂[31]。近几年一项在哺乳动物中的研究发现提高细胞的整体抗氧化能力,而不仅集中在抗氧化酶和部分抗氧化物质可以延缓衰老。研究利用基因手段提高细胞内 NADPH 含量(转基因小鼠体内 G6PD 高表达,细胞内 NADPH 水平显著提高),增强了细胞的自然抗氧化能力,能减少氧化损伤,延缓衰老。转基因动物对剧毒氧化处理更具有抵抗力,证明 G6PD 增加能够提高抗氧化能力。此外,高表达 G6PD 带来细胞内高水平 NADPH 不仅延缓了衰老,还能更好地提高代谢功能,动物运动协调性更好,而且转基因雌鼠平均寿命比对照鼠延长 14%[35]。

然而,增加的 NADPH 水平也可能成为负担,因为它可以促进 NOX 诱导的 ROS 生成,从而加速衰老。有研究发现,G6PD 缺乏症患者的寿命更长[36],这可能是由于 NADPH 生成减少导致 NOX 诱导的 ROS 生成减少。因此氧化应激与衰老的关系还需进一步研究。

总结与展望

关于 NADPH 与衰老的研究,主要基于衰老的氧化还原理论。然而,目前明确的抗氧化具有抗衰老效果的证据仍十分有限。有研究显示,提高细胞内 NADPH 水平能延缓衰老,提高代谢功能和运动能力,延长寿命。但也有相反的证据不支持这一观点。未来的研究可能仍将着眼于阐明氧化还原平衡与衰老的关系。关于 NADPH 调控衰老与寿命的作用和机制,仍有待于更为深入细致研究。

参考文献

苏州大学(蒋智、罗丽、张辰越、魏彤)

第三十七章　辅酶 II 与心脏疾病

相对于 NAD$^+$,研究 NADPH 对心血管的作用还不多。本实验室则研究了外源性 NADPH 对心肌缺血再灌注损伤、心肌肥厚或心力衰竭等心血管疾病的作用及机制。结果证明,外源性 NADPH 通过激活 AMPK/mTOR 通路,抑制线粒体损伤和心肌细胞凋亡,从而对心肌缺血再灌注损伤发挥心肌保护作用。外源性 NADPH 亦可以通过激活 SIRT3 改善线粒体功能,降低氧化应激,改善能量代谢,从而发挥抗心肌肥厚作用。以上结果证明,外源性 NADPH 对心血管疾病具有潜在的治疗价值。本章综述了 NADPH 在心血管疾病的研究进展,并评估其治疗心血管疾病的潜力。虽然目前关于 NADPH 在心血管疾病中作用的研究尚少,但是随着对 NADPH 在抗氧化、信号转导中作用的深入研究,我们相信 NADPH 在未来心血管疾病的研究会越来越多,将可能成为预防和治疗心血管疾病的重要候选物质。

37.1　概述

心血管疾病(cardiovascular disease, CVD)是全世界人类发病和死亡的主要原因[1]。2016 年全球共有 1 790 万人死于心血管疾病,占全球死亡总数的 31%,据预测,到 2030 年,每年将有 9 180 亿美元用于心血管疾病[2]。而在中国,心脑血管疾病也是人群死亡和过早死亡的主要原因,占中国死亡人口的 40%[3]。2016 年,全国心脑血管疾病患者出院人数为 2 002 万,住院总费用超过 1 000 亿元,占全国卫生支出的 2.26%。在心血管病患者中,缺血性心脏病(738.24 万人)和脑梗死(640.3 万人)是住院的主要原因,分别占入院总数的 36.87% 和 31.98%,对国家医疗体系造成严重后果[4]。因此,研究并开发有效且经济的药物用于预防和治疗心血管疾病迫在眉睫。

NADPH,也称为还原型辅酶 II,是一种重要的内源性活性物质[5]。已知 NADPH 是细胞生理活动过程的基本参与者,NADPH 在细胞中起还原剂的作用,在大分子生物合成和氧化还原稳态中具有重要作用[6]。NADPH 可以作为脂肪酸和核酸合成代谢的主要电子源[7, 8]。NADPH 亦通过产生具有等量还原能力 ROS 的抗氧化剂,如 GSH 和 Trx,来抵御氧化应激[9]。此外,NADPH 在一定应激条件下也可被 NOX 利用以产生 ROS[10]。NOX 是心肌细胞中重要的 ROS 生成酶,催化 NADPH 向分子氧转移以产生超氧化物和 H_2O_2[11]。NOX 作为多亚基跨膜酶复合体,具有 7 种亚型,NOX1、NOX2 和 NOX4 主要在心肌细胞中表达[12],因此 NOX 被认为是心血管疾病生理和病理的重要介质[13]。

已知氧化还原反应失衡造成氧化应激,是心血管疾病的重要原因,而辅酶Ⅰ(nicotinamide adenine dinucleotide, NAD$^+$/NADH)和辅酶Ⅱ(nicotinamide adenine dinucleotide phosphate, NADP$^+$/NADPH)氧化还原偶联是细胞氧化还原平衡的主要决定因素。有研究已经证明了 NAD$^+$ 在心血管疾病中的治疗价值[14]。而 NADPH 对心血管疾病的作用仍有待阐明。本实验室研究了外源性 NADPH 对心肌缺血再灌注损伤、心肌肥厚或心力衰竭等心血管疾病的作用及机制。基于文献报道及本实验室的研究进展,本文讨论 NADPH 在心血管疾病中的作用及其作用机制,并评估其在治疗心血管疾病中的潜力。

37.2 心肌病

心肌病是一种心肌结构和功能异常的疾病,可分为原发性(遗传性、混合性或获得性)和继发性心肌病。原发性心肌病具有多种表型,包括肥厚型心肌病(hypertrophic cardiomyopathy, HCM)、扩张型心肌病(dilated cardiomyopathy, DCM)和限制型心肌病(restrictive cardiomyopathy, RCM)等[15]。肥厚型心肌病是最常见的原发性心肌病,患病率为 1/500,是由编码肌节蛋白的常染色体显性基因突变引起的无心室扩张的左心室肥大,以室间隔增厚为主,可引起左室流出道梗阻或二尖瓣功能不全,可引起劳力性呼吸困难、晕厥、不典型胸痛、心力衰竭和心源性猝死[16]。扩张型心肌病是可遗传或获得性疾病,25%~35%的病例是家族性的,这些病例主要是常染色体显性遗传,也可能由许多环境、感染等因素引起[17],患病率为 1/2 500,是心脏移植的主要适应证;扩张型心肌病是心室增大,左室壁厚度正常,收缩功能不全,表现为射血分数降低的典型心力衰竭症状[18]。限制型心肌病的发病率比肥厚型心肌病或扩张型心肌病都要罕见得多,约占所有儿童心肌病的 2%~5%,死亡率高,50%的死亡发生在诊断后 2 年内,迄今,除心脏移植外,没有有效的治疗方法可用于限制型心肌病[19]。限制型心肌病常与全身疾病有关,以心室僵硬为特征,限制心室充盈并导致心功能不全。继发性心肌病亦称特异性心肌病,指由已知原因引起或发生于其他疾病的心肌病变,如因代谢异常引起的糖尿病心肌病,脓毒症诱发的心肌病及心肌炎诱导的心肌病等。治疗继发性心肌病主要采取针对原发病为主,同时兼顾心脏病的治疗方法。

心肌病的病理机制主要包括细胞凋亡、线粒体功能紊乱和氧化应激等。细胞凋亡和焦亡是重要的细胞死亡形式,在扩张型和缺血性心肌病患者的心肌内膜活检及接受心脏移植的终末期心力衰竭患者的移植心脏均显示了细胞凋亡的组织化学证据[20]。心肌细胞凋亡也出现在糖尿病心肌病中,而尼可地尔通过 PI3K/Akt 通路减轻糖尿病心肌病细胞凋亡[21]。在心脏组织中线粒体含量丰富，而在心肌病中，线粒体功能障碍诱导 ROS 产生，ROS 可通过单胺氧化酶（monoamine oxidase，MAO）、钙蛋白酶、NOX、黄嘌呤氧化酶（xanthine oxidase，XO）及 NOS 的解偶联作用在线粒体 ETC 中产生[22]。过多的 ROS 亦诱导细胞 DNA、蛋白质和脂质损伤，引起不可逆的细胞损伤和死亡，最终导致心功能障碍[23]。因此，线粒体功能紊乱和 ROS 生成是心肌病的重要病理机制之一[11]。ROS 失衡造成的氧化应激出现在继发性心肌病如糖尿病心肌病等的发展过程中[23]，尤其在糖尿病的微血管和心血管并发症的发展中起关键作用[24]。动物研究表明，糖尿病中代谢紊乱引起的线粒体损伤可提高 ROS 的产生，从而促进细胞凋亡[25]，其机制可能与 PPAR 介导的代谢通路相关。PPAR 是核激素受体，主要调节葡萄糖和脂肪酸代谢，糖尿病心肌病患者 PPARγ 水平升高和 PPARα 水平降低，改变了糖转运，增加了心肌细胞内脂肪酸的积累，从而改变了脂肪酸氧化（fatty acid oxidation，FAO）动力学。FAO 的增加导致线粒体内膜电位增加，促进 ROS 生成[26]，进一步导致线粒体蛋白质和 DNA 的氧化损伤，使其能量代谢效率降低[27]，亦诱导细胞 DNA、蛋白质和脂质损伤，导致不可逆的细胞损伤和死亡，最终导致心功能障碍。

因此，细胞氧化还原状态失衡造成的氧化应激是心肌病的重要病理机制之一，然而，细胞氧化还原状态与细胞代谢均与 NADPH 密切相关。NADPH 可以作为 TrxR 的电子供体，催化硫氧还蛋白-S_2（thioredoxins-S_2，Trx-S_2）的再循环，从而提高细胞抗氧化能力[28, 29]。NADPH 也可以产生 GSH 为细胞抗氧化系统提供还原能力，对抗氧化应激；两分子的 GSH 提供两个电子将 H_2O_2 还原为水，其自身则被氧化为 GSSG，然后 GSSG 经还原型 GR 利用 NADPH 作为电子供体再生成 GSH[30]。此外，过量的 NADPH 亦可能作为 NOX 的反应底物生成 ROS。因此，NADPH 可能在心肌病的治疗中产生双重作用。

一些研究提示，NADPH 在糖尿病心肌病的治疗中产生有益作用。NAMPT 是 NAD$^+$ 补救合成途径中的限速酶，在介导心肌细胞 NAD$^+$ 合成中起关键作用。研究表明，NAMPT 可改善高脂膳食（high-fat diet，HFD）诱导的 2 型糖尿病性心肌病相关的病理改变。NAMPT 抑制 HFD 诱导的心肌舒张功能障碍和心肌肥厚的作用，部分通过依赖于 NADK 产生。NAMPT 过表达不仅升高了心脏组织和心肌细胞中的 NAD$^+$，而且也升高了 NADP$^+$ 和 NADPH，促进 GSH 和 Trx1 系统，减轻了 HFD 诱导的糖尿病心肌病模型中的心脏氧化应激，提示 NAMPT 可能通过 NADPH 依赖的还原系统以抑制氧化应激，从而减轻糖尿病心肌病的发展[31]。

此外，NADPH 合成途径中的关键酶 G6PD 亦与心肌病相关。G6PD 是催化 PPP 的限速酶，为 DNA 复制提供核苷酸前体，是胞质内 NADPH 合成的关键酶之一，为 GSH 循环提供燃料[32]。G6PD 的抗氧化作用使得其在糖尿病和心血管疾病中起保护作用，这种作用与 G6PD 介导 NADPH 产生有关。缺乏 G6PD 会减少 NADPH 产量，而 NADPH 是形成 NO 所必需的底物[33]。研究显示，G6PD 缺失的内皮细胞中 NADPH 水平下降，eNOS 表达降低，NO 水平降低，GSH 降低[34]，NO 的降低和氧化应激水平的升高损害内皮功能，导致血管扩张缺陷，促进脑血管疾病和许多其他血管疾病进展[33-35]，进一步验证了 NADPH 在心肌病等心血管疾病中的保护作用。

　　然而,与上述结果存在争议的是,也有研究发现,G6PD/NADPH 缺乏也有可能防止脑血管疾病。因为 NADPH 是 3 -羟- 3 -甲戊二酸单酰辅酶 A 还原酶(3 - hydroxy - 3 - methylglutaryl coenzyme A reductase, HMG - CoAR)的重要辅助因子,而 G6PD 缺乏或 NADPH 缺乏可能抑制 HMG - CoAR 的活性,产生类似于他汀类药物的药理机制,发挥心血管保护作用。G6PD/NADPH 缺乏对 HMG - CoAR 活性及其产物甲戊酸盐水平在心肌病等心血管疾病中的作用有待进一步研究[34]。此外,NADPH 亦可能作为 NOX 的反应底物生成 ROS,而 NOX/ROS 被认为参与了糖尿病心肌病的发生[36],因此,NADPH/NOX 也可能是糖尿病心肌病的治疗靶点。糖尿病应激刺激可激活心肌细胞中 NOX2 和 NOX4,导致 ROS 增多,促进氧化应激,造成心肌细胞结构和功能改变[37]。有研究表明,miR - 448 - 3p 下调导致 p47(phox)蛋白表达增加,并导致 NOX2 来源的 ROS 产量大幅增加,而随后细胞氧化应激引发一系列事件,最终导致心脏组织损伤和心肌病的发展[38]。在糖尿病小鼠中,CAPE - pNO$_2$ 可以通过 NOX4/NF - κB 通路减轻糖尿病心肌病[39]。

　　综上所述,目前的研究证据显示 NADPH 在糖尿病心肌病的发展中起双重作用(图 37.1):NADPH 通过其抗氧化作用可能在糖尿病心肌病中起保护效应,但 NADPH 亦可能通过 NOX/ROS 或 HMG - CoA R 在心肌病中产生不利影响。未来有必要进一步研究 NADPH 的不同合成途径和不同参与反应在心肌病病理机制中的作用,并探究外源性

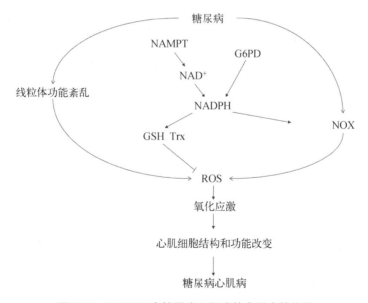

图 37.1　NADPH 在糖尿病心肌病的发展中的作用

在糖尿病病理刺激下,心肌细胞线粒体功能紊乱,同时 NOX2 和 NOX4 被激活,促进 ROS 生成,导致氧化应激,造成心肌细胞结构和功能改变,发展为糖尿病心肌病。NADPH 可以作为电子供体,促进还原型 GSH 和 Trx 的合成,提高细胞抗氧化能力,抑制 ROS 生成。G6PD 和 NAMPT 通过提高 NADPH 产量,抑制氧化应激,对抗糖尿病心肌病。但 NADPH 亦可以作为 NOX2 和 NOX4 的底物促进 ROS 生成,因此,NADPH 在糖尿病心肌病的发展和防治中起双重作用

NADPH 对糖尿病心肌病或其他心肌病的作用,确定 NADPH 的最佳有效剂量,以探索如何发挥 NADPH 对心肌病的有利作用,避免不利效应。

37.3　心肌缺血

缺血性心脏病(ischemic heart disease, IHD)是全球死亡的主要原因,每年造成约 1 500 多万人死亡[40, 41]。缺血性心脏病通常是由粥样硬化病变导致的冠状动脉梗阻或狭窄,严重的动脉粥样硬化疾病导致 75% 以上的管腔狭窄,这并不会导致静止时血流量的减少。然而,当心肌需求增加时(如运动、快速心律失常等),冠状动脉血液流量无法跟随需求增加而增加供氧,从而导致缺血,引起心绞痛[42]。而心肌梗死(myocardial infarction, MI)则是冠状动脉阻塞引起心肌损伤或坏死,可导致心力衰竭,在绝大多数病例中,心肌梗死是由冠状动脉粥样硬化疾病并发叠加血栓形成所致[43]。近年来治疗缺血性心肌病最有效的方法是在临床上恢复心肌血供,从而实现再灌注[42]。但再灌注可能引起心肌额外损伤称为心肌缺血再灌注,加重缺血性损伤[44]。心肌缺血再灌注损伤与多种病理生理机制相关,包括氧自由基产生、钙超载、内皮功能障碍、炎症、线粒体功能障碍、心肌细胞凋亡和自噬[45, 46]。在缺血再灌注损伤中,ROS 所引起的氧化应激是引致心肌损伤的重要病理机制之一。虽然再灌注使血流恢复但会引入 ROS 破坏细胞结构及大分子如 DNA、蛋白质和脂质[47]。ROS 也会破坏线粒体中的 ETC[48],而线粒体中 ETC 的损伤反过来又会导致更多 ROS 的产生和线粒体损伤[49]。

因此,在缺血再灌注过程中,ROS 是引致心肌损伤的重要原因之一,而清除 ROS 是改善心肌缺血再灌注损伤的潜在靶点之一。已知 NADPH 维持的 GSH 是清除 ROS 的重要途径。G6PD 是 PPP 中的限速酶,促进 NADPH 和 GSH 生成。G6PD 缺失小鼠缺血再灌注后心肌功能障碍明显加重,抗氧化剂 5 氯化四 1 -甲基- 4 -吡啶基卟啉锰{[mangnese(Ⅲ) tetraRis (1 - methyl - 4 - pyridyl) porphyrin pentachloride], MnTMPyP}可逆转 G6PD 缺失时的心肌缺血再灌注损伤。还有研究证明给予 IL - 1 治疗后,G6PD 活性增加,H_2O_2 水平降低,减轻心肌缺血再灌注损伤[50, 51]。除 G6PD 以外,线粒体基质蛋白 IDH2 催化异柠檬酸氧化脱羧生成 α -酮戊二酸和 NADPH,是线粒体 NADPH 的主要来源[52]。研究发现,短暂的主动脉狭窄(transverse aortic constriction, TAC)预适应使 IDH 脱乙酰化,显著增加 $NADPH/NADP^+$ 比值和 GSH/GSSG 比值,减少线粒体 ROS 生成,从而减轻心肌梗死诱导的心肌损伤[53]。这些结果证明在缺血再灌注过程中 G6PD 或 IDH2 可能依赖于 NADPH 防止氧化应激诱导的心肌损伤。

此外,还有研究表明,CD38 作为哺乳动物中主要的 NAD^+ 消耗酶,通过耗竭缺血再灌注损伤中的 NADPH 池来参与心肌缺血再灌注损伤进程。心肌缺血再灌注损伤增加 CD38 表达或增强其活性,导致 eNOS 辅助因子四氢生物蝶呤(tetrahydrobiopterin, BH_4)耗竭,NADPH、NADH 池也发生耗竭[54]。非特异性的 CD38 抑制剂 α - NAD^+ 或特异性 CD38

抑制剂木犀草定(luteolinidin)和78C可在缺氧再灌注后恢复NADPH/NADH、BH_4和NO的水平,恢复内皮依赖性血管舒张功能,降低心肌梗死面积,增强收缩功能[55, 56]。有趣的是,补充NADPH亦则能够恢复缺血再灌注后的eNOS功能,增强心脏收缩功能和减少梗死[54]。这些结果首次提示NADPH可能对心肌缺血再灌注损伤具有保护作用。

　　本实验室则首次在动物模型及细胞模型提供了直接的证据证明外源性NADPH对心肌缺血再灌注损伤具有保护作用[57]。采用大鼠冠状动脉左前降支结扎手术(结扎30 min,再灌注2 h)诱导缺血再灌注损伤模型,再灌注时静脉给予外源性NADPH处理。结果发现,外源性NADPH显著降低心肌梗死面积,降低血清LDH和心肌肌钙蛋白Ⅰ(cTn-Ⅰ)水平,减少心肌细胞凋亡。在新生大鼠心肌细胞的氧糖剥夺/恢复模型中,NADPH亦显著恢复细胞活力,抑制氧糖剥夺/恢复诱导的细胞凋亡。在机制方面,外源性NADPH保护线粒体功能,增加心肌细胞AMPK的磷酸化,下调了mTOR的磷酸化。而AMPK抑制剂则阻断NADPH诱导的AMPK磷酸化和心脏保护作用。由此得出结论:外源性NADPH通过激活AMPK/mTOR通路,抑制线粒体损伤和心肌细胞凋亡,对心肌缺血再灌注损伤具有保护作用。

　　综上所述,心肌缺血再灌注过程中G6PD或IDH2依赖于NADPH,防止氧化应激诱导的心肌损伤,CD38则消耗NADPH加重心肌缺血再灌注损伤。重要的是,外源性NADPH通过激活AMPK/mTOR通路,抑制线粒体损伤和心肌细胞凋亡,对心肌缺血再灌注损伤具有保护作用(图37.2),因此,NADPH很可能成为预防和治疗心肌缺血的重要候选药物,NADPH抗心肌缺血的分子机制还有待进一步研究。

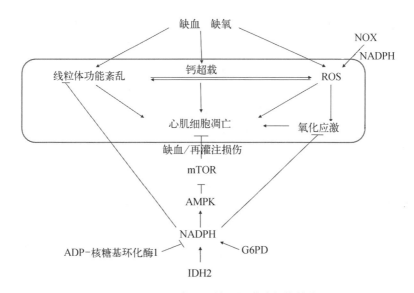

图37.2　NADPH在心肌缺血再灌注损伤的作用

心肌缺血再灌注损伤与多种病理生理特征有关,氧自由基产生、钙超载、线粒体功能障碍和心肌细胞凋亡等。NADPH可以抑制氧化应激及线粒体功能紊乱,其次,还可以通过AMPK/mTOR机制通路抑制心肌细胞凋亡,最终改善心肌缺血再灌注损伤。CD38、G6PD和IDH通过调节NADPH,抑制氧化应激,改善心肌缺血再灌注损伤

37.4　心肌肥厚与心力衰竭

心力衰竭(heart failure, HF)是由心室收缩和(或)舒张功能受损引起的多系统临床综合征,是成年人群生活质量低下和死亡的重要原因之一[58]。全世界大约有 4 000 万人患有心力衰竭[59]。心力衰竭的发生与年龄相关。50 岁以上人群的患病率和发病率随着年龄的增长而逐渐增加[60]。美国有 620 万成年人患有心力衰竭,65 岁以后的发病率接近每千人 21 例[61]。据预测,到 2030 年,在美国将有 800 多万 18 岁以上的人受到心力衰竭影响[61]。心力衰竭最常见的危险因素是高血压、冠状动脉疾病(冠状动脉阻塞)、糖尿病、肥胖、吸烟和遗传等[59]。心力衰竭发生后平均生存期为 5 年,目前没有非常安全有效的治疗药物。

心力衰竭的重要内源机制之一是心肌肥厚[62]。心肌肥厚表现为心肌细胞面积增大、蛋白质合成增加、肌节排列紊乱和胚胎基因再表达等,早期对心功能具有一定代偿意义。然而,晚期的病理性心肌肥厚,伴随肥大心脏的收缩功能下降、电生理异常、心肌纤维化等,促使心脏功能逐渐由代偿转化为失代偿,最终造成心力衰竭[63]。心肌肥厚可由压力超载、缺血、遗传和瓣膜疾病等多种损伤源触发。在分子水平上,心肌肥厚是促肥厚分子和抗肥厚分子活动不平衡的结果[63]。心肌肥厚的分子机制涉及多种途径,包括氧化应激、线粒体功能紊乱、MAPK 和 Akt/GSK3β 级联反应等,激活钙调磷酸酶(calcineurin)/NFAT/GATA4/p300 转录因子导致肥厚表型[64]。心肌肥厚还可能伴随心肌细胞死亡,包括坏死、凋亡和自噬,是心脏从代偿性心肌肥厚过渡到失代偿性心力衰竭的关键特征之一[65]。

研究发现,NNT 和 IDH2 作为线粒体 NADPH 的重要合成酶被证明在心力衰竭中具有重要作用。NNT 位于线粒体内膜,主要功能是通过将质子从细胞质跨膜转运到线粒体基质,使 $NADP^+$ 和 NADH 形成 NADPH 和 NAD^+[66]。研究发现,与非心力衰竭组相比,心力衰竭心脏的 NNT 活性降低了 18%,同时 NADPH 水平降低,GR 活性降低,GSH/GSSG 比降低。NNT 活性丧失对依赖于 NADPH 的酶和维持线粒体膜电位产生不利影响,从而导致生物能量代谢和抗氧化防御能力下降,加剧细胞的氧化损伤[67, 68]。IDH2 也是线粒体 NADPH 产生的主要酶。*IDH2* 敲除小鼠心脏线粒体的[NADPH]/[$NADP^+$+NADPH]比值与正常对照鼠相比显著降低,IDH2 下调导致了线粒体功能紊乱,加重氧化应激介导的心肌细胞死亡和压力超负荷诱导的心肌肥大[69, 70]。上述研究证据表明,NNT 和 IDH2 可以通过维持依赖于 NADPH 的 GSH/GSSG 比值,防止氧化应激,在心肌肥厚中维持线粒体功能和心脏收缩功能。

除了 NNT 与 IDH2 外,激活转录因子 4(activating transcription factor 4, ATF4)作为UPR 和应激反应的关键元件,能够调控抗氧化反应、自噬和营养感应相关基因的转录[71, 72],最近研究证实 ATF4 可以通过促进线粒体和胞质内 NADPH 合成发挥抗氧化应激作用来抑制心力衰竭,ATF4 作为上游转录因子,促进了 PPP 和线粒体丝氨酸/甘氨酸/

叶酸代谢通路两种途径中多种酶的表达,从而增加了线粒体和胞质内 NADPH 合成。在细胞和动物水平,过表达 ATF4 均增加了 NADPH 合成酶的表达,增加 NADPH 的产生,升高 NADPH/NADP$^+$;敲除 *ATF4* 则降低 NADPH 并增加线粒体和胞质 ROS,造成氧化应激,加重心力衰竭进程[73]。

G6PD 是 PPP 的限速酶和胞质 NADPH 的主要来源,G6PD 亦参与了心肌肥厚或心力衰竭进程[7]。矛盾的是,有研究发现,在心肌肥厚模型中,胞内 NADH 和(或)NADPH 水平过高会加重氧化应激,而 G6PD 活性丧失通过对抗高水平 NADPH 和减少氧化应激产生有益的作用。这是由于,NADH、NADPH 作为 NOX 家族蛋白(NOX1~NOX7)的底物,介导了 NOX 产生 H$_2$O$_2$ 和 O$_2^-$,促进细胞 ROS 生成,因此 G6PD 通过增加细胞 NADPH 和活化 NOX 蛋白,增加了 ROS 产生。G6PD 过表达增加细胞 NADH、NADPH 水平,上调 NOX gp91phox 和 p22phox 亚基 mRNA 表达,增强 ROS 的产生,造成心肌细胞氧化损伤[68]。G6PD 缺乏则降低了高水平 NADPH,显著抑制了血管紧张素Ⅱ(AngⅡ)诱导的 O$_2^-$ 生成,并降低了主动脉内膜厚度[74]。在心力衰竭模型中也观察到类似效应,抑制 G6PD 活性可以消除衰竭心脏中 NADPH 和 ROS 升高[68]。另外,还有研究表明抑制 G6PD 活性和(或)降低 NADPH 水平会改变心肌细胞代谢,并导致 L 型钙通道的抑制,进而抑制心肌收缩力[75]。

虽然 NADPH 是 NOX 的底物用于产生 ROS,但是我们实验室长期的研究中发现给予外源性 NADPH 都是产生减少 ROS 的作用,可能与 NADPH 能降低 NOX 的表达有关。基于这些研究,本实验室探索了外源性 NADPH 对心肌肥厚和心力衰竭模型的作用。首先发现人体心力衰竭血清样品中,心力衰竭患者血清内源性 NADPH 水平相较于同龄正常人的血清 NADPH 水平明显降低。在离体蟾蜍心脏中,首次发现了外源性 NADPH 的正性肌力作用。NADPH 对正常心脏和衰竭心脏显示出强而持久的正性肌力作用。NADPH、NADH 和 ATP 都使蟾蜍心脏收缩力增加。而 ATP 受体的拮抗作用部分消除了 NADPH 的正性肌力作用。此外,在异丙肾上腺素和主动脉弓狭窄起的心肌肥厚和心力衰竭模型,外源性 NADPH 显著降低了小鼠心脏重量指数,改善心功能。外源性 NADPH 减轻线粒体损伤,减少氧化应激,增加肥厚心肌的 ATP 生成。NADPH 增加了 SIRT3 的表达并使靶蛋白 LKB1、SOD、ATP5A1 和 SDHA 脱乙酰化,从而对抗氧化应激,维持线粒体功能,促进 ATP 产生。重要的是,抑制 SIRT3 可以消除 NADPH 的正性肌力作用。在 *SIRT3* 敲除小鼠中,NADPH 的抗心力衰竭作用亦显著降低。以上结果首次证明了外源性 NADPH 对离体心脏具有正性肌力作用,NADPH 通过激活 SIRT3 改善线粒体功能,改善能量代谢,从而在心肌肥厚及心力衰竭中维持心脏功能。

值得注意的是,在研究过程中我们发现在大鼠心肌缺血再灌注损伤模型中,外源性 NADPH 在静脉注射给药后引起一过性的血压下降,心率减慢现象,约 5 min 消失。但是,通过持续性检测大鼠的尾动脉血压证明,静脉注射外源性 NADPH 4 h 内并不影响正常大鼠的血压和心率。NADPH 对动物血压和心率的作用是否影响了 NADPH 对心肌缺血或心力衰竭的药效,仍有待深入研究。

综上所述，NADPH 合成关键酶（NNT、IDH2、G6PD）通过调节 NADPH 水平在心肌肥厚或心力衰竭模型中可能产生矛盾的作用。一方面，NNT 和 IDH2 可以通过维持依赖于 NADPH 的 GSH，防止氧化应激，在心肌肥厚中维持线粒体功能和心脏收缩功能。另一方面，G6PD 通过增加细胞 NADPH，活化 NOX 蛋白增加 ROS 或抑制钙通道，在心肌肥厚或心力衰竭中产生不利作用。笔者研究则证明，外源性 NADPH 激活 SIRT3 改善线粒体功能和能量代谢，从而在心肌肥厚及心力衰竭中维持心脏功能（图 37.3）。总之，外源性 NADPH 可能成为预防或治疗心肌肥厚或心力衰竭方面可能的候选药物之一，但 NADPH 临床应用的最佳有效剂量和潜在的不利效应还有待揭示。

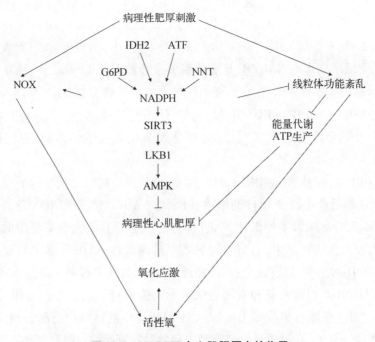

图 37.3 NADPH 在心肌肥厚中的作用

在病理性肥厚刺激下，心肌细胞线粒体功能紊乱，NOX（NOX2、NOX4）被激活，引起氧化应激和能量代谢下降，造成心肌细胞损伤。NNT 和 IDH2 可以通过维持依赖于 NADPH 的 GSH，防止氧化应激，在心肌肥厚中维持线粒体功能。ATF4 通过提高线粒体和胞质内 NADPH 水平，抑制氧化应激，抑制心肌肥厚。但 G6PD 通过增加细胞 NADPH，活化 NOX 蛋白增加 ROS，在心肌肥厚或心力衰竭中产生不利作用。外源性 NADPH 激活 SIRT3 改善线粒体功能和能量代谢，从而在心肌肥厚及心力衰竭中维持心脏功能

总结与展望

NADPH 提供了驱动许多合成代谢反应的还原力，是细胞生理活动过程的基本参与者，但 NADPH 亦可能作为 NOX 的底物促进 ROS 生成。外源性 NADPH 和 NADPH 合成途径中的关键酶如 G6PD、IDH、NNT 和 NAMPT 及消耗 NADPH 的 CD38 通过调节心肌细胞胞质和线粒体 NADPH 水平，调控心肌细胞线粒体功能，改变氧化应激和能

量代谢,从而对心肌病、心肌缺血、心肌肥厚和心力衰竭产生双重作用。深入研究和探索外源性 NADPH 及 NADPH 代谢酶在心血管疾病的作用及机制将可能为开发心血管疾病药物提供新方向和候选药物。

苏州大学(周明、盛瑞)

血脑屏障(blood brain barrier, BBB)存在于血液和脑实质之间,可选择性地阻止有害物质进入大脑,保持其内环境的稳定。研究表明,血脑屏障结构和功能的完整性与急性缺血性脑卒中、阿尔茨海默病、帕金森病和多发性硬化等多种中枢神经系统疾病紧密相关。本章首先介绍了血脑屏障的基本结构,并围绕辅酶Ⅱ对血脑屏障的保护作用机制及其与脑缺血和出血转化等研究进展进行讨论。

38.1　血脑屏障的结构

血脑屏障是一个用来描述中枢神经系统(central nervous system, CNS)微血管的独特的术语。中枢神经系统血管是连续的无孔血管,它还具有一些其他特性,使它们能够严格地调节分子、离子和细胞在血液和中枢神经系统之间的运动[1, 2]。这种严格限制屏障的能力使血脑屏障严格调节中枢神经系统内稳态,这对正常的神经元功能及保护中枢神经系统免受毒素、病原体、炎症、损伤和疾病的影响至关重要。血脑屏障包括高度分化的脑微血管内皮细胞(endothelial cell, EC)组成的血脑屏障和由脉络丛神经上皮细胞组成的血-脑脊液屏障(blood-CSF barrier, BCSFB)。脑毛细血管与外周毛细血管相比,具有明显的差异。脑毛细血管内皮细胞通过紧密连接结构紧密相连而外周毛细血管之间有50 nm 宽的间隙[3]。同时,脑微血管线粒体的数量大约是外周微血管细胞的5~10 倍,表明脑微血管代谢活性高[4]。此外,这些细胞表现出非常低的胞吞活性[5]。脑毛细血管内皮由周细胞及其基膜覆盖,星形胶质细胞末端形成成熟毛细血管网的外层。血管细胞(包括内皮细胞、周细胞和平滑肌细胞)、神经胶质细胞(包括星形胶质细胞、少突胶质细胞和小胶质细胞)及神经元等多种细胞,它们共同组成神经血管单位(neurovascular unit, NVU)[6]。

38.1.1　脑微血管内皮细胞

内皮细胞(endothelial cell)是一层位于血管内侧相互嵌合的扁平细胞,是血脑屏障的主要结构,因其具有独特的细胞间紧密连接(tight junction, TJ),缺乏开孔且细胞胞吞转运作用较弱。这有效地阻止了大分子通过内皮细胞,通过特定的转运蛋白调控,允许营养物质转运进入脑中并排出潜在的毒素。内皮细胞具有低表达的白细胞黏附分子,生理条件下阻止免疫细胞和免疫分子进入中枢神经系统,并发挥一定免疫监视作用[7]。内皮细胞还间接参与大脑生理活动的调节,内皮细胞葡萄糖代谢产物(如谷氨酰胺和 γ-氨基丁酸)可以跨过血脑屏障进入大脑,进而被加工为神经递质。中枢神经系统内皮细胞中存在不同的血管代谢,通过改变分子的物理性质产生屏障,从而改变分子的反应性、溶解度和转运特性。物理屏障特性(TJ、低胞吞作用)、分子屏障特性(外排转运体、特定代谢)及传递所需营养物质的特异转运体的结合,使内皮细胞能够严格调节中枢神经系统内环境的稳态。

38.1.2　周细胞

周细胞(pericyte, PC)也被称为 Rouget-cell[8],是位于微血管内皮管的管腔表面并嵌入毛细血管内皮细胞的基膜中的一类细胞,通过物理接触和旁分泌信号与内皮细胞进行细胞通信,监视和稳定内皮细胞的成熟过程。大约 20% 的内皮细胞直接被周细胞覆盖在腔膜上[9],属于血管平滑肌细胞(vascular smooth muscle cell, VSMC)谱系[10]。它们可以收缩,对几种血管活性刺激做出反应[11],并通过收缩和舒张来调节脑毛细血管血流[12]。周细胞释放多种生长因子和血管生成因子,调节微血管通透性和血管生成[13]。周细胞可能参与了几种中枢神经系统疾病(如高血压、糖尿病、多发性硬化、中枢神经系统肿瘤形成、阿尔茨海默病或中枢神经感染)的神经病理改变的发展。此外,周细胞可以发挥与巨噬细胞类似的作用,能够降解血脑屏障被破坏后渗漏的细胞碎片和红细胞。目前,中枢神经系统中的周细胞最广泛接受的分子标志物是 PDGFR-β 和 NG2,其他标志物如 Anpep(CD13)、desmin、Rgs5、Abcc9、Kcnj8、Dlk 和 Zic1 等,都已被用于识别周细胞,但没有一个是周细胞的特异性标志物[14]。

38.1.3　基底膜

血管被两种基底膜(basilar membrane, BM)包围,即血管内基底膜和外实质基底膜,也被称为血管周围的血管胶质界限[15, 16]。血管基底膜是由内皮细胞和周细胞分泌的 ECM,而外实质基底膜主要由向血管延伸的星形细胞突起分泌。这些脑基底膜由不同的分泌因子组成,包括Ⅳ型胶原、层粘连蛋白、氮原、硫酸肝素蛋白聚糖和其他糖蛋白。血管基底膜和实质基底膜具有不同的组成,如:前者由层蛋白 a4 和层蛋白 a5 组成,而后者包含层蛋白 a1 和层蛋白 a2[16, 17]。这些脑基底膜为血管系统的许多信号传递过程提供了靶点,但也为分子和细胞在进入神经组织之前形成了一个额外的屏障。

38.1.4　星形胶质细胞

星形胶质细胞是一种主要的神经胶质细胞类型,它延伸出极化的细胞突起,包围神经元或血管[18]。星形胶质细胞终足几乎完全包围着血管,并包含一组离散的蛋白质,包括抗肌萎缩蛋白聚糖、抗肌萎缩蛋白和水通道蛋白 4。抗肌萎缩蛋白聚糖-抗肌萎缩蛋白复合体通过结合集聚蛋白将终足细胞骨架与基底膜连接起来[19, 20]。这种连接使水通道蛋白4成为正交的粒子阵列，这对调节中枢神经系统的水和离子平衡至关重要。星形胶质细胞建立了神经回路和血管之间的细胞联系。这种神经血管耦合使星形胶质细胞能够通过回收神经递质，刺激突出形成及为神经元提供营养和代谢支持，以响应神经元活动，包括调节小动脉周围血管平滑肌细胞和毛细血管周围周细胞的收缩/扩张[21, 22]。星形胶质细胞被认为是血脑屏障形成和功能的重要介质，在非中枢神经系统移植研究中纯化的星形胶质细胞能够诱导血管的屏障特性[23]，在体外共培养模型中诱导内皮细胞的屏障特性[18]。

38.1.5　免疫细胞

中枢神经系统血管与血液、中枢神经系统内部不同的免疫细胞群相互作用。中枢神经系统中两个主要的细胞群是外周血巨噬细胞和小胶质细胞。血管周围巨噬细胞是位于管腔内侧的单核细胞谱系细胞，常见于菲-罗间隙（Virchow‐Robin space），这是一种充满液体的小管，排列在进出中枢神经系统的静脉和动脉的壁腔表面[24, 25]。小胶质细胞分布于脑血管周围，但不与脑血管直接接触。小胶质细胞是中枢神经系统常驻免疫细胞，来源于卵黄囊中的祖细胞，在胚胎发育期间进入大脑[26]。这些细胞参与调节神经元发育、先天免疫反应和伤口愈合，并在适应性免疫中充当抗原提呈细胞[27, 28]。不同的血源性免疫细胞群，包括中性粒细胞、T细胞和巨噬细胞，在被激活时可以与中枢神经系统血管相互作用，并被认为通过释放ROS来调节血脑屏障的特性，以应对感染、损伤和疾病，ROS可以增加血管通透性[29, 30]。识别免疫细胞和血脑屏障相互作用及激活的机制，对于破译不同神经系统疾病中血脑屏障破坏的机制极为重要。

38.2　血脑屏障破坏与脑缺血和出血转化

急性脑血管病分为缺血性和出血性两大类，后者也可以引起或伴有脑组织缺血性改变。缺血性脑卒中发生于脑血管阻塞，氧气和营养物质供应中断，影响周围神经组织并最终导致神经元死亡。早期血流再通能抑制脑损伤，然而长时间的缺血再灌注，含氧血流会对缺血区血脑屏障造成氧化应激损伤。

脑缺血最常见的原因是脑血管阻塞，并且仍然是全世界死亡的主要原因。脑血管闭塞往往会导致功能障碍，给家庭和社会带来沉重的经济负担。重组t‐PA溶栓治疗是美国FDA批准的唯一一种治疗缺血性脑卒中的方法。然而，重组t‐PA治疗的"时间窗"短和出血转化（hemorrhagic transformation，HT）的风险限制了其临床应用。出血转化是急性缺血性脑卒中的严重并发症，在近9%的急性缺血性脑卒中病例中观察到，并且通常发生在溶栓治疗的病例中[31, 32]。在动物模型中已经有大量的研究表明再灌注损伤可能导致缺血组织出血转化、脑水肿和梗死。有学者认为，缺血后最初几个小时内血脑屏障的破坏可能是引起再灌注损伤的一个关键步骤，从而导致出血转化[33]。

完整的血脑屏障在维持脑组织微环境稳态和保证神经元回路正常运转中起着至关重要的作用。脑组织感染引起免疫监控和免疫应答反应时,血脑屏障受损,紧密连接蛋白破坏,导致免疫细胞大量进入脑组织,各种物质穿越血脑屏障后,导致脑组织协调障碍。缺血性脑卒中、再灌注损伤和出血转化都会引起血脑屏障的破坏。

38.2.1　脑缺血对血脑屏障的影响

脑缺血后会通过不同的机制导致血脑屏障的开放,血浆及血液中的成分会通过开放的血脑屏障进入脑实质而引起血管源性脑水肿。在脑缺血恢复期,神经元的再生和神经功能的恢复至关重要,而由于血脑屏障的特殊性,具有促进神经元的再生和神经功能的恢复的药物很难通过血脑屏障在脑内发挥作用。所以在脑缺血早期,抑制血脑屏障的开放,可以减轻由于缺血对脑的损伤。在脑缺血恢复期,适时开放血脑屏障,促进有效药物进入脑内,可以提高脑缺血后的神经元的再生和神经功能的恢复。

脑缺血的主要事件之一是葡萄糖和缺氧而引起的能量衰竭。能量失效反过来会导致一系列连锁反应,包括 ATP 的消耗,离子转运体 Na^+、K^+-ATP 酶和 $Ca^{2+}-ATP$ 酶活性降低,细胞内 K^+ 浓度升高,乳酸性酸中毒和细胞外谷氨酸释放,所有这些都可导致血脑屏障破坏[34]。内皮细胞肿胀可在缺血发作后的几分钟至几小时内发生,导致血管内径变窄。乳酸性酸中毒还可直接导致内皮细胞、神经元和星形胶质细胞发生肿胀。研究表明,微栓诱导脑栓塞后,在 TJ 水平上,occludin 和 occluden-1 含量减少,导致血脑屏障通透性的增加[35]。此外,蛋白酶的诱导(如 t-PA、MMP、组织蛋白酶和肝素酶)促进血脑屏障 ECM 的降解。这种酶诱导可能通过整合素介导的机制进一步加剧血脑屏障的通透性和 TJ 破坏[36]。微血管和炎性 MMP9 反应与基底板Ⅳ型胶原蛋白降解和血液外渗有关[37]。尽管星形胶质细胞比神经元更能抵抗葡萄糖剥夺损伤,但缺血环境会导致内皮细胞与星形胶质细胞足突失去联系。NO 损伤更为严重,NO 是一种具有强大的血管舒张特性的自由基和神经毒素,可以形成 ROS,加剧 DNA 损伤和内皮损伤。脑缺血时星形胶质细胞表达 NOS,从而促进过硝酸盐的形成和血脑屏障破坏[34]。永久性大脑中动脉闭塞(middle cerebral artery occlusion,MCAO)后 30 min 微血管就出现白细胞的积聚。动脉闭塞几分钟内基因组水平就开始发生变化。早期反应基因(如 c-jun、c-fos)的表达增加,数小时后,热休克基因的表达也随之增加(如 Hsp70、Hsp72)[38]。在缺血半影区,凋亡途径通过依赖 caspase(ATP 依赖)和不依赖 caspase 的机制诱导[39]。促炎因子如 IL-1 和 TNF-α 被诱导,随后是与活化的内皮相关的趋化因子(如 MCP1,细胞因子诱导的中性粒细胞趋化剂),这导致白细胞的募集和外渗,从而进一步增强炎症反应及 ROS 的产生[39]。

氧化应激在血脑屏障的改变中起重要作用。ROS 通过多种途径导致血脑屏障破坏,如氧化损伤细胞分子(蛋白质、脂质和 DNA),激活 MMP,重组细胞骨架,调控紧密连接蛋白和炎症介质的表达[40]。血浆 MMP9 浓度与血脑屏障破坏程度呈正相关。Gu 等发现在大鼠大脑中动脉栓塞模型中,缺血再灌注后 NO 水平增加,cavelin-1 表达减少促使 MMP2

和 MMP9 活化,破坏细胞间紧密连接,从而增加血脑屏障通透性,最终导致神经毒性物质进入缺血区,而抑制 NOS 生成对血脑屏障有保护作用[41]。

紧密连接蛋白失调也是脑卒中的发病机制之一。大鼠 MACO 后两天,claudin - 5、occludin 和 ZO - 1 表达下调,且与血脑屏障通透性增加相关[42]。紧密连接蛋白表达下调还与蛋白激酶 C - δ(protein kinase C - δ,PKC - δ)活性有关,Bright 等发现大鼠大脑中动脉栓塞后使用 PKC - δ 抑制剂可缩小梗死体积,减少神经元凋亡[43]。此外,Chou 等发现 PKC - δ 缺乏的小鼠大脑中动脉栓塞再灌注后脑损伤程度明显下降,通过血脑屏障渗入周围组织的嗜中性粒细胞减少[44]。中性粒细胞释放 ROS,刺激其他细胞产生细胞因子,进而吸引更多白细胞从外周聚集。ROS 诱导 NF - κB 激活,上调黏附分子如 ICAM - 1 和 VCAM - 1,加重细胞炎症反应,缺血后炎症反应进一步加重血脑屏障损伤。在此过程中,中性粒细胞受到抑制。Enzmann 等发现在短时大脑中动脉栓塞小鼠和脑卒中患者中,中性粒细胞主要分布在管腔表面及脑血管周围,而非梗死脑组织中[45]。这表明中性粒细胞可能引起神经炎症反应,作用于血脑屏障并调节其功能,但不需要渗透进脑实质。

再灌注期的标志是由于脑血流量增加和脑自动调节丧失引起的初始细胞旁分解。在实验研究中,血脑屏障的开放是双相的。最初的损伤可能是由于氧化应激作用,第二次血脑屏障通透性增加导致外周血液中的中性粒细胞通过紧密连接,渗入受损部分修复血脑屏障[46]。在初始充血期进入持续低灌注期之后,TJ 在下一个血脑屏障通透性高峰前首先重组并再生。血脑屏障最后一个通透性高峰是由于新生血管形成,通过相互连接重构修复血脑屏障。这导致在脑卒中发病后 2~5 天,脑组织达到血管性水肿高峰[47]。脑水肿是影响临床预后的重要因素,而再灌注期氧化应激和新血管形成的波动性导致的血脑屏障破坏和重建是导致缺血性脑卒中后血管性水肿的关键。

38.2.2　再灌注对血脑屏障的影响

再灌注对脑组织的存活至关重要,同时它也是一把双刃剑。它能保证周围半影区细胞的生存,但同时,它也有助于水和渗透溶质透过破裂的血脑屏障。再灌注损伤有很多种,包括内皮的激活、ROS 的过量产生、炎症反应、白细胞的浸润、细胞因子的增加及水肿的形成。这些机制的共性就是血脑屏障的破坏。根据缺血的持续时间和严重程度、再灌注的程度及脑卒中的动物模型类型,再灌注后细胞间通透性可分为 3 个阶段。第一阶段是反应性充血,包括大脑自我调节的丧失,血脑屏障通透性增加,局部脑血流急性升高。第一个阶段发生在再灌注后 3~8 h,归因于血脑屏障炎症和氧化应激的增加,以及 ECM 的酶降解。第二阶段发生在再灌注后 18~96 h,伴随血管源性水肿和血管新生。第二阶段为灌注不足,在充血期后立即发生,其原因为持续的脑代谢抑制、微血管阻塞、内皮细胞和星形细胞足突肿胀导致的闭塞及内皮微绒毛形成。这会导致脑组织营养缺乏,中性粒细胞黏附增强,进而引发炎症反应。这些事件直接导致了第三阶段,即细胞间通透性的增加,这是一种双阶段反应。与第一阶段的细胞毒性水肿相关的充血相比,第二、三阶段反应与血管源性水肿相关,血管源性水肿与血脑屏障 TJ 的改变有关,血管源性水肿可动员更大量的水,为脑肿胀、颅内压升高、脑疝和由于脑压与毛细血管压力不平衡造成的额外缺血性损伤铺平了道路[37]。

38.2.3　血脑屏障在出血转化过程中的变化

出血转化是脑卒中的常见后果,可能是一个多因素引起的复杂现象。从结构上看,导致血液外渗的根本原因是血脑屏障的破坏。研究表明,与再灌注损伤、氧化应激、白细胞浸润、血管激活和细胞外蛋白水解失调相关的级联反应可能通过破坏基底膜与内皮 TJ 的完整性而触发出血转化。

在急性缺血性脑卒中,定义超急性期(<6 h)、急性期(6~72 h)、亚急性期(>72 h)和慢性期(>6 周)。每个阶段都有其特定的血脑屏障状态,血脑屏障破坏在出血转化中起着关键的调节和促进作用,被认为是缺血性脑卒中后最具破坏性的并发症。急性期对于补救缺血半暗区(称为梗死周围组织)至关重要,如果不通过再灌注治疗进行补救,在超急性期开始的细胞死亡过程会从梗死核心区进一步扩散到梗死周围组织。半暗区的延迟细胞损伤伴随着炎症和自由基的产生,会产生继发性损伤,在随后的数天到数周中,会发生神经炎症反应,这是血脑屏障通透性增加的主要因素[48, 49]。缺血诱导的细胞死亡及在超急性期产生的过量 ROS 通过激活脑内常驻的小胶质细胞和星形胶质细胞,诱导神经炎症[50, 51]。促炎性小胶质细胞能够释放细胞毒性化合物,如 NO、IL-1β、IL-1α、TNF-α、IL-6 等炎症细胞因子,促进血脑屏障破坏和增加其通透性[52]。TNF-α 受体的激活具有神经毒性反应,导致凋亡因子和 MMP 的激活[53]。此外,TNF-α 可以通过减少 claudin-5、occluding 和 ZO-1 的表达来破坏血脑屏障,影响 TJ 的稳定性[54]。另外,IL-1 诱导内皮活化,导致细胞因子/趋化因子和 MMP9 产生增加,同时伴随着血脑屏障破坏和免疫细胞浸润[53]。MMP9 的产生和上调对脑卒中的发展和结果极为重要。这种 MMP 在血脑屏障分解中起着至关重要的作用,能够降解 TJ 蛋白,如 occludin 和 claudin,促进血脑屏障破坏和通透性增加[55]。在缺血性损伤中,MMP9 表达迅速上调,在 24~48 h 达到高峰[56, 57]。文献报道,缺血性脑卒中急性期 MMP9 的活性升高会增加继发性出血的风险,并且其在急性缺血性脑卒中患者血清中的存在与较差的临床预后相关。MMP9 降解 ECM 组分是脑出血的主要原因[58]。IL-6 血浆水平也与脑卒中严重程度和不良临床预后相关,脑卒中时 IL-6 诱导胶质增生、激活内皮细胞并增加血脑屏障损伤,可在脑卒中发作后的最初几个小时内检测到,于 24 h 达到峰值,最长可检测到 14 天[49, 53, 59]。

这些病理性神经炎症反应都将导致血脑屏障的破坏,致使 TJ 功能障碍持续存在,细胞旁通透性增加,外周免疫细胞渗透到大脑中,外周免疫细胞通过产生细胞毒性化合物增强神经炎症,与受损的中枢神经系统细胞一起加重血脑屏障破坏[54]。在浸润性免疫细胞中,中性粒细胞是缺血性损伤后的主要反应者[60]。中性粒细胞通过黏附到内皮壁上的黏附分子而向脑中渗透,从而刺激和促进其从血管壁渗透到缺血性脑伤部位[52]。外周血中中性粒细胞的存在与急性缺血性脑卒中患者更差的临床预后相关,这可能由于中性粒细胞产生的 MMP9 在基底层降解和血脑屏障破坏中发挥重要作用[61-63]。随着所有这些过程的发生,血脑屏障变得更具渗透性,因此更有可能完全破裂。这种情况可能导致大量血液外渗到大脑中,导致缺血性脑卒中最常见和最严重的结果之一——出血转化。

38.3　NADPH 对血脑屏障的作用

脑缺血损伤后可引起血脑屏障的开放,导致血管源性脑水肿,后期血脑屏障又阻止了有效药物进入脑组织发挥治疗作用,所以双向调控血脑屏障对治疗脑缺血损伤具有重要意义。目前针对脑缺血损伤中血脑屏障的治疗药物主要有：天然药物如黄芩苷、丹参酮ⅡA、石杉碱甲和绿茶多酚等；抗炎药物如芬戈莫德(fingolimod,FTY720)、他克莫司(tacrolimus,FK-506),能够降低 t-PA 出血转化的风险,可能与保护脑微血管内皮细胞有关；MMP 抑制剂和一些抗氧化药物也有一定的治疗潜能。

然而,既往研究显示,各种抗氧化剂在脑卒中患者中提供的临床疗效非常有限[64]。可能是由于 ROS 在细胞内产生,并且在它们释放到细胞外空间之前,已经产生了 DNA、蛋白质和脂质的氧化损伤。因此,清除细胞外空间 ROS 可能对神经元的益处有限。NADPH是 PPP 的代谢产物,是一种辅酶和参与细胞中许多合成代谢反应的经典分子[65]。它在氨基酸、脂质和核苷酸的还原生物合成中充当氢和电子供体。NADPH 的另一个重要生物功能是为抗氧化系统提供氧化还原能力,抗氧化系统可介导细胞对氧化应激的反应[66-68]。GSH 对于关键抗氧化酶 GPX 的功能至关重要,且其再生需要 NADPH[69]。NADPH 也参与 ATP 的产生,并与 ETC 氧化的 NAD^+ 一起维持细胞能量稳态[66, 70]。

38.3.1　NADPH 保护缺血再灌注诱导的脑损伤

研究表明,给予外源性 NADPH 有效保护神经元免受缺血再灌注诱导的损伤。NADPH 不仅显著减少了脑卒中后的梗死体积,而且显著降低了长期死亡率并改善了神经功能恢复。NADPH 提供的神经保护程度非常高,并且 NADPH 疗效的治疗窗远大于啮齿动物模型中 t-AP 的治疗窗[71]。NADPH 还可用于预防性治疗以减少缺血性损伤,以及用于脑卒中后治疗以提高啮齿动物模型中动物存活率和神经功能的恢复。NADPH 的功能之一是产生 GSH。这种特性使得外源性 NADPH 能够阻断缺血再灌注过程中细胞内ROS 水平的升高。此外,当氧气充足时,过量的 NADPH 可以被线粒体用于产生 ATP。缺血损伤后 ATP 水平的快速恢复有利于神经元的存活,以避免不可逆损伤。静脉注射NADPH 后脑中的 NADPH 水平显著增加,向培养基中添加 NADPH 也显著增加细胞内NADPH。另外,外源性 NADPH 增加 GSH 和 ATP 的水平,以上研究表明 NADPH 能有效穿透血脑屏障和细胞膜产生生物功能。

38.3.2　NADPH 保护低血糖应激引起的脑内皮损伤

脑微血管内皮细胞在血液和中枢神经系之间形成屏障,这对于正常的大脑功能至关重要。血脑屏障的完整性主要是通过脑血管毛细血管中,环绕于内皮细胞的星形胶质细胞端足之间存在紧密连接来实现的,这种连接维持了中枢神经系统的稳态。低血糖是一种在过度治疗的糖尿病患者中常见的紧急医疗情况。患者可能因低血糖而失去知觉,并可能出现脑水肿甚至不可逆的脑外伤。低血糖破坏脑毛细血管紧密连接的完整性可加重脑血管疾病。

Tp53诱导的糖酵解和凋亡调节因子(Tp53 - inducible glycolysis and apoptosis regulator, TIGAR)在内皮细胞中表达,它通过水解果糖 - 2,6 - 双磷酸和果糖 - 1,6 - 双磷酸激活磷酸果糖激酶 - 2来抑制糖酵解,从而促进通过PPP的通量[72, 73]。TIGAR还能激活线粒体呼吸链并降低氧化还原应激[74, 75]。TIGAR通过增加NADPH水平和减少ROS来保护大脑功能,从而限制驱动氧化应激和自噬的作用[74, 76-79]。TIGAR转基因小鼠在受低血糖诱导的应激后微血管完整性显著受损。内皮细胞的荧光共振成像数据显示,TIGAR与钙调蛋白结合促进TIGAR酪氨酸硝化。酪氨酸92(Y92A)的位点突变干扰了依赖TIGAR的NADPH生成减少了55.60%,并消除了脑微血管内皮细胞紧密连接处的保护效应。

与血脑屏障细胞相关的紧密连接是由跨膜蛋白和胞质蛋白的复杂组合协调而形成的[80, 81]。TIGAR在脑内皮细胞的紧结定位方面具有独特的作用,而在长时间的低糖刺激后,其表达受到抑制。TIGAR可以限制饥饿期间的细胞代谢应激,并可以调节缺氧期间心肌细胞的能量。研究报道,TIGAR通过增强PPP通量来保护缺血性脑损伤。过表达TIGAR能有效减弱缺血性小鼠的神经损伤,而*TIGAR*敲降则加剧这种神经损伤。TIGAR具有磷酸果糖-2激酶活性,通过抑制糖酵解促进PPP的通量[72, 73]。TIGAR抑制了代谢应激和低糖条件下紧密连接蛋白occludin和claudin - 5的分解。低血糖Tg - TIGAR小鼠的微血管完整性显著改善,在体内证实了TIGAR参与紧密连接。钙调蛋白信号通路诱导缺血性内皮细胞紧密连接蛋白的降解[82, 83]。TIGAR蛋白的晶体结构显示,其磷酸结合位点主要由Arg10、His11、Gln23、Gly24、Tyr92和His198残基包围[72, 73]。亚硝化应激可使目标蛋白中的酪氨酸残基硝酸化[84]。钙调蛋白具有调节TIGAR硝化的潜力,而点源产生的$ONOO^-$在20~50 μmol/L范围内对周围靶细胞进行硝化。酪氨酸92(92YGVVEGK98)位点对TIGAR保护紧密连接免受损伤的功能至关重要。酪氨酸92硝化使TIGAR失活代表了一种新的TIGAR调节机制,最终导致内皮紧密连接损伤。TIGAR的过度表达可以通过维持PPP产生NADPH,从而保护内皮细胞的紧密连接免受低血糖应激诱导的损伤。因此,当葡萄糖代谢受到干扰时,TIGAR可以通过其酶活性减轻细胞亚硝化应激,但是氮物质对TIGAR酪氨酸的硝化损害了TIGAR的保护作用并加重了葡萄糖代谢应激。此外,TIGAR受Ca^{2+}/钙调蛋白调节,作为葡萄糖缺陷传感器,TIGAR通过增加NADPH产量来调节自噬以保护低血糖应激期间的内皮紧密连接[85]。

38.3.3　NADPH对出血性脑卒中的保护作用

脑出血可分为原发性脑出血和继发性脑出血,导致原发性脑损伤和继发性脑损伤[86]。原发性脑损伤占78%~88%,可在脑出血后数小时内发生,主要原因是血管破裂,血液释放到脑实质形成血肿,由此产生的血肿形成的肿块效应和压迫力及血肿的进一步扩张和移位压迫血肿周围组织与邻近的神经血管结构,从而造成血肿。血凝块释放引起的一系列病理生理变化,即继发性脑损伤,在脑出血的病理生理进展中起着非常重要的作用[87]。这些病理生理变化包括但不限于氧化应激损伤、炎症反应、血脑屏障损伤。这些病理生理变化共同作用于脑细胞,导致细胞死亡,进而导致神经功能障碍。

辅酶 I(NAD^+/NADH)和辅酶 II($NADP^+$/NADPH)已被广泛认识。NADPH 作为一种氢递质,在维持细胞氧化还原稳态中起着重要作用。NADPH 还参与生物反应,如脂肪酸合成[66]。NADPH 通过提高抗氧化应激能力和能量代谢能力,在缺血性脑卒中发挥保护作用。NAD^+是人体能量代谢的重要辅酶[88]。NAD^+作为线粒体能量合成中的氢传递物,还参与维持体内氧化还原稳态[89]。NAD^+通过降低氧化应激、抑制炎症反应对缺血性脑卒中具有保护作用[90, 91]。NAD^+在$NADP^+$、NADH 和 NADPH 的生物合成中起着核心作用。NAD^+的含量在衰老过程中逐渐减少,因此需要补充NAD^+的含量[92]。然而口服NAD^+由于其肠道作用更大,极性更大,生物利用度较低,因此越来越多的研究人员将注意力转向了NAD^+前体。NR 是维生素 B_3 的一种形式,广泛存在于肉类、蛋类和乳制品等食品中,作为 NAD^+ 合成途径中的前体之一,由 NR 在核苷磷酸化酶(nucleoside phosphorylase, NP)或 NRK 的作用下,分别经过两步或一步产生 NMN。NMN 通过 NMNAT 和 NADS 进一步生成 NAD^+,NAD^+可进一步转化为 NADPH。与其他前体相比,NR 具有更高的生物利用度、安全性和提高 NAD^+ 水平的能力,正逐渐成为候选前体[93, 94]。多项研究证实,外源性 NR 可提高机体 NAD^+ 水平,对多种疾病有保护作用。Han 报道,NR 通过减少炎症浸润对衰老诱导的非酒精性脂肪性肝病样肝功能障碍具有保护作用[95]。Lee 报道 AML12 肝细胞中的 NR 可调节炎症反应和线粒体功能[96]。Vaur 报道 NR 可保护兴奋性毒性诱导的轴突变性[97]。Hong 报道,NR 通过抑制氧化应激来保护败血症的肝损伤[98]。我们近期的研究结果显示,NR 对胶原酶诱导的出血性脑卒中有保护作用。NR 的保护作用主要是通过提高抗氧化应激能力和减少炎症反应来促进神经元的生存,为出血性脑卒中提供了新的治疗靶点。由于 NR 是 NAD^+ 的前体,NAD^+ 可以进一步转化为 NADPH,提示 NAD^+[99] 和 NADPH 可能是治疗缺血性和出血性脑卒中的有效药物。

血管内皮细胞损伤后,血流状态改变或凝血增加,一系列凝血因子被激活,作用于可溶性介质,诱导血小板黏附、聚集并释放[100]。血小板产生的物质,如 ADP 和 5 - HT,作用于血小板膜的表面受体。再者,凝血酶和胶原蛋白等非血小板产生的物质也作用于血小板膜的表面受体。同时,血小板产生的物质作用于血小板内部,如 TXA_2 和 cGMP[101]。聚集的血小板与纤维蛋白一起形成血小板纤维蛋白凝块,进而形成血栓。血栓可以发生在任何血管中,如果发生在关键部位,可能是致命的。因此,抗血小板药物被广泛用于预防或治疗血栓并发症。这些药物主要包括影响血小板代谢酶的药物,如阿司匹林、奥扎格雷、双嘧达莫;ADP 拮抗剂,如噻氯匹定、氯吡格雷;血小板 GP II_b/III_a 受体拮抗剂,如阿昔单抗、依替巴肽[102]。然而,这些抗血小板药物有许多不良反应,包括内出血、出血时间延长、胃肠道刺激及抑制 PGI_2 的风险[100]。特别是出血,一旦发生,可危及患者的生命。

　　研究报道,NADPH 进入细胞的过程相对较慢[99, 103]。NADPH 在相对较短的时间内不会强劲地进入血小板,但无论在体外还是体内,都对血小板聚集产生了可靠的影响。在血小板刺激过程中,p38 MAPK 被激活,并在血小板激活中发挥关键作用[104]。p38 抑制剂 SB203580 和 NADPH 在 ADP 激活的血小板中以相似的方式抑制 p38 的磷酸化。ADP 和凝血酶诱导的 p38 磷酸化和血小板聚集可被 NADPH 和 SB203580 有效抑制,表明 NADPH 抑制血小板聚集可能与抑制血小板中 p38 磷酸化有关。由于 ROS 在血小板活化中起作用,NADPH 可能被 NOX 利用产生 ROS,也可能被 GR 用来去除 ROS,NAPDH 能降低血小板中 ADP 诱导的 ROS 水平升高。综上所述,NADPH 在体外和体内均能抑制血小板聚集,部分预防血栓形成,对出血时间的影响小于阿司匹林。NADPH 对血小板功能的抑制作用与 p38 磷酸化和氧化应激的降低有关。

　　综上所述,NADPH 作为一种氢递质,在维持细胞氧化还原稳态中起着重要作用。NADPH 通过提高抗氧化应激能力和能量代谢能力。研究表明,NADPH 能有效穿透血脑屏障和细胞膜产生生物功能,TIGAR 通过增加 NADPH 产量来调节自噬以保护低血糖应激期间的内皮紧密连接,进而保护低血糖应激引起的脑内皮损伤;NADPH 在啮齿动物脑卒中模型中提供了强大的短期和长期治疗效果,NADPH 具有较宽的治疗时间窗、较低的毒性等临床优势。另外,NR 主要是通过提高抗氧化应激能力和降低炎症反应来促进神经元的存活,为出血性脑卒中提供了新的治疗靶点。NR 是 NAD$^+$ 的前体,NAD$^+$ 可进一步转化为 NADPH,提示 NAD$^+$ 和 NADPH 可能是缺血性脑卒中和出血性脑卒中的有效药物。内皮损伤是缺血性神经血管损伤发病机制的潜在因素。未来可进一步研究 NAD$^+$ 和 NADPH 对出血性脑卒中是否具有保护作用,是否通过恢复血脑屏障功能及改善内皮损伤来发挥保护作用,为 NAD$^+$ 和 NADPH 能否开发成为治疗脑卒中的一线抢救药物提供科学依据。

南通大学附属妇幼保健院(徐慧、顾锦华)

第三十九章　辅酶 II 与阿尔茨海默病和帕金森病

39.1　阿尔茨海默病

阿尔茨海默病（Alzheimer's Disease，AD）是一种临床上以认知功能下降、出现精神症状和行为障碍及日常生活能力的逐渐下降为特征的中枢神经系统退行性疾病。该病起病缓慢或隐匿，多见于 70 岁以上（男性平均 73 岁，女性为 75 岁）的老人。阿尔茨海默病的主要病理特征包括 β 淀粉样蛋白肽（如 $A\beta_{42}$）斑块蓄积、Tau 蛋白过度磷酸化形成的 NFT 及进行性神经元死亡[1]。阿尔茨海默病的发病机制尚未被完全阐明，胆碱能系统损伤、神经炎症、自噬异常、氧化应激、线粒体功能障碍等多种复杂的病理生理过程都与阿尔茨海默病的发生有关。目前临床上尚无治疗阿尔茨海默病的有效药物。NADPH 又称为还原型辅酶 II，鉴于 NADPH 在神经炎症、氧化应激和线粒体功能维持中有重要作用，因此研究和探讨 NADPH 在阿尔茨海默病病理生理中的作用及潜在的治疗价值具有重要意义。

39.1.1　阿尔茨海默病与 NADPH 的水平

NADPH 在维持细胞氧化还原状态和合成代谢过程都有重要作用。在增殖细胞中，PPP 是 NADPH 的主要来源[2]。随着年龄的增长和神经退行性疾病的进展，NADPH 的水平有所降低。而 NADPH、NADH 耗竭会严重影响神经退行性变，导致阿尔茨海默病神经元死亡增加。在一项与痴呆相关的全血代谢物的研究中发现，患者血液中 $NADP^+$ 及 GSH、ATP 的水平都有所下降，这可能和痴呆患者脑功能受抑相关。而体内 NADPH 水平随着年龄的增长受各种因素的影响。

在胞质中 $NADP^+$ 通过 PPP、ME1 和 IDH1 再循环生成。其中 PPP 中 G6PD 和磷酸葡萄糖酸脱氢酶是 NADPH 合成的关键酶[3,4]。G6PD 的水平受 $NADPH/NADP^+$ 比例的调节，随着 $NADPH/NADP^+$ 的比例降低，G6PD 活性增加以促进合成更多的 NADPH。G6PD 对许多利用 NADPH 的细胞过程也非常重要，抑制 G6PD 会损害这些依赖于 NADPH 的细胞活动。由于 G6PD 是负责 NADPH 生成的主要酶，在细胞中创造还原环境，因此若

G6PD 功能受抑制则会导致细胞氧化应激和损伤,如 G6PD 抑制剂 6 - ANAM 会耗尽线粒体 NADPH 并增加细胞氧化应激。也有研究表明,缺乏 G6PD 的小鼠对轻微的氧化应激就会表现出较强的敏感性[5]。以上研究都揭示了 G6PD 在维持 NADPH 水平中的重要性。此外,G6PD 活性和水平的改变被认为是炎症和许多与年龄相关的疾病的标志物之一。

G6PD 水平下降及 PPP 的下调可能是一些神经退行性变的共同机制。例如,肌萎缩侧索硬化(amyotropyic lateral sclerosis, ALS)是一种运动神经元病,SOD1 是其中一种致病基因。若 SOD1 基因中携带 G93A 或 G37R 突变,则细胞中 G6PD 水平降低,从而影响通过该途径产生的 NADPH 水平[6]。同样,共济失调毛细血管扩张症(ataxia-telangiectasia, AT)是一种由共济失调毛细血管扩张突变(ataxia telangiectasia mutated, ATM)基因突变引起的人类疾病,患者体内 ROS 的水平增高。ATM 可通过磷酸化 Hsp27,促进其与 G6PD 结合,从而激活 G6PD 活性,产生 NADPH 来促进抗氧化反应及促进 DNA 修复。ATM 突变或敲除后的小鼠脑中 G6PD 水平也减少,与共济失调毛细血管扩张病相似[7]。此外,在阿尔茨海默病中,G6PD 似乎也能降低 Tau 蛋白和 Aβ 的免疫组化信号[8]。神经元 G6PD 水平升高有助于神经元中产生 NADPH 并维持 GSH 的水平,从而预防急性和慢性氧化应激。神经退行性病变中,神经炎症是共同的特征。抑制胶质细胞中 G6PD,会加重神经炎症,而 G6PD 的激活可能会减弱应激诱导的炎症反应[9, 10]和抑制反应性胶质细胞增生,有助于抑制神经炎症的发生。

但同样需要注意的是,由于大脑中 PPP 的 G6PD 活性增加,大脑过氧化物代谢也会增加,可能会进一步导致神经元退化。这些研究结果进一步表明,G6PD 水平和活性的调节在 NADPH 合成、控制代谢应激和 ROS 生成从而防止细胞损伤中的重要性。

如前所述,在胞质中,NADPH 的产生主要依赖于 PPP 中的 G6PD 和 6PGD。而在线粒体中,NADPH 由 NADP$^+$ 依赖性 IDH、GDH、NNT 和 ME3 产生。由于线粒体内膜对 NADP$^+$、NADPH 是不可渗透的[11],因此,线粒体和胞质 NADP$^+$、NADPH 池的平衡是由多种穿梭来调节的,如 NADP$^+$、NADPH 池的异柠檬酸-α-酮戊二酸穿梭[12]。在线粒体中依靠这种穿梭机制才能使细胞能够在正常或压力状态下维持氧化还原和能量稳态。NADPH 穿梭通过 IDH 和 IDH2 同工酶发挥作用。在线粒体基质中,依赖 NADP$^+$ 的 IDH2 通过将 NADPH 氧化为 NADP$^+$,将 α-酮戊二酸转化为异柠檬酸盐。然后,异柠檬酸盐被泵入胞质。在胞质中,IDH1 通过将异柠檬酸转化为 α-酮戊二酸和将 NADP$^+$ 转化为 NADPH 来催化逆反应[13]。随后,α-酮戊二酸/苹果酸逆向转运蛋白作为苹果酸-天冬氨酸穿梭中的载体转运到线粒体基质中。因此,异柠檬酸-α-酮戊二酸穿梭在维持胞质和线粒体中 NADPH 的平衡中起关键作用。

除了 NADPH 的生成外,NADPH 的消耗也严重影响 NADPH 的水平。NADPH 的消耗和 NOX、CD38、PARP 持续激活相关。NOX 消耗 NADPH,生成 H$_2$O$_2$,是受损神经系统中 ROS 的主要来源。NOX 蛋白共 7 个家族成员,分别为 NOX1、NOX2、NOX3、NOX4、NOX5、DUOX1、DUOX2[14]。其中,NOX2 是 NOX 蛋白家族中分布最广泛的,主要分布于大脑中的常驻免疫细胞-小胶质细胞中,也被称为吞噬细胞 NOX(phagocyte NADPH oxidase, PHOX),特别是在小胶质细胞 M1 表型中强烈上调[15]。此外,NOX2 也分布于星形胶质细胞和神经元中。NOX 在促进阿尔茨海默病进程中起到重要作用。NOX 是多亚基蛋白质复合体,在胞质调节亚基(p67 phox、p47 phox 和 p40 phox)的表达与阿尔茨海默病患者疾病进展和氧化应激呈正相关[16]。Aβ 可以诱导小胶质细胞和星形胶质细胞中 p47phox 和 p67phox 易位至细胞膜,并与 gp91phox 亚基结合[17],使得 NOX2 激活并产生 ROS[18]。过量 ROS 也会激活 NF－κB,进一步介导促炎因子、趋化因子、iNOS 和 COX－2 的产生,加重神经炎症。从人脑尸检样本中获得的数据表明,轻度认知障碍患者脑中的 NOX 活性明显高于正常组,且中度阿尔茨海默病患者脑中酶活性持续升高,随着 NOX 活性升高,个体认知能力降低[16]。NOX 特异性抑制剂能以剂量依赖性方式抑制阿尔茨海默病患者脑中小胶质细胞的激活,抑制其体积、数量的增加和超氧化物及 NO 的释放。因此,减少 NOX 的表达或抑制其生成途径不仅可减少 ROS 的生成,还可降低 NADPH 的消耗,从而降低阿尔茨海默病的氧化应激反应。例如,发现大蒜素可通过下调 NOX,减少 ROS 水平,减少阿尔茨海默病小鼠的神经炎症[19]。

GSH 是一种普遍存在的硫醇三肽,是一种基本的内源性抗氧化剂,在大脑中以 $1\sim2$ mmol/L 的高浓度存在[20],它在细胞内对维持脑细胞的健康和功能的重要作用已被证实[21]。细胞中大部分 GSH 被 GPX 家族利用,这些酶催化 GSH 将 H_2O_2 还原为 H_2O 和 $GSSG$[22]。然后再利用 NADPH 作为电子供体,通过 GR 将有潜在细胞毒性的 GSSG 循环再生为 GSH。GSH 可单独或与细胞内的酶协同作用以减少超氧自由基、羟基自由基和过氧亚硝酸盐来防止氧化应激引起的损伤[21]。降低的 GSH 水平会增加整个细胞及线粒体部分的氧化应激,并增加脂质过氧化、细胞内钙和 γ－谷氨酰转肽酶(γGT)活性。研究发现,阿尔茨海默病转基因小鼠脑内 GSH/GSSG 比值随阿尔茨海默病病理改变的增加而降低,而且,GSH/GSSG 比值在淀粉样斑块出现前已开始降低,随后 GSSG 水平持续升高。GSH 水平的高低主要取决于糖代谢中的己糖磷酸旁路 G6PD 及生物合成酶。谷胱甘肽合成酶缺乏可导致 GSH 水平严重减少。此外,细胞中的 GSH 水平也与通过 PPP 产生的 NADPH 直接相关,并且已有研究表明 PPP 是细胞中 NADPH 的主要来源,G6PD 缺乏时, NADPH 的生成减少,从而减少 GSH 的生成。而 NADPH 的水平还会随着年龄的增长而逐渐降低,从中年开始,降低 NADH、NADPH 水平会降低衰老和阿尔茨海默病样神经元中的 GSH 水平。相反,NADPH 的水平变化也受 GSH 的影响,在较年轻时若脑内 GSH 减少, NADPH 水平会补偿性增加,但随年龄的增长阿尔茨海默病神经元中的 NADH、NADPH 水平随着 GSH 损失而下降。

39.1.2　NADPH 水平与阿尔茨海默病线粒体功能

作为细胞的动力来源,线粒体通过氧化磷酸化产生 ATP 为神经元提供足够的能量维持神经元活动。此外,还需最大限度地减少线粒体产生 ROS 相关的氧化应激来避免神经元受损。神经元是高能量需求的细胞,依赖线粒体来产生的能量维持其静息电位和动作电位,完成快速的神经传导。线粒体在整个细胞中迁移,并发生线粒体融合和分裂,以及线粒体自噬,这种有规律的周转,在控制线粒体形状和功能方面发挥着重要作用。当线粒体动力学被破坏时,就会出现细胞功能障碍。

大量研究表明,阿尔茨海默病患者大脑中普遍存在线粒体异常,在 APP/PS1 小鼠模型中发现受损的线粒体增加,并且这些小鼠的海马中线粒体自噬相对于野生型(WT)小鼠减少了60%[23]。阿尔茨海默病中线粒体功能障碍包括线粒体结构受损、ATP 水平降低、线粒体生物合成降低及线粒体动力学异常[24]。其原因可能是 Aβ 的进行性蓄积和 Tau 蛋白磷酸化,Aβ 可通过线粒体外膜转运体进入线粒体产生 ROS,使线粒体呼吸链受损,细胞能量供应不足;Tau 蛋白可直接插入线粒体膜上,提高线粒体膜电位从而诱导线粒体自噬障碍。ROS 是线粒体中有氧呼吸的电子传递过程中不可避免的副产物,线粒体生物能量受损、氧化应激增加和线粒体基因组紊乱都是阿尔茨海默病线粒体异常的特征。线粒体结构和功能完整性的丧失可能与阿尔茨海默病过程中能量代谢受损和氧化应激增加有因果关系。在阿尔茨海默病脑中,由于动力相关蛋白 1(dynamin-related protein 1,Drp1)活性升高、线粒体融合蛋白 1(mitofusin 1,Mfn1)活性降低引起线粒体分裂与融合的不平衡,使线粒体融合减少和形成更多片段化,促进线粒体自噬的发生[25]。而线粒体自噬和自噬-溶酶体途径在阿尔茨海默病中也受到损害,导致失能线粒体蓄积,线粒体自噬受损导致氧化损伤增加和细胞能量不足,从而触发 Aβ 积累和 p-Tau 病理,进而导致突触功能障碍和认知缺陷[26]。同时,线粒体损伤产生的 ROS 被认为可以触发 Aβ 的积累,进而导致线粒体进一步损伤[27],形成恶性循环。

由于 Aβ 也可进入线粒体并产生 ROS,因此对 Aβ 的吞噬和清除也对线粒体健康起着重要作用,而有效的线粒体自噬也对 Aβ 的清除发挥重要作用[28]。NADPH 是大分子生物合成和抗氧化应激的主要来源,也是类固醇生物合成所必需的。线粒体 NADPH 主要通过 3 种途径形成:① NADP+ 依赖的 IDH 生成 NADPH;② ME 生成 NADPH;③ NNT 生成 NADPH[29]。由于通过 ETC 的电子流损失,线粒体膜电位降低可能会影响 NADH 转化为 NADPH 的速率[30],从而影响 NADPH 依赖性谷氧还蛋白(GRX)2 催化的脱 GSH 的速率。所以线粒体的健康对 NADPH 的合成也有重要作用。阿尔茨海默病的各种机制刺激使总 ROS 和线粒体 ROS 的产生均增加,同时 Aβ 激活小胶质细胞中的 NOX,导致线粒体外 ROS 升高,从而进一步引起神经毒性,导致线粒体产生氧化应激,线粒体功能发生紊乱,进一步使 NADPH 的生成减少。因此,适当补充 NADPH 可能有助于抵抗线粒体产生的氧化应激,维持线粒体自噬功能以促进胶质细胞对 Aβ 的清除,同时减轻阿尔茨海默病的神经炎症,延缓阿尔茨海默病进程或改善阿尔茨海默病患者症状。

39.1.3　NADPH 与阿尔茨海默病神经炎症

Aβ 斑块形成并沉积在大脑的不同区域。这些 Aβ 斑块被大脑识别为异物,被活化的小胶质细胞吞噬和清除。但过度活化的小胶质细胞也会释放促炎因子(IL-1β、IL-6、TNF-α 等),并释放 ROS 和 NO 等引发炎症和免疫反应,最终导致细胞死亡和神经变性。

Tau 也和 Aβ 类似,会被小胶质细胞细胞膜上 TLR2/4 或糖基化终产物受体(receptor for advanced glycation end-product, RAGE)识别,激活小胶质细胞,促进小胶质细胞聚集在 Tau 附近并清除 Tau[31];活化的小胶质细胞也会通过激活 NLRP3 炎症小体进一步促进 Tau 磷酸化和聚集。另外,因为小胶细胞细胞膜上有 PS 受体和 TAM 受体,而濒死神经元细胞膜上的磷脂酰丝氨酸、生长停滞特异性蛋白 6(growth arrest specific protein 6, GAS6)和 S 蛋白(protein S)等分子,也会直接激活小胶细胞[32]。此外,线粒体损伤导致能量产生不足、氧化应激和线粒体衍生的损伤相关分子模式的产生,ROS 水平的增加也会刺激促炎基因转录和细胞因子的释放,导致神经炎症过程。而这种慢性炎症反应又会进一步激活小胶质细胞和星形胶质细胞产生大量 ROS,加速神经退变过程。

已有一些研究发现,通过补充外源性 NADPH 可抑制阿尔茨海默病的神经炎症。NADPH 可以作为 TrxR 的电子供体,催化 Trx – S2 的再循环,可能提高细胞抗氧化能力[27, 28]。NADPH 也可以产生 GSH 为细胞抗氧化系统提供还原能力,清除过量产生的 ROS,对抗氧化应激,减轻神经炎症。此外有研究表明,NADPH 可抑制 MPTP 诱导的 NF – κB 通路、p38MAPK 通路及炎症小体的激活[33]。因此,理论上讲,NADPH 可以用于改善阿尔茨海默病病理,延缓疾病进程,减轻认知障碍。

39.1.4 NADPH 与脑衰老

阿尔茨海默病的发生随着年龄的增长而增加,其病理变化与衰老过程有相似性。衰老是公认的非家族性和晚发型散发性阿尔茨海默病的主要风险因素。Aβ 肽也是正常细胞代谢的一部分,并非仅在病理条件下产生,因此,在健康老年人的大脑中也观察到淀粉样蛋白斑块的存在[34, 35]。此外,氧化应激和氧化还原状态改变也是衰老和年龄相关疾病的一个组成部分。

衰老与大脑中能量下降等都会引起线粒体产生的 O^{2-} 和 H_2O_2 增加,同样,线粒体 ROS 水平的增加也会加速衰老过程。线粒体内膜上的 ETC 通过一系列氧化还原反应以 NADH 为电子供体传递电子到最终受体氧气分子,伴随着 NAD^+ 的再生和向膜间隙泵出 H^+,形成线粒体基质和膜间隙的电势差以合成 ATP。NADPH 可保护细胞免受线粒体产生的 ROS 的影响,从而延缓组织和机体衰老。研究表明,过表达线粒体 CAT 能延长小鼠的寿命[36],而 NADPH 是 CAT 活性所必需的[37]。豚鼠寿命通常在 4~8 年,而裸鼹鼠寿命可达 28~32 年。有研究发现,裸鼹鼠的代谢较慢,完成氧化磷酸化提供能量的 ETC 复合体 I 和(或)复合体 II 的蛋白质水平与活性大大降低,ROS 的产生减少[20]。此外,与小鼠相比,从裸鼹鼠分离的线粒体对 H_2O_2 的解毒能力大大增强,这主要是由于线粒体 NADPH/GR/GSH/GPX 系统的活性更高[39],这可能与其长寿命有关。也有研究表明,在衰老果蝇中,CAT 活性、GR 活性及 GSH 浓度随年龄显著下降。与此同时,GSSG 浓度呈上升趋势。GSH/GSSG 比值作为氧化应激的主要指标,在生命的后半段下降了 2/3;与此同时,$NADPH/NADP^+$ 比值也显著下降[40]。

39.1.5　NADPH 用于阿尔茨海默病治疗的临床前研究

NADPH 可通过提供抗氧化剂 GSH 和 Trx 来抵抗氧化应激。但同时 NOX 以 NADPH 为底物生成 ROS，促进神经炎症、氧化应激的发生，而 NOX 抑制剂就可能成为抑制神经炎症、抑制氧化应激发生的潜在药物。此外，NADPH 有稳定性差、易降解、价格昂贵等缺点，若将 NADPH 与其他治疗药物联合使用，或许会更有助于 NADPH 发挥药效。

（1）NADPH 与 NOX 抑制剂：外源性补充 NADPH 可将更多的 GSSG 通过还原酶催化生成 GSH。但 NADPH 也会被 NOX 利用生成有害的 ROS。香草乙酮（apocynin）是 NOX 抑制剂，抑制 NOX 活性，可减少 ROS 生成。秦正红团队有报道过，在治疗脑卒中模型鼠时，NADPH 与香草乙酮联合用药比单独使用 NADPH 更有利于 GSH 的生成，能更好地清除 ROS[41]。香草乙酮可明显抑制脑中 NOX 的表达，更好地降低氧化应激。此外，香草乙酮还可减少 hAPP（751）SL 阿尔茨海默病转基因小鼠皮层和海马中的 Aβ 斑块大小[42]。NADPH 和 NOX 抑制剂联合使用还能抑制 NF-κB 的激活和 NLRP3 炎症小体复合蛋白的表达，对神经炎症的治疗也有一定的潜在效果。据此，推测 NADPH 与 NOX 抑制剂联用对阿尔茨海默病也有同样的抗炎作用和神经保护作用，有助于延缓阿尔茨海默病发病进程或改善阿尔茨海默病症状的作用。NADPH 与 NOX 抑制剂联用可能是阿尔茨海默病的潜在治疗方向。

（2）NADPH 与 NAD^+ 的相互关系与阿尔茨海默病治疗：NAD^+ 是能量代谢的核心。NAD^+ 可接受 NADPH 传递的 H^+ 生成 NADH，进入线粒体 ETC 产生 ATP。NAD^+ 接受氢化物离子并形成其还原形式 NADH，该过程对于所有生命形式的代谢反应至关重要，调节参与多种分解代谢途径的脱氢酶的活性，包括糖酵解、谷氨酰胺分解和脂肪酸氧化等过程。随着阿尔茨海默病病情发展，NAD^+ 的合成途径减少，降解增加，导致 NAD^+ 水平逐渐降低。同时线粒体 ETC 功能障碍增加和神经炎症引起的氧化应激导致的 $NADP^+$/NADPH 比值的增加，导致 NADPH 水平也会随着年龄的增长而降低。病理条件下，ROS 产生增加和核 DNA 损伤增加，会激活 PARP。由于 PARP 会抑制 HK，而 HK 是糖酵解的关键酶，PARP 的激活也会导致 NADPH 水平的下降。NAD^+ 可用于体内降低阿尔茨海默病中 PARP 介导的组织损伤[24]。此外，NAD^+ 还可抑制 α-酮戊二酸脱氢酶和丙酮酸脱氢酶生成 ROS[25]。所以增加 NAD^+ 水平的疗法与增加 NADPH 水平的疗法相结合，更利于相关疾病的治疗。秦正红团队有报道过，在缺血性脑卒中模型中 NADPH 与 NAD^+ 联合治疗比单一用药产生更有效的神经保护作用[43]。NADPH 和 NAD^+ 的联合用药显著恢复了缺血性脑卒中时降低的 ATP 水平，并降低了 ROS 的水平和大分子的氧化损伤。在阿尔茨海默病的治疗中，NADPH 和 NAD^+ 的联合用药也将是值得探讨的方向。

（3）NADPH 与 P2X7R 介导的神经炎症与阿尔茨海默病治疗：P2XR 为嘌呤能受体，主要被细胞外的 ATP 激活，P2X7R 是嘌呤能受体家族当中的一种。P2X7R 需要相较于生理浓度 100~1 000 倍的胞外 ATP 浓度才能被激活，据报道其 EC_{50} 值大约为 100 μmol/L。但对 P2X7R 的激动剂苯甲酰基苯甲酰基-ATP 的亲和度较高，EC_{50} 大约为 7 μmol/L。

P2X7R 是一类非特异性阳离子通道,可以促进 Na^+ 和 Ca^{2+} 的流入及 K^+ 的外排,同时激活下游通路信号的产生。P2X7R 激活后下游最显著的效应器为 NLRP3 炎症小体。NLRP3 炎症小体剪切并激活 caspase-1,caspase-1 会促炎细胞因子 pro-IL-1β 和 pro-IL-18 剪切,形成具有活性的 IL-1β 和 IL-18。长期的 ATP 对 P2X7R 刺激会引起细胞膜上形成较大的孔洞,从而导致细胞焦亡(pyroptosis)。

小胶质细胞通过协调免疫反应和碎片清除来调节神经稳态,细胞外 ATP 的受体 P2X7R 在这两种功能中都起着核心作用。在正常状态下,较低 ATP 水平无法激活 P2X7R,此时,P2X7R 充当清道夫受体,通过改变吞噬或自噬作用来影响细胞外和细胞内碎片的清除。同时,小胶质细胞中溶酶体的管腔 pH 具有足够的酸性,以实现有效的降解酶活性。当用高浓度 ATP 进行瞬时刺激后,P2X7R 不再充当清道夫受体。持续刺激可通过增加溶酶体 pH 和减缓自噬体-溶酶体融合来降低小胶质细胞溶酶体功能。P2X7R 刺激也可引起溶酶体渗漏,随后胞质组织蛋白酶 B 的升高激活 NLRP3 炎症小体,导致 caspase-1 切割和 IL-1β 成熟与释放。在阿尔茨海默病发病机制中,ATP 结合到 P2X7R 并在小神经胶质细胞中过表达,小胶质细胞活性依赖 P2X7R 对 Aβ 多肽产生反应[44]。总之,P2X7R 调节小胶质细胞清除细胞外碎片并介导 NLRP3 炎症小体激活及溶酶体损伤。

鉴于 P2X7R 在小胶质细胞介导的神经炎症中发挥关键作用,P2X7R 拮抗剂成为抑制神经炎症的可能策略。在过去的几年中,开发了多种 P2X7R 拮抗剂治疗神经炎症相关疾病。有研究发现,在阿尔茨海默病小鼠神经炎症模型中,P2X7R 特异性拮抗剂 A438079 可以有效抑制 ATP 诱导的 CaMK Ⅱ 水平升高,进而抑制 P2X7R 活性,抑制 NLRP3 炎症小体被激活,抑制神经炎症[45]。此外,P2X7R 特异性拮抗剂 A804598 也可抑制 IL-1β 的释放,抑制神经炎症,提示 P2X7R 抑制剂有可能在神经炎症性疾病中的治疗潜力[46]。

NADPH 可能作为一类新型神经递质,能与 P2X7R 结合并抑制其信号转导。秦正红团队研究显示外源性给予小胶质细胞 NADPH,可降低 P2X7R 激活引发的钙离子内流及对荧光染料 YO-PRO-1 的吞噬能力。此外,膜片钳记录显示 NADPH 使得 ATP 引发的 BV2 小胶质细胞内向电流下降约 40%,提示 NADPH 可能作为 P2X7R 内源性拮抗剂从而发挥抑制神经炎症作用。这项研究对开展 NADPH 延缓阿尔茨海默病的病情进展提供理论指导。

39.2 帕金森病

帕金森病(Parkinson's disease, PD)是一种运动神经元退行性疾病。帕金森病临床症状有运动症状,包括静息时的震颤、运动迟缓、僵硬和姿势不稳;还有非运动症状,包括嗅觉障碍、睡眠障碍、自主神经功能障碍及精神、认知障碍等。帕金森病突出的病理改变是中脑黑质多巴胺能神经元的变性死亡、纹状体多巴胺含量显著性减少及黑质残存神经元

胞质内出现 α-突触核蛋白(α-synuclein)聚集而成的路易小体(Lewy body)。出现临床症状时黑质多巴胺能神经元死亡至少在 50% 以上,纹状体多巴胺含量减少在 80% 以上。大部分帕金森病患者为散发病例,仅有不到 10% 的患者有家族史。遗传因素、环境因素、年龄老化、氧化应激等均可能参与帕金森病多巴胺能神经元的变性死亡过程。研究表明,帕金森病患者黑质多巴胺能神经元的变性和凋亡与 α-突触核蛋白错误折叠和聚集、线粒体功能障碍、蛋白质清除障碍(与泛素-蛋白酶体和自噬-溶酶体系统缺陷有关)、神经炎症和氧化应激等因素相关。其中,氧化应激,这种氧化剂和还原剂间的不平衡状态,被认为是多巴胺能神经元死亡的主要原因。

39.2.1　帕金森病与 NADPH 的水平

G6PD 的主要作用是通过 PPP 产生核糖和还原等效的 NADPH。PPP 的氧化阶段为核苷酸、脂类和氨基酸的生物合成提供前体。G6PD 通过该途径产生的 NADPH 可用于合成代谢,也参与多种抗氧化应激的防御过程,还可以通过 CYP450 在解毒机制中发挥重要作用。有报道表明,在小鼠黑质多巴胺能神经元中过表达 G6PD,利于保护这些神经元免受帕金森病相关神经毒素 1-甲基-4-苯基-1,2,3,6-四氢吡啶(MPTP)的毒性作用[47]。而细胞 G6PD 活性主要取决于 3 个因素:① NADPH/NADP$^+$ 比值调节,随着比值的降低,G6PD 活性增加以提供更多的 NADPH[48];② NADPH 的反应数量调节,G6PD 是生成 NADPH 的重要辅酶,而 NADPH 参与反应众多,包括脂肪酸和胆固醇合成、混合功能氧化酶、硫代基团的维持、神经递质生物合成、氢和脂质过氧化物的还原等;③ 细胞在正常生物功能过程中所经历的氧化应激水平。以上表明 G6PD 参与并影响着 NADPH 生成同时,NADPH 也影响着 G6PD 的反应活性。

IDH2 参与 TAC 循环并催化异柠檬酸转化为 α-酮戊二酸及促使 NADP$^+$ 转化为 NADPH。在线粒体中,IDH2 还通过向 GR 和 TXNRD2 提供 NADPH,在调节线粒体氧化还原平衡和减轻氧化应激诱导的细胞损伤中发挥关键作用。IDH2 在 1-甲基-4-苯基吡啶离子(1-methyl-4-phenylpyridinium,MPP$^+$)/MPTP 诱导的多巴胺能神经元细胞和帕金森病小鼠模型中有调节线粒体功能障碍和减少细胞死亡的作用。IDH2 的下调增加了多巴胺能神经元对 MPP$^+$ 的敏感性;IDH2 水平的降低促进了由于线粒体氧化应激增加而导致的细胞凋亡。缺乏 IDH2 还促进了 MPTP 诱导的帕金森病小鼠模型中 D 黑质致密部(SNpc)多巴胺能神经元的丢失。在果蝇中 *IDH* 突变体表现出 NADPH 水平降低,ROS 产生增加,对氧化应激高度敏感[49]。研究表明,IDH 催化异柠檬酸脱羧生成 α-酮戊二酸和 CO_2,并产生 NADPH,这为清除 ROS 的抗氧化过程提供了还原能力。

NOX 是多亚基酶复合体,以 NADPH 作为反应底物,使氧气被还原成 O_2^-,同时伴随着 H_2O_2 的生成[50]。NADPH 也可以产生 GSH 为细胞抗氧化系统提供还原能力,对抗氧化应激。氧化应激是一种由于氧化和抗氧化状态不平衡而发生的情况,在多巴胺能神经毒性中起重要作用,是帕金森病患者多巴胺能神经退行性病变的驱动因素。NOX2、NOX1 和 NOX4 等都被发现在帕金森病患者及帕金森病模型小鼠黑质中有增加,伴随有 α-突触核蛋白的沉积及过氧化物水平的增加。NOX 在大脑中常分布于小胶质细胞、中枢神经系统的常驻免疫细胞、神经元和星形胶质细胞中。在人和啮齿动物的小胶质细胞中，分析表明 NOX2 是主要存在的 NOX 催化亚型。小胶质细胞中 NOX 是触发氧化应激和神经炎症的关键酶，是生成 ROS 的主要来源。并发现在帕金森病患者黑质致密部小胶质细胞数量明显高于其他脑区[51]，这可能是多巴胺能神经元对氧化应激比较敏感的原因。有研究表明，小胶质细胞 NOX 来源的 ROS 可激活 MAPK、PKB、NF－κB 信号通路，引起炎症反应。而在帕金森病患者的黑质中上调的炎症反应又会持续地激活小胶质细胞，引起多巴胺能神经元的缓慢退化，形成恶性循环。因此，抑制 NOX 活性、减少 ROS 生成是治疗帕金森病的潜在靶点。

39.2.2　NADPH 与帕金森病线粒体功能

（1）帕金森病中线粒体功能障碍：黑质神经元是帕金森病主要的病变细胞，由于其较高的氧化磷酸化发生率导致氧化应激增加，极易发生线粒体功能障碍。线粒体缺陷包括线粒体 ETC 障碍、线粒体形态和动力学改变、线粒体 DNA 突变和钙稳态异常，使得神经元能量产生减少，过多产生 ROS，并诱导细胞凋亡。帕金森病患者黑质中复合体 I 活性下降，氧化还原能力均降低，ROS 生成增加，不仅造成 DNA、脂质和蛋白质损害，还引起线粒体膜电位去极化及膜通透性改变[52,53]。各种帕金森动物模型显示，线粒体功能障碍是帕金森病发病早期的病理缺陷之一，是散发性和单基因突变引起的帕金森病的普遍特征。大量证据表明，线粒体是细胞内氧化应激的 ROS 的主要来源。ROS 的产生导致的应激增加是帕金森病多巴胺能神经元死亡的机制之一。特发性帕金森病患者死后黑质线粒体复合体 I 活性或蛋白质水平的疾病特异性降低[54]。此外，神经递质多巴胺也会在黑质纹状体系统中经历自氧化代谢，多巴胺在 MAO－B 的活性下，产生的代谢物包含 O_2^- 和 H_2O_2 等，造成神经毒性。

有研究表明，MPP^+ 会选择性抑制 ETC 的复合体 I[55]，与经典复合体 I 抑制剂鱼藤酮作用于同一位点[56]。鱼藤酮和 MPP^+ 增加自由基产生的同时，线粒体自由基的产生也将不可逆地抑制复合体 I[57]。该化合物的毒性与 ATP 耗竭、氧自由基的产生、mtDNA 耗竭及最终的细胞死亡有关[58]。研究表明，MPP^+ 也能与多巴胺能神经元上的多巴胺转运体结合。在黑质注射 MPTP 后，MPTP 在胶质细胞中被 MAO－A 转化为 MPP^+ 后由神经胶质细胞释放，可与多巴胺摄取载体结合并在多巴胺能神经元中积累。MPP^+ 在线粒体内会抑制复合体 I 的作用，当复合体 I 有缺陷或部分被抑制时会进一步增强自由基的产生，导致 ATP 耗尽，最终导致细胞死亡。与此同时，线粒体超氧化物的生成速度可能增加 6~7 倍。线粒体产生的超氧自由基可与 NO 反应形成过氧亚硝酸盐。过氧亚硝酸盐是一种生物生成的活性高毒性物质，可氧化蛋白质、膜脂、糖和 DNA。复合体 I 功能缺陷时可导致 ROS 的增加和 GSH 的消耗。ROS 可以进一步损害复合体 I，并导致线粒体功能的进一步损害。反过来，线粒体功能障碍会导致 NMDA 受体的激活和线粒体对钙的过度摄取。这会导致或加剧线粒体自由基的产生。

线粒体 DNA 的突变也被发现与帕金森病有关。此外,还有一些帕金森病致病相关基因也与线粒体功能相关,包括:α－突触核蛋白、PARKIN、泛素羧基末端水解酶 L1(ubiquitin carboxyl-terminal esterase－L1, UCH－L1)、DJ－1、磷酸酶和张力蛋白同源蛋白(phosphatase and tensin homolog deleted on chromosome ten, PTEN)、LRRK2、核受体 NURR1、HTR A2 等[59]。

(2) NADPH 与帕金森病线粒体功能:线粒体 NADPH 是维持氧化还原动态平衡和还原生物合成的电子载体,在保护细胞免受氧化应激和细胞死亡中起着重要作用,$NADP^+$/NADPH 是对抗衰老诱导的细胞氧化的最重要的氧化还原对[40]。氧化还原功能异常几乎涉及所有与衰老有关的疾病,包括糖尿病、心脏病和神经退行性疾病。在帕金森病患者中,NADPH 减少的主要原因归结于其前体 NAD^+ 的减少,NAD^+ 在 NADK 的活性下合成 $NADP^+$,再在 G6PD 等的作用下生成 NADPH 是目前已知的 NADPH 生物体内合成的主要路径。研究结果显示,NAD^+ 水平会随着机体的衰老而降低,部分 NAD^+ 消耗酶随着衰老活性增强,在帕金森病患者和多种模型中都能检测到 NAD^+ 的降低。其次,线粒体 ETC 功能障碍和神经炎症也会引起氧化应激,导致的 $NADP^+$/NADPH 比值随年龄增长而升高[40]。GSH 可单独或与细胞内的酶协同作用以减少超氧自由基、羟基自由基和过氧亚硝酸盐来防止氧化应激引起的损伤[21]。GSH 对于保护黑质致密部的多巴胺能神经元免受自由基损伤也是至关重要的。

帕金森病的线粒体质量控制失调及氧自由基增加,而氧自由基的增加又可能会减少星形胶质细胞 NADPH 依赖的脂肪酸的合成,进一步降低中性脂类的水平,降低 NADPH 依赖的神经递质的合成。例如,二氢生物蝶呤(biopterin, BH_2)在二氢生物蝶呤还原酶催化下以 NADPH 为供氢体还原再生成为四氢生物蝶呤(tetrahydrobiopterin, BH_4)。由于 NADPH 水平的降低,有活性的辅酶 BH_4 水平降低。而 BH_4 是酪氨酸羟化酶的辅酶,酪氨酸在酪氨酸羟化酶的作用下生成多巴,再在多巴脱羧酶的作用下生成多巴胺。因此,BH_4 的减少,直接抑制了多巴的合成,进而影响多巴胺的合成。此外,还会影响神经递质 5－羟色胺、褪黑激素的合成[19]。

39.2.3　NADPH 与帕金森病神经炎症

(1) 帕金森病神经炎症:神经炎症也可能是导致神经元变性的机制,包括星形胶质细胞增生、小胶质细胞激活和淋巴细胞浸润。健康个体的脑内,星形胶质分布不均匀,黑质致密部的星形胶质细胞密度低,星形胶质细胞通过为线粒体呼吸提供乳酸代谢支持神经元,星形胶质细胞还参与组织修复,并分泌神经元存活和突触功能所需的营养因子。而帕金森病患者尸检结果显示其黑质中星形胶质细胞的密度增加了 30%,不仅在神经元中,也能在星形胶质细胞中检测到 α－突触核蛋白阳性包涵体。有证据表明,α－突触核蛋白从神经元传递到星形胶质细胞,细胞外 α－突触核蛋白的添加能导致促炎细胞因子(IL－6、TNF－α)的加速产生,并加剧了 ROS 的产生[60]。

小胶质细胞是中枢神经系统的巨噬细胞,能分泌神经营养因子,清除有毒物质,并参与神经元修复、重塑和突触修剪。但神经元损伤或星形胶质细胞分泌的促炎介质（CCL2）、α-突触核蛋白错误折叠或聚集，以及 TLR 传递的信号都会刺激小胶质细胞 M1 促炎表型，释放细胞毒性炎症化合物如促炎细胞因子，包括 TNF-α、IL-1β、IFN-γ 等，会导致多巴胺能神经细胞损伤死亡。在帕金森病患者的血清和脑脊液中检测到细胞因子水平增加，包括 IL-1β、IL-2、IL-6、IFN-γ 和 TNF-α[61]。在纹状体及黑质中也检测到 IL-1β、IL-6 和 TNF-α 水平的升高[62]。有趣的是，当与来自 M1 型小胶质细胞的条件培养基共同孵育时，多巴胺能神经元出现细胞死亡，而来自 M1 型和 M2 型小胶质细胞的培养基的混合物能部分逆转这种神经细胞毒性[63]。此外，研究表明，通过 LPS 刺激小胶质细胞可增强中脑切片的外泌体释放，并且小胶质细胞衍生的外泌体将 α-突触核蛋白转移至神经元并增加神经元凋亡[64]。因此，表明在帕金森病发展中，神经炎症是引起神经元细胞毒的重要影响因素。

有研究表明，P2X7R 与帕金森病密切相关。在帕金森疾病中，α-突触核蛋白聚集致使多巴胺能神经元死亡，流到胞外的 ATP 又会促进其他细胞膜上 P2X7R 激活。同时，α-突触核蛋白不仅与 P2X7R 结合激活 PHOX（小胶细胞的 NOX），而且还促进 P2X7R 的转录，表明 P2X7R 是参与 α-突触核蛋白介导的小胶质激活的关键成分。在细胞外 α-突触核蛋白能够通过 PI3K/Akt 途径促进 PHOX 激活和 ROS 生成，已有证据表明，通过 PI3K/Akt 通路的信号通路在暴露于 α-突触核蛋白后的小胶质细胞激活中至关重要。抑制 Akt 磷酸化减少 α-突触核蛋白介导的 p47phox 易位，P2X7R 的下调抑制了 Akt 的磷酸化和 PI3K 激活的主要产物 PIP3 的产生。并且 P2X7R 的敲除阻止了 p47phox 易位，P2X7R 择性拮抗剂亮蓝 G（brilliant blue G，BBG）部分阻断了 α-突触核蛋白和 P2X7R 之间的相互作用的发现进一步强化了这一概念。还有证据表明，α-突触核蛋白介导的 PHOX 激活不太可能需要 α-突触核蛋白的内化，因为 α-突触核蛋白位于主要的细胞质膜位置。此外，α-突触核蛋白暴露产生的 ROS 也随着 P2X7R 敲低而减弱。因此，P2X7R 可能是帕金森病或相关疾病中抑制小胶质激活作用的治疗靶点。α-突触核蛋白和 P2X7R 均与 IL-1β 和趋化因子的增加相关，意味着引起帕金森病中神经炎症的出现。

（2）NADPH 与帕金森病神经炎症：在帕金森病中，线粒体功能障碍、胶质细胞激活和 NOX 异常表达均会引起 ROS 过量生成，过量产生的 ROS 可激活 p38MAPK，从而激活 NF-κB 而促进神经炎症，此外过量的 ROS 也是触发炎症小体的重要机制。NLRP3 炎症小体激活导致炎症细胞因子 IL-1β 释放。而 NADPH 是大脑中抗氧化剂 GSH 的主要来源，为生成 GSH 提供电子，清除过量 ROS，从而抑制 p38MAPK 和炎症小体的激活。在 MPTP 诱导的帕金森病小鼠模型中，小胶质细胞和星形胶质细胞的激活异常增加，并有助于级联依赖性神经元变性。而腹腔注射外源性 NADPH（10 mg/kg）可明显抑制星胶细胞和小胶细胞的增殖。此外，NADPH 还可通过抑制 p38MAPK 通路的激活来减轻小胶质细胞所介导的神经炎症反应。在应激条件下，MPTP 诱导 IKK 磷酸化，导致 IκB 磷酸化，而 IκBα 水平减少，进而导致 IκB 与 NF-κB 解离，NF-κB 发生核转位促进各种炎症因子的转录。而注射 NADPH 明显抑制了 p-IKKα 的生成和 IκBα 减少，还可进一步地抑制

NF－κB 的核转位的发生,从而减少 TNF－α、IL－1β 和 COX－2 的表达[33]。

39.2.4　NOX 抑制剂治疗帕金森病的研究

NOX2 抑制剂临床前研究:病理检测发现在帕金森病患者及帕金森病模型小鼠的黑质中,都可见 NOX2 的上调,并且在临床前研究也发现 NOX2 的激活也在小胶细胞介导的多巴胺能神经变性中起着至关重要的作用。米诺环素可通过抑制小胶细胞的过度活化,抑制小鼠脑内 NOX2 转移至细胞膜上,减少 MPTP 诱导的多巴胺能神经变性。有一些结构与功能不同的化合物,都有抗炎和抑制 NOX2 活性的共同的特点,对帕金森病动物模型表现出了神经保护作用。如广泛用于祛痰药的右美沙芬能明显减弱 MPTP 诱导的 ROS 的产生及黑质多巴胺神经元的死亡。米诺环素也能抑制小胶的激活,抑制 NOX2 活性,从而发挥 MPTP 诱导的神经毒性的保护作用[65]。Compound A 通过抑制 NF－κB 及小胶细胞 NOX2,抑制了 LPS 诱导的神经炎症介导的多巴胺神经元的死亡。硫化氢(hydrogen sulfide)能特异性抑制 NOX 活性,给予 NaHS 提供 H_2S 后,能阻止 6－OHDA 和鱼藤酮诱导的 NOX 活性、抑制神经炎症,从而抑制多巴胺能神经退变。

39.2.5　NADPH 治疗帕金森病的临床试验

NADPH 在生理过程中扮演重要角色,它是 GR 的辅酶,通过产生 GSH 以清除 ROS,降低氧化应激反应;在细胞核内促进氧化还原信号转导而充当基因表达的核调控剂;NADPH 是 PPP 的代谢产物,参与能量和氧化还原代谢,为细胞内抗氧化系统提供氧化还原能力,还可有效降低 MPP^+ 诱导的小胶质细胞株 BV－2 细胞中 ROS 水平。NADPH 在体内外可通过抑制 NF－κB、p38MAPK、NLRP3 通路的激活来减轻小胶质细胞所介导的神经炎症反应,降低氧化应激。此外,NADPH 还可以减少 MPTP 造成的黑质致密部神经元和纹状体的富含酪氨酸羟化酶的多巴胺神经元的丢失,从而也改善了帕金森病小鼠的运动障碍[33]。2005 年,有份临床试验报告显示,8 位患者使用 NADPH,其中 5 位患者的行为能力评分提高了 35%～55%,另 3 位有 20%～25% 的提高。所有患者尿中的高香草酸(homovanillic acid, HVA)水平都提高了,提示内源性左旋多巴的水平增加了。

总结与展望

氧化还原功能异常是包括阿尔茨海默病、帕金森病在内的多种衰老相关疾病的共有特征,大量 ROS 的产生和积累,使机体对 NADPH 的需求增加,然而在这些衰老相关疾病中,NADPH 的前体 NAD^+ 被发现低于正常人水平,并且 NADPH 产生酶 G6PD 也被证实表达降低。因此设法提高 NADPH 水平来应对中枢氧化应激具有深远的药理意义,有望成为治疗神经退行性疾病和延长寿命的一种方法。但是,过多的 NADPH 也可能会促进 NOX 诱导的 ROS 产生,反而加深了衰老和神经退行性疾病程度。例如,利用阿尔茨海默病和帕金森病患者尸检脑组织测定大脑皮层及纹状体的 NADPH

和 G6PD 的水平发现，阿尔茨海默病患者和中晚期帕金森病患者的大脑皮层中 NADPH 和 G6PD 水平增加[66]。该结果一方面可能与 ROS 产生增加相关，另一方面也可能和样品采集时间有关。然而，目前关于 NADPH 在阿尔茨海默病和帕金森病模型中的临床前研究还相对欠缺，在探究 NADPH 的药理毒理研究及外源性补充 NADPH 调节体内 NADPH 水平对机体的影响还有很长的路要走。NADPH 单用或与其他药物联合应用在治疗退行性疾病中有着潜在的前景。

苏州大学(杨大创、林芳)

第四十章

辅酶 II 与缺血性脑卒中

40.1 概述

脑卒中是脑血管病的主要临床类型,是一种突发性脑组织血液循环障碍性疾病。脑卒中为全球三大致死性疾病之一,其高发病率、高病残率和高病死率给患者、家庭和社会带来沉重负担和痛苦。临床以缺血性脑卒中相对常见,表现为局部脑组织缺氧、缺血和神经坏死的临床病理过程,其发病率占脑卒中的 60%~80%[1]。

缺血性脑卒中的发病原因主要有两方面,即动脉狭窄性闭塞和动脉栓塞。动脉狭窄性闭塞主要指动脉本身病变导致的管腔狭窄或闭塞,包括动脉粥样硬化和动脉硬化、感染性或免疫性动脉炎、动脉发育不良等,临床以动脉粥样硬化多见。动脉粥样硬化主要发生在管径>400 μmol/L 的大动脉和中动脉,病理改变为动脉内膜粥样硬化斑块形成、继发血栓,导致动脉狭窄、闭塞,进而引起病变血管供血区缺血。而动脉栓塞是指进入动脉的栓子随血流堵塞远端管径相对较小的动脉,使其供血区脑组织发生缺血性改变。这些栓子来源于动脉粥样硬化斑块的破裂或血栓脱落、羊水、空气和脂肪等。栓子大小不同,栓塞范围亦有所不同。小栓子如斑块的胆固醇结晶碎屑、血栓碎片或钙化碎片等可栓塞细小动脉,使其供血区脑组织出现小楔形梗死灶;中等大小栓子易引起颅内中等管径动脉栓塞,使其供血区脑组织发生缺血性改变,导致偏瘫、失语等相应的局部神经功能缺损症状与体征;大栓子栓塞则出现大面积梗死灶,引起恶性临床过程,直接危及患者生命。

40.2 缺血性脑卒中的损伤机制

脑组织占体重约 2%,但消耗人体 20% 的氧,所以脑组织对缺血缺氧非常敏感。缺血性脑卒中是由各种原因所致的局部脑组织区域血液供应障碍,导致脑组织缺血缺氧性病变坏死。而这种病情的变化,通常都伴随着缺血、缺氧的时间延长而加重,由于脑组织供血不足,首先会发生组织功能的可逆性丧失,如果时间足够长,则会出现神经元和支持结构的破坏,最终在临床上以突然昏倒、口眼㖞斜、半身不遂、语言不利等较为严重临床症群出现。从这一系列反应可以看出,脑缺血导致的神经细胞的死亡及血流量的减少会引发一系列并发症,而脑血流量下降的幅度和持续时间决定了脑组织中细胞的能量代谢,这种串联反应说明了缺血性脑卒中的作用机制非常复杂,包括像细胞内能量代谢障碍机制和氧化去极化反应机制、细胞氧化应激机制及炎症介质反应机制和神经细胞凋亡衰老机制等。这些机制的出发点不同,但是会相互重叠相互影响,进而加重脑组织的缺血缺氧引发的并发症,最终导致大脑产生不可逆损伤。

40.3　脑卒中临床用药

理论上,缺血性脑卒中的最佳治疗方法是恢复缺血区域的血液灌注。然而,许多研究数据表明,血流的快速恢复可能会增加组织氧合水平,重新获得的 O_2 催化细胞内酶产生大量 ROS,这会加剧神经细胞氧化损伤,甚至导致神经细胞坏死和凋亡。目前脑卒中的临床治疗主要有溶栓和神经保护药物治疗。溶栓治疗是可以逆转缺血性脑卒中的病理生理过程,是阻止脑细胞坏死最有效的治疗方法。但该方法对脑卒中患者的"时间窗"(即起病到开始实施溶栓治疗的时间)要求非常严格。缺血性脑卒中患者在入院时往往会超过最佳溶栓期,t－PA 治疗时间窗相对较窄,仅在缺血再灌注早期有效。药物治疗包括抗凝剂和自由基清除剂。其中,抗血小板聚集的药物,如阿司匹林和氯吡格雷,在缓解血液高凝状态的同时,很容易导致出血,这些药物仅作为辅助治疗在临床上使用。依达拉奉、丁苯酞是一种自由基清除剂和抗炎药物,可以减少脑卒中患者的梗死体积,促进神经功能的恢复。综上所述,当前缺血性脑卒中治疗的难点主要有溶栓治疗时间窗相对较窄、抗凝剂使用时容易导致出血及没有足够的证据表明依达拉奉可以降低缺血性脑卒中住院患者的死亡率或改善其功能恢复[2]。

40.4　NADPH 治疗实验性缺血性脑卒中的药效

NADPH 在很多生物体内的化学反应中起递氢体的作用,是体内还原动力的来源。NADPH 是一种参与自由基代谢、能量代谢和线粒体功能的辅酶,可为抗氧化系统提供氧化还原能力。目前的研究表明,使用 NADPH 可以显著减少小鼠和大鼠脑卒中模型的梗死体积,提高脑卒中后存活率,并恢复神经功能。采用单次或多次静脉注射(小鼠和大鼠)或腹腔注射(猴子)的方法,在脑卒中发作前、发作时或发作后给予 NADPH 均获得良好的神经保护作用。使用小鼠脑缺血再灌注模型来确定外源性 NADPH 对脑缺血损伤的剂量反应。小鼠静脉注射 NADPH　2.5 mg/kg、5 mg/kg 和 7.5 mg/kg,并在缺血再灌注损伤 24 h 评估梗死体积和神经功能缺损。数据显示,NADPH 剂量依赖性地减少脑梗死面积,7.5 mg/kg 有更强大的神经保护作用。在观察 NADPH 的治疗时间窗中采用单剂量 NADPH 在缺血再灌时间内给药。结果表明,在再灌注后 5 h 内静脉注射 NADPH 都是有效的。此外,单剂量或多剂量 NADPH 在减少梗死体积、行为缺陷和含水量方面产生了类似的效果。在运动和认知功能的恢复方面,两个剂量组之间没有观察到显著差异,但多剂量 NADPH 缺血再灌注后 28 天的长期存活率有增加。为了进一步证实这种保护作用,使用永久性局灶性中动脉阻断脑缺血(permanent middle cerebral artery occlusion, pMCAO)模型(一种不发生全血再灌注的程序)评估了 NADPH 对小鼠和大鼠的疗效。pMCAO 后 1 h 使用 NADPH 也可使梗死体积减小,行为评分和脑含水量降低。NADPH 的使用显著增加了缺血皮质中的存活神经元,显著缓解 pMCAO 诱导的神经功能缺损。

小鼠每天 2 次静脉注射 7.5 mg/kg NADPH,持续 7 天。对小鼠进行缺血再灌注损伤,并在缺血损伤后 24 h 时评估神经功能缺损。结果表明,外源性 NADPH 的预防性治疗对缺血性脑卒中的预后有有益影响。此外,还研究脑卒中后(24 h)持续应用 NADPH 对神经功能恢复是否有益处。结果显示,NADPH 显著提高了长期存活率、运动和认知功能的恢复。说明 NADPH 在脑卒中后期开始治疗也能产生一定的效果。[3]

综上所述,在 2 种啮齿类动物脑卒中模型中,系统性给予外源性 NADPH 可显著保护神经元免受缺血再灌注诱导的损伤。它不仅大大减少了脑卒中损伤后的梗死体积,还显著降低了长期死亡率,改善了神经功能恢复。NADPH 对小鼠的神经保护作用范围非常显著,NADPH 的治疗窗口明显大于 t-PA。NADPH 还可用于预防性治疗,减少缺血性损伤和脑卒中后治疗,以提高动物的生存率和恢复啮齿动物模型的神经功能。NADPH 治疗脑卒中的疗效在猴子自体血栓栓塞模型中获得重现。灵长类血栓栓塞脑卒中模型代表了人类缺血性脑卒中的最佳模型。在这个模型中,通过向中脑动脉直接注射血栓来阻断局部血流,导致大脑中动脉 M3 段供血区域的脑梗死。初步的研究表明,NADPH 是有效的,可以减少梗死体积和神经功能缺损。然而,在这项研究中使用的猴子数量有限(12 只),NADPH 在灵长类动物中的疗效有待进一步证实。

另外,有效治疗脑卒中的治疗剂必须通过血脑屏障进入脑实质,研究表明,静脉注射 NADPH 后脑内 NADPH 水平升高,是治疗中枢神经系统疾病的主要障碍之一。研究进一步证明,在培养基中添加 NADPH 可显著提高细胞内 NADPH。此外,给予外源性 NADPH 可提高 GSH 和 ATP 的含量,NADPH 能有效地穿透血脑屏障和细胞膜,产生生物功能。NADPH 的一个功能是产生 GSH。这一特性使外源 NADPH 能够阻断缺血再灌注期间细胞内 ROS 水平的升高。此外,在 O_2 充足的情况下,线粒体可利用过量的 NADPH 产生 ATP。缺血损伤后 ATP 水平的快速恢复肯定有利于神经元的抢救,避免不可逆损伤。

在以上研究中,NADPH 在小鼠、大鼠和猴子体内的剂量选择并未根据不同物种的药代动力学特性进行仔细转换。啮齿动物和猴子缺血的造模与给药方法也不同。这些缺陷可能会影响研究的可靠性。NADPH 对 2 种啮齿类动物脑卒中模型具有良好的短期和长期治疗效果。NADPH 可能具有临床优势，因为它具有相对较大的治疗窗口、较低的急性毒性和无脑出血风险。初步研究表明，NADPH 对出血转化和脑卒中模型也有有利的影响。NADPH 可能可以延长 t-PA 的治疗窗口，防止溶栓后再灌注相关的继发性损伤。因此，NADPH 可能是治疗脑缺血的一种有希望的候选药物。

40.5　NADPH 治疗缺血性脑卒中的机制

40.5.1　维护线粒体功能，提高神经元耐缺氧能力

缺血性脑卒中的发病机制中氧化应激反应和神经炎性最为重要。脑缺血会耗尽脑组织 NAD^+，当 NAD^+ 降解时，线粒体就不能合成 ATP，且线粒体功能也会被抑制，线粒体抗氧化系统受损是导致线粒体 ROS 大量生成的主要机制[4]。在线粒体内，在线粒体内膜中，利用氧气和单糖，通过一种称为氧化磷酸化的机制获得 ATP 形式的能量。这个细胞过程涉及五个大的蛋白质复合体，即：复合体 I［NADH 脱氢酶（泛醌）］、复合体 II（琥珀酸脱氢酶）、复合体 III（泛醌细胞色素 c 还原酶）、复合体 IV（细胞色素 c 氧化酶）和复合体 V（ATP 合酶）及 2 个穿梭子（辅酶 Q 和细胞色素 c）。复合体 I 中的 NADH 和复合体 II 中的 FADH2 提供的电子通过辅酶 Q 传递给泛醌，然后传递给泛半醌。泛醌向复合体 III 提供电子，而复合体 III 又将电子转移到细胞色素 c。电子从细胞色素转移到络合物 IV，在此过程中，分子氧被还原为 H_2O。电子通过 ETC 的转移导致复合体 I、复合体 III、复合体 IV 处的质子泵送穿过线粒体内膜，导致线粒体基质中的负电荷增加，膜间的正电荷上调，从而导致随后产生的电化学梯度。当质子通过复合体 V 重新进入线粒体基质时，这种质子动力允许复合体 V-ATP 合酶从 ADP 和无机磷酸盐生成 ATP。不幸的是，线粒体活性氧（mtROS）的产生主要发生在这个过程中。0.2%～2.0% 的氧气由线粒体消耗，在 ETC 期间生成超氧化物。随后，O_2^- 它被 SOD 迅速转化为 H_2O_2。总体而言，两者都是 O_2^- 在此过程中产生的 H_2O_2 被视为 mtROS。O_2^- 很难通过线粒体外膜，因此无法参与细胞信号传递。相反，O_2^- 可与 NO 发生自由基反应形成过氧亚硝酸盐（$ONOO^-$），它负责诱导 DNA 损伤，破坏线粒体完整性和蛋白质的不可逆修饰，而 H_2O_2 通过 GPX 使用 GSH 还原为 H_2O[5]。在缺血状态下，能量代谢会受到损害。在目前的研究中，在 t-MCAO/R 后给药 NADPH（7.5 mg/kg）、NADH（22.5 mg/kg）、依达达拉奉（3 mg/kg），并在再灌注后 3 h 检测皮质组织中的 ATP 水平。发现在所有治疗组中，缺血性脑卒中引起的 ATP 水平下降都得到了显著逆转。NADPH（10 μmol/L）、NADH（20 μmol/L）和依达拉奉（100 μmol/L）可显著抑制 OGD/R 诱导的 MMP 减少。线粒体荧光探针（Mito Tracker）红色 CMXROS（chlorome thyl-x-rasamine）荧光研究显示，线粒体的红色荧光在复氧 3 h 后减弱，表明 MMP 水平降低。而 NADPH 治疗组对 MMP 的保护作用最为显著。Ca^{2+} 在维持细胞膜电位和神经传导方面起着重要作用。而 NADPH 可以抑制氧糖剥夺再复灌（oxygen glucose deprivation/reperfusion，OGD/R）诱导的 Ca^{2+} 内流。线粒体是决定细胞存活和死亡的重要细胞器，任

何线粒体功能紊乱都会对细胞存活产生不利影响。作为抗氧化剂辅酶,线粒体中的NADPH 对于维持线粒体的还原能力至关重要,但是 NADPH 通常作为生物合成的还原剂,并不能直接进入呼吸链接受氧化,只是在吡啶核苷酸转氢酶的作用下,NADPH 上的 H 被转移到 NAD$^+$上[6],然后以 NADH 的形式进入呼吸链以产生 ATP[5]。

此外,正如前文所述,过高水平的 ROS 会导致急性脑损伤或神经退行性疾病中细胞死亡。在正常生理条件下,线粒体产生 ROS 的量取决于 ROS 的生成速率和清除速率。缺血性脑卒中后,细胞内源性 ROS 主要来源于 NOX 和线粒体氧化呼吸链。在大脑中,无论是在生理和病理条件下,尤其是在脑卒中中,NOX 都被确定为 ROS 的重要生成者,缺血后观察到脑卒中导致的 NOX 表达、活性和 ROS 介导的损伤升高[7]。缺血本身使大脑特别容易受到 ROS 损伤,血液流动停止后,受影响脑区的线粒体会发生损伤,无法对再灌注产生的氧气流入时产生的过量 ROS 进行解毒。在再灌注期间,过量葡萄糖的同时流入逐渐分流到单磷酸己糖途径,由此葡萄糖-6-磷酸被用于产生增加的 NADPH,过量 NADPH 会作为底物存在,然后 NOX 活化增加会产生大量致病性 ROS,这些 ROS 通过脂质过氧化,通过破坏膜的完整性和加速细胞器的损伤直接损害细胞。研究发现,在小鼠缺血再灌注后,*NOX* 基因缺失可显著减少血脑屏障的破坏和梗死面积。同样,在缺血和再灌注后,*NOX* 基因敲除小鼠表现出梗死面积减小和梗死后炎症减少,这意味着 NOX 参与了脑卒中的炎症和梗死进展,在血栓栓塞性脑卒中模型中已经证明,其他已知的神经保护方式可能通过抑制 NOX 发挥作用:在通过重组 t-PA 再灌注后,将常压氧与低温或乙醇结合,通过调节 NOX 激活而获得神经保护。

另外,NADPH 是 GR 的辅酶,参与生成 GSH 以清除 ROS,来保护线粒体,并减少神经炎症。GSH 主要生理作用是能够清除人体内的自由基,作为体内的一种重要的抗氧化剂,保护许多蛋白质和酶等分子中的巯基。GSH 的结构中含有一个活泼的巯基(—SH),易被氧化脱氢,这一特异结构使其成为体内主要的自由基清除剂。ROS 的过度产生会导致 GSH 耗竭和大分子的氧化损伤,导致神经元细胞死亡。NADPH 参与 GSH 抗氧化系统,用于从 GSSG 中恢复 GSH 水平[8],因此,它能够降低 ROS 水平。此外,NOX 抑制剂,如脱细胞素和二苯基碘铵,通过抑制 NOX 介导的 ROS 产生,来保护线粒体。另外,TrxR 是一种 NADPH 依赖的包含 FAD 结构域的二聚体硒酶,属于吡啶核苷酸-二硫化物氧化还原酶家族成员,它与 Trx、NADPH 共同构成了 Trx 系统。Trx 系统在氧化应激、细胞增殖、细胞凋亡等过程中发挥着重要的作用。TrxR 使氧化型 Trx 的胱氨酸残基还原,变成一对半胱氨酸残基,后者进一步成为核糖核苷酸还原的电子供体。它存在于大肠杆菌、酵母、肝脏及肿瘤细胞中。大多数真核生物中,主要有两套独立的抗氧化系统,一套是 Trx 系统,一套是 GSH 系统。Trx 系统包括 NADPH、TrxR 和 Trx;GSH 系统包括 NADPH、GR 和 GRX。在这两个系统中,GR 和 TrxR 分别催化电子从 NADPH 传递到 GSSG 和 Trx,使其转为还原型,从而参加后续多种保持氧化还原平衡的反应,是保护细胞免受 ROS 损害的重要解毒机制。哺乳动物 TrxR 是一种硒蛋白家族,在其 C 末端氧化还原中心具有独特但必需的硒代半胱氨酸(Sec)残基。TrxR 主要通过从 NADPH 提供电子以维持内源性底物 Trx 处于还原状态,调节参与抗氧化防御、蛋白质修复和转录调节的各种基于氧化还原的信号转导途径。

40.5.2　抑制神经炎症

神经炎症的主要特征是神经胶质细胞被激活进入促炎状态,以及中枢神经系统中大量的促炎介质(如 ROS、趋化因子和细胞因子),可能在脑缺血过程中起到损伤或保护作用[9]。氧化应激和神经炎症不是独立的过程,它们相互作用加剧了微环境中的氧化和促炎症反应,加剧了神经元死亡。神经炎症可能是慢性氧化应激的原因和后果。神经炎症会导致脑卒中发作后的脑损伤或修复。星形胶质细胞和小胶质细胞在缺血性损伤的炎症反应中起着重要的调节作用。在缺血状态下,星形胶质细胞可以被激活,并产生促炎介质和促炎细胞因子,包括 TNF-α、IL-1β 和 ROS[10]。在某些情况下,受调节的星形胶质细胞反应可能有助于修复神经损伤。然而,失调的星形胶质细胞反应或高水平的促炎细胞因子可通过增加毒性 NO 水平和直接诱导神经细胞凋亡而对缺血恢复不利[11]。之前的研究表明,星形胶质细胞 NF-κB 信号的失活(导致细胞因子产生减少)会保护神经元免受缺血性损伤。通过过度表达保护蛋白或抗氧化酶提高星形胶质细胞对缺血应激的抵抗力,改善了前脑缺血后的神经元存活率,这表明星形胶质细胞在缺血性脑损伤中起着重要作用[11]。

小胶质细胞是中枢神经系统的重要免疫细胞。尽管小胶质细胞和巨噬细胞群体具有一定的遗传异质性,但它们都起源于卵黄囊的原始髓质祖细胞。在脑缺血和缺氧后,受损的脑细胞释放出损伤相关分子模式(damage-associated molecular pattern, DAMP),这些 DAMP 被 TLR4 和小胶质细胞表面的其他模式识别受体识别。一方面,小胶质细胞可以在神经系统损伤后提供神经保护因子,清除细胞碎片,调节神经修复过程。另一方面,小胶质细胞产生高水平的促炎细胞因子和细胞毒性介质,阻碍中枢神经系统的修复,并导致神经元残疾和细胞死亡。这些双重特征可能与其表型和损伤后的功能反应有关。小胶质细胞分为促炎性 M1 表型和免疫抑制性 M2 表型。前者被指定为活化的小胶质细胞,可被 IFN-γ 和 LPS 刺激,产生多种促炎细胞因子(如 IL-1β、IL-6 和 TNF-α)、ROS、NO 和 MMP9。这些因素会降低神经元存活率,加重神经元损伤。M2 表型也称为抗炎表型,主要在缺血早期表达,这些细胞可产生多种抗炎细胞因子,如 IL-10、TGF-β、IL-4、IL-13 和 IGF-1,并被认为具有抑制炎症和促进组织修复的保护功能。星形胶质细胞作为脑卒中后神经炎症反应的重要原位细胞,在脑卒中后 1~2 周内对损伤区域的各种炎症因子产生反应,表现为细胞肥大、增殖,以及丝状蛋白的中间表达增加,包括胶质纤维酸性蛋白(GFAP)、波形蛋白和巢蛋白。2 周后,星形胶质细胞在缺血坏死区域周围形成瘢痕。在缺血早期,瘢痕形成一个紧密的屏障,防止炎症的扩散和恶化,而成熟瘢痕中的硫酸软骨素蛋白多糖可以抑制轴突生长,并在恢复期影响神经再生。接受脑缺血刺激信号后,循环白细胞迅速大量激活。然后,这些细胞通过血脑屏障渗入受损的脑组织,并黏附在表达黏附分子的内皮细胞上,从而损害局部微血管血流,导致促炎因子的进一步释放,从而放大炎症反应并加重脑损伤[12]。脑卒中后 DAMP 在几分钟内触发胶质细胞激活,激活多种炎症信号通路,导致炎症介质的分泌,并进一步诱导循环白细胞通过内皮细胞屏障渗透到受损脑组织,释放额外的炎症介质,加重缺血后的继发性损伤[12]。NADPH 可以通过抑制氧化应激和调节多种信号来抑制神经炎症。外源性 NADPH 主要通过以下作用抑制神经炎症。① NADPH 通过与 P2X7R 的相互作用,抑制小胶细胞和炎症小体激活;② 外源性 NADPH 可抑制 ROS 的产生,从而阻止 NLRP3 转录激活,进而抑制 IL-1β 和 IL-18 的产生;③ 脑缺血再灌注诱导 IκBα 被 IKK 磷酸化,但增加 NF-κB 及其磷酸化。然后,NF-κB 诱导 NLRP3 激活,导致神经炎症,外源性 NADPH 可显著增加缺血再灌注期间总 IκBα 水平,抑制 NF-κB 及其磷酸化,并阻止 NLRP3 激活,由于 NADPH 的主要功能是清除 ROS,NADPH 可直接抑制 NF-κB 的激活或通过清除 ROS 间接抑制 NF-κB 介导的神经炎症;④ P38 MAPK 通过激活 NF-κB 加重神经炎症,而 NADPH 抑制 P38 信号通路以减少神经炎症[13]。

40.5.3 抑制自噬过度激活

自噬作为一种重要的细胞内降解途径,通过去除受损或功能失调的蛋白质和细胞器参与多种神经退行性疾病。大量研究表明,自噬在各种脑缺血模型中起着复杂的作用,包括局灶性缺血、全脑缺血和缺氧缺血。在一些报道的研究中,脑卒中的自噬过度激活导致自噬或其他类型的细胞死亡。其他一些研究人员也表明,自噬抑制剂 3-甲基腺嘌呤(3-methyladenine,3-MA)对自噬的抑制加重了缺血性脑损伤。之前的研究发现,在永久性局灶性脑缺血中抑制自噬可能会减少缺血性脑损伤。然而,在短暂的局灶性缺血预处理后,在永久性脑缺血后诱导自噬产生了神经保护作用。然而,据报道,3-MA 预处理未能减少脑缺血中的神经元细胞死亡。有人提出,适度自噬具有神经保护作用,而过度自噬可能导致中枢神经系统神经元细胞死亡。因此,自噬激活是否是缺血性脑内促生存或促死亡机制仍有待进一步研究。TIGAR 作为果糖-2,6-双磷酸酶发挥作用,抑制糖酵解,因为它降低果糖-2,6-双磷酸的水平,然后促进 PPP 的流量。研究发现,TIGAR 可降低细胞内反应蛋白的水平。通过 PPP 增加 NADPH 的生成而减少 ROS 生成,减少缺血性脑损伤[14]。

先前的研究表明,TIGAR 在啮齿类动物缺血性脑卒中模型中具有神经保护作用,缺血诱导的自噬激活受到 TIGAR 的限制。TIGAR 转基因小鼠(tg-TIGAR)显著抑制缺血损伤再灌注后缺血皮质中 NADPH 水平的降低,NADPH 给药增强了这种效果。虽然 *TIGAR* 敲除小鼠加速了缺血皮质中 NADPH 水平的降低,但在缺血损伤再灌注后用 NADPH 治疗可阻断这种作用。NADPH 治疗不仅可以阻断缺血损伤再灌注诱导的 *TIGAR* 敲除小鼠 Beclin-1 和 LC3 Ⅱ 水平的升高及 p62 蛋白水平的降低,还可以缓解 *TIGAR* 基因敲除诱导的梗死体积和神经功能缺损评分的增加。同时,TIGAR 调节 ROS 水平的能力对自噬也有重要影响,TIGAR 缺乏显著增加自噬活性。所以 NADPH 有抑制自噬过度激活的作用[15]。

40.5.4　保护血脑屏障

血脑屏障是中枢神经系统和循环系统间的物理及生化屏障,对维持中枢神经系统稳态和正常神经元功能至关重要。血脑屏障损伤是缺血性脑卒中(ischemic stroke,IS)发病机制中重要的病理过程,是引起出血转化、脑卒中不良后果和限制 t-PA 溶栓治疗的重要因素[16]。血脑屏障位于血液与脑、脊髓的神经细胞之间,主要由内皮细胞及其 TJ 蛋白、星形胶质细胞、周细胞、神经元和基膜等构成,可有效、严格地调控中枢神经系统和外周血液中的物质交换,维持离子平衡、营养物质转运,阻止有害物质进入。

前期大量研究表明,免疫炎症反应与血脑屏障损害程度之间具有强烈的相关性。脑缺血发生后数小时内,局部脑组织及神经元因缺血坏死释放大量的损伤相关蛋白,免疫炎症级联反应被激活,大量炎症细胞因子和趋化因子释放,参与介导血脑屏障损伤。其中,促炎细胞因子(IL-1β、TNF-a 和 IL-6 等)是破坏血脑屏障的关键介质,均在脑缺血后表达上调,影响血脑屏障通透性。IL-1β 可诱导多种趋化因子向血脑屏障的迁移,促进白细胞向缺血脑组织的募集。缺血再灌注后,小胶质细胞释放的 TNF-α 可诱导内皮细胞的程序性坏死,加重血脑屏障完整性和功能的破坏。IL-6 可降低跨内皮细胞电阻、影响 TJ 蛋白的表达。ROCHFORT 等研究发现,IL-6 和 TNF-α 可能通过增加酪氨酸、苏氨酸磷酸化水平,下调 claudin-5 和 ZO-1 的表达。此外,有研究发现,脑卒中发生后 IL-9 水平增加,可通过促进星形胶质细胞分泌 VEGF-A,降解 TJ 蛋白,间接增加血脑屏障通透性[3]。

通过实验检测到外源性 NADPH 能进入小鼠脑组织和神经元,注射 NADPH 可显著提高小鼠血液和脑组织中的 NADPH 水平。在正常情况下,NADPH 的供应不会提高 ATP 水平。然而,小鼠脑缺血发作后 ATP 水平显著降低。在再灌注期间,静脉注射 NADPH 显著增加脑 ATP 水平,说明外源性 NADPH 在缺血和再灌注条件下能产生生物学功能。在灌流或不灌注(清除脑内血液)的小鼠脑内测定 NADPH 水平。无论是否灌流,NADPH 水平均显著升高,提示外源性 NADPH 可以通过血脑屏障渗透到脑组织,提高 GSH 和 ATP 的含量,产生生物功能,NADPH 通过抑制神经炎症来维护血脑屏障[3]。

40.5.5　抑制血小板功能

血小板是人体内第二大血细胞群,其主要功能是在血管破裂处与纤维蛋白形成血栓,从而止血。然而,血小板聚集活性过高被认为是血栓形成的一个重要风险,血栓通常与多种心脑血管疾病有关,如急性心肌梗死(血栓发生在冠状动脉循环中)和缺血性脑卒中(血栓发生在脑循环中)。这些疾病是全世界死亡和残疾的主要原因。因此,抑制血小板过度聚集是预防和治疗心脑血管疾病的重要措施之一,对人类健康至关重要。阿司匹林是一种广泛使用的抗血小板药物,常与氯吡格雷、依替巴肽或其他抗血小板药物联合使用,以寻求更好的疗效、减少不良反应。例如,当阿司匹林不能预防脑卒中时,通常使用氯吡格雷。阿司匹林是 COX 的抑制剂,通过减少 TXA_2 的合成来抑制血小板聚集,而氯吡格雷通过抑制 ADP 与其受体的结合来抑制血小板聚集。这些抗血小板药物有许多副作用，包括内出血时间延长、胃肠道刺激和抑制 PGI_2 的风险。尤其是出血风险的增加，与反复缺血的死亡风险相似[17]。

苏州大学衰老与神经疾病重点实验室报道，NADPH 对神经元的缺血再灌注损伤具有保护作用，并发现其对 ADP 或凝血酶诱导的血小板聚集有抑制作用。在体外 NADPH 剂量依赖地抑制 ADP、凝血酶诱导的血小板聚集。在体内 NADPH 抑制氯化铁诱导的血栓形成。因此，NADPH 可能通过抑制血小板聚集来预防血栓形成。在尾部出血模型中比较了小鼠对 NADPH 或阿司匹林的反应。结果表明，NADPH 对出凝血的时间几乎没有明显影响，而阿司匹林显著延长出凝血时间[18]。因此可以得出，NADPH 可抑制体内外血小板聚集，部分预防血栓形成，对尾出血时间的影响小于阿司匹林。并且 NADPH 对血小板功能的抑制作用与 p38 磷酸化和氧化应激的降低有关[17]。

40.6　NADPH 和其他药物联合应用

NADPH 治疗时间窗相对较长，并且可以抑制体内血小板聚集，延缓体内血栓形成，但不影响凝血反应。减少了脑卒中损伤后的梗死体积，还显著降低了长期死亡率，改善了神经功能恢复。

但是过量的 NADPH 是过度活跃的 NOX 的底物，生成活 ROS 来介导神经炎症。NOX 主要分布在大脑中的常驻免疫细胞中，包括小胶质细胞、星形胶质细胞及神经元。NOX 具有多种生理功能，包括宿主防御、炎症反应、蛋白质翻译后处理、信号转导和基因表达调节等。最重要的功能是生成 ROS 物种。单独使用 NADPH 或 NOX 抑制剂罗布麻宁（apocynin）对脑缺血/再灌注损伤显示出显著的神经保护作用，但联合使用 NADPH 和罗布麻宁可以协同抑制缺血性脑卒中期间的神经炎症，如前文所述，NOX 利用 NADPH 作为底物来产生 ROS，这可能部分抵消 NADPH 的抗炎作用。因此，NADPH 和 NOX 抑制剂的联合使用将产生更强大的抗神经炎症和神经保护作用[19]。

另外，目前的研究结果表明，在复氧或再灌注过程中，给予 NAD^+ 可降低氧化应激，并增加 ATP 的生成。但是 NAD^+ 对缺血性损伤的神经保护窗口相对狭窄。一方面，NADPH 非常昂贵，而且过量的外源性 NADPH 可促进 ROX 产生 ROS，其特性可能会阻碍 NADPH 的临床应用，为了克服 NAD^+ 和 NADPH 的局限性，考虑联合 NAD^+ 和 NADPH 治疗缺血性脑卒中。在动物缺血性脑卒中模型研究中，NAD^+ 只有在再灌注后 2 h 内给予时才有效。然而，在 NADPH 存在的情况下，NAD^+ 在再灌注后 5 h 内给药仍有效，NADPH 延长了 NAD^+ 的治疗窗口。另一方面，NAD^+ 可减少 NADPH 的剂量。联合用药显著降低了长期死亡率，改善了缺血性脑卒中后的功能恢复，所以 NAD^+ 和 NADPH 的联合应用可能为缺血性脑卒中提供一种新的治疗方法。

总结与展望

　　NADPH 在小鼠、大鼠和猴子的脑卒中模型中都证实有治疗作用,具有时间窗长、毒性低的优点。但是过量的外源性 NADPH 可能通过 NOX 促进 ROS 生成从而介导神经炎症,这是一个值得关注的问题[20]。我们利用实验性脑卒中模型证明了 NADPH 和 NOX 抑制剂的联合使用能产生更强大的抗神经炎症和神经保护作用,但这些结果距离临床应用仍有不小的距离。NADPH 治疗缺血性脑卒中的合理剂量及其与其他药物的联合应用仍有待于更加深入细致研究。

参考文献

苏州大学(周嘉祺、秦媛媛、罗丽)

　　神经炎症(neuroinflammation)主要是指中枢神经系统在应对感染、创伤、毒性代谢物或自身免疫情况下由各种神经胶质细胞介导的复杂先天免疫反应[1]。研究表明,神经炎症是多种神经系统疾病最常见的病理之一,包括神经退行性疾病如阿尔茨海默病(Alzheimer's disease,AD)、帕金森病(Parkinson's disease,PD)、肌萎缩侧索硬化(amyotrophic lateral sclerosis,ALS)和多发性硬化(multiple sclerosis,MS),以及各种中枢神经系统损伤[2]。近年来神经炎症作为神经免疫学的研究热点,大量研究揭示了靶向调节神经炎症对治疗神经系统疾病具有重要意义。还原型烟酰胺腺嘌呤二核苷酸磷酸(nicotinamide adenine dinucleotide phosphate,NADPH),即还原型辅酶Ⅱ,在机体的许多生物化学反应中起到供氢体的作用,是维持细胞氧化还原稳态的重要参与者[3]。已有大量证据表明,NADPH参与调控神经炎症的病理过程。然而,有趣的是,NADPH在介导神经炎症时往往表现出双面特性。一方面,NADPH作为供氢体参与细胞内各项还原反应,如GSH的生成,从而对抗ROS的氧化损伤并抵御炎症[4]。另一方面,NADPH作为NOX家族的底物,为ROS生成提供电子,是NADPH参与炎症信号转导的重要方式[5]。本章将重点阐述NADPH介导神经炎症的机制及其在神经系统疾病发病过程中的重要作用。

41.1　NADPH 的抗神经炎症作用

　　在生理条件下,ROS充当第二信使,并在细胞信号转导和体内氧化还原平衡中具有重要作用。然而,当细胞受到压力刺激时,ROS水平会急剧升高,进而造成细胞氧化应激损伤[6]。大量涉及临床患者样本和动物模型的证据发现,氧化应激水平增加是导致中枢神经系统神经炎症的主要因素。NADPH在体内可利用GR将GSSG还原为GSH[7]。类似地,Trx是部分Prx的电子供体,而氧化的Trx可被NADPH依赖性TrxR还原[8]。上述过程对细胞内ROS的清除至关重要。我们课题组前期研究发现在MPTP诱导的帕金森病模型中,NADPH通过增加GSH含量并降低小鼠腹侧中脑ROS水平发挥神经保护作用,包括抑制神经胶质细胞活化,NF-κB核易位及p38 MAPK的磷酸化。此外,NADPH有效减弱 1-甲基-4-苯基吡啶离子(1-methyl-4-phenylpyridinium，MPP$^+$)处理的 BV2 细胞条件培养基中 TNF-α 及 COX-2 等炎性蛋白的过度产生，从而保护多巴胺能神经元免受炎性攻击[9,10]。在小鼠脑缺血再灌注损伤导致的神经炎症中，使用 NADPH 明显降低 ROS 诱导的 NLRP3 炎症小体激活，其中炎症小体相关蛋白 ASC、caspase-1 及 IL-1β 表达减少，有利于脑卒中后小鼠的神经功能恢复[11]。TIGAR 是 Tp53 诱导的糖酵解和细胞凋亡调节剂，可以降低细胞中果糖 2,6-双磷酸水平，导致糖酵解抑制及 PPP 增加。研究发现，过表达 TIGAR 显著增加星形胶质细胞中 NADPH 及 GSH 水平，减少细胞 ROS 生成，有效缓解脑卒中后星形胶质细胞介导的炎症反应并提高小鼠存活率[12]。以上资料一致表明，NADPH 通过降低炎症状态下 ROS 生成，协调机体氧化还原稳态，从而起到抗神经炎症作用。

41.2 NOX 与神经炎症

NOX 首先发现于中性粒细胞和巨噬细胞，在炎症反应时这两种细胞发生"氧化爆发"产生大量 ROS 而构成机体抵抗病原体的第一道防线[13]。现有文献表明，NOX 家族由 7 个已知成员组成，即 NOX1、NOX2、NOX3、NOX4、NOX5、DUOX1 及 DUOX2[14]。NOX 和 DUOX 亚型在结构上具有相似性，每种亚型都具有血红素、FAD、NADPH 和至少 6 个保守的跨膜 α-螺旋的结合位点[15]。NOX 是一种多亚基酶，由 gp91phox、p22phox、p47phox、p67phox、p40phox 和 Rac 6 种亚基组成的复合体。gp91phox 和 p22phox 亚基位于质膜上，当与胞质中的另外几种亚基结合时才可形成有活性的 NOX 复合体。一旦组装成活性复合体，来自胞质 NADPH 的电子就会转移到细胞外侧的氧气中，产生 O$_2^-$[16]。NOX 和 DUOX 亚型广泛分布于各种组织和细胞中，其中 NOX1、NOX2 及 NOX4 3 种亚型在脑内高表达，尤其集中表达于小胶质细胞等神经胶质细胞[17]。研究表明，过度激活的 NOX 是炎症状态下氧化应激的主要来源，并被认为是治疗神经系统疾病的有效靶点[18]。

41.2.1 NOX1 与神经炎症

过去的大量研究强调 NOX1 表达在神经元中响应各种环境毒素或损伤相关分子模式(damage-associated molecular pattern，DAMP)，对神经元的存活发挥调控作用[19,20]。近期研究发现，过度激活的 NOX1 可以偶连一系列细胞内信号转导途径调节神经胶质细胞介导的炎症反应。在创伤性脑损伤(traumatic brainin jury，TBI)导致的神经炎症模型中，NOX1 通过上调 Smad2 和 Smad3 的磷酸化来激活 TGF-β1 信号通路，进而导致 IL-1β、TNF-α 等促炎因子表达水平升高及阿米巴样小胶质细胞的积累。相反，靶向抑制 NOX1 明显降低了 TGF-β1 启动的炎症级联反应[21]。另一项研究发现，组胺(histamine)处理显著增加了 N9 小胶质细胞系及原代小胶质细胞 NOX1 的表达水平，NOX1 激活依赖性蛋白酶 RAC1 的表达也同步升高，并且组胺受体 H1R 及 H4R 被激活后进一步诱导小胶质细胞吞噬作用及 ROS 产生。小鼠中 NOX 抑制剂罗布麻宁(apocynin)及 *NOX1* 敲除均有效抑制组胺诱导的吞噬作用,这提示 NOX1/Rac1 信号转导参与组胺受体介导的小胶质细胞神经炎症[22]。此外,在被 LPS 激活的小胶质细胞中,位于吞噬体膜上的 NOX1 产生 O^{2-},从而增加 iNOS 的表达及 IL-1β 分泌,并且 NOX1 还增强了过氧亚硝酸盐介导的酪氨酸硝基化,加剧小胶质细胞神经毒性[23]。MMP 是神经炎症的重要标志,研究证明,依达拉奉(edaravone)(ROS 清除剂)及 DPI(NOX 抑制剂)明显减弱 LPS 诱导的大鼠星形胶质细胞(RBA-1)NOX1/ROS 依赖性 NF-κB 激活介导的 MMP 表达[24]。

41.2.2　NOX2 与神经炎症

NOX2 首先在中性粒细胞和吞噬细胞内发现,因此常被称为吞噬细胞 NOX[25]。除了吞噬细胞 NOX2 高表达外,在中枢神经系统小胶质细胞中也大量表达,并参与炎症和免疫的调节[26, 27]。在神经炎症背景下,NOX2 是被描述最多,参与最广泛的 NOX 亚型。目前已知的参与启动 NOX2 介导的炎症反应的小胶质细胞膜受体包括整合素受体 Mac1(也称为 CD11b/CD18、CR3 或 $\alpha_M\beta_2$)、血管紧张素Ⅱ受体(angiotensin Ⅱ receptor, ATR,包括 AT2R 和 AT1R)、激肽 B1 受体(bradykinin receptor, B1R)、Toll 样受体(Toll-like receptor, TLR)、e 型前列腺素受体 2(E-series of prostaglandin receptors type 2, EP2)及嘌呤能受体 P2X7(purinergic receptor P2X7, P2X7R)[28]。例如,在 TLR 介导的神经炎症中活化的 NOX2 诱导下游炎症信号通路激活,NF-κB 及其信号转导与 STAT1 转录水平上调从而增加肿瘤坏死因子受体超家族成员 CD40 的表达,使用 DPI 降低了 p65 磷酸化及 CD40 蛋白水平,*NOX2* 敲除细胞中 STAT1 信号转导及 IL-1β 等促炎因子的生成也显著降低[29]。此外,在 *NOX2* 敲除小鼠受损皮层的小胶质细胞中发现 STAT3 被明显激活,IL-10 表达升高,这对于调节小胶质细胞抗炎反应至关重要[30]。自发性脑出血(intracerebral hemorrhage, ICH)引起的炎症反应中 P2X7R 被激活后,由过量 NOX2 衍生的 O^{2-} 及由 iNOS 衍生的 NO 迅速反应生成细胞毒性产物过氧亚硝酸盐(peroxynitrite, ONOO⁻),随后 ONOO⁻ 触发 NLRP3 炎症小体组装,caspase-1 及 IL-1β 裂解增加[31]。另一项研究发现,NOX2 缺失可能通过与氧化应激传感器(thioredoxin-interacting protein, TXNIP)相关的机制减弱 NLRP3 炎症小体的活性[32]。此外,Hernandes 等人研究发现在 6-羟多巴胺(6-hydroxydopamine, 6-OHDA)诱导的帕金林病小鼠模型中,*NOX2* 催化亚基 gp91phox 敲除小鼠"促炎表型"M1 型小胶质细胞的激活受到抑制,M1 型小胶质细胞标志物 IL-1β、IFN-γ 及 TNF-α 的释放也相应减少,从而有利于小胶质细胞向 M2 型"抗炎表型"转化,这提示 NOX2 对于调控小胶质细胞 M1 与 M2 表型转换也至关重要[33]。以上资料充分表明 NOX2 在中枢神经系统神经炎症中扮演重要角色,但在不同病理情况下 NOX2 耦合的特异性信号转导途径有待于进一步阐明。

41.2.3　NOX4 与神经炎症

NOX4 最初被描述为一种肾脏 NOX,可能参与氧传导或诱导细胞衰老[34]。此后,研究人员在大脑中鉴定出 NOX4 的表达,并且在神经干细胞、星形胶质细胞及小胶质细胞中的表达丰度较为突出[35]。与 NOX 家族其他成员不同的是,NOX4 是一种组成型激活的亚型,其激活不依赖于细胞质亚基成分和 Rac 酶,与细胞膜亚基 p22phox 结合即可引起 ROS 产生[36]。研究发现,NOX4 通过 Jak2/STAT3 信号通路及 NLRP3 炎症小体的活化调节小胶质细胞激活介导的炎症反应,在小鼠炎性疼痛的发生中具有重要作用[37]。脑缺血再灌注损伤引起的神经炎症中,TLR4/NOX4 信号的药理学抑制可以明显降低 p38 磷酸化,NF‑κB 及 MMP9 的蛋白表达[38]。此外,TLR4/NOX4 信号通路对 β 淀粉样蛋白(amyloid beta, Aβ)及 LPS 引起的炎症反应也至关重要[39],利用特异性小干扰 RNA 敲除细胞 *NOX4* 表达,发现 LPS 诱导的 ROS 产生和 NF‑κB 活化被抑制[40]。在人类 HMC3 小胶质细胞系中神经炎症趋化因子 IL‑6 的产生很可能是 NOX4 依赖的,因为 *NOX4* 敲除后 IL‑6 的 mRNA 水平显著下调[41]。

41.3　NADPH 与 P2X7R 靶向的神经炎症

小胶质细胞是中枢神经系统先天免疫细胞,生理条件下,小胶质细胞通过其细长突起的快速运动监测周围环境,清除入侵的病原体或细胞碎片,维持微环境稳态[42]。小胶质细胞对病理损伤或刺激具有高度反应性,可被损伤相关分子模式或病原相关分子模式(damage-associated molecular pattern/pathogen-associated molecular pattern, DAMP/PAMP)激活,激活后的小胶质细胞释放炎症细胞因子及吞噬细胞碎片或死细胞,试图启动组织修复从而解决炎症过程[43]。然而,如果消退机制失败或炎症刺激持续存在,则会出现慢性神经炎症的传播和持续阶段,最终导致神经毒性和神经元死亡[44]。尽管触发神经炎症相关的脑部疾病的病因不同,但基本都可被小胶质细胞上几种主要的受体所识别,其中包括 P2XR 家族[45]。P2XR 家族由 P2X1R~P2X7R 7 个成员组成,在几种小鼠和人类免疫细胞中表达,除少数例外,目前对它们的功能知之甚少。P2X1R 与 T 细胞代谢调节和增殖有关[46]。P2X4R 与 T 细胞核内因子(nuclear factor of activated T cell, NFAT)激活及调节 T 细胞反应相关[47]。此外,P2X4R 在中枢神经系统小胶质细胞中具有确定的作用,它在神经性疼痛的发病机制中起关键作用[48]。对免疫系统中 P2X5R 和 P2X6R 的功能知之甚少,除了报道的 CD34+白血病骨髓细胞亚群和活化的人 T 细胞中 P2X5R 的上调[49]。P2X7R 是目前中枢神经系统研究最多的受体,并在炎症和免疫反应中具有重要作用。

P2X7R 作为 ATP 门控离子通道,ATP 结合触发 P2X7R 构象重排,并引发 Ca^{2+}、Na^+ 内流及 K^+ 外流[50]。但与其他离子通道不同的是,当其受到长期或重复 ATP 刺激后可促进其通道活性并转化为大的膜孔,允许分子量达 900 Da 的分子通过[51]。P2X7R 在包括单核细胞和巨噬细胞在内的各种免疫细胞群表达,尤其在中枢神经系统小胶质细胞中表达丰富,最近已被确定为小胶质细胞激活的必然参与者,并与多种促炎事件的起始和发展密切相关[52]。例如,ATP 与 P2X7R 结合激活小胶质细胞 NLRP3 炎症小体,炎症小体组装激活 caspase－1 并引起炎症因子 IL－1β 等的大量释放,激活的 caspase－1 通过进一步切割 gasdermin－D(GSDMD)而诱发细胞焦亡,导致炎性内容物释放到细胞外空间,放大炎症效应[53]。另外,P2X7R 参与对小胶质细胞吞噬活性的调节,高浓度 ATP 状态时 P2X7R 激活并抑制小胶质细胞形成吞噬相关复合体,降低小胶质细胞吞噬活性并发挥促神经炎症作用,这种作用通过阻断小胶质细胞 P2X7R 表达而逆转[54]。有研究表明,P2X7R 激动剂可以调节 NOX 亚基 p67phox 在小胶质细胞中的定位而导致 ROS 释放量增加[55]。总之,以上研究都表明 P2X7R 在小胶质细胞介导的神经炎症中发挥关键作用,靶向小胶质细胞 P2X7R 是治疗神经炎症的有效策略。在过去的几年中,P2X7R 作为可能的神经炎症治疗靶点引起了人们的极大兴趣,这导致针对该受体的许多拮抗剂的开发。例如,有研究发现在阿尔茨海默病小鼠神经炎症模型中,P2X7R 特异性拮抗剂 A438079 可以有效抑制 ATP 诱导的 Ca^{2+}－钙调蛋白依赖性蛋白激酶Ⅱ(Ca^{2+}/calmodulin-dependent protein kinase Ⅱ, CaMKⅡ)水平升高,CaMKⅡ 可以调节小胶质细胞中 P2X7R 活性,并降低了膜结合 P2X7R 水平,导致 NLRP3 炎症小体激活被抑制,进而补救了阿尔茨海默病相关的小胶质细胞功能障碍[56]。A804598 是另一种常见的 P2X7R 强效选择性拮抗剂,类似地,它可以阻断 Bz－ATP 诱导的小胶质细胞死亡和 IL－1 家族细胞因子的特异性释放,并可能抑制 AKT 和 ERK 通路的激活,表明 A804598 在神经炎症性疾病中的治疗潜力[57]。虽然迄今已有大量针对 P2X7R 拮抗剂的研发,并且已经筛选出几种候选化合物,但都没有进入药物生产阶段,P2X7R 独特的结构特性可能是研发 P2X7R 拮抗剂的新思路。

　　文献资料显示,NADPH 可能作为一类新型神经递质,靶向嘌呤受体并参与调节嘌呤能信号转导。我们最近研究发现,在小胶质细胞上外源性给予 NADPH 可降低 P2X7R 激活引发的 Ca^{2+} 内流及对荧光染料 YO－PRO－1 的摄取能力。此外,膜片钳记录显示 NADPH 使得 ATP 引发的 BV2 小胶质细胞内向电流下降约 40%,提示 NADPH 可能作为 P2X7R 内源性拮抗剂从而发挥对抗神经炎症作用。

总结与展望

　　NADPH 在神经炎症中起到双刃剑的作用。首先,NADPH 依赖于 NOX 家族参与炎症信号转导,大量证据表明 NOX 蛋白表达和活性在神经炎性疾病中显著升高,并且 NOX 基因敲除和药理学抑制已在各类中枢神经系统疾病中表现出明显的治疗效果。然而,缺乏有效的且副作用低的特异性 NOX 抑制剂是目前临床治疗面临的一个巨大挑战,在未来的研究中需要开发靶向不同病理条件下的 NOX 抑制剂,但不能影响生理性 NOX 信号转导。另外,NADPH 可促进 GSH 的生成,GSH 作为体内一种重要的抗氧化剂,能够清除体内 ROS 起到对抗神经炎症的作用。更重要的是,我们发现了 NADPH 抗神经炎症的药理学新机制,NADPH 作为 P2X7R 内源性拮抗剂在治疗神经系统疾病中具有很大的应用前景。

苏州大学（牟玉洁）

苏州大学／苏州高博软件职业技术学院（秦正红）

第四十二章

辅酶 II 与神经兴奋性毒性

神经兴奋性毒性是缺血性脑卒中及多种神经退行性疾病的重要发病机制之一。NADPH 是所有生物体中不可或缺的电子供体,维系着机体合成代谢反应和氧化还原平衡。在神经兴奋性毒性过程中,NADPH 动员多种防御机制来降低神经元受到的破坏性病理损伤,包括氧化应激、自噬流过度激活、线粒体功能障碍和铁死亡等。本章总结并讨论了 NADPH 在神经兴奋性毒性中的生物学功能、调节机制和相应的治疗干预策略。

42.1　神经兴奋性毒性的概念和机制

神经兴奋性毒性是脑卒中和其他缺血性组织损伤的重要机制,也是阿尔茨海默病、帕金森病、亨廷顿病、肌萎缩侧索硬化等神经退行性疾病的关键致病机制。生命体中许多因素,如大脑中神经递质水平改变、衰老、能量代谢障碍、路易体形成及一些遗传缺陷,都会导致谷氨酸的过度释放,引起兴奋性毒性[1, 2]。谷氨酸是介导突触传递的主要神经递质,在突触可塑性、学习记忆和认知功能中发挥重要作用。但是一旦脑中过量累积谷氨酸,会造成神经兴奋性毒性损伤。胞内的谷氨酸盐浓度比胞外高 10 000 倍,维持谷氨酸胞外的低浓度对于脑功能的正常运转至关重要,因为谷氨酸受体只能在胞外与谷氨酸结合而被激活[3]。谷氨酸受体分为离子型受体和代谢型受体,离子型受体包括 N -甲基- D -天冬氨酸(N - methyl - D - aspartic acid, NMDA)受体、α -氨基-3-羟基-5-甲基-4-异噁唑丙酸(α - amino - 3 - hydroxy - 5 - methyl - 4 - isoxazole-propionicacid, AMPA)受体和红藻氨酸(kainate, KA)受体[4]。谷氨酸释放增加及谷氨酸转运体功能障碍所致的谷氨酸摄取减少都会引起胞外谷氨酸水平的增加,进而过度活化谷氨酸受体并启动神经兴奋性毒性。继发的过度 Ca^{2+} 内流激活 Ca^{2+} 依赖酶及后续效应,并引起 Na^+ 和氯化物的累积,破坏渗透压平衡,最终导致神经元死亡,这是各种神经退行性疾病中细胞死亡的主要因素之一[2]。神经兴奋性毒性涉及多种细胞死亡途径,包括凋亡、自噬性死亡、坏死和铁死亡,它们之间相互串扰,共同调控疾病进程[5]。

42.2 NADPH 抑制神经兴奋性毒性的机制

42.2.1 缓解氧化应激

NADPH 是维持细胞氧化还原稳态的双重功能参与者。一方面，NADPH 是抗氧化剂辅助因子[6]。它对 GR 和 TrxR 是必不可少的，GR 和 TrxR 分别对 GPX 和 Prx 介导的过氧化物清除至关重要[7]。GSH 是 GPX 去除 H_2O_2 的辅助底物。NADPH 提供两个电子，让 GR 能够将氧化形式的 GSSG 还原成 GSH，再循环的 GSH 通过 GPX 将 H_2O_2 还原成水[7]。另一方面，NADPH 还可以作为 NOX 的底物生成 ROS。作为产生自由基的酶系统，NOX 是中枢神经系统中氧化应激的主要贡献者。NOX 家族共有 7 个成员：NOX1、NOX2、NOX3、NOX4、NOX5、DUOX1 和 DUOX2[8]。NOX 能促进电子从 NADPH 转移至氧产生氧自由基，其中 NOX4、DUOX1 和 DUOX2 主要产生 H_2O_2[8]。NADPH 的双重作用说明，依赖 NADPH 的抗氧化应激和抗还原应激之间的微妙平衡维持着细胞的氧化还原稳态。NOX 的相对活性改变、依赖 NADPH 的抗氧化酶水平改变和特定细胞或组织中外源/内源性刺激，均可影响该平衡。

之前的研究发现，静脉注射 NADPH 可以出现在大脑中，并且对缺血性脑卒中具有显著的治疗效果[9]。通常认为 NADPH 不能直接从细胞外获得，必须通过细胞内代谢途径产生。但是最新发现，NADPH 通过 P2X7R 的跨膜转运推翻了这一观点。这使"外源性补充胞内 NADPH 以提高抗氧化能力及抑制细胞死亡能力"成为一种可靠的治疗方法。

ROS 增高在神经兴奋性毒性中普遍存在，是神经兴奋性毒性发生的机制之一。在利用 KA 受体构建的具有代表性的神经兴奋性毒性模型中，外源性补充 NADPH 有显著的维持还原性物质和减少自由基的作用，表现为恢复 GSH 和 SOD 水平、减少过多的丙二醛（malondialdehyde，MDA）和线粒体 ROS。KA 同时引起了纹状体中 NOX2 及 NOX4 表达的上调，会增加氧化应激的风险。因此，研究 NADPH 与 NOX 抑制剂联合使用能否在神经兴奋性毒性损伤中发挥更好的神经保护作用具有重要意义。在减少神经元损伤和恢复神经行为学功能方面，联合使用 NOX 抑制剂均展现了优势。NOX 抑制剂的存在进一步增加了可产生的 GSH 的含量，大大增加了 NADPH 抗神经兴奋性毒性的效力[10]。

42.2.2 抑制过度自噬流

我们以往的研究工作证实，自噬-溶酶体途径参与了神经兴奋性毒性。在兴奋性毒性动物模型和原代皮层神经元中，离子型谷氨酸受体激动剂诱导氧化应激水平增加和自噬/溶酶体通路激活，具体表现为 LC3 - Ⅱ/LC3 - Ⅰ、Beclin1、ATG5、active-cathepsin B 和 active-cathepsin D 表达上调，以及 p62 表达下调；外源性补充 NADPH 抑制了 KA 介导的这些变化。当自噬被药理激活时，NADPH 的保护效应有所衰减。进一步说明，NADPH 对

KA 受体的神经保护作用部分在于抑制自噬-溶酶体途径[10, 11]。NADPH 在与 NOX 抑制剂(如 DPI、夹竹桃麻素)联用时,可能通过减少 NADPH 作为 NOX 底物促进 ROS 生成,从而表现出更好的抗神经元损伤作用,并更有效地恢复神经功能缺陷导致的运动功能障碍[10]。

42.2.3　恢复线粒体功能

线粒体功能的维持依赖于氧化还原反应。NADH 和 NADPH 是结构相似但是功能不同的电子载体。NADH 维系着 ATP 的生成,但也产生 ROS、H_2O_2 和超氧化物。NADPH 则通过抗氧化来抵消 NADH 驱动产生的 ROS。线粒体依靠 GSH 和 Prx 组成的氧化还原缓冲系统来消除能量代谢产生的 ROS。随着自由基的消除,NADPH 被消耗以重新激活抗氧化系统并重置氧化还原环境。因此,线粒体氧化还原环境处于不断变化的状态,反映了营养和 ROS 代谢的变化。NADH 和 NADPH 在线粒体中提供促氧化和抗氧化活性,引起线粒体氧化还原缓冲网络的时空变化[12, 13]。

兴奋性毒性会引起线粒体功能障碍。高浓度的谷氨酸诱导钙失调,导致线粒体钙超载和线粒体去极化,从而触发线粒体介导的细胞死亡机制。在 KA 诱导的兴奋性毒性中,ATP 水平降低,耗氧率下降,线粒体形态受损。线粒体暴露于高水平 KA 导致线粒体动力学失衡、线粒体生物发生上调、线粒体自噬激活,最终引起线粒体质量控制系统紊乱。KA 所导致的线粒体损伤继发于线粒体 NOX4 定位增加。由于 NOX 和线粒体衍生的 ROS 之间的串扰,"ROS 诱导的 ROS 释放"过量放大氧化损伤产生毒性,会最终导致线粒体功能和神经元的损伤。目前使用 ROS 阻断剂的治疗方法并不总是有效的,因为缺乏将它们递送到不同亚细胞区室的技术。因此,开发一种新的治疗策略,使用特定的 NOX 或线粒体 ROS 抑制剂专门针对"ROS 诱导的 ROS 释放"机制,对于治疗氧化应激依赖性疾病,如缺血性器质损伤和神经退行性疾病非常重要。考虑 NOX4 表达和线粒体功能障碍的区域局限性,选择靶向线粒体的 NOX 抑制剂夹竹桃麻素与 NADPH 联合治疗。夹竹桃麻素能有效缩小病灶,并与 NADPH 有协同放大作用。它可以减少作为线粒体 NOX 底物的 NADPH 并增加 O_2^-,显示出更少的损伤和更好的运动恢复[10]。

42.3　抗铁死亡

42.3.1　神经兴奋性毒性与铁死亡

"铁死亡"一词在 2012 年被提出,用于描述小分子埃拉斯汀(erastin)所诱导的细胞死亡现象,具体表现为胱氨酸跨膜入胞受到抑制,引起 GSH 耗竭和谷胱甘肽过氧化酶 4(glutathione peroxidase 4, GPX4)失活,最终导致磷脂过氧化物堆积[14]。与经典的凋亡不同,铁死亡是由磷脂过氧化驱动的调节性细胞死亡形式,不以细胞皱缩、染色质凝集为指征,主要的生化特征为铁积累和脂质过氧化,具体表现为具有铁离子依赖性的线粒体损伤、脂质过氧化物堆积和膜破裂。该过程依赖于 ROS、含有多不饱和脂肪酸链的磷脂（polyunsaturated fatty acids of phospholipids, PUFA - PL）和游离的二价铁。脂质氧化产物与游离的二价铁发生芬顿反应（Fenton reaction），释放脂质来源的可溶性 ROS，破坏膜完整性和其他生物分子[15]。因此，氧化还原生物学、铁稳态调控、脂质代谢及氨基酸代谢等途径，共同调控铁死亡这个以质膜破坏为特征的生物过程，并在缺血性器官损伤、神经退行性疾病相关的许多病症中发挥作用[16]。近年来，对铁死亡的机制研究取得了快速进展，目前主要发现 3 个平行的抗铁死亡通路：一是胱氨酸-谷氨酸逆向转运体（System Xc -）和 GPX4 形成的经典途径，GPX4 利用 GSH 还原磷脂过氧化物抵御脂质过氧化；二是 2019 年被报道的铁死亡抑制蛋白1（ferroptosis suppressor protein 1, FSP1）以 NADPH 为底物，生成还原性泛醌，来减少脂质自由基；另外，还有替代的铁死亡抑制机制，主要指角鲨烯和 BH_4 介导的脂质过氧化抑制[16]。

神经系统中发生的兴奋性毒性细胞死亡被描述为一种氧化性、铁依赖性的过程。在铁死亡概念提出之际，发现铁死亡抑制剂可以防止谷氨酸诱导的神经毒性。在大鼠海马切片培养模型和海马神经元中，通过 ferrostatin - 1 抑制铁死亡可以保护生物体免受谷氨酸诱导的神经损伤[14, 17]。越来越多的研究发现，铁死亡与多种以神经兴奋性毒性为关键病理的脑疾病有关，包括神经退行性疾病、脑卒中、缺血再灌注损伤等[18]。氨基酸代谢与铁死亡的调节密切相关，其中谷氨酸和谷氨酰胺也是铁死亡的重要调节剂，谷氨酸通过 System Xc -以 1∶1 的比例交换为胱氨酸。由于细胞中半胱氨酸的浓度有限，半胱氨酸被认为是 GSH 合成的限速前体。其氧化形式的胱氨酸通过 System Xc -输入细胞，并在胞内立即还原为半胱氨酸。作为胱氨酸和谷氨酸逆向转运体，质膜上的 System Xc -是由轻链 SLC7A11（xCT）和重链 SLC3A2（4F2hc）组成的异二聚体蛋白复合体。胞外高浓度的谷氨酸会抑制 System Xc -并诱导铁死亡，这或许可以部分解释谷氨酸在神经系统中积累到高浓度时的毒性作用[14]。System Xc -敲除小鼠具有神经毒性损伤抗性验证了该观点。因此，细胞外谷氨酸的积累可以作为在生理环境中诱导铁死亡的自然触发因素[19, 20]。

虽然谷氨酸累积被证实能够诱发铁死亡，但是谷氨酸受体的激动及引起 Ca^{2+} 超载等后续效应在铁死亡中的作用尚未得到充分探索。最近一项研究发现，减少 Ca^{2+} 可以保护细胞免受埃拉斯汀或柳氮磺胺吡啶（System Xc -抑制剂）诱导的铁死亡[21]。在使用非谷氨酸的兴奋性受体激动剂的研究中，兴奋性毒性似乎与铁死亡存在串扰。在小鼠纹状体和体外培养的原代皮层神经元中，KA 处理能够引起明显的铁超载、脂质过氧化物堆积及线粒体和质膜的损伤。抑制铁死亡进程能够缓解 KA 诱导的神经毒性损伤。先前的研究报道，过量的外源性谷氨酸可以抑制 System Xc -和 GPX4，引发铁死亡[14]。KA 在触发神经兴奋性方面与谷氨酸相当，但其对 System Xc -转运蛋白的影响似乎有所不同。在小鼠脑中，KA 反而上调了 xCT 蛋白（System Xc -的催化亚基）的表达，且 GPX4 表达没有显著影响。此外，System Xc -在神经元中的表达仍存争议。总之，KA 引起 GSH 减少的主要原因可能是氧化应激大量消耗了 GSH，而不是 System Xc -失活引起的合成减少。值得注意的是，与 GPX4 平行的抗铁死亡轴 FSP1 - CoQ_{10} - NADPH 在 KA 的作用下存在缺陷，这可能是排除谷氨酸自身作用的掩盖后,过度激动谷氨酸受体与铁死亡的连接点之一。

42.3.2　胞内 NADPH 含量影响铁死亡敏感性

细胞对铁死亡的敏感性与许多生物过程有关,除铁、氨基酸及多不饱和脂肪酸的代谢外,也与 GSH、NADPH 和辅酶 Q 的生物合成有关[22]。NADPH 在生物体中扮演如下重要的角色:第一,NADPH 作为合成代谢反应中的电子供体,促进脂质分子(胆固醇和脂肪酸)和核酸的形成[23, 24];第二,NADPH 通过在细胞核内促进氧化还原信号转导而充当基因表达的核调控剂[25];第三,作为 PPP 的产物的 NADPH 是 GR 的辅酶,它可以重新激活 TrxR 和 CAT,从而作为抗氧化防御系统的一部分[26]。NADPH 对于维持 GSH 的还原状态,抵抗机体遭遇 ROS 损伤具有重要作用。NADPH 在抗氧化和代谢中承担的角色使之在铁死亡调控中起着至关重要的作用,不仅可以滋养 GSH - Trx 依赖系统,还可以促进甲羟戊酸的生物合成,以及脂肪酸的从头合成和延伸。

研究发现,3 种不同机制的经典铁死亡诱导剂埃拉斯汀、RSL3 和 FIN56 都会降低 NAD^+、NADH 和 $NADP^+$、NADPH 水平。一项基于高通量转录组分析的研究揭示了 NADPH 丰度可以作为预测细胞对铁死亡诱导化合物敏感性的生物标志物[27, 28]。PPP 是与糖酵解平行的糖代谢途径,是产生 NADPH 的主要方式。使用 6 -氨基烟酰胺抑制 PPP 或敲低两种 PPP 酶:G6PD 和磷酸甘油酸脱氢酶(phosphoglycerate dehydrogenase, PHGDH),会促进 Calu - 1 细胞中埃拉斯汀诱导的铁死亡。IDH2 是产生 NADPH 替代途径中的代谢酶,抑制 IDH2 会使得癌细胞对埃拉斯汀诱导的铁死亡敏感[29]。IDH1 突变也通过将 α -酮戊二酸转化为 2 -羟基戊二酸来恶化埃拉斯汀诱导的铁死亡,进一步支持了 IDH 家族在铁死亡中的作用[30]。其他 $NADP^+$、NADPH 相关激酶也在铁死亡中发挥作用。五磷酸鸟苷- 3′-焦磷酸水解酶(HD domain containing 3, HDDC3/MESH1)最近被鉴定为是胞质中一种高效的 $NADP^+$、NADPH 磷酸酶。埃拉斯汀诱导铁死亡或剥夺胱氨酸会上调 MESH1,而 MESH1 过度表达通过耗尽 NADPH 使细胞对铁死亡敏感。相对而言,沉默 MESH1 或抑制其 $NADP^+$、NADPH 磷酸酶活性通过维持 NADPH 和 GSH 的水平及减少脂质过氧化来促进铁死亡下细胞的存活。NADK 是一种催化 NAD^+、NADH 磷酸化为 $NADP^+$、NADPH 的调节剂。抑制胞质中 NADK 能够消除沉默 MESH1 带来的铁死亡保护[31, 32]。在哺乳动物细胞中,由于线粒体膜的不渗透性,胞质和线粒体的 NADPH 池互相分隔。只有沉默胞质中的 NADK1,才能干扰 MESH1 低表达细胞的抗铁死亡表型,而沉默线粒体中的 NADK2 没有影响。与之相一致的是,沉默 NADK1 时,细胞 NADPH 含量显著减少,而沉默 NADK2 对细胞 NADPH 含量几乎没有影响[31]。总体而言,这些研究结果验证了胞内 NADPH 可作为铁死亡敏感性的指征,并阐明了哺乳动物胞质中的 NADPH 含量及铁死亡诱导条件下对其调控的重要性。

42.3.3　NADPH 具有多重抗铁死亡活性

NADPH 是维持细胞氧化还原稳态的双重功能参与者,依赖 NADPH 的抗氧化应激和抗还原应激之间的微妙平衡维持着细胞的氧化还原稳态,因此,NADPH 对铁死亡的调控也有着两种截然不同的命运(图 42.1)。

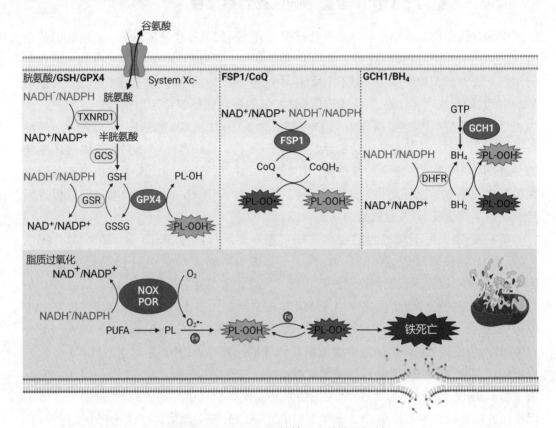

图 42.1　NADPH 调控铁死亡的分子机制

BH_2: dihydrobiopterin,二氢生物蝶呤;BH_4: tetrahydrobiopterin,四氢生物蝶呤;CoQ: coenzyme Q,辅酶 Q;$CoQH_2$: reduced form of coenzyme Q,还原性辅酶 Q;FSP1, ferroptosis suppressor protein 1,铁死亡抑制因子 1;GCH1, GTP cyclohydrolase－1, GTP 环化水解酶 1;GCS: glutamyl-cysteine synthetase,谷氨酰半胱氨酸合成酶;GPX4: glutathione peroxidase 4,谷胱甘肽过氧化物酶 4;GSH: reduced glutathione,还原型谷胱甘肽;GR: glutathione reductase,谷胱甘肽还原酶;GSSG: glutathione disulfide,氧化型谷胱甘肽;GTP: guanosine triphosphate,三磷酸鸟苷;NOX: NADPH oxidase, NADPH 氧化酶;PL: phospholipid,磷脂;PL－OOH: phospholipid hydroperoxides,磷脂氢谷胱甘肽过氧化物;POR: cytochrome P450 oxidoreductase,细胞色素 P 450 氧化还原酶;PUFA: polyunsaturated fatty acids,多不饱和脂肪酸;TXNRD1: thioredoxin reductase 1,硫氧还蛋白还原酶 1。图片使用 BioRender.com 绘制

一方面,NADPH 是消除脂质过氧化所必需的细胞内还原剂,在已发现的 3 种机体主要的代偿铁死亡的机制中"穿针引线":

1) 胱氨酸－GSH－GPX4 系统中,NADPH 促进 GSH 的合成和再生:GSH 是一种必需的胞内抗氧化剂,大多数存在于胞质,仅有小部分在细胞器中,如线粒体内。GSH 清除 ROS 的生物学功能在抑制铁死亡中是必不可少的,它作为三肽抗氧化剂和 GPX4 的辅助因子来减少堆积的脂质过氧化物。GSH 耗竭,细胞将无力代偿芬顿反应(Fenton reaction)和其他过氧化作用产生的 ROS[33]。GSH 由谷氨酸、半胱氨酸和甘氨酸通过 ATP 依赖性胞质酶谷氨酸－半胱氨酸连接酶(glutamate-cysteine ligase, GCL)和谷胱甘肽合成酶

(glutathione synthetase, GSS)分两步合成。其中,GSH的合成速率受半胱氨酸可用性的限制,胞内半胱氨酸由经 SLC7A11 运输入细胞的胱氨酸通过消耗 NADPH 还原而来。除了直接合成外,NADPH 介导的 GSSG 的还原也可以提供再生的 GSH,该过程由谷胱甘肽-二硫化物还原酶(glutathione-disulfide reductase, GSR)催化[34]。铁超载的情况下,NADPH一方面帮助 SLC7A11 介导的胱氨酸摄入,并进一步将其转化为半胱氨酸供应 GSH 合成,另一方面促进 GSR 催化的 GSH 再生,GSH 作为 GPX4 的还原辅助因子来解毒脂质氢过氧化物,从而保护细胞免于铁死亡[35]。

2) FSP1 – CoQ_{10} – NADPH 系统中,NADPH 作为辅因子还原泛醌:CoQ_{10} 是一种内源性产生的类维生素异戊二烯基苯醌化合物,在自然界中普遍存在。CoQ_{10} 以其氧化形式(泛醌)和还原形式(泛醇)存在。泛醇是一种有效的亲脂性抗氧化剂,可以中和各种膜结构中的自由基[36]。最近的研究发现,NADPH 作为辅因子帮助 FSP1 催化泛醌还原为泛醇来捕获脂质过氧自由基。FSP1 属于Ⅱ型 NADH:醌氧化还原酶家族,原名为线粒体凋亡诱导因子 2(apoptosis-inducing factor associated mitochondrion protein 2, AIFm2),最初被认为是一种促凋亡基因。近期,FSP1 被鉴定为铁死亡的抑制因子,通过产生还原形式的 CoQ_{10},既可直接捕获脂质自由基,也可以通过回收 α-生育酚间接充当抗氧化的角色。FSP1 – CoQ_{10} – NADPH 系统作为一个独立的平行系统存在,它与 GPX4 和 GSH 协同抑制磷脂过氧化和铁死亡[1, 37]。NADPH 和甲羟戊酸途径的缺陷都会导致还原形式 CoQ_{10} 的不足,从而影响 FSP1 的功能,因此对预测对铁死亡的敏感性有指导意义[1, 37]。

3) GTP 环化水解酶 1(GTP cyclohydrolase 1, GCH1)/四氢生物蝶呤(BH_4)系统,NADPH 介导 BH_4 的合成和再生:BH_4 是一种有效的自由基捕获抗氧化剂,能够在 GPX4 活性受到抑制时有效清除脂质过氧化物以保护细胞免于铁死亡。研究证明 NADPH 可以通过介导 BH_4 的再生来影响铁死亡过程,潜在的分子机制除了涉及 GCH1 介导的合成途径,NADPH 还作为辅助因子,通过二叶酸还原酶(dihydrofolate reductase, DHFR)再生 BH_4[38]。

此外,NADPH 对其他已被证实调控铁死亡的关键分子的表达和功能也有着不可或缺的作用。例如,NADPH 还参与 TrxR2 介导的 Trx 再生,并形成蛋白质二硫化物还原的功能系统。还原的 Trx 可以通过提供来自巯基的质子以还原其他蛋白质二硫化物,然后被氧化的 Trx 在 TrxR2 的催化下与 NADPH 反应并再次转化为还原形式。该系统是氧化还原稳态和铁死亡调节的关键生化成分。小分子化合物 ferroptocide 可以靶向抑制 Trx 并诱发铁死亡[39]。

另外,NADPH 作为 NOX 等氧化酶的电子供体,也可能导致铁死亡。NOX 是一种跨膜酶,通过催化从 NADPH 到 O^2/O_2^- 的电子转移产生自由基来促进铁死亡。例如,NOX1、CYBB/NOX2 和 NOX4 都与铁死亡期间脂质 ROS 的启动有关[40, 41]。NOX 抑制剂二苯基碘氯化铵(diphenyleneiodonium)和 NOX1/4 的特异性抑制剂 GKT137831 能够部分抑制埃拉斯汀诱导的 Calu-1 和 HT1080 细胞的铁死亡[42, 43]。其他氧化还原酶也有类似作用,包括 NADPH-POR 和 NADH-细胞色素b5还原酶(cytochrome b5 reductase 1, CYB5R1),它们将电子从 NADPH 转移到 O_2 以生成 H_2O_2，随后与铁反应生成活性羟基自由基作用于膜磷脂的多不饱和脂肪酸链的过氧化，在铁死亡过程中破坏膜的完整性。*POR* 和 *CYB5R1* 基因敲除减少了细胞 H_2O_2 的产生，防止了脂质过氧化和铁死亡[44, 45]。目前，仍然难以区分不同的抗铁死亡或促铁死亡酶使用 NADPH 的比例。因此，NADP/NADPH 的变化可能是铁死亡敏感性的决定因素，铁死亡抗性细胞系可能具有更高的基础 NADPH 水平或更低的 NADP/NADPH 比[46]。另外，本实验室的初步实验结果提示，NADPH 可能通过抑制 P2X7R 间接抑制 NOX 的表达，如果确认，则 NADPH 对调节铁死亡的作用有可能更倾向于一种抑制作用。

42.3.4　外源性补充 NADPH 对神经兴奋性毒性模型中铁死亡的影响

最近，针对脑疾病中铁死亡的治疗策略主要是抑制铁超载。尽管铁螯合剂在体外展现出可观的疗效，但由于血脑屏障穿透性差，它们在临床上受到很大的限制。此外，像去铁胺一类的铁螯合剂长期使用可能会导致全身性金属离子耗竭，继而引发贫血和其他并发症。临床使用铁螯合剂治疗神经系统疾病必须严格控制，防止出现不良副作用。治疗脑疾病中的铁死亡还有待其他靶向药物的开发[47-49]。

在纹状体内注射 KA 的神经兴奋性毒性小鼠模型中，存在着明显的铁稳态失衡和脂质过氧化增加，以及铁死亡负调节剂 FSP1 的抑制。这些金属、分子和代谢现象意味着，氧化应激、铁代谢紊乱和 CoQ 抗氧化剂缺陷可能在兴奋性损伤中发挥作用，并表明铁死亡可作为预防和治疗以兴奋性毒性为特征的神经疾病的靶点。事实上，在体内和体外，外源性补充 NADPH 都能够显著抑制 KA 引起的神经元铁死亡表型，包括减少氧化磷脂和改善线粒体功能。

目前已有许多具有还原活性的小分子抑制剂（如黄芩素、NGDA 和 PD146176 在内的脂氧合酶抑制剂）被证明可以抑制脂质过氧化[50-52]。但是这些抑制剂是否与预测的靶点相互作用而不是直接抑制脂质过氧化存在一些争议。鉴于铁死亡的复杂性，对具有氧化还原活性的脂质过氧化抑制剂的研究必须重新评估。NADPH 是维持细胞内氧化还原稳态的关键角色，其中 GSH 是最有效的 NADPH 维持的铁死亡还原抑制剂，能协助 GPX4 还原过氧化磷脂。然而，当 GPX4 活性受到抑制，NADPH 仍然能够有效补救铁死亡，且其效能、效价与治疗指数都优于 GSH 的供体化合物 N - 乙酰半胱氨酸（N - acetylcysteine，NAC），这表明除再生 GSH 外，NADPH 还通过其他途径抵御铁死亡。这并不是否认它直接抗氧化作用的贡献，但是 NADPH 的作用不止于此[53]。

FSP1 传统上被认为是线粒体中的凋亡诱导剂，最近被确定为抗铁死亡的核心因素。N - 豆蔻酰化修饰是 FSP1 募集到细胞膜和脂滴所必需的，它在 NADPH 的帮助下催化还原 CoQ_{10} 的产生，从而以不依赖 GPX4 的方式捕获脂质过氧化物[1, 37]。尽管它对铁死亡十分重要，但在不同的生理病理过程中，如何对 FSP1 的转录、翻译和翻译后修饰进行调节仍知之甚少。关于 FSP1 的氧化还原酶活性如何被调控及其不同的亚细胞定位对生理和病理的意义也不明确。FSP1 底物的异质性（包含 NADH、NADPH、CoQ 和 α - 生育酚），表明其具有复杂的调节能力[54]。近期研究发现,细胞内外 NADPH 丰度可能与蛋白质肉豆蔻酰化程度有关。NADPH 能够上调 FSP1 的 N-肉豆蔻酰化修饰并影响其亚细胞区室分布,使之更加具有膜靶向性。NADPH 积累能够维持 FSP1 的 NOX 活性,这有助于抵抗 KA 诱导的铁死亡。这些结果表明,NADPH 可能不仅是 FSP1 的辅助因子,对维持 FSP1 的修饰和活性也很关键(图 42.2)。

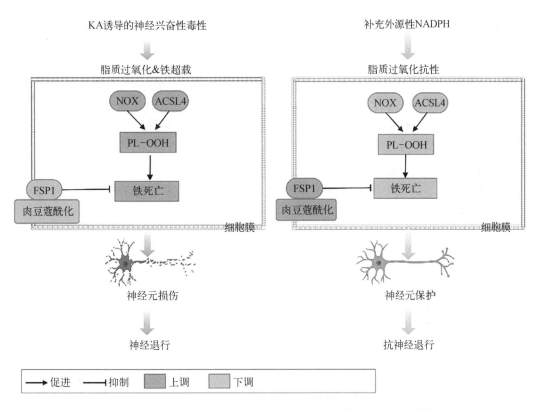

图 42.2 外源性补充 NADPH 对神经兴奋性毒性模型中铁死亡的作用

ACSL4：acyl-CoA synthetase long-chain family member 4,酰基辅酶 A 合成酶长链家族成员 4；KA：kainic acid,红藻氨酸；FSP1, ferroptosis suppressor protein 1, 铁死亡抑制因子 1；FPN：ferroportin,铁转运蛋白；NOX：NADPH oxidase, NADPH 氧化酶；PL-OOH：phospholipid hydroperoxides,磷脂氢谷胱甘肽过氧化物。图片使用 BioRender.com 绘制

　　与大多数用于铁死亡的研究药物相比,NADPH 具有很多优势：血脑屏障渗透性、细胞跨膜转运、低毒性和可作为保健产品使用。相比于难以穿过血脑屏障且可能带来严重毒副作用的铁螯合剂,临床应用 NADPH 治疗以神经兴奋性毒性为特征的脑卒中、缺血性脑损伤和神经退行性疾病,这可能是一种很有前景的策略。

 总结与展望

　　如前所述,神经兴奋性毒性被认为在缺血性脑卒中和许多神经退行性疾病的病理生理中起关键作用,但尽管大量数据表明它是很有潜力的药物治疗靶点,但针对兴

奋性毒性的药物干预并没有取得理想的治疗效果。早期主要采用选择性拮抗剂来抑制 NMDA 受体的激活，替代方法则是通过诱导兴奋性氨基酸转运蛋白的表达来增加谷氨酸清除率。目前，已经提出了多种涉及兴奋性毒性的机制来解释其引起的神经元细胞死亡，包括胞内钙过载、ROS 累积、线粒体损伤、凋亡和自噬及激活，因此受体活化后的信号转导事件可能是更有潜力的治疗干预靶点。在小鼠和原代皮层神经元模型中，NADPH 治疗缓解了包括氧化应激、线粒体障碍、过度自噬、脂质过氧化在内的多重兴奋性毒性病理特征。与大多数治疗神经兴奋性毒性的研究中药物相比，NADPH 具有一定的优势，包括它的血脑屏障通透性和低毒性，它可能是未来预防和治疗神经退行性疾病很有前途的药物之一。

　　然而，围绕 NADPH 仍有一些悬而未决的问题需要进一步解决。首先，NADPH 和神经兴奋性毒性及神经退行性疾病中的复杂关系应进一步研究，为指导 NADPH 的临床使用提供必要的信息。其次，由于其在氧化还原平衡中的双向作用，结合 NOX 抑制剂的疗法可能是更好的选择。但是，NOX 抑制剂的选择、联合使用的方案需要在体内、外实验中进一步摸索。另外，NADPH 的临床使用可能会受到给药途径和稳定性的限制，需要结合药物递送系统的研究，以增加其稳定性和改善给药方式。未来需克服以上问题，以推动 NADPH 在神经兴奋性毒性相关疾病中的应用达到预期的疗效。

参考文献

苏州大学（刘娜、王燕）

第四十三章

辅酶 II 抗血小板的作用

心脑血管疾病是威胁人类健康的第一大疾病,抗血栓和抗凝治疗在防治心脑血管疾病中有重要地位。常用的药物有:① 溶栓药,包括阿替普酶、瑞替普酶,有利于防止血栓形成;② 抗凝药,如肝素、华法林;③ 抗血小板药,如硫酸氢氯吡格雷、阿司匹林等。但是使用这些药物有副作用,如出血是抗凝药物的主要不良反应,由于抗凝血药物可诱导血小板减少症,抑制凝血因子的功能,而出现凝血功能异常,可能造成出血,且出血后不易止血。还有过敏反应,如果患者对抗凝血药物中的某些成分过敏,这时候会出现一些皮肤的过敏,如红疹瘙痒或皮炎,严重甚至会导致过敏性休克。再有胃肠道反应,某些患者长期服用抗凝血药物,可对胃肠道黏膜造成损害,导致胃肠道黏膜糜烂、溃疡,伴有恶心、呕吐、腹痛、腹泻等胃肠道反应。因此开发新型的抗血栓药有非常重要的临床价值。NADPH 有神经保护作用,在缺血性脑损伤和心肌梗死的动物模型中显示良好的治疗作用。近来的研究又发现,NADPH 有抑制血小板聚集和血栓形成的作用。

43.1　血小板聚集、血栓形成与心脑血管疾病的关系

血小板(platelet)是哺乳动物体内数量第二大的血细胞,其主要生理功能是通过在血管破裂部位与纤维蛋白结合形成血凝块来止血。血小板与血小板之间的相互黏着称为血小板聚集,这一过程需要纤维蛋白原、Ca^{2+}和血小板膜上 GP II b/ III a 的参与。在未受刺激的血小板,其膜上的 GP II b/ III a 并不能与纤维蛋白原结合。当血小板黏附于血管破损处或在诱导剂的诱导下,GP II b/ III a 活化,纤维蛋白原受体暴露,在 Ca^{2+} 的作用下纤维蛋白原可与之结合,从而连接相邻的血小板,纤维蛋白原充当聚集的桥梁,使血小板聚集成团。在血管内皮细胞损伤、血流状态改变及血液黏滞性升高时,一系列凝血因子被激活并作用于可溶性介质以诱导血小板黏附、聚集和释放[1]。这些可溶性介质分为三类:第一类,由血小板产生并作用于血小板膜表面受体的物质,如 ADP 和 5 -羟色胺;第二类,非血小板产生但也作用于血小板膜表面受体的物质,如凝血酶(thrombin)和胶原蛋白(collagen);第

三类,由血小板产生并作用于血小板内部的物质,如 TXA_2 和 cGMP。血小板与 G 蛋白偶联受体(G protein-coupled receptor, GPCR)相互作用,导致整合素的外向激活和致密颗粒的释放。随后,整合素与配体结合诱发内向信号转导,促进血小板的黏附、扩散及第二次分泌[2]。聚集的血小板与纤维蛋白结合形成血小板纤维蛋白血凝块,进而形成稳定的血栓[3]。血小板的高活性被认为是形成血栓的重要危险因素[4],血凝块可以发生在任何血管中,如果发生在关键部位的血管,它就是致命的,如发生在冠状动脉循环引起的急性心肌梗死和发生在脑循环引起的缺血性脑卒中[5]。这些疾病是全球人口死亡和残疾的主要原因,因此抑制血小板的过度聚集是预防和治疗心脑血管疾病的重要举措[6]。

43.2　抗血小板药物

根据血小板功能调节的环节,抗血小板药物主要包括以下三大类:影响血小板代谢酶的药,如阿司匹林(环氧合酶抑制剂)、奥扎格雷(TXA_2 合成酶抑制剂)、PGI_2(腺苷酸环化酶活化剂)和双嘧达莫(磷酸二酯酶抑制剂)等;ADP 拮抗剂,如噻氯匹定和氯吡格雷等;血小板 GPⅡb/Ⅲa 受体阻断剂,如阿昔单抗和依替巴肽等[7]。抗血小板药物最大的副作用是出血倾向,它具有与再发性缺血相似的死亡风险[8]。临床上用途最广泛的阿司匹林,就有严重的出血倾向,加上它对胃肠道有强烈的刺激,极易引发胃肠道出血[9]。在患有心脑血管疾病的老年人中,出血倾向是一个很棘手的问题,有研究指出,80 岁以上的老年人应当慎用阿司匹林,因为他们血管动脉硬化和淀粉样变性,胃黏膜也出现较大萎缩,容易造成胃黏膜损伤,进而发生消化道出血[10]。而 80 岁以上老年人又是血栓性疾病的高危人群,亟须进行抗血栓预防与治疗。所以在服用阿司匹林时,既要控制量,又要进行必要的出血预防治疗,如联合使用维生素 K 以降低出血风险[11]。另外,不同患者对不同抗血小板药物表现出的抗药性也促使我们发掘更多的抗血小板药物,以为不同的患者提供不同的选择。

43.3　NADPH 抑制血小板聚集的作用

烟酰胺辅酶在心血管疾病的发生发展中有重要作用,提高胞内 NAD^+ 水平能发挥心脏、心脑血管的保护作用。血小板活化、血栓形成与缺血性心脏病、脑卒中有密切关系。因此研究烟酰胺辅酶对血小板活化的影响对缺血性心脑血管疾病的防治有实际意义。苏州大学衰老与神经疾病重点实验室的研究首次发现在体外血小板聚集试验中,加入 NAD^+、NADH、$NADP^+$ 或 NADPH,都能剂量依赖地抑制 ADP 或凝血酶诱导的血小板聚集,但对花生四烯酸诱导的血小板聚集无作用,其中 NADPH 的作用最强(图 43.1)。

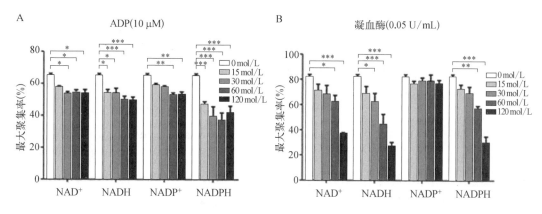

图 43.1　NAD⁺、NADH、NADP⁺和 NADPH 对血小板聚集抑制作用的比较

以不同浓度的 NAD⁺、NADH、NADP⁺和 NADPH 孵育大鼠血小板 5 min 后,再以 ADP(10 μmol/L)或凝血酶(0.05 U/mL)诱导血小板的聚集。A. ADP 诱导的血小板聚集;B. 凝血酶诱导的血小板聚集($*P < 0.05$; $**P < 0.01$; $***P < 0.001$)[12]

在氯化铁诱导的大鼠在体血栓形成模型中,给予 NADPH 使血栓形成时间的延长,而提前给予阿司匹林的大鼠在观测时间内均未形成稳定血栓。在显微镜下观测受损血管段切片发现,较之给予生理盐水的大鼠,给予 NADPH 的大鼠血管内血栓结构松散且血栓体积较少,而提前给予阿司匹林的大鼠血管内血栓数量最少(图 43.2)。提示 NADPH 在大鼠体内也表现出一定的抗血栓形成的能力,但较阿司匹林弱。

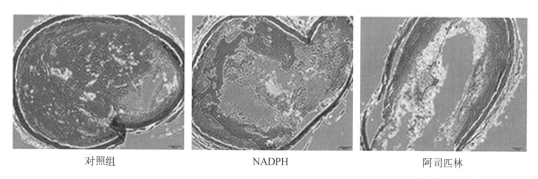

对照组　　　　　　　　　　NADPH　　　　　　　　　　阿司匹林

图 43.2　截断受损血管段的石蜡切片的苏木精-伊红(HE)染色[12]

ADP 和凝血酶都是作用于血小板膜表面受体的,而花生四烯酸作用于血小板内部。加之 NADPH 与血小板共孵育只有短短的 5 min, NADPH 却能抑制血小板聚集,猜想 NADPH 可能无法进入血小板,而是在血小板膜外发挥作用。检测了血小板内 NADPH 的含量后发现,以 60 μmol/L NADPH 孵育的血小板内的 NADPH 含量与对照组无显著差异。这说明, NADPH 可能没有足够的时间进入血小板, NADPH 主要是在血小板膜外发挥作用的。这也提示,血小板膜表面可能存在 NADPH 的受体。NAD⁺、NADH、NADP⁺和 NADPH 都是众所周知的辅酶,它们不仅可以互相转化,而且共同参与体内多种生化过程,如能量代谢、还原性生物合成和抗氧化。在这 4 种辅酶中,NADPH 表现出对血小板聚集最好的抑制作用。

　　有些抗血小板药物影响出凝血时间，因此有引起出血的风险。凝血酶原时间（prothrombin time，PT）反映外源性凝血系统状况，其值升高代表缺乏凝血因子，其值降低代表血液呈高凝状态或已有血栓形成；活化部分凝血活酶时间（activated partial thromboplastin time，APTT）反映内源性凝血系统状况，其值升高代表血浆因子水平降低，其值降低代表血液呈高凝状态；凝血酶时间（thrombin time，TT）反映纤维蛋白原转变为纤维蛋白的时间，弥散性血管内凝血（disseminated intravascular coagulation，DIC）纤溶亢进期，其值可升高；纤维蛋白原（fibrinogen，FIB）反映纤维蛋白原含量，其值升高可为急性心肌梗死，在 DIC 消耗性低凝溶解期，其值可降低[13]。在凝血 4 项检查上，NADPH 组和阿司匹林组与对照组大鼠均无显著性差异，NADPH 和阿司匹林均对凝血时间无影响。NADPH 对小鼠出血时间几乎没有影响，只有一个时间出现短暂又轻度的延长。而阿司匹林则表现出明显的延长出血时间的作用。相较于阿司匹林，NADPH 引起出血的倾向较小，而这也是抗血小板药亟须的优势。

43.4　NADPH 抑制血小板聚集的可能机制

　　氧化应激被定义为高活性分子的过度形成和不充分去除，这些高活性分子，比如 ROS，它是血小板细胞内信号的第二信使，可影响血小板生理功能。过度产生 ROS 所导致的氧化应激可增强血小板功能，提高血栓形成的风险[14]。NADPH 是细胞抗氧化系统的关键成分，NADPH 的抗氧化作用可以清除 ROS，抑制血小板的功能，降低血栓形成的风险。MAPK 信号通路存在于大多数细胞中。研究表明，MAPK 信号通路是一种重要的血小板活化途径，可被胶原和凝血酶激活，以介导血小板变形、黏附和聚集反应，从而参与血栓形成。信号通路包括三个亚家族：细胞外信号调节蛋白激酶（extracellular regulated protein kinase，ERK）、JNK 和 p38 MAPK。ERK 和 p38MAPK 的激活在 PKC 介导的 TXA_2 释放中起重要作用。在胶原和凝血酶刺激后，血小板中 PKCd 的磷酸化水平升高，导致 p38MAPK 和 ERK 的激活及 TXA_2 的释放。同时，p38MAPK 信号通路参与血小板细胞和骨架蛋白的合成。活化的 p38 MAPK 可通过调节 HSP27 的活性和下游血管扩张刺激磷酸蛋白（vasodilator-stimulated phosphoprotein，VASP）的水平，诱导肌动蛋白的再生和重组及血小板骨架的动态变化，从而导致血小板变性和血栓形成[15]。MAPK 在血小板活化[16]和血栓形成[17]中发挥了重要的作用，血小板的聚集与 p38 蛋白的磷酸化有关[18]。我们检测了 p38MAPK 是否参与 NADPH 对血小板聚集的抑制作用。在使用 p38MAPK 激活剂茴香霉素（anisomycin）和抑制剂 SB203580 探究 p38 MAPK 在血小板聚集中的作用时，检测到由 ADP 或凝血酶诱导聚集的血小板中，p38 磷酸化水平明显升高，而 p38 激活剂茴香霉素能在一定程度上进一步增强 p38 的磷酸化水平，NADPH 则可以显著抑制 p38 的磷酸化。p38 抑制剂 SB203580 能显著抑制血小板的聚集，且 NADPH 对血小板聚集的抑制作用能被 p38 激活剂茴香霉素在一定程度上逆转。提示 NADPH 可能通过下调 p38 磷酸化抑制血小板聚集。P2XR 属于一个阳离子通道蛋白家族,对细胞外 ATP 有反应[19]。这些受体在近来的研究中得到了越来越多的关注,因为它们是多种重要病理生理过程的中心,如心血管生理调节、伤害感受的调节、血小板和巨噬细胞激活或神经元-胶质细胞整合[20]。虽然 P2X1R 活化长期以来被认为可以促进血小板聚集,但最近有报道称 P2X7R 拮抗剂可以抑制血小板活化[21]。我们已经证实了 NADPH 可抑制 P2X7R,由此可知,NADPH 也可能是通过拮抗 P2X7R 来抑制血小板功能,进而影响血栓的形成。之前的研究表明,NADPH 进入细胞相对较慢[22, 23]。在本研究中,血小板在加入 ADP 或凝血酶之前仅以 NADPH 孵育 5 min,证明了 NADPH 可能没有足够的时间进入血小板,提示 NADPH 可能主要是在血小板外发挥作用。P2X7R 属于 P2X 受体家族,是以 ATP 为配体的非选择性阳离子门控通道。NADPII 需要通过 P2X7R 转运进入血小板膜内,但是 NDAPH 又是 P2X7R 的拮抗剂,这也许可以解释为何 NADPH 无法进入血小板内。P2X7R 由 ATP 活化,P2X7R 的活化与血小板血栓的形成有关[24]。P2X7R 在多种细胞上表达,在血小板内外也均有表达,且在血小板内的表达高于在血小板膜外[25],这解释了为何 NADPH 对血栓形成的抑制作用不够强烈。如果 NADPH 能够进入血小板内,那么 NADPH 抑制血栓形成的作用可能会达到意想不到的效果,这是一个值得研究的问题。

43.5　NADPH 抑制血小板聚集的优点

这项研究简单阐述了 NADPH 对血小板功能的抑制作用。体外实验中,NADPH 可以抑制由 ADP 或凝血酶诱导的血小板聚集;NADPH 可能没有足够的时间进入血小板,提示 NADPH 可能主要是在血小板膜外发挥作用。NADPH 也可以延缓体内血栓的形成,但对出血时间和凝血时间的影响微弱。NADPH 抑制血小板的聚集作用可能是通过抑制 p38 磷酸化实现。

NADPH 对凝血酶诱导的血小板聚集的最佳抑制浓度是对 ADP 诱导的血小板聚集的最佳抑制浓度的两倍。但是,NADPH 对凝血酶诱导的血小板聚集的抑制率比对 ADP 诱导的血小板聚集的抑制率高。ADP 是一种弱效激动剂,诱导不稳定的血小板聚集[26],而凝血酶是一种强效激动剂,诱导稳定的血小板聚集[27]。在临床治疗中,无法阻断凝血酶诱导的血小板聚集是大量患者接受抗血小板治疗后却继续表现不良血栓事件的原因之一[28]。因此,NADPH 在很大程度上抑制凝血酶诱导的血小板聚集可能具有临床意义。

NADPH 能在一定程度上延长大鼠体内血栓形成时间,其作用虽弱于阿司匹林,但是,阿司匹林能显著延长出血时间而 NADPH 对出血时间影响甚小。由于无 NADPH 对 PGI_2 合成影响的相关报道,且 NADPH 对胃肠道无不良影响,所以提出:因为 NADPH 比阿司匹林具有更小的副作用,所以它在长期临床使用中可能比阿司匹林更安全(虽然弱效)。

在血管内皮细胞损伤,血流状态改变或血液凝固性增加后,一系列凝血因子被激活并作用于可溶性介质以诱导血小板黏附、聚集和释放。在血小板激活过程中,p38 MAPK 被激活并在血小板活化中起关键作用。实验结果证明，NADPH 可以阻止由 ADP 或凝血酶激活的血小板中 p38 的磷酸化。利用茴香霉素（p38 MAPK 的激活剂）和 SB203580（p38 MAPK 的抑制剂）探讨 NADPH 对血小板聚集的抑制作用是否与 p38 的磷酸化有关。用茴香霉素预处理的血小板显示由 ADP 或凝血酶诱导的更高的最大聚集率，并且茴香霉素可轻微逆转 NADPH 对 p38 磷酸化的抑制作用。SB203580 几乎能完全抑制 p38 磷酸化和血小板聚集。以上说明抑制 p38 磷酸化可能是 NADPH 抑制血小板功能的机制之一。

聚集的血小板与纤维蛋白一起形成血小板-纤维蛋白凝块，然后发生血栓事件[3]。血凝块可以发生于任何血管中，一旦发生在关键部位，它可以是致命的。因此，抗血小板药被广泛用于预防或治疗血栓性并发症。这些药物主要包括影响血小板代谢酶的药，如阿司匹林（环氧合酶抑制剂）、奥扎格雷（TXA_2 合成酶抑制剂）、PGI_2（腺苷酸环化酶活化剂）和双嘧达莫（磷酸二酯酶抑制剂）等；ADP 拮抗剂，如噻氯匹定和氯吡格雷等；血小板 GP Ⅱb/Ⅲa 受体阻断剂，如阿昔单抗和依替巴肽等[7]。然而，这些抗血小板药有许多不良反应，包括出血倾向，胃肠道刺激及抑制 PGI_2 的风险[1]。尤其是出血倾向，一旦出现就可危及患者生命。因此，寻找一种副作用较小的药物迫在眉睫。目前的研究结果表明，NADPH 有希望成为一种新型抗血小板药物，这将对心脑血管疾病的防治有重要意义。

总结与展望

　　有多次报道 NADPH 对缺血性脑卒中、心肌缺血引起的心肌梗死有保护作用。临床上对于缺血性脑卒中最接受的疗法是溶栓或血管内取栓恢复血流灌注，但是最可靠的溶栓药物 t-PA 的治疗窗只有 3.5~4.5 h 时，出血的风险较高，所以临床应用受到很大的限制。如果 NADPH 在发挥神经保护的同时，又能抑制血小板聚集减少血栓形成或加重，则对心脑血管疾病的治疗非常有利。在今后的研究中，NADPH 对血小板功能的影响及作用机制值得进一步研究。

参考文献

苏州大学（顾怡）

苏州大学/苏州高博软件职业技术学院（秦正红）

第四篇

烟酰胺辅酶和前体的
生产与应用

第四十四章 烟酰胺辅酶及其前体生产技术研究

44.1 烟酰胺核糖工艺

从图 44.1 可以看出,烟酸(NA)、烟酰胺(NAM)、烟酰胺核糖(NR)、烟酰胺单核苷酸(NMN)、烟酰胺腺嘌呤二核苷酸(NAD^+)都是同一个系列的产品;目前 NA 与 NAM 工艺成熟,市场价格低;我们探索下游产品(NR、NMN、NAD^+)的生产工艺。

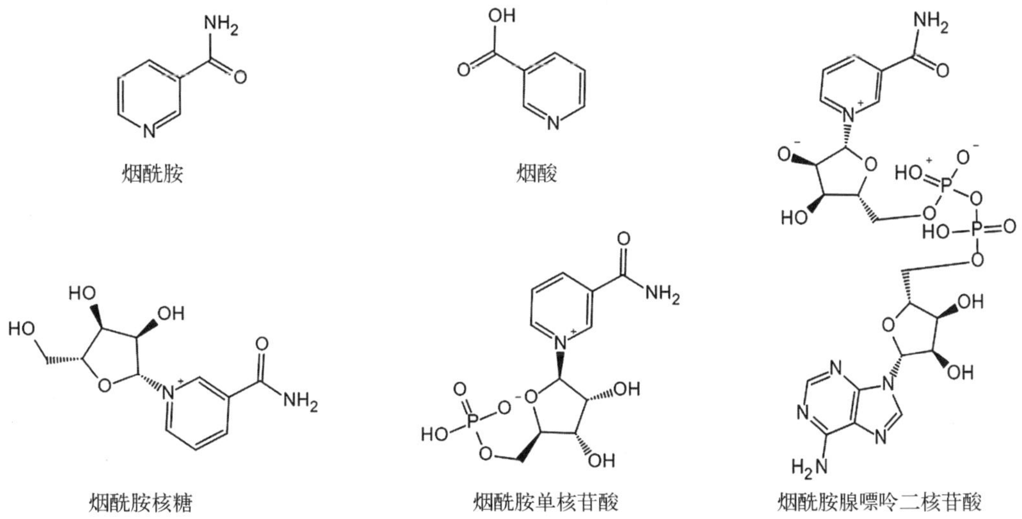

烟酰胺　　　　　　　　烟酸

烟酰胺核糖　　　　　烟酰胺单核苷酸　　　　烟酰胺腺嘌呤二核苷酸

图 44.1　烟酰胺辅酶几种前体结构式

根据细胞合成 NAD^+ 的途径,可以看出,细胞合成 NMN 的两条途径:一是以 NAM 为底物在 NAMPT 等酶的作用下生成 NMN,第二条是以 NR 为底物在 NRK 的作用下生成 NMN;目前生成 NMN 的工艺大部分以 NR 为底物生成,为了降低生产成本,NR 生产工艺迭代更新,按成本与操作简易程度来说,可以分为三代。四乙酰基核糖与 NAM 高温缩合会产生 α、β 两种异构体,两者比例接近 1:1,后期纯化困难,根据甲硅烷基-希尔伯特-约翰逊反应合成核苷,引入三氟甲磺酸三甲基硅酯(TMSOTf),由于空间位阻,生成 β 型为主的 NR，很大程度上提高了选择性。NAM 在硫酸铵做催化剂的情况下与六甲基二硅氮烷（HMDS）反应，使 NAM 甲硅烷基化，得到 3a 或 3b；以 TMSDTf 等路易斯酸做催化剂，在二氯甲烷（DCM）或乙腈（MeCN）溶剂中与四乙酰基核糖缩合反应，得到 5 g；然后在氨甲醇或氯化氢甲醇溶液中脱乙酰基得到 NRCl(4b)，此工艺优点是操作比较简单，对设备要求不高，得率相对高，β/α 的比例高，缺点是用到单价比较贵的原料 TMSDTf，使生产成本增高，而且后续做成高纯粉末 NRCl 的工艺比较麻烦，只能在 NRCl 在单价比较高的时候可以使用。

随着 NMN 市场的扩大，各生产厂家之间的竞争，不得不追求成本比较低的 NRCl 工艺。早在 19 世纪 50 年代，Haynes 等[1]研究发现，用 NAM 与 2,3,5-三乙酰基核糖氯化物或 2,3,5-三乙酰基核糖溴化物在低温中可以得到 2 种吡啶核糖苷异构体，当以 6a(2,3,5-三乙酰基核糖氯化物)为底物时，β/α 的比例高，得率为 62%，以苯甲酰基类似物 6b 为底物时，得率仅为 40%。5a 与 5b 在氨甲醇溶液中脱乙酰基与苯甲酰基保护基团，可以得到 NRCl，经过检测 β/α 的比例为 4∶1。5a 与 5b 在高温时容易降解，为了减少目标产物的快速分解，首选低温，一般控制在−5℃下脱乙酰基。

Migaud 等[2]研究对 5a 进行去乙酰基保护基团进行研究，得到所需的 β-NRCl 盐在酸性(气体盐酸在甲醇或乙醇中)和碱性(30%氨甲醇中)条件下进行了研究。结果表明，NRCl 在无水条件下 β 型的比例比较高，使用 3 mol 当量的 1.25 mol/L HCl 在甲醇中进行乙酰基脱保护，获得了纯度和产率比较高。酸性甲醇去保护的一个显著优势是可以形成乙酸甲酯而不是乙酸(图 44.2)。

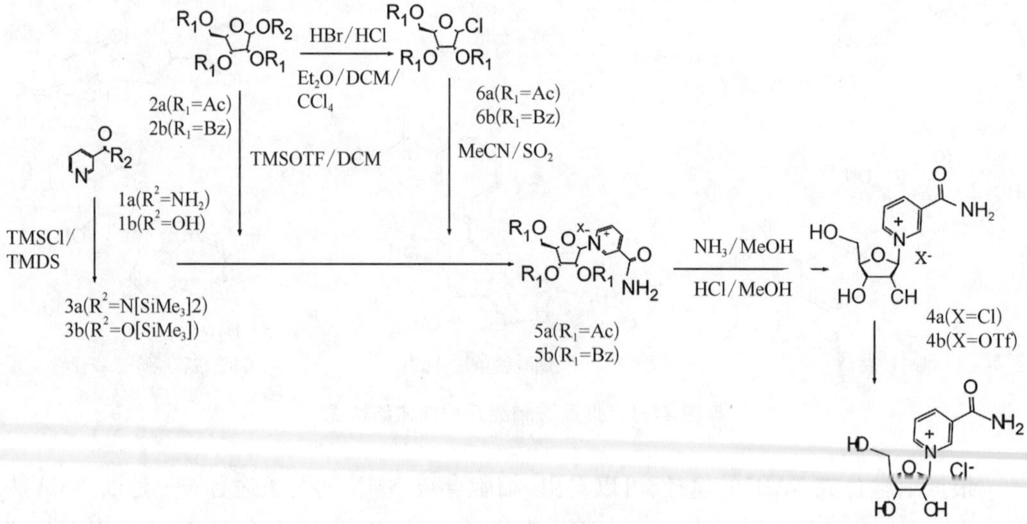

图 44.2　NR 第二代合成路径

Mikhailopulo[3]用液体 SO$_2$ 代替磺烷提高合成物纯度最好；5e(−44.7℃)和 5d(−36.8℃)的产率分别为 96%和 90%，分离产物 5e 不含 α-合成物(根据 1H NMR 数据)，但液体二氧化硫，沸点比较低，对操作人员与设备的要求比较高，且对环境污染比较大，目前停留在实验室阶段。

以四乙酰基核糖卤代后与 NAM 为底物生产 NR 的工艺,称为 NR 的第二代工艺,此类工艺,反应时间比较长,采用了大量的有机溶剂,得率低,但生产成本相对于第一代工艺减少了很多。各工艺反应条件及得率[4]如表 44.1。

表 44.1　各工艺反应条件及得率

起始底物		反应条件 溶剂/温度/时间	脱酰基化反应条件 溶剂/温度/时间	产品和产量	
NAM 及其衍生物	核糖			$2,3,5-$ R-核糖$^+$X$^-$	β-NR$^+$X$^-$
1a	α/β-6a	乙腈/0℃/42 h	NH$_3$/甲醇,0℃,18 h	α/β-5a,62%	X=Cl,没有数据
1a	α/β-6b	乙腈/0℃/36 h	NH$_3$/甲醇,0℃,18 h	α/β-5b,40%	X = Cl,73%,(β:α=4:1)
1a	α/β-6c	乙腈/室温/2 h	NH$_3$/甲醇,-15℃,4 d	α/β-5c,91%	X=Cl,34%（85%的时 β 型）
1a	α/β-6a	乙腈/70℃/20 min	HCl/甲醇,12 h	α/β-5a,62%	X=Cl,没有数据
1a	α/β-6e	乙腈/-5℃/48 h	—	β-5d,61%	—
1a	α/β-6d	SO$_2$/-10℃/一晚	—	β-5e,96%	—
1a	α/β-6e	SO$_2$/-10℃/一晚	NH$_3$/甲醇,-18℃,72 h	β-5d,90%	X=Br,55%
1a	α/β-6d	SO$_2$/-10℃/一晚	NH$_3$/甲醇,-5℃,20 h	β-5e,90%	X=Br,80%
1a	α/β-6d	乙腈/-15℃	—	β-5e,65%	—
1a	β-2a	乙腈/室温/1 h	NH$_3$/甲醇,30 min	β-5g	X=OTf,58%
3a	β-2a	二氯乙烷/45℃/2 h	NH$_3$/甲醇,-5℃,6 h	β-5g,96%	X=OTf,45%
3a	β-2b	二氯乙烷/45℃/2 h	NH$_3$/甲醇,-5℃,48 h	β-5f,93%	X=OTf,45%
1a	α/β-2a	乙腈/室温/1 h	甲醇钠/甲醇,3～5℃,40 min	β-5g	X=Cl,34%

从上述数据来看,此类反应虽然没有用到昂贵的原料,但收率比较低,使生产成本增高。使用液体 SO$_2$ 工艺虽然产量达到 80%,但液体 SO$_2$,不易控制,对环境污染比较大。赵金龙、程青芳等[5]研究,将 β-D-核糖与乙酰氯在路易斯酸和相转移催化剂的作用下,得到中间体Ⅰ(7a 和 7b),中间体Ⅰ与 NAM 在乙醇中回流或超声波中反应得到中间体Ⅱ(8a 和 8b),中间体Ⅱ在 Na$_2$CO$_3$ 或 NaHCO$_3$ 的乙醇(EtOH)溶液中回流去保护基团得到 NRCl(图 44.3);并对第一步的取代条件进行研究,结果如表 44.2。

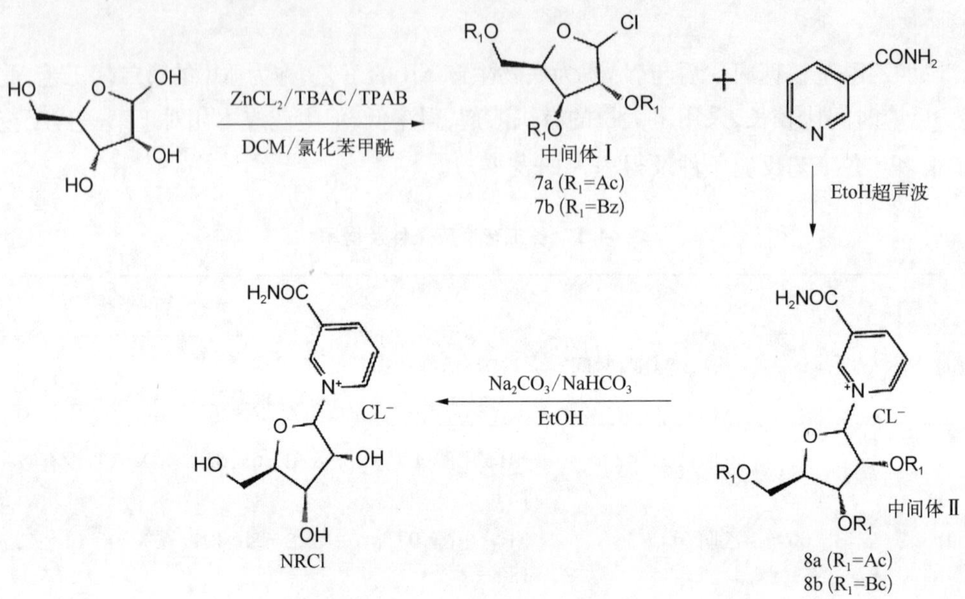

图 44.3 NR 第二代升级合成途径

表 44.2 核糖取代工艺的对比

底　物	路易斯酸	相转移催化剂	溶　剂	取代试剂	收　率
$\beta-D-$核糖	氯化锌	TEBAC	二氯甲烷	苯甲酸氯	91%
$\beta-D-$核糖	氯化锌	TEBAC	二氯甲烷	丁酰氯	78%
$\beta-D-$核糖	氯化锌	TEBAC	二氯甲烷	特戊酰氯	82%
$\beta-D-$核糖	氯化锌	TEBAC	二氯甲烷	2-甲基苯甲酰氯	87%
$\beta-D-$核糖	氯化锌	TMAC	二氯甲烷	苯甲酸氯	81%
$\beta-D-$核糖	氯化钴	TBAC	二氯甲烷	苯甲酸氯	76%
$\beta-D-$核糖	氯化钠	TEBAC	二氯甲烷	苯甲酸氯	70%
$\beta-D-$核糖	氯化钾	TEBAC	二氯甲烷	苯甲酸氯	73%

　　目前这工艺是第一代工艺跟第二代工艺的结合，核糖卤代用廉价的氯化盐做催化剂，替代了昂贵的催化剂，使得率提高，重要的是脱保护基后，过滤干燥得到 NR 纯度和含量比较高，总成本降低。从成本来说，此工艺间于第一代工艺与第二代工艺之间。

　　周景文、陈坚[6]等重组大肠杆菌并敲除部分基因，切断 NR 向胞内转运的路径，以葡萄糖与 NAM 为底物，实现 NR 的生物合成，产量高达 20 g/L 以上。但此工艺操作比较复杂，后期纯化比较难，相比其余工艺，不占优势，暂时停留在实验室阶段。发酵法具有成本低廉的优势，能解决后续纯化问题，为第三代工艺。

44.2　β-烟酰胺单核苷酸工艺

目前,NMN 的现有合成技术有发酵法、半酶法、化学合成法及全酶法 4 种方法。

44.2.1　发酵法

赵丽青等[7]从生产 NMN 相关产品的工厂下水管道附近的土壤中,经初筛和复筛,筛选出转化 NAM 生成 NMN 能力较强的菌株,命名为革兰阴性菌大肠杆菌 2021T4.7。该菌株以 NAM 为诱导物,经过培养基和培养条件优化,NMN 产量最高为 67.66 μmol/L。Marinescu 等[8]在大肠杆菌(*Escherichia coli*)中单独表达分别来源于家鼠(*Mus musculus*)、希瓦氏菌(*Shewanella oneidensis*)和软性下疳杆菌(*Haemophilus ducreyi*)的 NAMPT,补加底物 NAM,边发酵边合成 NMN。结果发现,相对于其他两个细菌来源的 NAMPT,相同时间内哺乳动物(家鼠)来源的 NAMPT(*Mus musculus*)在大肠杆菌表达后合成 NMN 的产量较低,其中单独表达来源 *Haemophilus ducreyi* 的 NAMPT 的大肠杆菌,发酵 12 h,NMN 产量最高可达 0.042 mmol/L。在此研究基础上,增加来源于 *Bacillus amyloliquefaciens* 的核糖磷酸焦磷酸激酶,有利于菌体 PRPP 的生成。优化培养条件后,发酵 12 h,NMN 产量最高可达 0.046 mmol/L。基于之前的研究,Black 等[9]在大肠杆菌内构建了 3 条不同的 NMN 的合成途径。实验结果表明,通过过表达来源于 *Ralstonia solanacearum* 的磷酸核糖转移酶,可将 NMN 的产量提高到 1.5 mmol/L。值得注意的是,通过加强底物的转运和产物的转出,重组大肠杆菌发酵 NMN 的最高浓度提升了近 1 000 倍,达到 20.3 mmol/L[10]。

2020 年,Black 等[11]人,在表达 *FtNadE* 基因,敲除两个基因(*pncC* 和 *nadR*),导致细胞内 NMN 积累增加 1 000(501 mg/L),一般来说,NMN 合成酶的浓度较低。2018 年,Marinescu 等[12]报道了从杜氏嗜血杆菌中过表达 HdNadV(基因在大肠杆菌中生产 NMN)。加入 10 g/L NAM 后,NMN 的浓度提高到 15.42 mg/L。发酵法需要构建产生 NMN 微生物菌种,在此微生物大量培养繁殖的过程中,由菌体细胞合成 NMN。由于各个物种包括低等的单细胞生物体内催化合成 NMN 的关键酶 NAMPT 的基础活性都普遍很低,使构建高效表达 NMN 的菌种异常困难,又因为 NMN 的合成路线长,涉及多酶体系及天然的分解酶系统,所以高效大规模的发酵法生产 NMN 的生产方法十分困难,工艺成本高,产品没有市场竞争力,目前停留在实验室阶段。

44.2.2　酶法

早在 1994 年,Jeck 等[13]利用二磷酸吡啶核苷酸为原料,在焦磷酸化酶的催化水解下生成 NMN。2016 年,邦泰生物工程(深圳)有限公司利用 NAM、ATP 和核糖为底物,在NAMPT、核糖磷酸焦磷酸激酶及核糖激酶的催化下生成 NMN。2017 年,该公司进一步改进工艺,以 NAM、焦磷酸或其盐和 AMP 为原料,在 NAMPT 和腺嘌呤磷酸核糖转移酶的催化作用下发生反应,获得 NMN(图 44.4);该工艺优势在于使用磷酸核糖焦磷酸为原料,降低了成本。2016 年,苏州汉酶生物技术有限公司以 NR 为底物、以 ATP 为磷酸供体,在 NRK 的催化作用下生成 NMN(图 44.5)。该反应结束后发现 NR 转化率达 90%以上,经离子交换树脂分离、冻干等后处理纯化后得到 NMN,纯度大于 95%。2018 年,尚科生物医药(上海)有限公司报道以 D-5-磷酸核糖、ATP 和 NAM 为原料,通过固定化含有磷酸核糖焦磷酸合成酶和 NAMPT 的活性细胞,实现了高效生物催化合成 β-NMN。固定化细胞或固定化酶可以重复多次使用,利于纯化,以降低生产成本,难点在于涉及多种酶的表达、纯化与固定化比较难,酶的成本高,杂质多且未知;全酶法的另一大问题是 ATP 的用量太大,这是导致该方法成本过高,不能推广使用的主要因素。

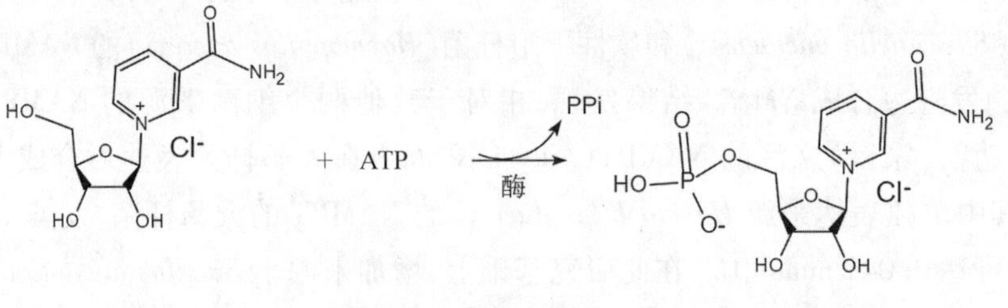

图 44.4　半酶法合成工艺

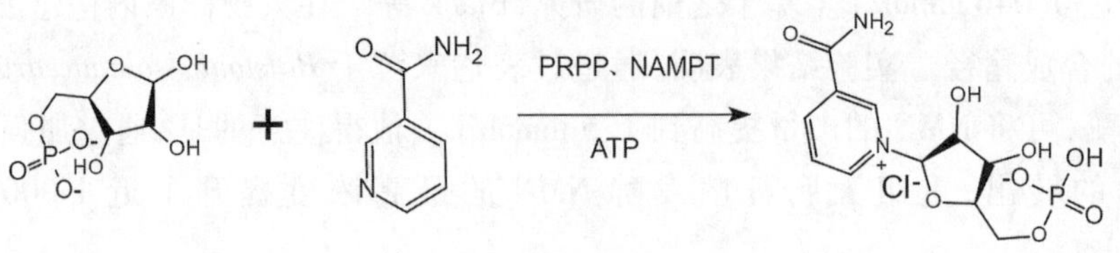

图 44.5　全酶法合成工艺

金彩科等[14]以 5-磷酸核糖-1-焦磷酸、NAM 及腺苷等为底物,采用酵母及 NAMPT 一锅法生产 NMN:在 1 L 反应体系中依次加入终浓度为 100 mmol/L NAM、50 mmol/L 5-磷酸核糖 1-焦磷酸、50 mmol/L 腺苷、330 mmol/L 磷酸氢二钾、70 mmol/L 磷酸二氢钾、120 mmol/L 蔗糖、50 mmol/L 氯化镁、5 mmol/L 氯化锰、300 g 酿酒酵母、300 U NAMPT 液酶,充分搅拌溶解后,控制反应温度为 37℃,反应 pH 为 6.0,300 r/min 搅拌反应,反应过程中用高效液相色谱检测 NMN 浓度,反应在 4 h 内结束,反应得到 NMN 15.44 g,反应转化率为 92.4%。王东等[15]将经过酸、碱处理后的改性硅藻土作为固定化载体,以分别含有多磷酸激酶(PPK)、核酮糖-5-磷酸异构酶(RKI1)、磷酸核糖焦磷酸合成酶(Prp)及 NAMPT 的菌株为对象来制备固定化细胞,再以 D-核糖、ATP、NAM 为原料,加入多磷酸激酶、核酮糖-5-磷酸异构酶、磷酸核糖焦磷酸合成酶及 NAMPT 4 种酶用于催化反应合成 β-NMN,转化率高。不仅提高了酶法合成 β-NMN 的效率和底物转化率,而且其中的固定化细胞可以多次重复使用。杨邵华等[16]以 NR 和乙酰磷酸二钾盐为原料,加入催化量 ATP 钠盐启动反应,采用 NRK 和多聚磷酸盐激酶共同作用下进行生物转化后,得到

NMN,此方法可以提高反应液的底物浓度高达 78.3 g/L,替换了难以除去的多聚磷酸盐,为纯化减轻了负担,降低了纯化成本。孙玮、秦正红等[17]利用微晶纤维素固定 NRK,以 NR、ATP 等为底物,转化率达到 90% 以上,这种方法延长了 NRK 的活性,提高 NRK 的稳定性,固定化酶的重复使用,在保障 NMN 高效生产的前提下,能够极大地降低生产成本。

半酶法是在化学合成 NR 的基础上用酶法使 NR 磷酸化而得到 NMN,该方法兼具化学法及酶法的优缺点,工艺比较简单,杂质已知,生产出来成品纯度和含量高,是目前生产 NMN 的主要方法。

半酶法随着生产工艺的更新,大概分为以下三代。

第一代工艺:

$$NR+NRK+ATP+Mg^{2+}\longrightarrow NMN$$

优点:因没有六偏磷酸钠加入,Mg^{2+} 用量极少,同时后处理极易分离,反应后杂质仅仅有 ATP、ADP、AMP,使用树脂直接吸附然后结晶除盐即可得到成品。

缺点:ATP 用量极大,ATP∶NR(质量比)为 2.7∶1,成本较高。

第二代工艺:

$$NR+NRK+PAP+六偏磷酸钠+ATP+Mg^{2+}\longrightarrow NMN$$

也有人使用 $NR+NRK+PAP+ARK+六偏磷酸钠+ATP+Mg^{2+}$

其中,PAP+ADP+磷酸根——→ATP, ARK+AMP+磷酸根——→ADP

优点:主要优点是用便宜的六偏磷酸钠代替了 90% 的 ATP,成本大量减少。

缺点:六偏磷酸钠反应后衍生物较多(5 个磷酸根、4 个磷酸根、3 个磷酸根……)导致后提取较难,同时因为六偏磷酸钠不影响纯度,很多人凭借纯度认为可以进行结晶,但是因六偏磷酸钠未处理而变成糊状,无法结出晶体。

第三代工艺:

$$NR+PPRK(NRK+ARK 改进版)+六偏磷酸钠+AMP+Mg^{2+}\longrightarrow NMN$$

优点:单酶,易发酵易储存,同时抛弃了 ATP,且 AMP 量极少,成本进一步降低。

缺点:PPRK 这种双蛋白组合酶极度考验育种及发酵水平,稍有不慎两个蛋白比例失衡,则发酵失败。

全酶法是用 NAM、核糖及 ATP 等为基础原料,用一系列酶的连环催化形成 NMN。该方法优势在于环保、安全,难点在于涉及多种酶的表达、纯化与固定化比较难,酶的成本高,杂质多且未知;全酶法的另一大问题是 ATP 的用量太大,这是导致该方法成本过高,不能推广使用的主要因素。

44.2.3　化学合成法

陈怡璇、李桤[18]等对 NMN 的化学合成方法进行总结如下(图 44.6):

A 法:四乙酰核糖与烟酸乙酯在 TMSOTf 的作用下发生成核苷反应,TMSOTf 活化端位乙酰基中羰基,使其更易离去,生成烟酸乙酯三乙酰核苷,在乙醇钠碱性溶液中脱除乙酰基,生成烟酸乙酯核苷盐,与磷酸三甲酯-三氯氧磷发生磷酸化反应,生成 5′-烟酸乙酯单核苷酸,经氨解、阴离子交换树脂除去铵盐、酸化,得到产物 β-NMN。该法总收率达到66%,纯度达到97%,原料便宜易得,合成路线短;若离子交换树脂用酸代替,中和过量的铵盐会降低后处理成本,较适合工业生产。该路线中脱除乙酰基的碱液除了乙醇钠溶液外,还可以是甲醇钠和异丙醇钠。

B法：四乙酰核糖与乙酰氯反应,得到 1-氯全乙酰核糖经丙酮甲基叔丁基醚(体积比 5:1)重结晶得到单一非对映异构体,再与 NAM 在 TMSOTf 的催化下生成烟酰胺三乙酰核苷,在碳酸钾碱性溶液中脱除乙酰基生成烟酰胺核苷盐,与磷酸三甲酯-三氯氧磷反应,生成 β-NMN。该路线总收率35%,合成路线相对较长,酰氯对水较敏感,故整个过程需要在无水的条件下进行。中间体极性较大,用碳酸钾水溶液脱除乙酰基后,不易将中间体分离纯化。乙酰氯危险性高,不易管制,因此该方法不适合工业生产。

C法：四乙酰核糖与 NAM 在 TMSOTf 的作用下反应,生成烟酰胺核苷盐,与磷酸三甲酯——三氯氧磷反应,生成 β-NMN。该路线最短,但反应时间长,且文献中缺少收率和纯度的说明介绍。

D法：四乙酰核糖与烟酸乙酯在 TMSOTf 的作用下,生成烟酸乙酯三乙酰核苷与氨气甲醇溶液混合,生成烟酰胺核苷盐,与三氯氧磷、磷酸三甲酯反应,生成 β-NMN。该路线总收率65%,纯度95%,合成工艺简洁,将乙酰基的脱除和氨解反应用一步反应完成,原料经济性相对较高,比较适合工业生产。

E法：NR 与 2,2-二甲氧基丙烷在硫酸的条件下发生缩酮反应,通过异丙基的保护得到单一非对映异构体,与三氯氧磷、磷酸乙酯反应,生成中间体,化合物在硫酸酸性条件下,脱除甲氧基得到 β-NMN。该路线原料较贵,使用2,2-二甲氧基丙烷对 NR 的 2、3 位

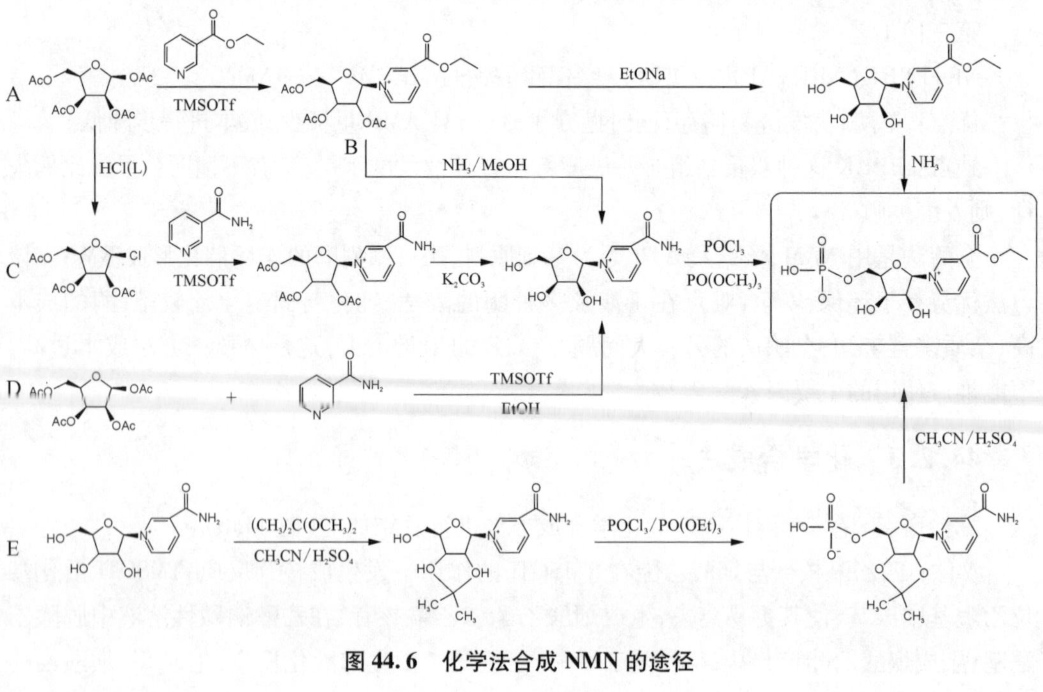

图 44.6 化学法合成 NMN 的途径

的邻二醇进行保护后又脱除,不符合绿色环保的理念。丙叉基保护的过程不仅耗时长(30 h),而且原料不能完全反应。脱除甲氧基、缩酮化反应均使用了硫酸,危险系数大,不适合工业生产。

化学合成法是以 NAM 或 NA、四乙酰核糖、三氯氧磷等基础原料,用化学方法先得到NR,再进一步将 NR 磷酸化得到 NMN。该方法的主要问题在于第二步的化学磷酸化步骤涉及易燃、易爆及剧毒物质,大规模产业化面临严重的环保与安监问题,也存在化学对映体杂质及毒性原料及溶剂残留等问题,其产品长期人体应用的安全性疑虑是面对消费者难以消除的问题,化学法已经被淘汰。

44.3　NAD⁺及 NADP⁺合成工艺

李斌、张超等[19]利用电渗析法制备 NAD⁺,向电渗析槽中加入 NMN、ATP、MNNAT,控制 pH 为 5,电导率为 3 000 μs/cm,反应 15 h,NAD⁺的得率为 95%。丁雪峰、钱明、李佳松等[20]研究用甲酸脱氢酶在弱酸性条件下生产 NADH,避免了在碱性条件下生成碳酸盐,在反应完成后无须大量处理碳酸盐,降低了纯化的难度。周浩[21]以腺苷和 NAM 为底物,用腺苷激酶、腺嘌呤磷酸核糖转移酶、NAMPT、酰胺单核苷酸腺苷转移酶反应 10 h,NAD⁺生成量为 39 g/L,腺苷转化率为 96%。周浩[22]应用腺嘌呤磷酸核糖转移酶、NAMPT、烟酰胺单核苷酸腺苷转移酶和多聚磷酸依赖型 NADK 等组合酶,以腺苷酸、ATP 等为底物,制备 NADP⁺,NADP⁺生成量为 38.5 g/L,纯度为 80%,腺苷酸转化率为 96%。秦正红[23]发明了用固定化酶两步法生成 NADPH,先是以 NAD⁺和偏磷酸盐为底物,在固定化 NADK的作用下生成 NADP⁺,然后再添加葡萄糖底物,再在葡萄糖脱氢酶的作用下生成NADPH,此方法原料成本低,操作比较简单,采用了固定化酶,降低了后续纯化工作难度。

NAD⁺的生产工艺也大致分为以下三代。

第一代工艺:

NR+NRK+NMNAT+ATP+Mg²⁺──→NAD⁺

优点:因没有六偏磷酸钠加入,Mg²⁺用量极少,同时后处理极易分离,反应后杂质仅有 ATP、ADP、AMP,使用树脂直接吸附然后结晶除盐即可得到成品。

缺点:ATP 用量极大,ATP∶NR(质量比)为 3.3∶1,成本较高。

第二代工艺:

NR+NRK+PAP+NMNAT+六偏磷酸钠+ATP+Mg²⁺──→NAD⁺

也有人使用:NR+NRK+PAP+ARK+NMNAT+六偏磷酸+ATP+Mg²⁺──→NAD⁺

其中,PAP+ADP+磷酸根──→ATP,ARK+AMP+磷酸根──→ADP

优点:主要优点是用便宜的六偏磷酸钠代替了 40%的 ATP,成本大量减少(因 NAD⁺与 NMN 不同,NMN 只需要 ATP 的磷酸根,NAD⁺还需要 ATP 的骨架,所以用量无法减少至 NMN 的程度)。

缺点：六偏磷酸钠反应后衍生物较多（5个磷酸根、4个磷酸根、3个磷酸根……）导致后提取较难，NAD^+本身结晶难度较大，一旦混入六偏磷酸钠，基本上结晶无法进行，得到油状物。

第三代工艺：

NR+NRK(A)+NRK(B)+PAP+NMNAT+六偏磷酸钠+ATP+Mg^{2+}——→NAD^+

优点：和第二代工艺主要区别点在于新筛出了另一种NRK，和老的NRK双酶联用后，反应NAD^+的收率提高，反应结束后反应液中的NAD^+折纯量和投量NR的折纯量质量比可以到2.2：1。

缺点：NAD^+、NADH、$NADP^+$、NADPH的生产成本基于NMN与NR的成本，其前体NMN的生产技术更新，成本下降，NAD^+、NADH、$NADP^+$、NADPH成本相应地也降低，但目前的市场小，研发投入比较大，纯化难度高，所以单价比较高。

　　本章分析了NAM系列产品之间的关系，综合了国内外NAM系列产品的工艺及更新状态，NAM系列部分产品的生产在市场的竞争下已经达到非常成熟的水平，而且很多现有生产工厂的技术比文献上的先进，如湖南酶时代生物科技有限公司采用单菌双酶法，以AMP为引发剂，降低了发酵成本，减少了昂贵的ATP原料，AMP的添加量仅为0.03%（NMN的重量），转化率高达104%（M_{NMN}/M_{NRCl}），纯度为99.9%，含量达99%以上。随着市场的扩大，工艺仍在降本增效。希望本章能让更多的人了解NAM系类辅酶产品的生产工艺，为科研及生产厂家提供参考。

湖南酶时代生物科技有限公司（刘建、邓花梅）

湖南朗德金沅生物科技有限公司（吴新民）

第四十五章

烟酰胺辅酶及其前体的工业化生产和纯化工艺

自 1904 年 Sir Arthur Harden 和 William John Young 首次发现辅酶 NAD^+ 以来,辅酶Ⅰ(NAD^+ 和 NADH)和辅酶Ⅱ($NADP^+$ 和 NADPH)及其前体 NR、NMN 就持续被科学家关注并研究它们在生物体的代谢过程、作用机制等。近年来,越来越多的科学家开展了将烟酰胺辅酶用于治疗疾病和减缓衰老等领域研究。鉴于辅酶Ⅰ和辅酶Ⅱ及其前体的重要生理作用和应用价值,它们的合成和规模化制备方法也被科学界和产业界所关注,100 多年来报道了多种合成方法。文献报道的烟酰胺辅酶及前体(包含 NR、NMN、NAD^+、NADH、$NADP^+$、NADPH)的合成和制备方法有发酵法、化学合成法、酶合成法、电化学合成法、应用合成生物学的生物合成法等。本章将对这些烟酰胺辅酶及前体的合成和制备方法做一个较为系统的总结介绍。

45.1 NR 的制备和纯化方法

NR(其有效成分为 β-NR),NR 为 NAM 的原子与核糖 2-位偶联的小分子核苷化合物,分子结构式如图 45.1。尽管有多种盐型报道,目前市售的基本为 β-NR 的氯化盐,白色粉末,遇水不稳定。

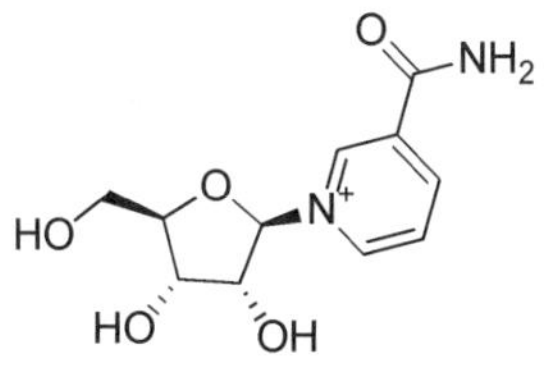

β-NR 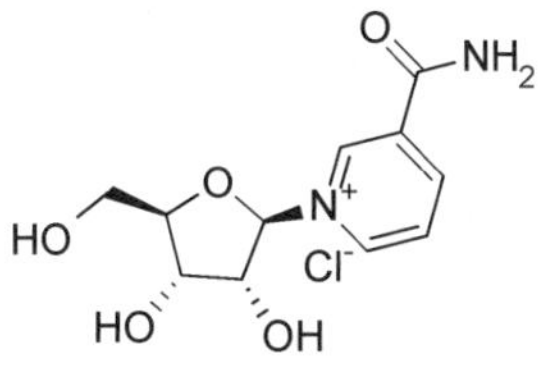   β-NR氯化物

图 45.1 β-NR 及其氯化物的分子结构式

目前 NR 主要用于食品保健品。

自 20 世纪 80 年代以来,科学界和产业界已经报道了多种 NR 的合成和制备方法,包括化学合成法、酶合成法和发酵法。

45.1.1 化学合成法

NR 的合成最早是由 1981 苏联科学家 A. Mikhailopulo 报道,在合成 NMN 过程中制备了 NR 溴化物[1]。美国默克公司的 Jaemoon Lee 在 1999 年也报道了类似的化学合成方法：将保护的 D-核糖在氢卤酸作用下生成保护的 2-卤代-D-核糖,然后在路易斯酸的催化下与 NAM 反应,再去保护得到 NR,这个方法得到的 NR 会有 α 异构体的生成,需要通过结晶等方法去除[2]。这里的 D-核糖的保护基多为乙酰基,也有报道用苯甲酰基,这里的卤酸为氢溴酸或盐酸(图 45.2)[3]。

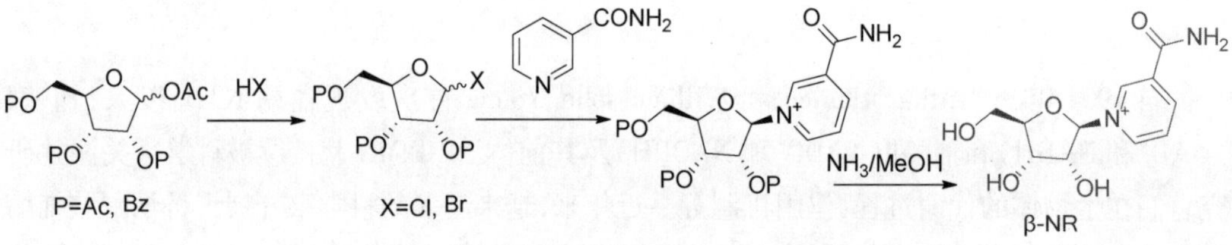

图 45.2　Jaemoon Lee 报道的化学合成法制备 NR

2002 年,Shinji Tanimori 报道了四乙酰基保护的 D-核糖在路易斯酸(TMSOTf 等)催化下与 NAM 反应然后氨酯交换并去保护得到 NR 的合成方法,这个方法得到的 NR 也会有 α 异构体的生成(图 45.3)[4]。

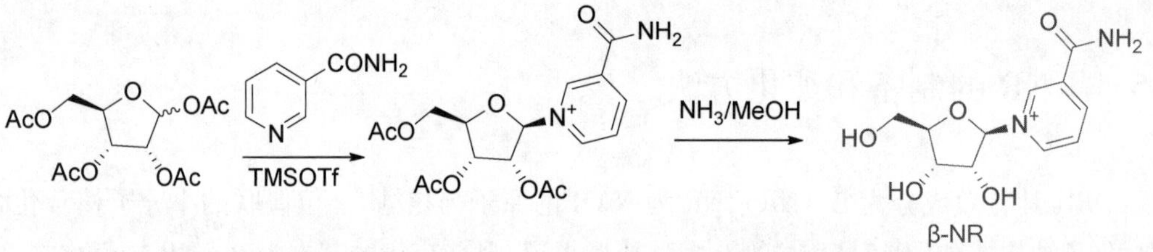

图 45.3　Shinji Tanimori 报道的化学合成法制备 NR

上述使用 NAM 为起始物料制备 NR 的方法,往往需要使用大量的乙腈用于溶解 NAM,且有异构体生成,导致成本偏高并不适用于大规模的商业化生产。

2007 年 Tianle Yang 等报道了保护的 D-核糖在路易斯酸(TMSOTf 等)催化下与烟酸酯反应然后氨酯交换并去保护也可以得到 β-NR(图 45.4)[5, 6]。

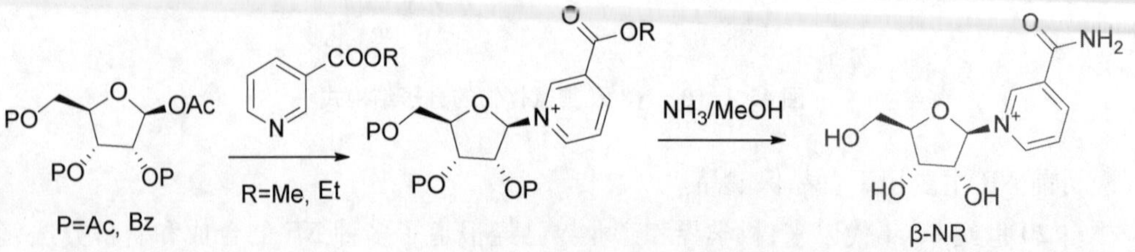

图 45.4　Tianle Yang 报道的化学合成法制备 NR

2017 年美国专利 US201716078320 公开了一种制备通过 NAD^+ 降解制备 NR 的方法：NAD^+ 在 $ZrCl_4$、Calcium L - ascorbate 作用下，依次水解为 NMN 和 NR（图 45.5）[7]。

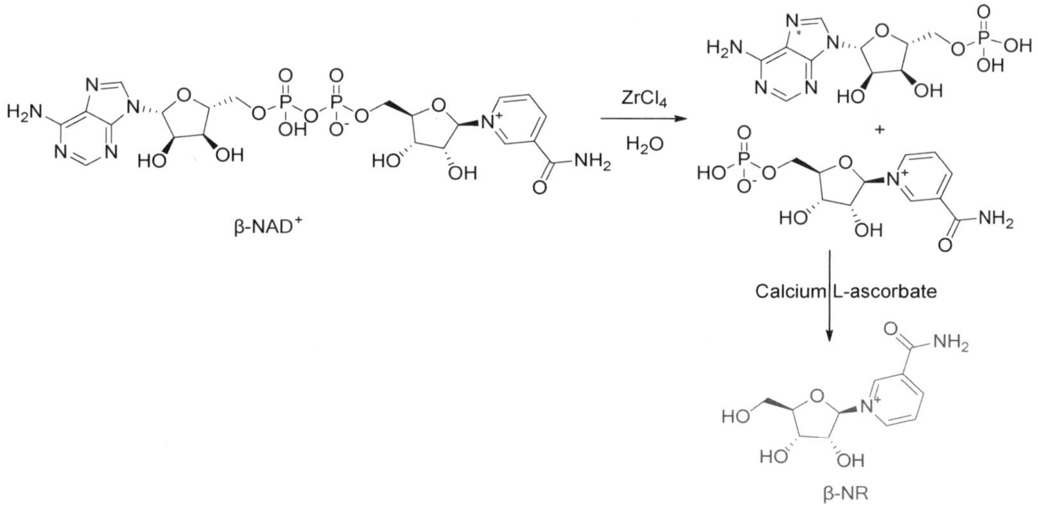

图 45.5　NAD^+ 降解制备法制备 NR

当然，也还有其他一些方法的报道，但基本反应历程与原理都与前面所述的类似。

45.1.2　酶合成法

2016 年宝洁公司的专利 US201615296083 公开了酶法制备 NR 的方法：NMN 在 5'-核苷酸酶的作用下转化为 NR（图 45.6）[8]。

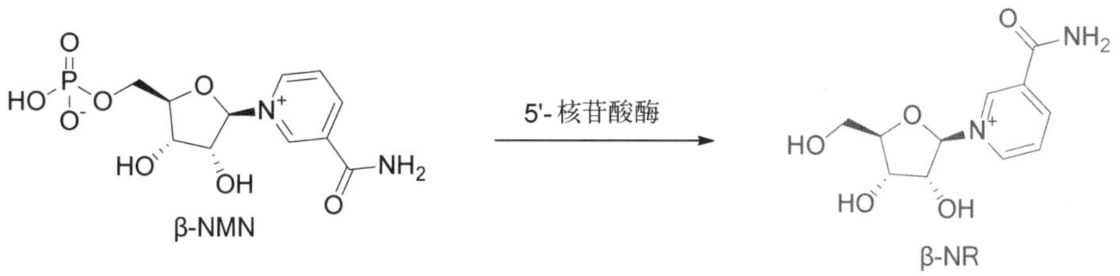

图 45.6　NMN 降解制备法制备 NR

或者，由 α - D -核糖-1 -磷酸出发也可以在嘌呤核苷酸磷酸酶（PNPPase）和蔗糖磷酸酶（SPase）的作用下转化为 NR（图 45.7）。

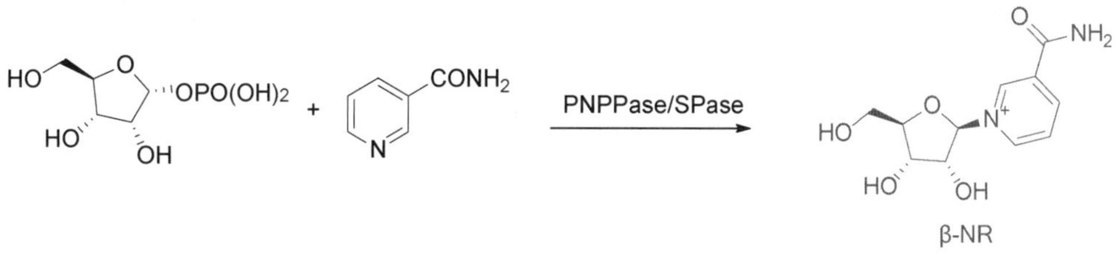

图 45.7　酶促 α - D -核糖-1 -磷酸与 NAM 反应制备 NR

2021 年中国专利 CN202110120111.6 公开了以 D -核糖、ATP 为原料,依次与核糖激酶(RP)、磷酸核糖变位酶(PPRM)、NRK 反应,得到 NR(图 45.8)[9]。

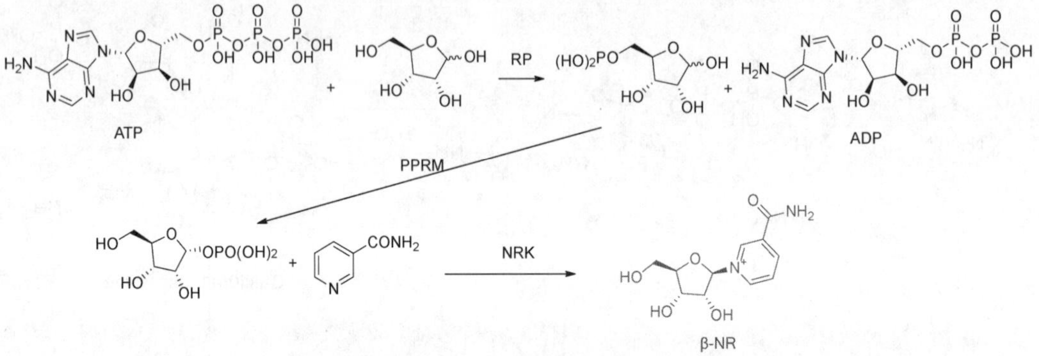

图 45.8 D -核糖与 NAM 酶促反应制备 NR

45.1.3 发酵法

2016 年,专利 CN201680078334.8 公开了一种能够生产通过微生物发酵生产 NR 的方法,产物 NR 浓度的最高可达 102.9 mg/L[10]。

2020 年,专利 CN202080063794.X 公开并保护了一种产生 NR 的乳酸菌,并将其用于 NR 的制备中,但菌体内 NR 的含量不高于 0.2 mg/g(干燥菌体)[11]。

2021 年,专利 WO2021IB53565 公开了一种生产 NR 的工程菌,在相应的条件下,NR 的浓度可以达到 22 mg/L[12]。

2021 年,专利 CN202110696976.7 公开了一种含有核糖核苷水解酶的重组微生物用于 NR 的制备,其 NR 的产量可达 8.6 g/L[13]。

45.1.4 NR 的纯化方法

NR 的纯化一般需要通过反相硅胶柱层析、离子交换、结晶等工序得到纯品。结晶溶剂多为醇类、水,有些工艺也用到其他有机溶剂。NR 在水溶液中不稳定,因此整个分离与纯化过程需要控制低温,物料的储存也要在低温条件下。

美国格雷斯公司的中国专利 CN201580051724.1 公开的结晶操作,是典型的纯化结晶操作,具体如下：将含有甲醇和烟酰胺核苷氯化物的溶液冷却至-10℃,向溶液中播种晶种,并保持在该温度下 12~24 h;然后经 6~12 h 内慢慢地加入 3 份甲基叔丁基醚;将该反应混合物在-0℃下保持额外的 12 h;过滤固体,并用甲基叔丁基醚淋洗,烘干即可得到纯化的 NR 产品[14]。

45.2 NMN 的制备与纯化方法

NMN 有效成分为 β-NMN,是 NAD+ 的前体,为 NR 分子的核糖结构的 5-位结合了一

个磷酸分子形成的内盐,白色粉末,熔点 166℃,遇水不稳定,分子结构式如下(图 45.9):

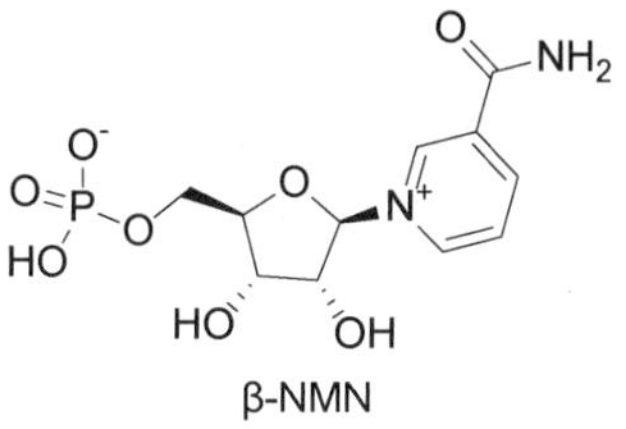

图 45.9　β-NMN 的分子结构式

NMN 通常以游离酸的形式生成和储存,在酸性水溶液中比中性和碱性水溶液更稳定一些。NMN 主要用于食品、保健品和化妆品,以及 NAD^+ 的合成。

NMN 的合成方法分为化学合成法、化学-酶法合成法(半酶法)、全酶法、降解法和发酵法等。

45.2.1　化学合成法

化学法 NMN 的制备的报道最早是在 1963 年,Pfleiderer E. 等报道了化学法用酸水解 NAD^+ 制备 NMN[15]。1981 年,苏联科学家 A. Mikhailopulo 报道了 NMN 的合成采用保护的 *D*-核糖-2-溴代物与 NAM 反应再去保护,然后用三氯氧磷磷酸化得到 NMN[1]。1984 年,美国科学家 David R. Walt 报道了从 5-磷酸核糖经过氨代,与 N-2,4-二硝基苯基烟酰铵(NDC)反应生成 NMN,与先前的技术相比收率有显著的提升[16]。上述两个方法都会生成部分 α 异构体,需要通过纯化去除。

1994 年,Rihe Liu 报道了用 $ZrCl_4$ 将 NAD^+ 降解为 NMN 的方法(图 45.10),收率可以达到 70%[17]。

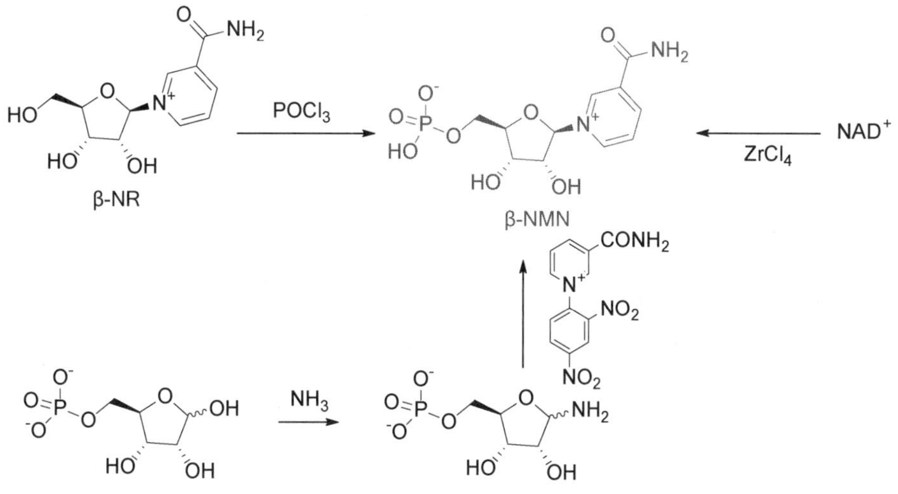

图 45.10　化学合成法和 NAD^+ 降解法制备 NMN

45.2.2　酶合成法

1950 年,G. A. Kornberg 等报道了酶法降解 NAD$^+$ 为 NMN 的方法,这是最早报道的 NMN 的制备方法[18]。2007 年,美国科学家 Wolfram Tempel 和 Anthony A. Sauve 报道了用 NRK 将 NR 与 ATP 反应转化为 NMN 的方法[5,19]。2008 年美国科学家 Emmanuel S. Burgos 和 Vern L. Schramm 报道了用人源的 NAMPT 催化 NAM 和 $R-D-5$-磷酸核糖基-1-焦磷酸(PRPP)合成 NMN 的方法,其中的 PRPP 由核糖与多聚磷酸经核糖激酶(RK)和 5-磷酸核糖-1-焦磷酸合成酶(PRPPase)催化反应得来(图 45.11)[20]。

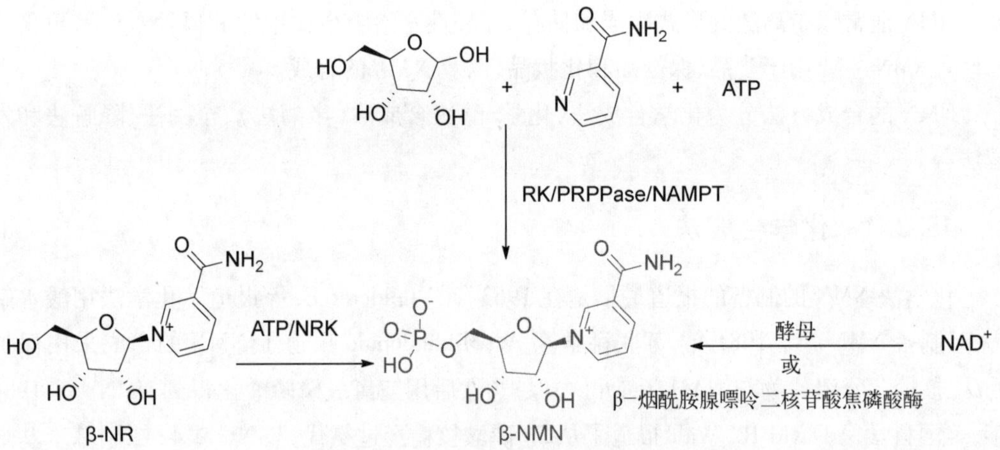

图 45.11　酶促合成法制备 NMN

2019 年,专利 CN111954718(A)报道了利用酵母发酵将 NAD$^+$ 转化制备 NMN 的方法[21]。2020 年,专利 CN111593083(A)公开了以 NAD$^+$ 为底物在 β-烟酰胺腺嘌呤二核苷酸焦磷酸酶或含有 β-烟酰胺腺嘌呤二核苷酸焦磷酸酶的重组细胞的催化作用下生成 NMN, NMN 的产量为 1.5 g/L[22]。此外,还有以 NAM 和木糖为起始物料、以 NAM 和 AMP 为起始物料的其他酶法合成路线的报道[23, 24]。

45.2.3　发酵法

2018 年,罗马尼亚科学家 George Catalin Marinescu 等报道了大肠杆菌发酵法制备 NMN, NMN 产量为 15.42 mg/L[25]。2020 年,美国科学家 William B. Black 等报道了通过人工设计的大肠杆菌全细胞的生物合成途径合成 NMN,不需要额外辅助因子的添加,NMN 产量为 1.5 mmol/L(0.5g/L 左右)[26]。2021 年,Anoth Maharjan 等报道了重组的大肠杆菌发酵表达 NMN,当补充 1% 核糖、1 mmol/L 时,NMN 的产量可以达到 2.31 mmol/L(约 0.77g/L)[27]。2021 年,日本科学家 Shinichiro Shoji 等报道了通过可以表达不同物种来源的 NA 转运蛋白 NiaP、NR 转运蛋白 PunC 及 NAMPT,并可以摄入葡萄糖和 NAM 的基因工程重组大肠杆菌发酵制备 NMN,最终可使 NMN 产量达到

6.79 g/L[28]。2022 年,江南大学的周景文教授课题组报道了重组的大肠杆菌发酵表达 NMN 的方法,NMN 的产量可以达到 16 g/L。这是迄今文献报道的发酵法制备 NMN 的最高浓度[29]。

45.2.4 提取法

2020 年,专利 CN202010472425.8 公开了一种从牛油果提取 NMN 的方法:采用溶剂协同超声波辅助提取的方式从牛油果中提取 NMN,所得到的 NMN 达到 13.3 ~ 16.1 μg/g[30]。

45.2.5 纯化方法

NMN 的纯化通常采用结合超滤、树脂柱层析、纳滤的方法来提纯分离 NMN 反应液,纯化得到的 NMN 水溶液再通过加入有机溶剂析晶可以得到固体 NMN。这里采用的有机溶剂通常为醇类溶剂,使用最多的是乙醇。

45.3 NAD⁺的制备与纯化方法

NAD⁺,有效成分为 β - NAD⁺,是在 NMN 分子结构的基础上增加了 AMP 的结构,结构式如下(图 45.12)。

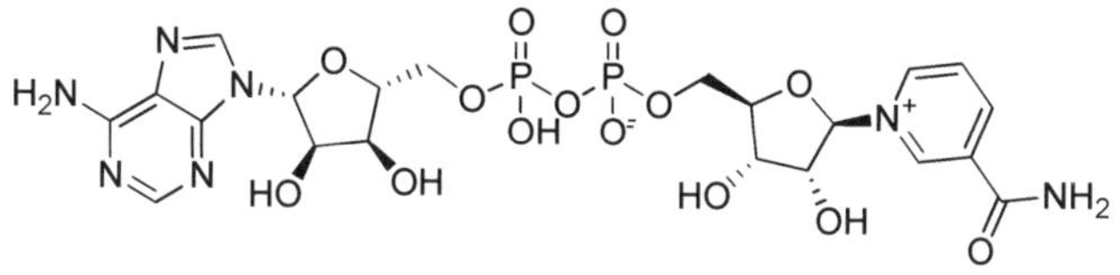

图 45.12 β - NAD⁺分子结构式

NAD⁺通常以游离酸形式存在,熔点为 140~142℃(分解),易溶于水,白色粉末,有结晶型和冻干粉型,易溶于水,水溶液的 pH 约为 3.0(50 mg/mL),遇水不稳定,需要低温 2~8℃储存。

NAD⁺可用于诊断试剂、科研试剂、生物催化试剂、食品保健品、化妆品和药品。

NAD⁺的制备分为提取法、化学合成法和酶合成法。早期的 NAD⁺都是通过提取法得来的,提取法是将酵母发酵过程中产生的副产物(含 NAD⁺)提取并分离与纯化得到 NAD⁺。

45.3.1 化学合成法

1957 年 N. A. Hughesg 等首先报道了 NMN 和 AMP 在二环己基碳二亚胺和吡啶水溶液(DCC)中缩合得到 NAD⁺(图 45.13)[31]。

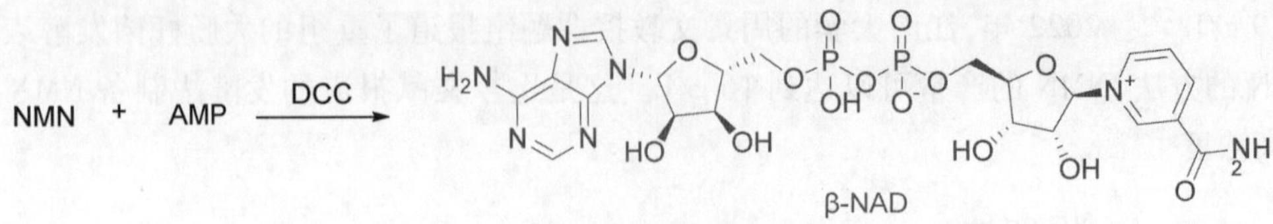

图 45.13　化学合成法制备 NAD+

45.3.2　酶合成法

1981 年,美国专利 US19810306460 公开了一种化学-酶法制备 NAD+ 的方法：使 5-磷酸核糖与氨、伯胺和仲胺及其混合物的碱性物质在极性非水溶液中反应得到 5-磷酸核糖-1-胺,5-磷酸核糖-1-胺与吡啶鎓盐反应得到 NMN,在 NMNAT 存在下,NMN 与 ATP 反应制备得 NAD+(图 45.14)[32]。

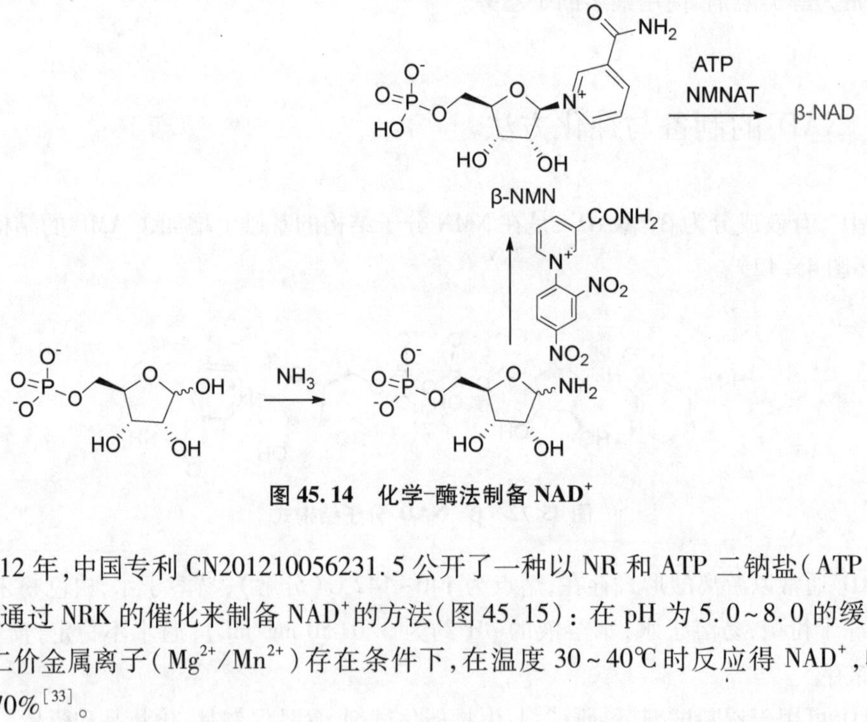

图 45.14　化学-酶法制备 NAD+

2012 年,中国专利 CN201210056231.5 公开了一种以 NR 和 ATP 二钠盐(ATP-Na$_2$)为原料通过 NRK 的催化来制备 NAD+ 的方法(图 45.15)：在 pH 为 5.0~8.0 的缓冲溶液中,在二价金属离子(Mg^{2+}/Mn^{2+})存在条件下,在温度 30~40℃时反应得 NAD+,收率为 52%~70%[33]。

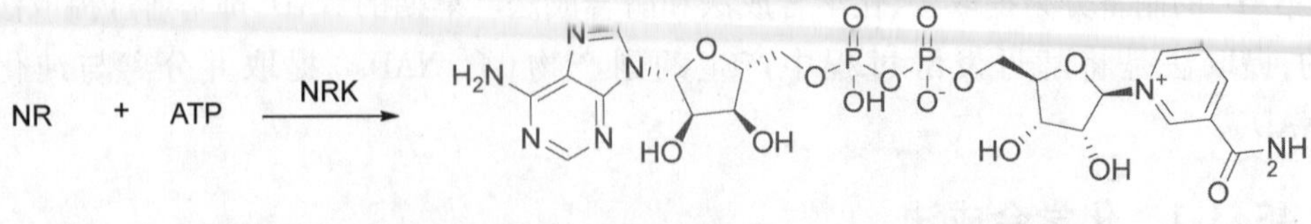

图 45.15　以 NR 和 ATP 二钠盐(ATP-Na$_2$)为原料制备 NAD+

从 NMN 出发酶促合成 NAD+,是目前工业界的主流合成方法。

45.3.3　发酵法

2004 年,Bouziane Abbouni 等人报道了 10 μmol/L Mn^{2+} 存在下,产氨棒状杆菌突变体 (*Corynebacterium ammoniagenes CH31*) 发酵生产 NAD^{+}[34]。2015 年,中国专利 CN201510423670.9 和 CN201511022464.3 公开了 NAD^{+} 发酵生产方法和提取方法,NAD^{+} 的积累量达到 4.5~6.5 g/L[35, 36]。提取过程为:先将酵母细胞破碎,然后经酸化、交换、洗脱、去盐、分离、洗脱、收集 7 个步骤来提取 NAD^{+}。

2019 年,中国专利 CN201911326087.0 公开了一种基因工程菌株,为来自酿酒酵母 (*Saccharomyces cerevisiae*),该菌株能以 NAM 和腺嘌呤为底物合成 NAD^{+},产物浓度可以达到 21.5 g/L[37]。

45.3.4　纯化方法

NAD 的纯化与 NR、NMN 类似,一般都是通过离子交换、树脂柱层析、浓缩、析晶或冻干得到纯化的 NAD 固体粉末。但也有直接采用两次结晶纯化的,中国专利 CN201880037981.3 上公开的纯化操作如下:调 pH 至 6.0~8.0,除去不溶物,升温至 (35±1)℃,并加入乙醇,降温至 (6±0.5)℃,结晶,过滤,将滤液升温至 25~30℃,调 pH 至 1.5~3.0,加入 NAD^{+} 晶种,降温至 (12±0.5)℃,结晶,待结晶率达到 40% 时,再加入乙醇,降温至 (3±0.5)℃,结晶,待结晶率在 90% 以上时,过滤,滤饼经干燥后即得高纯度 NAD^{+} 产品[38]。

45.4　NADH 的制备与纯化方法

NADH,有效成分为 β-NADH,市售产品通常以二钠盐的形式存在,是在 NAD^{+} 分子结构吡啶环的一个双键被还原的结构,结构式如图 45.16。

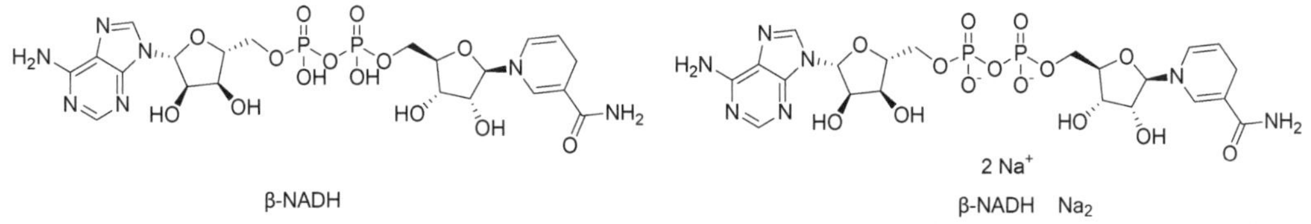

图 45.16　NADH 的分子结构式

NADH 二钠盐,是白色至黄色的粉末,熔点为 140~142℃,水溶液的 pH 为 7.5(100 mg/mL),易溶于水。NADH 很不稳定,在碱性水溶液的稳定性要高于中性水溶液和酸性水溶液,但也会发生降解。NADH 二钠盐需要低温(-20℃)储存。

NADH 可用于诊断试剂、科研试剂、生物催化试剂、食品、保健品、化妆品和药品。

NADH 制备通常由 NAD^{+} 还原制备,因 NADH 性状非常不稳定,极易脱掉氢,重新回到相对稳定的 NAD^{+} 状态,NADH 的制备较 NAD^{+} 困难。

NADH 的合成可以分为化学合成法和酶合成法。

45.4.1　化学合成法

2004 年，K. Vuorilehto 等科学家报道了用电化学方法以金属铑络合物作为介质将 NAD$^+$ 还原为 NADH 的方法[39]。

2005 年，Zhongyi Jiang 等报道了一种利用光化学制备 NADH 的方法（图 45.17）：在反应体系中引入铑金属络合物作为电子媒介物，反应生成铑氢化合物，它能将 NAD$^+$ 直接还原而不需要酶的参与[40]。2007 年，Jérôme Canivet 等报道采用金属 Rh、Ru、Ir 络合物催化实现 NAD$^+$ 到 NADH 的转变，反应在 100 mg 的规模，产率可达 74%~85%[41]。

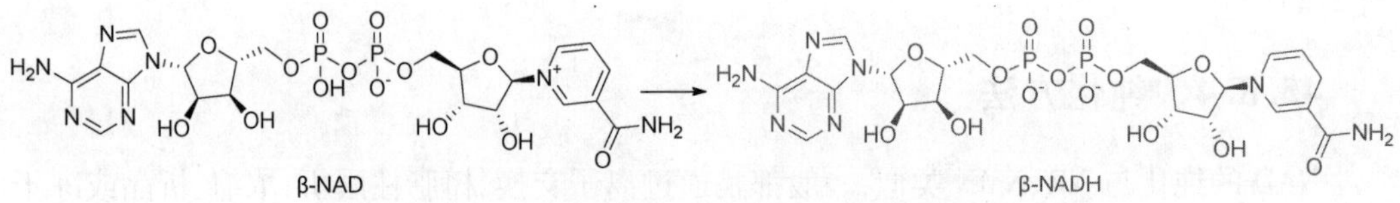

图 45.17　电化学法：从 NAD$^+$ 制备 NADH

此后，还有不少科学家报道了化学或电化学还原或光化学还原从 NAD$^+$ 制备 NADH 的方法[42-44]。

2004 年美国专利 US20040776009 公开了一种 4 步法合成 NADH 的方法（图 45.18）：以 3-溴-1-甲酰胺-1,4-二烯环己胺为起始原料，先与活化后的锌粉反应得到有机锌化合物，再与 α-D-呋喃核糖-1-溴-2,4,5-三苯甲酸酯反应，分离得到 β 异构体，最后氨解去脱保护后得到 C5-核糖；C5-核糖与 TMS-ADP 通过偶联反应，4~7 天，得到目标化合物 NADH[45]。

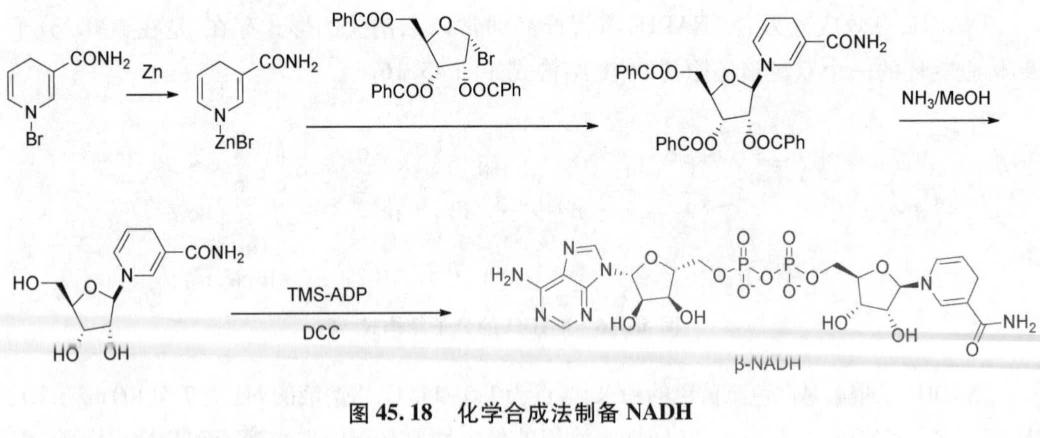

图 45.18　化学合成法制备 NADH

45.4.2　酶合成法

1983 年，Y. Lzumi 等描述了用甲酸脱氢酶、磷酸钾缓缓液和甲酸钠在反应混合物中酶促还原 NAD$^+$ 制备 NADH 的方法（图 45.19）[46]。

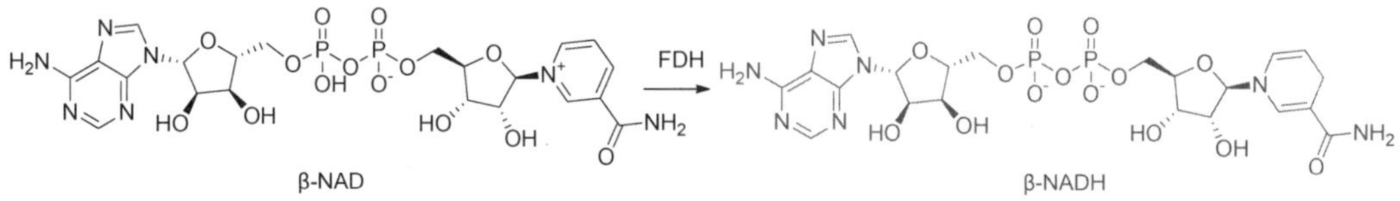

图 45.19 NAD⁺酶还原制备 NADH

1987 年,H. Keith Chenault 和 George M. Whitesieds 报道了 NADH 的制备主要是通过从啤酒或面包酵母中提取 NAD⁺并随后酶法还原为 NADH 来实现 NADH 的生产。这里的酶优选使用醇脱氢酶、甲酸脱氢酶、葡萄糖脱氢酶和葡萄糖-6-磷酸脱氢酶(图 45.20)[47]。

图 45.20 发酵法制备 NAD⁺,再酶法制备 NADH

1990 年,Von Eberhard Steckhan 和 Sabine Herrmann 报道了使用金属铑络合物联合醇脱氢酶催化 NAD⁺转化为 NADH 的方法,并在膜反应器内实现了 NADH 的连续制备[48]。

45.4.3 NADH 的纯化方法

NADH 的纯化与 NAD⁺类似,一般都是通过离子交换、树脂柱层析、纳滤浓缩、醇析或冻干得到纯化的 NADH 固体粉末。中国专利 CN 113512080 公开的纯化方法如下:将 NADH 含量为 45 g/L 的 5 L 酶反应液,用 50 nm 孔径陶瓷膜,过滤温度为 25℃,过膜压力为 0.1 MPa,过滤收集流出清液为 6 L, NADH 浓度为 36.75g/L。将 6 L 清液用稀盐酸将 pH 调至 6.0,添加 90 g 活性炭,50℃脱色处理 50 min,过滤,得到 5.9 L 含 NADH 的滤液。将 5.8 L 含 NADH 滤液用稀氢氧化钠将 pH 调至 7.2,在过滤温度为 25℃、过膜压力为 2 MPa 下通过超滤膜过滤,收集清液 8 L,再通过 300 Da 的纳滤膜在过滤温度为 25℃、过膜压力为 2.0 MPa 下浓缩 4 倍,收集浓液 2 L。将 2 L 含 NADH 的浓液,在 45℃下减压浓缩,先以 3℃/h 的降温速率将温度降至有晶体析出,再以 8℃/h 的降温速率将温度降至10℃,过滤收集晶体,50℃真空干燥,得 204.75 g NADH,纯度 98.5%,总收率 91%左右[49]。

45.5 NADP⁺的制备与纯化方法

NADP⁺,有效成分为 β-NADP⁺。市售产品通常以一钠盐的形式存在,也有少部分是以游离态或二钠盐的形态存在。NADP⁺是在 NAD⁺分子结构中与腺嘌呤相连的核糖环上 2 位羟基连接了一个磷酸分子,结构式如图 45.21。

因 NADP⁺是白色至黄色的粉末,不稳定,需要低温-20℃储存。NADP⁺易溶于水,水中溶解度可以达到 50 mg/mL。

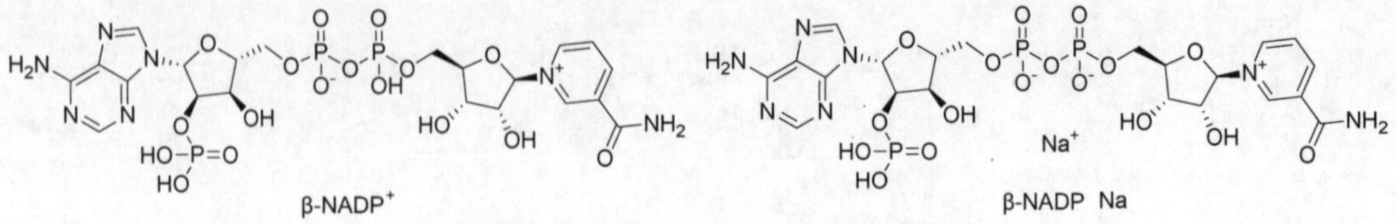

图 45.21　β-NADP⁺分子结构式

NADP⁺主要用于诊断试剂、科研试剂、合成 NADPH 的前体和生物催化试剂等领域。

NADP⁺的制备通常由 NAD 为原料，可以分为化学合成法、酶合成法，也有发酵法制备 NADP 的报道。

45.5.1　化学合成法

2004 年，英国科学家 James Dowden 等报道了通过化学合成法完成 NADP⁺的制备：以 4-乙酰-D-核糖和腺嘌呤核糖为起始原料经过 10 步反应合成 NADP⁺（图 45.22）。该方法反应条件苛刻、选择性差、易生成副产物、产物纯度低、收率低，并不适合工业化生产[50]。

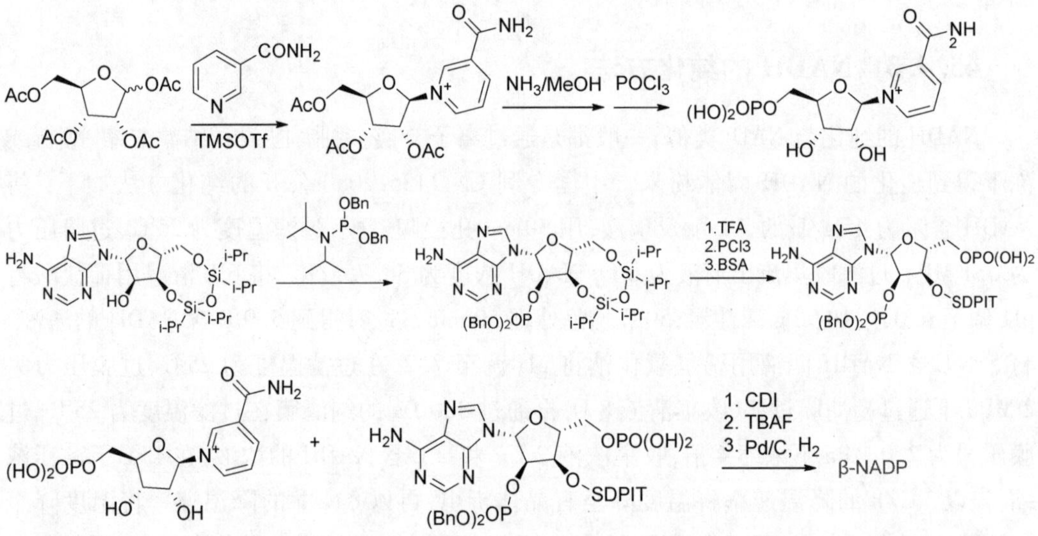

图 45.22　化学合成法制备 NADP⁺

45.5.2　酶合成法

1984 年，David R. Walt 等报道了用聚丙烯酰胺凝胶固定化的 NAD⁺焦磷酸化酶和 NADK 及 ATP 再生酶催化反应体系，催化 NMN 合成 NADP⁺的方法（图 45.23）。然而，该工艺存在以下缺陷：一是原料合成烟酰胺核苷磷酸的合成收率低，且不易放大生产，原料来源受到限制；二是酶催化合成 NAD⁺和 NADP⁺只能在克级范围得到高的转化率，但反应时间长达 16 天，产能低；三是 NADP⁺的生产需要在 ATP 的存在下进行，由于 ATP 价格昂贵，增加了 NADP⁺的生产成本[51]。

$$\beta\text{-NAD} \xrightarrow{\text{ATP/NADK}} \beta\text{-NADP}$$

图 45.23　酶促 NAD⁺ 制备 NADP⁺

2002 年,欧洲专利 EP20020738905 公开了日本东洋酵母公司的一种制备 NADP⁺ 的方法:在来自分枝杆菌的多磷酸盐依赖性 NADK 的存在下,使用多磷酸或其盐和 NAD⁺ 作为底物进行磷酸化,其中反应溶液含有 0.1%~15% 重量的多磷酸或其盐和 5~150 mmol/L 的二价金属离子[52]。

45.5.3　发酵法

2009 年,中国科学家孙十凡等人报道了一种以重组大肠杆菌发酵制备 NADP⁺ 的方法。他们以重组大肠杆菌 *E. coli* BL21(DE3)pET30α(+)-NMNAT 为研究对象,通过拟合得到最佳通透剂配比为曲拉通 X-100(1.64%)、吐温 80(2.53%)及二甲基亚砜(1.06%),NADP⁺ 产率达 77%[53]。

45.5.4　NADP⁺ 的纯化

NADP⁺ 的纯化方法与 NAD⁺、NADH 的纯化方法类似,一般都是通过离子交换、树脂柱层析、纳滤浓缩、醇析或冻干得到纯化的 NADP⁺ 固体粉末。中国专利 CN201510255144.6 公开了一种纯化方法,该方法应用苯基键合硅胶进行反相高效液相纯化辅酶Ⅱ,获得的产品纯度为 99%,收率为 90% 以上,操作如下:将经过预处理的辅酶Ⅱ溶液用膜浓缩设备进行微滤和纳滤,微滤除掉微生物,纳滤采用截留分子量 200 Da 的中空纤维膜将粗品浓缩至 40~60 g/L。纯化:纯化条件,色谱柱:30 cm×30 cm;固定相:苯基键合硅胶;流动相:A 相是 pH 为 4 的盐酸溶液,B 相是乙醇;流速:2 500~3 000 mL/min;检测波长:260 nm;梯度、B% 为 1%~10%(40 min);进样量为 400~500 g。纯化过程:将浓缩后的粗品溶液用磷酸溶液或盐酸溶液调 pH 至 2~4,将色谱柱用 30% 以上的乙醇溶液冲洗干净后平衡进样,进样量为 400~500 g。线性梯度洗脱 40 min,收集目的峰。浓缩及冻干:将纯化后的样品溶液用膜浓缩设备(截留分子量 200 Da 的中空纤维膜)纳滤浓缩至 100~150 g/L 纳滤浓缩,然后用真空冷冻干燥机冻干,即可得到纯度大于 99% 的冻干产品,总收率可以达到 91.4%[54]。

45.6　NADPH 的制备与纯化方法

NADPH 有效成分为 β-NADPH。NADPH,极不稳定,市售商品通常以四钠盐的形式存在,为白色至类白色粉末,熔点:大于 250℃(分解),需低温-20℃储存,水溶性好。结构式如图 45.24。

NADPH 通常用于科研试剂,因其制备难度大、稳定性差,价格昂贵,报道的有关 NADPH 制备方法的文献资料并不多。NADPH 的制备分为化学合成法和酶合成法。

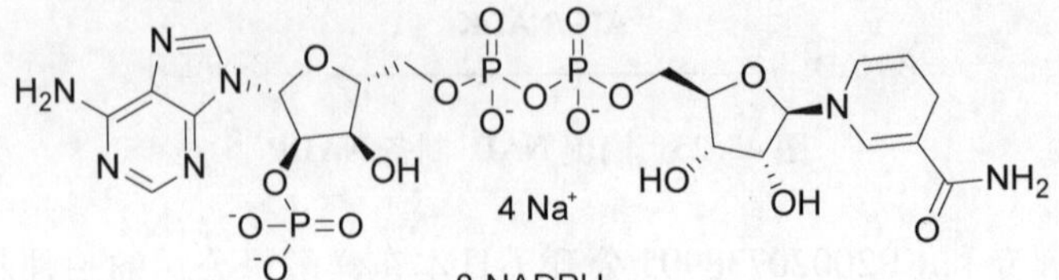

β-NADPH

图 45.24   NADPH 的四钠盐形式

45.6.1   化学合成法

2020 年,中国专利 CN202011560689.5 公开了该专利公开并保护了一种负载型金属催化剂负载型双金属纳米催化剂(双金属纳米粒子负载于载体上构成,双金属为金和钯)催化再生 NADPH 的方法,底物为 NADP⁺,添加不同的电子供体,NADPH 的再生效率最高可达 99.59%[55]。

45.6.2   酶合成法

NADPH 酶合成法主要方法为用葡萄糖脱氢酶将 NADP⁺ 还原为 NADPH,也可以从 NAD⁺ 出发用 NADK 和葡萄糖脱氢酶将 NAD⁺ 转化为 NADPH[56, 57]。

45.6.3   纯化方法

NADPH 的纯化方法与 NADP⁺ 和 NADH 的纯化方法类似,通常都是将酶反应液超滤去除酶后用离子交换、树脂柱层析、纳滤浓缩、冻干得到纯化的 NADPH 固体粉末。

总结与展望

尽管烟酰胺辅酶从发现至今已经有将近 120 年的历史了,但是由于烟酰胺辅酶在人体内的重要作用和它们的多种功能,科学家对它们的研究兴趣和热情还在持续高涨,尤其是对 NMN 的临床研究还在火热开展当中。

烟酰胺辅酶的制备方法也在持续进步和发展当中,在可见的未来,采用合成生物学方式制备烟酰胺辅酶将成为主流方式,连续流技术也将被应用到这一类产品的制备中。

参考文献

尚科生物医药(上海)有限公司(竺伟)

第四十六章

烟酰胺辅酶及其前体的应用

烟酰胺辅酶及其前体的主要应用为：各种补充剂原料、中间体、化妆品原料、化学试剂和研究用工具药。烟酰胺辅酶及前体共 6 个产品的大规模工业化生产已经全部实现，不断更新和优化的新生产工艺为这类产品的广泛应用奠定了基础。目前，中国已经开始将 NAD^+ 应用在药品生产和销售中，NR、NMN、NADH 作为保健食品，首先在欧美市场流行，并正在向中国市场扩展。一个明确的趋势是它们的市场正在逐步扩大，未来前景看好。

46.1　烟酰胺辅酶及其前体在健康行业中的应用

辅酶Ⅰ是人体氧化还原反应中的重要辅酶，化学名烟酰胺腺嘌呤二核苷酸或二磷酸烟苷，在人体内存在氧化型（NAD^+）和还原型（NADH）两种状态。在生物氧化过程中起着传递氢的作用，能活化多酶系统，促进核酸、蛋白质、多糖的合成及代谢，提高物质转运和调节控制，改善代谢功能。Trp、NA、NAM 等作为辅酶Ⅰ前体，通过多步生化反应生成 NAD^+。当 NAD^+ 减少时，相关的细胞反应和代谢减弱，就会给人体带来一些变化，比如皮肤皱纹的出现、精力变差、易疲劳乏力等。因此，通过提高 NAD^+ 水平来改善上述情况，已成为一个备受关注的研究方向。有研究初步表明，通过补充辅酶Ⅰ的前体，可以增加 NAD^+ 的水平，从而改善代谢和减缓衰老进程。

为了更好地提高 NAD^+ 的水平，我们需要考虑服用 NAD^+ 的前体来提高 NAD^+ 水平，而不是直接口服 NAD^+ 分子。因为直接口服的 NAD^+ 分子太大，无法被人体直接吸收利用，会被小肠内细胞水解。通过服用 NAD^+ 的前体，我们可以在人体内自主合成 NAD^+，从而提高其水平，促进健康。在人体中，有 3 种途径可以合成 NAD^+，包括从头合成途径、Preiss - Handler 合成途径和补救合成途径。其中，补救合成途径是人体合成 NAD^+ 的主要途径，约占总量的 85%。该途径需要 NAM、NMN 和 NR 等物质的参与[1]。因此，服用这些物质可以有效地促进 NAD^+ 的合成，提高其水平，对人体的代谢功能和健康产生积极影响。

（1）色氨酸（Trp）属于 β -吲哚基丙氨酸，是一种必需氨基酸，具有多种生理功能和生物活性，对动物的生长性能、氧化应激、免疫、基因表达及蛋白质合成等功能均有调节作用，并且 Trp 是生成 NA、辅酶 I、辅酶 II、褪黑激素、5 -羟色胺、犬尿氨酸、喹啉酸等的前体。在保健食品中，Trp 具有多种应用：① 可转化生成人体大脑中的一种重要神经传递物质——5 -羟色胺，而 5 -羟色胺有中和肾上腺素与去甲肾上腺素的作用，可作为改善睡眠的安神助眠类保健品；② Trp 支持免疫功能是机体的犬尿氨酸前体，可作为调节免疫力的保健品；③ Trp 在体内转换为 NA 支持血液循环、神经系统健康、食物代谢及消化系统盐酸的产生，可作为营养增补和抗氧化的保健品；④ 人体不能合成 Trp，Trp 是一种重要的人体必需氨基酸，可作为营养增补、综合氨基酸制剂的保健品。在美容行业中的应用：Trp 呈弱酸性，pH 与皮肤相近，温和无刺激性，它在体内转换为 NA，能维持皮肤弹性和保湿度，用于烟酸缺乏症（糙皮病）治疗皮炎。

（2）烟酸（NA）是一种重要的水溶性营养素，也被称作维生素 B_3 或维生素 PP，又名尼克酸或抗癞皮病因子。人体内还包括其衍生物 NAM。下面将介绍 NA 在保健和美容领域的应用。在保健食品领域中：① NA 是一种人体不能自行合成的营养素，所以在无法获得足够的 NA 时，需要通过营养补充剂来摄取；② NA 有较强的扩张周围血管作用，用于治疗偏头痛、耳鸣、内耳眩晕症；③ NA 还有助于维护消化系统的健康，缓解胃肠障碍和腹泻，并促进血液循环，从而有助于降低血压和预防心脏病；④ NA 还有降低胆固醇水平和防止心脏病的功效。

（3）烟酰胺（NAM），又称烟碱，对于维持细胞的正常生命活动起着重要作用，包括能量代谢、DNA 修复、衰老及氧化应激反应等。在保健食品中的应用：① NAM 能减少组胺和肥大细胞脱颗粒的释放数量，有助于缓解关节炎和哮喘的不适感，还有助于减轻大脑炎症；② NAM 可以降低导致阿尔茨海默病患者大脑病变蛋白质的水平；③ 糖尿病患者服用 NAM 也有益处，可促进胰岛素分泌并加强胰岛素的敏感度，还能防止 1 型糖尿病发作；④ NAM 的其他作用还包括减轻焦虑和抑郁等心理问题，适用于情绪易焦虑和睡眠障碍的人群。

（4）烟酰胺核糖（NR）属于维生素 B_3 的衍生物。其在保健食品的应用：① 可增强人体新陈代谢；防止高脂肪饮食诱导的代谢异常；② 调节高糖引起的心肌细胞损伤；③ 提高脑细胞和其他神经细胞的活力。NR 虽然本身没有副作用，但在合成 NAD^+ 的过程中，大部分并不是直接转换成了 NMN，而是需要先被消化成 NAM，再参与合成 NMN，这中间依然逃脱不了限速酶的限制。所以通过口服 NR 来补充 NAD^+ 的能力可能也有限。

（5）烟酰胺单核苷酸（NMN）是一种能够迅速被人体吸收并转变为 NAD^+ 的化合物。NAD^+ 是人体内许多酶蛋白包括长寿酶蛋白（Sirtuin）所必需的辅酶成分，参与调节数百项生命活动，还直接参与几条细胞内重要信号通路的转导。随着年龄的增长，人体内 NAD^+ 的含量逐渐降低，导致线粒体和细胞核之间的通信减弱，从而影响了细胞产生能量的能力，导致衰老和疾病。因此，补充 NMN 成为一种增加 NAD^+ 含量的有效途径。在保健食品领域，市场上推出了偏重不同功效的 NMN 补充剂，如运动员恢复用 NMN 补充剂、女性日常健康用 NMN 补充剂、PQQ+NMN 脑健康补充剂、心血管健康 NMN 补充剂及肝脏健康 NMN 补充剂,它们都可以通过补充 NMN 来增加人体内 NAD⁺的含量,并在不同的领域发挥作用,如修复和提升骨骼肌、调节睡眠、保护心脑血管健康、抗疲劳、解酒、逆转非酒精性脂肪肝等。市场上主要存在每瓶 9 000~18 000 mg 的产品,单粒含量 150~300 mg,根据不同的需求及年龄、身体状况,可以摄取不同的剂量。此外,由于新型冠状病毒感染的流行,近年来也有人注意到 NMN 抗炎、提高免疫力的特性,因此,一些人认为 NMN 对新型冠状病毒感染后康复也有不错的效果[2]。

46.2　烟酰胺辅酶及其前体在保健食品的研究和应用

“逆龄生长、青春永驻、健康长寿”一直是备受追捧的话题,特别是在一些有影响力的商人和名人的投资和关注下,这些话题更是被推向了热门话题榜的顶端,市面上有很多相关产品,其中包括了 NAD⁺家族产品。这些产品是由 NADH 及其前体(NR、NMN 等)制成的,备受市场追捧。

46.2.1　NADH

NADH 是一种重要的生物分子,全称为还原型烟酰胺腺嘌呤二核苷酸,也被称为还原型辅酶 I 或线粒体素。在有氧条件下,通过糖酵解和 TCA 循环产生的 NADH 可以产生大量能量和水。在器官中,需要消耗更多能量的器官会含有更多的 NADH 分子。作为脱氢酶的辅酶,NADH 参与了细胞中多种氧化还原反应。在被氧化后,NADH 转化为 NAD⁺,成为细胞中抗衰老和改善身体机能的关键分子。

外源性补充 NADH 有许多好处。首先,NADH 在机体内快速分解为 NAD⁺和氢,并产生能量 ATP,这有助于恢复体力和增强食欲。其次,NADH 能够增加肌肉细胞中的 ATP 含量,改善肌肉细胞的代谢,从而增强肌肉或抑制肌肉量下降。此外,NADH 还能提高大脑的能量水平,改善精神状态和睡眠质量。它是一种强抗氧化物,能够与自由基反应,从而抑制脂质的过氧化反应,保护线粒体膜和线粒体功能,适用于改善心脑血管疾病和辅助癌症放化疗等领域。最后,NADH 还能促进神经递质多巴胺的产生,改善帕金森病的症状,并促进去甲肾上腺素和血清素的生物合成,缓解抑郁症和老年痴呆症等。因此,NADH 具有广泛的应用潜力。但 NADH 的性质不稳定,容易被氧气、高温、光、水、胃酸降解,这是其不足之处。根据 FDA 的描述,NADH 有几个弱点,包括怕光、怕水、怕高温和怕氧化,以及在吸收过程中容易被胃酸降解,这限制了它的广泛应用。然而,现在全酶催化的 NADH 储存 2 年纯度仍然稳定,且进入人体后并没有被胃酸降解,而是分解成一种生物氢(H)。这种生物氢具有较强的抗氧化作用,并且能促进 ATP 能量生成。现在德国和美国都出现了 NADH 补充剂,这些补充剂可以用于抗衰老、调节时差、促进新陈代谢、提高运动耐力、提高细胞能量、增强记忆力、修复细胞、预防慢性病、提高肝脏排毒功能等方面。

这些补充剂面向的人群非常广泛,包括运动人群、极限运动爱好者、健身人群、慢性疲劳综合征人群、女性群体、中老年人群体、高强度脑力劳动者、商务人士、帕金森病人群等,每次单粒剂量一般为 200 mg。在服用时间上有区别,根据作用功效不同,需要在早餐前 30 min空腹吞服来提高细胞能量、修复细胞、激活细胞、预防慢性病、肝脏排毒等方面的 NADH 补充剂。而对于迅速补充能量、醒脑提神、促进新陈代谢、调节时差、提高运动耐力等功效的需求,则可以在任何时段舌下含服。然而,胞质内以 NAD^+ 为主,补充 NADH 有可能改变NAD^+/NADH 的比率。值得一提的是,许多代谢活动受 NAD^+/NADH 比值的调节,NADH的升高有可能会产生负面影响。

46.2.2　NR 和 NMN

NR 是一种属于维生素 B_3 的衍生物,也被称为烟酰胺核糖。在 NAD^+ 的合成途径中,NAM、NMN 和 NR 都可以通过补救合成途径来合成 NAD^+,因此这 3 种物质都可以作为人体补充 NAD^+ 的前体。NR 可以增强人体新陈代谢,增加 NAD^+ 水平并激活 Sirtuin 家族,从而增强氧化代谢,防止高脂肪饮食诱导的代谢异常。同时,NR 也可以调节高糖引起的心肌细胞损伤,通过提高 $PGC1\alpha$ 表达水平改善线粒体合成,最终减轻高糖对成年小鼠心肌细胞的损伤。此外,NR 还可以提高脑细胞和其他神经细胞的活力,对老年痴呆症有较好的效果。不过需要注意的是,NR 存在一定的局限性,因为作为 NMN 的前体,进入身体后需要通过磷酸化后转变成 NMN,再由 NMN 转变为 NAD^+,这个转化过程可能影响其吸收和利用效果。

NMN 是 NAD^+ 的直接前体。它可以通过 NMNAT 直接转化为 NAD^+,有效地增加和恢复体内 NAD^+ 水平,大幅延缓衰老并辅助改善各种老年性疾病。NMN 具有多种益处:它可以修复太空辐射损伤的 DNA 并恢复失重下骨骼肌损失;通过激活 NAMPT - NAD^+ 防御系统,保护脑神经和促进血管及神经再生,改善心脑血管疾病;提高解酒能力,保护肝脏并修复乙醛毒性损伤的基因;促进线粒体的能量代谢,对改善认知和记忆功能的神经退行性疾病有较好的作用;增加胰岛素分泌,防治肥胖和糖尿病的发生;缓解慢性疲劳、睡眠差、视力下降等现代人常见问题。最近,也有人注意到 NMN 对新型冠状病毒感染后康复具有积极的作用。

NMN 在不同国家的合规情况也不尽相同,请见表 46.1。

表 46.1　NMN 在不同国家的合规情况

国家	化合物	批准机构	产品类别	食用量
日本	NMN/NR	厚生劳动省	食品原料	没有限制
欧盟	NR	欧盟食品安全局(EFSA)	新食品原料(作为维生素 B_3 的来源)	300 mg/d 孕妇及哺乳期妇女: 230 mg/d

国家	化合物	批准机构	产品类别	食用量
美国	NR	美国食品药品监督管理局（FDA）	GRAS	180 mg/d
			NDI	300 mg/d
	NMN	自身确认（Self - Affirmed FRAS）	GRAS	N/A
澳大利亚	NR	澳新食品标准局（FSANZ）	特殊医学用途食品	1 mg NR = 0.42 mg NMA
	NMN	澳洲治疗用品局（TGA）	治疗用品	仅供出口
加拿大	NR	卫生部	天然健康产品	取决于企业（450 mg/d）

46.2.3　复方 NMN 改善睡眠的研究和应用

苏州人本药业有限公司实验室报道了一种含 NMN 可改善睡眠的组合物,该组合物以 NMN、维生素 B_3、Trp、葡萄籽提取物、罗布麻提取物与铁皮石斛为原料。组合物中的 NMN 是 NAD^+ 最直接的前体,是参与人体内细胞能量转化的辅酶 NAD^+ 的前体。NAD^+ 存在于所有活细胞中,对调节细胞衰老和维持机体正常功能至关重要,可有效地增加和恢复体内 NAD^+ 水平,大幅延缓衰老和辅助改善各种老年性疾病、修复太空辐射损伤的 DNA、修复乙醛毒性损伤的基因及缓解慢性疲劳、睡眠差、视力下降的现代人常出现的问题;维生素 B_3 是辅酶Ⅰ和辅酶Ⅱ的组成部分,参与人体多种活动,预防和缓解严重的偏头痛、促进血液循环、降血压等功能;Trp 是褪黑激素的前体,其代谢产物 5-羟色胺是人体中枢神经系统的重要神经递质,能够控制神经系统的过兴奋表达,在调节精神节律,改善睡眠都有良好的效果;葡萄籽提取物具有良好的抗氧化功能和清除自由基功能、保护神经系统和大脑神经、改善睡眠和焦虑情绪的功效;罗布麻提取物具有平肝安神、清热利水的功效,常用于治疗肝阳眩晕、心悸失眠;铁皮石斛是滋阴补气的佳品,具有增强免疫、抗疲劳的疗效,以上原料药按照特定配比及优化过的制备工艺进行处理,最终制成具有改善睡眠、抗疲劳、增强免疫力作用的复方 NMN。

通过探究复方 NMN 联合戊巴比妥钠对小鼠睡眠影响,给予复方 NMN 后,注射戊巴比妥钠诱导小鼠睡眠,观察并分析小鼠翻正反射消失时间(睡眠诱导时间)与翻正反射恢复时间(睡眠持续时间),来判断复方 NMN 是否对小鼠睡眠有影响。不同于中药药味众多、制剂粗糙、质量不易控制及常规镇静催眠药安全性低、白天头昏乏力、易成瘾性和依赖性甚至加重失眠等缺点;复方 NMN 具有组方明确简单、安全无毒、无成瘾等优点,同时对睡眠有显著的改善作用,能明显缩短实验动物的睡眠诱导时间,延长实验动物睡眠的持续时间,提高睡眠质量。

46.2.4　复方 NMN 对 AOM - DSS 诱导的小鼠结肠癌模型的研究和应用

苏州人本药业有限公司实验室考察了复方 NMN 对化学毒物诱导的肠癌的作用。组合物中 NMN 有激活细胞再生能量力、加速新陈代谢、促进 DNA 修复的作用；维生素 B_3 具有减轻胃肠障碍、减轻腹泻现象等功能；Trp 对抑制疼痛都有良好的效果；葡萄籽提取物具有抗癌、抗肿瘤、抗病毒、消炎杀菌的作用；罗布麻提取物有一定镇静、镇痛作用，还可减少实验动物肝内褐色素及脂质过氧化物，提高谷胱甘肽过氧化物等的抗氧化酶活性，增加免疫功能，延长动物生存期；铁皮石斛具有调节人体机体免疫力、抗肿瘤等药理作用，通过特定配比制成减轻胃肠障碍、增加免疫力、抗癌、抗肿瘤功效的复方 NMN。

考察复方 NMN 对偶氮甲烷-葡聚糖硫酸钠（AOM-DSS）诱导的小鼠结肠癌模型的作用，采用 AOM-DSS 诱导结肠癌小鼠模型的评价复方 NMN 的作用。用单次注射 AOM 和周期性给予致炎物质 DSS 的方式对小鼠进行造模，长期给药 NMN 后观察并分析模型组和给药组的小鼠的生存时间、体重、单位肠重、病死率、肿瘤体积、肿瘤质量、结肠组织大体病理评分等有无显著性区别，最终得出相比于模型组，给药组有明显的抑制肿瘤形成的作用的结论，其中高剂量组最显著抑瘤率高达 70.79%。复方 NMN 对结肠的炎症具有一定抑制作用，该动物实验旨在为复方 NMN 在消化系统疾病新治疗方法和药物方面的开发应用提供参考。

46.3　烟酰胺辅酶及其前体在化妆品中的研究和应用

46.3.1　烟酰胺

"手如柔荑，肤如凝脂"源于《诗经·卫风·硕人》，形容皮肤像凝固的油脂一般，以此称赞美人的皮肤洁白且细嫩。可见"肤如凝脂"是对皮肤的高度赞美，美白滑嫩是东方女性从古至今对肌肤亘古不变的追求和向往。谈起美白首先会想到维生素 C、光甘草定、NAM 等成分，但它们美白的途径不同，稳定性也不同。例如，光甘草定可通过竞争性抑制酪氨酸酶活性，把一部分酪氨酸酶从黑色素合成的催化环中带走，阻止底物与酪氨酸酶的结合，从而抑制黑色素的合成，同时具有很好的抗氧化作用，而因原材料昂贵和生产工艺要求高等因素，导致光甘草定价格较高（堪称"美白黄金"），性价比也较低。另一个大家熟知的美白产品维生素 C 价格合理，可通过还原已经生成的黑色素来达到美白效果，但维生素 C 性质不稳定极易被氧化，对于产品使用者和研发者来说是又爱又恨，而 NAM 的出现算是打开了一条美白的新途径。

NAM 具有溶液稳定性和光稳定性，同 NA 一样，NAM 作为辅酶 I 和辅酶 II 的前体，参与体内的代谢过程，为脂类代谢、组织呼吸的氧化作用和糖原分解所必需。1926 年，有研究者发现维生素 B_5 中含有预防和治疗糙皮病的物质，1937 年被人分离出 NA，不久人们又在肝脏中将 NA 转换称 NAM，因此两种物质在医学上一直被用来治疗糙皮病、口炎、舌炎、肝脏疾病及日光性皮炎，直到 1974 年，英国人 Girish Parsad Mathur 等人发现将 1%~5% 的 NAM 均匀混入 1%~4% 的防晒霜中，意外发现了有改善暗沉、提亮皮肤的功效。相关的美肤研究机构开始研究 NAM 的美白作用，最终证实 NAM 在延缓皮肤老化、抑制黑色素沉淀等方面有不小的效用。在美容行业中它即可防治糙皮病、口炎、舌炎、痤疮和酒渣鼻等皮肤病,与 NA 相比,NAM 的药理学与毒性要小,因此也不会像 NA 一样导致脸潮红的副作用;又可以用于治疗肤色黯淡发黄、减轻皱纹、抗衰老、保湿控油、缩小毛孔、修复受损的角质层脂质屏障、提高皮肤抵抗力,还有深层锁水、保湿功效。

NAM 的五大功效:

(1)美白:当皮肤内的色素沉淀到角质细胞时,就会出现皮肤暗沉、肤色不均等现象。NAM 可干扰角化细胞与黑素细胞之间的细胞信号通道减少黑色素的产生,同时可有效抑制约40%的黑色素小体从黑色素细胞到角质细胞转运,并且不会抑制酪氨酸酶活性或细胞增殖,从而减少过度色素沉积;当皮肤的黑色素已经形成时,NAM 可通过加速肌肤新陈代谢,促进含黑色素的角质细胞脱落。另外,NAM 也具有最近美肤中大火的"抗糖化"的功能,能淡化蛋白糖化后的黄色,对菜色的脸甚至"黄脸婆"的肤色改善会有帮助。

(2)祛斑:NAM 对皮肤作用还有祛斑,传统的祛斑方法仅单纯地抑制氨酸酶的活性达到祛斑的效果,但是这种方法仅能祛除表皮黑色素,无法从根本上祛除斑点,而含有5%高浓度 NAM 能到达肌肤基底层,从根源抑制黑色素的产生,更加精准有效地祛除皮肤斑点和痘印,并在祛斑时给予肌肤细胞能量,帮助肌肤抵御斑点的产生。有实验表明,使用含有 NAM 的面霜能明显减少皮肤棕色斑点的面积和数量,肉眼可观察到色斑颜色变浅。

(3)抗衰老:众所周知,胶原蛋白的流失就是皮肤衰老的主要原因,皮肤变得干燥松弛易产生鱼尾纹及法令纹。皮肤屏障主要由角化包膜、脂质膜、中间丝聚合蛋白、角蛋白、角化桥粒、板层小体和角质层角质形成细胞间质紧密连接等组成,因此防止水分的丢失及阻止外界的侵害是维持机体内稳状态重要前提。NAM 能促进外膜蛋白、丝聚蛋白和角蛋白的合成及加快角蛋白细胞的分化,增强肌肤自身的防御能力,刺激真皮层微循环,维持肌肤含水量从而防止皮肤水分流失。有实验使用 NAM 进行局部治疗后,皮肤屏障可以更好地抵抗皮肤化学损伤。而且 NAM 在深入肌肤进行美白祛斑的同时还能促进皮肤的新陈代谢,帮助肌肤代谢掉已经老化的皮肤细胞,使皮肤的细胞结构更好地构建,刺激皮肤新的细胞快速生成,拥有新生细胞的肌肤能获得更多胶原蛋白,这样就能抚纹,皮肤也会变得更加饱满紧致。另外,NAM 可防止光损伤,阻止 UV 诱导的有害物质,可有效保护细胞膜免受氧自由基损伤,在化妆品或护肤品中加入 NAM 能起到防护长波紫外线的干预作用。NAM 可以通过降低线粒体的活性和 ROS 族的产生,来延长人类成纤维细胞的寿命,起到抗衰的效果。

(4)控油与缩小毛孔:毛囊皮脂腺分泌旺盛出油过多,是毛孔粗大的主要诱因。皮肤出现水油失衡的现象,导致油脂物阻塞毛孔,从而造成皮肤粗糙、毛孔粗大的皮肤问题。外用2% NAM 可以减少皮脂中脂肪酸与甘油三酯的产生,抑制皮脂腺分泌皮脂,毛孔不易堆积脂肪粒,因此作为皮肤排泄皮脂的管道毛孔也会慢慢收缩,可平滑皮肤,令肌肤恢复原有弹性。

（5）祛痘：研究表明，外用 8 周 4% NAM 凝胶具有较强的抗炎活性，并且结果明显优于 1%克林霉素凝胶。通过降低皮肤真菌酶的活性来破坏或阻断真菌入侵过程，从而来阻止感染的扩散。

市场上常见的 NAM 类化妆品有修复霜、精华液、面霜、保湿乳。具体来说：NAM 修复霜：含有多重抗菌成分，具有良好的封闭性，可缓解皮肤炎症、抑制细菌生长、减轻痒感等作用；NAM 淡斑精华液：NAM 浓度约为 5%，配合 Sepiwhite 联合美白，可以抑制黑色素的生成和转移。此外，肌醇+pholorigine 可以切断黑色素活化信号，异十六醇则可以减少黑色素的合成，从多个方面防止黑色素的形成；NAM 美白控油面霜：含有 10%的 NAM 和 PCA 锌，可以简单高效地控油；NAM 保湿乳：局部外用 NAM 可提高皮肤中的游离脂肪酸和神经酰胺的水平，搭配神经酰胺、脂肪酸和胆固醇等成分可以有效增强皮肤屏障功能，具有良好的修复能力，同时保湿且不油腻。

NAM 的副作用：NAM 很容易造成皮肤不适，很多人在使用 NAM 后，皮肤还会出现发痒的症状。如果出现发炎的情况最好停用。NAM 的添加量要达到 3%以上才能发挥美白效果，高含量的 NAM 可能会对皮肤产生一定的刺激性，其主要原因可能是 NAM 中的少量 NA 引起的。NAM 在酸性条件下会分解产生 NA，使皮肤出现泛红、痒、刺痛等，也就是常说的不耐受现象。所以，初次使用含 NAM 的产品时，应先从较低浓度开始，逐步建立皮肤耐受性，并且不要和果酸等酸性产品一起使用。

46.3.2　NAD$^+$

NAD$^+$是体内上千种氧化还原酶中重要的辅酶，参与了人体细胞物质代谢、脂肪酸代谢、能量合成、细胞 DNA 修复等多种生理活动。NAD$^+$存在于人体细胞中，随着年龄增加，至 40～60 岁之间，表皮层细胞中 NAD$^+$含量随着年纪增大显著下降，人们随之衰老，此时恢复体内 NAD$^+$的水平可一定程度的延缓衰老[3]。

自从 1904 年亚瑟·哈登首次发现和了解 NAD$^+$以后，我们对其重要性的理解不断发展。1980 年乔治·伯克迈耶首次将 NADH 应用于疾病治疗；2000 年伦纳德瓜伦特研究组发现 NAD$^+$依赖型 Sir2 蛋白能延长啤酒酵母寿命，NAD$^+$依赖型 Sir2.1 蛋白能延长秀丽隐杆线虫寿命将近 50%；2004 年史蒂芬·布赫瓦尔德研究组发现 NAD$^+$依赖型 Sir2 蛋白能延长果蝇寿命 10%～20%；2012 年巴伊兰大学研究人员发现 NAD$^+$依赖型 SIRT6 蛋白能延长雄性小鼠寿命大于 10%；2016 年哈佛大学医学院各研究团队通过小鼠实验及灵长类动物和人体实验均发现补充 NAD$^+$能够预防疾病甚至逆转衰老的作用。对于如此有吸引力的 NAD$^+$，各国科学家还在不断尝试和研究，希望能发挥出 NAD$^+$的最大价值造福社会。

目前有研究机构表示 NAD$^+$的美容功效如下：

（1）修复皮肤损伤：NAD$^+$修复紫外线损伤的皮肤，可通过 NAD$^+$特性来促进皮肤细胞 DNA 的修复和维持 DNA 的完整性，修护受损角质层、脂质屏障，避免紫外线和光照引起的皮肤角质化和皮肤癌。

（2）增强皮肤屏障：NAD$^+$促进能量合成，促进表皮细胞的分化，增强皮肤防御系统。

（3）锁水再生能力：肌肤使用 NAD^+ 后可深层锁水，增强细胞活力及再生能力，有效防止皮肤老化。

含有 NAD^+ 的化妆品类型有 NAD^+ 冻干粉、NAD^+ 面膜等。但 NAD^+ 分子量过大、性质不稳定、无法被细胞直接吸收，且制备工艺复杂耗资较大、生产成本高的缺点都制约了 NAD^+ 在美容行业的广泛应用。补充 NAD^+ 的前体更具可行性。

46.3.3　NMN

NMN 可称为烟酰胺单核苷酸，NMN 有两种不同形式，即 α - NMN 和 β - NMN。因 α - NMN 没有活性，市面上出现的 NMN 均是 β - NMN，NMN 作为 NAD^+ 最直接的前体，在体内由 NMNAT 的作用下更直接更高效地转化为 NAD^+，激活细胞再生能量力、细胞寿命、DNA 修复等，达到抗衰老的作用[4]。

2013 年来自美国加州大学尔湾分校的双光子激发荧光成像研究则显示，动脉阻塞后皮肤细胞内 NADH 荧光增加，表明由于氧化磷酸化减少降低了皮肤细胞新陈代谢，从而累积了大量 NADH 无法转化为 NAD^+ 起作用。基于这些研究成果，我们有充分的理由推论，NMN 有能力取代 NAM 成为更高效的皮肤 NAD^+ 补充剂，起到延缓皮肤细胞衰老周期、淡化细纹的作用，是极具抗衰潜力的明星小分子。

NMN 作为 NAD^+ 前体，与 NAD^+ 相似均有加速皮肤新陈代谢、调节皮肤细胞周期、促进 DNA 修复、提高皮肤细胞新陈代谢效率、增加皮肤屏障、清除皮肤 ROS、抵抗紫外线带来的损伤、抗衰老的美容功效。NMN 可激活细胞再生能量、细胞寿命、DNA 修复等，达到改善皮肤健康，延缓皮肤衰老的效果。因此，市场上出现了很多以 NMN 为主要成分的美容产品：如与水解透明质酸、水解胶原蛋白和肽类组合生产的化妆水、面膜；以清洁身体、排毒美容为目的的美容液体饮料和固体饮料；将 NR 与 NMN 搭配使用作为抗衰和营养皮肤的乳液；与红葡萄叶提取物、虾青素等成分制成主打改善皮肤状况和整体健康功效的口服 NMN 美容胶囊；在美容保养的同时唤醒身体潜能。此外，目前市面上火爆的 NMN 化妆品还有 NMN 精华、NMN 极光面霜、NMN 眼霜、NMN 冻干粉等。

在摄取途径上：首先，通过日常饮食进入人体的量非常低而且性质不稳定，易发生降解。通过口服 NMN 补剂进入人体后也存在不易被吸收，吸收率比较低的问题，大部分成分在到达血液前就被氧化和降解，到达皮肤发生作用的效果相对较低，使其应用受限。因此，作为外用美容产品，通过皮肤作用途径对机体内不断补充外源 NMN，能有效地防止和延缓皮肤衰老过程的发生。经临床验证和长期应用表明，NMN 不仅有抗皱、祛斑祛色素等显著功效外，还有抗炎、防晒、保健、延缓衰老等作用。但由于在常温下稳定性差、生物半衰期短、易被酶解及具有免疫原性等缺点，潜在应用受到限制。

除上述 NAM、NAD^+ 及 NMN 外，NR 和 NA 在化妆界也有一定的应用，简单介绍如下：

NR 是一种重要的营养补充成分能提高细胞活力，特别是提高衰老细胞的活力，提高表皮细胞及人体内其他细胞的功能，使皮肤保持良好的状态。

NA 的主要应用：① 人体需要 NA 预防糙皮病，如果缺乏 NA，可能会出现皮炎和舌炎等症状；② NA 有抑制色素生成和促进已形成的黑色素脱落、促进表皮层蛋白质的合成、增加皮肤含水度、加快皮肤新陈代谢作用，从而有助于美白、改善肤质、抗老化。

46.4   烟酰胺辅酶及其前体在精细化工、检验、药物开发中的应用

46.4.1   辅酶 I

NAD^+ 是氧化形式的 NAD，NADH 是还原型烟酰胺腺嘌呤二核苷酸。NAD^+ 和 NADH 参与很多酶的氧化还原体系，是生物体细胞 ETC 中电子传递过程的主要生物氧化体系，碳水化合物、脂类、蛋白质三大代谢物质分解中的氧化反应绝大部分也都是通过这一体系完成的。检测氧化还原状态、细胞代谢平衡可以用 $NADP^+$/NADPH 和 NAD^+/NADH 水平作为实验指标，细胞的增殖、分化、衰老、凋亡等都与它们息息相关。例如，正常生物体内 NAD^+/NADH 比值处于一个动态平衡，当 NAD^+/NADH 比值较高，说明较多的 NAD^+ 作为氧化剂用于分解代谢，因此 NAD^+/NADH 亦可判断细胞的代谢水平。

（1）在精细化工中的应用：NADH（二钠盐）、NAD^+ 均可用作化妆品原料或食品添加剂。

（2）在检验中的应用：市面上检查 NAD^+ 和 NADH 酶活性及 NAD^+/NADH 含量和比值的试剂盒有以下几种。① 乙醇脱氢酶（alcohol dehydrogenase，ADH）活性检测试剂盒（NADH 速率法）：乙醇脱氢酶能够催化 NADH 还原乙醛生成乙醇和 NAD^+，NADH 在 340 nm 处具有特征吸收峰，通过吸光值降低速率，即可表征乙醇脱氢酶的活性。② NAD^+–ME 活性检测试剂盒：MDH 广泛存在于动物、植物、微生物和培养细胞中，根据不同的辅酶特异性，MDH 分 NAD^+ 依赖的 MDH 和 $NADP^+$ 依赖的 MDH，细菌中通常只含有 NAD^+ 依赖的 MDH，在真核细胞中，NAD^+ 依赖的 MDH 分布于细胞质和线粒体中，NAD^+ 依赖的 MDH 催化 NADH 还原草酰乙酸生成苹果酸，导致 340 nm 处光吸收下降。③ NAD^+/NADH 定量试剂盒：检测细胞内核苷酸、NAD^+ 和 NADH 及它们的比值，适用于动物组织（肝、肾等）、细胞培养（贴壁细胞或悬浮细胞）、血清或尿液中 NADH 和 NAD^+ 的检测。④ NAD^+/NADH 检测试剂盒：一种基于 MTT 的显色反应，通过比色法来检测细胞、组织或其他样品中 NAD^+（氧化型辅酶 I）和 NADH（还原型辅酶 I）各自的量、比值和总量的检测试剂盒。NAD^+/NADH 检测试剂盒基于乙醇，在乙醇脱氢酶的作用下氧化生成乙醛，在这一反应过程中 NAD^+ 被还原为 NADH，NADH 将 MTT 还原生成甲䐶（formazan），在 565 nm 左右检测有最大吸收峰。反应体系中生成的甲䐶与样品中总的 NAD^+ 或 NADH 的总量呈正比关系。

（3）在药物开发中的应用

1）NADH 在抗血小板聚集药物开发中的应用：NADH 单独作为有效成分即可达到抗血小板聚集的功效。动物结果表明，体外给予外源性 NADH 呈剂量依赖性抑制 ADP 诱导的大鼠血小板聚集；体外给予外源性 NADH 呈剂量依赖性抑制凝血酶（thrombin）诱导的大鼠血小板聚集；大鼠体内预防性给予 NADH 可影响氯化铁诱导的体内血栓的形成，表明 NADH 具有抗血小板聚集的作用[5]。

2) NADH 在脑功能恢复药物或保健品中的应用：人参、银杏叶、葛根、灯盏花、红景天等可以增强 NADH 和 NMN 对小鼠神经功能的改善，下调脑组织的氧化应激水平，减少脑组织的细胞凋亡，进而改善脑功能、记忆力和空间识别能力都[6]。在美国 NADH 被开发成保健食品，并在国内网上销售。

3) NAD+ 在防治缺血性脑卒中药物开发或保健品中的应用：NAD+ 在中国已经开发成治疗药物，用于心血管疾病的辅助治疗。近来的研究发现，通过将 NADPH 和 NAD+ 联合给药，二者在特定配比下共同作用，可以显著降低缺血性脑卒中小鼠的脑梗死体积，显著改善缺血性脑卒中小鼠的行为障碍，显著减轻缺血性脑卒中小鼠的脑萎缩，显著提高缺血性脑卒中小鼠的长期生存率，显著增强缺血性脑卒中小鼠的神经功能恢复，对缺血性脑卒中有显著的治疗作用[7]。

4) NADH 在防治男性勃起功能障碍药物的开发中的应用：通过服用 NADH/NMN，可激活 NOS，从而激发 NO 的合成量，对因 NO 合成障碍导致的男性勃起功能障碍具有显著的预防和治疗效果。

46.4.2　辅酶Ⅱ

$NADP^+$ 参与了细胞生命正常活动中必不可少的氧化还原反应和电子传递。NADPH 可作为还原剂和很多生物体内的氢负离子的供体，参与多种合成代谢反应，如脂类、脂肪酸和核苷酸的合成，在暗反应还可为 CO_2 的固定供能。$NADP^+/NADPH$ 侧面表明细胞适合与相对稳定的氧化还原状态，过度氧化或过度还原均可导致细胞损伤，即 $NADP^+/NADPH$ 可作为氧化还原状态的非常重要的指标[8]。$NADP^+/NADPH$ 的比值升高时，说明与其他抗氧化相关；而 $NADP^+/NADPH$ 的比值明显降低，表明细胞的氧化-还原反应偏还原型，细胞出现过氧化脂生成增多、LDH 释放率增加、细胞凋亡率升高、增殖率下降，因此 $NADP^+/NADPH$ 可判定一个细胞的新陈代谢活性和细胞的健康与否。

(1) 在精细化工中的应用：NADPH 在很多生物体内的化学反应中起递氢体的作用，具有重要的意义。它是 NAD+ 中与腺嘌呤相连的核糖环系 2-位的磷酸化衍生物参与多种合成代谢反应，如脂类、脂肪酸和核苷酸的合成。$NADPH-Na_4$ 是 NADPH 的四钠盐形式，市面上还有烟酰胺腺嘌呤二核苷酸磷酸二钠盐（$NADP-Na_2$），$NADPH-Na_4$ 和 $NADPH-Na_2$ 都可作为还原剂，上述反应中 NADPH 可作为还原剂、氢负离子的供体。

(2) 在检验中的应用：绿色植物内 $NADP^+$ 和 NADPH 是重要的氢递体，$NADP^+$ 利用叶绿体通过光合电子传递和偶联光合磷酸化反应形成 NADPH 和 ATP，利用它们去同化 CO_2。而 NADPH 通常作为生物合成的还原剂，并不能直接进入 ETC 接受氧化。只是在特殊的酶的作用下，NADPH 上的 H 被转移到 NAD+ 上，然后以 NADH 的形式进入 ETC。NADPH 是在光合作用、光反应阶段形成的，与 ATP 一起进入暗反应参与 CO_2 的固定。因此，对光合器官内 $NADP^+$ 及 NADPH 的含量分析，在光合作用研究中显得十分重要。例如，植物 NOX 在受到外界刺激时，引起该酶自我激活或迅速失活，使得 ROS 升高或降低，进而可检验出此时植物的生长发育及受到外界损害的情况。

在生物体内主要是通过 PPP、柠檬酸-丙酮酸循环和一碳代谢几种途径生成 NADPH。$NADP^+$/NADPH 可作为氧化还原指标，正常生物体内 NADP/NADPH 处于动态平衡状态，过度氧化或过度还原均可导致细胞损伤。通过检验血清、血浆、液体及组织细胞中 $NADP^+$、NADPH 和 $NADP^+$/NADPH 的含量，观察身体内的氧化还原情况，可用于细胞死亡、抗氧化、氧化应激、能量代谢及线粒体功能研究有重要意义。

市面上检测 $NADP^+$ 和 NADPH 及 $NADP^+$/NADPH 比值的试剂盒有以下几种。① $NADP^+$ 依赖的 ME 活性检测试剂盒：$NADP^+$ 依赖的 ME 催化 $NADP^+$ 还原成 NADPH，在 340 nm 下测定 NADPH 增加速率；② Fluoro $NADP^+$：检测组织或细胞提取液内 $NADP^+$/NADPH 含量，可用于细胞死亡、抗氧化/氧化应激、能量代谢及线粒体功能研究；③ 人 NOX 酶联免疫分析试剂盒：用于测定人血清、血浆及相关液体样本中 NOX 含量；④ NADPH 分析试剂盒：适于检测多种生物样品中的 NADPH（包括细胞及组织培养上清液和纯化线粒体等）；⑤ 荧光法 $NADP^+$/NADPH 检测试剂盒：红色荧光提供便捷地方法高灵敏地检测 $NADP^+$、NADPH 及它们的比例；⑥ $NADP^+$/NADPH 定量分析试剂盒：可快速、灵敏检测哺乳动物样本细胞内 NADPH、$NADP^+$ 的水平及相互的比值。

（3）在药物开发中的应用

1）NOX 在防治帕金森病药物开发中的应用：帕金森病是神经内科常见的与衰老相关的神经退行性疾病，多发于老年人。帕金森病发病原因复杂多种，其中氧化应激和神经炎症是主要病因。NOX 作为小胶质细胞中引发氧化应激和神经炎症的关键酶，同时也是引起过度氧化导致激活和释放炎症因子、损伤多巴胺能神经元——ROS 的主要来源，从而引发帕金森病患者患病。因此，抑制 NOX 可减轻氧化应激和神经炎症、减少多巴胺能神经元丢失，进而达到改善帕金森症状的目的[9]。目前市场上大多用多巴胺能药物作为帕金森病的常规治疗药物，但多巴胺能药物仅能做到对症治疗并不能延缓帕金森病的病程发展。NOX 可作为治疗帕金森病药物的新靶点，为抗炎、抗氧化、治疗帕金森病的药物开发方面提供新思路。

2）NOX 在肺损伤药物开发中的应用：急性肺损伤是呼吸科中具有较高病死率的危重、急症疾病，是一种由血气屏障破坏引起的弥漫性、炎症性、富含蛋白质的肺部水肿。ROS 通过氧化生物大分子（包括脂质、蛋白质和核酸），这是导致肺部氧化损伤的原因之一。NOX 作为 ROS 的主要来源，若 NOX 促使 ROS 生成过多则会导致或加重肺损伤。因此，适当抑制 NOX 活性减少 ROS 生成，可成为临床上预防和药物治疗肺损伤的新方法[10]。

3）NADPH 在抗血小板凝集药物开发中的应用：抗血小板凝集药物又称为血小板抑制药，具有抑制血小板的黏附聚集及释放抑制血栓形成等功能。NADPH 可以对抗二磷酸腺苷或凝血酶引起的血小板凝集。有研究表明，NADPH 能在一定程度上延长血栓形成时间，且对出凝血时间影响较小，可作为抑制血小板凝集药物，有待进一步研究[11]。

4）NADPH 在治疗心血管疾病中药物开发中的应用：NADPH 能够提高小鼠的心肌组织中的 Na^+，K^+- ATP 酶、Ca^{2+}，Mg^{2+}- ATP 酶和总 ATP 酶的活性。NADPH 不仅具有显著的强心、对心肌肥厚有缓解作用,而且具有保护血管内皮细胞、维护血管正常通透性、减少心肌损伤的作用,因此可以作为治疗心肌肥厚、心力衰竭、冠心病及血栓病、高血压、血管硬化、动脉粥样硬化的研发药物[12]。

5) NADH、NADPH 在抗过敏药物开发中的应用:季节更替、环境改变、接触过敏原等都有可能让易敏者身体感觉不适出现过敏现象,过敏反复出现让很多人痛苦不堪。NADH、NADPH 可刺激调节性 T 细胞分泌免疫抑制因子和 Th1 反应因子,来抑制 Th2 型炎症因子,如 IL‑4、IL‑5、IL‑6 等的分泌及嗜碱性细胞和肥大细胞的免疫反应,进而减少分泌型免疫球蛋白 E 的合成,同时增加免疫球蛋白 G 和免疫球蛋白 A 合成,来缓解过敏症状。

总结与展望

　　烟酰胺辅酶及前体在食品工业、农业、生物医学及药物研发等领域具有广泛的应用。烟酰胺辅酶及其前体开发成的各种膳食补充剂和保健品风靡欧美,而且逐渐扩展到中国市场。烟酰胺辅酶及其前体衍生出来的医美化妆品的祛痘、美白、抗衰老功效被爱美人士追捧。烟酰胺辅酶及其前体在食品工业、农业中也有广泛应用,如在食品中添加可改善食品的风味和品质,在农业中添加可以提高植物的光合作用效率和抗逆性,增加产量和质量,这对于促进农业可持续发展具有重要意义。烟酰胺辅酶及其前体在生物医学及药物研发领域亦具有广阔的应用前景,烟酰胺辅酶在许多药物的代谢途径中起着至关重要的催化作用,针对烟酰胺辅酶及其前体对机体的调控机制,可以用于开发生物医学及药物研发的新用途,烟酰胺辅酶前体可以作为药物载体,通过改变其结构和性质,实现药物的目标导向性输送,提高药物的活性和选择性。此外,通过研究烟酰胺辅酶‑酶相互作用的机制,可以设计和合成专门的烟酰胺辅酶类似物,用于治疗代谢性疾病和其他相关疾病。总之,通过对烟酰胺辅酶及前体的深入研究,可以更好地利用它们的功能和特性,为人类健康、生产、生活相关的各种领域带来更大的益处。

苏州人本药业有限公司(刘可可、孙玮)

南京诺云生物科技有限公司(李佳松)

山东蓝康生物科技有限公司(徐家龙、易能文、郑翔铭)

第四十七章

烟酰胺辅酶前体——NR/NMN 在保健食品中的应用

　　自从烟酰胺辅酶前体维生素 B_3（NA、NAM）被发现能够治愈糙皮病后，这些物质在健康行业中的地位就被奠定。随着研究的深入，人们发现了 NR 和 NMN 这两个与 NAD^+ 更为紧密的前体，它们转化为 NAD^+ 的效率更高，副作用小。尽管初步的研究支持 NR、NMN 的保健价值，但它们的长期安全性和效果需要进一步跟踪研究。尽管如此，NR 和 NMN 作为膳食补充剂仍广泛流行起来，这种现象率先出现在西方国家，进而影响到中国市场，目前仅仅国内外有影响力的电商平台上面，就有不止 300 个 NMN 补剂品牌（不包括独立渠道品牌），成为广受欢迎的保健食品。

47.1　烟酰胺辅酶前体的吸收和代谢

　　辅酶 I（NAD^+/NADH）和辅酶 II（$NADP^+$/NADPH），它们参与了细胞中多种生物学过程，包括哺乳动物细胞线粒体能量代谢、氧化还原生物反应、细胞信号转导[1]、钙稳态[2]、基因表达[3]、衰老[4]、细胞死亡[5]等。

　　这些辅酶的前体包括 Trp、NA、NAM、NMN、NR。这些前体可以通过不同的耗能途径合成辅酶，包括从头合成途径（Trp）、补救合成途径（NAM、NNM、NR）和 Preiss - Handler 合成途径（NA）。

47.1.1　前体进入细胞

　　辅酶的前体必须进入细胞才能产生生理生化作用。Trp 是从头合成途径中的前体，通过载体蛋白（SLC7A5 和 SLC36A4）进入细胞，这些载体蛋白运输大的中性氨基酸[6]。NA 和 NAM 是两种不同形式的维生素 B_3，它们被认为可以直接穿过质膜。NA 通过 pH 依赖型阴离子反转运蛋白或质子共转运蛋白（如 SLC5A8 或 SLC22A13）[7]介导进入细胞。NAM 进入细胞的方式有两种：它可以直接被运输进细胞，也可以被代谢为补救合成途径的产物被细胞吸收。NAMPT 在细胞内外都存在，可以将 NAM 转化为 NMN，表明这两种途径都是可能的[8]。已有研究表明，啮齿动物的肠道可以直接吸收 NAM[9]。

NR 是一种高生物利用度的维生素 B_3 形式,因为它可以直接进入细胞,而不需要转化。它通过平衡核苷转运蛋白(nucleoside transporter, ENT)进入细胞,并在 NRK 的作用下磷酸化为 NMN[10]。与 NR 相比,NMN 的进入方式更为复杂。具体而言,NMN 可以通过3 种方式进入细胞。第一种方式是在膜结合 CD38 的作用下,NMN 转化为 NAM,然后直接穿过质膜。第二种方式是在膜结合 CD73 的作用下,NMN 转化为 NR,NR 通过 ENT 进入细胞。第三种方式是最近发现的,由 Slc12a8 基因编码且高表达于小肠中的 NMN 特异性转运蛋白作用下直接进入细胞。因此,不同细胞或组织可能采用不同的方式来摄取NMN。然而,最近的研究表明,NMN 的去磷酸化是产生 NAD^+ 的必要条件,而另一项研究表明,通过基因沉默 CD73 抑制 NMN 向 NAD^+ 的转化也证明 NMN 必须转化为NR[11]。因此,NMN 在细胞内发挥生理生化作用之前,需要通过不同方式的转化产生NR 或 NAM[9]。

47.1.2 烟酰胺辅酶前体转化成 NAD^+ 的代谢动力学

Trp 被认为是肝脏中 NAD^+ 产生的主要前体。NA 是口服后 15 min 内肝脏 NA 升高的唯一前体,NAM 是口服 15 min 后肝脏 NAM 升高的唯一前体。关于 NA 和 NAM 的药代动力学有许多研究,高剂量时,NA 的半衰期为 1 h,而 NAM 的半衰期为 4 h。研究表明,高剂量的 NA 会增加 NAM 的水平,但是高剂量的 NAM 是否会影响 NA 的含量尚不清楚。但是,据报道,NAM 的使用会引起皮肤潮红,这是 NA 给药后常见的不良反应,这表明高剂量的 NAM 给药也会增加 NA[12]。

目前,关于 NMN 和 NR 的药代动力学研究少于 NA 和 NAM,但是 NMN 和 NR 可以有效增加各种组织中 NAD^+ 的含量。有限的研究证据表明,给予 NMN 可以增强包括胰腺、肝脏、脂肪组织、心脏、骨骼肌、肾脏等外周组织的 NAD^+ 水平。还有报道称服用 NMN 后睾丸和眼睛中的 NAD^+ 水平显著增加。据报道,腹腔注射给予 NMN 后,在 15 min 内迅速增加了海马、下丘脑和其他大脑区域中 NAD^+ 的水平[13],这进一步表明 NMN 可以穿过血脑屏障,从而有助于脑中 NAD^+ 的生物合成。一些研究表明,注射 NMN 后血浆 NAM 含量和海马 NR 含量显著增加,表明 NMN 至少一部分转化为 NAM 和 NR[14]。

Trammell 等进行了研究,探讨口服给予 NR 对人外周血单核细胞(peripheral blood mononuclear cell, PBMC)和小鼠肝脏 NAD^+ 代谢的影响[15]。研究结果显示,在 PBMC 中,除了 NAM,所有检测到的 NAD^+ 代谢产物浓度均升高。此外,NAAD 的浓度也显著增加[16],尽管相对于其他代谢物的增加略有延迟,但它可能是 NAD^+ 生物合成的生物标志物,随着时间推移会转化为 NAD^+。在小鼠肝脏中,口服 185 mg/kg NR 后,NAM 和 NAD^+ 的水平增加了约 4 倍。而一个健康的 52 岁男性服用 1 000 mg/kg NR 7 天后,血细胞中 NAD^+ 水平增加了 2.7 倍,NAAD 水平也增加了 2.7 倍。研究还发现,NR 增加 ADPR 的能力是 NAM 的 2～3 倍,而 ADPR 是 NAD^+ 消耗酶活性的标志物,如 Sirtuin[15, 16]。

47.1.3 烟酰胺辅酶前体的分解代谢

研究者一直关注着烟酰胺辅酶前体的代谢产物是否会被再利用或被排泄。一些研究表明,当补充烟酰胺辅酶前体 NR 后,NR 会在肠道中被降解为 NAM,然后被吸收并转化为 NMN,进一步转化为 NAD$^+$,从而导致 NAD$^+$ 水平的增加[17]。此外,在微生物的帮助下,NAM 也可以被降解为 NA,通过宿主脱氨途径进一步代谢为 NAAD,最终也会导致 NAD$^+$ 水平的增加。然而,还有一些研究表明,在补充 NR 后,人体血浆和尿液中甲基化排泄产物 MeNAM 和 Me2YP 的水平增加。这表明,在 NR 产生 NAD$^+$ 时,有一部分代谢产物通过 NNMT 甲基化被排出体外,而不是通过回收再利用途径转化为 NAD$^{+[18]}$。

47.2 NR 的作用和在保健食品的应用

NR 是一种转化成 NAD$^+$ 的前体,目前认为其最主要的作用是补充 NAD$^+$ 水平。在动物模型中,补充 NR 可以是补充 NAD$^+$ 水平的首选前体,特别是在心力衰竭等情况下[19]。同时,NR 也是线粒体中的首选前体,可以通过调节 Sirtuin 的活性来维持线粒体的功能。此外,NR 也是唯一可防止轴突变性的前体[20]。研究表明,补充 NR 可以在很多方面发挥治疗作用。例如,补充 NR 可以减轻 HFD 诱导的肥胖小鼠体重增加,减少人造血干细胞的激活,导致肝纤维化及肝脂肪变性减少[21]。同时,补充 NR 也可以减轻酒精喂养的小鼠肝脏甘油三酯积累,从而改善酒精性肝病。NR 还可以通过激活 SIRT3 来预防噪声引起的听力损失,提高女性的生育能力,促进母体体重减轻,并对于后代的青少年发育及成年神经发生方面具有优势[22]。另外,NR 还可以通过抑制氧化应激来预防败血症诱发的肺、心脏等器官损害[23]。此外,NR 在神经退行性疾病如阿尔茨海默病、帕金森病、衰老、脑卒中及高血压和心血管疾病的病理进展中也具有一定的治疗作用。大量研究表明,补充 NR 可以延长受测物种(包括小鼠)的寿命[24]。

NMN 和 NR 的生物利用度与安全性高于其他前体,尤其是 NR。根据有关 NR 的公共安全评估,引起最低程度副作用的 NR 剂量为 1 000/(mg·d),不出现副作用的剂量为 300 mg/(mg·d)[25]。

作为营养补充剂,NR 相对安全,因此 NR 已开发成饮食成分并作为营养补充剂和药物组合物中的添加剂在市售,成人的推荐日摄入量约为 20 mg[26]。已经提出,NR 可以模拟卡路里限制(calorie restriction, CR)的好处,后者是以前唯一可以提高寿命的方法。但是 NR 相对不稳定,因此有必要开发新的 NR 产品以使其更加稳定。最近的一项人体药代动力学研究结果表明,单次使用 NRCl 后,人血中 NAD$^+$ 的含量增加了两倍以上,但 NRCl 在胃肠液中会被水解为 NAM 和糖。考虑到 NAM 对 NR 的拮抗作用,有必要研究如何优化 NRCl 的制备方法、保存方法和给药途径,使其更加稳定,以防止 NAM 的形成和积累。一种被称为 NIAGEN 的 NRCl 膜包衣形式都被认为无论是用于食品还是膳食补充剂都是安全的,并且已经在一系列临床前研究中对其安全性进行了评估。

目前已经将 NRCl 作为营养补充剂投放市场,但其合成具有挑战性,昂贵且产量低,对于大规模工业生产来说很麻烦。为了解决这个问题,研究人员进行了彻底筛选,并发现了新型结晶 NR 盐作为 NR 抗衡离子的替代氯化物,包括 NR 酒石酸盐和 NR 苹果酸氢盐。与已批准的 NRCl 相比,它们具有生物等效性,但合成过程被大大改进,不需要特殊和昂贵的设备,产量提高,更容易纯化,符合制药标准[27]。因此,这些新型结晶 NR 盐被认为是更好的替代品,可以取代 NRCl 作为营养补充剂和药物组合物中的添加剂在市售。这将有助于大规模工业生产,并降低生产成本。同时,这些新型结晶 NR 盐的生物等效性和制药标准也将有助于提高产品的质量和安全性。

有临床应用报道,血液 NAD^+ 反应似乎与 NR 的吸收模式无关。在稳定状态下,NR 给药期间,血液 NAD^+ 的水平保持相对稳定,NAD^+ 的形成动力学相较外源性 NR 的清除动力学要慢得多,在一些受试者中也发现 NR 的清除半衰期相当短,这表明需要在一天中频烦地使用 NR,以防止体内 NR 的大范围波动,然而考虑到血液 NAD^+ 的持续反应,每日 2 次甚至每日 1 次的 NR 剂量可能足以达到预期的临床效果,这项研究为 NR 作为营养物质提供了新的见解[28]。

有临床研究报道,长期每次口服 NR 补充剂 500 mg、每日 2 次,可以改善健康中年人和老年人的心血管功能,降低收缩压和主动脉僵硬度,这两个指标是衡量心血管风险的重要参数。一种天然的模仿 CR(限制热量摄入)的 NR 补充剂,具有潜在的降压作用,可能是一种保护心血管的补充方法[29]。研究表明,未来在更大的临床试验中,NR 补充剂可能具有广泛的生物医学用途。

近期的新型冠状病毒研究中,NR 的临床意义也开始凸显。新型冠状病毒(SARS-CoV-2)是导致新型冠状病毒感染的传染源,这场全球性流行病给社会经济造成了巨大的影响。针对该病毒,目前有多种新的靶点和治疗干预措施正在探索,其中包括对 NAD^+ 代谢的干预。已有研究表明,该病毒感染后会导致细胞 NAD^+ 耗尽[30],并在新型冠状病毒肺炎患者的血液中检测到 NMN 水平下降[31]。有一项临床研究表明,在膳食中每天添加天然 NR(2 000 mg),可以显著缩短恢复时间,改善代谢状况[32]。此外,NR 还被认为是一种病毒酶直接抑制剂,作为核苷抑制剂利巴韦林和法匹拉韦的结构类似物,具有抗病毒活性[33]。因此,NR 作为一种针对新型冠状病毒肺炎的多功能潜在治疗剂,值得进一步研究。

有临床研究报道,补充 NR 后 NAM 的主要消除途径是通过 NNMT 甲基化被排出体外,但这样做是否会导致甲基供体耗尽目前还未有明确的研究结果,因此需要进一步的临床前和临床研究来确定 NR 作为人类治疗物的长期安全性[17]。同时,我们还需要比较 NR 补充剂与传统 CR 的生理功能和优势,以便更好地评估 NR 膳食补充剂作为真正的模拟 CR 化合物的潜力。

47.3　NMN 的作用和在保健食品的应用

NMN 和 NR 是近年来研究者更广泛关注的辅酶 I 和辅酶 II 前体,因为它们在提高

NAD$^+$水平方面更有效。这两种前体参与机体的 DNA 修复和 ATP 的产生，并在细胞信号传递中起作用[34]。此外，NMN 也具有多种生理功能和潜在的治疗作用。① NMN 可以改善胰岛素敏感性，并且对胰岛素水平具有积极作用[35]。低血糖脑损伤是糖尿病患者胰岛素治疗的潜在并发症，而补充 NMN 可以改善胰岛素诱导的炎症及低血糖引起的神经元损伤和认知障碍[36]，研究表明，NMN 可改善阿尔茨海默病小鼠的认知障碍[37]。② NMN 还可以通过刺激线粒体中的氧化磷酸化及增强 SIRT3 活性改善动物模型中的抑郁行为[38]。③ NMN 还可以提高帕金森病体外模型的能量代谢和存活率[39]。④ NMN 通过显著抑制肾小管 DNA 损伤、衰老和炎症在预防或治疗急性肾损伤后肾纤维化有很大的潜力[40]。⑤ NMN 通过增强抗氧化应激、抗炎能力及保护血脑屏障完整性从而对心脏缺血及脑卒中起到保护作用[41]。因此，NMN 可能是治疗与年龄有关的神经退行性疾病的潜在药物。⑥ 已发现低剂量的 NMN 可以改善雌性卵母细胞的质量，从而改善雌性生育能力。NMN 也可以有效改善衰老卵母细胞的质量，提示 NMN 可能是解决老年妇女生育问题的潜在药物[42]。⑦ 研究表明，长期服用 NMN 可以通过消除脂质代谢异常引发的脂肪堆积和肥胖，逆转与年龄有关的体重增加和认知障碍[43]。⑧ 在衰老小鼠中使用 NMN 可以改善血管氧化应激，能量代谢，恢复 Sirtuin 活性及逆转与年龄有关的动脉功能障碍[44]。⑨ NMN 也可以阻断紫外线 B 引起的小鼠光损伤，维持正常的胶原纤维结构和数量，表皮和真皮的正常厚度，减少肥大细胞的产生，并保持完整的皮肤组织结构，因此 NMN 有望被用于预防或治疗皮肤光老化[45]。⑩ 肺部衰老的主要表现之一是肺泡上皮细胞的数量和功能下降，一项研究发现 NMN 可以有效减轻 8~10 个月大的小鼠肺上皮细胞与年龄相关的生理衰退，并且可以减轻 6~8 周的年轻小鼠的肺纤维化[46]。该发现对于改善老年人呼吸系统功能，降低呼吸系统疾病的发病率和死亡率具有重要意义。所有这些初步研究表明，NMN 在与衰老相关的疾病中具有一定的治疗前景。

虽然以往的细胞、动物和人类临床研究都探讨了摄入 NMN 对衰老相关功能和疾病变化的影响，但只有几项研究验证了摄入 NMN 对人类的影响，这远远不足以验证摄入 NMN 对老年人的影响。在这几项临床研究中，第一项研究中，通过单臂干预实验在日本男性中验证了每日服用 NMN（100 mg/kg、250 mg/kg、500 mg/kg）的安全性，提示 NMN 口服是可行的，暗示了 NMN 可以作为一种人类衰老相关疾病的潜在治疗策略[47]。第二项研究对健康成人每日口服 NMN 长达 4 周，结果未观察到不良反应[48]。第三项研究中，48 名年轻跑步者每天服用 NMN（300 mg/d、600 mg/d、1 200 mg/d）或者安慰剂，同时进行锻炼，发现服用 NMN（600 mg/d、1 200 mg/kg）后有氧运动能力显著提高，提示 NMN 可以提高人类的有氧运动能力，这有助于进一步改善身体机能[49]。第四项研究为期 10 周，调查 NMN（250 mg/d）对患有糖尿病的肥胖绝经后妇女的影响，结果发现 NMN 在 Akt、mTOR 蛋白和胰岛素敏感性方面有显著改善，但在握力及疲劳性恢复方面没有显著变化[50]。第五项研究中，为期 12 周，研究 NMN（250 mg/d）对日本老年男性睡眠质量及疲劳的影响，结果发现补充 NMN 来改善疲劳对于老年人来说可能是有意义的，且该研究首次证明了 NMN 对老年人的影响有摄入时间依赖性。但该研究存在几个局限，如没有进行每日营养摄入量的调查,未检查摄入 NMN 引起的生理因素变化[51]。

尽管大量的临床前研究提示,NMN 可以被开发为一种抗衰老保健产品,但针对 NMN 生理学和毒理学方面的临床研究很少,而且同 NR 一样,补充 NMN 后也涉及代谢物通过 NNMT 甲基化被排出体外,但一些 NMN 胶囊制剂被批准作为保健品已经在市场销售[52],并被消费者大量用作抗衰老保健品。然而,为了增加基于 NMN 开发药物的前景,未来需要进行针对毒理学参数和人体内安全代谢物水平的人体试验,以进一步阐明 NMN 的有效性和安全性。

NMN 或可预防治疗新型冠状病毒近期备受关注,新型冠状病毒通过其刺突蛋白与体内细胞 ACE2 蛋白受体进行识别结合,打开进入细胞的通道,从而进入宿主细胞展开转录翻译活动,破坏细胞结构,干扰细胞正常功能。NMN 通过保护 DNA 和减少 ACE2 的表达,关闭病毒经 ACE2 蛋白进入人体细胞的通道,阻止新型冠状病毒的感染。研究表明,在喂养 200 mg/kg 的 NMN 的老年小鼠中,持续 12 个月后,在新型冠状病毒感染 7 天后,ACE2 的表达水平下降,同时肺部病毒载量和组织损伤减少[53]。也有研究表明,对于患有新型冠状病毒感染的小鼠,补充 NMN 后,小鼠的肺部过度炎症、溶血和栓塞情况均出现显著改善,小鼠的死亡率下降了 30%。NMN 对新型冠状病毒的预防治疗作用有一定的临床意义。第一项研究中,研究者通过分析新型冠状病毒感染患者尿液代谢组学发现,患有急性肾损伤的新型冠状病毒感染患者,其尿液中 NAD+ 相关代谢物(包括 NMN)显著低于未发生急性肾损伤的新型冠状病毒感染患者。提示通过 NMN 等前体补充 NAD+ 或能治疗新型冠状病毒感染并发的肾损伤[54]。第二项研究中,一名病情恶化过快的新型冠状病毒肺炎重症患者,经过 NMN 鸡尾酒疗法,即以 NMN 为主药剂,配合甜菜碱、硫酸锌和氯化钠溶液一同口服使用,第二天患者体温开始下降,第五天患者多种临床症状和炎症指标开始恢复。提示 NMN 鸡尾酒疗法能改善新型冠状病毒肺炎引起的细胞因子风暴。第三项研究是基于 304 人的 NMN 类物质治疗新型冠状病毒肺炎患者的全球首个大型人体临床Ⅲ期试验。该项研究中经过 NMN 治疗后的新型冠状病毒肺炎患者,恢复速度提升了 40%,且康复后的炎症水平、血糖等代谢指标皆显著强于未经 NMN 治疗者,这项人体临床研究在之前个例的基础上,用庞大的数据充分证明了 NMN 类物质对于新型冠状病毒感染的治疗潜力[55]。这些研究为 NMN 可预防或治疗新型冠状病毒感染增强了说服力,值得进一步的临床研究来探讨 NMN 是否可用于治疗新型冠状病毒感染患者。

总结与展望

综上所述,一些初步的研究发现 NAD+ 及其前体 NMN、NR 等在人体 DNA 修复、能量补充、信号转导等方面都有积极的作用。然而这是否可以定论 NAD+ 及其前体就是神话般存在的长生不老药仍未可知。哪些人群需要进行 NAD+ 治疗补充?哪个代谢物可作为读数来识别病理生理上需要补充 NAD+ 前体的人群?NMN、NR 作为 NAD+ 前体应该补充多少?这些都值得进一步探讨。需要提出的是抗衰老研究应该着重于研究如何延长健康寿命,这个对于个人和社会更有意义,笔者认为烟酰胺辅酶及其前体可能可以担此重任。目前全球抗衰老产品的消费需求和市场价值正在上升,消费者的积极需求及制造商的高利润率是抗衰老产品未经充分安全性研究而发布的主要驱动力,因此,在此基础上进行全面系统而科学的临床前和临床研究至关重要,也是一项迫在眉睫而意义深远的重要工作。

苏州大学(佘靖)

苏州大学/苏州高博软件职业技术学院(秦正红)

山东蓝康生物科技有限公司(徐家龙、任洋洋、郑翔铭)

第四十八章　辅酶Ⅰ药物

48.1　注射用辅酶Ⅰ

经检索,全球已获批准上市的 NAD^+ 药品制剂只有注射用辅酶Ⅰ(国药准字 H41025094、国药准字 H41024721),该制剂为冻干粉针剂,商品名恩艾地®,上市许可持有人为开封康诺药业有限公司。

该制剂主要成分为 NAD^+,是所有细胞都必需的基本生命分子之一,是多种细胞氧化还原反应中的重要辅酶,作为质子的受体或参与各种氧化还原过程(如糖酵解、TCA 循环、氧化磷酸化等);同时,它是 Sirtuin、ADPR 基转移酶或聚核糖基聚合酶、cADPR 合成酶的重要底物,参与核酸、蛋白质等大分子的修饰(如 NAD^+ 参与的 DNA 和 RNA 修饰、NAD^+ 依赖的组蛋白脱乙酰化、NAD^+ 依赖的泛素化等),在调控细胞衰老、DNA 修复、线粒体生物合成、免疫细胞功能等过程中具有不可替代作用[1]。近来研究表明,NAD^+ 水平与衰老及其相关疾病(包括认知能力下降、中枢神经系统退行性疾病、心血管疾病、肿瘤、代谢性疾病、肌肉减少症、虚弱)密切相关,衰老过程伴随着组织和细胞中 NAD^+ 含量逐渐降低。通过恢复 NAD^+ 水平,一些与衰老相关的疾病可以减缓甚至逆转。靶向 NAD^+ 代谢已成为缓解衰老相关疾病,延长人类健康和寿命的潜在治疗方法[2]。给予注射用辅酶Ⅰ治疗后可改善体内 NAD^+ 匮乏状况,相关疾病症状得到有效改善。

48.2　注射用辅酶Ⅰ临床应用

48.2.1　治疗心血管相关疾病

注射用辅酶Ⅰ为 Sirtuin 激动剂,可抑制心肌组蛋白和线粒体蛋白过乙酰化修饰,在临床上主要可用于治疗冠心病、心肌炎、心力衰竭和缺氧缺血等状态下造成的心肌损伤。

（1）作用机制：已知心血管疾病病理状态下 NAD^+ 水平下降，造成 Sirtuin 活性降低，线粒体功能紊乱和氧化应激。给予注射用辅酶 I 治疗后，可补充体内 NAD^+，靶向激活 Sirtuin，调控与代谢和抗氧化途径相关的转录因子活性，增加线粒体能量产生和降低氧化应激损伤。同时，可诱导 mUPR，促进线粒体生物发生和自噬[1, 3-5]。此外，补充 NAD^+ 可抑制内皮细胞炎症损伤、氧化应激损伤，减少微血管内皮细胞凋亡和促进微血管生成，改善冠状动脉微循环和心肌缺血再灌注引起的微血管损伤[2]。

（2）相关研究进展

1）心力衰竭：心力衰竭伴随着心肌 NAD^+ 含量降低，导致氧化还原失衡，使线粒体蛋白超乙酰化导致心脏发生病理变化，造成代谢重塑和线粒体功能障碍。临床研究表明，心力衰竭患者血液 NAD^+ 含量大幅降低[6]。动物模型中，通过提升 NAD^+ 浓度可维持 NAD^+ 氧化还原平衡，降低线粒体蛋白乙酰化水平，改善线粒体功能，改善心力衰竭动物心脏功能[7, 8]。小规模临床研究显示，提升心力衰竭患者体内 NAD^+ 水平，增强线粒体呼吸并减少促炎细胞因子的产生[9]。队列研究显示，高摄入含天然 NAD^+ 前体的饮食可降低血压和降低心脏死亡风险。因失代偿性心力衰竭住院的 75 岁以上老年患者的 NAD^+ 血药浓度降低，这表明恢复 NAD^+ 储备和能量代谢的新疗法可能有助于老年心力衰竭患者管理[6]。临床研究证实，注射用辅酶 I 治疗心力衰竭的效果显著，能提高 LVEF，降低 LVDD 及 BNP 水平，延长 6 MWT，且安全性较高[10]。

2）冠心病：当心肌细胞缺血缺氧时，心肌细胞中 NAD^+ 的含量会因合成受限和消耗增多而降低，从而导致线粒体功能障碍。在心肌缺血再灌注动物模型中，补充 NAD^+ 或其前体可以减少心肌梗死面积、提高动物存活率[4]。外源补充 NAD^+ 可抑制内皮细胞炎症损伤、氧化应激损伤，减少微血管内皮细胞凋亡和促进微血管生成，改善冠状动脉微循环和心肌缺血再灌注引起的微血管损伤[11]。用于冠心病，可改善冠心病的胸闷、心绞痛等症状。临床研究表明，在围手术期或住院期间使用注射用辅酶 I 可显著改善心肌细胞的缺血缺氧状态，发挥心脏保护作用，患者 LVEF、LVEDD、NT-proBNP、BNP、hs-CRP、cTNT 等指标得到显著改善[12-14]。

3）心肌炎：在应激状态下，以 NAD^+ 为唯一底物的 PARP 过度激活进行受损 DNA 修复，造成 NAD^+ 快速耗竭，会诱导发生心肌损伤，导致心血管疾病发生和进展[15]。一方面，会导致心肌 Sirtuin 活性降低，组蛋白乙酰化水平紊乱，加速心肌细胞凋亡、纤维化、肥大，发生或加速心肌重构。另一方面，会破坏心肌细胞正常的氧化还原反应，导致心肌细胞代谢能力大幅降低[16]。临床研究表明，注射用辅酶 I 治疗心肌炎患儿疗效确切，有利于改善患儿心肌酶水平，增强心功能，提高临床治疗效果[17]。

4）新型冠状病毒感染引起的心肌损伤：研究表明在新型冠状病毒感染后，体内辅酶 I（NAD^+）会大量耗竭，造成 NAD^+ 相关代谢紊乱，免疫应答、氧化应激、内皮功能等受损[18]。及时补充辅酶 I 可纠正紊乱，有效提升脱乙酰酶 Sirtuin 活性，抑制免疫反应和细胞死亡相关基因表达失调，改善内皮功能、线粒体功能和心肌代谢，显著改善病毒感染所导致心肌损伤[19]。研究表明，注射用辅酶 I 可以显著改善新冠患者心肌损伤状况。《新型冠状病毒感染相关心肌损伤、心肌炎和感染后状态管理专家共识(第二版)》指出给予注射用辅酶Ⅰ 30~50 mg(静脉滴注,每日1次),可显著改善新型冠状病毒感染患者的代谢功能,促进非卧床新冠病毒感染患者的康复。

48.2.2 治疗其他相关疾病

48.2.2.1 白细胞减少

在直肠癌的应用[20],注射用辅酶Ⅰ可有效预防直肠癌化疗引发的白细胞减少,在临床应用中患者未出现明显的过敏反应及肝、肾功能损害,安全性较高。化疗第1周期的第4天,注射用辅酶Ⅰ组患者中性粒细胞和白细胞减少的发生率均明显低于常规组($P<0.01$)。化疗第2周期的第4天,常规组患者的2级以上中性粒细胞和白细胞减少的发生率均高于注射用辅酶Ⅰ组($P<0.05$)。在老年食管癌的应用[21],注射用辅酶Ⅰ可减轻老年食管癌患者术后炎症反应,改善营养状况;相比对照组,术后第8天患者IL-6($P<0.05$)和前白蛋白($P<0.01$)水平均明显改善,提示注射用辅酶Ⅰ联合术后早期的肠内营养应用,改善了老年食管癌患者的机体防御机制,减轻了炎症反应,促进了白蛋白合成,有利于减少手术创伤后并发症的发生,有一定的临床意义。在乳腺癌的应用[22],注射用辅酶Ⅰ在乳腺癌术后化疗中的应用价值显著,可有效提高化疗效果,降低患者化疗期间不良反应的发生率,提升患者细胞免疫功能,促进患者康复。注射用辅酶Ⅰ组患者的临床疾病总控制率(95.00%)高于对照组(88.00%);患者血液学不良反应总发生率、胃肠道不良反应及肝肾功能损伤总发生率均低于对照组;治疗后两组患者$CD4^+$百分比、$CD4^+/CD8^+$比值较治疗前升高,注射用辅酶Ⅰ组高于对照组;两组患者$CD8^+$百分比降低,注射用辅酶Ⅰ组低于对照组。在晚期非小细胞肺癌的应用,多西他赛联合顺铂方案加上注射用辅酶Ⅰ可减少心肌损伤、抑制白细胞减少。注射用辅酶Ⅰ组心肌损伤发生率显著比对照组低。在白细胞减少的发生率上注射用辅酶Ⅰ组Ⅲ度以上患者显著比对照组低。但由于NAD^+潜在的促肿瘤细胞生存的作用,用于肿瘤的辅助治疗的收益和可能促肿瘤生存的作用需要更多的临床试验来提供真实世界的证据。

48.2.2.2 脑卒中

目前的实验室研究大多数都支持NAD^+的神经保护作用。在脑缺血发生后,辅酶Ⅰ可通过激活Sirtuin家族等多种途径,支持靶向Sirtuin家族,在脑缺血性损伤前后发挥作用,具有维持线粒体稳态、神经保护、减轻氧化应激、维持血容量及抑制炎症反应的作用[23-26]。注射用辅酶Ⅰ及NAD^+相关创新药为临床治疗脑卒中提供了新思路新选择,临床效果佳,安全性好;相比其他产品更有经济性优势,易为患者接受,值得临床推广应用。然而,NAD^+的药效与作用机制仍亟待更多研究来深入挖掘,对缺血性脑卒中的神经保护作用也需要更多的研究来阐明。因此,更期待以NAD^+为靶点开发出更多的抗脑卒中药物,如与NAD^+合成或降解相关酶的激活剂或抑制剂、NAD^+药代活性产物等均可能是药物研究的潜在方向。

　　综上所述，注射用辅酶Ⅰ可用于治疗心力衰竭、冠心病、心肌炎、白细胞减少、脑卒中等疾病。用法用量为每日 5～50 mg，每日 1 次，肌内注射或静脉滴注，一般 14 天为一个疗程。偶见口干、恶心、头晕、心悸等反应。对本品过敏者禁用。NAD^+ 在心血管疾病、神经退行性疾病和脑卒中的应用应当开展积极的研究，包括剂量、给药频率、作用机制及和其他治疗药物的相互作用。国外辅酶Ⅰ已经作为抗衰老药物在一部分人群中应用(非正式使用)，未来有可能得以全面推广。

参考文献

苏州大学（蒋倩、罗丽）

开封康诺药业有限公司（王磊、王康林、王伟）

缩略词表

中　文	英　文	缩　写
10-甲酰基四氢叶酸脱氢酶	10-formyltetrahydrofolate dehydrogenase	FDH
12-脂氧酶	12-lipoxygenase	12-LO
1-甲基-4-苯基吡啶离子	1-methyl-4-phenylpyridinium	MPP$^+$
2,3-双磷酸甘油	2,3-bisphosphoglycerate	2,3 BPG
2,4-二烯酰辅酶 A 还原酶	2,4-dienoyl CoA reductase	DECR
3-甲基腺嘌呤	3-methlyadenine	3-MA
3-磷酸甘油酸脱氢酶	3-phosphoglycerate dehydrogenase	PGDH
5-磷酸核糖-1-焦磷酸	5-phosphoribosyl-alpha-1-pyrophosphate	PRPP
6-磷酸果糖激酶-1	6-phosphofructokinase-1	PFK-1
6-磷酸葡萄糖酸脱氢酶	6-phosphogluconate dehydrogenase	6PGD
6-羟基多巴	6-hydroxy dopamine	6-OHDA
Ca^{2+}-钙调蛋白依赖性蛋白激酶	Ca^{2+}/calmodulin-dependent protein kinase	CaMK
C-C 结构域趋化因子受体 5	C-C motif chemokine receptor 5	CCR5
c-Jun 氨基端蛋白激酶	c-Jun N-terminal protein kinase	JNK
CXC 趋化因子配体 16	CXC chemokine ligand 16	CXCL16
C-反应蛋白	C-reactiveprotein	CRP
DNA 单链断裂	single strand break	SSB
DNA 双链断裂	double strand broken	DSB
GTP 环化水解酶 1	GTP cyclohydrolase 1	GCH1
G 蛋白偶联受体 81	G protein-coupled receptor 81	GPR81
G 蛋白偶联受体	G protein-coupled receptor	GPR
IκB 激酶	IκB kinase	IKK
IFN-γ 诱导蛋白-10	interferon γ inducible protein-10	IP-10

中　文	英　文	缩　写
NOD 样受体热蛋白结构域相关蛋白 3	NOD like receptor thermal protein domain associated protein 3	NLRP3
N-甲基-D-天冬氨酸受体	N-methyl-D-aspartate receptor	NMDAR
O1 型叉头蛋白	forkhead box O1	FOXO1
P1 型嘌呤受体	P1 purinoreceptor	P1R
P2 型嘌呤受体	P2 purinoreceptor	P2R
PARP 糖水解酶	poly（ADP-ribose）glycohydrolase	PARG
SARM1 依赖 Toll／IL 受体	Toll／interleukin 1 receptor	TIR
Toll／IL 受体同源区域	Toll／interleukin receptor homologous region	TIR
Toll 样受体	Toll-like receptor	TLR
Tp53 诱导的糖酵解和凋亡调节因子	Tp53-induced glycolysis and apoptosis regulator	TIGAR
T 淋巴瘤侵袭转移诱导因子 1	T lymphoma invasion and metastasis inducing factor 1	TIAM 1
T 细胞核内因子	nuclear factor of activated T cell	NFAT
X 射线修复交叉互补蛋白 1	X-ray repair cross-complementing protein 1	XRCC1
YTH 结构域家族蛋白 2	YTH domain family protein 2	YTHDF2
α-氨基-3-羟基-5-甲基-4-异噁唑丙	α-amino-3-hydroxy-5-methyl-4-isoxazole-propionicacid	AMPA
α-氨基-β-羧基黏康酸-ε-半醛	alpha-amino-beta-carboxy-muconate-epsilon-semialdehyde	ACMS
α-酮戊二酸	α-ketoglutarate	α-KG
α-酮戊二酸脱氢酶	α-ketoglutarate dehydrogenase	KGDH
β-羟［基］-β-甲戊二酸单酰辅酶 A	β-hydroxy-β-methylglutaryl-CoA	HMG-CoA
阿尔茨海默病	Alzheimer's disease	AD
氨氧乙酸	aminooxyacetic acid	AOAA
白细胞端粒长度	leukocyte telomere length	LTL
丙二醛	malondialdehyde	MDA
丙酮酸脱氢酶	pyruvate dehydrogenase	PDH
病原体相关分子模式	pathogen associated molecular pattern	PAMP
哺乳动物雷帕霉素靶蛋白	mammalian target of rapamycin	mTOR
超氧化物歧化酶 2	superoxide dismutase 2	SOD2
沉默信息调节因子	silence information regulator	Sirtuin
成纤维细胞生长因子-21	fibroblast growth factor-21	FGF-21
程序性死亡蛋白-1	programmed death-1	PD-1

续　表

中　文	英　文	缩　写
程序性死亡配体 1	programmed death-ligand 1	PD－L1
醇脱氢酶	alcohol dehydrogenase	ADH
大脑中动脉闭塞	middle cerebral artery occlusion	MCAO
单胺氧化酶	monoamine oxidase	MAO
单核细胞趋化蛋白-1	monocyte chemotactic protein－1	MCP－1
单羧酸转运体	monocarboxylte transporter	MCT
胆固醇调节元件结合蛋白-1	sterol regulatory-element binding protein－1	SREBP－1
胆汁酸受体	farnesoid X receptor	FXR
低密度脂蛋白	low-density lipoprotein	LDL
低密度脂蛋白胆固醇	low-density lipoprotein-cholesterol	LDL－C
电子传递链(又称呼吸链)	electron transport chain	ETC
淀粉样前体蛋白	amyloid precursor protein	APP
凋亡诱导因子	apoptosis induced factor	AIF
动力相关蛋白 1	dynamin-related protein 1	Drp1
多巴胺	dopamine	DA
多发性硬化	multiple sclerosis	MS
多腺苷二磷酸核糖聚合酶	poly (ADP－ribose) polymerase	PARP
儿茶酚-O-甲基转移酶	catechol－O－methyl transferase	COMT
二氢嘧啶脱氢酶	dihydropyrimidine dehydrogenase	DPYD
二氢生物蝶呤	biopterin	BH_2
二叶酸还原酶	dihydrofolate reductase	DHFR
泛素羧基末端水解酶-L1	ubiquitin carboxyl-terminal esterase－L1	UCH－L1
分化群 38	cluster of differentiation 38	CD38
分子伴侣介导的自噬	chaperone-mediated autophagy	CMA
富含亮氨酸重复序列激酶 2	leucine-rich repeat kinase 2	LRRK2
干细胞因子	stem cell factor	SCF
甘油-3-磷酸酰基转移酶 1	glycerol－3－phosphate acyltransferase 1	GPAT1
甘油醛 3-磷酸脱氢酶	glyceraldehyde 3－phosphate dehydrogenase	GAPDH
肝细胞癌	hepatocellular carcinoma	HCC
高密度脂蛋白	high-density lipoprotein	HDL
高脂饮食	high fat diet	HFD
共济失调毛细血管扩张突变蛋白激酶	ataxia telangiectasia mutated protein kinase	ATM
谷氨酸-半胱氨酸连接酶	glutamate-cysteine ligase	GCL

续　表

中　文	英　文	缩　写
谷氨酸草酰乙酸转氨酶	aspartate aminotransferase	AST
谷氨酸脱氢酶	glutamate dehydrogenase	GDH
谷胱甘肽	glutathione	GSH
谷胱甘肽-S-转移酶	glutathione－S－transferases	GST
谷胱甘肽-二硫化物还原酶	glutathione-disulfide reductase	GSR
谷胱甘肽过氧化物酶 4	glutathione peroxidase 4	GPX4
谷胱甘肽过氧化物酶	glutathione peroxidase	GPX
谷胱甘肽合成酶	glutathione synthetase	GSS
谷胱甘肽还原酶	glutathione reductase	GR
骨髓源性抑制细胞	myeloid derived suppressor cell	MDSC
过继性 T 细胞疗法	adoptive cell therapy	ACT
过氧化氢	hydrogen peroxide	H_2O_2
过氧化氢酶	catalase	CAT
过氧化物还蛋白	peroxiredoxins	Prx
过氧化物酶体增殖物激活受体 γ 共激活因子 1α	peroxisome proliferator-activated receptor gamma coactivator 1α	PGC1α
核苷转运蛋白	nucleoside transporter	ENT
核糖-5-磷酸	ribose－5－phosphate	R5P
核糖核苷酸还原酶	ribonucleotide reductase	RNR
核因子红细胞衍生-2 相关因子 2	nuclear factor erythroid-derived－2 like 2	Nrf2
红藻氨酸	kainate	KA
琥珀酸脱氢酶	succinate dehydrogenase	SDH
还原型烟酰胺腺嘌呤二核苷酸磷酸氧化酶	reduced nicotinamide adenine dinucleotide phosphate oxidase	NOX
环状腺苷二磷酸核糖	cyclic adenosine diphosphate ribose	cADPR
黄嘌呤氧化酶	xanthine oxidase	XO
黄素单核苷酸	flavin mononucleotide	FMN
黄素腺嘌呤二核苷酸	flavin adenine dinucleotide	FAD
活化部分凝血活酶时间	activated partial thromboplastin time	APTT
活硫氧还蛋白还原酶	thioredoxin reductases	TrxR
活性氮	reactive nitrogen species	RNS
活性氧	reactive oxygen species	ROS
肌醇三磷酸	inositol triphosphate	IP_3
肌萎缩侧索硬化	amyotrophic lateral sclerosis	ALS

中　文	英　文	缩　写
激活转录因子 4	activating transcription factor 4	ATF4
激肽 B1 受体	bradykinin　receptor	B1R
极低密度脂蛋白	very-low-density lipoprotein	VLDL
己糖激酶	hexokinase	HK
间充质干细胞	mesenchymal stem cell	MSC
碱基切除修复	base excision repair	BER
碱性成纤维细胞生长因子 2	basic fibroblast growth factor	FGF2
胶质纤维酸性蛋白	glial fibrillary acidic protein	GFAP
解偶联蛋白 2	uncoupling protein 2	UCP 2
进行性眼外肌麻痹	progressive external ophthalmoplegia	PEO
巨噬细胞迁移抑制因子	macrophage migration inhibitory factor	MIF
巨噬细胞炎症蛋白	macrophage inflammatory protein	MIP
抗氧化反应元件	antioxidant reaction element	ARE
可溶性腺苷酸环化酶	soluble adenylyl cyclase	sAC
喹啉酸	quinolinic acid	QA
喹啉酸磷酸核糖转移酶	quinolinate phosphoribosyl transferase	QPRT
雷诺丁受体	ryanodine receptor	RyR
粒细胞集落刺激因子	granulocyte colony stimulating factor	G－CSF
粒细胞-巨噬细胞集落刺激因子	granulocyte-macrophage colony-stimulating factor	GM－CSF
磷酸酶和张力蛋白同源蛋白	phosphatase and tensin homolog deleted on chromosome ten	PTEN
磷酸戊糖途径	pentose phosphate pathway	PPP
磷脂酶 C	phospholipase C	PLC
硫氧还蛋白-S_2	thioredoxins－S_2	Trx－S_2
硫氧还蛋白	thioredoxins	Trx
弥散性血管内凝血	disseminated intravascular coagulation	DIC
脑源性神经营养因子	brain-derived neurotrophic factor	BDNF
内皮微囊泡	endothelial microvesicles	eMV
内皮型一氧化氮合酶	endothelial nitric oxide synthase	eNOS
鸟苷酸结合蛋白转录因子 β_1 亚基	GA binding protein transcription factor subunit beta 1	GABPB1
凝血酶时间	thrombin time	TT
凝血酶原时间	prothrombin time	PT

中　文	英　文	缩　写
帕金森病	Parkinson disease	PD
苹果酸酶	malic enzyme	ME
苹果酸脱氢酶	malate dehydrogenase	MDH
葡聚糖硫酸钠	dextran sulfate sodium	DSS
葡糖激酶	glucokinase	GCK
葡萄糖-6-磷酸	glucose - 6 - phosphate	G6P
葡萄糖-6-磷酸脱氢酶	glucose - 6 - phosphate dehydrogenase	G6PD
葡萄糖转运体 1/2	glucose transporter 1/2	GLUT1/2
前 B 细胞克隆增强因子	pre - B - cell colony-enhancing factor	PBEF
嵌合抗原受体 T 细胞治疗	chimeric antigen receptor T cell therapy	CAR - T 细胞治疗
趋化因子 C - C 配体 2	chemokine C - C motif ligand 2	CCL2
醛脱氢酶 1 家族成员 L1／2	aldehyde dehydrogenase 1 family member L1／2	ALDH1L1／2
醛脱氢酶	aldehyde dehydrogenase	ALDH
醛氧化酶 1	aldehyde oxidase 1	AOX1
犬尿氨酸途径	kynurenine pathways	KP
热量限制	caloric restriction	CR
人脐静脉内皮细胞	human umbilical venous endothelial cell	hUVEC
溶质载体	solute carrier	SLC
肉碱棕榈酰基转移酶- I	carnitine palmitoyltransferase - I	CPT - I
乳酸脱氢酶	lactate dehydrogenase	LDH
乳腺癌缺失因子 1	deleted in breast cancer 1	DBC1
色氨酸 2,3-双加氧酶	tryptophan 2,3 - dioxygenase	TDO
色氨酸	tryptophan	Trp
神经前体细胞表达发育下调蛋白 4	neural precursor cell expressed developmentally down-regulated protein 4	NEDD4
神经纤维缠结	neurofibrillary tangle	NFT
神经元型一氧化氮合酶	neuronal nitric oxide synthase	nNOS
肾素-血管紧张素-醛固酮系统	renin-angiotensin-aldosterone system	RAAS
生长停滞特异性蛋白 6	growth arrest specific protein 6	GAS6
树突状细胞	dendritic cell	DC
衰老相关分泌表型	senescence-associated secretory phenotype	SASP
瞬时受体电位阳离子通道亚家族 M 成员 2	transient receptor potential cation channel subfamily M member 2	TRPM2

中　文	英　文	缩　写
丝裂原活化蛋白激酶	mitogen-activated protein kinase	MAPK
四氢生物蝶呤	tetrahydrobiopterin	BH_4
四氢叶酸	tetrahydrofolic acid	THF
髓源抑制性细胞	myeloid-derived suppressor cell	MDSC
损伤相关分子模式	damage associated molecular pattern	DAMP
糖基化终产物受体	receptor for advanced glycation end-product	RAGE
糖尿病肾病	diabetic nephropathy	DN
糖尿病周围神经病变	diabetes peripheral neuropathy	DPN
天冬氨酸/谷氨酸载体	aspartate / glutamate carrier	AGC
铁死亡抑制蛋白 1	ferroptosis suppressor protein 1	FSP1
酮戊二酸脱氢酶	oxoglutarate dehydrogenase	OGDH
外周血单核细胞	peripheral blood mononuclear cell	PBMC
微粒体乙醇氧化系统	microsomal ethanol oxidizing system	MEOS
未折叠蛋白反应	unfolded protein response	UPR
无菌 α 和 Toll /白介素受体基序蛋白 1	sterile alpha and Toll /interleukin receptor motif-containing 1	SARM1
细胞毒性 T 淋巴细胞抗原-4	cytotoxic T lymphocyte antigen-4	CTLA-4
细胞间黏附分子-1	intercelluar adhesion molecule-1	ICAM-1
细胞内烟酰胺磷酸核糖转移酶	intracellular nicotinamide phosphoribosyl transferase	iNAMPT
细胞色素 P450 氧化还原酶	cytochrome P450 oxidoreductase	POR
细胞色素氧化酶	cytochrome oxidase	COX
细胞外基质	extracellular matrix	ECM
细胞外囊泡	extracellular vesicle	EV
细胞外信号调节蛋白激酶	extracellular regulated protein kinase	ERK
细胞外烟酰胺磷酸核糖转移酶	extracellular nicotinamide phosphoribosyl transferase	eNAMPT
细胞周期蛋白依赖性激酶	cyclin dependent kinase	CDK
下丘脑-垂体-肾上腺轴	hypothalamic-pituitary-adrenal axis	HPA
先天性肌营养不良	congenital muscular dystrophies	CMD
纤维蛋白原	fibrinogen	FIB
线粒体内膜	mitochondrial inner membrane	IMM
线粒体融合蛋白 1	mitofusin 1	Mfn1
线粒体转录因子 B2	mitochondrial transcription factor B2	TFB2

中　文	英　文	缩　写
腺苷 A2A 受体	adenosine A2A receptor	A2AR
腺苷二磷酸核糖	adenosine diphosphate ribose	ADPR
腺苷酸激酶	adenylate kinase	AK
小鼠胚胎成纤维细胞	mouse embryonic fibroblast	MEF
血管紧张素 Ⅱ 1 型受体	angiotensin Ⅱ type 1 receptor	AT1R
血管紧张素 Ⅱ 2 型受体	angiotensin Ⅱ type 2 receptor	AT2R
血管扩张刺激磷酸蛋白	vasodilator-stimulated phosphoprotein	VASP
血管内皮生长因子	vascular endothelial growth factor	VEGF
血管平滑肌细胞	vascular smooth muscle cell	VSMC
血管细胞黏附分子-1	vascular cell adhesion molecule－1	VCAM－1
血红素加氧酶	heme oxygenase	HO
血清效应因子	serum response factor	SRF
血小板衍生生长因子 B	platelet-derived growth factor subunit B	PDGFB
亚甲基四氢叶酸脱氢酶1/2	methylenetetrahydrofolate dehydrogenase 1 / 2	MTHFD1 / 2
烟酸	nicotinic acid	NA
烟酸单核苷酸	nicotinic acid mononucleotide	NAMN
烟酸磷酸核糖转移酶	nicotinic acid phosphoribosyltransferase	NAPRT
烟酸腺嘌呤二核苷酸	nicotinic acid adenine dinucleotide	NAAD
烟酸腺嘌呤二核苷酸磷酸	nicotinic acid adenine dinucleotide phosphate	NAADP
烟酰胺	nicotinamide	NAM
烟酰胺 N－甲基转移酶	nicotinamide N－methyltransferase	NNMT
烟酰胺单核苷酸	nicotinamide nononucleotide	NMN
烟酰胺单核苷酸腺苷酸转移酶	nicotinamide mononucleotide adenylyltransferase	NMNAT
烟酰胺核苷激酶	nicotinamide riboside kinase	NRK
烟酰胺核苷酸转氢酶	nicotinamide nucleotide transhydrogenase	NNT
烟酰胺核糖	nicotinamide riboside	NR
烟酰胺磷酸核糖转移酶	nicotinamide phosphoribosyl transferase	NAMPT
烟酰胺腺嘌呤二核苷	nicotinamide adenine dinucleotide	NAD^+/ NADH
烟酰胺腺嘌呤二核苷酸合成酶	nicotinamide adenine dinucleotide synthetase	NADS
烟酰胺腺嘌呤二核苷酸磷酸	nicotinamide adenine dinucleotide phosphate	$NADP^+$/ NADPH
氧糖剥夺再复灌	oxygen glucose deprivation /reperfusion	OGD/ R
一氧化氮合酶	nitric oxide synthase	NOS

中 文	英 文	缩 写
胰岛素样生长因子结合蛋白 3	insulin like growth factor binding protein 3	IGFBP3
乙醇脱氢酶	alcohol dehydrogenase	ADH
乙醛脱氢酶	acetaldehyde dehydrogenase	ALDH
乙酰辅酶 A 羧化酶	acetyl－CoA carboxylase	ACC
异柠檬酸脱氢酶	isocitrate dehydrogenase	IDH
吲哚胺 2,3-双加氧酶	indoleamine 2,3－dioxygenase	IDO
应激活化蛋白激酶	stress-activated protein kinase	SAPK
硬脂酰辅酶 A 去饱和酶	stearoyl－CoA desaturase	SCD
永久性局灶性中动脉阻断脑缺血	permanent middle cerebral artery occlusion	pMCAO
诱导型一氧化氮合酶	inducible nitric oxide synthase	iNOS
真核生物起始因子 4A	eukaryotic initiation factor 4A	eIF4A
脂蛋白相关磷脂酶 A_2	lipoprotein-associated phospholipase A_2	Lp－PLA_2
脂多糖	lipopolysaccharide	LPS
脂肪酸合酶	fatty acid synthase	FAS
脂肪酸氧化	fatty acid oxidation	FAO
脂质过氧化物	lipid peroxide	LPO
肿瘤蛋白 p53	tumor protein p53	Tp53
肿瘤坏死因子受体相关因子 3	tumor necrosis factor receptor-associated factor 3	TRAF3
肿瘤浸润淋巴细胞	tumor infiltrating lymphocyte	TIL
肿瘤微环境	tumor microenvironment	TME
肿瘤相关成纤维细胞	cancer-associated fibroblast	CAF
肿瘤相关巨噬细胞	tumor associated-macrophage	TAM
肿瘤相关中性粒细胞	tumor-associated-neutrophil	TAN
转化生长因子-β	transforming growth factor－β	TGF－β
转录因子 EB	transcription factor EB	TFEB
转录因子激活蛋白-1	activator protein－1	AP－1
转醛醇酶	transaldolase	TKT
组蛋白脱乙酰酶	histone deacetylase	HDAC
组蛋白脱乙酰酶抑制剂	histone deacetylase inhibitor	HDACi
组织金属蛋白酶抑制物-1	tissue inhibitor of metalloproteinase－1	TIMP－1
组织型纤溶酶原激活物	tissue-type plasminogen activator	t－PA

后记

在苏州大学衰老与神经疾病重点实验室同事和研究生的共同努力下,本书经过2年多时间的撰写和反复修改,终于和读者见面了。作为本书的主编,心情既高兴又忐忑。高兴的是本书是国内第一部烟酰胺辅酶的专著,能为同行、研究生、临床医生提供有价值的参考资料,忐忑的是由于本人及本书撰写者学术水平有限,书中难免存在不足甚至错误,敬请同行批评指正。

苏州大学衰老与神经疾病重点实验室研究人员在10多年前敏锐地观察到烟酰胺辅酶研究的重要性和发展趋势,从2011年起就全面进入这个研究领域。我们的研究工作从一个调节戊糖旁路PPP的蛋白——TIGAR的神经保护作用开始,发现PPP代谢产物NADPH有强大的抗氧化和神经保护作用,可能是一个潜在的新型神经保护药物。我们在此领域的研究成果正在引起国内外同行的重视。在此过程中我们也见证了国内同行最近几年在烟酰胺辅酶研究领域的进展,取得了许多非常好的成就,为这个领域的发展做出贡献。

由于发现了NAD^+参与几条重要的细胞信号转导通路,NAD^+的研究吸引了全世界众多的科学工作者,取得了长足发展。现已没有悬念,NAD^+与衰老和许多年龄相关性疾病、代谢性疾病、心血管疾病、肿瘤等存在密切关系,这将引起NAD^+转化医学研究的热潮。领先于此,烟酰胺辅酶前体被批准为保健食品而受到一部分人的追捧,虽然市场上有夸大的商业炒作,但是实际使用的效果还是得到了多数人的认可。由此看来,烟酰胺辅酶的研究热潮还会持续深入,新的研究成果将会层出不穷。

相对于NAD^+,NADPH的研究相对滞后,对它的认识还不够全面而深入。比如在相当一段时间内,NADPH被认为是一个产生氧化应激的物质,因为NADPH也是NOX的底物,能够经NOX产生ROS。但是NADPH也是细胞内还原反应最强大的动力,我们的研究显示,无论在细胞还是动物,NADPH应用出现的净效应都是降低ROS。我们同时一直在寻找NADPH是否和NAD^+一样也有直接调节细胞信号通路的作用,实验室已经初步发现NADPH与嘌呤类受体P2X7R有相互作用,抑制了ATP与该受体的结合,NADPH与NMT2也有相互作用,促进了NMT2的活性,发挥抑制铁死亡的作用。最近的研究还发现,MARCHF6 E3泛素连接酶通过其C末端调控区域识别并与NADPH结合,这种相互作用上调了 MARCHF6 的 E3 连接酶活性。NADPH 也直接与 HDAC3 相互作用,破坏 HDAC3 与核受体辅抑制因子(Ncor)的结合,从而抑制 HDAC3 激活来调控细胞表观遗传。现在看来 NADPH 直接调节细胞信号通路这个假设是成立的。我们期待 NADPH 在调节细胞信号通路方面的研究将会是烟酰胺辅酶领域一个新的研究热点。

有人估计烟酰胺辅酶参与 600~1 000 种细胞生化反应,此外,烟酰胺辅酶与很多蛋白质有相互作用,直接调节细胞信号转导,这些特点就将烟酰胺辅酶与以往发现的其他辅酶区别开来。总而言之,烟酰胺辅酶不仅是一种辅酶,更是一个细胞不可或缺的信号调节分子,参与细胞的基本生理病理过程。由于编著者水平有限,本书未能概括烟酰胺辅酶的全貌,我们希望在本书再版时能邀请本领域一些知名专家一起来参与本书的改写,能更深入全面地反映本领域的科研成果,提出新问题、指点新方向,推动我国烟酰胺辅酶领域研究的发展。

本书的出版也承蒙辅酶企业界几位资深专家的大力支持,承担了部分内容的撰写工作,在此对参与的企业和专家表示衷心的感谢。

苏州大学/苏州高博软件职业技术学院(秦正红)